“十二五”国家重点图书
Springer 精选翻译图书

有限框架：理论与应用

Finite Frames: Theory and Applications

[美] Peter G. Casazza
[德] Gitta Kutyniok 主编

高建军 王勇 译

哈爾濱工業大學出版社
HARBIN INSTITUTE OF TECHNOLOGY PRESS

内容简介

本书主要介绍有限框架的基本理论和典型应用。全书共分为13章,包括绪论、框架的性质、特殊类框架、框架的应用以及框架概念的扩展等。

本书可作为高等院校从事数学分析、数字信号处理等学科研究生的教材,以及从事相关研究的科技工作者和工程技术人员的参考书。

黑版贸审字 08－2016－116

Translation from English language edition:

Finite Frames: Theory and Applications

by Peter G. Casazza and Gitta Kutyniok

图书在版编目(CIP)数据

有限框架:理论与应用/(美)Peter G. Casazza,(德)Gitta Kutyniok 主编;高建军,王勇译. —哈尔滨:哈尔滨工业大学出版社,2017.9

ISBN 978-7-5603-6212-0

Ⅰ.①有… Ⅱ.①P… ②G… ③高… ④王… Ⅲ.①调和函数-研究 Ⅳ.①O174.3

中国版本图书馆 CIP 数据核字(2016)第232227号

电子与通信工程
图书工作室

责任编辑 刘 瑶 李长波

封面设计 高永利

出版发行 哈尔滨工业大学出版社

社 址 哈尔滨市南岗区复华四道街10号 邮编150006

传 真 0451-86414749

网 址 http://hitpress.hit.edu.cn

印 刷 哈尔滨市石桥印务有限公司

开 本 660mm×980mm 1/16 印张30 字数550千字

版 次 2017年9月第1版 2017年9月第1次印刷

书 号 ISBN 978-7-5603-6212-0

定 价 55.00元

译者序

框架理论如今已经成为数学、计算机科学和工程中的一个基础研究方向，不仅深化了线性代数和矩阵理论的研究，同时也推动了应用调和分析、泛函分析和算子理论的发展。在信号处理、图像处理、生物学、地球物理学、成像学、量子计算、语音识别以及无线通信等领域均有应用。当需要对冗余且稳定的数据进行表示时，框架理论便迅速成为其中的一种关键方法。实际上，框架可以视作对正交基概念的自然推广。

有限维空间的框架，即有限框架，因为与应用息息相关，所以是一类非常重要的框架。本书第一次全面地介绍了有限框架的理论和应用，主要描述了有限框架理论的研究现状，并阐述了近 20 年来所取得的进展。本书可作为高等院校从事数学分析、数字信号处理等学科研究生的教材，以及从事相关研究的科技工作者和工程技术人员的参考书。

本书主要由王勇和高建军翻译。具体分工如下：高建军翻译第 1～6 章，王勇翻译第 7～13 章。参加本书翻译工作的人员还有李雪璐、朱鹏凯、徐新博和马淑歌等人，在此对他们的辛勤工作表示衷心的感谢。

由于本书中的各种理论和应用涉及面比较广，而且译者的水平和不可避免的片面性，翻译不当或表述不清之处在所难免，恳请广大读者及专家不吝赐教，提出修改意见。

本书在翻译时尊重原著，所有矢量、向量、矩阵等均未用黑体表示。

译　者

2017 年 2 月

前　言

框架理论如今已经成为数学、计算机科学和工程中的一个基础研究方向，在多个不同领域有许多振奋人心的应用。框架理论于 1952 年由 Duffin 和 Schaeffer 两人首先提出，1986 年，Daubechies，Grossman 和 Meyer 的开拓性工作揭示了其对于信号处理的重要意义。自此，当需要对冗余且稳定的数据进行表示时，框架理论便迅速成为其中的关键方法。有限维空间的框架，即有限框架，因为与应用息息相关，所以是一类非常重要的框架。这本书全面地介绍了有限框架的理论和应用，通过各个章节概括了这个引人入胜的研究领域的多个方向。

现在，框架理论提供了大量的架构，用来对稳定的冗余信号进行分析和分解，并且还具有多种重构步骤。框架理论的主要方法是可以构成框架的表示系统。实际上，框架可以视作对正交基概念的最自然的推广。更具体而言，设 $(\varphi_i)_{i=1}^M$ 为 $\mathbf{R}^N$ 或 $\mathbf{C}^N$ 空间的一组向量，如果存在常数 $0<A\leqslant B<\infty$，使得对于所在空间的所有 x，都有 $A\|x\|_2\leqslant\|(\langle x,\varphi_i\rangle)_{i=1}^M\|_{\ell_2}\leqslant B\|x\|_2$ 成立，则上述向量可构成框架。常数 A 和 B 决定了框架的状况，当 $A=B=1$ 时即为最优，即导出了 Parseval（帕斯瓦尔）框架类。显然，对超完备系统而言，框架的概念允许包含冗余系统，这对于框架的抗干扰能力是很关键的，这里的干扰指的是信号 x 的框架系数 $(\langle x,\varphi_i\rangle)_{i=1}^M$ 受到的噪声、擦除和量化等干扰。这些框架系数可以用来进行图像边缘检测、语音信号传输或丢失数据恢复等。虽然分析算子 $x\mapsto(\langle x,\varphi_i\rangle)_{i=1}^M$ 将信号映射到了更高维空间，但是框架理论同时也提供了重建信号的有效方法。

框架理论的基本原理都是一些基础理念，这些理念对于一大部分研究领域而言都是基础性的，因此，新的理论见解和应用不断涌现。从这层意义上而言，框架理论不仅属于线性代数和矩阵理论，也可视作部分属于应用调和分析、泛函分析和算子理论。本书列举出它众多应用中的一部分，包括生物、地球物理学、成像学、量子计算、语音识别及无线通信。

本书描述了有限框架理论的研究现状，并阐述了近 20 年来取得的进展。本书既适用于对有限框架理论的最新发展感兴趣的研究人员，也适用于对这个引人入胜的研究领域想要入门的研究生。

本书由13章构成，由本领域著名权威专家撰写，除了第1章有限框架理论引论部分，其余12章涵盖了有限框架理论和应用的诸多专题。第1章全面介绍了有限框架理论，为后续章节奠定了必要的基础。其余12章可分为4个专题：框架性质(第2～4章)、特殊类框架(第5章和第6章)、框架应用(第7～11章)及框架概念的扩展(第12章和第13章)。每章包含了对应领域的现状，彼此之间可独立进行阅读。下面对每章内容简述如下：

第1章对有限框架理论的基础进行了全面介绍。首先在回答了为什么要研究框架的问题后，从希尔伯特空间理论和算子理论出发介绍了背景资料。接着，介绍了有限框架理论以及与框架相关的算子理论的基本知识。经过这些准备工作，读者就会对信号重建、特殊框架构建、框架性质及应用的一些著名结果有一个大致的了解。

第2章是解决在指定框架向量长度和框架算子频谱情况下构建框架的问题。经过数年的研究，已经得到了这个问题的完备解。作者细致入微地展示了如何利用衍生于谱图算法的方法来求解这个问题的算法解。

第3章致力于解决如何将一个框架分割为最少数线性独立或最多数生成子集的问题。直接运用Rado－Horn定理即可解决第一个问题，但这样做效率极其低下，也没有利用框架的性质。但是，作者改进了Rado－Horn定理，并利用框架性质推导出了特殊情况下解决这个问题的多种结果。

第4章指出了立足于几何也可以对框架进行分析的事实(除了从分析和代数的性质角度来分析框架外)。针对指定框架算子和框架向量长度的框架，通过几个例子，说明了如何成功利用代数几何方法得到这些框架的代数簇的局部坐标系。尔后，定义了格拉斯曼流形的角度和度量，并用它们证明了在Parseval框架类中通用Parseval框架是密集存在的。最后，本章从代数几何观点评述了无相位信号重建的结果。

第5章建立了有限群论和有限框框架间的联系。相应研究框架被称为群框架，由酉群作用于所在希尔伯特空间而得到。调和框架是一类特殊的群框架。本章的一个亮点是利用群框架来构建我们所最期望的等角框架，因为在应用中等角框架对擦除影响具有恢复能力。

第6章给出了关于有限阿贝尔群上Gabor(盖伯)框架的一个基础而又独立的简述。前半章介绍了信号处理中Gabor分析的主要思想，证明了Gabor框架的一些基本结论。后半章涉及Gabor合成矩阵的几何性质，如线性独立、相干以及有限等距性质，正是这些性质使得Gabor框架可应用于压缩感知。

第 7 章研究了可控精度下利用框架来恢复编码、含噪和磨损数据的适宜性。在评述了框架对于含噪测量的恢复结果后，作者分析了擦除和误差校正的效果。一个主要结果表明，等角和随机 Parseval 框架对于抗上述干扰是具有最佳鲁棒性的。

第 8 章考虑了框架量化问题，这对于将模拟信号进行数字化过程是关键的一步。作者介绍了无记忆标量量化以及一阶和高阶 $\Sigma-\Delta$ 量化算法，并且就重建误差讨论了它们的性能。并特别指出，选择合适的量化方案和编码算子，将会使误差随过采样率呈几何级数递减。

第 9 章调查了稀疏信号处理的近期工作，稀疏信号处理在 2012 年已经成为一种新的模式。作者着力解决确定和随机状态下稀疏信号的精确或有损恢复、估计、回归和支持集检测等问题。等范数紧框架在噪声中检测稀疏信号可起到特殊作用，这个例子即可说明框架对于这种方法对策的意义。

第 10 章考虑了有限框架和滤波器组间的关系。在简单介绍了基本的相关操作如卷积、降采样、离散傅里叶变换和 Z 变换后，证明了滤波器组具有多相表达式，并讨论了它的性质和优点。之后，作者说明了如何实现与一个滤波器组相关联的框架的不同需求。

第 11 章分为两部分。第一部分叙述了从纯数学、应用数学以及工程的不同研究领域所产生的一些猜想。有趣的是，这些猜想都等价于 1959 年著名的 Kadison－Singer 难题。第二部分专注于 Paulsen 难题，由纯框架理论术语来表述，至今仍未解决。

第 12 章描述了框架的一种推广形式，称之为随机框架。这些框架的集合是一种概率测度集，以点测度的形式包含了通常的有限框架。作者叙述了随机框架的基本性质，并调查了一系列方向，如定向统计这个概念就悄然位列其中。

第 13 章介绍了融合框架，是框架的一种推广，被设计用来很好地模拟分布式处理。融合框架将信号投影到多维子空间来处理，这与只考虑一维投影的框架形成了对比。作者对许多结果进行了评论，包括融合框架构建、融合框架测量的稀疏重建以及融合框架的具体应用。

作者感谢在此书准备期间 Janet Tremain 的全力支持和帮助。

美国，密苏里，哥伦比亚　Peter G. Casazza
德国，柏林　Gitta Kutyniok

目　　录

第 1 章　有限框架理论引论

摘要　框架已经成为应用数学、计算机科学和工程中的一个标准概念，作为一种方法，对信号进行冗余且稳定的分解，便于分析和传输，同时也促进了稀疏展开。重构程序则基于相关对偶矩阵中的一个，当为 Parseval 框架时，可以选择框架本身。本章对有限框架理论进行了全面的论述，为后续章节奠定了基础。本章首先在回顾了希尔伯特空间理论和算子理论的一些背景信息后，引入了框架的概念及其一些重要性质和构建过程。然后讨论了算法方面，如基本的重构算法，并简要介绍了框架的多样化应用和扩展。本书后续章节将对许多有趣方向的重要专题进行展开。

关键词　有限框架应用；框架构建；对偶框架；框架；框架算子；Grammian 算子；希尔伯特空间理论；算子理论；重构算法；冗余；紧框架

1.1　研究框架的意义

100 多年来，傅里叶变换一直是一种主要的分析工具，但它仅提供了频率信息，并(在其相位中) 隐藏了关于信号的发射时刻和时长信息。D. Gabor 在 1946 年引入了一个新的信号分解基本方法，从而解决了这个问题。Gabor 的方法迅速成为这个领域的范例，因为它除了具有捕获信号特征的能力外，还提供了对加性噪声、量化和传输损失的复原方法。Gabor 不知道的是，他没有通过任何形式体系便发现了一种框架的基本性质。1952 年，Duffin 和谢弗在研究非调和傅里叶级数的一些深层次的问题，处理 $L^2[0,1]$ 上的过完备指数函数族时，需要用到一种形式结构。为此，他们提出了 Hilbert(希尔伯特) 空间框架的概念，Gabor 方法现在只是其中的一种特殊情况，属于时频分析领域。很久以后，在 20 世纪 80 年代后期，Daubechies、格罗斯曼和迈耶(参见文献 [75]) 再次为框架的基本概念注入活力，他们展示了其对数据处理的重要性。

框架通常被用于信号和图像处理、非调和傅里叶级数、数据压缩和采样理论。但今天，框架理论的应用正不断增加，比如在纯数学和应用数学、物理学、工程学和计算机科学等问题上，不胜枚举。本书将对其中一些应用进行深入研究。由于这些应用大部分只需有限维空间的框架，因此这将是我们的重点。在这种情况下，一个框架是一组向量的生成集，它通常是冗余（超完备）的，要求控制其条件数。因此，一个典型的框架拥有的框架向量数目多于相应空间的维数，并且在空间中的每个向量相对于该框架而言，将具有无限多的表述方式。正是框架的这种冗余性，成为它们在许多应用方面发挥作用的关键所在。

这种冗余性所担任的角色随着当前应用的需求而变化。第一，冗余性使设计更加灵活，使得可以构造一个框架来解决一个特殊的问题，而一组线性独立的向量是不可能完成的。例如，在量子层析领域，需要一类标准正交基，要求其具有如下性质：来自不同基底的向量的内积的模为常数。第二个例子来自于语音识别，比如当需要通过框架系数的绝对值来确定向量时（涉及相位因子）。第二，冗余具有稳健性。通过在较宽的向量范围内传播信息，就可实现对于损耗（擦除）的恢复。例如，当在无线传感器网络中发生传输损耗或传感器间歇性衰落时，或在模拟大脑而记忆细胞消亡时，擦除都是一个严重的问题。在一个较宽的向量范围内传播信息带来的另一个好处是可以减轻信号中噪声的影响。

以上例子仅代表在本书中框架理论和应用中的很小一部分。框架理论的构成原则都是一些基本理念，这些理念对于一大部分研究领域而言都是基础性的，因此，新的理论见解和应用不断涌现。从这层意义上讲，框架理论不仅属于线性代数和矩阵理论，也可认为部分属于应用调和分析、泛函分析和算子理论。

1.1.1　分解和展开的作用

下面介绍有限维数的情况。假定 X 是给定的数据，属于某实数或复数 N 维 Hilbert 空间 $\mathcal{H}^N$。进而，让 $(\varphi_i)_{i=1}^M$ 为 $\mathcal{H}^N$ 中的一个表征体系（即生成集），这个表征体系可从现有选项中选择，而这些选项则是依据所针对的数据类型而设计，抑或从数据的样本集合中学习而得到。

一种常见的数据处理方法是根据系统 $(\varphi_i)_{i=1}^M$ 对数据 X 进行分解，即考虑下述映射：

$$x \mapsto (\langle x, \varphi_i \rangle)_{i=1}^M$$

可以看出，生成序列 $(\langle x, \varphi_i \rangle)_{i=1}^M$ 属于 $\ell_2(\{1,\cdots,M\})$，可以被用于对 x 的传输等。此外，仔细选择表征体系将使我们能够解决各种分析任务。例如，在一定条件下图像 x 的边缘的位置和方向，可通过索引 $i \in \{1,\cdots,M\}$ 来确定，这些索引对应幅度 $|\langle x, \varphi_i \rangle|$ 中的最大系数，比如在 $(\varphi_i)_{i=1}^M$ 是剪切波系统（参

见文献[115]）的情况下，这些系数通过硬阈值即可确定。最后，序列 $(\langle x,\varphi_i\rangle)_{i=1}^M$ 可对 x 进行压缩，当 $(\varphi_i)_{i=1}^M$ 选择为一个小波系统时，它实际上就是新的 JPEG2000 压缩标准的核心。

一种伴随方法是考虑序列 $(c_i)_{i=1}^M$ 满足 $x=\sum_{i=1}^M c_i\varphi_i$，从而对数据 x 进行展开。

众所周知，适当选择表征系统可以得到稀疏序列 $(c_i)_{i=1}^M$，即意味着 $\|c\|_0=\#\{i:c_i\neq 0\}$ 很小。例如，从上述意义而言（例如，见文献[77]、[122]、[133] 和它们的参考文献），某些小波系统通常可以将自然图像进行稀疏化。这个观测结果是允许应用现有稀疏性方法（比如针对 x 的压缩感知）冗余性的关键。相对于假设 x 明确给出的情况，在 x 只能隐性给出的情况下，比如所有偏微分方程（PDE）求解都面临这样的问题，对数据进行展开的方法也是非常有效的。因此，在试探函数空间中使用 $(\varphi_i)_{i=1}^M$ 作为生成系统，偏微分方程求解器的任务减少到只需函数计算 $(c_i)_{i=1}^M$，这有利于推导高效的求解（但必须像之前假设的稀疏序列的确存在（参见文献[73]、[106] 中的例子））。

1.1.2　超越标准正交基

选择表征体系 $(\varphi_i)_{i=1}^M$ 来生成 $\mathscr{H}^N$ 空间的一个正交基是标准选择，但对于前述应用，这种体系的线性无关性会导致各种问题。

以分解的观点开始，对于擦除而言，在传输时应用 $(\langle x,\varphi_i\rangle)_{i=1}^N$，其稳健性是不够的，因为仅擦除其中一个系数就会造成一次真正的信息丢失。另外，对于分析任务，正交基也不适用，因为它不允许在设计上有任何的灵活性，但这种灵活性是必需的，例如在方向性表征系统的设计上。事实上，没有同时具有如曲波或剪切波性质的正交基存在。

从展开的观点看，也不建议使用标准正交基。一个影响稀疏方法以及 PDE 求解器应用的具体问题是序列 $(c_i)_{i=1}^M$ 的唯一性，这种不灵活性禁止对稀疏系数序列的搜索。

很显然，允许系统 $(\varphi_i)_{i=1}^M$ 存在冗余，即可解决这些问题。当然，在利用修改的系统 $(\tilde{\varphi}_i)_{i=1}^M$ 进行典型数据处理时，其数值稳定性问题必须加以考虑。

$$x\mapsto(\langle x,\varphi_i\rangle)_{i=1}^M\mapsto\sum_{i=1}^M\langle x,\varphi_i\rangle\tilde{\varphi}_i\approx x$$

这自然就引出了（Hilbert 空间）框架的概念。其主要思想是在数据 x 与系数序列 $(\langle x,\varphi_i\rangle)_{i=1}^M$ 之间寻求一种可控的范数等价。

无论是在纯粹数学还是应用数学中，框架理论这个研究方向都与其他研究领域关系非常密切。广义(Hilbert 空间)框架理论,特别是包括无限维的情况,贯穿了泛函分析与算子理论。它与应用谐波分析领域也有密切联系,此时,一个主要目的就是设计一种表征体系,这一般通过对傅里叶域进行精心分解来实现。一些研究者甚至认为框架理论隶属于这个领域。限制在有限维的情况下(习惯上使用有限框架理论这个称谓),古典矩阵理论和数值线性代数密切交叉,并且出现了新兴研究方向,比如压缩感知。

如今,框架已经成为应用数学、计算机科学和工程中的一个标准概念。由于其应用的重要性,有限框架理论值得特别关注,甚至可以考虑将其作为一个研究方向。这也是为什么本书特别关注有限框架理论的原因。后续章节将展示至今为止这个丰富而生动的研究领域的多样性,包括框架开发、框架具体性质分析、不同类别框架设计、框架的各种应用以及框架概念的扩展。

1.1.3 概述

首先,1.2 节介绍 Hilbert 空间理论和算子理论的一些背景资料,使得本书自成一体。随后在 1.3 节引出框架,接着是对与框架相关的 4 个主要算子的论述,即分析、合成、框架和 Gramian 算子(见 1.4 节)。重构结果和算法、对偶框架的概念,是 1.5 节的重点。这之后是展示紧致及非紧致框架的不同构建方法(1.6 节),1.7 节讨论框架的某些关键性质,特别是其生成性质、框架的冗余性和框架间的等价关系。最后简要介绍框架的多种应用和扩展(1.8 和 1.9 节)。

1.2 背景资料

首先来回顾 Hilbert 空间理论和算子理论的一些基本定义和结论,这是所有后续章节所需要的。本节没有给出所示结论的证明,而是参考了相应的标准文献,例如,Hilbert 空间理论和算子理论。这里强调下列的所有结论仅在有限维背景下展开,这是本书的重点所在。

1.2.1 Hilbert 空间理论基础回顾

令 N 为正整数,用 $\mathcal{H}^N$ 来表示实数或复数的 N 维 Hilbert 空间。对此空间的研究将贯穿本书。有时为方便起见,将 $\mathcal{H}^N$ 等同于 $\mathbf{R}^N$ 或 $\mathbf{C}^N$,分别将 $\mathcal{H}^N$ 的内积和其范数表示为 $\langle\cdot,\cdot\rangle$ 和 $\|\cdot\|$。

框架理论是一个正交基的概念。下面介绍后续章节需要用到的基本定义。

定义 1.1　如果 $\| x \| = 1$，则称向量 $x \in \mathscr{H}^N$ 已归一化。两个向量 $x, y \in \mathscr{H}^N$，如果 $\langle X, Y \rangle = 0$，则称其为正交。一个 $\mathscr{H}^N$ 空间的向量系统 $(e_i)_{i=1}^k$ 被称为：

(1) 完备的(或生成集)，如果生成集 $\{e_i\}_{i=1}^k = \mathscr{H}^N$。

(2) 正交的，如果对所有的 $i \neq j$，向量 e_i 和 e_j 正交。

(3) 标准正交的，如果它是正交的，并且每个 e_i 是归一化的。

(4) $\mathscr{H}^N$ 的一个标准正交基，如果它是完备且标准正交的。

Hilbert 空间理论的一个基本结论是 Parseval 恒等式。

命题 1.1(Parseval 恒等式)　如果 $(e_i)_{i=1}^N$ 是 $\mathscr{H}^N$ 空间的一个标准正交基，则对每个 $x \in \mathscr{H}^N$，有

$$\| x \|^2 = \sum_{i=1}^N | \langle x, e_i \rangle |^2$$

从一个信号处理的角度解释这个恒等式，就意味着信号的能量在映射 $x \mapsto (\langle x, e_i \rangle)_{i=1}^N$ 下被保持，将这种映射称为分析映射。不仅仅有标准正交基满足这种恒等关系，实际上，冗余系统(“非基”) 如 $\left(e_1, \frac{1}{\sqrt{2}}e_2, \frac{1}{\sqrt{2}}e_2, \frac{1}{\sqrt{3}}e_3, \frac{1}{\sqrt{3}}e_3, \frac{1}{\sqrt{3}}e_3, \cdots, \frac{1}{\sqrt{N}}e_N, \cdots, \frac{1}{\sqrt{N}}e_N\right)$ 也满足这种等价关系，称为 Parseval 框架。

由 Parseval 恒等式可得推论 1.1，这表明一个向量 x 可以通过一个简单的过程从系数 $(\langle x, e_i \rangle)_{i=1}^N$ 中得到恢复。因此，从应用的角度来看，这样的结果也可以被解释为一个重构公式。

推论 1.1　若 $(e_i)_{i=1}^N$ 是 $\mathscr{H}^N$ 的一个标准正交基，则对每个 $x \in \mathscr{H}^N$，有

$$x = \sum_{i=1}^N \langle x, e_i \rangle e_i$$

下面给出一系列的基本恒等式和不等式，这些在很多证明过程中将会用到。

命题 1.2　设 $x, \tilde{x} \in \mathscr{H}^N$：

(1) 柯西－施瓦茨不等式。

$$| \langle x, \tilde{x} \rangle | \leqslant \| x \| \, \| \tilde{x} \|$$

式中，对常数 c，此式当且仅当 $x = c\tilde{x}$ 时相等，c 为常数。

(2) 三角不等式。

$$\| x + \tilde{x} \| \leqslant \| x \| + \| \tilde{x} \|$$

(3) 极化恒等式(实数形式)。如果 $\mathscr{H}^N$ 是实数空间，则

$$\langle x, \tilde{x} \rangle = \frac{1}{4}[\| x + \tilde{x} \|^2 - \| x - \tilde{x} \|^2]$$

(4) 极化恒等式(复数形式)。如果 $\mathscr{H}^N$ 是复数空间,则

$$\langle x,\tilde{x}\rangle=\frac{1}{4}[\|x+\tilde{x}\|^2-\|x-\tilde{x}\|^2]+\frac{\mathrm{i}}{4}[\|x+\mathrm{i}\tilde{x}\|^2-\|x-\mathrm{i}\tilde{x}\|^2]$$

(5) 勾股定理。给出两两正交向量 $(x_i)_{i=1}^M\in\mathscr{H}^N$,有

$$\|\sum_{i=1}^M x_i\|^2=\sum_{i=1}^M\|x_i\|^2$$

以基本符号和定义开始介绍 $\mathscr{H}^N$ 的子空间。

定义 1.2 设 $\mathscr{W},\mathscr{V}$ 为 $\mathscr{H}^N$ 的子空间。

(1) 向量 $x\in\mathscr{H}^N$ 被称为与 $\mathscr{W}$ 正交(记作 $x\perp\mathscr{W}$),如果

$$\langle x,\tilde{x}\rangle=0,\quad \tilde{x}\in\mathscr{W}$$

则 $\mathscr{W}$ 的正交补集定义为

$$\mathscr{W}^\perp=\{x\in\mathscr{H}^N:x\perp\mathscr{W}\}$$

(2) 如果 $\mathscr{W}\subset\mathscr{V}^\perp$(或等价地 $\mathscr{V}\subset\mathscr{W}^\perp$),子空间 $\mathscr{W}$ 和 $\mathscr{V}$ 被称为正交子空间(记为 $\mathscr{W}\perp\mathscr{V}$)。

正交直和的概念可以看作 Parseval 恒等式的推广(命题 1.1),它在第 13 章将发挥重要作用。

定义 1.3 设 $(\mathscr{W}_i)_{i=1}^M$ 是 $\mathscr{H}^N$ 的一个子空间族,则其正交直和被定义为如下空间:

$$(\sum_{i=1}^M\oplus\mathscr{W}_i)_{\ell^2}:=\mathscr{W}_1\times\cdots\times\mathscr{W}_M$$

对于所有

$$x=(x_i)_{i=1}^M,\quad \tilde{x}=(\tilde{x}_i)_{i=1}^M(\sum_{i=1}^M\oplus\mathscr{W}_i)_{\ell^2}$$

内积被定义为

$$\langle x,\tilde{x}\rangle=\sum_{i=1}^M\langle x_i,\tilde{x}\rangle_i$$

当选择 $\tilde{x}=x$ 时,可得到 $\|x\|^2=\sum_{i=1}^M\|x_i\|^2$,这是 Parseval 恒等式的扩展。

1.2.2 算子理论基础回顾

下面介绍全书中都在使用的算子理论的基本结论。每个线性算子有一个相关的矩阵表示。

定义 1.4 设 $T:\mathscr{H}^N\to\mathscr{H}^K$ 是一个线性算子,$(e_i)_{i=1}^N$ 是 $\mathscr{H}^N$ 上的一个标准

正交基，$(g_i)_{i=1}^{K}$ 是 $\mathscr{H}^K$ 上的一个标准正交基。则 T（相对于标准正交基 $(e_i)_{i=1}^{N}$ 和 $(g_i)_{i=1}^{K}$）是大小为 $K\times N$ 的矩阵，表示为 $A=(a_{ij})_{i=1,j=1}^{K,N}$，其中

$$a_{ij}=\langle Te_j, g_i\rangle$$

对于所有属于 $\mathscr{H}^N$ 空间的 X，当 $c=(\langle x, e_i\rangle)_{i=1}^{N}$ 时，可得

$$Tx=Ac$$

1.2.2.1　可逆性

定义 1.5　设 $T:\mathscr{H}^N\to\mathscr{H}^K$ 是一个线性算子。

(1) T 的内核由 $\ker T:=\{x\in\mathscr{H}^N: Tx=0\}$ 定义。它的值域是 $\operatorname{ran} T:=\{Tx: x\in\mathscr{H}^N\}$，有时也被称为图像并被记为 $\operatorname{im} T$。T 的秩即 $\operatorname{rank} T$，为 T 的值域的维数。

(2) 如果 $\ker T=\{0\}$，算子 T 称为单射(one-to-one)，如果 $\operatorname{ran} T=\mathscr{H}^K$，称为满射(onto)。如果 T 同时满足单射和满射，则称为双射(或可逆的)。

(3) 伴随算子 $T^*:\mathscr{H}^K\to\mathscr{H}^N$ 定义为

$$\langle Tx, \tilde{x}\rangle=\langle x, T^*\tilde{x}\rangle,\quad x\in\mathscr{H}^N,\ \tilde{x}\in\mathscr{H}^K$$

(4) T 的范数定义为

$$\|T\|:=\sup\{\|Tx\|:\|x\|=1\}$$

命题 1.3 描述了这些概念之间的几个关系。

命题 1.3

(1) 设 $T:\mathscr{H}^N\to\mathscr{H}^K$ 是一个线性算子。则

$$\dim\mathscr{H}^N=N=\dim\ker T+\operatorname{rank} T$$

此外，如果 T 是单射，那么 T^*T 也是单射。

(2) 设 $T:\mathscr{H}^N\to\mathscr{H}^K$ 是一个线性算子。当且仅当它是满射时，T 是单射。此外，$\operatorname{ket} T=(\operatorname{ran} T^*)^{\perp}$，因此

$$\mathscr{H}^N=\operatorname{ket} T\oplus\operatorname{ran} T^*$$

如果 $T:\mathscr{H}^N\to\mathscr{H}^K$ 是一个单射算子，则 T 显然是可逆的。如果算子 $T:\mathscr{H}^N\to\mathscr{H}^K$ 不是单射的，通过将其限制到 $(\ker T)^{\perp}$ 使 T 单射。然而，$T|_{(\ker T)^{\perp}}$ 可能仍然不可逆，因为它不一定是满射的。这时可以通过考虑算子 $T:(\ker T)^{\perp}\to\operatorname{ran} T$ 确保其为满射，此时其为可逆。

单射算子的 Moore－Penrose 逆给出了算子的单边逆运算。

定义 1.6　设 $T:\mathscr{H}^N\to\mathscr{H}^K$ 是一个单射线性算子。T，$T^{\dagger}$ 的 Moore－Penrose 逆定义为

$$T^{\dagger}=(T^*T)^{-1}T^*$$

从等式左边可直接证明其可逆性，具体陈述见命题 1.4 的结果。

命题 1.4 设 $T:\mathscr{H}^N \to \mathscr{H}^K$ 是一个单射线性算子,那么 $T^\dagger T = Id$。

因此,$T^\dagger$ 在 ran T 上,而不是在所有 $\mathscr{H}^K$ 上扮演了可逆的角色。它将一个向量从 $\mathscr{H}^K$ 投影到 ran T 上并在此子空间上对算子进行了逆运算。

这种逆的一个更广义的概念被称为伪逆,它可以被应用到非单射算子上。事实上,它针对 $T^\dagger$ 增加了一个操作步骤:首先通过限制$(\ker T)^\perp$,迫使该算子单射,接着再对新算子求解其 Moore－Penrose 逆。这个伪逆可从奇异值分解推导出来。回顾通过固定标准正交基的定义域和线性算子的值域,可得出一个相关的唯一的矩阵表示,用矩阵来描述此分解。

定理 1.1 设 A 是一个 $M\times N$ 的矩阵,则存在一个 $M\times M$ 的矩阵 U 使 $U^*U=Id$,$N\times N$ 的矩阵 V 使 $V^*V=Id$,一个 $M\times N$ 的对角矩阵 Σ,其对角线上的元素非负且降序排列,则有

$$A=U\Sigma V^*$$

得到一个 $M\times N(M\neq N)$ 的对角阵,是一个 $M\times N$ 的矩阵,其中的元素为$(a_{ij})_{i=1,j=1}^{M,N}$,当 $i\neq j$ 时,$a_{ij}=0$。

定义 1.7 设 A 是一个 $M\times N$ 矩阵,选择 U,Σ 和 V 为定理 1.1 中的矩阵,则 $A=U\Sigma V^*$ 被称为 A 的奇异值分解(SVD)。U 的列向量称为左奇异向量,V 的列向量被称为 A 的右奇异向量。

A 的伪逆 A^+ 可以从 SVD 中按以下方式推导出来。

定理 1.2 设 A 是一个 $M\times N$ 矩阵,并令 $A=U\Sigma V^*$ 是它的奇异值分解,则

$$A^+=V\Sigma^+U^*$$

其中 Σ^+ 是通过对 Σ^* 的非零(对角)元素求逆得到的 $N\times M$ 的对角矩阵。

1.2.2.2 Riesz(黎斯)基

1.2.1 节介绍标准正交基的概念,但有时标准正交性的要求太强,而且必须保持分解的唯一性和稳定性,因此本小节介绍的 Riesz 基满足了这种迫切需求。

定义 1.8 一族 Hilbert 空间 $\mathscr{H}^N$ 的向量$(\varphi_i)_{i=1}^N$ 是一个 Riesz 基,分别具有下(上)Riesz 界 $A(B)$,若对于所有标量$(a_i)_{i=1}^N$,有

$$A\sum_{i=1}^N |a_i|^2 \leqslant \left\|\sum_{i=1}^N a_i\varphi_i\right\|^2 \leqslant B\sum_{i=1}^N |a_i|^2$$

从定义可直接得出下列结论。

命题 1.5 设$(\varphi_i)_{i=1}^N$ 是一族向量,则下列条件是等价的:

(ⅰ)$(\varphi_i)_{i=1}^N$ 是 $\mathscr{H}^N$ 中的一个 Riesz 基,具有 Riesz 边界 A 和 B。

(ⅱ) 对于 $\mathscr{H}^N$ 上的任一标准正交基 $(e_i)_{i=1}^N$，作用于 $\mathscr{H}^N$ 上的算子 T，$Te_i = \varphi_i (i=1,2,\cdots,N)$ 是一个可逆算子，$\| T \|^2 \leqslant B$ 且 $\| T^{-1} \|^{-2} \geqslant A$。

1.2.2.3　对角化

下面列举线性算子的重要性质。

定义 1.9　线性算子 $T:\mathscr{H}^N \to \mathscr{H}^K$ 被称为：

(1) 自伴随的，如果 $\mathscr{H}^N = \mathscr{H}^K$ 且 $T = T^*$。

(2) 规范的，如果 $\mathscr{H}^N = \mathscr{H}^K$ 且 $T^* T = TT^*$。

(3) 等距的，如果对于所有 $x \in \mathscr{H}^N$ 有 $\| Tx \| = \| x \|$。

(4) 正的，如果 $\mathscr{H}^N = \mathscr{H}^K$，$T$ 是自伴随的，且对于所有 $x \in \mathscr{H}^N$ 有 $\langle Tx, x \rangle \geqslant 0$。

(5) 酉算子，如果它满射等距。

从各种基本关系和概念的结果出发，下面介绍后续内容需要的一些命题。

命题 1.6　设 $T:\mathscr{H}^N \to \mathscr{H}^K$ 是一个线性算子。

(ⅰ) 我们有 $\| T^* T \| = \| T \|^2$，且 $T^* T$ 和 TT^* 是自伴随的。

(ⅱ) 如果 $\mathscr{H}^N = \mathscr{H}^K$，下列条件是等价的。

①T 是自伴随的。

② 对于所有的 $x, \tilde{x} \in \mathscr{H}^N$，$\langle Tx, \tilde{x} \rangle = \langle x, T\tilde{x} \rangle$。

③ 如果 $\mathscr{H}^N$ 是复空间，对于所有的 $x \in \mathscr{H}^N$ 有 $\langle Tx, x \rangle \in \mathbf{R}$。

(ⅲ) 下列条件是等价的。

①T 是一个等距算子。

②$T^* T = Id$。

③ 对于所有的 $x, \tilde{x} \in \mathscr{H}^N$，$\langle Tx, T\tilde{x} \rangle = \langle x, \tilde{x} \rangle$。

(ⅳ) 下列条件是等价的。

①T 是酉算子。

②T 和 T^* 是等距的。

③$TT^* = Id$ 且 $T^* T = Id$。

(ⅴ) 如果 U 是一个酉算子，那么 $\| UT \| = \| T \| = \| TU \|$。

算子的对角化经常用于推导对算子作用的理解，下列定义为此理论打下了基础。

定义 1.10　设 $T:\mathscr{H}^N \to \mathscr{H}^N$ 是线性算子。如果 $Tx = \lambda x$，则非零向量 $x \in \mathscr{H}^N$ 是算子 T 的特征向量，其特征值为 λ。如果存在一个 $\mathscr{H}^N$ 空间上的、由 T 的特征向量组成的标准正交基 $(e_i)_{i=1}^N$，则算子 T 被称为正交对角化的。

我们从一个简单的观察开始。

命题 1.7　对于任何线性算子 $T:\mathscr{H}^N \to \mathscr{H}^K$,$T^*T$ 和 TT^* 的非零特征值是相同的。

如果算子是酉算子,自伴随的,或正的,我们在下列陈述的结果中可以得出更多关于特征值的信息,这些结果可以从命题 1.6 中直接得出。

推论 1.2　设 $T:\mathscr{H}^N \to \mathscr{H}^N$ 是线性算子。

(i) 如果 T 是酉算子,则其特征值的模为 1。

(ii) 如果 T 是自伴随的,则其特征值为实数。

(iii) 如果 T 是正的,则其特征值为非负。

这个事实可以引出与每个可逆正算子都相关的条件数。

定义 1.11　设 $T:\mathscr{H}^N \to \mathscr{H}^N$ 是具有特征值 $\lambda_1 \geqslant \lambda_2 \geqslant \cdots \geqslant \lambda_N$ 的可逆正定算子,那么它的条件数被定义为 $\frac{\lambda_1}{\lambda_N}$。

定理 1.3 是算子理论中的一个基本结果,在无限维情况下也有类似的结果,称为谱定理。

定理 1.3　设 $\mathscr{H}^N$ 为复数域且设 $T:\mathscr{H}^N \to \mathscr{H}^N$ 是线性算子,那么下列条件是等价的:

(i) T 是标准的。

(ii) T 是可正交对角化的。

(iii) T 可由一个对角矩阵表示。

(iv) $\mathscr{H}^N$ 空间存在一个标准正交基 $(e_i)_{i=1}^N$ 和值 $\lambda_1,\cdots,\lambda_N$ 使

$$Tx = \sum_{i=1}^N \lambda_i \langle x, e_i \rangle e_i, \quad x \in \mathscr{H}^N$$

在这种情况下,$\| T \| = \max\limits_{1 \leqslant i \leqslant N} | \lambda_i |$。

因为每个自伴随算子都是标准的,所以得到以下推论(它与 $\mathscr{H}^N$ 空间是实域还是复域无关)。

推论 1.3　一个自伴随算子是可正交对角化的。

推论 1.4 是定理 1.3 的另一个结论,可用于定义正算子的 n 次方根。

推论 1.4　设 $T:\mathscr{H}^N \to \mathscr{H}^N$ 是具有归一化特征向量 $(e_i)_{i=1}^N$ 和相应特征值 $(\lambda_i)_{i=1}^N$ 的可逆正算子,设 $a \in \mathbf{R}$ 并通过

$$T^a x = \sum_{i=1}^N \lambda_i^a \langle x, e_i \rangle e_i, \quad x \in \mathscr{H}^N$$

定义一个算子 $T^a:\mathscr{H}^N \to \mathscr{H}^N$,那么 T^a 是一个正算子且对于 $a,b \in \mathbf{R}$ 有 $T^aT^b = T^{a+b}$。特别地,T^{-1} 和 $T^{-1/2}$ 都是正算子。

最终,我们定义一个算子的迹,通过运用定理 1.3,迹可用特征值来表

示。

定义 1.12　设 $T:\mathscr{H}^N \to \mathscr{H}^N$ 是一个算子。那么 T 的迹被定义为

$$\mathrm{Tr}\ T = \sum_{i=1}^{N} \langle Te_i, e_i \rangle \tag{1.1}$$

其中，$(e_i)_{i=1}^N$ 是 $\mathscr{H}^N$ 空间的一个任意标准正交基。

式(1.1)中的求和与标准正交基的选择无关。

推论 1.5　设 $T:\mathscr{H}^N \to \mathscr{H}^N$ 是一个正交可对角化算子，且设$(\lambda_i)_{i=1}^N$是它的特征值，则

$$\mathrm{Tr}\ T = \sum_{i=1}^{N} \lambda_i$$

1.2.2.4　投影算子

无论这种投影是否正交，子空间与将向量投影在其上的投影算子总有密切关联。虽然正交投影使用更普遍，但在第 13 章时，我们将需要更广义的概念。

定义 1.13　设 $P:\mathscr{H}^N \to \mathscr{H}^N$ 是一个线性算子。若 $P^2 = P$，则 P 称为投影。此外，如果 P 还是自伴随的，则这个投影是正交的。

为简洁起见，若无误解之虞，正交投影常被简称为投影。

结合可述，对于任意 $\mathscr{H}^N$ 的子空间 $\mathscr{W}$，存在 $\mathscr{H}^N$ 空间中以 $\mathscr{W}$ 为值域的唯一正交投影 P。这一投影可以被构造如下：用 m 表示 $\mathscr{W}$ 的维数，并选择 $\mathscr{W}$ 上的一个标准正交基$(e_i)_{i=1}^N$。然后，对于任意的 $x \in \mathscr{H}^N$，设

$$Px = \sum_{i=1}^{m} \langle x, e_i \rangle e_i$$

值得注意的是，在子空间 $\mathscr{W}^\perp$ 上，$Id - P$ 也是 $\mathscr{H}^N$ 的一个正交投影。

正交投影 P 具有一个很重要的性质就是使得每个 $\mathscr{H}^N$ 上的向量可被映射到 P 的值域内与其最接近的那个向量。

引理 1.1　设 $\mathscr{W}$ 是 $\mathscr{H}^N$ 的子空间，令 P 是 $\mathscr{W}$ 上的正交投影且令 $x \in \mathscr{H}^N$。则

$$\| x - Px \| \leqslant \| x - \tilde{x} \|$$

对于所有 $\tilde{x} \in \mathscr{W}$。

进一步而言，如果对于某些 $\tilde{x} \in \mathscr{W}$ 有 $\| x - Px \| = \| x - \tilde{x} \|$，那么 $\tilde{x} = Px$。

命题 1.8 给出了投影的迹和秩之间的关系。此结果可根据正交投影的定义和推论 1.3 及 1.5 给出的。

命题 1.8　设 P 为 $\mathscr{H}^N$ 子空间 $\mathscr{W}$ 上的正交投影，并令 $m = \dim \mathscr{W}$。那么 P

是可正交对角化的,有 m 个值为 1 的特征值和 $N-m$ 个 0 值的特征值。特别地,有 $\mathrm{Tr}\,P=m$。

1.3 有限框架理论基础

本节首先介绍有限框架理论的基础知识。为便于说明,之后给出了一些示范性的框架类型。对此,也参考了文献[34]、[35]、[99]、[100]、[111] 以及[65]、[66] 中的无限维框架理论。

1.3.1 框架的定义

在 Hilbert 空间中,框架的定义源于 Duffin 和 Schaeffer 关于非调和傅里叶级数的早期研究。其主要思想是弱化 Parseval 恒等式,但仍然保留信号和框架系数间的范数等价关系。

定义 1.14 如果存在常数 $0<A\leqslant B<\infty$,使得对于所有 $x\in\mathscr{H}^N$,有

$$A\|x\|^2\leqslant\sum_{i=1}^{M}|\langle x,\varphi_i\rangle|^2\leqslant B\|x\|^2 \tag{1.2}$$

则 $\mathscr{H}^N$ 空间的一个向量族 $(\varphi_i)_{i=1}^M$ 被称为 $\mathscr{H}^N$ 空间上的一个框架。

下面是与框架 $(\varphi_i)_{i=1}^M$ 有关的概念。

(1) 式(1.2) 中的常数 A 和 B 称为框架的下、上框架边界。最大的下框架边界和最小的上框架边界分别记为 A_{op},B_{op},称为最优框架边界。

(2) 任何满足式(1.2) 右侧不等式的 $(\varphi_i)_{i=1}^M$ 族,称为 B − Bessel 序列。

(3) 如果在式(1.2) 中可取 $A=B$,那么 $(\varphi_i)_{i=1}^M$ 称为 A − 紧框架。

(4) 如果在式(1.2) 中可取 $A=B=1$,即 Parseval 恒等式成立,则 $(\varphi_i)_{i=1}^M$ 称为 Parseval 框架。

(5) 如果存在常数 c 使得对于所有 $i=1,2,\cdots,M$,有 $\|\varphi_i\|=c$,那么 $(\varphi_i)_{i=1}^M$ 是一个等范数框架。如果 $c=1$,那么 $(\varphi_i)_{i=1}^M$ 是单位范数框架。

(6) 如果存在常数 c 使得对于所有 $i\neq j$,有 $|\langle\varphi_i,\varphi_j\rangle|=c$,那么 $(\varphi_i)_{i=1}^M$ 称为等角框架。

(7) 值 $(\langle x,\varphi_i\rangle)_{i=1}^M$ 称为向量 x 关于框架 $(\varphi_i)_{i=1}^M$ 的框架系数。

(8) 对于每个 $I=\{1,\cdots,M\}\backslash\{i_0\}$,$i_0\in\{1,\cdots,M\}$ 而言,如果 $(\varphi_i)_{i\in I}$ 不再是 $\mathscr{H}^N$ 空间的框架,则框架 $(\varphi_i)_{i=1}^M$ 称为无冗的。

由此,很容易得出下述结论。

引理 1.2 设 $(\varphi_i)_{i=1}^M$ 是 $\mathscr{H}^N$ 上的一个向量族。

（ⅰ）如果$(\varphi_i)_{i=1}^M$是一组标准正交基，则$(\varphi_i)_{i=1}^M$是一个 Parseval 框架；反之，则一般情况下不成立。

（ⅱ）$(\varphi_i)_{i=1}^M$是$\mathcal{H}^N$上的一个框架，当且仅当它是$\mathcal{H}^N$上的生成集。

（ⅲ）$(\varphi_i)_{i=1}^M$是一个单位标准正交 Parseval 框架，当且仅当它是标准正交基。

（ⅳ）如果$(\varphi_i)_{i=1}^M$是$\mathcal{H}^N$上的一个无冗框架，那么它是$\mathcal{H}^N$的一个基，即线性独立生成集。

证明　（ⅰ）第一部分是命题 1.1 的直接结果。对于第二部分，使$(e_i)_{i=1}^N$和$(g_i)_{i=1}^N$为$\mathcal{H}^N$上的标准正交基，然后$(e_i/\sqrt{2})_{i=1}^N \cup (g_i/\sqrt{2})_{i=1}^N$是$\mathcal{H}^N$上的一个 Parseval 框架，但不是一个标准正交基。

（ⅱ）如果$(\varphi_i)_{i=1}^M$不是$\mathcal{H}^N$的生成集，则存在$x \neq 0$，使得对所有的$i=1,\cdots,M$有$\langle x,\varphi_i\rangle=0$。因此，$(\varphi_i)_{i=1}^M$不可能是一个框架。反之，假设$(\varphi_i)_{i=1}^M$不是一个框架，则$\mathcal{H}^N$上存在归一化的向量序列$(x_n)_{n=1}^\infty$，使得对于所有的$n\in N$有$\sum\limits_{i=1}^M |\langle x_n,\varphi_i\rangle|^2<1/n$。因此，$(x_n)_{n=1}^\infty$的一个收敛子序列的极限$x$对所有的$i=1,\cdots,M$而言满足$\langle x,\varphi_i\rangle=0$。由于$\|x\|=1$，可以得出$(\varphi_i)_{i=1}^M$不是生成集。

（ⅲ）由 Parseval 性质，对于每个$i_0\in\{1,\cdots,M\}$，有

$$\|\varphi_{i_0}\|_2^2=\sum_{i=1}^M |\langle\varphi_{i_0},\varphi_i\rangle|^2=\|\varphi_{i_0}\|_2^4+\sum_{i=1,i\neq i_0}^M |\langle\varphi_{i_0},\varphi_i\rangle|^2$$

由于框架向量是标准化的，因此

$$\sum_{i=1,i\neq i_0}^M |\langle\varphi_{i_0},\varphi_i\rangle|^2=0,\quad i_0\in\{1,\cdots,M\}$$

对所有$i\neq j$，$\langle\varphi_i,\varphi_j\rangle=0$。因此，$(\varphi_i)_{i=1}^M$是一个标准正交系统，而且由（ⅱ）知它是完备的，到此则证明了（ⅲ）。

（ⅳ）如果$(\varphi_i)_{i=1}^M$是一个框架，由（ⅱ）知，它也是$\mathcal{H}^N$的生成集。为了制造矛盾，假设$(\varphi_i)_{i=1}^M$线性独立，则存在某些$i_0\in\{1,\cdots,M\}$和值$\lambda_i, i\in I:=\{1,\cdots,M\}\backslash\{i_0\}$使$\varphi_{i_0}=\sum\limits_{i\in I}\lambda_i\varphi_i$。

这表明$(\varphi_i)_{i\in I}$也是一个框架，这与框架的无冗性相矛盾。

在介绍框架理论的某些具有深刻见解的基础成果之前，我们首先讨论框架的一些实例，以便有一个直观的理解。

1.3.2　实例

由引理 1.2（ⅲ），标准正交基是单位标准 Parseval 框架；反之亦然。然而，

应用中通常需要冗余Parseval框架。一个处理这个构建问题的基本方法是利用标准正交基来建立冗余的Parseval框架。由于相关的证明很简单,因此对此感兴趣的读者自证之。

例1.1　设$(e_i)_{i=1}^N$是$\mathcal{H}^N$上的一个标准正交基。

(1) 系统$(e_1,0,e_2,0,\cdots,e_N,0)$是$\mathcal{H}^N$上的Parseval框架。这个例子表明了Parseval框架甚至可以包含零向量。

(2) 系统$\left(e_1,\frac{e_2}{\sqrt{2}},\frac{e_2}{\sqrt{2}},\frac{e_3}{\sqrt{3}},\frac{e_3}{\sqrt{3}},\frac{e_3}{\sqrt{3}},\cdots,\frac{e_N}{\sqrt{N}},\cdots,\frac{e_N}{\sqrt{N}}\right)$是$\mathcal{H}^N$上的Parseval框架。这个例子表明了两个重要问题:首先,一个Parseval框架可以有一个向量的多个拷贝;其次,一个(无限)Parseval框架向量的范数能够收敛到零。

下面介绍一系列非Parseval框架的实例。

例1.2　设$(e_i)_{i=1}^N$是$\mathcal{H}^N$上的一个标准正交基系统。

(1) 系统$(e_1,e_1,\cdots,e_1,e_2,e_3,\cdots,e_N)$中$N+1$次出现向量$e_1$,$(e_i)_{i=1}^N$是$\mathcal{H}^N$上框架边界分别为1和$N+1$的一个框架。

(2) 系统$(e_1,e_1,e_2,e_2,e_3,e_3,\cdots,e_N)$是$\mathcal{H}^N$上的一个2－紧框架。

(3)$\mathcal{H}^N$上的L个标准正交基的并集为$\mathcal{H}^N$上的单位标准L－紧框架,是对(2)的一种推广。

一个特别有趣的例子是$\mathbf{R}^2$上的最小真冗余Parseval框架,通常被称为Mercedes－Benz框架,如图1.1所示。

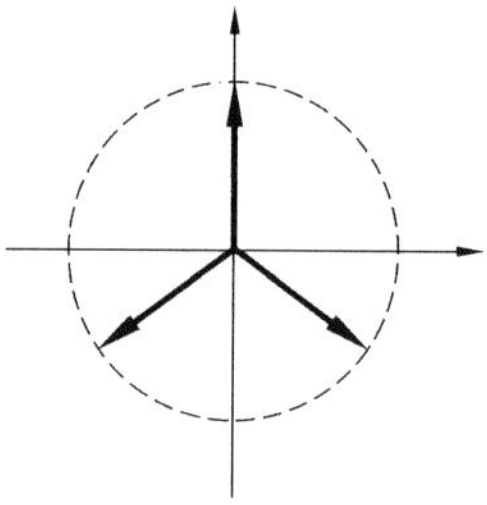

图1.1　Mercedes－Benz框架

例1.3　$\mathbf{R}^2$上的Mercedes－Benz框架是$\mathbf{R}^2$上的等范数紧框架,如下所示:

$$\left(\sqrt{\frac{2}{3}}\begin{pmatrix}0\\1\end{pmatrix},\sqrt{\frac{2}{3}}\begin{pmatrix}\sqrt{\frac{3}{2}}\\-\frac{1}{2}\end{pmatrix},\sqrt{\frac{2}{3}}\begin{pmatrix}-\sqrt{\frac{3}{2}}\\-\frac{1}{2}\end{pmatrix}\right)$$

注意,这个框架也是等角的。

有关等角框架理论方面的更多信息可参考文献[60]、[91]、[120]、[139]。可以选择其中的应用进行无相位重构(文献[5]、[6])、弹性抗传输(文献[15]、[102])和编码(文献[136])。更多细节可参考本书第4、5章中等角框架。

另一类标准的实例可以从离散傅里叶变换(DFT)矩阵中导出。

例 1.4　给出 $M \in \mathbf{N}$，设 $\omega = \exp\left(\frac{2\pi \mathrm{i}}{M}\right)$，那么 $\mathbf{C}^{M\times M}$ 上的 DFT 矩阵被定义为 $D_M = \frac{1}{\sqrt{M}}(\omega^{jk})_{j,k=0}^{M-1}$。

这个矩阵是 $\mathbf{C}^M$ 上的酉算子。从后面(见推论 1.11)可以看出，通过提取相关联的 M 个列向量，可从 D_M 中选任意 N 行生成 $\mathbf{C}^M$ 上的一个 Parseval 框架。

也存在着特别有趣的框架类型，如主要用于音频处理的 Gabor 框架。Gabor 框架的多个结果中包括：不确定性考虑(文献[113])、线性不相关(文献[119])、群相关性质(文献[89])、最优化分析(文献[127])及其应用(文献[67]、[74]、[75]、[87]、[88])，详见第 6 章。另一个例子是群框架类，对其不同构建方法(文献[24]、[101]、[147])、分类(文献[64])和有趣的对称性质(文献[146]、[148])进行了研究，详见第 5 章。

1.4　框架和算子

对于引论的其余部分，设 $\ell_2^M := \ell_2(\{1,\cdots,M\})$。注意，此空间实际上与 $\mathbf{R}^M$ 或 $\mathbf{C}^M$ 重合，具有标准内积和相关欧几里得范数。

当分析和重构信号时，分析、合成和框架算子决定了框架的运算。Grammian 运算符并不知名，但它在阐明框架 $(\varphi_i)_{i=1}^M$ 嵌入到高维空间 ℓ_2^M 中作为一个 N 维子空间时起到了关键作用。

1.4.1　分析和合成算子

与框架相关的两个主要算子是分析算子和合成算子。顾名思义，分析算子是通过计算框架系数从而以框架的角度来分析信号。下面给出这个概念的定义。

定义 1.15　设 $(\varphi_i)_{i=1}^M$ 是 $\mathcal{H}^N$ 上的一个向量族，那么相关的分析算子 $T:\mathcal{H}^N \to \ell_2^M$ 被定义为

$$Tx := (\langle x, \varphi_i \rangle)_{i=1}^M, \quad x \in \mathcal{H}^N$$

引理 1.3 推导出分析算子的两个基本性质。

引理 1.3　设 $(\varphi_i)_{i=1}^M$ 是 $\mathcal{H}^N$ 空间上与分析算子 T 有关的向量序列。

(ⅰ)
$$\| Tx \|^2 = \sum_{i=1}^M |\langle x, \varphi_i \rangle|^2, \quad x \in \mathcal{H}^N$$

因此，$(\varphi_i)_{i=1}^M$ 是 $\mathcal{H}^N$ 上的一个框架，当且仅当 T 是单射的。

(ⅱ)T 的伴随算子 $T^*:\ell_2^M \to \mathscr{H}^N$ 如下：

$$T^*(a_i)_{i=1}^M = \sum_{i=1}^M a_i\varphi_i$$

证明　(ⅰ)这个结论可从 T 的定义和框架性质 1.2 直接得出。

(ⅱ)对于 $x=(a_i)_{i=1}^M$ 和 $y\in\mathscr{H}^N$，有

$$\langle T^*x,y\rangle=\langle x,Ty\rangle=\langle(a_i)_{i=1}^M,(\langle y,\varphi_i\rangle)_{i=1}^M\rangle=\sum_{i=1}^M a_i\overline{\langle y,\varphi_i\rangle}=\langle\sum_{i=1}^M a_i\varphi_i,y\rangle$$

由此 T^* 的定义得证。

与框架相关的第二个主要算子即合成算子，可被定义为引理 1.3(ⅱ)中的分析算子的伴随算子。

定义 1.16　设$(\varphi_i)_{i=1}^M$ 是 $\mathscr{H}^N$ 空间上的向量序列且其分析算子为 T，那么对应的合成算子被定义为其伴随算子 T^*。

引理 1.4 概括了合成算子的一些基本但有用的性质。

引理 1.4　设$(\varphi_i)_{i=1}^M$ 是 $\mathscr{H}^N$ 空间上的向量序列，且其分析算子为 T。

(ⅰ)令$(e_i)_{i=1}^M$ 表示 ℓ_2^M 的标准基，则对所有 $i=1,2,\cdots,M$，有 $T^*e_i=T^*Pe_i=\varphi_i$，其中 $P:\ell_2^M\to\ell_2^M$ 表示 ran T 上的正交投影。

(ⅱ)当且仅当 T^* 是满射时，$(\varphi_i)_{i=1}^M$ 是一个框架。

证明　第一个结论可从引理 1.3 和 $\ker T^*=(\operatorname{ran} T)^\perp$ 直接推导出来。第二个结论可从 $T^*=(\ker T)^\perp$ 和引理 1.3(ⅰ)得出。

通常可通过应用一个可逆算子对框架加以修改。命题 1.9 不仅显示了对相关的分析算子产生的影响，还显示了新的序列可再次构成框架。

命题 1.9　设 $\Phi=(\varphi_i)_{i=1}^M$ 是 $\mathscr{H}^N$ 空间上的向量序列，其分析算子为 T_Φ，且设 $F:\mathscr{H}^N\to\mathscr{H}^N$ 是一个线性算子。那么序列 $F\Phi=(F\varphi_i)_{i=1}^M$ 上的分析算子如下：

$$T_{F\Phi}=T_\Phi F^*$$

此外，如果 Φ 是 $\mathscr{H}^N$ 上的一个框架且 F 是可逆的，那么 F_Φ 也是 $\mathscr{H}^N$ 上的一个框架。

证明　对于 $x\in\mathscr{H}^N$，有

$$T_{F\Phi}x=(\langle x,F\varphi_i\rangle)_{i=1}^M=(\langle F^*x,\varphi_i\rangle)_{i=1}^M=T_\Phi F^*x$$

这证明了 $T_{F\Phi}=T_\Phi F^*$。“此外”的部分可从引理 1.4(ⅱ)得到。

下面分析合成算子的矩阵表示形式。该矩阵非常重要，因为这是大多数

框架构建的焦点所在，框架构建可参考 1.6 节。

下面给出此矩阵的形式及其稳定性。

引理 1.5　设 $(\varphi_i)_{i=1}^M$ 是 $\mathcal{H}^N$ 空间上的框架，其分析算子为 T_Φ，则合成算子 T^* 的矩阵表示为 $N\times M$ 维矩阵

$$\begin{bmatrix} | & | & \cdots & | \\ \varphi_1 & \varphi_2 & \cdots & \varphi_M \\ | & | & \cdots & | \end{bmatrix}$$

此外，该矩阵的行向量的 Riesz 边界等于列向量的框架边界。

证明　矩阵表示的形式是显而易见的。为了证明“此外”部分，设 $(e_j)_{i=1}^N$ 是 $\mathcal{H}^N$ 上相应的标准正交基，且对于 $j=1,2,\cdots,N$，设

$$\psi_j=[\langle\varphi_1,e_j\rangle\langle\varphi_2,e_j\rangle,\cdots,\langle\varphi_M,e_j\rangle]$$

为矩阵的行向量。那么对于 $x=\sum_{j=1}^N a_je_j$ 有

$$\sum_{i=1}^M |\langle x,\varphi_i\rangle|^2=\sum_{i=1}^M\left|\sum_{j=1}^N a_j\langle e_j,\varphi_i\rangle\right|^2=\sum_{j,k=1}^N a_j\overline{a_k}\sum_{i=1}^M\langle e_j,\varphi_i\rangle\langle\varphi_i,e_k\rangle=$$
$$\sum_{j,k=1}^N a_j\overline{a_k}\langle\psi_k,\psi_j\rangle=\left\|\sum_{j=1}^N\overline{a_j}\psi_j\right\|^2$$

从而上述结论得证。

在上述情况中，若用特别挑选的正交基来推导矩阵表示，则可证明一个更强的结果（命题 1.12）。然而，这个标准正交基的选择需要用到 1.4.2 节引入的框架算子。

1.4.2　框架算子

框架算子被认为是与框架有关的最重要的算子。在后续内容中将看到，虽然它仅仅是将分析算子和合成算子连接在一起，但对框架的关键属性进行了编码。此外，它也是从框架系数重构信号的基础（见定理 1.8）。

1.4.2.1　基本性质

与框架相关的框架算子的准确定义如下。

定义 1.17　设 $(\varphi_i)_{i=1}^M$ 是 $\mathcal{H}^N$ 空间上的向量序列，其相关分析算子为 T。那么相关框架算子 $S:\mathcal{H}^N\to\mathcal{H}^N$ 被定义为

$$Sx:=T^*Tx=\sum_{i=1}^M\langle x,\varphi_i\rangle\varphi_i,\quad x\in\mathcal{H}^N$$

引理 1.6 是有关框架算子与框架性质紧密联系的首次观察。

引理 1.6　设 $(\varphi_i)_{i=1}^M$ 是 $\mathcal{H}^N$ 空间上的向量序列，其相关框架算子为 S。那

么,对于所有 $x \in \mathcal{H}^N$ 有

$$\langle Sx, x\rangle = \sum_{i=1}^{M} |\langle x, \varphi_i\rangle|^2$$

证明 这个证明直接从$\langle Sx, x\rangle = \langle T^* Tx, x\rangle = \| Tx \|^2$和引理1.3(ⅰ)导出。

显然,框架算子 $S = T^* T$ 是自伴和正的。框架算子的根本性质是可逆性,如果相应的向量序列可构成框架,那么这种可逆性对于重构公式是至关重要的。

定理 1.4 $\mathcal{H}^N$ 上具有框架边界 A 和 B 的框架 $(\varphi_i)_{i=1}^M$ 的框架算子 S 是正的、自伴随的可逆算子,满足

$$A \cdot Id \leqslant S \leqslant B \cdot Id$$

证明 通过引理 1.6 可知,对所有 $x \in \mathcal{H}^N$,有

$$\langle Ax, x\rangle = A\| x \|^2 \leqslant \sum_{i=1}^{M} |\langle x, \varphi_i\rangle|^2 = \langle Sx, x\rangle \leqslant B\| x \|^2 = \langle Bx, x\rangle$$

这隐含了不等式的成立。

命题 1.10 可直接从命题 1.9 导出。

命题 1.10 设 $(\varphi_i)_{i=1}^M$ 是 $\mathcal{H}^N$ 空间上的向量序列,其相关框架算子为 S,且令 F 为 $\mathcal{H}^N$ 空间上的可逆算子,则 $(F\varphi_i)_{i=1}^M$ 是框架算子为 FSF^* 的框架。

1.4.2.2 紧框架特例

紧框架的特征是其框架算子等于单位矩阵的正整数倍。命题 1.11 给出了由框架算子以相似方式引出的多种分类。

命题 1.11 设 $(\varphi_i)_{i=1}^M$ 是 $\mathcal{H}^N$ 空间上具有分析算子 T 和框架算子 S 的框架,那么下列条件是等价的:

(ⅰ) $(\varphi_i)_{i=1}^M$ 是 $\mathcal{H}^N$ 上的 A — 紧框架。

(ⅱ) $S = A \cdot Id$。

(ⅲ) 对于每个 $x \in \mathcal{H}^N$,有

$$x = A^{-1} \cdot \sum_{i=1}^{M} \langle x, \varphi_i\rangle \varphi_i$$

(ⅳ) 对于每个 $x \in \mathcal{H}^N$,有

$$A\| x \|^2 = \sum_{i=1}^{M} |\langle x, \varphi_i\rangle|^2$$

(ⅴ) $T/\sqrt{A}$ 是等距的。

证明 (ⅰ)⇔(ⅱ)⇔(ⅲ)⇔(ⅳ),这些可从框架算子的定义和定理 1.4 直接得出。

(iii)⇔(iv)，这是因为当且仅当 $T^*T=A\cdot Id$ 时，$T/\sqrt{A}$ 是等距的。

在命题1.11中，令 $A=1$，易推出对于Parseval框架这种特例，有相似结果成立。

1.4.2.3　框架算子的特征值

紧框架具有框架算子特征值一致的性质。下面介绍一般情况，即具有任意特征值的框架算子。

定理1.5是最重要的结果，它表明框架算子的最大和最小特征值是该框架的最优框架边界。最优指的是最小的框架上界和最大的框架下界。

定理 1.5　设 $(\varphi_i)_{i=1}^M$ 是 $\mathscr{H}^N$ 上的框架，其框架算子 S 具有特征值 $\lambda_1\geqslant\lambda_2\geqslant\cdots\geqslant\lambda_N$。那么 λ_1 与最优框架上界相一致，并且 λ_N 是最优框架下界。

证明　设 $(e_i)_{i=1}^N$ 表示具有特征值 $(\lambda_j)_{j=1}^N$ 的框架算子 S 的归一化特征向量，呈降序排列。设 $x\in\mathscr{H}^N$，由于 $x=\sum\limits_{j=1}^M\langle x,e_j\rangle e_j$，得

$$Sx=\sum_{j=1}^N\lambda_j\langle x,e_j\rangle e_j$$

由引理1.6得

$$\sum_{j=1}^M|\langle x,\varphi_i\rangle^2=\langle Sx,x\rangle=\langle\sum_{j=1}^N\lambda_j\langle x,e_j\rangle e_j,\sum_{j=1}^N\langle x,e_j\rangle e_j\rangle=$$
$$\sum_{j=1}^N\lambda_j|\langle x,e_j\rangle|^2\leqslant\lambda_1\sum_{j=1}^N|\langle x,e_j\rangle|^2=\lambda_1\|x\|^2$$

因此 $B_{\mathrm{op}}\leqslant\lambda_1$，其中 B_{op} 表示框架 $(\varphi_i)_{i=1}^M$ 的最优框架上界。这表明 $B_{\mathrm{op}}\leqslant\lambda_1$，推导如下：

$$\sum_{i=1}^M|\langle e_1,\varphi_i\rangle^2=\langle Se_1,e_1\rangle=\langle\lambda_1e_1,e_1\rangle=\lambda_1$$

可类似证明框架下界的结果。

从上述结果可直接得出下列关于Riesz边界的结论。

推论 1.6　设 $(\varphi_i)_{i=1}^N$ 是 $\mathscr{H}^N$ 上的框架，那么下列结论成立：

(i) 最优Riesz上界和 $(\varphi_i)_{i=1}^N$ 的最优框架上界一致。

(ii) 最优Riesz下界和 $(\varphi_i)_{i=1}^N$ 的最优框架下界一致。

证明　设 T 表示 $(\varphi_i)_{i=1}^N$ 的分析算子，相关框架算子 S 的特征值为 $(\lambda_i)_{i=1}^N$，呈递减顺序。因此有

$$\lambda_1=\|S\|=\|T^*T\|=\|T\|^2=\|T^*\|^2$$

且

$$\lambda_N=\|S^{-1}\|^{-1}=\|(T^*T)^{-1}\|^{-1}=\|(T^*)^{-1}\|^{-2}$$

可从定理 1.5、引理 1.4 和命题 1.5 得出上述两个结果。

定理 1.6 揭示了框架向量、特征值及相关框架算子的本征向量之间的关系。

定理 1.6 设$(\varphi_i)_{i=1}^M$是$\mathcal{H}^N$上的框架,其框架算子S具有归一化特征向量$(e_j)_{j=1}^N$及相应特征值$(\lambda_j)_{j=1}^N$。那么对所有$j=1,2,\cdots,N$,有

$$\lambda_j=\sum_{i=1}^M |\langle e_j,\varphi_i\rangle|^2$$

尤其是

$$\mathrm{Tr}\ S=\sum_{j=1}^N \lambda_j=\sum_{i=1}^M \|\varphi_i\|^2$$

证明 这可从对于所有$j=1,2,\cdots,N$,有$\lambda_j=\langle Se_j,e_j\rangle$和引理 1.6 得出。

1.4.2.4 合成矩阵的结构

运用 1.4.1 节推导的结果,利用框架算子对框架合成矩阵进行完整表述。

命题 1.12 设$T:\mathcal{H}^N\to \ell_2^M$是一个线性算子,设$(e_j)_{j=1}^N$是$\mathcal{H}^N$上的一个标准正交基,且设$(\lambda_j)_{j=1}^N$是正数序列。由$A$表示$T^*$相对于$(e_j)_{j=1}^N$和$\ell_2^M$上的标准基$(\hat{e}_i)_{i=1}^M$的$N\times M$矩阵。则下列条件是等价的:

(ⅰ)$(T^*\hat{e}_i)_{i=1}^M$组成了$\mathcal{H}^N$上的框架,其框架算子具有本征向量$(e_j)_{j=1}^N$和相应的特征值$(\lambda_j)_{j=1}^N$。

(ⅱ)A的行是正交的,而第j行的平方和为λ_j。

(ⅲ)A的列组成了ℓ_2^N上的一个框架,且$AA^*=\mathrm{diag}(\lambda_1,\cdots,\lambda_N)$。

证明 设$(f_j)_{j=1}^N$是ℓ_2^N上的标准基,$U:\ell_2^N\to\mathcal{H}^N$表示将$f_j$映射到$e_j$的酉算子,则$T^*=UA$。

(ⅰ)⇒(ⅱ):对于$j,k\in\{1,\cdots,N\}$有

$$\{A^*f_j,A^*f_k\}=\langle TUf_j,TUf_k\rangle=\langle T^*Te_j,e_k\rangle=\lambda_j\delta_{jk}$$

与(ⅱ)等价。

(ⅱ)⇒(ⅲ):由于A的行是正交的,有 rank $A=N$,这意味着A的列组成了ℓ_2^N上的一个框架。对于$j,k=1,\cdots,N$,$\langle AA^*f_j,f_k\rangle=\langle A^*f_j,A^*f_k\rangle=\lambda_j\delta_j k$,则其余部分得证。

(ⅲ)⇒(ⅰ):由于$(A\hat{e}_i)_{i=1}^M$是ℓ_2^N生成集且$T^*=UA$,则$(T^*\hat{e}_i)_{i=1}^M$构成$\mathcal{H}^N$上的一个框架。其分析算子为T,因为对所有$x\in\mathcal{H}^N$有

$$(\langle x,T^*\hat{e}_i\rangle)_{i=1}^M=(\langle Tx,\hat{e}_i\rangle)_{i=1}^M=Tx$$

此外

$$T^* Te_j = UAA^* U^* e_j = U\mathrm{diag}(\lambda_1, \cdots, \lambda_N) f_j = \lambda_j U f_j = \lambda_j e_j$$

即证。

1.4.3　格兰姆算子

设$(\varphi_i)_{i=1}^M$ 是 $\mathscr{H}^N$ 上具有分析算子 T 的一个框架。1.4.2 节关注的是用 $S=T^* T:\mathscr{H}^N \to \mathscr{H}^N$ 定义的框架算子的性质。对于首先应用合成、其后应用分析算子得到的算子，我们也特别感兴趣。在讨论它的重要性之前，先给出其确切定义。

定义 1.18　设$(\varphi_i)_{i=1}^M$ 是 $\mathscr{H}^N$ 上具有分析算子 T 的框架，则定义的算子 $G: \ell_2^M \to \ell_2^M$

$$G(a_i)_{i=1}^M = TT^* (a_i)_{i=1}^M = \left(\sum_{i=1}^M a_i \langle \varphi_i, \varphi_k \rangle\right)_{i=1}^M = \sum_{i=1}^M a_i (\langle \varphi_i, \varphi_k \rangle)_{i=1}^M$$

被称为框架$(\varphi_i)_{i=1}^M$ 的格兰姆(算子)。

注意，$\mathscr{H}^N$ 上的一个$(\varphi_i)_{i=1}^M$ 框架的格兰姆(典型)矩阵表示(也被称为格兰姆矩阵)如下：

$$\begin{bmatrix} \|\varphi_1\|^2 & \langle \varphi_2, \varphi_1 \rangle & \cdots & \langle \varphi_M, \varphi_1 \rangle \\ \langle \varphi_1, \varphi_2 \rangle & \|\varphi_2\|^2 & \cdots & \langle \varphi_M, \varphi_2 \rangle \\ \vdots & \vdots & & \vdots \\ \langle \varphi_1, \varphi_M \rangle & \langle \varphi_2, \varphi_M \rangle & \cdots & \|\varphi_M\|^2 \end{bmatrix}$$

格兰姆算子的一个性质是显而易见的。事实上，如果该框架是单位范数，则格兰姆算子矩阵的项正好是框架向量间夹角的余弦。因此，举例而言，如果一个框架是等角的，那么格兰姆矩阵的所有非对角线上的项其模相同。

格兰姆算子的基本性质集中如下。

定理 1.7　设$(\varphi_i)_{i=1}^M$ 是 $\mathscr{H}^N$ 上具有分析算子 T、框架算子 S 和格兰姆算子 G 的一个框架，则下列结论成立：

(ⅰ) 一个 $\mathscr{H}^N$ 上的算子 U 是酉算子，当且仅当$(U\varphi_i)_{i=1}^M$ 的格兰姆矩阵与 G 一致。

(ⅱ) G 和 S 的非零本征值相一致。

(ⅲ) $(\varphi_i)_{i=1}^M$ 是一个 Parseval 框架，当且仅当 G 是秩为 N 的正交投影(即 T 的范围内)。

(ⅳ) G 是可逆的，当且仅当 $M=N$。

证明　(ⅰ) $(U\varphi_i)_{i=1}^M$ 上的格兰姆矩阵的项的形式如$\langle U\varphi_i, U\varphi_j \rangle$，由此事实可直接证明(ⅰ)。

（ⅱ）因为 TT^* 和 T^*T 具有相同的非零特征值（见命题 1.7），对于 G 和 S 同样成立。

（ⅲ）易证 G 是自伴随的且秩为 N。因为 T 是可逆的，T^* 是满射的，且

$$G^2=(TT^*)(TT^*)=T(T^*T)T^*$$

可得 G 是一个正交投影，当且仅当 $T^*T=Id$，这相当于框架为 Parseval 框架。

（ⅳ）由（ⅱ）立证。

1.5 从框架系数进行重构

对信号进行分析时，通常仅考虑其框架系数。然而，如果该任务是信号传输，能够有效地从它的框架系数重构信号则变得至关重要。推论 1.1 讨论了利用正交基系数进行重构，但从关于冗余系统的系数中进行重构较为复杂，并且需要利用对偶框架。如果计算此对偶框架的计算量太复杂，规避这个问题则需要好的框架算法。

1.5.1 精确重构

下面从证明一个精确重构公式开始。

定理 1.8 设 $(\varphi_i)_{i=1}^M$ 是 $\mathscr{H}^N$ 上的一个框架，具有框架算子 S，则对于任意 $x\in\mathscr{H}^N$，有

$$x=\sum_{i=1}^M\langle x,\varphi_i\rangle S^{-1}\varphi_i=\sum_{i=1}^M\langle x,S^{-1}\varphi_i\rangle\varphi_i$$

证明 在定义 1.17 中，令 $x=S^{-1}Sx$ 和 $x=SS^{-1}x$，则从框架的定义可直接证明上式。

值得注意的是，第一个公式可以被解释为一个重构策略，而第二个公式则含有分解的意思。可进一步观察出序列 $(S^{-1}\varphi_i)_{i=1}^M$ 在定理 1.8 的公式中扮演了至关重要的角色。命题 1.3 表明，该序列实际上也构成了一个框架。

命题 1.13 设 $(\varphi_i)_{i=1}^M$ 是 $\mathscr{H}^N$ 上具有框架边界 A 和 B 及框架算子 S 的一个框架，那么序列 $(S^{-1}\varphi_i)_{i=1}^M$ 是 $\mathscr{H}^N$ 上具有框架边界 B^{-1} 和 A^{-1} 及框架算子 S^{-1} 的一个框架。

证明 由命题 1.10 可知，序列 $(S^{-1}\varphi_i)_{i=1}^M$ 构成了 $\mathscr{H}^N$ 上具有相关框架算子 $S^{-1}S(S^{-1})^*=S^{-1}$ 的一个框架，因此具有框架边界 B^{-1} 和 A^{-1}。

这种新的框架称为标准对偶框架。后面讨论的其他对偶框架也可能用于重构。

定义 1.19　设$(\varphi_i)_{i=1}^M$是$\mathcal{H}^N$上具有框架算子记为S的一个框架，那么$(S^{-1}\varphi_i)_{i=1}^M$称为$(\varphi_i)_{i=1}^M$上的标准对偶框架。

由命题 1.13 很容易确定一个 Parseval 框架的标准对偶框架。

推论 1.7　设$(\varphi_i)_{i=1}^M$是$\mathcal{H}^N$上的一个 Parseval 框架，那么它的标准对偶框架是$(\varphi_i)_{i=1}^M$框架本身，且定理 1.8 的重构公式记为

$$x=\sum_{i=1}^M\langle x,\varphi_i\rangle\varphi_i,\quad x\in\mathcal{H}^N$$

作为上述重构准则对 Parseval 框架的应用，证明下列命题，它再次表明 Parseval 框架和标准正交基之间的密切关系，就如在引理 1.2 中表明的那样。

命题 1.14　(Parseval 框架的迹的公式）设$(\varphi_i)_{i=1}^M$是$\mathcal{H}^N$上的一个 Parseval 框架，且设F是$\mathcal{H}^N$上的一个线性算子，则

$$\mathrm{Tr}(F)=\sum_{i=1}^M\langle F\varphi_i,\varphi_i\rangle$$

证明　设$(e_j)_{j=1}^N$是$\mathcal{H}^N$上的一个标准正交基，则由定义

$$\mathrm{Tr}(F)=\sum_{j=1}^N\langle Fe_j,e_j\rangle$$

这表明

$$\mathrm{Tr}(F)=\sum_{j=1}^N\langle\sum_{i=1}^M\langle Fe_j,\varphi_i\rangle\varphi_i,e_j\rangle=\sum_{j=1}^N\sum_{i=1}^M\langle e_j,F^*\varphi_i\rangle\langle\varphi_i,e_j\rangle=$$
$$\sum_{i=1}^M\langle\sum_{j=1}^N\langle\varphi_i,e_j\rangle e_j,F^*\varphi_j\rangle=\sum_{i=1}^M\langle\varphi_i,F^*\varphi_i\rangle=\sum_{i=1}^M\langle F\varphi_i,\varphi_i\rangle$$

如上所述，存在许多其他可用于重构的对偶框架，接下来给出其精确定义。

定义 1.20　设$(\varphi_i)_{i=1}^M$是$\mathcal{H}^N$上的一个框架。如果对于任意$x\in\mathcal{H}^N$有

$$x=\sum_{i=1}^M\langle x,\varphi_i\rangle\psi_i$$

则框架$(\psi_i)_{i=1}^M$称为$(\varphi_i)_{i=1}^M$的对偶框架。

与标准对偶框架不一致的对偶框架往往被称为交错对偶框架。

定理 1.8 中重构公式具有不同的形式，与此类似，对偶框架也可以不同的方式实现重构。

命题 1.15　设$(\varphi_i)_{i=1}^M$和$(\psi_i)_{i=1}^M$是$\mathcal{H}^N$上的一个框架，且设T和$\widetilde{T}$分别是$(\varphi_i)_{i=1}^M$和$(\psi_i)_{i=1}^M$的分析算子，则下列条件等价：

(ⅰ) 任意$x\in\mathcal{H}^N$，有$x=\sum_{i=1}^M\langle x,\psi_i\rangle\varphi_i$。

（ⅱ）任意 $x \in \mathscr{H}^N$，有 $x = \sum_{i=1}^{M} \langle x, \varphi_i \rangle \psi_i$。

（ⅲ）任意 $x, y \in \mathscr{H}^N$，有 $\langle x, y \rangle = \sum_{i=1}^{M} \langle x, \psi_i \rangle \langle \varphi_i, y \rangle$。

（ⅳ）$T^* \widetilde{T} = Id$ 且 $\widetilde{T}^* \overline{T} = Id$。

证明　显然，当且仅当 $\widetilde{T}^* \overline{T} = Id$ 时，（ⅰ）与 $T^* \widetilde{T} = Id$ 等价。（ⅲ）的等式可以用类似的方式得出。

除了关于初始框架的显示公式外，还有什么可以区分标准对偶框架和交错对偶框架？另一个看似不同的问题是，冗余特性可得到无限多个系数序列，即信号 x 经框架分解（见定理 1.8）得到系数序列

$$x = \sum_{i=1}^{M} \langle x, S^{-1} \varphi_i \rangle \psi_i$$

后，那么系数序列具有哪些性质便可使它与其他系数序列区分开呢？有趣的是，下列结果同时回答了上述两个问题，它指出，在所有表示 x 的序列中，该系数序列具有最小 ℓ_2 范数，尤其是对于那些交错对偶框架而言。

命题 1.16　设 $(\varphi_i)_{i=1}^M$ 是 $\mathscr{H}^N$ 上具有框架算子 S 的框架，且设 $x \in \mathscr{H}^N$。如果标量 $(a_i)_{i=1}^M$ 使得 $x = \sum_{i=1}^{M} a_i \varphi_i$，则

$$\sum_{i=1}^{M} |a_i|^2 = \sum_{i=1}^{M} |\langle x, S^{-1} \varphi_i \rangle|^2 + \sum_{i=1}^{M} |a_i - \langle x, S^{-1} \varphi_i \rangle|^2$$

证明　设 T 表示 $(\varphi_i)_{i=1}^M$ 的分析算子，得

$$(\langle x, S^{-1} \varphi_i \rangle)_{i=1}^M = (\langle S^{-1} x, \varphi_i \rangle)_{i=1}^M \in \operatorname{ran} T$$

因为 $x = \sum_{i=1}^{M} a_i \varphi_i$，得

$$(a_i - \langle x, S^{-1} \varphi_i \rangle)_{i=1}^M \in \ker T^* = (\operatorname{ran} T)^{\perp}$$

考虑到下列分解

$$(a_i)_{i=1}^M = (\langle x, S^{-1} \varphi_i \rangle)_{i=1}^M + (a_i - \langle x, S^{-1} \varphi_i \rangle)_{i=1}^M$$

命题立证。

推论 1.8　设 $(\varphi_i)_{i=1}^M$ 是 $\mathscr{H}^N$ 上的一个框架，且设 $(\psi_i)_{i=1}^M$ 是与之相关的交错对偶框架，那么，对于所有 $x \in \mathscr{H}^N$，有

$$\| (\langle x, S^{-1} \varphi_i \rangle)_{i=1}^M \|_2 \leqslant \| (\langle x, \psi_i \rangle)_{i=1}^M \|_2$$

这里指出 ℓ_1 范数最小序列如今也具有至关重要的作用，这是由于 ℓ_1 范数促进了稀疏性的研究。有兴趣的读者可参见第 9 章。

1.5.2 对偶框架的特性

本节讨论所有对偶框架共有的性质。首要的问题是：你如何描述所有的对偶框架？下列结果给出了一个全面的答案。

命题 1.17 设$(\varphi_i)_{i=1}^M$是$\mathscr{H}^N$上具有分析算子T和框架算子S的一个框架，那么下列的条件等价：

(ⅰ)$(\psi_i)_{i=1}^M$是$(\varphi_i)_{i=1}^M$的一个对偶框架。

(ⅱ)序列$(\psi_i - S^{-1}\varphi_i)_{i=1}^M$的分析算子$T_1$满足

$$\operatorname{ran} T \perp \operatorname{ran} T_1$$

证明 对于$i=1,\cdots,M$，设$\tilde{\varphi}_i := \psi_i - S^{-1}\varphi_i$，且注意到对于所有$x \in \mathscr{H}^N$有

$$\sum_{i=1}^M \langle x, \psi_i \rangle \varphi_i = \sum_{i=1}^M \langle x, \tilde{\varphi}_i + S^{-1}\varphi_i \rangle \varphi_i = x + \sum_{i=1}^M \langle x, \tilde{\varphi}_i \rangle \varphi_i = x + T^* T_1 x$$

因此，当且仅当$T^* T_1 = 0$时，$(\psi_i)_{i=1}^M$是$(\varphi_i)_{i=1}^M$的一个对偶框架，但这与(ⅱ)等价。

从这个结果有推论 1.9，此结论为所有的对偶框架提供了一个通用的公式。

推论 1.9 设$(\varphi_i)_{i=1}^M$是$\mathscr{H}^N$上具有分析算子T和框架算子S的一个框架，具有相应归一化特征向量$(e_j)_{j=1}^N$及对应特征值$(\lambda_j)_{j=1}^N$，那么每个$(\varphi_i)_{i=1}^M$上的对偶框架$\{\psi_i\}_{i=1}^M$具有以下形式：

$$\psi_i = \sum_{i=1}^M \left(\frac{1}{\lambda_j} \langle \varphi_i, e_j \rangle + \overline{h_{ij}} \right) e_j, \quad i = 1, \cdots, M$$

其中每个$(h_{ij})_{i=1}^M (j=1,\cdots,N)$是$(\operatorname{ran} T)^\perp$的一个元素。

证明 如果$\psi_i (i=1,\cdots,M)$，用序列$(h_{ij})_{i=1}^M \in \ell_2^M (j=1,\cdots,N)$，以上述形式表达，那么$\psi_i = S^{-1}\varphi_i + \tilde{\varphi}_i$，其中$\tilde{\varphi}_i := \sum_{j=1}^N \overline{h_{ij}} e_j (i=1,\cdots,M)$。$(\tilde{\varphi}_i)_{i=1}^M$的分析算子$\widetilde{T}$满足$\widetilde{T} e_j = (h_{ij})_{i=1}^M$。从上述观察即可证明。

作为第二个推论，我们推导出了所有具有唯一确定对偶框架的框架的特征。显而易见，这个唯一的对偶框架与标准对偶框架一致。

推论 1.10 当且仅当$M=N$时，$\mathscr{H}^N$空间上的框架$(\varphi_i)_{i=1}^M$具有唯一的对偶框架。

1.5.3 框架算法

设$(\varphi_i)_{i=1}^M$是$\mathscr{H}^N$上具有框架算子S的框架，且假设已知用分析算子表示

信号 $x \in \mathscr{H}^N$ 的图像,即 ℓ_2^{NM} 上的序列$(\langle x,\varphi_i\rangle)_{i=1}^M$。定理 1.8 已经提供了通过使用标准对偶框架进行重构的公式,即

$$x=\sum_{i=1}^{M}\langle x,\varphi_i\rangle S^{-1}\varphi_i$$

求逆通常不仅计算量大,而且取值也不稳定,这个公式可能无法应用于实践。

要解决此问题,将讨论 3 种迭代方法,从已知的$(\langle x,\varphi_i\rangle)_{i=1}^M$ 中推导出近似于 x 的一个收敛序列。下面列出的第一种方法被称为框架算法。

命题 1.18 (框架算法)设$(\varphi_i)_{i=1}^M$ 是 $\mathscr{H}^N$ 上具有框架边界 A、B 和框架算子 S 的框架。给定信号 $x \in \mathscr{H}^N$,通过 $y_0=0$,$y_j=y_{j-1}+\dfrac{2}{A+B}S(x-y_{j-1})$,任意 $j\geqslant 1$ 定义 $\mathscr{H}^N$ 上的一个序列$(y_j)_{j=0}^{\infty}$。

则$(y_j)_{j=0}^{\infty}$ 在 $\mathscr{H}^N$ 上收敛到 x,且收敛速率是

$$\| x-y_j \| \leqslant \left(\frac{B-A}{B+A}\right)^j \| x \|,\quad j\geqslant 0$$

证明　首先对所有 $x \in \mathscr{H}^N$,有

$$\left\langle \left(Id-\frac{2}{A+B}S\right)x,x\right\rangle=\| x \|^2-\frac{2}{A+B}\sum_{i=1}^{M}|\langle x,\varphi_i\rangle|^2\leqslant$$

$$\| x \|^2-\frac{2A}{A+B}\| x \|^2=$$

$$\frac{B-A}{A+B}\| x \|^2$$

类似地,得到

$$-\frac{B-A}{B+A}\| x \|^2\leqslant\left\langle \left(Id-\frac{2}{A+B}S\right)x,x\right\rangle$$

有

$$\left\| Id-\frac{2}{A+B}S \right\| \leqslant \frac{B-A}{A+B} \tag{1.3}$$

通过 y_j 的定义,对任意 $j\geqslant 0$,有

$$x-y_j=x-y_{j-1}-\frac{2}{A+B}S(x-y_{j-1})=$$

$$\left(Id-\frac{2}{A+B}S\right)(x-y_{j-1})$$

迭代这个计算,得出

$$x-y_j=\left(Id-\frac{2}{A+B}S\right)^j(x-y_0),\quad j\geqslant 0$$

因此，由式(1.3)有

$$\| x - y_j \| = \left\| \left(Id - \frac{2}{A+B} S \right)^j (x - y_0) \right\| \leqslant \left\| Id - \frac{2}{A+B} S \right)^j \| x - y_0 \| \leqslant \left(\frac{B-A}{A+B} \right)^j \| x \|$$

结论得证。

需要注意的是，虽然在框架算法的迭代公式中包含 x，但算法并不依赖于 x，而只依赖于框架系数$(\langle x, \varphi_i \rangle)_{i=1}^M$，这是因为

$$y_j = y_{j-1} + \frac{2}{A+B} \left(\sum_i \langle x, \varphi_i \rangle \varphi_i - S y_{j-1} \right)$$

框架算法的一个缺点是：它的收敛速率不仅依赖于框架边界的比率，即框架的条件数，而且极度受此影响。这会导致一个问题，即如框架边界的比例值大则导致收敛过慢。

为了解决这个问题，在文献[96]中引入了切比雪夫法和共轭梯度方法，且针对框架理论进行了显著改进，从而使得相比框架算法而言，其收敛速率更快。下面对这两种算法进行讨论。

命题 1.19　(切比雪夫算法，文献[96]) 设$(\varphi_i)_{i=1}^M$ 是 $\mathscr{H}^N$ 上具有框架边界 A, B 和框架算子 S 的一个框架，且设

$$\rho =: \frac{B-A}{B+A}, \quad \sigma := \frac{\sqrt{B} - \sqrt{A}}{\sqrt{B} + \sqrt{A}}$$

给定信号 $x \in \mathscr{H}^N$，定义 $\mathscr{H}^N$ 上的序列$(y_j)_{j=0}^\infty$ 且相应的标量$(\lambda_j)_{j=1}^\infty$ 表示如下：

$$y_0 = 0, \quad y_1 = \frac{2}{B+A} S x, \quad 且\ \lambda_1 = 2$$

对于所有 $j \geqslant 2$，设

$$\lambda_j = \frac{1}{1 - \frac{\rho^2}{4} \lambda_{j-1}}$$

且

$$y_j = \lambda_j \left(y_{j-1} - y_{j-2} + \frac{2}{B+A} S (x - y_{j-1}) \right) + y_{j-2}$$

那么$(y_j)_{j=0}^\infty$ 在 $\mathscr{H}^N$ 上收敛到 x，且收敛速率是

$$\| x - y_j \| \leqslant \frac{2\sigma^j}{1 + \sigma^{2j}} \| x \|$$

共轭梯度法的优点是它不需要知道框架边界信息。但如前所述，收敛速度肯定是依赖于框架边界的。

命题 1.20 （共轭梯度算法，文献[96]）设$(\varphi_i)_{i=1}^M$是$\mathscr{H}^N$上具有框架算子S的一个框架。给定信号$x\in\mathscr{H}^N$，定义$\mathscr{H}^N$上的 3 个序列$(y_j)_{j=0}^\infty$，$(r_j)_{j=0}^\infty$和$(p_j)_{j=-1}^\infty$且相应的标量$(\lambda_j)_{j=-1}^\infty$表示如下：

$$y_0=0,\quad r_0=p_0=Sx,\quad p_{-1}=0$$

对所有$j\geqslant 0$，设

$$\lambda_j=\frac{\langle r_j,p_j\rangle}{\langle p_j,Sp_j\rangle},\quad y_{j+1}=y_j+\lambda_j p_j,\quad r_{j+1}=r_j-\lambda_j Sp_j$$

且

$$p_{j+1}=Sp_j-\frac{\langle Sp_j,Sp_j\rangle}{\langle p_j,Sp_j\rangle}p_j-\frac{\langle Sp_j,Sp_{j-1}\rangle}{\langle p_{j-1},Sp_{j-1}\rangle}p_{j-1}$$

那么$(y_j)_{j=0}^\infty$在$\mathscr{H}^N$上收敛到x，收敛速率是

$$|||x-y_j|||\leqslant\frac{2\sigma^j}{1+\sigma^{2j}}|||x|||,\quad \sigma=\frac{\sqrt{B}-\sqrt{A}}{\sqrt{B}+\sqrt{A}}$$

且$|||\cdot|||$是$\mathscr{H}^N$上的范数，$|||x|||=\langle x,Sx\rangle^{1/2}=\|S^{1/2}x\|$，$x\in\mathscr{H}^N$。

1.6 框架构建

实际应用中通常要求重建具有某些理想性质的框架。由于需求是多种多样的，因此对应有大量的构建方法。本节优先选择介绍其中的某些算法。对于进一步的细节和结果，例如，通过谱图算法及通过特征步骤方法来构建框架，请参考第 2 章。

1.6.1 紧框架和 Parseval 框架

紧框架是特别理想的，因为用紧框架系数对一个信号进行重构，其数值稳定性是最优的，正如 1.5 节所述。多数构建方法修正给定的框架，从而使得结果是一个紧框架。

下面先从产生 Parseval 框架的最基本的方法开始，即应用$S^{-1/2}$，S为框架算子。

引理 1.7 如果$(\varphi_i)_{i=1}^M$是$\mathscr{H}^N$上具有框架算子S的框架，那么$(S^{-1/2}\varphi_i)_{i=1}^M$是一个 Parseval 框架。

证明 由命题 1.10，$(S^{-1/2}\varphi_i)_{i=1}^M$上的框架算子$S^{-1/2}SS^{-1/2}=Id$。

这个结果的简洁性令人印象深刻，从实用的角度来看它有各种各样的问

题，最显著的是此算法需要对框架算子求逆。

如果框架算子的所有特征值及相应特征向量已知，引理 1.7 肯定可用。如果只有对应于最大特征值的本征空间信息丢失，则有一个简单实用的方法来生成一个紧框架，即通过添加最少个数的一些向量，其中的个数最少是可证的。

命题 1.21　设$(\varphi_i)_{i=1}^M$ 是 $\mathscr{H}^N$ 上的任意向量族，$\mathscr{H}^N$ 的框架算子 S 具有特征向量$(e_j)_{j=1}^N$ 和相应特征值 $\lambda_1 \geqslant \lambda_2 \geqslant \cdots \geqslant \lambda_N$。设 $1 \leqslant k \leqslant N$ 使 $\lambda_1 = \lambda_2 = \cdots = \lambda_k > \lambda_{k+1}$，则

$$(\varphi_i)_{i=1}^M \cup ((\lambda_1 - \lambda_j)^{1/2} e_j)_{j=k+1}^N \tag{1.4}$$

组成了 $\mathscr{H}^N$ 上的 λ_1 — 紧密框架。

此外，$N-k$ 是可加入到$(\varphi_i)_{i=1}^M$ 来获得紧框架的最少向量数。

证明　直接计算可表明式(1.4)中的序列确实是 $\mathscr{H}^N$ 上的一个 λ_1 — 紧框架。

对于“更多”部分，假设有向量$(\psi_j)_{j\in J}$ 是 A — 紧框架，具有框架算子 S_1，满足$(\varphi_i)_{i=1}^M \cup (\psi_j)_{j\in J}$。这意味着 $A \geqslant \lambda_1$。

现在定义 S_2 是 $\mathscr{H}^N$ 上的算子，如下所示：

$$S_2 e_j = \begin{cases} 0, & 1 \leqslant j \leqslant k \\ (\lambda_1 - \lambda_j) e_j, & k+1 \leqslant j \leqslant N \end{cases}$$

它遵从 $A \cdot Id = S + S_1$ 且

$$S_1 = A \cdot Id - S \geqslant \lambda_1 Id - S = S_2$$

因为 S_2 有 $N-k$ 个非零特征值，S_1 也有至少 $N-k$ 个非零特征向量，因此 $|J| \geqslant N-k$。这表明 $N-k$ 个加入的向量是数目最少的。

在进一步深入研究详细的重建方法之前，有必要先描述紧框架的一些基本结果，尤其是 Parseval 框架。

框架所能具有的最基本的不变性是正交投影下的不变性。命题 1.22 表明，这种运算确实保持乃至可以改善框架边界。特别地，Parseval 框架的正交投影仍保持为一个 Parseval 框架。

命题 1.22　设$(\varphi_i)_{i=1}^M$ 是 $\mathscr{H}^N$ 上具有框架边界 A, B 的一个框架，且设 P 是 $\mathscr{H}^N$ 子空间 $\mathscr{W}$ 上的一个正交投影，那么$(P\varphi_i)_{i=1}^M$ 是 $\mathscr{W}$ 上具有框架边界 A, B 的一个框架。

特别地，如果$(\varphi_i)_{i=1}^M$ 是 $\mathscr{H}^N$ 上的一个 Parseval 框架且 P 是 $\mathscr{H}^N$ 子空间 $\mathscr{W}$ 上的一个正交投影，那么$(P\varphi_i)_{i=1}^M$ 是 $\mathscr{W}$ 上的一个 Parseval 框架。

证明　对于任意 $x \in \mathscr{W}$，有

$$A\|x\|^2=A\|Px\|^2\leqslant\sum_{i=1}^{M}|\langle Px,\varphi_i\rangle|^2\sum_{i=1}^{M}|\langle x,P\varphi_i\rangle|^2\leqslant B\|Px\|^2=B\|x\|^2$$

命题得证。上述“特别地”那部分也随即得证。

命题 1.22 直接产生下列推论。

推论 1.11 设$(e_i)_{i=1}^N$是$\mathscr{H}^N$上的一个标准正交基，且设P是$\mathscr{H}^N$子空间$\mathscr{W}$上的正交投影。那么$(Pe_i)_{i=1}^M$是$\mathscr{W}$上的一个 Parseval 框架。

推论 1.11 解释如下：给定一个$M\times M$的单位矩阵，如果从矩阵中选择任意N行，则从这些行中得到的列向量形成$\mathscr{H}^N$上的 Parseval 框架。定理 1.9 称为奈马克(Naimark)定理，表明每个 Parseval 框架确实可以从此类运算结果得到。

定理 1.9 (奈马克定理) 设$(\varphi_i)_{i=1}^M$是$\mathscr{H}^N$上具有分析算子T的一个框架，设$(e_i)_{i=1}^M$是ℓ_2^M的标准基，且设$P:\ell_2^M\to\ell_2^M$是T上的正交投影，那么下列条件等价。

(ⅰ)$(\varphi_i)_{i=1}^M$是$\mathscr{H}^N$上的一个 Parseval 框架。

(ⅱ)对于所有$i=1,\cdots,M$，有$Pe_i=T\varphi_i$。

(ⅲ)存在$\psi_1,\cdots,\psi_M\in\mathscr{H}^{N-N}$使$(\varphi_i\oplus\psi_i)_{i=1}^M$是$\mathscr{H}^N$的一个标准正交基。

此外，如果(ⅲ)成立，那么$(\psi_i)_{i=1}^M$是$\mathscr{H}^{M-N}$上的一个 Parseval 框架。如果$(\psi'_i)_{i=1}^M$是另一个如条件(ⅲ)中那样的 Parseval 框架，那么存在$\mathscr{H}^{M-N}$上的唯一线性算子L使$L\psi_i=\psi'_i(i=1,\cdots,M)$，且$L$是单位算子。

证明 (ⅰ)$\Leftrightarrow$(ⅱ)：由定理 1.7(ⅲ)，当且仅当$TT^*=P$时$(\varphi_i)_{i=1}^M$是一个 Parseval 框架。由于对所有的$i=1,\cdots,M$有$T^*e_i=\varphi_i$，因此，(ⅰ)和(ⅱ)是等价的。

(ⅰ)$\Leftrightarrow$(ⅲ)：设$c_i:=e_i-T\varphi_i,i=1,\cdots,M$。那么，由(ⅱ)，对所有的$i$有$c_i\in(\text{ran }T)^\perp$。设$\Phi:(\text{ran }T)^\perp\to\mathscr{H}^{M-N}$是单位矩阵，且设$\psi_i:=\Phi c_i,i=1,\cdots,M$。那么，由于$T$是等距的，即

$$\langle\varphi_i\oplus\psi_i,\varphi_k\oplus\psi_k\rangle=\langle\varphi_i,\varphi_k\rangle+\langle\psi_i,\psi_k\rangle=\langle T\varphi_i,T\varphi_k\rangle+\langle c_i,c_k\rangle=\delta_{ik}$$

这证明了(ⅲ)。

(ⅲ)$\Leftrightarrow$(ⅰ)：由推论 1.11 可直接推出。

对于“此外”部分，从推论 1.11 知$(\psi_i)_{i=1}^M$是$\mathscr{H}^{M-N}$上的一个 Parseval 框架。设$(\psi'_i)_{i=1}^M$是另一个如条件(ⅲ)中的 Parseval 框架，且记$(\psi_i)_{i=1}^M$和$(\psi'_i)_{i=1}^M$的分析算子分别为F和F'。我们利用分解$\mathscr{H}^M=\mathscr{H}^N\oplus\mathscr{H}^{M-N}$。注意，$U:=(T,F)$和$U':=(T,F')$都是从$\mathscr{H}^M$到$\ell_2^M$上的单位算子。用$P_{M-N}$表示

$\mathscr{H}^N$ 到 $\mathscr{H}^{M-N}$ 上的投影，且设

$$L:=P_{M-N}U'^*U|_{\mathscr{H}^{M-N}}=P_{M-N}U'^*F$$

设 $y\in\mathscr{H}^N$，则由于 $U|_{\mathscr{H}^N}=U'|_{\mathscr{H}^N}=T$，有

$$P_{M-N}U'^*Uy=P_{M-N}y=0$$

因此

$$L\psi_i=P_{M-N}U'^*U(\varphi_i\oplus\psi_i)=P_{M-N}U'^*e_i=$$
$$P_{M-N}(\varphi_i\oplus\psi'_i)=\psi'_i$$

$(\psi_i)_{i=1}^M$ 和 $(\psi'_i)_{i=1}^M$ 都是 $\mathscr{H}^{M-N}$ 上的生成集，由此可知 L 是唯一的。

为了表明 L 是单位算子，由命题 1.10，$(L\psi_i)_{i=1}^M$ 的框架算子由 LL^* 给出。由于 $(\psi'_i)_{i=1}^M$ 的框架算子也是单位算子，由此可知 $LL^*=Id$。

从给定框架构造另一个框架最简单的方法是对框架向量做伸缩运算。因此有必要对可以伸缩到 Parseval 框架或紧框架（是等价的）的框架类进行描述，称这种框架为可伸缩的。

定义 1.21　当存在非负（相对应的，正数）数 $a_1,\cdots,a_M$，使 $(a_i\varphi_i)_{i=1}^M$ 是一个 Parseval 框架时，一个 $\mathscr{H}^N$ 上的框架 $(\varphi_i)_{i=1}^M$ 被称为（严格）可伸缩的。

下列结果与奈马克定理密切相关。

定理 1.10　设 $(\varphi_i)_{i=1}^M$ 是 $\mathscr{H}^N$ 上具有分析算子 T 的一个框架，那么下列陈述等价：

（ⅰ）$(\varphi_i)_{i=1}^M$ 是（严格）可伸缩的。

（ⅱ）存在线性算子 $L:\mathscr{H}^{M-N}\to\ell_2^M$ 使 TT^*+LL^* 是一个正定对角阵。

（ⅲ）存在 $\mathscr{H}^{M-N}$ 上的向量序列 $(\psi_i)_{i=1}^M$ 使 $(\varphi_i\oplus\psi_i)_{i=1}^M$ 组成 $\mathscr{H}^M$ 上的一个完备正交系统。

如果 $\mathscr{H}^N$ 是实数域，那么下列结果成立，可用于推导可伸缩性的几何解释。为此，我们再次参考文献[116]。

定理 1.11　设 $\mathscr{H}^N$ 是实数域且 $(\varphi_i)_{i=1}^M$ 是 $\mathscr{H}^N$ 上没有零向量的一个框架，那么下列陈述等价：

（ⅰ）$(\varphi_i)_{i=1}^M$ 是不可伸缩的。

（ⅱ）任给 $i=1,\cdots,M$，有 $\mathscr{H}^N$ 上的自伴随算子 Y，且 $\mathrm{Tr}(Y)<0$，$\langle Y\varphi_i,\varphi_i\rangle\geqslant 0$。

（ⅲ）任给 $i=1,\cdots,M$，有 $\mathscr{H}^N$ 上的自伴随算子 Y，且 $\mathrm{Tr}(Y)=0$，$\langle Y\varphi_i,\varphi_i\rangle>0$。

给定范数的框架向量存在紧框架，我们以此结论来结束本小节。文献[44]中的证明在很大程度上依赖于对框架潜力的深刻理解，是一个纯粹的存

在性证明。然而，在某些特殊情况下文献[56]中提出了构造方法。

定理 1.12 设 $N \leqslant M$，且设 $a_1 \geqslant a_2 \geqslant \cdots \geqslant a_M$ 是正实数，那么下列条件等价：

（ⅰ）对任意 $i=1,2,\cdots,M$ 有 $\mathscr{H}^N$ 上的紧框架 $(\varphi_i)_{i=1}^M$ 满足 $\|\varphi_i\| = a_i$。

（ⅱ）对任意 $1 \leqslant j < N$，有

$$a_j^2 \leqslant \frac{\sum_{i=j+1}^{M} a_i^2}{N-j}$$

（ⅲ）

$$\sum_{i=1}^{M} a_i^2 \geqslant N a_1^2$$

等范数框架更为理想，但都难以构建。第 2 章中文献[46]推导出一个有力的重建手段，称为谱图算法。这种方法甚至可以产生稀疏框架，这减少了计算的复杂性，也确保了合成矩阵的高压缩性——已是一个稀疏矩阵。然而，谱图算法具有产生多个重复框架向量的缺点。在实际应用中，这通常是可以避免的，因为与重复框架向量相关的框架系数不提供任何有关于输入信号的新信息。

1.6.2 具有给定框架算子的框架

通常需要的不仅是构造紧框架，而且是用给定的框架算子来构建框架。在这种情况下，给定框架算子的特征值且假设特征向量是标准基。此类应用包括诸如有色噪声存在时的降噪等。

第一批结论包含了在文献[44]、[56]中推导出的在给定既有范数的框架向量时紧框架存在以及如何构建的充分必要条件；也包括定理 1.12。文献[57]在定理 1.13 中对文献[44]中的结果进行了延伸，并且包括了给定框架算子的本征值。

定理 1.13 设 S 是 $\mathscr{H}^N$ 上的非负自伴随算子，且设 $\lambda_1 \geqslant \lambda_2 \geqslant \cdots \geqslant \lambda_N > 0$ 是 S 的特征值，同时，设 $M \geqslant N$，且设 $c_1 \geqslant c_2 \geqslant \cdots \geqslant c_M$ 是正实数。那么下列条件等价：

（ⅰ）$\mathscr{H}^N$ 上存在具有框架算子 S 的框架 $(\varphi_i)_{i=1}^M$，对于所有 $i=1,2,\cdots,M$，满足 $\|\varphi_i\| = c_i$。

（ⅱ）对每个 $1 \leqslant k \leqslant B$，有

$$\sum_{j=1}^{k} c_j^2 \leqslant \sum_{j=1}^{k} \lambda_j,\quad \sum_{i=1}^{M} c_i^2 = \sum_{j=1}^{N} \lambda_j$$

然而，通常优先利用等范数框架，因为每个向量可提供相同的覆盖空间。

文献[57]表明，给定框架算子，总是存在等范数框架，见定理1.14。

定理1.14　对每个$M \geqslant N$和每个$\mathscr{H}^N$上的可逆非负自伴随算子S来说，在$\mathscr{H}^N$上存在具有M个元素和框架算子S的等范数框架。特别地，对每个$N \leqslant M$，$\mathscr{H}^N$上存在具有M个元素的等范数Parseval框架。

证明　定义被构建的框架的范数为c，其中

$$c^2 = \frac{1}{M}\sum_{j=1}^{N}\lambda_j$$

这充分证明定理1.13(ⅱ)的条件满足，对所有$i=1,2,\cdots,M$，有$c_i = c$。

从c的定义可立即得到第二种情况。

对于第一种情况，观察到

$$c_1^2 = c^2 = \frac{1}{M}\sum_{j=1}^{N}\lambda_j \leqslant \lambda_1$$

因此，$j=1$时此种情况成立。现在，制造矛盾，假设存在某个$k \in \{2,\cdots,N\}$，当从1向上计数时出现第一次不成立的情况，即

$$\sum_{j=1}^{k-1} c_j^2 = (k-1)c^2 \leqslant \sum_{j=1}^{k-1}\lambda_j, \quad \sum_{i=1}^{k} c_j^2 = kc^2 > \sum_{j=1}^{k}\lambda_j$$

这表明$c^2 \geqslant \lambda_k$，因此对所有$k+1 \leqslant j \leqslant N$，有$c^2 \geqslant \lambda_j$，所以

$$Mc^2 \geqslant kc^2 + (N-k)c^2 > \sum_{j=1}^{k}\lambda_j + \sum_{j=k+1}^{N} c_j^2 \geqslant$$

$$\sum_{j=1}^{N}\lambda_j + \sum_{j=k+1}^{N}\lambda_j = \sum_{j=1}^{N}\lambda_j$$

是矛盾的。证明完成。

由前述谱图算法文献[30]、[43]、[47]、[49]向非紧框架延伸，即可推导出定理1.14，有兴趣的读者可参见第2章。我们还提到可以拓展谱块算法来构建融合框架(参见1.9节)，在第13章中将详细论述。

1.6.3　Full Spark框架

常用的框架是那些最适用于抗擦除的框架，其精确定义如下。

定义1.22　一个$\mathscr{H}^N$上的框架$(\varphi_i)_{i=1}^M$，如果去除任意$M-N$个向量仍为一个框架，则称其为Full Spark框架。例如，对任意$I \subset \{1,\cdots,M\}$，$|I| = M-N$，序列$(\varphi_i)_{i=1,i\notin I}^M$仍是$\mathscr{H}^N$上的一个框架。

这样的框架在应用上具有重要意义。文献[126]首先对此进行了研究。近日，文献[26]、[80]、[135]应用代数几何的方法，对Full Spark框架的等价类进行了广泛的研究。结果表明，Full Spark框架的等价类在格拉斯曼流形

中是密集的。为使读者更深入理解这些结果,第 4 章对代数几何及其相关结果进行了研究。

1.7 框架的性质

如前所述,框架的一些关键性质,如抗擦除鲁棒性、抗噪适应性及稀疏逼近性质都源于框架的生成和独立性质,其通常基于 Rado－Horn 定理及其冗余版本。这些性质也只因它们的冗余性才能成立。

1.7.1 生成和独立性

框架边界意味着特定的生成性质。定理 1.15 可比对引理 1.2 来理解,引理 1.2 中首次叙述了框架的生成集。

定理 1.15 设$(\varphi_i)_{i=1}^M$是$\mathscr{H}^N$上具有框架边界A和B的一个框架,那么下列条件成立:

(ⅰ)对所有$i=1,2,\cdots,M$,$\|\varphi_i\|^2\leqslant B_{\text{op}}$。

(ⅱ)如果对于某些$i_0\in\{1,\cdots,M\}$有$\|\varphi_{i_0}\|^2=B_{\text{op}}$,那么$\varphi_{i_0}\perp\text{span}\{\varphi_i\}_{i=1,i\neq i_0}^M$。

(ⅲ)如果对于某些$i_0\in\{1,\cdots,M\}$有$\|\varphi_{i_0}\|^2<A_{\text{op}}$,那么$\varphi_{i_0}\in\text{span}\{\varphi_i\}_{i=1,i\neq i_0}^M$。

特别地,如果$(\varphi_i)_{i=1}^M$是一个 Parseval 框架,那么$\varphi_{i_0}\perp\text{span}\{\varphi_i\}_{i=1,i\neq i_0}^M$(此时$\|\varphi_i\|=1$)或$\|\varphi_{i_0}\|<1$。

证明 对任意$i_0\in\{1,\cdots,M\}$有

$$\|\varphi_{i_0}\|^4\leqslant\|\varphi_{i_0}\|^4+\sum_{i\neq i_0}|\langle\varphi_{i_0},\varphi_i\rangle|^2=\sum_{i=1}^M|\langle\varphi_{i_0},\varphi_i\rangle|^2\leqslant B_{\text{op}}\|\varphi_{i_0}\|^2\tag{1.5}$$

(ⅰ)和(ⅱ)可从式(1.5)得出。

(ⅲ)用P表示$(\text{span}\{\varphi_i\}_{i=1,i\neq i_0}^M)^\perp$上$\mathscr{H}^N$的正交投影。那么

$$A_{\text{op}}\|P\varphi_{i_0}\|^2\leqslant\|P\varphi_{i_0}\|^4+\sum_{i=1,i\neq i_0}^M|\langle P\varphi_{i_0},\varphi_i\rangle|^2=\|P\varphi_{i_0}\|^4$$

因此,任意$P\varphi_{i_0}=0$(于是$\varphi_{i_0}\in\text{span}\{\varphi_i\}_{i=1,i\neq i_0}^M$)或$A_{\text{op}}\leqslant\|P\varphi_{i_0}\|^2\leqslant\|\varphi_{i_0}\|^2$。这证明了(ⅲ)。

在理想情况下,我们感兴趣的是利用其生成和独立性质对框架做准确描述。下列问题可通过此措施来回答:框架包含了多少线性不相交的独立生成

集呢？除此之外，框架包含了多少可生成超平面的线性不相交的独立生成集呢？等等。

一个在此方向上的主要结果见文献[13]。

定理 1.16　$\mathcal{H}^N$ 上具有 $M=kN+j$ 个元素，$0\leqslant j<N$ 的单位范数紧框架$(\varphi_i)_{i=1}^M$，可被划分成 k 个线性无关的生成集外加包含 j 个元素的线性无关集。

对于它的证明及进一步的相关结果，见第3章。

1.7.2　冗余性

冗余是框架的关键性质，但很少有人来研究有意义的冗余性量化测度。经典的测度 $\mathcal{H}^N$ 上框架$(\varphi_i)_{i=1}^M$ 冗余性的方法是框架向量数目与环绕空间的维数的商，即$\frac{M}{N}$。然而，这一测度有严重的问题，例如在区分例1.2(1)和(2)中的两个框架时给它们赋予了相同的冗余测度值$\frac{2N}{N}=2$。从框架的角度来看，这两个框架是不同的，举例说明，一个含有两个生成集而另一个只包含一个生成集。

文献[12]中提出了一个新的冗余概念，可以更好地理解冗余所代表的真正含义。为描述这个概念，令 $\mathbf{S}=\{x\in\mathcal{H}^N:\|x\|=1\}$ 表示 $\mathcal{H}^N$ 上的单位球面，让 $P_{\mathrm{span}\{x\}}$ 表示 $x\in\mathcal{H}^N$ 某些到子空间 $\mathrm{span}\{x\}$ 的正交投影。

定义 1.23　设 $\Phi=(\varphi_i)_{i=1}^M$ 是 $\mathcal{H}^N$ 上的一个框架。对每个 $x\in\mathbf{S}$，冗余框架函数 $\mathcal{R}_\Phi:\mathbf{S}\to\mathbf{R}^+$ 被定义为

$$\mathcal{R}_\Phi(x)=\sum_{i=1}^M\|P_{\mathrm{span}\{\varphi_i\}}x\|^2$$

那么 Φ 的冗余上界被定义为

$$\mathcal{R}_\Phi^+=\max_{x\in\mathbf{S}}\mathcal{R}_\Phi(x)$$

Φ 的冗余下界被定义为

$$\mathcal{R}_\Phi^-=\min_{x\in\mathbf{S}}\mathcal{R}_\Phi(x)$$

此外，如果

$$\mathcal{R}_\Phi^-=\mathcal{R}_\Phi^+$$

则 Φ 具有同样的冗余度。

有人可能会希望这个新的冗余概念可提供有关框架的生成和独立性质的信息，因为这与有些问题联系密切，比如，框架对删除特定数目的框架向量是否有适应性。事实上，这种联系是存在的，见定理1.17。

定理 1.17 设 $\Phi=(\varphi_i)_{i=1}^M$ 是 $\mathscr{H}^N$ 上无零向量的一个框架，那么下列条件成立：

（ⅰ）Φ 包含 $\lceil \mathscr{R}_\Phi^- \rceil$ 不相交生成集。

（ⅱ）Φ 可以被划分为 $\lceil \mathscr{R}_\Phi^+ \rceil$ 个线性独立集。

已知冗余这个概念的其他多种属性，如可加性或其域值，更详细的可参考文献[12]和第 3 章。

冗余上限和冗余下限的概念与删除 **0** 向量后的归一化框架的最优框架 $\left(\frac{\varphi_i}{\|\varphi_i\|}\right)_{i=1}^M$ 边界是一致的。关键是，在此视角下定理 1.17 结合了 Φ 的分析和代数性质。

1.7.3 等价框架

现在来考虑框架的等价类。正如在其他研究领域那样，相同等价类往往具有某些相同性质。

1.7.3.1 同构框架

定义 1.24 描述了框架间的一个等价关系。

定义 1.24 如果对所有 $i=1,2,\cdots,M$ 存在算子 $F:\mathscr{H}^N\to\mathscr{H}^N$ 满足 $F\varphi_i=\psi_i$，则 $\mathscr{H}^N$ 上的两个框架 $(\varphi_i)_{i=1}^M$ 和 $(\psi_i)_{i=1}^M$ 被称为同构框架。

由于框架的生成性质，上面所定义的算子 F 是可逆且唯一的。此外，请注意文献[4]中具有上述算子 F 的同构框架称为 F － 等价。

定理 1.18 描述了两个框架在分析和合成算子方面的同构特性。

定理 1.18 设 $(\varphi_i)_{i=1}^M$ 和 $(\psi_i)_{i=1}^M$ 分别是 $\mathscr{H}^N$ 上具有分析算子 T_1 和 T_2 的框架，那么下列条件等价：

（ⅰ）$(\varphi_i)_{i=1}^M$ 与 $(\psi_i)_{i=1}^M$ 同构。

（ⅱ）$\operatorname{ran} T_1=\operatorname{ran} T_2$。

（ⅲ）$\ker T_1^*=\ker T_2^*$。

如果（ⅰ）～（ⅲ）中一个成立，那么对任意 $i=1,\cdots,N$ 满足 $F\varphi_i=\psi_i$ 的算子 $F:\mathscr{H}^N\to\mathscr{H}^N$ 由 $F=T_2^*(T_1^*|_{\operatorname{ran} T_1})^{-1}$ 给出。

证明 通过正交互补可证（ⅱ）和（ⅲ）等价。令 $(e_i)_{i=1}^M$ 表示 ℓ_2^M 的标准单位向量基。

（ⅰ）⇒（ⅲ）：设 F 是 $\mathscr{H}^N$ 上的可逆算子，对任意 $i=1,\cdots,M$ 有 $F\varphi_i=\psi_i$。那么命题 1.9 意味着 $T_2=T_1F^*$，因此 $FT_1^*=T_2^*$。由于 F 是可逆的，（ⅲ）可证。

（ⅱ）⇒（ⅰ）：设 P 是 $\mathscr{W}:=\operatorname{ran} T_1=\operatorname{ran} T_2$ 上的正交投影，那么 $\varphi_i=$

$T_1^* e_i = T_1^* Pe_i$ 且 $\psi_i = T_2^* e_i = T_2^* Pe_i$。算子 T_1^* 和 T_2^* 都将 $\mathscr{W}$ 双射到 $\mathscr{H}^N$ 上。因此，算子 $F := T_2^* (T_1^* \mid \mathscr{W})^{-1}$ 将 $\mathscr{H}^N$ 双射到其自身上。

所以，对每个 $i \in \{1,\cdots,M\}$，有

$$F\varphi_i = T_2^* (T_1^* \mid \mathscr{W})^{-1} T_1^* Pe_i = T_2^* Pe_i = \psi_i$$

这证明了（ⅰ）以及关于算子 F 的其他描述。

在框架同构方面，一个明显但有趣的结果是引理 1.7 中 Parseval 框架实际上与原框架同构。

引理 1.8　设 $(\varphi_i)_{i=1}^M$ 是 $\mathscr{H}^N$ 上具有框架算子 S 的一个框架，那么 Parseval 框架 $(S^{-1/2}\varphi_i)_{i=1}^M$ 同构于 $(\varphi_i)_{i=1}^M$。

类似地，一个给定框架也同构于它的标准对偶框架。

引理 1.9　设 $(\varphi_i)_{i=1}^M$ 是 $\mathscr{H}^N$ 上具有框架算子 S 的一个框架，那么标准对偶框架 $(S^{-1}\varphi_i)_{i=1}^M$ 同构于 $(\varphi_i)_{i=1}^M$。

有趣的是，事实证明（并将在以下结果被证明）该标准对偶框架是与给定框架同构的唯一对偶框架。

命题 1.23　设 $\Phi = (\varphi_i)_{i=1}^M$ 是 $\mathscr{H}^N$ 上具有框架算子 S 的一个框架，且设 $(\psi_i)_{i=1}^M$ 和 $(\tilde{\psi}_i)_{i=1}^M$ 是 Φ 上的两个不同的双重框架，那么 $(\psi_i)_{i=1}^M$ 和 $(\tilde{\psi}_i)_{i=1}^M$ 不同构。

特别地，$(S^{-1}\varphi_i)_{i=1}^M$ 是唯一与 Φ 同构的 Φ 的对偶框架。

证明　设 $(\psi_i)_{i=1}^M$ 和 $(\tilde{\psi}_i)_{i=1}^M$ 是 Φ 上的两个不同的双重框架。为产生矛盾，假设 $(\psi_i)_{i=1}^M$ 和 $(\tilde{\psi}_i)_{i=1}^M$ 是同构的，且让 F 表示可逆算子，满足 $\psi_i = F\tilde{\psi}_i$，$i=1,2,\cdots,M$，那么，对每个 $x \in \mathscr{H}^N$，有

$$F^* x = \sum_{i=1}^M \langle F^* x, \tilde{\psi}_i \rangle \varphi_i = \sum_{i=1}^M \langle x, F\tilde{\psi}_i \rangle \varphi_i = \sum_{i=1}^M \langle x, \psi_i \rangle \varphi_i = x$$

因此，$F^* = Id$ 意味着 $F = Id$，这是矛盾的。

1.7.3.2　酉同构框架

酉同构框架的概念是对等价的加强。

定义 1.25　如果存在一元算子 $U:\mathscr{H}^N \to \mathscr{H}^N$ 对所有 $i=1,2,\cdots,M$ 满足 $U\varphi_i = \psi_i$，则两个 $\mathscr{H}^N$ 上的框架 $(\varphi_i)_{i=1}^M$ 和 $(\psi_i)_{i=1}^M$ 是酉同构的。

在 Parseval 框架的情况下，同构和酉同构的概念是一致的。

引理 1.10　设 $(\varphi_i)_{i=1}^M$ 和 $(\psi_i)_{i=1}^M$ 是 $\mathscr{H}^N$ 上的同构 Parseval 框架，那么它们进一步是酉同构的。

证明　设 F 是 $\mathscr{H}^N$ 上对所有 $i=1,2,\cdots,M$ 满足 $F\varphi_i = \psi_i$ 的一个可逆算子。一方面，由命题 1.10，$(F\varphi_i)_{i=1}^M$ 的框架算子是 $FIdF^* = FF^*$。另一方面，

$(\psi_i)_{i=1}^M$ 的框架算子是单位算子。因此,$FF^* = Id$。

我们以两个框架为酉同构的必要和充分条件来结束本节。

命题 1.24　$(\varphi_i)_{i=1}^M$ 和$(\psi_i)_{i=1}^M$ 分别是 $\mathscr{H}^N$ 上具有分析算子 T_1 和 T_2 的两个框架,则下列条件等价。

(ⅰ)$(\varphi_i)_{i=1}^M$ 和$(\psi_i)_{i=1}^M$ 是酉同构的。

(ⅱ)对所有 $c \in \ell_2^M$ 有 $\| T_1^* c \| = \| T_1^* c \|$。

(ⅲ)$T_1 T_1^* = T_2 T_2^*$。

证明　(ⅰ)⇒(ⅲ):设 U 是 $\mathscr{H}^N$ 上对所有 $i=1,\cdots,M$ 满足 $U\varphi_i = \psi_i$ 的一个一元算子。那么,由命题 1.9 有 $T_2 = T_1 U^*$,得到 $T_2 T_2^* = T_1 U^* U T_1^* = T_1 T_1^*$,因此(ⅲ)得证。

(ⅲ)⇒(ⅱ):这可以立即得出。

(ⅱ)⇒(ⅰ):由于(ⅱ)意味着 $\ker T_1^* = \ker T_2^*$,从定理 1.18 知,对所有 $i=1,\cdots,M$ 有 $U\varphi_i = \psi_i$,其中 $U = T_2^* (T_2^* |_{\operatorname{ran} T_1})^{-1}$。但这个算子是单位算子,因为(ⅱ)也意味着对所有 $x \in \mathscr{H}^N$,有

$$\| T_2^* (T_1^* |_{\operatorname{ran} T_1})^{-1} x \| = \| T_1^* (T_1^* |_{\operatorname{ran} T_1})^{-1} x \| = \| x \|$$

1.8　有限框架的应用

有限框架是一种通用方法,适合于任何要求冗余且稳定分解的应用,例如,用于信号的分析或传输,但令人惊讶的是,其也可用于更多偏理论的问题。

1.8.1　去噪和抗擦除

噪声和擦除是信号传输时必须去面对的常见问题。框架的冗余性特别适合来减少和补偿这种干扰。早期的开创性研究参见文献[50]、[93]～[95],其次是一些基础性的论文(参考文献[10]、[15]、[102]、[136]、[149])。另外,一个始终面临的问题是脉码调制(PCM)量化和 Sigma－Delta(ΣΔ)量化时引入误差的抑制问题。理论误差需要考虑从最差到平均情况范围内的场景。是否考虑噪声及擦除决定了采用的重建策略的不同。最近一些工作还考虑到特殊类型的擦除或重构时对偶框架的选择。第 7 章综合研究了这些考虑及相关结论。

1.8.2　抗扰动适应性能

信号的扰动是信号处理应用所面临的另外一个问题。多个结果表明框架

具有抗扰动适应性。一类侧重于普遍适用的框架扰动结果，有的甚至设定在 Banach 空间上。另一个是特定框架的扰动，如 Gabor 框架，包含 Riesz 基的框架，或平移不变空间的框架。最后，进一步对融合框架存在扰动时的表现进行了研究。

1.8.3　量化鲁棒性

每个信号处理应用都包含模数转换步骤，这就是量化。量化通常应用于变换系数，对应我们的情况就是(冗余)框架系数。有趣的是，通过使用 ΣΔ 算法和特定非标准对偶框架重构时，在量化这一步骤即可对框架的冗余性进行成功探索。在大多数范围内，此性能比通过四舍五入来分别得到每个系数(PCM)要显著得多。此结果是在文献[7]、[8]首次发现的。在很短的时间里就改进了误差范围，研究改善了量化方案，开发出了特定对偶框架来进行重建，PCM 也重新得到了研究。第 8 章对有限框架量化进行了介绍，有兴趣的读者可以参考。

1.8.4　压缩感知

因为高维信号通常集中于低维子空间，很自然地猜想到所收集的数据可以表示为合理选定框架的稀疏线性组合。最早文献[32]、[33]、[78]发展了压缩传知的新方法，利用上述猜想表明了此类信号可以通过线性规划法，由很少非自适应线性测量来进行重构。入门书籍参考文献[84]、[86]，深入研究可参考文献[25]。于是，无论在系统稀疏化还是测量矩阵设计方面，有限框架都起到了重要作用。对于集中于与框架有关的研究，我们可参考文献[1]、[2]、[31]、[69]、[141]、[142]；对于融合框架的结构化框架研究，参考文献[22]、[85]。第 9 章介绍了压缩感知及其与有限框架理论间的联系。

在有限框架和稀疏方法间还有另外一个有趣的关系，即致力于框架向量稀疏化以确保低计算复杂度。对于这一点，可参考文献[30]、[49]和第 13 章。

1.8.5　滤波器组

滤波器组是大部分信号处理应用的基础，可借鉴以下综合参考(文献[125]、[145])和专注于小波的书(文献[75]、[134]、[150])，以及优秀的研究文章(文献[109]、[110])。在通常情况下，一个输入信号会并行应用多个滤波器，然后进行采样。如果框架是由一组固定向量的等间隔平移组成，则这种处理方法与有限框架的分解密切相关，此结论首先参见文献[19]、[21]、[71]、

[72]，并在文献[62]、[63]、[90]、[112]中得到改善和拓展。这种观点有利于深入了解滤波过程，同时保留了扩展传统滤波器组理论的可能性。第10章对滤波器组及其与有限框架理论的关系做了介绍。

1.8.6　稳定分割

框架理论中的Feichtinger猜想推测可将框架分割为具有"良好"边界的序列。当对分布式处理进行建模以及局部处理单元需要稳定的框架时，容易看出其中的关联性。一些基础性的论文([48]、[55]、[61])又将此猜想与其他一些公开的猜想相联系，习惯上称这些猜想为纯粹数学，比如C^*－代数学中的Kadison－Singer问题。第11章介绍了它们之间的关系及意义，也重点介绍了Paulsen(保尔森)问题，它提供了使框架同时是(近似)等范数和(近似)紧框架时的误差估计。

1.9　扩　展

受到实际应用的促进，近些年关于有限框架理论的许多外延取得了发展。

1. 概率框架

这个理论是基于如下观察，即有限框架可以看作分布在$\mathscr{H}^N$上的大量的点。作为框架的外延，文献[81]～[83]引入和研究了概率框架，构成了一类通用的概率测度，也具有适当的稳定性约束。此类应用包括，例如，定向统计，此时概率框架可以用来测量某些统计测试的不一致性。有关概率框架理论及其应用的更多细节可参考第12章。

2. 融合框架

有限框架信号处理可以被视为到一维子空间的投影。与此相反，在文献[51]、[53]中引入的聚变框架，其分析和处理信号是将其(正交)投影到多维子空间，而这也必须满足一定的稳定性条件。融合框架还可以在不同的子空间进行局部处理。这个理论其实是非常适合于需要分布式处理的应用。本书也提到一个与之密切相关的推广，即被称为G－框架的存在，然而其不容纳任何附加的(局部)结构，与应用也没有关系(参见文献[137]、[138])。可在第13章中找到关于融合框架理论的详细介绍。

致谢　作者非常感谢Andreas Heinecke和Emily King，他们对本章进行了校对并进行了有用的注释，极大地改善了本章的行文；作者P.G.C受到以下资助：自然科学基金DMS 1008183和ATD 1042701，空军科学研究局基金FA9550－11－1－0245；作者G. K. 受到以下资助：柏林爱因斯坦基金会，德国研究基金会基金SPP－1324 KU 1446/13和KU 1446/14，德国研究基金会柏林MATHEON研究中心“关键科技中的数学”项目；作者F. P. 受到了德国研究基金会柏林MATHEON研究中心“关键科技中的数学”项目的资助。

本章参考文献

[1] Bajwa, W. U., Calderbank, R., Jafarpour, S.: Why Gabor frames? Two fundamental measures of coherence and their role in model selection. J. Commun. Netw. 12, 289-307 (2010).

[2] Bajwa, W. U., Calderbank, R., Mixon, D. G.: Two are better than one: fundamental parameters of frame coherence. Appl. Comput. Harmon. Anal. 33, 58-78 (2012).

[3] Balan, R.: Stability theorems for Fourier frames and wavelet Riesz bases. J. Fourier Anal. Appl. 3, 499-504 (1997).

[4] Balan, R.: Equivalence relations and distances between Hilbert frames. Proc. Am. Math. Soc. 127, 2353-2366 (1999).

[5] Balan, R., Bodmann, B. G., Casazza, P. G., Edidin, D.: Painless reconstruction from magnitudes of frame coefficients. J. Fourier Anal. Appl. 15, 488-501 (2009).

[6] Balan, R., Casazza, P. G., Edidin, D.: On signal reconstruction without phase. Appl. Comput. Harmon. Anal. 20, 345-356 (2006).

[7] Benedetto, J. J., Powell, A. M., Yilmaz, Ö.: Sigma-delta (ΣΔ) quantization and finite frames. IEEE Trans. Inf. Theory 52, 1990-2005 (2006).

[8] Benedetto, J. J., Powell, A. M., Yilmaz, Ö.: Second order sigma-delta quantization of finite frame expansions. Appl. Comput. Harmon. Anal. 20, 126-148 (2006).

[9] Blum, J., Lammers, M., Powell, A. M., Yilmaz, Ö.: Sobolev duals in frame theory and sigma-delta quantization. J. Fourier Anal. Appl. 16, 365-381 (2010).

[10] Bodmann, B. G.: Optimal linear transmission by loss-insensitive packet encoding. Appl. Comput. Harmon. Anal. 22, 274-285 (2007).

[11] Bodmann, B., Casazza, P. G.: The road to equal-norm Parseval

frames. J. Funct. Anal. 258, 397-420 (2010).

[12] Bodmann, B. G., Casazza, P. G., Kutyniok, G.: A quantitative notion of redundancy for finite frames. Appl. Comput. Harmon. Anal. 30, 348-362 (2011).

[13] Bodmann, B. G., Casazza, P. G., Paulsen, V. I., Speegle, D.: spanning and independence properties of frame partitions. Proc. Am. Math. Soc. 140, 2193-2207 (2012).

[14] Bodmann, B., Lipshitz, S.: Randomly dithered quantization and sigma-delta noise shaping for finite frames. Appl. Comput. Harmon. Anal. 25, 367-380 (2008).

[15] Bodmann, B. G., Paulsen, V. I.: Frames, graphs and erasures. Linear Algebra Appl. 404, 118- 146 (2005).

[16] Bodmann, B., Paulsen, V.: Frame paths and error bounds for sigma-delta quantization. Appl. Comput. Harmon. Anal. 22, 176-197 (2007).

[17] Bodmann, B., Paulsen, V., Abdulbaki, S.: Smooth frame-path termination for higher order sigma-delta quantization. J. Fourier Anal. Appl. 13, 285-307 (2007).

[18] Bodmann, B. G., Singh, P. K.: Burst erasures and the mean-square error for cyclic Parseval frames. IEEE Trans. Inf. Theory 57, 4622-4635 (2011).

[19] Bölcskei, H., Hlawatsch, F.: Oversampled cosine modulated filter banks with perfect reconstruction. IEEE Trans. Circuits Syst. Ⅱ, Analog Digit. Signal Process. 45, 1057-1071 (1998).

[20] Bölcskei, H., Hlawatsch, F.: Noise reduction in oversampled filter banks using predictive quantization. IEEE Trans. Inf. Theory 47, 155-172 (2001).

[21] Bölcskei, H., Hlawatsch, F., Feichtinger, H. G.: Frame-theoretic analysis of oversampled filter banks. IEEE Trans. Signal Process. 46, 3256-3269 (1998).

[22] Boufounos, B., Kutyniok, G., Rauhut, H.: Sparse recovery from combined fusion frame measurements. IEEE Trans. Inf. Theory 57, 3864-3876 (2011).

[23] Bownik, M., Luoto, K., Richmond, E.: A combinatorial character-

ization of tight fusion frames, preprint.

[24] Broome, H. , Waldron, S. : On the construction of highly symmetric tight frames and complex polytopes, preprint.

[25] Bruckstein, A. M. , Donoho, D. L. , Elad, M. : From sparse solutions of systems of equations to sparse modeling of signals and images. SIAM Rev. 51, 34-81 (2009).

[26] Cahill, J. : Flags, frames, and Bergman spaces. Master's Thesis, San Francisco State University (2009).

[27] Cahill, J. , Casazza, P. G. : The Paulsen problem in operator theory. Oper. Matrices (to appear).

[28] Cahill, J. , Casazza, P. G. , Li, S. : Non-orthogonal fusion frames and the sparsity of fusion frame operators. J. Fourier Anal. Appl. 18, 287-308 (2012).

[29] Cahill, J. , Fickus, M. , Mixon, D. G. , Poteet, M. J. , Strawn, N. K. : Constructing finite frames of a given spectrum and set of lengths. Appl. Comput. Harmon. Anal. (to appear).

[30] Calderbank, R. , Casazza, P. G. , Heinecke, A. , Kutyniok, G. , Pezeshki, A. : Sparse fusion frames: existence and construction. Adv. Comput. Math. 35, 1-31 (2011).

[31] Candès, E. J. , Eldar, Y. , Needell, D. , Randall, P. : Compressed sensing with coherent and redundant dictionaries. Appl. Comput. Harmon. Anal. 31, 59-73 (2011).

[32] Candès, E. J. , Romberg, J. , Tao, T. : Stable signal recovery from incomplete and inaccurate measurements. Commun. Pure Appl. Math. 59, 1207-1223 (2006).

[33] Candès, E. J. , Romberg, J. , Tao, T. : Robust uncertainty principles: exact signal reconstruction from highly incomplete frequency information. IEEE Trans. Inf. Theory 52, 489-509 (2006).

[34] Casazza, P. G. : Modern tools for Weyl-Heisenberg (Gabor) frame theory. Adv. Imaging Electron Phys. 115, 1-127 (2000).

[35] Casazza, P. G. : The art of frame theory. Taiwan. J. Math. 4, 129-201 (2000).

[36] Casazza, P. G. : Custom building finite frames. In: Wavelets, Frames and Operator Theory. Papers from the Focused Research Group Work-

shop, University of Maryland, College Park, MD, USA, 15-21 January 2003. Contemp. Math., vol. 345, pp. 15-21. Am. Math. Soc., Providence (2003).

[37] Casazza, P. G., Christensen, O.: Perturbation of operators and applications to frame theory. J. Fourier Anal. Appl. 3, 543-557 (1997).

[38] Casazza, P. G., Christensen, O.: Frames containing a Riesz basis and preservation of this property under perturbations. SIAM J. Math. Anal. 29, 266-278 (1998).

[39] Casazza, P. G., Christensen, O.: The reconstruction property in Banach spaces and a perturbation theorem. Can. Math. Bull. 51, 348-358 (2008).

[40] Casazza, P. G., Christensen, O., Lammers, M. C.: Perturbations of Weyl-Heisenberg frames. Hokkaido Math. J. 31, 539-553 (2002).

[41] Casazza, P. G., Christensen, O., Lindner, A., Vershynin, R.: Frames and the Feichtinger conjecture. Proc. Am. Math. Soc. 133, 1025-1033 (2005).

[42] Casazza, P. G., Fickus, M.: Minimizing fusion frame potential. Acta Appl. Math. 107, 7-24 (2009).

[43] Casazza, P. G., Fickus, M., Heinecke, A., Wang, Y., Zhou, Z.: Spectral tetris fusion frame constructions. J. Fourier Anal. Appl. Published online, April 2012.

[44] Casazza, P. G., Fickus, M., Kovačević, J., Leon, M., Tremain, J. C.: A physical interpretation for finite tight frames. In: Heil, C. (ed.) Harmonic Analysis and Applications (in Honor of John Benedetto), pp. 51-76. Birkhaüser, Basel (2006).

[45] Casazza, P. G., Fickus, M., Mixon, D.: Auto-tuning unit norm frames. Appl. Comput. Harmon. Anal. 32, 1-15 (2012).

[46] Casazza, P. G., Fickus, M., Mixon, D., Wang, Y., Zhou, Z.: Constructing tight fusion frames. Appl. Comput. Harmon. Anal. 30, 175-187 (2011).

[47] Casazza, P. G., Fickus, M., Mixon, D., Wang, Y., Zhou, Z.: Constructing tight fusion frames. Appl. Comput. Harmon. Anal. 30, 175-187 (2011).

[48] Casazza, P. G., Fickus, M., Tremain, J. C., Weber, E.: The Kadi-

son-Singer problem in mathematics and engineering—a detailed account. In: Operator Theory, Operator Algebras and Applications. Proceedings of the 25th Great Plains Operator Theory Symposium, University of Central Florida, FL, USA, 7-12 June 2005. Contemp. Math., vol. 414, pp. 297-356. Am. Math. Soc., Providence (2006).

[49] Casazza, P. G., Heinecke, A., Krahmer, F., Kutyniok, G.: Optimally Sparse frames. IEEE Trans. Inf. Theory 57, 7279-7287 (2011).

[50] Casazza, P. G., Kovačević, J.: Equal-norm tight frames with erasures. Adv. Comput. Math. 18, 387-430 (2003).

[51] Casazza, P. G., Kutyniok, G.: Frames of subspaces. In: Wavelets, Frames and Operator Theory. Papers from the Focused Research Group Workshop, University of Maryland, College Park, MD, USA, 15-21 January 2003. Contemp. Math., vol. 345, pp. 15-21. Am. Math. Soc., Providence (2003).

[52] Casazza, P. G., Kutyniok, G.: Robustness of fusion frames under erasures of subspaces and of local frame vectors. In: Radon Transforms, Geometry, and Wavelets. Contemp. Math., vol. 464, pp. 149-160. Am. Math. Soc., Providence (2008).

[53] Casazza, P. G., Kutyniok, G., Li, S.: Fusion frames and distributed processing. Appl. Comput. Harmon. Anal. 25, 114-132 (2008).

[54] Casazza, P. G., Kutyniok, G., Speegle, D.: A redundant version of the Rado—Horn theorem. Linear Algebra Appl. 418, 1-10 (2006).

[55] Casazza, P. G., Kutyniok, G., Speegle, D.: A decomposition theorem for frames and the Feichtinger conjecture. Proc. Am. Math. Soc. 136, 2043-2053 (2008).

[56] Casazza, P. G., Leon, M.: Existence and construction of finite tight frames. J. Concr. Appl. Math. 4, 277-289 (2006).

[57] Casazza, P. G., Leon, M.: Existence and construction of finite frames with a given frame operator. Int. J. Pure Appl. Math. 63, 149-158 (2010).

[58] Casazza, P. G., Leonhard, N.: Classes of finite equal norm Parseval frames. In: Frames and Operator Theory in Analysis and Signal Processing. AMS-SIAM Special Session, San Antonio, TX, USA, 12-15

January 2006. Contemp. Math., vol. 451, pp. 11-31. Am. Math. Soc., Providence (2008).

[59] Casazza, P. G., Liu, G., Zhao, C., Zhao, P.: Perturbations and irregular sampling theorems for frames. IEEE Trans. Inf. Theory 52, 4643-4648 (2006).

[60] Casazza, P. G., Redmond, D., Tremain, J. C.: Real equiangular frames. In: 42nd Annual Conference on Information Sciences and Systems. CISS 2008, pp. 715-720 (2008).

[61] Casazza, P. G., Tremain, J. C.: The Kadison-Singer problem in mathematics and engineering. Proc. Natl. Acad. Sci. 103, 2032-2039 (2006).

[62] Chai, L., Zhang, J., Zhang, C., Mosca, E.: Frame-theory-based analysis and design of oversampled filter banks: direct computational method. IEEE Trans. Signal Process. 55, 507-519 (2007).

[63] Chebira, A., Fickus, M., Mixon, D. G.: Filter bank fusion frames. IEEE Trans. Signal Process. 59, 953-963 (2011).

[64] Chien, T., Waldron, S.: A classification of the harmonic frames up to unitary equivalence. Appl. Comput. Harmon. Anal. 30, 307-318 (2011).

[65] Christensen, O.: An Introduction to Frames and Riesz Bases. Birkhäuser Boston, Boston (2003).

[66] Christensen, O.: Frames and Bases: An Introductory Course. Birkhäuser, Boston (2008).

[67] Christensen, O., Feichtinger, H. G., Paukner, S.: Gabor analysis for imaging. In: Handbook of Mathematical Methods in Imaging, pp. 1271-1307. Springer, Berlin (2011).

[68] Christensen, O., Heil, C.: Perturbations of Banach frames and atomic decompositions. Math. Nachr. 185, 33-47 (1997).

[69] Cohen, A., Dahmen, W., DeVore, R. A.: Compressed sensing and best *k*-term approximation. J. Am. Math. Soc. 22, 211-231 (2009).

[70] Conway, J. B.: A Course in Functional Analysis, 2nd edn. Springer, Berlin (2010).

[71] Cvetković, Z., Vetterli, M.: Oversampled filter banks. IEEE Trans. Signal Process. 46, 1245- 1255 (1998).

[72] Cvetković, Z. , Vetterli, M. : Tight Weyl-Heisenberg frames in $\ell_2(\mathbf{Z})$. IEEE Trans. Signal Process. 46, 1256-1259 (1998).

[73] Dahmen, W. , Huang, C. , Schwab, C. , Welper, G. : Adaptive Petrov-Galerkin methods for first order transport equation. SIAM J. Numer. Anal. (to appear).

[74] Daubechies, I. : The wavelet transform, time-frequency localization and signal analysis. IEEE Trans. Inf. Theory 36, 961-1005 (1990).

[75] Daubechies, I. : Ten Lectures on Wavelets. SIAM, Philadelphia (1992).

[76] Daubechies, I. , Grossman, A. , Meyer, Y. : Painless nonorthogonal expansions. J. Math. Phys. 27, 1271-1283 (1985).

[77] Dong, B. , Shen, Z. : MRA-Based Wavelet Frames and Applications. IAS/Park City Math. Ser. , vol. 19 (2010).

[78] Donoho, D. L. : Compressed sensing. IEEE Trans. Inf. Theory 52, 1289-1306 (2006).

[79] Duffin, R. , Schaeffer, A. : A class of nonharmonic Fourier series. Trans. Am. Math. Soc. 72, 341-366 (1952).

[80] Dykema, K. , Strawn, N. : Manifold structure of spaces of spherical tight frames. Int. J. Pure Appl. Math. 28, 217-256 (2006).

[81] Ehler, M. : Random tight frames. J. Fourier Anal. Appl. 18, 1-20 (2012).

[82] Ehler, M. , Galanis, J. : Frame theory in directional statistics. Stat. Probab. Lett. 81, 1046-1051 (2011).

[83] Ehler, M. , Okoudjou, K. A. : Minimization of the probabilistic p-frame potential. J. Stat. Plan. Inference 142, 645-659 (2012).

[84] Elad, M. : Sparse and Redundant Representations: From Theory to Applications in Signal and Image Processing. Springer, Berlin (2010).

[85] Eldar, Y. C. , Kuppinger, P. , Bölcskei, H. : Block-sparse signals: uncertainty relations and efficient recovery. IEEE Trans. Signal Process. 58, 3042-3054 (2010).

[86] Eldar, Y. , Kutyniok, G. (eds.): Compressed Sensing: Theory and Applications. Cambridge University Press, Cambridge (2012).

[87] Feichtinger, H. G. , Gröchenig, K. : Gabor frames and time-frequency analysis of distributions. J. Funct. Anal. 146, 464-495 (1996).

[88] Feichtinger, H. G. , Strohmer, T. (eds.): Gabor Analysis and Algorithms: Theory and Applications. Birkhäuser, Boston (1998).

[89] Feichtinger, H. G. , Strohmer, T. , Christensen, O. : A group-theoretical approach to Gabor analysis. Opt. Eng. 34, 1697-1704 (1995).

[90] Fickus, M. , Johnson, B. D. , Kornelson, K. , Okoudjou, K. : Convolutional frames and the frame potential. Appl. Comput. Harmon. Anal. 19, 77-91 (2005).

[91] Fickus, M. , Mixon, D. G. , Tremain, J. C. : Steiner equiangular tight frames. Linear Algebra Appl. 436, 1014-1027 (2012).

[92] Gabor, D. : Theory of communication. J. Inst. Electr. Eng. 93, 429-457 (1946).

[93] Goyal, V. K. , Kelner, J. A. , Kovačević, J. : Multiple description vector quantization with a coarse lattice. IEEE Trans. Inf. Theory 48, 781-788 (2002).

[94] Goyal, V. K. , Kovačević, J. , Kelner, J. A. : Quantized frame expansions with erasures. Appl. Comput. Harmon. Anal. 10, 203-233 (2001).

[95] Goyal, V. , Vetterli, M. , Thao, N. T. : Quantized overcomplete expansions in $\mathbf{R}^N$: analysis, synthesis, and algorithms. IEEE Trans. Inf. Theory 44, 16-31 (1998).

[96] Gröchenig, K. : Acceleration of the frame algorithm. IEEE Trans. Signal Process. 41, 3331- 3340 (1993).

[97] Gröchenig, K. : Foundations of Time-Frequency Analysis. Birkhäuser, Boston (2000).

[98] Güntürk, C. S. , Lammers, M. , Powell, A. M. , Saab, R. , Yilmaz, Ö. : Sobolev duals for random frames and sigma-delta quantization of compressed sensing measurements, preprint.

[99] Han, D. , Kornelson, K. , Larson, D. R. , Weber, E. : Frames for Undergraduates. American Mathematical Society, Student Mathematical Library, vol. 40 (2007).

[100] Han, D. , Larson, D. R. : Frames, bases and group representations. Mem. Am. Math. Soc. 147, 1-103 (2000).

[101] Hay, N. , Waldron, S. : On computing all harmonic frames of n vectors in $\mathbf{C}^d$. Appl. Comput. Harmon. Anal. 21, 168-181 (2006).

[102] Holmes, R. B. , Paulsen, V. I. : Optimal frames for erasures. Linear Algebra Appl. 377, 31-51 (2004).

[103] Horn, A. : A characterization of unions of linearly independent sets. J. Lond. Math. Soc. 30, 494-496 (1955).

[104] Horn, R. A. , Johnson, C. R. :Matrix Analysis. Cambridge University Press, Cambridge (1985).

[105] Jimenez, D. , Wang, L. , Wang, Y. : White noise hypothesis for uniform quantization errors. SIAM J. Appl. Math. 28, 2042-2056 (2007).

[106] Jokar, S. , Mehrmann, V. , Pfetsch, M. , Yserentant, H. : Sparse approximate solution of partial differential equations. Appl. Numer. Math. 60, 452-472 (2010).

[107] Kadison, R. , Singer, I. : Extensions of pure states. Am. J. Math. 81, 383-400 (1959).

[108] Kent, J. T. , Tyler, D. E. :Maximum likelihood estimation for the wrapped Cauchy distribution. J. Appl. Stat. 15, 247-254 (1988).

[109] Kovačević, J. , Chebira, A. : Life beyond bases: the advent of frames (Part Ⅰ). IEEE Signal Process. Mag. 24, 86-104 (2007).

[110] Kovačević, J. , Chebira, A. : Life beyond bases: the advent of frames (Part Ⅱ). IEEE Signal Process. Mag. 24, 115-125 (2007).

[111] Kovačević, J. , Chebira, A. : An introduction to frames. Found. Trends Signal Process. 2, 1- 100 (2008).

[112] Kovačević, J. , Dragotti, P. L. , Goyal, V. K. : Filter bank frame expansions with erasures. IEEE Trans. Inf. Theory 48, 1439-1450 (2002).

[113] Krahmer, F. , Pfander, G. E. , Rashkov, P. : Uncertainty in time-frequency representations on finite abelian groups and applications. Appl. Comput. Harmon. Anal. 25, 209-225 (2008).

[114] Krahmer, F. , Saab, R. , Ward, R. : Root-exponential accuracy for coarse quantization of finite frame expansions. IEEE J. Int. Theory 58, 1069-1079 (2012).

[115] Kutyniok, G. , Labate, D. (eds.): Shearlets: Multiscale Analysis for Multivariate Data. Birkhäuser, Boston (2012).

[116] Kutyniok, G. , Okoudjou, K. A. , Philipp, F. , Tuley, E. K. : Scala-

ble frames, preprint.

[117] Kutyniok, G., Pezeshki, A., Calderbank, A. R., Liu, T.: Robust dimension reduction, fusion frames, and Grassmannian packings. Appl. Comput. Harmon. Anal. 26, 64-76 (2009).

[118] Lammers, M., Powell, A. M., Yilmaz, Ö.: Alternative dual frames for digital-to-analog conversion in sigma-delta quantization. Adv. Comput. Math. 32, 73-102 (2010).

[119] Lawrence, J., Pfander, G. E., Walnut, D. F.: Linear independence of Gabor systems in finite dimensional vector spaces. J. Fourier Anal. Appl. 11, 715-726 (2005).

[120] Lemmens, P., Seidel, J.: Equiangular lines. J. Algebra 24, 494-512 (1973).

[121] Lopez, J., Han, D.: Optimal dual frames for erasures. Linear Algebra Appl. 432, 471-482 (2010).

[122] Mallat, S.: A Wavelet Tour of Signal Processing: The Sparse Way. Academic Press, San Diego (2009).

[123] Massey, P.: Optimal reconstruction systems for erasures and for the q-potential. Linear Algebra Appl. 431, 1302-1316 (2009).

[124] Massey, P. G., Ruiz, M. A., Stojanoff, D.: The structure of minimizers of the frame potential on fusion frames. J. Fourier Anal. Appl. 16, 514-543 (2010).

[125] Oppenheim, A. V., Schafer, R. W.: Digital Signal Processing. Prentice Hall, New York (1975).

[126] Püschel, M., Kovačević, J.: Real tight frames with maximal robustness to erasures. In: Proc. Data Compr. Conf., pp. 63-72 (2005).

[127] Qiu, S., Feichtinger, H.: Discrete Gabor structure and optimal representation. IEEE Trans. Signal Process. 43, 2258-2268 (1995).

[128] Rado, R.: A combinatorial theorem on vector spaces. J. Lond. Math. Soc. 37, 351-353 (1962).

[129] Rudin, W.: Functional Analysis, 2nd edn. McGraw-Hill, New York (1991).

[130] Shannon, C. E.: A mathematical theory of communication. Bell Syst. Tech. J. 27, 379-423, 623-656 (1948).

[131] Shannon, C. E.: Communication in the presence of noise. Proc. I. R.

E. 37, 10-21 (1949).

[132] Shannon, C. E., Weaver, W.: The Mathematical Theory of Communication. The University of Illinois Press, Urbana (1949).

[133] Shen, Z.: Wavelet frames and image restorations. In: Proceedings of the International Congress of Mathematicians (ICM 2010), Hyderabad, India, August 1927. Invited lectures, vol. IV, pp. 2834-2863. World Scientific/Hindustan Book Agency, Hackensack/New Delhi (2011).

[134] Strang, G., Nguyen, T.: Wavelets and Filter Banks. Wellesley-Cambridge Press, Cambridge (1996).

[135] Strawn, N.: Finite frame varieties: nonsingular points, tangent spaces, and explicit local parameterizations. J. Fourier Anal. Appl. 17, 821-853 (2011).

[136] Strohmer, T., Heath, R. W. Jr.: Grassmannian frames with applications to coding and communication. Appl. Comput. Harmon. Anal. 14, 257-275 (2003).

[137] Sun, W.: G-frames and G-Riesz bases. J. Math. Anal. Appl. 322, 437-452 (2006).

[138] Sun, W.: Stability of G-frames. J. Math. Anal. Appl. 326, 858-868 (2007).

[139] Sustik, M. A., Tropp, J. A., Dhillon, I. S., Heath, R. W. Jr.: On the existence of equiangular tight frames. Linear Algebra Appl. 426, 619-635 (2007).

[140] Taubman, D. S., Marcellin, M.: JPEG2000: Image Compression Fundamentals, Standards and Practice. Kluwer International Series in Engineering & Computer Science (2001).

[141] Tropp, J. A.: Greed is good: algorithmic results for sparse approximation. IEEE Trans. Inf. Theory 50, 2231-2242 (2004).

[142] Tropp, J. A.: Just relax: convex programming methods for identifying sparse signals in noise. IEEE Trans. Inf. Theory 52, 1030-1051 (2006).

[143] Tyler, D. E.: A distribution-free *M*-estimate of multivariate scatter. Ann. Stat. 15, 234-251 (1987).

[144] Tyler, D. E.: Statistical analysis for the angular central Gaussian dis-

tribution. Biometrika 74, 579-590 (1987).

[145] Vaidyanathan, P. P. : Multirate Systems and Filter Banks. Prentice Hall, Englewood Cliffs (1992).

[146] Vale, R. ,Waldron, S. : Tight frames and their symmetries. Constr. Approx. 21, 83-112 (2005).

[147] Vale, R. , Waldron, S. : Tight frames generated by finite nonabelian groups. Numer. Algorithms 48, 11-27 (2008).

[148] Vale, R. , Waldron, S. : The symmetry group of a finite frame. Linear Algebra Appl. 433, 248-262 (2010).

[149] Vershynin, R. : Frame expansions with erasures: an approach through the noncommutative operator theory. Appl. Comput. Harmon. Anal. 18, 167-176 (2005).

[150] Vetterli, M. , Kovačević, J. , Goyal, V. K. : Fourier and Wavelet Signal Processing (2011). http://www.fourierandwavelets.org.

[151] Wang, Y. , Xu, Z. : The performance of PCM quantization under tight frame representations. SIAM J. Math. Anal. (to appear).

[152] Young, N. : An Introduction to Hilbert Space. Cambridge University Press, Cambridge (1988).

[153] Zhao, P. , Zhao, C. , Casazza, P. G. : Perturbation of regular sampling in shift-invariant spaces for frames. IEEE Trans. Inf. Theory 52, 4643-4648 (2006).

第2章　用已知频谱构造有限框架

摘要　从广义上讲，框架理论研究如何构造良好的框架算子，并且这些算子在框架矢量本身上又常常受到由应用引起的非线性约束。本章介绍一种经过充分研究的限制类型——定长框架矢量，并讨论两种迭代构建这种框架的方法。第一种方法称为谱图法，它只能在某些情形下构造该框架的特殊范例。另一种方法称为特征步法，它融合了谱图法的思想和优化的经典理论，用一个交错频谱的序列来构造此类框架。

关键词　紧框架；Schur－Horn（舒尔－霍恩）；优化；交错

2.1　引　言

为了实现通用性，在复数域研究并对所有实变量进行明确定义。定义一个在 $\mathbf{C}^N$ 中的矢量序列合成算子 $\Phi=\{\varphi_m\}_{m=1}^M$，$\Phi:\mathbf{C}^M\rightarrow\mathbf{C}^N$，$\Phi_y:=\sum\limits_{m=1}^{M}y(m)\varphi_m$。可以看出，$\Phi$ 是一个 $N\times M$ 的矩阵，且矩阵的列元素是 φ_m。注意，在这里，矢量本身和推导出的合成算子的符号没有任何区别。如果框架有界 $0<A\leqslant B<\infty$，且对任意 $x\in\mathbf{C}^N$，都有

$$A\|x\|^2\leqslant\|\Phi^*x\|^2\leqslant B\|x\|^2$$

则称 Φ 是 $\mathbf{C}^N$ 的一个框架。Φ 的最佳框架界限 A 和 B 分别为框架算子

$$\Phi\Phi^*=\sum_{m=1}^{M}\varphi_m\varphi_m^* \tag{2.1}$$

的最小和最大特征值。其中，φ_m^* 为线性函数，$\varphi_m^*:\mathbf{C}^M\rightarrow\mathbf{C}^N$，$\varphi_m^*x:=\langle x,\varphi_m\rangle$。特别地，当且仅当 φ_m 可生成 $\mathbf{C}^N$，即 $N\leqslant M$ 时，Φ 是一个框架。

框架为找到矢量超完备分解提供了数值方法。因此，在各种信号处理的应用中，框架也是非常实用的工具。事实上，如果 Φ 是一个框架，则对任意 $x\in\mathbf{C}^N$，都可以按

$$x=\Phi\widetilde{\Phi}^*x=\sum_{m=1}^{M}\langle x,\widetilde{\varphi}_m\rangle\varphi_m \tag{2.2}$$

进行分解。其中，$\widetilde{\Phi}=\{\widetilde{\varphi}_m\}_{m=1}^M$ 是 Φ 的对偶框架，满足 $\Phi\widetilde{\Phi}^*=Id$。最常用的对偶是标准对偶，也就是伪逆 $\widetilde{\Phi}=(\Phi\Phi^*)^{-1}\Phi$。计算标准对偶需要对框架算子求

逆。因此，当对给定应用设计框架时，控制 $\Phi\Phi^*$ 的频谱 $\{\lambda_n\}_{n=1}^N$ 十分重要。自始至终，这种频谱都按非递增顺序排列，且最佳框架界限 A 和 B 分别为 λ_N 和 λ_1。

我们更关心紧框架，也就是 $A=B$ 的框架。注意，此时 $\lambda_n=A$ 对所有 n 成立，也就是说，$\Phi\Phi^*=AId$。在这种情况下，标准对偶变为 $\tilde{\varphi}_m=\frac{1}{A}\varphi_m$，且式(2.2)成为归一化正交基分解的一种超完备推广。紧框架构造并不复杂，只需要矩阵 Φ 的行向量正交，且 A 的平方模稳定。然而，当需要用 Φ 的列 φ_m 指定长度时，该问题会变得极其困难。

本书重点关注如何构造单位范数紧框架(UNTFs)，即对任意 m，$\|\varphi_m\|=1$ 的紧框架。在这里，由于 $NA=\mathrm{Tr}(\Phi\Phi^*)=\mathrm{Tr}(\Phi^*\Phi)=M$，易得 A 为 $\frac{M}{N}$。对任意 $N\leqslant M$，至少存在一个对应的 UNTF，即调和框架。令 Φ 为 $M\times M$ 阶离散傅里叶变换的 $N\times M$ 阶子矩阵，即可得到调和框架。单位范数紧框架在对加性噪声及其消除方面具有良好的性能，也是码分多址(CDMA)编码的一种推广。此外，所有单位序列 Φ 都满足零阶韦尔奇(Welch)界线 $\mathrm{Tr}[(\Phi\Phi^*)^2]\geqslant\frac{M^2}{N}$，且当 Φ 是单位范数紧框架时精确成立，文献[3]利用这个结论的物理意义，对 UNTFs 的存在进行了基于优化的证明。存在这样的框架：当 $M>N+1$ 时，所有 $N\times M$ 阶实单位范数紧框架的流形按模旋转，都有不小的维度。这个流形的局部参数化方法在文献[30]中给出。近年来，关于单位范数紧框架的研究主要集中在保尔森问题(Paulsen Problem)上，这是一种关于怎样对一个给定框架进行扰动从而使其更像一个单位范数紧框架的 Procrustes 问题。

本章讨论文献[5]、[10]和[19]的主要结果，它们展示了如何构造任意的单位范数紧框架，甚至解决了下面这个更普遍的问题。

问题 2.1 给定任意非负非递增序列 $\{\lambda_n\}_{n=1}^N$ 和 $\{\mu_n\}_{m=1}^M$，构造所有 $\Phi=\{\varphi_m\}_{m=1}^M$，令其框架算子 $\Phi\Phi^*$ 的频谱为 $\{\lambda_n\}_{n=1}^N$，且对所有 m，$\|\varphi_m\|^2=\mu_m$ 成立。

为了解决这个问题，我们将利用既有的优化理论。为了精确表述，对给定的两个非负非递增序列 $\{\lambda_m\}_{m=1}^M$ 和 $\{\mu_m\}_{m=1}^M$，当以下两式成立时，称 $\{\lambda_m\}_{m=1}^M$ 优化 $\{\mu_m\}_{m=1}^M$，记作 $\{\lambda_m\}_{m=1}^M\succeq\{\mu_m\}_{m=1}^M$：

$$\sum_{m'=1}^{M}\lambda_{m'}=\sum_{m'=1}^{M}\mu_{m'},\quad \forall\, m=1,\cdots,M-1 \tag{2.3}$$

$$\sum_{m'=1}^{M}\lambda_{m'}=\sum_{m'=1}^{M}\mu_{m'} \tag{2.4}$$

舒尔(Schur)的经典结果表明,一个自伴半正定矩阵的频谱必然优化其原矩阵对角线元素。几十年前,霍恩(Horn)曾给出一个逆结果的非构造性证明,展示了如果$\{\lambda_m\}_{m=1}^{M}\geqslant\{\mu_m\}_{m=1}^{M}$,则存在一个自伴矩阵,其频谱为$\{\lambda_m\}_{m=1}^{M}$,而对角线为$\{\mu_m\}_{m=1}^{M}$。这两个结果被合称为舒尔－霍恩(Schur－Horn)定理。

舒尔－霍恩定理　当且仅当$\{\lambda_m\}_{m=1}^{M}\geqslant\{\mu_m\}_{m=1}^{M}$时,存在一个半正定矩阵,其频谱为$\{\lambda_m\}_{m=1}^{M}$,且对角线元素为$\{\mu_m\}_{m=1}^{M}$。

近年来,已经有多种显式构造霍恩矩阵的方法被提出来,文献[15]对此有很好的概括。许多通用的方法依赖吉文斯(Givens)旋转,而其他的都需要最优化。就框架理论来说,舒尔－霍恩理论的重要性在于确切地表示了是否存在长度矢量和框架算子频谱都已经给定的框架。对格拉姆(Gram)矩阵$\Phi\Phi^*$应用此理论可得上述表示结果,格拉姆矩阵的对角线元素值为$\{\|\varphi_m\|^2\}_{m=1}^{M}$,频谱$\{\lambda_m\}_{m=1}^{M}$是由框架算子$\Phi\Phi^*$的频谱$\{\lambda_n\}_{n=1}^{N}$补零得到的。当然,在搜索定长紧框架时,会出现优化不均衡现象,文献[1]、[23]论述框架和舒尔－霍恩定理之间的显式联系。利用这种联系,可以解决诸如框架完成等不同框架理论问题。

问题 2.1 的任何解都必须解释当舒尔－霍恩优化条件满足时框架精确存在。本章通过迭代选择框架元素,并保证始终满足优化条件,来解决问题 2.1。2.2 节中将首先回顾构造单位范数紧框架的方法——谱图法,该方法在保持框架算子特征向量不变的同时,每次选择一或两个框架元素。这样可以很容易地分析每次迭代框架算子的频谱怎样变化,但对于解决问题 2.1 缺乏通用性。2.3 节关注通用性,探讨文献[5]中提出的一个两步处理过程,它能够用给定频谱和长度构建框架。过程的第一步,称为步骤 A,能够找到所有在每次定义一个框架元素时频谱的演变方式。过程的第二部,称为步骤 B,能够找到对应任意频谱变化的框架元素的所有可能值。最后,2.4 节和 2.5 节分别提出完成步骤 A 和步骤 B 的显式算法,从而实现问题 2.1 的完整解答。

2.2　谱图法

本节讨论谱图法,构造单位范数紧框架。文献[10]首次提出了这种方法,文献[6]、[7]、[11]对该方法进行了深入的研究和总结。本节只研究文献[10]中的最初版本。我们的目标是构建出$N\times M$阶合成矩阵$\Phi=\{\varphi_m\}_{m=1}^{M}$,且

满足:

(1) 每列都具有单位范数。

(2) 行向量正交,也就是说框架算子 $\Phi\Phi^*$ 为对角阵。

(3) 行与行间范数相等,也就是说 $\Phi\Phi^*$ 是单位阵的倍数。

谱图法迭代地构造 Φ;起这个名字(Spectral Tetris,谱图法)是因为它像是用固定面积大小的块来构造一个平坦的频谱。简而言之,谱图法能够保证在每次迭代后,矩阵肯定满足条件(1) 与条件(2),并不断近似满足条件(3)。下面用一个例子来说明。

例 2.1 利用谱图法来构造一个 $\mathbf{C}^4$ 中 11 个元素的单位范数紧框架:一个 4×11 阶的矩阵,列向量归一化,行向量正交且平方和为$\frac{11}{4}$。从一个任意 4×11 阶矩阵开始,令前两个框架元素与第一标准基元素 δ_1 相同:

$$\Phi=\begin{pmatrix}1&1&?&?&?&?&?&?&?&?&?\\0&0&?&?&?&?&?&?&?&?&?\\0&0&?&?&?&?&?&?&?&?&?\\0&0&?&?&?&?&?&?&?&?&?\end{pmatrix}\tag{2.5}$$

如果选择剩余未知元素时,令 Φ 的行向量正交,则 $\Phi\Phi^*$ 为对角阵。目前,$\Phi\Phi^*$ 的对角线元素大多未知,且形式为$\{2+?,?,?,?\}$。另外注意到,如果 Φ 的第一行的剩余元素都置为零,则 $\Phi\Phi^*$ 的第一个对角元素将为 $2<\frac{11}{4}$,因此应当增加该行的权重。然而,令 Φ 的第三列与 δ_1 相同,则有 $3>\frac{11}{4}$,权重又会偏大。因此需要在第一行中增加$\frac{11}{4}-2=\frac{3}{4}$ 的权重,同时还能保证行的正交性与列的归一化性。为了实现这个要求,关键点在于,对任意 $0\leqslant x\leqslant 2$,存在一个 2×2 的矩阵 $T(x)$,该矩阵行向量正交,列向量单位归一化,使得 $T(x)T^*(x)$ 是对角线元素为$\{x,2-x\}$ 的对角阵。特别地,有

$$T(x):=\frac{1}{\sqrt{2}}\begin{bmatrix}\sqrt{x}&\sqrt{x}\\\sqrt{2-x}&-\sqrt{2-x}\end{bmatrix}$$

$$T(x)T^*(x)=\begin{bmatrix}x&0\\0&2-x\end{bmatrix}$$

现用 $T(x)$ 来定义 Φ 的第三列和第四列,其中,$x=\frac{11}{4}-2=\frac{3}{4}$:

$$\Phi=\begin{bmatrix} 1 & 1 & \frac{\sqrt{3}}{\sqrt{8}} & \frac{\sqrt{3}}{\sqrt{8}} & 0 & 0 & 0 & 0 & 0 & 0 & 0 \\ 0 & 0 & \frac{\sqrt{5}}{\sqrt{8}} & -\frac{\sqrt{5}}{\sqrt{8}} & ? & ? & ? & ? & ? & ? & ? \\ 0 & 0 & 0 & 0 & ? & ? & ? & ? & ? & ? & ? \\ 0 & 0 & 0 & 0 & ? & ? & ? & ? & ? & ? & ? \end{bmatrix} \tag{2.6}$$

这样，$\Phi\Phi^*$ 的对角线元素为$\left\{\frac{11}{4},\frac{5}{4}+?,?,?\right\}$。$\Phi$ 的第一行权重已经足够，因此剩下的元素都置为零。第二个对角线元素还差$\frac{11}{4}-\frac{5}{4}=\frac{6}{4}=1+\frac{2}{4}$，同样地，令第五列为 δ_2，而第六列和第七列用 $T\left(\frac{2}{4}\right)$ 填入：

$$\Phi=\begin{bmatrix} 1 & 1 & \frac{\sqrt{3}}{\sqrt{8}} & \frac{\sqrt{3}}{\sqrt{8}} & 0 & 0 & 0 & 0 & 0 & 0 & 0 \\ 0 & 0 & \frac{\sqrt{5}}{\sqrt{8}} & -\frac{\sqrt{5}}{\sqrt{8}} & 1 & \frac{\sqrt{2}}{\sqrt{8}} & \frac{\sqrt{2}}{\sqrt{8}} & 0 & 0 & 0 & 0 \\ 0 & 0 & 0 & 0 & 0 & \frac{\sqrt{6}}{\sqrt{8}} & -\frac{\sqrt{6}}{\sqrt{8}} & ? & ? & ? & ? \\ 0 & 0 & 0 & 0 & 0 & 0 & 0 & ? & ? & ? & ? \end{bmatrix} \tag{2.7}$$

$\Phi\Phi^*$ 的对角线元素现在变为$\left(\frac{11}{4},\frac{11}{4},\frac{6}{4}+?,?\right)$，第三个元素还差$\frac{11}{4}-\frac{6}{4}=\frac{5}{4}=1+\frac{1}{4}$。因此我们令第八列为 δ_3，并用 $T\left(\frac{1}{4}\right)$ 填入第九列和第十列，并令最后一列为 δ_4，就得到了理想的单位范数紧框架：

$$\Phi=\begin{bmatrix} 1 & 1 & \frac{\sqrt{3}}{\sqrt{8}} & \frac{\sqrt{3}}{\sqrt{8}} & 0 & 0 & 0 & 0 & 0 & 0 & 0 \\ 0 & 0 & \frac{\sqrt{5}}{\sqrt{8}} & -\frac{\sqrt{5}}{\sqrt{8}} & 1 & \frac{\sqrt{2}}{\sqrt{8}} & \frac{\sqrt{2}}{\sqrt{8}} & 0 & 0 & 0 & 0 \\ 0 & 0 & 0 & 0 & 0 & \frac{\sqrt{6}}{\sqrt{8}} & -\frac{1}{\sqrt{8}} & 1 & \frac{1}{\sqrt{8}} & \frac{\sqrt{6}}{\sqrt{8}} & 0 \\ 0 & 0 & 0 & 0 & 0 & 0 & 0 & 0 & \frac{\sqrt{7}}{\sqrt{8}} & -\frac{\sqrt{7}}{\sqrt{8}} & 1 \end{bmatrix} \tag{2.8}$$

在这次框架的构造中，列向量每次可以引入一个，比如$\{\varphi_1\}$，$\{\varphi_2\}$，$\{\varphi_5\}$，$\{\varphi_8\}$和$\{\varphi_{11}\}$，也可同时引入一对，比如$\{\varphi_3,\varphi_4\}$，$\{\varphi_6,\varphi_7\}$和$\{\varphi_9,\varphi_{10}\}$。单个引

入的列向量对 $\Phi\Phi^*$ 对角线上某个单独元素增加 1，而成对引入的列向量会同时影响对角线上两个不同的元素。总体来说，利用面积为 1 或 2 的小块形成了一个平坦的频谱 $\left\{\frac{11}{4},\frac{11}{4},\frac{11}{4},\frac{11}{4}\right\}$。这种构造方式令人联想起游戏俄罗斯方块，如图 2.1 所示。

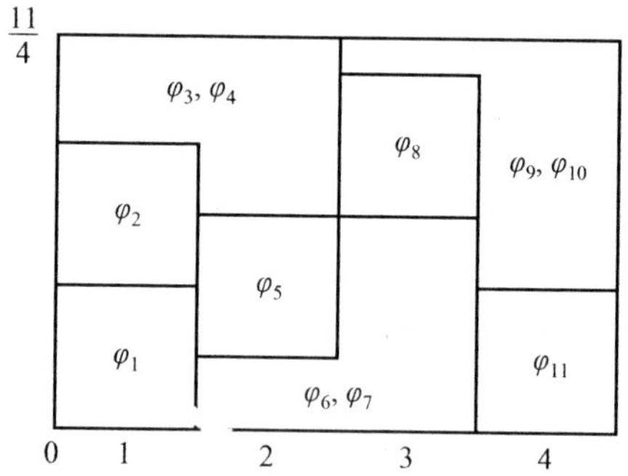

图 2.1　例 2.1 中介绍的利用谱图法构造的一个 $\mathbf{C}^4$ 中 11 个元素的单位范数紧框架。每列对应框架算子 $\Phi\Phi^*$ 的一个对角线元素，每块代表对应框架元素对对角线元素的贡献。例如，单个框架元素 $\{\varphi_2\}$ 向对角线贡献了 $\{1,0,0,0\}$，而 $\{\varphi_6,\varphi_7\}$ 贡献了 $\left\{0,\frac{2}{4},\frac{6}{4},0\right\}$。块的面积由组成它们的框架元素个数决定：单个元素块的面积为 1，两个元素块的面积为 2。为了使 $\{\varphi_m\}_{m=1}^{11}$ 成为 $\mathbf{C}^4$ 中的单位范数紧框架，这些块通过堆积得到统一的高度 $\frac{11}{4}$。利用给定面积大小的块构建一个矩形，实质上就是在对 $\Phi\Phi^*$ 的频谱玩俄罗斯方块游戏

总结这个谱图法构建的过程，可以得到一些有用的结论。首先，式(2.8)中的框架向量十分稀疏。事实上，谱图法构建的是最佳稀疏单位范数紧框架矩阵。其次，这个例子中用到的几对框架向量有互不相交的支撑。特别地，只要 $m-m'\geqslant 5$，则 φ_m 与 $\varphi_{m'}$ 相互正交。在文献[10]中，这个特性被用来构造紧融合框架。

为了形式化表述例 2.1 中使用的谱图法方法，引入以下定义。

定义 2.1　当下列条件成立时，称序列 $\{\varphi_m\}_{m=1}^{M}$ 为 $\mathbf{C}^N$ 中的一个 (m_0,n_0) 原型单位范数紧框架(PUNTF)：

(ⅰ) $\sum_{n=1}^{N}|\varphi_m(n)|^2=\begin{cases}1, & m\leqslant m_0\\0, & m>m_0\end{cases}$。

(ⅱ) $\sum_{m=1}^{M}\varphi_m(n)[\varphi_m(n')]^*=0, n,n'=1,\cdots,N, n\neq n'$。

(ⅲ) $\sum_{m=1}^{M}|\varphi_m(n)|^2=\begin{cases}\dfrac{M}{N}, n<n_0\\ 0, n>n_0\end{cases}$。

(ⅳ) $1\leqslant\sum_{m=1}^{M}|\varphi_m(n_0)|^2\leqslant\dfrac{M}{N}$。

这里，z^* 代表复标量 z 的复共轭，对应于一个 1×1 矩阵的共轭转置。也就是说，当 $\{\varphi_m\}_{m=1}^{M}$ 的 $N\times M$ 阶合成矩阵 Φ 左上角的 $n_0\times m_0$ 阶子矩阵消除后，它的非零列向量具有单位范数，并且它的框架算子是对角阵，对角线元素的前 n_0-1 个为 $\dfrac{M}{N}$，第 n_0 个为 $\left[1,\dfrac{M}{N}\right]$ 时，称其为 $\mathbf{C}^N$ 中的 (m_0,n_0) 原型单位范数紧框架。特别地，在式(2.5)～(2.8)中，将所有"？"元素都设为 0 时，可以分别得到(2,1)原型单位范数紧框架、(4,2)原型单位范数紧框架、(7,3)原型单位范数紧框架和(11,4)原型单位范数紧框架。从例 2.1 可以看到，谱图法的目的是通过迭代从已有原型单位范数紧框架构造更大的原型单位范数紧框架，直至 $(m_0,n_0)=(M,N)$，原型单位范数紧框架变成了单位范数紧框架。下面给出扩增一个给定原型单位范数紧框架的确切规则，且这里 $\{\delta_n\}_{n=1}^{N}$ 为 $\mathbf{C}^N$ 的标准基。

定理 2.1　令 $2N\leqslant M$，$\{\varphi_m\}_{m=1}^{M}$ 为 (m_0,n_0) 原型单位范数紧框架，$\lambda:=\sum_{m=1}^{M}|\varphi_m(n_0)|^2$。

(ⅰ) 若 $\lambda\leqslant\dfrac{M}{N}-1$，则 $m_0<M$，且 $\{g_m\}_{m=1}^{M}$ 是一个 (m_0+1,n_0) 原型单位范数紧框架，且有

$$g_m:=\begin{cases}\varphi_m, & m\leqslant m_0\\ \delta_{n_0}, & m=m_0+1\\ 0, & m>m_0+1\end{cases}$$

(ⅱ) 若 $\dfrac{M}{N}-1<\lambda\leqslant\dfrac{M}{N}$，则 $m_0<M-2$，$n_0<N$，$\{g_m\}_{m=1}^{M}$ 为 (m_0+2,n_0+1) 原型单位范数紧框架，且有

$$g_m:=\begin{cases}\varphi_m, \quad m\leqslant m_0\\ \sqrt{\dfrac{1}{2}\left(\dfrac{M}{N}-\lambda\right)}\delta_{n_0}+\sqrt{1-\dfrac{1}{2}\left(\dfrac{M}{N}-\lambda\right)}\delta_{n_0+1}, \quad m=m_0+1\\ \sqrt{\dfrac{1}{2}\left(\dfrac{M}{N}-\lambda\right)}\delta_{n_0}-\sqrt{1-\dfrac{1}{2}\left(\dfrac{M}{N}-\lambda\right)}\delta_{n_0+1}, \quad m=m_0+2\\ 0, \quad m>n_0+2\end{cases}$$

（ⅲ）若 $\lambda=\dfrac{M}{N}$，且 $n_0<N$，则 $m_0<M$，$\{g_m\}_{m=1}^{M}$ 为 (m_0+1,n_0+1) 原型单位范数紧框架，且有

$$g_m:=\begin{cases}\varphi_m, & m\leqslant m_0\\ \delta_{n_0+1}, & m=m_0+1\\ 0, & m>m_0+1\end{cases}$$

（ⅳ）若 $\lambda=\dfrac{M}{N}$ 且 $n_0=N$，则 $\{\varphi_m\}_{m=1}^{M}$ 为单位范数紧框架。

定理 2.1 的证明请参阅文献[10]。证明时，$2N\leqslant M$ 这个条件十分重要；在此情况下，λ 略小于 $\dfrac{M}{N}$，$\Phi\Phi^*$ 的第 n_0+1 个对角元素必须有接近两个频谱单位的权重，这只有在理想谱图的高度 $\dfrac{M}{N}$ 至少大于 2 的情况下才有可能。利用更大的块时，运用谱图法还可减少矩阵的冗余度。实际上，冗余度 $\dfrac{M}{N}\geqslant\dfrac{3}{2}$ 的单位范数紧框架可以利用 3×3 的谱图法子矩阵构造，这样就有 2 个最多能够占有 3 个频谱单位权重的对角线元素；这些块由对 3×3 阶的离散傅里叶变换矩阵行向量缩放得到。可以推广到冗余度大于 $\dfrac{j}{j-1}$ 的单位范数紧框架都可以利用 $j\times j$ 阶的子矩阵进行构造。需要注意的是，较低水平的冗余度只有在损失稀疏性，尤其是框架元素自身间的正交关系时才能得到。更多的概念请查阅文献[7]。

虽然本节的结果在复欧氏空间里得到证明，但实际上利用 1×1 阶和 2×2 阶子矩阵谱图法得到的框架却是实值的。这种构造方法与利用正弦和余弦分量构造实调和框架的方法同样简单。谱图法还能很容易地证明实单位范数紧框架对任意 $M\geqslant N$ 的存在性：当 $2N\leqslant M$ 时，直接进行构造；Naimark 补集能够使单位范数紧框架的冗余度小于 2。谱图法也能构造频谱小于 2 的非紧框架。但这个方法还不能充分解决问题 2.1。2.3 节将详细介绍解决该问题的过程。

2.3 特征步法的必要性与充分性

2.2 节介绍了谱图算法，每次利用一个或两个矢量系统地构造单位范数紧框架。本节主要讨论如何迭代构造框架元素，可预测地改变框架算子的同时，保留其特征基。然而，谱图法本身无法解决问题 2.1，它只有在单位矢量

且频谱本征值不小于 2 时才有效。甚至即使在有效的情况下，也只能构造一种狭义类的框架。

本节将展示文献[5] 中的方法，推广谱图法，使其能够完整地解决问题 2.1。与谱图法类似，该方法构造 $\Phi=\{\varphi_m\}_{m=1}^{M}$，对任意给定的 $m=1,\cdots,M$，已知框架算子的频谱为

$$\Phi_m\Phi_M^*=\sum_{m'=1}^{M}\varphi_{m'}\varphi_{m'}^* \tag{2.9}$$

对应部分序列 $\Phi_m:=\{\varphi_{m'}\}_{m'=1}^{M}$。然而，与谱图法不同，该方法并不需要式(2.9) 的特征基对所有 m 为标准基，而是需要特征基随 m 而变化。

实现式(2.9) 的关键点是 $\Phi_{m+1}^*\Phi_{m+1}=\Phi_m^*\Phi_m+\varphi_{m+1}^*\varphi_{m+1}$。从这点出发，问题 2.1 变成了理解给定半正定算子 $\Phi_m^*\Phi_m$ 的频谱如何受迹为 μ_{m+1}、秩 -1 的投影算子 $\varphi_{m+1}^*\varphi_{m+1}$ 的影响。这类问题已经被系统研究过，并牵扯到特征值交错的概念。

准确地说，一个非负非增序列 $\{\gamma_n\}_{n=1}^{N}$ 与另一非负非增序列 $\{\beta_n\}_{n=1}^{N}$ 交错，记作 $\{\beta_n\}_{n=1}^{N}\sqsubseteq\{\gamma_n\}_{n=1}^{N}$，条件为

$$\beta_N\leqslant\gamma_N\leqslant\beta_{N-1}\leqslant\gamma_{N-1}\leqslant\cdots\leqslant\beta_2\leqslant\gamma_2\leqslant\beta_1\leqslant\gamma_1 \tag{2.10}$$

由特征值交错的经典理论可知，若 $\{\lambda_{m;n}\}_{n=1}^{N}$ 表示式(2.9) 的频谱，则必须满足 $\{\lambda_{m;n}\}_{n=1}^{N}\sqsubseteq\{\lambda_{m+1;n}\}_{n=1}^{N}$。甚至，如果 $\|\varphi_m\|^2=\mu_m$ 对所有 $m=1,\cdots,M$ 成立，则对任意 m 有

$$\sum_{n=1}^{N}\lambda_{m;n}=\mathrm{Tr}(\Phi_m\Phi_m^*)=\mathrm{Tr}(\Phi_m^*\Phi_m)=\sum_{m'}^{m}\|\varphi_{m'}\|^2=\sum_{m'}^{m}\mu_{m'} \tag{2.11}$$

在文献[19] 中，满足式(2.11) 的交错频谱被称为外特征步序列。

定义 2.2　当满足以下四条性质时，若 $\{\lambda_n\}_{n=1}^{N}$ 与 $\{\mu_n\}_{m=1}^{M}$ 均为非负非增序列，则称序列 $\{\{\lambda_{m;n}\}_{n=1}^{N}\}_{m=0}^{M}$ 为对应的外特征步序列：

(ⅰ) $\lambda_{0;n}=0$ 对所有 $n=1,\cdots,N$ 成立。

(ⅱ) $\lambda_{m;n}=\lambda_n$ 对所有 $n=1,\cdots,N$ 成立。

(ⅲ) $\{\lambda_{m-1;n}\}_{n=1}^{N}\sqsubseteq\{\lambda_{m;n}\}_{n=1}^{N}$ 对所有 $m=1,\cdots,M$ 成立。

(ⅳ) $\sum\limits_{m=1}^{N}\lambda_{m;n}=\sum\limits_{m=1}^{N}\mu_n$ 对所有 $m=1,\cdots,M$ 成立。

前面讨论过，所有框架算子频谱为 $\{\lambda_n\}_{n=1}^{N}$、矢量长度为 $\{\mu_m\}_{m=1}^{M}$ 的矢量序列，可以构成外特征步序列。下面介绍定理 2.2，证明其逆向也是正确的。特别地，定理 2.2 刻画并证明了构造给定外特征步序列的矢量序列的存在。当外特征步序列被选定后，几乎没有选择框架矢量本身的自由。也就是说，按模

旋转,在设计给定框架算子频谱和矢量长度的框架时,外特征步是自由参数。

定理 2.2 对任意非负非增序列$\{\lambda_n\}_{n=1}^N$和$\{\mu_m\}_{m=1}^M$,可以通过以下步骤构造$\mathbf{C}^N$中所有框架算子$\Phi\Phi^*$频谱为$\{\lambda_n\}_{n=1}^N$,且对所有m满足$\|\varphi_m\|^2=\mu_m$的矢量序列$\Phi=\{\varphi_m\}_{m=1}^M$:

步骤 A:选择如定义 2.2 中的$\{\{\lambda_{m;n}\}_{n=1}^N\}_{m=0}^M$。

步骤 B:对任意$m=1,\cdots,M$,考虑多项式:

$$P_m(x):\prod_{n=1}^{N}(x-\lambda_{m;n}) \tag{2.12}$$

选择任意$\varphi_1\in\mathbf{C}^N$且$\|\varphi_1\|^2=\mu_1$。对所有$m=1,\cdots,M-1$,选择任意φ_{m+1},使得

$$\|P_{m;\lambda}\varphi_{m+1}\|^2=-\lim_{x\to\lambda}(x-\lambda)\frac{p_{m+1}(x)}{p_m(x)} \tag{2.13}$$

对所有$\lambda\in\{\lambda_{m;n}\}_{n=1}^N$,$P_{m;\lambda}$代表在部分序列$\Phi_m=\{\varphi_{m'}\}_{m'=1}^M$的框架算子$\Phi_m\Phi_m^*$的特征空间$N(\lambda ID-\Phi_m\Phi_m^*)$上的正交投影算子。式(2.13)的极限存在且非负。

相反,任何用该步骤构造的Φ,对应$\Phi\Phi^*$的频谱为$\{\lambda_n\}_{n=1}^N$,且对所有m,有$\|\varphi_m\|^2=\mu_m$。甚至$\Phi_m\Phi_m^*$的频谱对所有m均为$\{\lambda_{m;n}\}_{n=1}^N$。

为了证明定理 2.2,先引入一些结果。特别地,下列结果给出了一个矢量能够按要求扰乱给定框架算子频谱所需要满足的条件,该结果的想法来自于文献[2]中矩阵行列式引理的证明及其应用。

定理 2.3 $\Phi_m=\{\varphi_{m'}\}_{m'=1}^M$是$\mathbf{C}^N$中的任意矢量序列,$\{\lambda_{m;n}\}_{n=1}^N$为对应框架算子$\Phi_m\Phi_m^*$的特征值。$\mathbf{C}^N$中任选$\varphi_{m+1}$,令$\Phi_{m+1}=\{\varphi_{m'}\}_{m'=1}^{m+1}$,则对任意$\lambda\in\{\lambda_{m;n}\}_{n=1}^N$,$\varphi_{m+1}$在特征空间$N(\lambda ID-\Phi_m\Phi_m^*)$的投影基为

$$\|P_{m;\lambda}\varphi_{m+1}\|^2=-\lim_{x\to\lambda}(x-\lambda)\frac{p_{m+1}(x)}{p_m(x)}$$

其中,$p_m(x)$和$p_{m+1}(x)$分别代表$\Phi_m\Phi_m^*$和$\Phi_{m+1}\Phi_{m+1}^*$的特征多项式。

证明 为了符号表示得更简洁,令$\Phi:=\Phi_m$,$\varphi:=\varphi_{m+1}$,因此,$\Phi_{m+1}\Phi_{m+1}^*=\Phi\Phi^*+\varphi\varphi^*$。假设$x$不是$\Phi_{m+1}\Phi_{m+1}^*$的特征值,则

$$\begin{aligned}p_{m+1}(x)&=\det(xId-\Phi\Phi^*-\varphi\varphi^*)=\\&\det(xId-\Phi\Phi^*)\det(Id-(xId-\Phi\Phi^*)^{-1}\varphi\varphi^*)=\\&p_m(x)\det(Id-(xId-\Phi\Phi^*)^{-1}\varphi\varphi^*)\end{aligned} \tag{2.14}$$

通过乘以单位行列式的矩阵,可以简化$Id-(xId-\Phi\Phi^*)^{-1}\varphi\varphi^*$的行列式为

$$
\begin{aligned}
&\det(Id-(xId-\Phi\Phi^*)^{-1}\varphi\varphi^*)=\\
&\det\left(\begin{bmatrix}Id & 0\\ \varphi^* & 1\end{bmatrix}\begin{bmatrix}Id-(xId-\Phi\Phi^*)^{-1}\varphi\varphi^* & -(xId-\Phi\Phi^*)^{-1}\varphi\\ 0 & 1\end{bmatrix}\begin{bmatrix}Id & 0\\ -\varphi^* & 1\end{bmatrix}\right)=\\
&\det\left(\begin{bmatrix}Id & 0\\ \varphi^* & 1\end{bmatrix}\begin{bmatrix}Id & -(xId-\Phi\Phi^*)^{-1}\varphi\\ -\varphi^* & 1\end{bmatrix}\right)=\\
&\det\left(\begin{bmatrix}Id & -(xId-\Phi\Phi^*)^{-1}\varphi\\ 0 & 1-\varphi^*(xId-\Phi\Phi^*)^{-1}\varphi\end{bmatrix}\right)=\\
&1-\varphi^*(xId-\Phi\Phi^*)^{-1}\varphi
\end{aligned}
\tag{2.15}
$$

结合式(2.14)、式(2.15)和频谱分解 $\Phi\Phi^*=\sum\limits_{n=1}^{N}\lambda_{m;n}u_n u_n^*$，有

$$
\begin{aligned}
p_{m+1}(x)&=p_m(x)(1-\varphi^*(xId-\Phi\Phi^*)^{-1}\varphi)=\\
&p_m(x)\left(1-\sum_{n=1}^{N}\frac{|\langle\varphi,u_n\rangle|^2}{x-\lambda_{m;n}}\right)
\end{aligned}
\tag{2.16}
$$

整理式(2.16)，并根据多重性来分组特征值 $\Lambda=\{\lambda_{m;n}\}_{n=1}^{N}$，得

$$
\frac{p_{m+1}(x)}{p_m(x)}=1-\sum_{n=1}^{N}\frac{|\langle\varphi,u_n\rangle|^2}{x-\lambda_{m;n}}=1-\sum_{\lambda'\in\Lambda}\frac{\|P_{m;\lambda'}\varphi\|^2}{x-\lambda'},\quad \forall x\notin\Lambda
$$

同样地，对任意 $\lambda\in\Lambda$，有

$$
\begin{aligned}
\lim_{x\to\lambda}(x-\lambda)\frac{p_{m+1}(x)}{p_m(x)}&=\lim_{x\to\lambda}(x-\lambda)\left(\sum_{\lambda'\in\Lambda}\frac{\|P_{m;\lambda'}\varphi\|^2}{x-\lambda'}\right)=\\
&\lim_{x\to\lambda}\left[(x-\lambda)-\|P_{m;\lambda}\varphi\|^2-\sum_{\lambda'\neq\lambda}\|P_{m;\lambda'}\varphi\|^2\frac{x-\lambda}{x-\lambda'}\right]=\\
&-\|P_{m;\lambda}\varphi\|^2
\end{aligned}
$$

即得到结果。

下列 3 条引理的证明虽需要一些技巧，但比较基础，有兴趣的读者可以查阅文献[5]。

引理 2.1　对非负非增序列 $\{\lambda_n\}_{n=1}^{N}$ 和 $\{\mu_m\}_{m=1}^{M}$，$\{\{\lambda_{m;n}\}_{n=1}^{N}\}_{m=0}^{M}$ 是定义 2.2 中对应的外特征步序列。如果一个矢量序列 $\Phi=\{\varphi_m\}_{m=1}^{M}$，其对应的 $\Phi_m=\{\varphi_{m'}\}_{m'=1}^{M}$ 的框架算子 $\Phi_m\Phi_{m'}$ 的频谱是 $\{\lambda_{m;n}\}_{n=1}^{N}$ 且对所有 $m=1,\cdots,M$ 成立，则 $\Phi\Phi^*$ 的频谱为 $\{\lambda_n\}_{n=1}^{N}$，且 $\|\varphi_m\|^2=\mu_m$ 对所有 $m=1,\cdots,M$ 成立。

引理 2.2　如果 $\{\beta_n\}_{n=1}^{N}$ 和 $\{\gamma_n\}_{n=1}^{N}$ 非增，则 $\{\beta_n\}_{n=1}^{N}\sqsubseteq\{\gamma_n\}_{n=1}^{N}$ 当且仅当下式满足时成立：

$$
\lim_{x\to\beta_n}(x-\beta_n)\frac{q(x)}{p(x)}\leqslant 0,\quad \forall n=1,\cdots,N
$$

其中

$$
p(x)=\prod_{n=1}^{N}(x-\beta_n),\quad q(x)=\prod_{n=1}^{N}(x-\gamma_n)
$$

引理 2.3 如果$\{\beta_n\}_{n=1}^N$,$\{\gamma_n\}_{n=1}^N$和$\{\delta_n\}_{n=1}^N$非增,且满足

$$\lim_{x\to\beta_n}(x-\beta_n)\frac{q(x)}{p(x)}=\lim_{x\to\beta_n}(x-\beta_n)\frac{r(x)}{p(x)},\quad \forall n=1,\cdots,N$$

其中

$$p(x)=\prod_{n=1}^N(x-\beta_n),\quad q(x)=\prod_{n=1}^N(x-\gamma_n)$$

$$r(x)=\prod_{n=1}^N(x-\delta_n),\quad q(x)=r(x)$$

有了这些已知结果后,我们开始本节的主要内容。

定理 2.2 的证明 ($\Rightarrow$)$\{\lambda_n\}_{n=1}^N$和$\{\mu_m\}_{m=1}^M$表示任意非负非增序列,$\Phi=\{\varphi_m\}_{m=1}^M$是$\Phi\Phi^*$频谱为$\{\lambda_n\}_{n=1}^N$且$\|\varphi_m\|^2=\mu_m$对所有$m=1,\cdots,M$成立的任意矢量序列。通过步骤 A 和步骤 B 可以构造该特定Φ。

特别地,考虑序列$\{\{\lambda_{m;n}\}_{n=1}^N\}_{m=0}^M$,$\{\lambda_{m;n}\}_{n=1}^N$是$m=1,\cdots,M$的序列$\Phi_m=\{\varphi_{m'}\}_{m'=1}^M$的框架算子$\Phi_m\Phi_m^*$的频谱,且对所有$n$有$\lambda_{0;n}=0$。$\{\{\lambda_{m;n}\}_{n=1}^N\}_{m=0}^M$满足定义 2.2,因此是有效的特征步序列。很明显满足定义 2.2 的条件(ⅰ)与条件(ⅱ)。为了证明$\{\{\lambda_{m;n}\}_{n=1}^N\}_{m=0}^M$满足条件(ⅲ),考虑式(2.12)对所有$m=1,\cdots,M$定义的多项式$p_m(x)$。在特殊情况$m=1$时,理想性质(ⅲ)$\{0\}_{n=1}^N\subseteq\{\lambda_{1;n}\}_{n=1}^N$成立,这是因为缩比的秩 1 投影$\Phi_1\Phi_1^*=\varphi_1\varphi_2^*$的频谱$\{\lambda_{1;n}\}_{n=1}^N$变为$\|\varphi_1\|^2=\mu_1$与$N-1$个重复的 0,且特征空间分别由$\varphi_1$与其正交互补构成。同时,当$m=2,\cdots,M$时,由定理 2.3 可得

$$\lim_{x\to\lambda_{m-1;n}}(x-\lambda_{m-1;n})\frac{p_m(x)}{p_{m-1}(x)}=-\|P_{m-1;\lambda_{m-1;n}}\varphi_m\|^2\leqslant 0,\quad \forall n=1,\cdots,N$$

又由引理 2.2,可知$\{\lambda_{m-1;n}\}_{n=1}^N\sqsubseteq\{\lambda_{m;n}\}_{n=1}^N$。最后,条件(ⅳ)也成立,因为对所有$m=1,\cdots,M$,有

$$\sum_{n=1}^n\lambda_{m;n}=\mathrm{Tr}(\Phi_m\Phi_n^*)=\mathrm{Tr}(\Phi_m^*\Phi_m)=\sum_{m'=1}^m\|\varphi_{m'}\|^2=\sum_{m'=1}^m\mu_{m'}$$

通过步骤 A 的确能选出$\{\{\lambda_{m;n}\}_{n=1}^N\}_{m=0}^M$的特定值之后,下面通过步骤 B 构造特定的$\Phi$。由于步骤 B 采用迭代方法,因此用归纳法来证明。实际上,步骤 B 对φ_1只要求$\|\varphi_1\|^2=\mu_1$,假设其已经满足。现假定对任意$m=1,\cdots,M-1$,通过步骤 B 已经得到正确的$\{\varphi_{m'}\}_{m'=1}^m$;现在论证通过继续应用步骤 B 可以得到正确的$\varphi_{m+1}$。要特别说明,每次迭代步骤 B 后,并不是只产生唯一的矢量,而是产生一系列的φ_{m+1}可供选择,这里只论证选择的φ_{m+1}。特别地,选择的φ_{m+1}必须对任意$\lambda\in\{\lambda_{m;n}\}_{n=1}^N$满足式(2.13);事实上,通过定理 2.3 可知该条件立即成立。概括地说,通过适当地选择的确能够通过步骤 A 与步骤 B 得

到特定的 Φ，这是本书证明的思路。

($\Leftarrow$) 现假定矢量序列 $\Phi=\{\varphi_m\}_{m=1}^M$ 由步骤 A 和步骤 B 获得。为了精确表述，用 $\{\{\lambda_{m;n}\}_{n=1}^N\}_{m=0}^M$ 表示步骤 A 中选择的特征步序列，则需要由步骤 B 构建的任意 $\Phi=\{\varphi_m\}_{m=1}^M$，对所有 $m=1,\cdots,M$，$\Phi_m=\{\varphi_{m'}\}_{m'=1}^M$ 的框架算子 $\Phi_m\Phi_m^*$ 的频谱均为 $\{\lambda_{m;n}\}_{n=1}^N$。由引理 2.1 可以看到，证明该要求可以得到前面已知的结果，即 $\Phi\Phi^*$ 的频谱为 $\{\lambda_n\}_{n=1}^N$ 且 $\|\varphi_m\|^2=\mu_m$ 对所有 $m=1,\cdots,M$ 成立。由于步骤 B 是迭代的，因此可以用归纳法证明。步骤 B 开始时可选择任意 φ_1，且满足 $\|\varphi_1\|^2=\mu_1$。在上面的另一方向的证明中可以注意到，$\Phi_1\Phi_1^*=\varphi_1\varphi_1^*$ 的频谱为 $\|\varphi_1\|^2=\mu_1$ 与 $N-1$ 个 0。这些值与 $\{\lambda_{1;n}\}_{n=1}^N$ 相匹配，因为由定义 2.2 的条件(ⅰ)与条件(ⅲ)可得 $\{0\}_{n=1}^N=\{\lambda_{0;n}\}_{n=1}^N\sqsubseteq\{\lambda_{1;n}\}_{n=1}^N$，因此对所有 $n=2,\cdots,N$，$\lambda_{1;n}=0$，由定义 2.2 的条件(ⅳ)可知，$\lambda_{1,1}=\mu_1$。

现在，假设对所有 $m=1,\cdots,M-1$，由步骤 B 得到 $\Phi_m=\{\varphi_{m'}\}_{m'=1}^M$，且 $\Phi_m\Phi_m^*$ 频谱为 $\{\lambda_{m;n}\}_{n=1}^N$。通过步骤 B，可以得到 φ_{m+1}，使 $\Phi_{m+1}=\{\varphi_{m'}\}_{m'=1}^{m+1}$ 具有 $\Phi_{m+1}\Phi_{m+1}^*$ 的频谱为 $\{\lambda_{m+1;n}\}_{n=1}^N$ 的性质。为此，考虑式(2.12)定义的多项式 $p_m(x)$ 和 $p_{m+1}(x)$，并选择能够满足式(2.13)的 φ_{m+1}，即

$$\lim_{x\to\lambda_{m;n}}(x-\lambda_{m;n})\frac{p_{m+1}(x)}{p_m(x)}=-\|P_{m;\lambda_{m;n}}\varphi_{m+1}\|^2,\quad\forall n=1,\cdots,N\tag{2.17}$$

$\{\hat{\lambda}_{m+1;n}\}_{n=1}^N$ 表示 $\Phi_{m+1}\Phi_{m+1}^*$ 的频谱，下面论证 $\{\hat{\lambda}_{m+1;n}\}_{n=1}^N=\{\hat{\lambda}_{m+1;n}\}_{n=1}^N$，即论证 $p_{m+1}(x)=\hat{p}_{m+1}(x)$，其中 $\hat{p}_{m+1}(x)$ 为多项式：

$$\hat{p}_{m+1}(x):=\prod_{n=1}^N(x-\hat{\lambda}_{m+1;n})$$

因为 $p_m(x)$ 与 $\hat{p}_{m+1}(x)$ 分别是 $\Phi_m\Phi_m^*$ 与 $\Phi_{m+1}\Phi_{m+1}^*$ 的特性多项式，因此由定理 2.3 有

$$\lim_{x\to\lambda_{m;n}}(x-\lambda_{m;n})\frac{\hat{p}_{m+1}(x)}{p_m(x)}=-\|p_{m;\lambda_{m;n}}\varphi_{m+1}\|^2,\quad\forall n=1,\cdots,N\tag{2.18}$$

对比式(2.17)和式(2.18)，可得

$$\lim_{x\to\lambda_{m;n}}(x-\lambda_{m;n})\frac{p_{m+1}(x)}{p_m(x)}=\lim_{x\to\lambda_{m;n}}(x-\lambda_{m;n})\frac{\hat{p}_{m+1}(x)}{p_m(x)},\quad\forall n=1,\cdots,N$$

由引理 2.3 易知 $p_m(x)=\hat{p}_{m+1}(x)$，得证。

2.4　确定特征步的参数

根据定理 2.2，问题 2.1 转化成寻找对任意给定非负非增序列 $\{\lambda_n\}_{n=1}^N$ 和 $\{\mu_m\}_{m=1}^M$ 满足定义 2.2 的所有有效的外特征步 $\{\{\lambda_{m;n}\}_{n=1}^N\}_{m=0}^M$ 序列。本节具体

讨论文献[19]的结果，它给出了寻找这些特征步的系统流程。用文献[5]中的一个例子来展开。

例 2.2 我们希望对一特殊情形求出所有的特征步：由 $\mathbf{C}^3$ 中 5 个矢量组成的单位范数紧框架。在这里，$\lambda_1=\lambda_2=\lambda_3=\frac{5}{3}$，$\mu_1=\mu_2=\mu_3=\mu_4=\mu_5=1$。根据定理 2.2 的步骤 A，寻找符合定义 2.2 的外特征步，也就是说，要找到所有序列 $\{\{\lambda_{m;n}\}_{n=1}^{3}\}_{m=0}^{4}$，且满足以下交错条件：

$$\{0\}_{n=1}^{3}\sqsubseteq\{\lambda_{1;n}\}_{n=1}^{3}\sqsubseteq\{\lambda_{2;n}\}_{n=1}^{3}\sqsubseteq\{\lambda_{3;n}\}_{n=1}^{3}\sqsubseteq\{\lambda_{4;n}\}_{n=1}^{3}\sqsubseteq\left\{\frac{5}{3}\right\}_{n=1}^{3} \tag{2.19}$$

还需要满足以下迹条件：

$$\sum_{n=1}^{3}\lambda_{1;n}=1,\quad \sum_{n=1}^{3}\lambda_{2;n}=2,\quad \sum_{n=1}^{3}\lambda_{3;n}=3,\quad \sum_{n=1}^{3}\lambda_{4;n}=4 \tag{2.20}$$

将需要的频谱条件写成如下形式：

m	0	1	2	3	4	5
$\lambda_{m;3}$	0	?	?	?	?	$\frac{5}{3}$
$\lambda_{m;2}$	0	?	?	?	?	$\frac{5}{3}$
$\lambda_{m;1}$	0	?	?	?	?	$\frac{5}{3}$

在上表中，迹条件(2.20)表示第 m 列值的和为 $\sum_{n=1}^{m}\mu_n=m$，而交错条件(2.19)表示任意值 $\lambda_{m,n}$ 最小为右上角邻值 $\lambda_{m+1,n+1}$，且不大于右邻接值 $\lambda_{m+1,n}$。特别地，对 $m=1$ 可知 $0=\lambda_{0;2}\leqslant\lambda_{1;2}\leqslant\lambda_{0;1}=0$，$0=\lambda_{0;3}\leqslant\lambda_{1;3}\leqslant\lambda_{0;2}=0$，因而 $\lambda_{1;2}=\lambda_{1;3}=0$。同理，对 $m=4$，交错条件要求 $\frac{5}{3}=\lambda_{5;2}\leqslant\lambda_{4;1}\leqslant\lambda_{5;1}=\frac{5}{3}$，$\frac{5}{3}=\lambda_{5;3}\leqslant\lambda_{4;2}\leqslant\lambda_{5;2}=\frac{5}{3}$，因而 $\lambda_{4;1}\leqslant\lambda_{4;2}\leqslant\frac{5}{3}$。用相同办法处理 $m=2$ 和 $m=3$ 的情况，可得 $\lambda_{2;3}=0$，$\lambda_{3;1}=\frac{5}{3}$。这样可得到如下形式：

m	0	1	2	3	4	5
$\lambda_{m;3}$	0	0	0	?	?	$\frac{5}{3}$
$\lambda_{m;2}$	0	0	?	?	$\frac{5}{3}$	$\frac{5}{3}$
$\lambda_{m;1}$	0	?	?	$\frac{5}{3}$	$\frac{5}{3}$	$\frac{5}{3}$

此外,迹条件(2.20) 在 $m=1$ 时为 $1+\lambda_{1;1}+\lambda_{1;2}+\lambda_{1;3}=\lambda_{1;1}+0+0$,因此 $\lambda_{1;1}=1$。同理,$m=4$ 时,$4=\lambda_{4;1}+\lambda_{4;2}+\lambda_{4;3}=\frac{5}{3}+\frac{5}{3}+\lambda_{4;3}$,所以有 $\lambda_{4;3}=\frac{2}{3}$,可得如下形式:

m	0	1	2	3	4	5
$\lambda_{m;3}$	0	0	0	?	$\frac{2}{3}$	$\frac{5}{3}$
$\lambda_{m;2}$	0	0	?	?	$\frac{5}{3}$	$\frac{5}{3}$
$\lambda_{m;1}$	0	1	?	$\frac{5}{3}$	$\frac{5}{3}$	$\frac{5}{3}$

还有几项没有求出。特别地,将 $\lambda_{3;3}$ 视作变量 x,并注意到根据迹条件,$3=\lambda_{3;1}+\lambda_{3;2}+\lambda_{3;3}=x+\lambda_{3;2}+\frac{5}{3}$,因此 $\lambda_{3;2}=\frac{4}{3}-x$。同理,令 $\lambda_{2;2}=y$,有 $\lambda_{2;1}=2-y$,可得如下形式:

m	0	1	2	3	4	5
$\lambda_{m;3}$	0	0	0	x	$\frac{2}{3}$	$\frac{5}{3}$
$\lambda_{m;2}$	0	0	y	$\frac{4}{3}-x$	$\frac{5}{3}$	$\frac{5}{3}$
$\lambda_{m;1}$	0	1	$2-y$	$\frac{5}{3}$	$\frac{5}{3}$	$\frac{5}{3}$

(2.21)

注意到有效特征步序列(2.21) 中的 x 与 y 并不是任意的,而是必须选择能够满足交错条件的值:

$$\begin{cases} \{\lambda_{3;n}\}_{n=1}^{3} \sqsubseteq \{\lambda_{4;n}\}_{n=1}^{3} \Leftrightarrow x \leqslant \frac{2}{3} \leqslant \frac{4}{3}-x \leqslant \frac{5}{3} \\ \{\lambda_{2;n}\}_{n=1}^{3} \sqsubseteq \{\lambda_{3;n}\}_{n=1}^{3} \Leftrightarrow 0 \leqslant x \leqslant y \leqslant \frac{4}{3}-x \leqslant 2-y \leqslant \frac{5}{3} \\ \{\lambda_{1;n}\}_{n=1}^{3} \sqsubseteq \{\lambda_{2;n}\}_{n=1}^{3} \Leftrightarrow 0 \leqslant y \leqslant 1 \leqslant 2-y \end{cases} \tag{2.22}$$

在半平面中画出式(2.22) 中 11 个不等式(图 2.2(a)),得到一个凸五边形区域(图 2.2(b)),该区域内所有的(x,y) 都能使式(2.21) 成为一个有效的特征步序列。这个例子强调了利用定理 2.2 解决问题 2.1 的关键障碍:找到所有有效特征步序列(2.21) 往往需要简化一个较大系统的线性不等式(2.22)。现考虑一个已知结果,该结果能够提供一种找到这些系统所有解的方法。

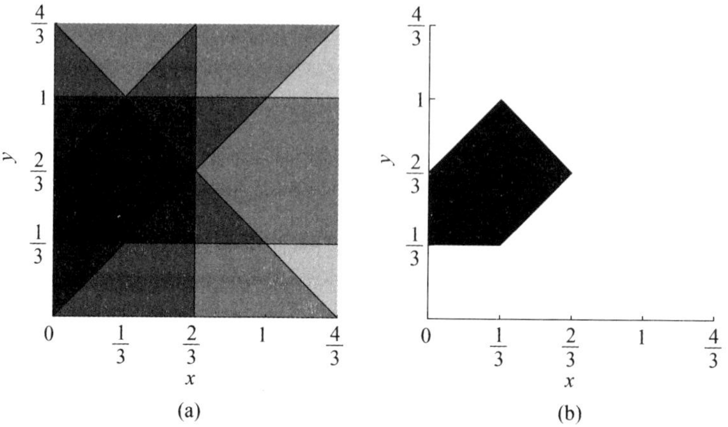

图 2.2　所有能够构造有效特征步序列(2.21)中的参数对(x,y)。准确地说,为了满足定义2.2中的交错条件,x和y的选择必须能够满足式(2.22)中的11个不等式。每个不等式都对应于一个半平面(图2.2(a)),能够满足所有不等式的(x,y)位于图2.2(b)中所示的重叠区域。根据定理2.2,任何符合的特征步序列(2.21)构造一个3×5的单位范数紧框架,同时逆向地,所有3×5的单位范数紧框架都由该方式构造。因此,x和y可以看作这些框架的关键参数

定理 2.4　设$\{\lambda_n\}_{n=1}^N$与$\{\mu_m\}_{m=1}^M$均为非负非增序列,且$N\leqslant M$。存在一个$\mathbf{C}^N$中的矢量序列$\Phi=\{\varphi_m\}_{m=1}^M$,其框架算子$\Phi\Phi^*$的频谱为$\{\lambda_n\}_{n=1}^N$,且对所有$m$,$\|\varphi_m\|^2=\mu_m$当且仅当$\{\lambda_n\}_{n=1}^N\cup\{0\}_{n=N+1}^M\geqslant\{\mu_m\}_{m=1}^M$时成立。而且当$\{\lambda_n\}_{n=1}^N\cup\{0\}_{n=N+1}^M\geqslant\{\mu_m\}_{m=1}^M$时,所有$\Phi$均可通过以下步骤构造:

步骤A:令$\{\lambda_{M;n}\}_{n=1}^N:=\{\lambda_n\}_{n=1}^N$。

当$m=M,\cdots,2$时,以下述方式用$\{\lambda_{m;n}\}_{n=1}^N$构造$\{\lambda_{m-1;n}\}_{n=1}^N$:

对$k=N,\cdots,1$,若$k>m-1$,则令$\lambda_{m-1;k}:=0$。

否则,选择任意$\lambda_{m-1;k}\in[A_{m-1;k},B_{m-1;k}]$,其中

$$A_{m-1;k}:=\max\left\{\lambda_{m;k+1},\sum_{n=k}^{N}\lambda_{m;n}-\sum_{n=k+1}^{N}\lambda_{m-1;n}-\mu_m\right\}$$

$$B_{m-1;k}:=\min\left\{\lambda_{m;k},\min_{l=1,\cdots,k}\left\{\sum_{n=l}^{m-1}\mu_n-\sum_{n=l+1}^{k}\lambda_{m;n}-\sum_{n=k+1}^{N}\lambda_{m-1;n}\right\}\right\}$$

按照惯例,$\lambda_{n;N+1}:=0$且空索引的和为零。

步骤B:与定理2.2中的步骤B相同。

相反地,所有通过该步骤构造的Φ,其框架算子$\Phi\Phi^*$的频谱为$\{\lambda_n\}_{n=1}^N$,$\|\varphi_m\|^2=\mu_m$对所有m成立;并且,$\Phi_m\Phi_m^*$的频谱为$\{\lambda_{m;n}\}_{n=1}^N$。

把定理 2.4 的方法当作特征步的等效替代法，会更容易理解。对任意给定的外特征步序列$\{\{\lambda_{m;n}\}_{n=1}^{N}\}_{m=0}^{M}$，在定理 2.2 中已经提到，对所有 $m=1,\cdots,M$，序列$\{\lambda_{m;n}\}_{n=1}^{N}$ 为第 m 个部分序列 $\Phi_m=\{\varphi_{m'}\}_{m'=1}^{M}$ 的 $N\times N$ 阶框架算子 $\Phi_m\Phi_m^*$ 的频谱。在下列理论中，用对应的 $m\times m$ 阶格拉姆矩阵 $\Phi_m^*\Phi_m$ 的频谱$\{\lambda_{m;m'}\}_{m'=1}^{m}$ 来表述会更加方便；用同样的符号来表示两个频谱，因为$\{\lambda_{m;m'}\}_{m'=1}^{m}$ 是$\{\lambda_{m;n}\}_{n=1}^{N}$ 填充零得到的，反之亦然，这决定于是 $m>N$ 还是 $m\leqslant N$。我们称$\{\{\lambda_{m;m'}\}_{m'=1}^{m}\}_{m=1}^{M}$ 为内特征步序列，因为它由 φ_m 的内积矩阵得到，而外特征步$\{\{\lambda_{m;n}\}_{n=1}^{N}\}_{m=0}^{M}$ 由 φ_m 的外积和得到。定理 2.5 会进行说明。下面用定义 2.3 来精确地表述它。

定义 2.3　$\{\lambda_m\}_{m=1}^{N}$ 与$\{\mu_m\}_{m=1}^{N}$ 均为非负非增序列。我们称满足下列 3 个性质的序列$\{\{\lambda_{m;m'}\}_{m'=1}^{m}\}_{m=0}^{M}$ 为对应的内特征步序列：

（ⅰ）$\lambda_{M;m'}=\lambda_{m'}$，对所有 $m'=1,\cdots,M$ 成立。

（ⅱ）$\{\lambda_{m-1;m'}\}_{m'=1}^{m-1}\sqsubseteq\{\lambda_{m;m'}\}_{m'=1}^{m}$ 对所有 $m=2,\cdots,M$ 成立。

（ⅲ）$\sum\limits_{m'=1}^{m}\lambda_{m;m'}=\sum\limits_{m'=1}^{m}\mu_{m'}$ 对所有 $m=1,\cdots,M$ 成立。

需要明确，与定义 2.2 中的外特征步不同，这里的交错关系（ⅱ）包含两个不同长度的序列。当 $\beta_{m'+1}\leqslant\alpha_{m'}\leqslant\beta_{m'}$ 对所有 $m'=1,\cdots,m-1$ 成立时，记作$\{\alpha_{m'}\}_{m'=1}^{m-1}\sqsubseteq\{\beta_{m'}\}_{m'=1}^{m}$。例 2.3 阐释了内特征步与外特征步可以互相对应。

例 2.3　回顾例 2.2。向$\{\lambda_n\}_{n=1}^{3}$ 填充两个 0，使得其长度与$\{\mu_m\}_{m=1}^{5}$ 匹配。也就是令 $\lambda_1=\lambda_2=\lambda_3=\dfrac{5}{3}$，$\lambda_4=\lambda_5=0$，且 $\mu_1=\mu_2=\mu_3=\mu_4=\mu_5=1$。找到所有内特征步序列$\{\{\lambda_{m;m'}\}_{m'=1}^{m}\}_{m=1}^{5}$，其形式如下：

m	1	2	3	4	5
$\lambda_{m;5}$					0
$\lambda_{m;4}$				?	0
$\lambda_{m;3}$			?	?	$\frac{5}{3}$
$\lambda_{m;2}$		?	?	?	$\frac{5}{3}$
$\lambda_{m;1}$	?	?	?	?	$\frac{5}{3}$

(2.23)

且满足定义 2.3 中的交错属性（ⅱ）与迹条件（ⅲ）。准确地说，条件（ⅱ）可得到 $0=\lambda_{5;5}\leqslant\lambda_{4;4}\leqslant\lambda_{5;4}=0$，因此 $\lambda_{4;4}=0$。相似地，$\dfrac{5}{3}\leqslant\lambda_{5;3}\leqslant\lambda_{4;2}\leqslant$

$\lambda_{3;1} \leqslant \lambda_{4;1} \leqslant \lambda_{5;1} = \frac{5}{3}$,因此 $\lambda_{4;2} \leqslant \lambda_{3;1} \leqslant \lambda_{4;1} = \frac{5}{3}$,得到如下形式:

m	1	2	3	4	5
$\lambda_{m;5}$					0
$\lambda_{m;4}$				0	0
$\lambda_{m;3}$			?	?	$\frac{5}{3}$
$\lambda_{m;2}$		?	?	$\frac{5}{3}$	$\frac{5}{3}$
$\lambda_{m;1}$	?	?	$\frac{5}{3}$	$\frac{5}{3}$	$\frac{5}{3}$

(2.24)

同时,因为 $\mu_{m'}=1$ 对所有 m' 成立,迹条件(ⅲ)表明式(2.24)中第 m 列值的和为 m。因此,$\lambda_{1;1}=1$ 且 $\lambda_{4;3}=\frac{2}{3}$,其形式如下:

m	1	2	3	4	5
$\lambda_{m;5}$					0
$\lambda_{m;4}$				0	0
$\lambda_{m;3}$			?	$\frac{2}{3}$	$\frac{5}{3}$
$\lambda_{m;2}$		?	?	$\frac{5}{3}$	$\frac{5}{3}$
$\lambda_{m;1}$	1	?	$\frac{5}{3}$	$\frac{5}{3}$	$\frac{5}{3}$

将 $\lambda_{3;3}$ 记为 x,$\lambda_{2;2}$ 记为 y,则条件(ⅲ)唯一地确定 $\lambda_{3;2}$ 和 $\lambda_{2;1}$,其形式如下:

m	1	2	3	4	5
$\lambda_{m;5}$					0
$\lambda_{m;4}$				0	0
$\lambda_{m;3}$			x	$\frac{2}{3}$	$\frac{5}{3}$
$\lambda_{m;2}$		y	$\frac{4}{3}-x$	$\frac{5}{3}$	$\frac{5}{3}$
$\lambda_{m;1}$	1	$2-y$	$\frac{5}{3}$	$\frac{5}{3}$	$\frac{5}{3}$

(2.25)

对于我们选择的 $\{\lambda_m\}_{m=1}^5$ 与 $\{\mu_m\}_{m=1}^5$,前面已论证了每个对应内特征步序列形式均如式(2.25)。相反地,也可立即证明任何该形式 $\{\{\lambda_{m;m'}\}_{m'=1}^m\}_{m=1}^5$ 的

满足定义 2.3 的条件(ⅰ)与条件(ⅲ),且当 $m=5$ 时,满足条件(ⅱ)。然而,为了在 $m=2,3,4$ 时能够满足条件(ⅱ),x 和 y 必须满足下列 10 个不等式:

$$\begin{cases}\{\lambda_{3;m'}\}_{m'=1}^{3}\sqsubseteq\{\lambda_{4;m'}\}_{m'=1}^{4}\Leftrightarrow 0\leqslant x\leqslant\frac{2}{3}\leqslant\frac{4}{3}-x\leqslant\frac{5}{3}\\ \{\lambda_{2;m'}\}_{m'=1}^{3}\sqsubseteq\{\lambda_{3;m'}\}_{m'=1}^{3}\Leftrightarrow x\leqslant y\leqslant\frac{4}{3}-x\leqslant 2-y\leqslant\frac{5}{3}\\ \{\lambda_{1;m'}\}_{m'=1}^{1}\sqsubseteq\{\lambda_{2;m'}\}_{m'=1}^{2}\Leftrightarrow y\leqslant 1\leqslant 2-y\end{cases}\tag{2.26}$$

式(2.26)的结果与例 2.2 中的外特征步方程(2.22)是相同的,简化后为 $0\leqslant x\leqslant\frac{2}{3},\max\left\{\frac{1}{3},x\right\}\leqslant y\leqslant\min\left\{\frac{2}{3}+x,\frac{4}{3}-x\right\}$。而且外特征步(2.21)由 $\{\lambda_1,\lambda_2,\lambda_3\}=\left\{\frac{5}{3},\frac{5}{3},\frac{5}{3}\right\}$ 得到,而内特征步(2.25)由 $\{\lambda_1,\lambda_2,\lambda_3,\lambda_4,\lambda_5\}=\left\{\frac{5}{3},\frac{5}{3},\frac{5}{3},0,0\right\}$ 得到,两者只有是否填零的区别。下面将文献[15]中证明的结果给出推广的结论。

定理 2.5　$\{\lambda_m\}_{m=1}^{M}$ 与 $\{\mu_m\}_{m=1}^{M}$ 均为非负非增序列,$N\leqslant M$,因而对所有 $m\geqslant N,\lambda_m=0$。则任意的外特征步(定义 2.2)都唯一对应一个内特征步(2.3),反之亦然,两者只有是否填零的区别。

具体地,外特征步序列 $\{\{\lambda_{m;n}\}_{n=1}^{N}\}_{m=0}^{M}$ 能够推导出内特征步序列 $\{\{\lambda_{m;m'}\}_{m'=1}^{m}\}_{m=1}^{M}$,其中 $m'>N$ 时 $\lambda_{m;m'}:=0$。内特征步序列 $\{\{\lambda_{m;m'}\}_{m'=1}^{m}\}_{m=1}^{M}$ 也能推导出外特征步序列 $\{\{\lambda_{m;n}\}_{n=1}^{N}\}_{m=0}^{M}$,其中 $n>m$ 时 $\lambda_{m;n}:=0$。

而且,当且仅当 $\{\lambda_{m;m'}\}_{m'=1}^{m}$ 为格拉姆矩阵 $\Phi_m\Phi_m^*$ 的频谱时,$\{\lambda_{m;n}\}_{n=1}^{N}$ 为框架算子 $\Phi_m^*\Phi_m$ 的频谱。

2.4.1　灭顶法及外特征步的存在性

前面已经讨论过,定理 2.2 将问题 2.1 简化为构造所有可能的外特征步序列(定义 2.2);并且根据定理 2.5,每个外特征步序列都唯一对应一个内特征步序列(定义 2.3)。注意到,如果存在一个内特征步序列 $\{\{\lambda_{m;m'}\}_{m'=1}^{m}\}_{m=1}^{M}$,则 $\{\lambda_m\}_{m=1}^{M}$ 必然优化 $\{\mu_m\}_{m=1}^{M}$。实际上,在定义 2.3 的迹条件(2.3)中,令 $m=M$,即可得到此时的优化条件(2.4);为了得到余下 $m=1,\cdots,M-1$ 时的条件,注意到交错条件(ⅱ)使得 $\lambda_{m;m'}\leqslant\lambda_{M;m'}=\lambda_{m'}$ 对所有 $m'=1,\cdots,m$ 成立,这也意味着条件(ⅲ)的成立:

$$\sum_{m'=1}^{m}\mu_{m'}=\sum_{m'=1}^{m}\lambda_{m;m'}\leqslant\sum_{m'=1}^{m}\lambda_{m'}$$

本节将证明逆结论,即当 $\{\lambda_m\}_{m=1}^{M}\geqslant\{\mu_m\}_{m=1}^{M}$ 时,则存在对应的内特征步

序列$\{\{\lambda_{m;m'}\}_{m'=1}^{m}\}_{m=1}^{M}$。顶部压井法算法可以解决此问题，该算法能将优化$\{\mu_{m'}\}_{m'=1}^{m}$的任意序列$\{\lambda_{m;m'}\}_{m'=1}^{m-1}$，转化为优化$\{\mu_{m'}\}_{m'=1}^{m-1}$的更短的新序列$\{\lambda_{m;m'}\}_{m'=1}^{m-1}$，且该序列与$\{\lambda_{m;m'}\}_{m'=1}^{m}$交错。而2.4.2节中，这种新的证明方法将展示，对给定的$\{\lambda_m\}_{m=1}^{M}$和$\{\mu_m\}_{m=1}^{M}$如何系统构造所有有效的内特征步序列。下面用一个例子来引出顶部压井法算法。

例 2.4　令$M=3,\{\lambda_1,\lambda_2,\lambda_3\}=\left\{\frac{7}{4},\frac{3}{4},\frac{1}{2}\right\},\{\mu_1,\mu_2,\mu_3\}=\{1,1,1\}$。由频谱的优化长度可知，必然存在对应的内特征步序列$\{\{\lambda_{m;m'}\}_{m'=1}^{m}\}_{m=1}^{3}$。因此，由定义 2.3，可找到$\{\lambda_{1;1}\}$和$\{\lambda_{2;1};\lambda_{2;2}\}$的值，使其满足交错条件(ⅱ)$\{\lambda_{1;1}\}\sqsubseteq\{\lambda_{2;1};\lambda_{2;2}\}\sqsubseteq\left\{\frac{7}{4},\frac{3}{4},\frac{1}{2}\right\}$和迹条件(ⅲ)$\lambda_{1;1}=1$与$\lambda_{2;1}+\lambda_{2;2}=2$。事实上，所有特征步序列都与以下形式相同：

m	1	2	3
$\lambda_{m;3}$			$\frac{1}{2}$
$\lambda_{m;2}$		x	$\frac{3}{4}$
$\lambda_{m;1}$	1	$2-x$	$\frac{7}{4}$

(2.27)

其中，x需要满足

$$\frac{1}{2}\leqslant x\leqslant\frac{3}{4}\leqslant 2-x\leqslant\frac{7}{4},\quad x\leqslant 1\leqslant 2-x \tag{2.28}$$

很明显，只要$x\in\left[\frac{1}{2},\frac{3}{4}\right]$即可。然而，当$M$较大时，与式(2.27)相似的表格将包含更多的变量，则需满足不等式组将远大于不等式(2.28)，且更加复杂。在这种情况下，如何构造一个有效的特征步序列都变得不太明确。因此，我们将用一种不同的观点来研究这个例子，得到一种能够不受M大小影响的有效构造特征步的算法。

解决的关键是将构造特征步看作迭代构造阶梯，该阶梯的第m层为λ_m个单元长度。对本例来说，就是要构造一个三层阶梯，其中底层长度为$\frac{7}{4}$，第二层长度为$\frac{3}{4}$，而顶层长度为$\frac{1}{2}$。在图 2.3 中的 6 个子图内，用黑色描出该阶梯的轮廓。这种形象化描述特征步的好处是，交错条件与迹条件都变成了直观的阶梯构造法则。具体地说，当进行至第m步时，将构造一个长度为

$\{\lambda_{m-1;m'}\}_{m'=1}^{m-1}$ 的阶梯。当在该层之上构造时，要使用 m 块高度为 1、面积总和为 μ_m 的方块。每块 m 块新方块都要添加至当前阶梯的对应层，并且必须完全放置在先前构造好的阶梯上方，这个要求对应着定义 2.3 中的交错条件(ⅱ)，而迹条件(ⅲ)对应于方块面积总和为 μ_m。

更直观地，我们要尝试从底层开始构造这种阶梯。第一步(图 2.3(a))，要在第一层放置一个面积为 $\mu_1=1$ 的方块。该第一层的长度为 $\lambda_{1;1}=\mu_1$。第二步，从该初始方块开始构造，放置两个新方块，一块在第一层，另一块在第二层，它们的总面积为 $\mu_2=1$。新的第一层与第二层的长度 $\lambda_{2;1}$ 与 $\lambda_{2;2}$ 取决于方块的选择方式。特别地，令第一层与第二层方块的面积分别为 $\frac{3}{4}$ 与 $\frac{1}{4}$，可得 $\{\lambda_{2;1},\lambda_{2;2}\}=\left\{\frac{7}{4},\frac{1}{4}\right\}$(图 2.3(b))，对应着最终所需的频谱 $\left\{\frac{7}{4},\frac{3}{4},\frac{1}{2}\right\}$ 的一种贪婪搜索方法。

在完成第一级的构造之前，并未考虑第二层。这种贪婪方法的问题在于，像例子中展示的那样，它并不总是有效的。实际上，在第三步和最后一步中，我们在图 2.3(b) 的阶梯上进行构造，增加 3 个新方块，分别在第一层、第二层和第三层，3 块的总面积为 $\mu_3=1$。然而，为了保持交错，新的顶层方块必须完全地放置在构造好的第二层上，也就是说，它的长度 $\lambda_{3;3}\leqslant\lambda_{2;2}=\frac{1}{4}$ 不等于最终需要的值 $\frac{1}{2}$。这源于第二步中的选择，现在能得到的"最佳"结果也只是 $\{\lambda_{3;1},\lambda_{3;2},\lambda_{3;3}\}=\left\{\frac{7}{4},1,\frac{1}{4}\right\}$(图 2.3(c))：

m	1	2	3
$\lambda_{m;3}$			$\frac{1}{4}$
$\lambda_{m;2}$		$\frac{1}{4}$	1
$\lambda_{m;1}$	1	$\frac{7}{4}$	$\frac{7}{4}$

由于没有预先进行计划，这种贪婪方法失败了，因为它(贪婪方法)将最底层的阶梯视为最优先的，而实际上恰恰相反，顶层才是最优先的，因为顶层需要预先考虑的最多。特别地，为了在第三步能够使 $\lambda_{3;3}$ 达到需求值 $\frac{1}{2}$，第二步中必须令 $\lambda_{2;2}\geqslant\frac{1}{2}$，从而成为合适的基础。

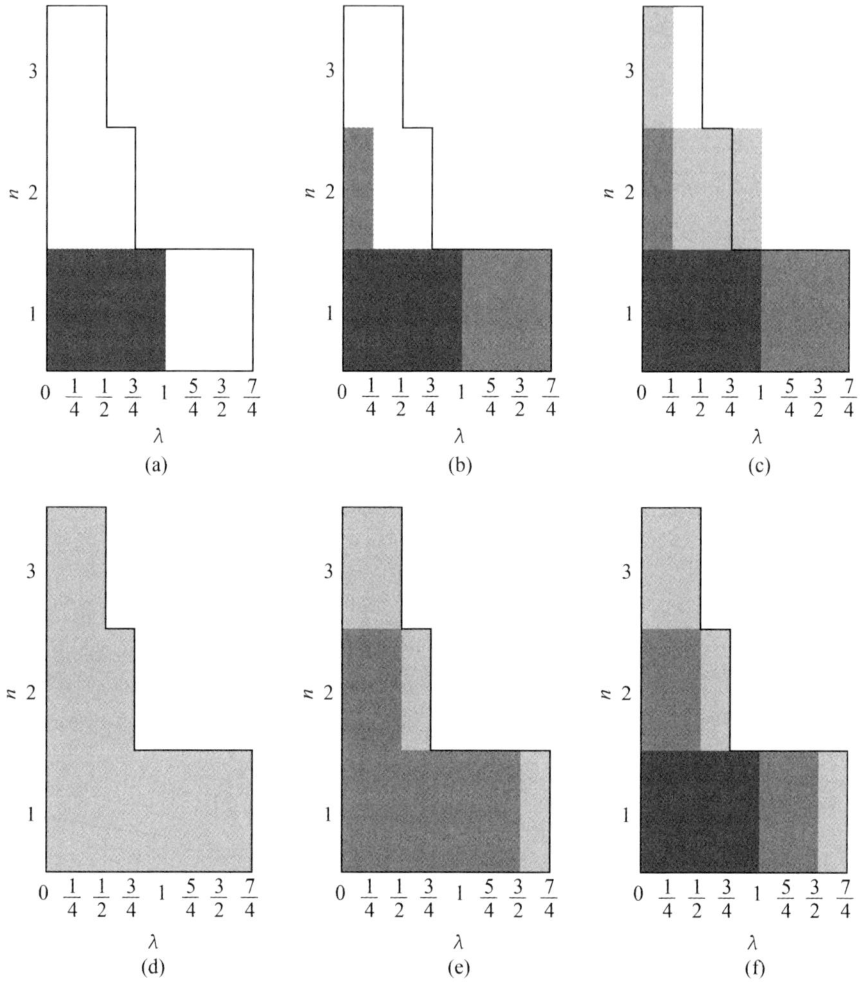

图 2.3　对$\{\lambda_1,\lambda_2,\lambda_3\}=\left\{\frac{7}{4},\frac{3}{4},\frac{1}{2}\right\}$与$\{\mu_1,\mu_2,\mu_3\}=\{1,1,1\}$条件下两种迭代构造内特征步序列的尝试。在例 2.4 中已经详细说明,第一行展示了失败的尝试,因为我们急于完成第一级的构造,而未关注它上方的部分。这种失败源于短视:第二步没有为第三步的构造打好基础。第二行表现了一次成功的尝试。这里从最终需求的阶梯开始,反向构造。也就是说,先从一个三层阶梯(d)中切掉两块,从而得到一个两层阶梯(e),再从(e)中切掉两块得到一层阶梯(f)。在每步中,都尽可能多地除去顶层的方块,再关注较低层的部分,以满足交错条件的限制。将这种$\{\lambda_{m;m'}\}_{m'=1}^{m}$从迭代产生$\{\lambda_{m-1;m'}\}_{m'=1}^{m-1}$的算法称为灭顶法。定理 2.6 展现了灭顶法从任何优化于给定序列长度的期望频谱总能够造出有效的特征步序列

意识到这点，我们再一次尝试构造阶梯。这一次从最终需求频谱$\{\lambda_{3;1},\lambda_{3;2},\lambda_{3;3}\}=\left\{\frac{7}{4},\frac{3}{4},\frac{1}{2}\right\}$开始，逆向完成。从这个角度来看，现在的任务变成了移除3个总面积为$\mu_3=1$的方块。这样，根据交错条件只能移除在前一步完成后暴露在表面的部分。完全砍掉顶层的面积为$\lambda_{3;3}=\frac{1}{2}$，要考虑剩下面积为$\mu_1-\lambda_{3;3}=1-\frac{1}{2}=\frac{1}{2}$的部分应该怎样移除，同时还要满足约束条件。由此发现，下一步的首要任务是移除第二层的剩余部分。因此，本步骤移除尽可能多的第二层部分是十分有利的，并且再关注更低的层次。正如同托马斯杰斐逊的名言："永远不要把今天该做的事拖到明天(今日事今日毕)。"我们将该方法称为灭顶法，因为它尽可能多地"消灭(kill off)"阶梯的顶层部分。对于本例来说，交错条件暗示着最多只能在第二层移除面积为$\frac{1}{4}$的方块，剩下的$\frac{1}{4}$面积应从第一层移除；这样，剩下了一个两层阶梯，各层长度为$\{\lambda_{2;1},\lambda_{2;2}\}=\left\{\frac{3}{2},\frac{1}{2}\right\}$，如图 2.3(e) 所示。第二步，运用同样的原则，将整个第二层移除，剩下面积为$\mu_2-\lambda_{2;2}=1-\frac{1}{2}=\frac{1}{2}$的部分从第一层移除，剩下一个单层阶梯$\{\lambda_{1;1}\}=\{1\}$，如图 2.3(f) 所示。这样，通过逆向工作得到了一个有效的特征步序列：

m	1	2	3
$\lambda_{m;3}$			$\frac{1}{4}$
$\lambda_{m;2}$		$\frac{1}{2}$	1
$\lambda_{m;1}$	1	$\frac{3}{2}$	$\frac{7}{4}$

上面的例子系统地演示了灭顶法构造特征步，下面将更加详细地描述这种方法。在图 2.3 最底一行可以看到，灭顶法为较大的 m' 逐步地选择 $\lambda_{m-1;m'}:=\lambda_{m;m'+1}$。灭顶法也为较小的 m' 选择 $\lambda_{m-1;m'}:=\lambda_{m;m'}$。移除非平凡面积的最底层为较大 m' 与 m' 较小的分界层。记该层为 k 层，则有 $\lambda_{m;k+1}\leqslant\mu_m\leqslant\lambda_{m;k}$。在高于 k 的层中，已经移除了总面积为 $\lambda_{m;k+1}$ 的部分，剩余的 $\mu_m-\lambda_{m;k+1}$ 需要从 $\lambda_{m;k}$ 中切掉，则得到 $\lambda_{m-1;m}=\lambda_{m;k}-(\mu_m-\lambda_{m;k+1})$。下面的结果将证明灭顶法在其可行时必定能得到特征步。

定理 2.6　假定$\{\lambda_{m;m'}\}_{m'=1}^{m} \geqslant \{\mu_{m'}\}_{m'=1}^{m}$，并按灭顶法定义$\{\lambda_{m-1;m'}\}_{m'=1}^{m-1}$；选择使$\lambda_{m;k+1} < \mu_m \leqslant \lambda_{m;k}$成立的$k$，且对所有$m'=1,\cdots,m-1$，定义：

$$\lambda_{m-1;m'}:=\begin{cases}\lambda_{m;m'}, & 1 \leqslant m' \leqslant k-1 \\ \lambda_{m;k}+\lambda_{m;k+1}-\mu_m, & m'=k \\ \lambda_{m;m'+1}, & k+1 \leqslant m' \leqslant m-1\end{cases} \tag{2.29}$$

则$\{\lambda_{m-1;m'}\}_{m'=1}^{m-1} \subseteq \{\lambda_{m;m'}\}_{m'=1}^{m}$，且$\{\lambda_{m-1;m'}\}_{m'=1}^{m-1} \geqslant \{\mu_{m'}\}_{m'=1}^{m-1}$。

此外，给定非负非增序列$\{\lambda_m\}_{m=1}^{M}$与$\{\mu_m\}_{m=1}^{M}$满足$\{\lambda_m\}_{m=1}^{M} \geqslant \{\mu_m\}_{m=1}^{M}$，对所有$m'=1,\cdots,M$定义$\lambda_{M;m'}:=\lambda_{m'}$，并且对所有$m=M,\cdots,2$，根据灭顶法连续定义$\{\lambda_{m-1;m'}\}_{m'=1}^{m-1}$，则$\{\{\lambda_{m;m'}\}_{m'=1}^{m}\}_{m=1}^{M}$是有效的内特征步。

证明　为了符号表述简洁，令$\{\alpha_{m'}\}_{m'=1}^{m-1}:=\{\lambda_{m-1;m'}\}_{m'=1}^{m-1}$，$\{\beta_{m'}\}_{m'=1}^{m}:=\{\lambda_{m;m'}\}_{m'=1}^{m}$。因为$\{\beta_{m'}\}_{m'=1}^{m} \geqslant \{\mu_{m'}\}_{m'=1}^{m}$，则必有$\beta_m \leqslant \mu_m \leqslant \mu_1 \leqslant \beta_1$，因此必然存在$k=1,\cdots,m-1$使得$\beta_{k+1} \leqslant \mu_m \leqslant \beta_k$。尽管当后续的$\beta_{m'}$相等时，$k$可能不是唯一的，但是很容易看出所有合适的$k$都能得到相同的$\alpha_{m'}$，则灭顶法可以得到定义。为了证明$\{\alpha_{m'}\}_{m'=1}^{m-1} \subseteq \{\beta_{m'}\}_{m'=1}^{m}$，需要论证

$$\beta_{m'+1} \leqslant \alpha_{m'} \leqslant \beta_{m'} \tag{2.30}$$

对所有$m'=1,\cdots,m-1$成立。如果$1 \leqslant m' \leqslant k-1$，则$\alpha_{m'}:=\beta_{m'}$，此时式(2.30)右边的不等式的等号成立，且左边不等式成立。相似地，如果$k+1 \leqslant m' \leqslant m-1$，则$\alpha_{m'} \leqslant \beta_{m'+1}$，因此式(2.30)左边的等号成立。最后，当$m'=k$时，$\alpha_k:=\beta_k+\beta_{k+1}-\mu_m$，则$\beta_{k+1} \leqslant \mu_m \leqslant \beta_k$将式(2.30)变成如下形式：

$$\beta_{k+1} \leqslant \beta_k+\beta_{k+1}-\mu_m \leqslant \beta_k$$

因此，$\{\alpha_{m'}\}_{m'=1}^{m-1} \subseteq \{\beta_{m'}\}_{m'=1}^{m}$得证。

接下来论证$\{\alpha_{m'}\}_{m'=1}^{m-1} \geqslant \{\mu_{m'}\}_{m'=1}^{m-1}$。若$j \leqslant k-1$，则由$\{\beta_{m'}\}_{m'=1}^{m} \geqslant \{\mu_{m'}\}_{m'=1}^{m}$，可得

$$\sum_{m'=1}^{j}\alpha_{m'}=\sum_{m'=1}^{j}\beta_{m'} \geqslant \sum_{m'=1}^{j}\mu_{m'}$$

另一方面，如果$j \geqslant k$，则有

$$\sum_{m'=1}^{j}\alpha_{m'}=\sum_{m'=1}^{k-1}\beta_{m'}+(\beta_k+\beta_{k+1}-\mu_m)+\sum_{m'=k+1}^{j}\beta_{m'+1}=\sum_{m'=1}^{j+1}\beta_{m'}-\mu_m \tag{2.31}$$

其中，空索引的和值为0。利用$\{\beta_{m'}\}_{m'=1}^{m} \geqslant \{\mu_{m'}\}_{m'=1}^{m}$与$\mu_{j+1} \geqslant \mu_m$，对式(2.31)可以得到

$$\sum_{m'=1}^{j}\alpha_{m'}=\sum_{m'=1}^{j+1}\beta_{m'}-\mu_m \geqslant \sum_{m'=1}^{j+1}\mu_{m'}-\mu_m \geqslant \sum_{m'=1}^{j}\mu_{m'} \tag{2.32}$$

注意，当$j=m$时，式(2.32)中的不等式变为等式，给出了最终的迹条件。

作为最后的结论，首先注意到灭顶法的一个应用是将优化于$\{\mu_{m'}\}_{m'=1}^{m}$的

序列$\{\lambda_{m;m'}\}_{m=1}^{m}$转换为一个优化于$\{\mu_{m'}\}_{m'=1}^{m-1}$且与$\{\lambda_{m;m'}\}_{m'=1}^{m}$交错的更短的序列$\{\lambda_{m-1;m'}\}_{m'=1}^{m-1}$。因此，令$\lambda_{M;m'}:=\lambda_{m'}$，并应用灭顶法$M-1$次，就可立即得到满足定义 2.3 的序列$\{\{\lambda_{m;m'}\}_{m'=1}^{m}\}_{m=1}^{M}$。

2.4.2　确定内特征步参数

2.4.1 节讨论了灭顶法，这是一种从给定非负非增序列$\{\lambda_m\}_{m=1}^{M}$和$\{\mu_m\}_{m=1}^{M}$构造内特征步序列的算法。本小节将运用灭顶法，找到一种能够系统构造所有此类特征步的方法。准确地说，将$\{\{\lambda_{m;m'}\}_{m'=1}^{m}\}_{m=1}^{M-1}$看作独立变量，则论证对给定$\{\lambda_m\}_{m=1}^{M}$和$\{\mu_m\}_{m=1}^{N}$所有的内特征步形成了一个$\mathbf{R}^{M(M-1)/2}$中的凸多面体并不困难。现在的目标是找到该多面体可有效应用的参数化法。

首先注意到当$\{\lambda_m\}_{m=1}^{M}$优化于$\{\mu_m\}_{m=1}^{M}$时，该多面体必然是非空的。实际上，如果特征步序列存在，则必有$\{\lambda_m\}_{m=1}^{M}\geqslant\{\mu_m\}_{m=1}^{M}$。相反地，如果$\{\lambda_m\}_{m=1}^{M}\geqslant\{\mu_m\}_{m=1}^{M}$，定理 2.6 说明灭顶法可以从$\{\lambda_m\}_{m=1}^{M}$和$\{\mu_m\}_{m=1}^{M}$构造一个有效的特征步序列。注意，这意味着对给定的$\{\lambda_m\}_{m=1}^{M}$和$\{\mu_m\}_{m=1}^{M}$，如果有方法能够构造特征步，那么灭顶法也一定能成功。在这个意义上，灭顶法可以说是最优的。然而，仅仅使用灭顶法并不能完全求出多面体的参数，因为它只能对给定的序列构造一个特征步序列，而实际上通常会有无数个特征步序列。从下面的工作将看到，通过运用灭顶法的次优化推广，能够得到非灭顶法构造(non-Top-Kill-produced) 的特征步。

例如，若$\{\lambda_1,\lambda_2,\lambda_3,\lambda_4,\lambda_5\}=\left\{\frac{5}{3},\frac{5}{3},\frac{5}{3},0,0\right\}$，且对$m=1,\cdots,5,\mu_m=1$，每个内特征步都对应于式(2.23) 中能够满足定义 2.3 的交错条件(ⅱ) 与迹条件(ⅲ) 的未知数的一个选择。式(2.23) 中共有 10 个未知数，特征步形成的凸多面体在$\mathbf{R}^{10}$中。尽管利用交错条件与迹条件可以减少维度，从式(2.23) 的 10 个未知数减少到式(2.25) 的两个未知数，但用这种方法构造所有特征步需要简化大量的成对不等式，如同式(2.26)。

本书建议选用另一种确定该凸多面体参数的方法：每次系统化地选取一个$\{\{\lambda_{m;m'}\}_{m'=1}^{m}\}_{m=1}^{4}$的值。灭顶法就是其中之一：自顶向下，从$\{\lambda_{5;m'}\}_{m'=1}^{5}$中切除$\mu_5=1$的面积，从而接连得到$\lambda_{4;4}=0,\lambda_{4;3}=\frac{2}{3},\lambda_{4;2}=\frac{5}{3}$和$\lambda_{4;4}=\frac{5}{3}$。重复此过程，将$\{\lambda_{4;m'}\}_{m'=1}^{4}$变为$\{\lambda_{3;m'}\}_{m'=1}^{3}$，并继续下去；具体值可在式(2.25) 中令$(x,y)=\left(0,\frac{1}{3}\right)$得到。本书尝试推广灭顶法，以期找到所有每次选择一个$\lambda_{m;m'}$的方法。和灭顶法中一样，反向进行：首先找到$\lambda_{4;4}$的所有可能值，接着

根据$\lambda_{4;4}$选择，找到$\lambda_{4;3}$的所有可能值，最后根据已选$\lambda_{4;4}$和$\lambda_{4;3}$找到$\lambda_{4;2}$的所有可能值，以此类推。即采用以下顺序迭代地确定多面体的参数：

$$\lambda_{4;4},\lambda_{4;3},\lambda_{4;2},\lambda_{4;1},\lambda_{3;3},\lambda_{3;2},\lambda_{3;1},\lambda_{2;2},\lambda_{2;1},\lambda_{1;1}$$

更普遍地，对任意满足$\{\lambda_m\}_{m=1}^M \geqslant \{\mu_m\}_{m=1}^M$的$\{\lambda_m\}_{m=1}^M$与$\{\mu_m\}_{m=1}^M$，通过对$\lambda_{m'';m'}$找到$\lambda_{m-1;k}$的所有可能值，从而构造所有可能的特征步序列$\{\{\lambda_{m;m'}\}_{m'=1}^m\}_{m=1}^M$，其中$m''>m-1$或$m'=m-1$且$m'>k$。

显然，任何可行的$\lambda_{m-1;k}$必须满足定义2.3的交错准则(ⅱ)，因此可得到边界$\lambda_{m;k+1} \leqslant \lambda_{m-1;k} \leqslant \lambda_{m;k}$。其他的必要边界来自于优化条件。实际上，为了同时满足$\{\lambda_{m;m'}\}_{m'=1}^m \geqslant \{\mu_{m'}\}_{m'=1}^m$和$\{\lambda_{m-1;m'}\}_{m'=1}^{m-1} \geqslant \{\mu_m{}'\}_{m'=1}^{m-1}$，需要

$$\mu_m = \sum_{m'=1}^m \mu_{m'} - \sum_{m'=1}^{m-1} \mu_{m'} = \sum_{m'=1}^m \lambda_{m;m'} - \sum_{m'=1}^{m-1} \lambda_{m-1;m'} \tag{2.33}$$

因此可以将μ_m视为特征步频谱之间的变化总量。在选出$\lambda_{m-1;n-1},\cdots,\lambda_{m-1;k+1}$之后，已经对频谱加上了确定的变化量，因而第$k$个特征值可改变的范围是被限制的。继续推导式(2.33)，有

$$\mu_m = \lambda_{m;m} + \sum_{m'=1}^{m-1} (\lambda_{m;m'} - \lambda_{m-1;m'}) \geqslant \lambda_{m;m} + \sum_{m'=k}^{m-1} (\lambda_{m;m'} - \lambda_{m-1;m'}) \tag{2.34}$$

其中，不等式遵循一个事实，即选择$\{\lambda_{m-1;m'}\}_{m'=1}^{m-1}$。令$\{\lambda_{m-1;m'}\}_{m'=1}^{m-1} \sqsubseteq \{\lambda_{m;m'}\}_{m'=1}^m$，则被加数$\lambda_{m;m'} - \lambda_{m-1;m'}$是非负的。重新整理式(2.34)，得到$\lambda_{m-1;k}$次低的边界，伴随先前提到的要求$\lambda_{m-1;k} \geqslant \lambda_{m;k+1}$，有

$$\lambda_{m-1;k} \geqslant \sum_{m'=k}^m \lambda_{m;m'} - \sum_{m'=k+1}^{m-1} \lambda_{m-1;m'} - \mu_m \tag{2.35}$$

下面应用灭顶法的思想，加上之前提到的要求$\lambda_{m-1;k} \leqslant \lambda_{m;k}$，获取$\lambda_{m-1;k}$的另一个上边界。需要注意的是，下面并不是对$\lambda_{m-1;k}$的剩余上边界进行严格的推论，而更像是该边界表达式的非正式推导。该推导合法性的严格证明在定理2.7的证明中给出。在之前的叙述中已经选择了$\{\lambda_{m-1;m'}\}_{m'=k+1}^{m-1}$，并试图找到所有可能的$\lambda_{m-1;k}$的选择，使剩下的值$\{\lambda_{m-1;m'}\}_{m'=1}^{k-1}$能够满足

$$\{\lambda_{m-1;m'}\}_{m'=1}^{m-1} \sqsubseteq \{\lambda_{m;m'}\}_{m'=1}^m, \quad \{\lambda_{m-1;m'}\}_{m'=1}^{m-1} \geqslant \{\mu_{m'}\}_{m'=1}^{m-1} \tag{2.36}$$

回顾阶梯构造的思想：如果能够构造一个给定的阶梯，实现的方法是指定最高层的优先级最高，因为它最难构造。同样，对一个选定的$\lambda_{m-1;k}$，如果能够选择出满足式(2.36)的$\{\lambda_{m-1;m'}\}_{m'=1}^{k-1}$，那么用这样的方法来完成十分合理，就是通过从$\lambda_{m;k-1}$中减去尽可能多的值来选择$\lambda_{m-1;k-1}$，然后通过从$\lambda_{m;k-2}$中减去尽可能多的值来选择$\lambda_{m-1;k-2}$，以此类推。也就是说，随意地选择$\lambda_{m-1;k}$，为了测试其合法性，应用灭顶法来构造剩余未确定的值$\{\lambda_{m-1;m'}\}_{m'=1}^{k-1}$，再检查$\{\lambda_{m-1;m'}\}_{m'=1}^{m-1} \geqslant \{\mu_{m'}\}_{m'=1}^{m-1}$是否成立。

为了叙述准确，注意到之前应用灭顶法时，剩余频谱为$\{\lambda_{m;m'}\}_{m'=1}^{k-1}$，从频谱中减去的总量为

$$\mu_m-\left(\lambda_{m;n}+\sum_{m'=k}^{m-1}(\lambda_{m;m'}-\lambda_{m-1;m'})\right) \tag{2.37}$$

为了保证所选择的$\lambda_{m-1;k-1}$满足$\lambda_{m-1;k-1}\geqslant\lambda_{m;k}$，在应用灭顶法前，人为地在式(2.37)和剩余频谱$\{\lambda_{m;m'}\}_{m'=1}^{k-1}$中再次引入$\lambda_{m;k}$。也就是说，对$\{\beta_{m'}\}_{m'=1}^{m}:=\{\lambda_{m;m'}\}_{m'=1}^{k}\cup\{0\}_{m'=k+1}^{m}$应用灭顶法。特别地，借鉴定理2.6，为了从$\{\beta_{m'}\}_{m'=1}^{m}$最优地减去

$$\mu:=\mu_m-\left(\lambda_{m;n}+\sum_{m'=k}^{m-1}(\lambda_{m;m'}-\lambda_{m-1;m'})\right)+\lambda_{m;k}=$$
$$\mu_m-\sum_{m'=k+1}^{m}\lambda_{m;m'}+\sum_{m'=k}^{m-1}\lambda_{m-1;m'}$$

单位面积，首先选择j使得$\beta_{j+1}\leqslant\mu\leqslant\beta_j$，然后利用式(2.29)构造剩余新频谱$\{\lambda_{m-1;m'}\}_{m'=1}^{k-1}\cup\{0\}_{m'=k}^{m}$的零填充版本：

$$\{\lambda_{m-1;m'}\}=\begin{cases}\lambda_{m;m'}, & 1\leqslant m'\leqslant j-1\\ \lambda_{m;j}+\lambda_{m;j+1}-\mu_m\sum\limits_{m''=k+1}^{m}\lambda_{m;m''}-\sum\limits_{m''=k}^{m-1}\lambda_{m-1;m''}, & m'=j\\ \lambda_{m;m'+1}, & j+1\leqslant m'\leqslant k-1\end{cases}$$

选择l使得$j+1\leqslant l\leqslant k$，对上面$\lambda_{m-1;m'}$的值求和得

$$\sum_{m'=1}^{l-1}\lambda_{m-1;m'}=\sum_{m'=1}^{j-1}\lambda_{m-1;m'}+\lambda_{m-1;j}+\sum_{m'=j+1}^{l-1}\lambda_{m-1;m'}=$$
$$\sum_{m'=1}^{l}\lambda_{m;m'}-\mu_m+\sum_{m'=k+1}^{m}\lambda_{m;m'}-\sum_{m'=k}^{m-1}\lambda_{m-1;m'} \tag{2.38}$$

把$\sum\limits_{m'=1}^{m}\mu_{m'}-\sum\limits_{m'=1}^{m}\lambda_{m;m'}=0$加到式(2.38)的右侧，得

$$\sum_{m'=1}^{l-1}\lambda_{m-1;m'}=\sum_{m'=1}^{l}\lambda_{m;m'}-\mu_m+\sum_{m'=k+1}^{m}\lambda_{m;m'}-\sum_{m'=1}^{m-1}\lambda_{m-1;m'}+$$
$$\sum_{m'=1}^{m}\mu_{m'}-\sum_{m'=1}^{m}\lambda_{m;m'}=$$
$$\sum_{m'=1}^{m-1}\mu_{m'}-\sum_{m'=l+1}^{k}\lambda_{m;m'}-\sum_{m'=k}^{m-1}\lambda_{m-1;m'} \tag{2.39}$$

为了满足$\{\lambda_{m-1;m'}\}_{m'=1}^{m-1}\geqslant\{\mu_{m'}\}_{m'=1}^{m-1}$，式(2.39)必须满足

$$\sum_{m'=1}^{l-1}\mu_{m'}\leqslant\sum_{m'=1}^{l-1}\lambda_{m-1;m'}=\sum_{m'=1}^{m-1}\mu'_m-\sum_{m'=l+1}^{k}\lambda_{m;m'}-\sum_{m'=k}^{m-1}\lambda_{m-1;m'} \tag{2.40}$$

将式(2.40)中的$\lambda_{m-1;k}$解出，得

$$\lambda_{m-1;k}=\sum_{m'=1}^{m-1}\mu'_m-\sum_{m'=l+1}^{k}\lambda_{m;m'}-\sum_{m'=k+1}^{m-1}\lambda_{m-1;m'} \tag{2.41}$$

需要注意的是,根据推导过程,式(2.41)在 $j+1\leqslant l\leqslant k$ 时有效。定理 2.7 证明了这个边界在 $l=1,\cdots,k$ 时均成立。总体上,下列结果中精确证明了边界为交错条件(2.35)和式(2.41)。

定理 2.7 假设 $\{\lambda_{m;m'}\}_{m'=1}^{m}\geqslant\{\mu_{m'}\}_{m'=1}^{m}$。当且仅当 $\lambda_{m-1;k}\in[A_{m-1;k},B_{m-1;k}]$ 对所有 $k=1,\cdots,m-1$ 成立时, $\{\lambda_{m-1;m'}\}_{m'=1}^{m-1}\geqslant\{\mu_{m'}\}_{m'=1}^{m-1}$ 且 $\{\lambda_{m-1;m'}\}_{m'=1}^{m-1}\subseteq\{\lambda_{m;m'}\}_{m'=1}^{m}$,其中

$$A_{m-1;k}:=\max\left\{\lambda_{m;k+1},\sum_{m'=k}^{m}\lambda_{m;m'}-\sum_{m'=k+1}^{m-1}\lambda_{m-1;m'}-\mu_m\right\} \tag{2.42}$$

$$B_{m-1;k}:=\min\left\{\lambda_{m;k'}\min_{l=1,\cdots,k}\left\{\sum_{m'=l}^{m-1}\mu_{m'}-\sum_{m'=l+1}^{k}\lambda_{m;m'}-\sum_{m'=k+1}^{m-1}\lambda_{m-1;m'}\right\}\right\} \tag{2.43}$$

这里默认空索引的和值为 0,而且假设 $\lambda_{m-1;m-1},\cdots,\lambda_{m-1;k+1}$ 是满足这些边界条件时连续选择的。则 $A_{m-1;k}\leqslant B_{m-1;k}$,且 $\lambda_{m-1;k}$ 在该区间内选择。

证明 为了简化符号表示,令 $\{\alpha_{m'}\}_{m'=1}^{m-1}:=\{\lambda_{m-1;m'}\}_{m'=1}^{m-1}$, $\{\beta_{m'}\}_{m'=1}^{m}:=\{\lambda_{m;m'}\}_{m'=1}^{m}$, $A_k:=A_{m-1;k}$, $B_k:=B_{m-1;k}$。

(⇒) 假设 $\{\alpha_{m'}\}_{m'=1}^{m-1}\geqslant\{\mu_{m'}\}_{m'=1}^{m-1}$ 且 $\{\alpha_{m'}\}_{m'=1}^{m-1}\subseteq\{\beta_{m'}\}_{m'=1}^{m}$ 确定任意特定的 $k=1,\cdots,m-1$。注意,交错条件有 $\beta_{k+1}\leqslant\alpha_k\leqslant\beta_k$,分别代表式(2.42)和(2.43)的第一项。下面先论证 $\alpha_k\geqslant A_k$。因为 $\{\beta_{m'}\}_{m'=1}^{m}\geqslant\{\mu_{m'}\}_{m'=1}^{m}$ 且 $\{\alpha_{m'}\}_{m'=1}^{m-1}\geqslant\{\mu_{m'}\}_{m'=1}^{m-1}$,则

$$\mu_m=\sum_{m'=1}^{m}\mu_{m'}-\sum_{m'=1}^{m-1}\mu_{m'}=\sum_{m'=1}^{m}\beta_{m'}-\sum_{m'=1}^{m-1}\alpha_{m'}=\beta_m+\sum_{m'=1}^{m-1}(\beta_{m'}-\alpha_{m'}) \tag{2.44}$$

因为 $\{\alpha_{m'}\}_{m'=1}^{m-1}\subseteq\{\beta_{m'}\}_{m'=1}^{m}$,式(2.44)中的被加数是非负的,因此

$$\mu_m\geqslant\beta_m+\sum_{m'=k}^{m-1}(\beta_{m'}-\alpha_{m'})=\sum_{m'=k}^{m}\beta_{m'}-\sum_{m'=k+1}^{m-1}\alpha_{m'}-\alpha_k \tag{2.45}$$

孤立式(2.45)中的 α_k,联系 $\alpha_k\geqslant\beta_{k+1}$,可得 $\alpha_k\geqslant A_k$。

接下来论证 $\alpha_k\geqslant B_k$。确定 $l=1,\cdots,k$,则 $\{\alpha_{m'}\}_{m'=1}^{m-1}\geqslant\{\mu_{m'}\}_{m'=1}^{m-1}$ 意味着 $\sum_{m'=1}^{l-1}\alpha_{m'}\geqslant\sum_{m'=1}^{l-1}\mu_{m'}$ 且 $\sum_{m'=1}^{m-1}\alpha_{m'}=\sum_{m'=1}^{m-1}\mu_{m'}$,相减得

$$\sum_{m'=1}^{m-1}\mu_{m'}\geqslant\sum_{m'=1}^{m-1}\alpha_{m'}=\sum_{m'=k}^{m-1}\alpha_{m'}+\sum_{m'=l}^{k-1}\alpha_{m'}\geqslant\sum_{m'=k}^{m-1}\alpha_{m'}+\sum_{m'=l}^{k-1}\beta_{m'+1} \tag{2.46}$$

其中第二个不等式由 $\{\alpha_{m'}\}_{m'=1}^{m-1}\subseteq\{\beta_{m'}\}_{m'=1}^{m}$ 得出。因为对 $l=1,\cdots,k$ 任意选择,孤立式(2.46)中的 α_k 并联系 $\alpha_k\leqslant\beta_k$,可得 $\alpha_k\leqslant\beta_k$。

(⇐) 现在假设 $A_k\leqslant\alpha_k\leqslant B_k$ 对所有 $k=1,\cdots,m-1$ 成立。则由式(2.42)

和(2.43)的第一项可得 $\beta_{k+1} \leqslant \alpha_k \leqslant \beta_k$ 对所有 $k=1,\cdots,m-1$ 成立，即 $\{\alpha_{m'}\}_{m'=1}^{m-1} \subseteq \{\beta_{m'}\}_{m'=1}^{m}$。

接下来论证 $\{\alpha_{m'}\}_{m'=1}^{m-1} \geqslant \{\mu_{m'}\}_{m'=1}^{m-1}$。因为 $\alpha_k \leqslant B_k$ 对所有 $k=1,\cdots,m-1$ 成立，则

$$\alpha_k \leqslant \sum_{m'=l}^{m-1}\mu_{m'} - \sum_{m'=l+1}^{k}\beta_{m'} - \sum_{m'=k+1}^{m-1}\alpha_{m'}, \quad \forall k=1,\cdots,m-1, l=1,\cdots,k \tag{2.47}$$

整理式(2.47)，考虑到当 $l=k$ 时有

$$\sum_{m'=l}^{m-1}\alpha_{m'} \leqslant \sum_{m'=k}^{m-1}\mu_{m'}, \quad \forall k=1,\cdots,m-1 \tag{2.48}$$

此外，$\alpha_1 \geqslant A_1$ 意味着 $\alpha_1 \geqslant \sum_{m'=1}^{m}\beta_{m'} - \sum_{m'=2}^{m-1}\alpha_{m'} - \mu_m$。整理该不等式，并应用 $\{\beta_{m'}\}_{m'=1}^{m} \geqslant \{\mu_{m'}\}_{m'=1}^{m}$，得

$$\sum_{m'=l}^{m-1}\alpha_{m'} \geqslant \sum_{m'=1}^{m}\beta_{m'} - \mu_m = \sum_{m'=l}^{m-1}\mu_{m'} \tag{2.49}$$

结合式(2.48)和(2.49)，考虑 $k=1$ 的情况，有

$$\sum_{m'=l}^{m-1}\alpha_{m'} = \sum_{m'=l}^{m-1}\mu_{m'} \tag{2.50}$$

用式(2.48)减去式(2.50)即可证明 $\{\alpha_{m'}\}_{m'=1}^{m-1} \geqslant \{\mu_{m'}\}_{m'=1}^{m-1}$。

作为最终陈述，首先论证 $k=m-1$ 时该定理成立，即 $A_{m-1} \leqslant B_{m-1}$。很明显，要论证

$$\max\{\beta_{m'}, \beta_{m-1}+\beta_m-\mu_m\} \leqslant \min\left\{\beta_{m-1}, \min_{i=1,\cdots,m-1}\left\{\sum_{m'=l}^{m-1}\mu_{m'} - \sum_{m'=l+1}^{m-1}\beta_{m'}\right\}\right\} \tag{2.51}$$

注意到式(2.51)等效于以下不等式同时成立：

(ⅰ) $\beta_m \leqslant \beta_{m-1}$。

(ⅱ) $\beta_{m-1}+\beta_m-\mu_m \leqslant \beta_{m-1}$。

(ⅲ) $\beta_m \leqslant \sum_{m'=l}^{m-1}\mu_{m'} - \sum_{m'=l+1}^{m-1}\beta_{m'}$, $\forall l=1,\cdots,m-1$。

(ⅳ) $\beta_{m-1}+\beta_m-\mu_m \leqslant \sum_{m'=l}^{m-1}\mu_{m'} - \sum_{m'=l+1}^{m-1}\beta_{m'}$, $\forall l=1,\cdots,m-1$。

首先，由于 $\{\beta_{m'}\}_{m'=1}^{m}$ 是非增序列，(ⅰ)成立。其次，整理(ⅱ)，得到 $\beta_m \leqslant \mu_m$，这可由 $\{\beta_{m'}\}_{m'=1}^{m} \geqslant \{\mu_{m'}\}_{m'=1}^{m}$ 推得。对于(ⅲ)，$\{\beta_{m'}\}_{m'=1}^{m} \geqslant \{\mu_{m'}\}_{m'=1}^{m}$ 和 $\{\mu_{m'}\}_{m'=1}^{m}$ 非增，表明

$$\sum_{m'=l+1}^{m}\beta_{m'} \leqslant \sum_{m'=l+1}^{m}\mu_{m'} \leqslant \sum_{m'=l}^{m-1}\mu_{m'}, \quad \forall\, l=1,\cdots,m-1$$

反过来也表明了(ⅲ)的正确性。对于(ⅳ)，类似地，由 $\{\beta_{m'}\}_{m'=1}^{m} \geqslant \{\mu_{m'}\}_{m'=1}^{m}$ 和 $\{\beta_{m'}\}_{m'=1}^{m}$ 非增，可得

$$\beta_{m-1} + \sum_{m'=l+1}^{m}\beta_{m'} \leqslant \sum_{m'=l}^{m}\beta_{m'} \leqslant \sum_{m'=l}^{m}\mu_{m'}, \quad \forall\, l=1,\cdots,m-1$$

反过来也表明了(ⅳ)的正确性。接下来使用归纳法。假设 α_{k+1} 满足 $A_{k+1} \leqslant \alpha_{k+1} \leqslant B_{k+1}$。在该假设下要论证 $A_k \leqslant B_k$。考虑 A_k 与 B_k 的定义(2.42)与(2.43)，这等效于以下不等式同时成立：

(ⅰ) $\beta_{k+1} \leqslant \beta_k$。

(ⅱ) $\sum_{m'=k}^{m}\beta_{m'} - \sum_{m'=k+1}^{m-1}\alpha_{m'} - \mu_m \leqslant \beta_k$。

(ⅲ) $\beta_{k+1} \leqslant \sum_{m'=l}^{m-1}\mu_{m'} - \sum_{m'=l+1}^{k}\beta_{m'} - \sum_{m'=k+1}^{m-1}\alpha_{m'}, \forall\, l=1,\cdots,k$。

(ⅳ) $\sum_{m'=k}^{m}\beta_{m'} - \sum_{m'=k+1}^{m-1}\alpha_{m'} - \mu_m \leqslant \sum_{m'=l}^{m-1}\mu_{m'} - \sum_{m'=l+1}^{k}\beta_{m'} - \sum_{m'=k+1}^{m-1}\alpha_{m'}, \forall\, l=1,\cdots, k$。

同样，$\{\beta_{m'}\}_{m'=1}^{m}$ 非增，(ⅰ)成立。其次由 $\alpha_{k+1} \geqslant A_{k+1}$ 可得

$$\alpha_{k+1} \geqslant \sum_{m'=k+1}^{m}\beta_{m'} - \sum_{m'=k+2}^{m-1}\alpha_{m'} - \mu_m$$

整理后可得到(ⅱ)。相似地，由 $\alpha_{k+1} \leqslant B_{k+1}$ 可得

$$\alpha_{k+1} \leqslant \sum_{m'=l}^{m-1}\mu_{m'} - \sum_{m'=l+1}^{k+1}\beta_{m'} - \sum_{m'=k+2}^{m-1}\alpha_{m'}, \quad \forall\, l=1,\cdots,k+1$$

整理后可得(ⅲ)。注意，这里并没有利用 $l=k+1$ 时(ⅲ)成立的事实。最后，由 $\{\beta_{m'}\}_{m'=1}^{m}$ 非增和 $\{\beta_{m'}\}_{m'=1}^{m} \geqslant \{\mu_{m'}\}_{m'=1}^{m}$，可得

$$\beta_k + \sum_{m'=l+1}^{m}\beta_{m'} \leqslant \sum_{m'=l}^{m}\beta_{m'} \leqslant \sum_{m'=l}^{m}\mu_{m'}, \quad \forall\, l=1,\cdots,k$$

整理后可得(ⅳ)。

现在注意到，从一个优化了给定 $\{\mu_m\}_{m=1}^{M}$ 的序列 $\{\lambda_{M;m'}\}_{m'=1}^{M} = \{\lambda_{m'}\}_{m'=1}^{M}$ 开始，重复应用定理 2.7 从 $\{\lambda_{m;m'}\}_{m'=1}^{m}$ 构造 $\{\lambda_{m-1;m'}\}_{m'=1}^{m-1}$，可以得到一个内特征步序列(如定义 2.3)。相反地，如果 $\{\{\lambda_{m;m'}\}_{m'=1}^{m}\}_{m=1}^{M}$ 是一个有效的内特征步序列，那么对所有 m，由(ⅱ)可得 $\{\lambda_{m;m'}\}_{m'=1}^{m-1} \sqsubseteq \{\lambda_{m;m'}\}_{m'=1}^{m}$，同时(ⅱ)和(ⅲ)表明 $\{\lambda_{m;m'}\}_{m'=1}^{m} \geqslant \{\mu_{m'}\}_{m'=1}^{m}$，就像 2.3 节讨论的一样。因此，反复应用定理 2.7，可以构建任意的内特征步序列。下面总结这些结论。

推论 2.1 令 $\{\lambda_m\}_{m=1}^{M}$ 和 $\{\mu_m\}_{m=1}^{M}$ 均为非负非增序列，且 $\{\lambda_m\}_{m=1}^{M} \geqslant$

$\{\mu_m\}_{m=1}^M$。则所有对应的内特征步序列 $\{\{\lambda_{m;m'}\}_{m'=1}^m\}_{m=1}^M$ 可以用以下算法进行构造：令 $\lambda_{M;m'}=\lambda_{m'}$ 对所有 $m'=1,\cdots,M$ 成立；对任意 $m=M,\cdots,2$，从 $\{\lambda_{m;m'}\}_{m'=1}^m$ 构造 $\{\lambda_{m-1;m'}\}_{m'=1}^{m-1}$，通过对所有 $k=m-1,\cdots,1$ 选择 $\lambda_{m-1;k}\in[A_{m-1;k},B_{m-1;k}]$，其中 $A_{m-1;k}$ 与 $B_{m-1;k}$ 分别按式(2.42)和(2.43)定义。并且，所有用此方法构造的序列一定是对应的内特征步序列。

现在重新做例 2.3，来演示推论 2.1 的确给出了确定特征步参数更系统化的方式。

例 2.5　确定对应于 $\mathbf{C}^3$ 中 5 个矢量的单位范数紧框架的特征步参数。最终将得到与例 2.3 中相同的参数化结果：

m	1	2	3	4	5
$\lambda_{m;5}$					0
$\lambda_{m;4}$				0	0
$\lambda_{m;3}$			x	$\frac{2}{3}$	$\frac{5}{3}$
$\lambda_{m;2}$		y	$\frac{4}{3}-x$	$\frac{5}{3}$	$\frac{5}{3}$
$\lambda_{m;1}$	1	$2-y$	$\frac{5}{3}$	$\frac{5}{3}$	$\frac{5}{3}$

(2.52)

其中，$0\leqslant x\leqslant\frac{2}{3}$，$\max\left\{\frac{1}{3},x\right\}\leqslant y\leqslant\min\left\{\frac{2}{3}+x,\frac{4}{3}-x\right\}$。将每次推导出式(2.52)的一列，从左到右、从上到下地填充每一列。首先由最终的格拉姆矩阵的理想频谱可得 $\lambda_{5;5}=\lambda_{5;4}=0$ 和 $\lambda_{5;3}=\lambda_{5;2}=\lambda_{5;1}=\frac{5}{3}$。然后找到所有 $\{\lambda_{4;m'}\}_{m'=1}^4$ 使得 $\{\lambda_{4;m'}\}_{m'=1}^4\sqsubseteq\{\lambda_{5;m'}\}_{m'=1}^5$ 且 $\{\lambda_{4;m'}\}_{m'=1}^4\succcurlyeq\{\mu_{m'}\}_{m'=1}^4$。为了得到这个结果，令 $m=5,k=4$，应用定理 2.7，得

$$\max\{\lambda_{5;5},\lambda_{5;4}+\lambda_{5;5}+\mu_5\}\leqslant\lambda_{4;4}\leqslant\min\left\{\lambda_{5;4},\min_{l=1,\cdots,4}\left\{\sum_{m'=l}^4\mu_{m'}-\sum_{m'=l+1}^4\lambda_{5;m'}\right\}\right\}$$

$$0=\max\{0,-1\}\leqslant\lambda_{4;4}\leqslant\min\left\{0,\frac{2}{3},\frac{4}{3},2,1\right\}=0$$

因此 $\lambda_{4;4}=0$。对所有 $k=3,2,1$，用相同的方法可以得到 $\lambda_{4;3}=\frac{2}{3}$，$\lambda_{4;2}=\frac{5}{3}$ 和 $\lambda_{4;1}=\frac{5}{3}$。对于下一列，令 $m=4$，从 $k=3$ 开始，有

$$\max\{\lambda_{4;4},\lambda_{4;4}+\lambda_{4;4}-\mu_5\}\leqslant\lambda_{3;3}\leqslant\min\left\{\lambda_{4;3},\min_{l=1,\cdots,3}\left\{\sum_{m'=l}^3\mu_{m'}-\sum_{m'=l+1}^3\lambda_{4;m'}\right\}\right\}$$

$$0=\max\left\{0,-\frac{1}{3}\right\}\leqslant\lambda_{3;3}\leqslant\min\left\{\frac{2}{3},\frac{2}{3},\frac{4}{3},1\right\}=\frac{2}{3}$$

注意到 $\lambda_{3;3}$ 的上下边界不相等。因为 $\lambda_{3;3}$ 是第一个自由变量，定义 $\lambda_{3;3}=x,x\in\left[0,\frac{2}{3}\right]$。对 $k=2$，有

$$\frac{4}{3}-x=\left\{\frac{2}{3},\frac{4}{3}-x\right\}\leqslant\lambda_{3;2}\leqslant\min\left\{\frac{5}{3},\frac{4}{3}-x,2-x\right\}=\frac{4}{3}-x$$

因此 $\lambda_{3;2}=\frac{4}{3}-x$。相似地，$\lambda_{3;1}=\frac{5}{3}$。接着，令 $m=3,k=2$，有

$$\max\left\{x,\frac{1}{3}\right\}\leqslant\lambda_{2;2}\leqslant\min\left\{\frac{4}{3}-x,\frac{2}{3}+x,1\right\}$$

注意到 $\lambda_{2;2}$ 是自由变量，定义 $\lambda_{2;2}=y$，有

若 $x\in\left[0,\frac{1}{3}\right],y\in\left[\frac{1}{3},\frac{2}{3}+x\right]$；若 $x\in\left[\frac{1}{3},\frac{2}{3}\right],y\in\left[x,\frac{4}{3}-x\right]$

最终得到 $\lambda_{2;1}=2-y,\lambda_{1;1}=1$。

下面给出一个解决问题 2.1 的完整构造方法作为结尾，即对给定频谱和长度构造所有框架的问题。回顾引言就能够证明定理 2.4。

定理 2.4 的证明　首先论证 Φ 当且仅当 $\{\lambda_m\}_{m=1}^N\cup\{0\}_{m=N+1}^M\geqslant\{\mu_m\}_{m=1}^M$ 时存在。特别地，如果存在这样的 Φ，则定理 2.2 暗示存在对应于 $\{\lambda_n\}_{n=1}^N$ 和 $\{\mu_m\}_{m=1}^M$ 的外特征步序列；根据定理 2.5，存在对应于 $\{\lambda_m\}_{m=1}^N\cup\{0\}_{m=N+1}^M$ 和 $\{\mu_m\}_{m=1}^M$ 的内特征步序列；根据 2.4.1 节的讨论，必须有 $\{\lambda_m\}_{m=1}^N\cup\{0\}_{m=N+1}^M\geqslant\{\mu_m\}_{m=1}^M$。相反地，如果 $\{\lambda_m\}_{m=1}^N\cup\{0\}_{m=N+1}^M\geqslant\{\mu_m\}_{m=1}^M$，则灭顶法(定理 2.6) 构造一个对应的内特征步序列，且定理 2.5 暗示存在一个对应于 $\{\lambda_n\}_{n=1}^N$ 和 $\{\mu_m\}_{m=1}^M$ 的外特征步序列，这样定理 2.2 就暗示了存在这样的 Φ。

对余下的结论，按照定理 2.2，可以论证所有有效的外特征步序列(定义 2.2) 满足定理 2.4 步骤 A 的边界。相反地，通过步骤 A 构造的所有序列都是一个有效的外特征步序列。这两个事实都来自于同样的两个结果。第一个是定理 2.5，它建立了一种对应，对于 $\{\lambda_n\}_{n=1}^N$ 和 $\{\mu_m\}_{m=1}^M$ 每个有效的外特征步序列以及对于 $\{\lambda_m\}_{m=1}^N\cup\{0\}_{m=N+1}^M$ 和 $\{\mu_m\}_{m=1}^M$ 每个有效的内特征步序列的对应，且相反的填充零版本也如此。第二个相关结果是推论 2.1，通过定理 2.7 的边界(2.42) 和(2.43) 描述了所有这样的内特征步。简而言之，步骤 A 的算法是推论 2.1 对应用 $\{\lambda_m\}_{m=1}^N\cup\{0\}_{m=N+1}^M$ 的外特征步版本。很容易证明，定理 2.4 的陈述与推论 2.1 之间的所有差异是内特征步与外特征步相互转换时填充零的结果。

2.5　通过特征步构造框架元素

定理 2.2 提出了构造所有 $\mathbf{C}^N$ 中的矢量序列 $\Phi=\{\varphi_m\}_{m=1}^M$ 的两步过程，构造出的序列具有给定的频谱 $\{\lambda_n\}_{n=1}^N$ 和矢量长度 $\{\mu_m\}_{m=1}^M$。在步骤 A 中选出一个外特征步序列 $\{\{\lambda_{m;n}\}_{n=1}^N\}_{m=0}^M$。该过程在定理 2.4 已经进行了系统论述。最终，第 m 个序列 $\{\lambda_{m;n}\}_{n=1}^N$ 将成为 $\Phi_m\Phi_m^*$ 的频谱，其中 $\Phi_m=\{\varphi_{m'}\}_{m'=1}^m$。

步骤 B 的目的是显式地构造所有部分框架算子频谱与步骤 A 中选出的外特征步相匹配的矢量序列。定理 2.2 中步骤 B 的问题是它并不是显式的。实际上，对所有 $m=1,\cdots,M-1$，为了构造 φ_{m+1}，首先必须计算 $\Phi_m\Phi_m^*$ 的归一正交特征基。这个问题很容易解决，因为 $\Phi_m\Phi_m^*$ 的特征值 $\{\lambda_{m;n}\}_{n=1}^N$ 是已知的。然而，手算该过程十分单调而且困难，比如，需要对所有 $n=1,\cdots,N$ 计算 $\lambda_{m;n}Id-\Phi_m\Phi_m^*$ 的因式分解。本节致力于给出带有更加显式的步骤 B 的定理 2.2 的新版本；从技术上来说，这个改良的新步骤 B 对手算来说是很简单的。以上内容最早见诸文献[5]。

定理 2.8　对任意非负非增序列 $\{\lambda_n\}_{n=1}^N$ 和 $\{\mu_m\}_{m=1}^M$，所有框架算子 $\Phi\Phi^*$ 频谱为 $\{\lambda_n\}_{n=1}^N$，且对所有 m 满足 $\|\varphi_m\|^2=\mu_m$ 的 $\mathbf{C}^N$ 中的矢量序列 $\Phi=\{\varphi_m\}_{m=1}^M$ 可以通过以下算法进行构造。

步骤 A：选择定理 2.4 中的外特征步。

步骤 B：令 U_1 表示列为 $\{u_{1;n}\}_{n=1}^N$ 的任意酉矩阵。令 $\varphi_1=\sqrt{\mu_1}\,u_{1;1}$，对所有 $m=1,\cdots,M-1$：

B.1　令 V_m 表示 $N\times N$ 阶分块对角酉矩阵，其分块对应于 $\{\lambda_{m;n}\}_{n=1}^N$ 的明确值，且每个分块的尺寸为对应特征值的重数。

B.2　确定 $\{\lambda_{m;n}\}_{n=1}^N$ 与 $\{\lambda_{m+1;n}\}_{n=1}^N$ 中共有的元素。具体地：

令 $\mathcal{I}_m\subseteq\{1,\cdots,N\}$ 由使 $\lambda_{m;n}<\lambda_{m;n'}$ 对所有 $n'<n$ 成立的索引 n 组成，且 $\lambda_{m;n}$ 在 $\{\lambda_{m;n'}\}_{n'=1}^N$ 中的重数大于其在 $\{\lambda_{m+1;n'}\}_{n'=1}^N$ 中的重数。

令 $\mathcal{J}_m\subseteq\{1,\cdots,N\}$ 由使 $\lambda_{m+1;n}<\lambda_{m+1;n'}$ 对所有 $n'<n$ 成立的索引 n 组成，且 $\lambda_{m;n}$ 在 $\{\lambda_{m+1;n'}\}_{n'=1}^N$ 中的重数大于其在 $\{\lambda_{m;n'}\}_{n'=1}^N$ 中的重数。

集合 $\mathcal{I}_m$ 与 $\mathcal{J}_m$ 基数相等，记作 R_m，则

令 $\pi_{\mathcal{I}_m}$ 为 $\{1,\cdots,N\}$ 的唯一排列，使得 $\mathcal{I}_m$ 与 $\mathcal{I}_m^c$ 均为单增的，且 $\pi_{\mathcal{I}_m}(n)\in\{1,\cdots,R_m\}$ 对所有 $n\in\mathcal{I}_m$ 成立。令 $\Pi_{\mathcal{I}_m}$ 为联合排列矩阵 $\Pi_{\mathcal{I}_m}\delta_n=\delta_{\pi_{\mathcal{I}_m}}(n)$。

令 $\pi_{\mathcal{J}_m}$ 为 $\{1,\cdots,N\}$ 的唯一排列，使得 $\mathcal{J}_m$ 与 $\mathcal{J}_m^c$ 均为单增的，且 $\pi_{\mathcal{J}_m}(n)\in$

$\{1,\cdots,R_m\}$ 对所有 $n\in\mathcal{J}_m$ 成立。令 $\Pi_{\mathcal{J}_m}$ 为联合排列矩阵 $\Pi_{\mathcal{J}_m}\delta_n=\delta_{\pi_{\mathcal{J}_m}}(n)$。

B. 3 令 v_m, w_m 为 $R_m\times 1$ 阶矢量:

$$v_m(\pi_{\mathcal{I}_m}(n))=\left[-\frac{\prod\limits_{n''\in\mathcal{J}_m}(\lambda_{m;n}-\lambda_{m+1;n''})}{\prod\limits_{\substack{n''\in\mathcal{I}_m\\ n''\neq n}}(\lambda_{m;n}-\lambda_{m;n''})}\right]^{\frac{1}{2}},\quad \forall n\in\mathcal{I}_m$$

$$w_m(\pi_{\mathcal{J}_m}(n'))=\left[-\frac{\prod\limits_{n''\in\mathcal{I}_m}(\lambda_{m+1;n'}-\lambda_{m;n''})}{\prod\limits_{\substack{n''\in\mathcal{J}_m\\ n''\neq n}}(\lambda_{m+1;n'}-\lambda_{m+1;n''})}\right]^{\frac{1}{2}},\quad \forall n'\in\mathcal{J}_m$$

B. 4 $\varphi_{m+1}=U_mV_m\Pi_{\mathcal{I}_m}^{\mathrm{T}}\begin{bmatrix}v_m\\0\end{bmatrix}$,其中 $N\times 1$ 阶矢量 $\begin{bmatrix}v_m\\0\end{bmatrix}$ 为 v_m 与 $N-R_m$ 个零。

B. 5 $U_{m+1}=U_mV_m\Pi_{\mathcal{I}_m}^{\mathrm{T}}\begin{bmatrix}W_m & 0\\0 & Id\end{bmatrix}\Pi_{\mathcal{J}_m}$,其中 W_m 为 $R_m\times R_m$ 阶矩阵,元素为

$$W_m(\pi_{\mathcal{I}_m}(n),\pi_{\mathcal{J}_m}(n'))=\frac{1}{\lambda_{m+1;n'}-\lambda_{m;n}}v_m(\pi_{\mathcal{I}_m}(n))w_m(\pi_{\mathcal{J}_m}(n'))$$

相反地,所有由该方法构造的 Φ,其算子 $\Phi\Phi^*$ 频谱为 $\{\lambda_n\}_{n=1}^N$,且对所有 m 满足 $\|\varphi_m\|^2=\mu_m$。此外,对所有由该法构造的 Φ 和任意 $m=1,\cdots,M$,由部分序列 $\Phi_m=\{\varphi_{m'}\}_{m'=1}^m$ 得到的框架算子 $\Phi_m\Phi_m^*$ 的频谱为 $\{\lambda_{m;n}\}_{n=1}^N$,且 U_m 的列构成了 $\Phi_m\Phi_m^*$ 的对应归一正交特征基。

证明定理 2.8 之前先给出一个应用的例子,期望能够传达其内在思想的简单性,还能够更好地解释陈述中复杂的符号表示。

例 2.6 回到例 2.2 中有效的外特征步(2.21) 对应于 3×5 的单位范数紧框架:

m	0	1	2	3	4	5
$\lambda_{m;3}$	0	0	0	x	$\frac{2}{3}$	$\frac{5}{3}$
$\lambda_{m;2}$	0	0	y	$\frac{4}{3}-x$	$\frac{5}{3}$	$\frac{5}{3}$
$\lambda_{m;1}$	0	1	$2-y$	$\frac{5}{3}$	$\frac{5}{3}$	$\frac{5}{3}$

其中,$x\in\left[0,\frac{2}{3}\right]$ 且 $y\in\left[\max\left\{\frac{1}{3},x\right\},\min\left\{\frac{2}{3}+x,\frac{4}{3}-x\right\}\right]$。为了完

成定理 2.8 的步骤 A，应选择任意有效的 (x,y)。例如，对 $(x,y)=\left(0,\frac{1}{3}\right)$，式 (2.21) 变为：

m	0	1	2	3	4	5
$\lambda_{m;3}$	0	0	0	0	$\frac{2}{3}$	$\frac{5}{3}$
$\lambda_{m;2}$	0	0	$\frac{1}{3}$	$\frac{4}{3}$	$\frac{5}{3}$	$\frac{5}{3}$
$\lambda_{m;1}$	0	1	$\frac{5}{3}$	$\frac{5}{3}$	$\frac{5}{3}$	$\frac{5}{3}$

(2.53)

注意，该选择对应于灭顶法。现在用该特征步演示定理 2.8 的步骤 B。首先，我们需要选择一个单式矩阵 U_1。考虑到 U_M 的列将构成 $\Phi\Phi^*$ 的特征基以及 U_{m+1} 的方程，由于所选的 U_1 仅仅旋转了该特征基，因此对完整框架 Φ 也如此，正如所期望的那样。为了简化，选择 $U_1=Id$，因此

$$\varphi_1=\sqrt{\mu_1}\,u_{1;1}=\begin{bmatrix}1\\0\\0\end{bmatrix}$$

现在进行迭代，对 $m=1$ 重复应用步骤 B.1 ~ B.5，找到 φ_2 与 U_2，对 $m=2$ 重复应用步骤 B.1 ~ B.5 找到 φ_3 与 U_3，依此类推。通过该过程，唯一剩下的选择在步骤 B.1 中出现。特别地，对 $m=1$，步骤 B.1 要求选出一个分块对角单式矩阵 V_1，其分块尺寸与特征值 $\{\lambda_{1;1},\lambda_{1;2},\lambda_{1;3}\}=\{1,0,0\}$ 的重数对应。也就是说，V_1 由一个 1×1 的酉块（幺模标量）和一个 2×2 的酉块组成。有无数个这样的 V_1，可以导出不同的框架。为了简单，选择 $V_1=Id$。对 $m=1$ 完成步骤 B.1 后，进行步骤 B.2，这需要考虑式 (2.53) 对应于 $m=1$ 和 $m=2$ 的列：

m	1	2
$\lambda_{m;3}$	0	0
$\lambda_{m;2}$	0	$\frac{1}{3}$
$\lambda_{m;1}$	1	$\frac{5}{3}$

(2.54)

特别地，计算索引集合 $\mathcal{I}_1\subseteq\{1,2,3\}$ 包含 $\{\lambda_{1;1},\lambda_{1;2},\lambda_{1;3}\}=\{1,0,0\}$ 的索引 n，且满足：(ⅰ) $\lambda_{1;n}$ 作为 $\{1,0,0\}$ 的值的重数大于其作为 $\{\lambda_{2;1},\lambda_{2;2},\lambda_{2;3}\}=$

$\left\{\frac{5}{3},\frac{1}{3},0\right\}$的值的重数；(ⅱ)$n$ 对应于 $\lambda_{1;n}$ 第一次作为$\{1,0,0\}$的值。根据这些准则，得到 $\iota_1=\{1,2\}$。类似地，当且仅当 n 表示 $\lambda_{2;n}$ 第一次出现且其作为$\left\{\frac{5}{3},\frac{1}{3},0\right\}$的值的重数大于其作为$\{1,0,0\}$值的重数时，$n\in g_1$，因此 $g_1=\{1,2\}$。等效地，ι_1 和 g_1 也可以通过从顶端到底部删除式(2.54)中的共同元素获取。后面的表 2.2 中给出了这样做的显式算法。

对 $m=1$ 继续进行步骤 B.2，得到唯一排列 $\pi_{\iota_1}:\{1,2,3\}\to\{1,2,3\}$ 对 $\iota_1=\{1,2\}$ 及其补集 $\iota_1^c=\{3\}$ 都是单增的，且令 ι_1 为$\{1,2,3\}$的前 $R_1=|\iota_1|=2$ 个元素。在这个特殊的例子中，π_{ι_1} 恰好为同一排列，因此 $\pi_{\iota_1}=Id$。因为 $g_1=\{1,2\}=\iota_1$，所以可类似得到 π_{ι_1} 与 Π_{ι_1} 均为相等的排列和矩阵。接下来的步骤，分离式(2.54)中对应于 ι_1 和 g_1 的元素很有帮助：

$$\begin{cases}\beta_2=\lambda_{1;2}=0, & \gamma_2=\lambda_{2;2}=\dfrac{1}{3}\\ \beta_1=\lambda_{1;1}=1, & \gamma_1=\lambda_{2;1}=\dfrac{5}{3}\end{cases}\tag{2.55}$$

特别地，在步骤 B.3 中，通过计算式(2.55)中值的差商得到 $R_1\times 1=2\times 1$ 阶矢量 v_1：

$$[v_1(1)]^2=-\frac{(\beta_1-\gamma_1)(\beta_1-\gamma_2)}{(\beta_1-\beta_2)}=-\frac{\left(1-\frac{5}{3}\right)\left(1-\frac{1}{3}\right)}{(1-0)}=\frac{4}{9}\tag{2.56}$$

$$[v_1(2)]^2=-\frac{(\beta_2-\gamma_1)(\beta_2-\gamma_2)}{(\beta_2-\beta_1)}=-\frac{\left(0-\frac{5}{3}\right)\left(0-\frac{1}{3}\right)}{(0-1)}=\frac{5}{9}\tag{2.57}$$

得到 $v_1=\begin{bmatrix}\frac{2}{3}\\ \frac{\sqrt{5}}{3}\end{bmatrix}$。相似地，根据下列公式计算出 $w_1=\begin{bmatrix}\frac{\sqrt{5}}{\sqrt{6}}\\ \frac{1}{\sqrt{6}}\end{bmatrix}$：

$$[w_1(1)]^2=\frac{(\gamma_1-\beta_1)(\gamma_1-\beta_2)}{\gamma_1-\gamma_2}=\frac{\left(\frac{5}{3}-1\right)\left(\frac{5}{3}-0\right)}{\frac{5}{3}-\frac{1}{3}}=\frac{5}{6}\tag{2.58}$$

$$[w_1(2)]^2=\frac{(\gamma_2-\beta_1)(\gamma_2-\beta_2)}{\gamma_2-\gamma_1}=\frac{\left(\frac{1}{3}-1\right)\left(\frac{1}{3}-0\right)}{\frac{1}{3}-\frac{5}{3}}=\frac{1}{6}\tag{2.59}$$

接着，在步骤 B.4 中构造出第二个框架元素 $\varphi_2 = U_1 V_1 \Pi_{\mathcal{I}_1}^{\mathrm{T}} \begin{bmatrix} v_1 \\ 0 \end{bmatrix}$：

$$\varphi_2 = \begin{bmatrix} 1 & 0 & 0 \\ 0 & 1 & 0 \\ 0 & 0 & 1 \end{bmatrix} \begin{bmatrix} 1 & 0 & 0 \\ 0 & 1 & 0 \\ 0 & 0 & 1 \end{bmatrix} \begin{bmatrix} 1 & 0 & 0 \\ 0 & 1 & 0 \\ 0 & 0 & 1 \end{bmatrix} \begin{bmatrix} \frac{2}{3} \\ \frac{\sqrt{5}}{3} \\ 0 \end{bmatrix} = \begin{bmatrix} \frac{2}{3} \\ \frac{\sqrt{5}}{3} \\ 0 \end{bmatrix}$$

在定理 2.8 的证明中已经证实，导出的部分矢量序列

$$\Phi_2 = [\varphi_1 \quad \varphi_2] = \begin{bmatrix} 1 & \frac{2}{3} \\ 0 & \frac{\sqrt{5}}{3} \\ 0 & 0 \end{bmatrix}$$

的框架算子 $\Phi_2\Phi_2^*$ 的频谱为 $\{\lambda_{2;1}, \lambda_{2;2}, \lambda_{2;3}\} = \left\{\frac{5}{3}, \frac{1}{3}, 0\right\}$。并且，步骤 B.5 计算了 $\Phi_2\Phi_2^*$ 对应的正交特征基。通过利用 v_1 的外结果和 w_1 对一个确定 2×2 的矩阵计算点态结果来计算 $R_1 \times R_1 = 2 \times 2$ 阶矩阵 W_1：

$$W_1 = \begin{bmatrix} \frac{1}{\gamma_1 - \beta_1} & \frac{1}{\gamma_2 - \beta_1} \\ \frac{1}{\gamma_1 - \beta_2} & \frac{1}{\gamma_2 - \beta_2} \end{bmatrix} \odot \begin{bmatrix} v_1(1) \\ v_1(2) \end{bmatrix} \begin{bmatrix} w_1(1) \\ w_1(2) \end{bmatrix}^{\mathrm{T}} =$$

$$\begin{bmatrix} \frac{3}{2} & -\frac{3}{2} \\ \frac{3}{5} & 3 \end{bmatrix} \odot \begin{bmatrix} \frac{2\sqrt{5}}{3\sqrt{6}} & \frac{2}{3\sqrt{6}} \\ \frac{5}{3\sqrt{6}} & \frac{\sqrt{5}}{3\sqrt{6}} \end{bmatrix} =$$

$$\begin{bmatrix} \frac{\sqrt{5}}{\sqrt{6}} & -\frac{1}{\sqrt{6}} \\ \frac{1}{\sqrt{6}} & \frac{\sqrt{5}}{\sqrt{6}} \end{bmatrix}$$

注意到 W_1 为实正交矩阵，其对角线和次对角线元素严格为正，且超对角线元素严格为负。很容易证明所有 W_m 均有此形式。更重要的是，定理2.8的证明保证了下列矩阵的列：

$$U_2 = U_1 V_1 \Pi_{i_1}^{\mathrm{T}} \begin{bmatrix} W_1 & 0 \\ 0 & Id \end{bmatrix} \Pi_{g_1} =$$

$$\begin{bmatrix} 1 & 0 & 0 \\ 0 & 1 & 0 \\ 0 & 0 & 1 \end{bmatrix} \begin{bmatrix} 1 & 0 & 0 \\ 0 & 1 & 0 \\ 0 & 0 & 1 \end{bmatrix} \begin{bmatrix} 1 & 0 & 0 \\ 0 & 1 & 0 \\ 0 & 0 & 1 \end{bmatrix} \begin{bmatrix} \frac{\sqrt{5}}{\sqrt{6}} & -\frac{1}{\sqrt{6}} & 0 \\ \frac{1}{\sqrt{6}} & \frac{\sqrt{5}}{\sqrt{6}} & 0 \\ 0 & 0 & 1 \end{bmatrix} \begin{bmatrix} 1 & 0 & 0 \\ 0 & 1 & 0 \\ 0 & 0 & 1 \end{bmatrix} =$$

$$\begin{bmatrix} \frac{\sqrt{5}}{\sqrt{6}} & -\frac{1}{\sqrt{6}} & 0 \\ \frac{1}{\sqrt{6}} & \frac{\sqrt{5}}{\sqrt{6}} & 0 \\ 0 & 0 & 1 \end{bmatrix}$$

构成了 $\Phi_2\Phi_2^*$ 的一组归一正交特征基。这完成了 $m=1$ 时步骤 B 的迭代。现在对 $m=2,3,4$ 重复该过程。对 $m=2$，在步骤 B. 1 中任意地选择 3×3 阶对角单式矩阵 V_2。注意，若想得到实框架，则 V_2 仅有 $2^3=8$ 种选择。为了简单化，选择 $V_2=Id$。步骤 B. 2 需要消除下式中的共同元素：

m	2	3
$\lambda_{m;3}$	0	0
$\lambda_{m;2}$	$\frac{1}{3}$	$\frac{4}{3}$
$\lambda_{m;1}$	$\frac{5}{3}$	$\frac{5}{3}$

得到 $i_2=g_2=\{2\}$，因此

$$\Pi_{i_2} = \Pi_{g_2} = \begin{bmatrix} 0 & 1 & 0 \\ 1 & 0 & 0 \\ 0 & 0 & 1 \end{bmatrix}$$

在步骤 B. 3 中得到 $v_2=w_2=[1]$。步骤 B. 4 和步骤 B. 5 则得出 $\Phi_3=[\varphi_1 \quad \varphi_2 \quad \varphi_3]$ 和 U_3 为

$$\Phi_3 = \begin{bmatrix} 1 & \frac{2}{3} & -\frac{1}{\sqrt{6}} \\ 0 & \frac{\sqrt{5}}{3} & \frac{\sqrt{5}}{\sqrt{6}} \\ 0 & 0 & 0 \end{bmatrix}, \quad U_3 = \begin{bmatrix} \frac{\sqrt{5}}{\sqrt{6}} & -\frac{1}{\sqrt{6}} & 0 \\ \frac{1}{\sqrt{6}} & \frac{\sqrt{5}}{\sqrt{6}} & 0 \\ 0 & 0 & 1 \end{bmatrix}$$

U_3 的列构成了对应于特征值 $\{\lambda_{3;1},\lambda_{3;2},\lambda_{3;3}\}=\left\{\frac{5}{3},\frac{4}{3},0\right\}$ 的部分框架算

子 $\Phi_3\Phi_3^*$ 的一组归一正交特征基。对当 $m=3$ 时的迭代，选择 $V_3=Id$ 且消除下式的共同元素：

m	3	4
$\lambda_{m;3}$	0	$\frac{2}{3}$
$\lambda_{m;2}$	$\frac{4}{3}$	$\frac{5}{3}$
$\lambda_{m;1}$	$\frac{5}{3}$	$\frac{5}{3}$

得到 $\mathcal{I}_3=\{2,3\}$ 和 $\mathcal{J}_3=\{1,3\}$，意味着

$$\boldsymbol{\Pi}_{\mathcal{I}_3}=\begin{bmatrix}0&1&0\\0&0&1\\1&0&0\end{bmatrix},\quad \boldsymbol{\Pi}_{\mathcal{J}_3}=\begin{bmatrix}1&0&0\\0&0&1\\0&1&0\end{bmatrix}$$

$$\beta_2=\lambda_{3;3}=0,\quad \gamma_2=\lambda_{4;3}=\frac{2}{3}$$

$$\beta_1=\lambda_{3;2}=\frac{4}{3},\quad \gamma_1=\lambda_{4;1}=\frac{5}{3}$$

在步骤 B.3 中，用与式(2.56)～(2.59)相似的方式计算 $R_3\times1=2\times1$ 阶矢量 v_3 和 w_3：

$$v_3=\begin{bmatrix}\frac{1}{\sqrt{6}}\\\frac{\sqrt{5}}{\sqrt{6}}\end{bmatrix},\quad w_3=\begin{bmatrix}\frac{\sqrt{5}}{3}\\\frac{2}{3}\end{bmatrix}$$

注意，在步骤 B.4 中，排列矩阵 $\boldsymbol{\Pi}_{\mathcal{I}_2}^{\mathrm{T}}$ 的作用是将 v_3 的元素映射到 $\mathcal{I}_3$ 的索引，说明 v_4 在对应特征向量 $\{u_{3;n}\}_{n\in\mathcal{I}_3}$ 的间距中：

$$\varphi_4=\begin{bmatrix}\frac{\sqrt{5}}{\sqrt{6}}&-\frac{1}{\sqrt{6}}&0\\\frac{1}{\sqrt{6}}&\frac{\sqrt{5}}{\sqrt{6}}&0\\0&0&1\end{bmatrix}\begin{bmatrix}1&0&0\\0&1&0\\0&0&1\end{bmatrix}\begin{bmatrix}0&0&1\\1&0&0\\0&1&0\end{bmatrix}\begin{bmatrix}\frac{1}{\sqrt{6}}\\\frac{\sqrt{5}}{\sqrt{6}}\\0\end{bmatrix}=$$

$$\begin{bmatrix}\frac{\sqrt{5}}{\sqrt{6}}&-\frac{1}{\sqrt{6}}&0\\\frac{1}{\sqrt{6}}&\frac{\sqrt{5}}{\sqrt{6}}&0\\0&0&1\end{bmatrix}\begin{bmatrix}0\\\frac{1}{\sqrt{6}}\\\frac{\sqrt{5}}{\sqrt{6}}\end{bmatrix}=\begin{bmatrix}-\frac{1}{\sqrt{6}}\\\frac{\sqrt{5}}{6}\\\frac{\sqrt{5}}{\sqrt{6}}\end{bmatrix}$$

用相似的方式，步骤 B.5 中的排列矩阵的目的是把 2×2 阶矩阵 $\boldsymbol{W}_3$ 的元素嵌入 3×3 矩阵的 $i_3=\{2,3\}$ 行和 $g_3=\{1,3\}$ 列中：

$$U_4=\begin{bmatrix}\frac{\sqrt{5}}{\sqrt{6}} & -\frac{1}{\sqrt{6}} & 0\\ \frac{1}{\sqrt{6}} & \frac{\sqrt{5}}{\sqrt{6}} & 0\\ 0 & 0 & 1\end{bmatrix}\begin{bmatrix}1&0&0\\0&1&0\\0&0&1\end{bmatrix}\begin{bmatrix}0&0&1\\1&0&0\\0&1&0\end{bmatrix}\begin{bmatrix}\frac{\sqrt{5}}{\sqrt{6}} & -\frac{1}{\sqrt{6}} & 0\\ \frac{1}{\sqrt{6}} & \frac{\sqrt{5}}{\sqrt{6}} & 0\\ 0 & 0 & 1\end{bmatrix}\begin{bmatrix}1&0&0\\0&0&1\\0&1&0\end{bmatrix}=$$

$$\begin{bmatrix}\frac{\sqrt{5}}{\sqrt{6}} & -\frac{1}{\sqrt{6}} & 0\\ \frac{1}{\sqrt{6}} & \frac{\sqrt{5}}{\sqrt{6}} & 0\\ 0 & 0 & 1\end{bmatrix}\begin{bmatrix}0 & 1 & 0\\ \frac{\sqrt{5}}{\sqrt{6}} & 0 & -\frac{1}{\sqrt{6}}\\ \frac{1}{\sqrt{6}} & 0 & \frac{\sqrt{5}}{\sqrt{6}}\end{bmatrix}=\begin{bmatrix}-\frac{\sqrt{5}}{6} & \frac{\sqrt{5}}{\sqrt{6}} & \frac{1}{6}\\ \frac{5}{6} & \frac{1}{\sqrt{6}} & -\frac{\sqrt{5}}{\sqrt{6}}\\ \frac{1}{\sqrt{6}} & 0 & \frac{\sqrt{5}}{\sqrt{6}}\end{bmatrix}$$

最后对 $m=4$ 迭代，在步骤 B.1 中仍选择 $V_4=Id$。对于步骤 B.2，因为

m	4	5
$\lambda_{m;3}$	$\frac{2}{3}$	$\frac{5}{3}$
$\lambda_{m;2}$	$\frac{5}{3}$	$\frac{5}{3}$
$\lambda_{m;1}$	$\frac{5}{3}$	$\frac{5}{3}$

得到 $i_4=\{3\}$ 和 $g_4=\{1\}$，意味着

$$\boldsymbol{\Pi}_{i_4}=\begin{bmatrix}0&0&1\\1&0&0\\0&1&0\end{bmatrix},\quad \boldsymbol{\Pi}_{g_4}=\begin{bmatrix}1&0&0\\0&1&0\\0&0&1\end{bmatrix}$$

通过步骤 B.3 ~ B.5 得到单位范数紧框架为

$$\boldsymbol{\Phi}=\boldsymbol{\Phi}_5=\begin{bmatrix}1 & \frac{2}{3} & -\frac{1}{\sqrt{6}} & -\frac{1}{6} & \frac{1}{6}\\ 0 & \frac{\sqrt{5}}{3} & \frac{\sqrt{5}}{\sqrt{6}} & \frac{\sqrt{5}}{6} & -\frac{\sqrt{5}}{6}\\ 0 & 0 & 0 & \frac{\sqrt{5}}{\sqrt{6}} & \frac{\sqrt{5}}{\sqrt{6}}\end{bmatrix},\quad U_5=\begin{bmatrix}\frac{1}{6} & -\frac{\sqrt{5}}{6} & \frac{\sqrt{5}}{\sqrt{6}}\\ -\frac{\sqrt{5}}{6} & \frac{5}{6} & \frac{1}{\sqrt{6}}\\ \frac{\sqrt{5}}{\sqrt{6}} & \frac{1}{\sqrt{6}} & 0\end{bmatrix} \tag{2.60}$$

需要强调的是，式(2.60)给出的单位范数紧框架 $\boldsymbol{\Phi}$ 是在式(2.53)的特征

步选择的基础上得到的，在式(2.21)中令$(x,y)=\left(0,\frac{1}{3}\right)$。在图2.2(b)描述的参数集合中选择其他的$(x,y)$对将得到不同的单位范数紧框架。实际上，因为给定$\Phi$的特征步与任意酉算子$U$得到的$U\Phi$的特征步是相等的，所以每个不同的$(x,y)$得到一个与其他都不酉等价的单位范数紧框架。例如，按照定理2.8的算法，在每次迭代中选择$U_1=Id$和$V_m=Id$，得到下列4个附加的单位范数紧框架，每个都对应于参数集的一个角落点：

$$\Phi=\begin{bmatrix}1 & \frac{2}{3} & 0 & -\frac{1}{3} & -\frac{1}{3}\\ 0 & \frac{\sqrt{5}}{3} & 0 & \frac{\sqrt{5}}{3} & \frac{\sqrt{5}}{3}\\ 0 & 0 & 1 & \frac{1}{\sqrt{3}} & -\frac{1}{\sqrt{3}}\end{bmatrix},\quad \text{此时}(x,y)=\left(\frac{1}{3},\frac{1}{3}\right)$$

$$\Phi=\begin{bmatrix}1 & \frac{1}{3} & \frac{1}{3} & -\frac{1}{3} & -\frac{1}{\sqrt{3}}\\ 0 & \frac{\sqrt{8}}{3} & \frac{1}{3\sqrt{2}} & -\frac{1}{3\sqrt{2}} & \frac{\sqrt{2}}{\sqrt{3}}\\ 0 & 0 & \frac{\sqrt{5}}{\sqrt{6}} & \frac{\sqrt{5}}{\sqrt{6}} & 0\end{bmatrix},\quad \text{此时}(x,y)=\left(\frac{2}{3},\frac{2}{3}\right)$$

$$\Phi=\begin{bmatrix}1 & 0 & 0 & \frac{1}{\sqrt{3}} & -\frac{1}{\sqrt{3}}\\ 0 & 1 & \frac{2}{3} & -\frac{1}{3} & -\frac{1}{3}\\ 0 & 0 & \frac{\sqrt{5}}{3} & \frac{\sqrt{5}}{3} & \frac{\sqrt{5}}{3}\end{bmatrix},\quad \text{此时}(x,y)=\left(\frac{1}{3},1\right)$$

$$\Phi=\begin{bmatrix}1 & \frac{1}{3} & -\frac{1}{\sqrt{3}} & \frac{1}{3} & -\frac{1}{3}\\ 0 & \frac{\sqrt{8}}{3} & \frac{\sqrt{2}}{\sqrt{3}} & \frac{1}{3\sqrt{2}} & -\frac{1}{3\sqrt{2}}\\ 0 & 0 & 0 & \frac{\sqrt{5}}{\sqrt{6}} & \frac{\sqrt{5}}{\sqrt{6}}\end{bmatrix},\quad \text{此时}(x,y)=\left(0,\frac{2}{3}\right)$$

注意，在上面4个单位范数紧框架中，第二和第四个框架元素除去排列实际上是相同的。这是构造方法的人工效应，即选择的特征步、U_1和$\{V_m\}_{m=1}^{M-1}$确定了框架元素序列，因此可以通过修改这些选择来恢复给定框架的所有排列。

需要强调的是,以上 4 个单位范数紧框架和式(2.60) 只是连续区间内存在的所有类似框架的 5 个特例。实际上,令式(2.21) 中的 x 与 y 仍为变量,应用定理 2.8 的算法,为了简便每次迭代仍选择 $U_1=Id$ 和 $V_m=Id$,能够得到表 2.1 中给出的框架元素。这里,限制(x,y) 以不在图 2.2(b) 中的参数集边界。该限制简化了分析,因为避免了式(2.21) 中相邻列值的不必要重复。表 2.1 给出了一个二维流形的显式参数化方法,该流形是在三维空间中所有由 5 个元素构成的单位范数紧框架组成的集合中。根据定理 2.8,它能被推广到所有类似框架,给我们提供(ⅰ)更多考虑在构成参数集边界的五条线区域的(x,y) 和(ⅱ)彻底推广为 V_m 一任意分块对角单式矩阵,其中各分块的尺寸选择与步骤 B.1 一致。

下面对定理 2.8 进行证明。

定理 2.8 的证明　(⇐) 令$\{\lambda_n\}_{n=1}^N$ 和$\{\mu_m\}_{m=1}^M$ 表示任意非负非增序列,且任选一个对应于定义 2.2 的外特征步序列$\{\{\lambda_{m;n}\}_{n=1}^N\}_{m=0}^M$。注意,这里并没有假定对应于$\{\lambda_n\}_{n=1}^N$ 和$\{\mu_m\}_{m=1}^M$ 的特征步序列一定存在,如果不存在,则该结果也没有意义。

我们称根据步骤 B 构造的任意 $\Phi=\{\varphi_m\}_{m=1}^M$ 都有这样的属性:对所有 $m=1,\cdots,M$,$\Phi_m=\{\varphi_{m'}\}_{m'=1}^m$ 的框架算子 $\Phi_m\Phi_m^*$ 的频谱为$\{\lambda_{m;n}\}_{n=1}^N$,且 U_m 的列构成 $\Phi_m\Phi_m^*$ 的一组标准正交特征基。注意,根据引理 2.1,该叙述的证明将得到已经证明过的结论:$\Phi\Phi^*$ 的频谱为$\{\lambda_n\}_{n=1}^N$ 且对所有 $m=1,\cdots,M$,$\|\varphi_m\|^2=\mu_m$ 成立。由于步骤 B 为迭代算法,因此用归纳法进行证明。为了准确,步骤 B 开始时令 $U_1=\{u_{1;n}\}_{n=1}^N$ 且 $\varphi_1=\sqrt{\mu_1}\,u_{1;1}$。$U_1$ 的列构成了 $\Phi_1\Phi_1^*$ 的一组归一正交特征基,因为根据假设 U_1 是单式的,且

$$\Phi_1\Phi_1^*u_{1;n}=\langle u_{1;n},\varphi_1\rangle\varphi_1=\mu_1\langle u_{1;n},u_{1;1}\rangle u_{1;1}=\begin{cases}\mu_1u_{1;1}, & n=1\\ 0, & n\neq 1\end{cases}$$

对所有 $n=1,\cdots,N$ 成立。因此 $\Phi_1\Phi_1^*$ 的频谱由 μ_1 和 $N-1$ 个 0 组成。注意到该频谱对应于$\{\lambda_{1;n}\}_{n=1}^N$ 的值,根据定义 2.2,由式(2.10) 可知$\{\lambda_{1;n}\}_{n=1}^N$ 交错于序列$\{\lambda_{0;n}\}_{n=1}^N=\{0\}_{n=1}^N$,意味着对所有 $n\geqslant 2$,$\lambda_{1;n}=0$。除此之外,该定义还给出了 $\lambda_{1;1}=\sum\limits_{n=1}^N\lambda_{1;n}=\mu_1$。因此,以上叙述对 $m=1$ 时成立。

通过归纳法证明,假设对任意给定 $m=1,\cdots,M-1$,通过步骤 B 的过程已得到 $\Phi_m=\{\varphi_{m'}\}_{m'=1}^m$,且满足 $\Phi_m\Phi_m^*$ 的频谱为$\{\lambda_{m;n}\}_{n=1}^N$ 和 U_m 的列构成 $\Phi_m\Phi_m^*$

的一组归一正交特征基。特别地，有 $\Phi_m\Phi_m^*U_m=U_mD_m$，其中 D_m 为对角阵，对角线元素为 $\{\lambda_{m;n}\}_{n=1}^N$。对 $\{\lambda_{m+1;n}\}_{n=1}^N$ 类似地定义 D_{m+1}，论证通过步骤 B 构造 φ_{m+1} 和 U_{m+1}，意味着 $\Phi_{m+1}\Phi_{m+1}^*U_{m+1}=U_{m+1}D_{m+1}$，其中 U_{m+1} 是单式的，下面将证明以上内容。

表 2.1　单位范数紧框架的连续区间。为准确起见，对每个在图 2.2(b) 所示参数集合内部的选择，这 5 个元素构成了 $\mathbf{C}^3$ 中的一个单位范数紧框架，意味着它的 3×5 阶合成矩阵 Φ 有单位模长列和常量平方模 $\frac{5}{3}$ 的正交行。这些框架是通过对式(2.21)中的特征步序列应用定理 2.8 的算法得到的，且 $U_1=Id$，对所有 m 有 $V_m=Id$。这些公式给出了一个二维流形的显式参数化方法，该流形是在由 5 个元素构成的单位范数紧框架组成的集合中

$$\varphi_1=\begin{bmatrix}1\\0\\0\end{bmatrix}$$

$$\varphi_2=\begin{bmatrix}1-y\\\sqrt{y(2-y)}\\0\end{bmatrix}$$

$$\varphi_3=$$

$$\begin{bmatrix}\dfrac{\sqrt{(3y-1)(2+3x-3y)(2-x-y)}}{6\sqrt{1-y}}-\dfrac{\sqrt{(5-3y)(4-3x-3y)(y-x)}}{6\sqrt{1-y}}\\ \dfrac{\sqrt{y(3y-1)(2+3x-3y)(2-x-y)}}{6\sqrt{(1-y)(2-y)}}+\dfrac{\sqrt{(5-3y)(2-y)(4-3x-3y)(y-x)}}{6\sqrt{y(1-y)}}\\ \dfrac{\sqrt{5x(4-3x)}}{3\sqrt{y(2-y)}}\end{bmatrix}$$

$$\varphi_4=$$

$$\begin{bmatrix}-\dfrac{\sqrt{(4-3x)(3y-1)(2-x-y)(4-3x-3y)}}{12\sqrt{(2-3x)(1-y)}}-\dfrac{\sqrt{(4-3x)(5-3y)(y-x)(2+3x-3y)}}{12\sqrt{(2-3x)(1-y)}}-\\ \dfrac{\sqrt{x(3y-1)(y-x)(2+3x-3y)}}{4\sqrt{3(2-3x)(1-y)}}+\dfrac{\sqrt{x(5-3y)(2-x-y)(4-3x-3y)}}{4\sqrt{3(2-3x)(1-y)}}\\ -\dfrac{\sqrt{(4-3x)y(3y-1)(2-x-y)(4-3x-3y)}}{12\sqrt{(2-3x)(1-y)(2-y)}}+\dfrac{\sqrt{(4-3x)(2-y)(5-3y)(y-x)(2+3x-3y)}}{12\sqrt{(2-3x)y(1-y)}}-\\ \dfrac{\sqrt{xy(3y-1)(y-x)(2+3x-3y)}}{4\sqrt{3(2-3x)(1-y)(2-y)}}-\dfrac{\sqrt{x(2-y)(5-3y)(2-x-y)(4-3x-3y)}}{4\sqrt{3(2-3x)y(1-y)}}\\ \dfrac{\sqrt{5x(2+3x-3y)(4-3x-3y)}}{6\sqrt{(2-3x)y(2-y)}}+\dfrac{\sqrt{5(4-3x)(y-x)(2-x-y)}}{2\sqrt{3(2-3x)y(2-y)}}\end{bmatrix}$$

续表 2.1

$\varphi_5 =$

$$
\left[
\begin{array}{l}
\dfrac{\sqrt{(4-3x)(3y-1)(2-x-y)(4-3x-3y)}}{12\sqrt{(2-3x)(1-y)}} + \dfrac{\sqrt{(4-3x)(5-3y)(y-x)(2+3x-3y)}}{12\sqrt{(2-3x)(1-y)}} - \\[4mm]
\dfrac{\sqrt{x(3y-1)(y-x)(2+3x-3y)}}{4\sqrt{3(2-3x)(1-y)}} + \dfrac{\sqrt{x(5-3y)(2-x-y)(4-3x-3y)}}{4\sqrt{3(2-3x)(1-y)}} \\[4mm]
\dfrac{\sqrt{(4-3x)y(3y-1)(2-x-y)(4-3x-3y)}}{12\sqrt{(2-3x)(1-y)(2-y)}} - \dfrac{\sqrt{(4-3x)(2-y)(5-3y)(y-x)(2+3x-3y)}}{12\sqrt{(2-3x)y(1-y)}} - \\[4mm]
\dfrac{\sqrt{xy(3y-1)(y-x)(2+3x-3y)}}{4\sqrt{3(2-3x)(1-y)(2-y)}} - \dfrac{\sqrt{x(2-y)(5-3y)(2-x-y)(4-3x-3y)}}{4\sqrt{3(2-3x)y(1-y)}} \\[4mm]
-\dfrac{\sqrt{5x(2+3x-3y)(4-3x-3y)}}{6\sqrt{(2-3x)y(2-y)}} + \dfrac{\sqrt{5(4-3x)(y-x)(2-x-y)}}{2\sqrt{3(2-3x)y(2-y)}}
\end{array}
\right]
$$

表 2.2　计算定理 2.8 步骤 B.2 中索引值集合 ι_m 与 g_m 的显式算法

1　$\iota_m^{(N)} := \{1,\cdots,N\}$

2　$g_m^{(N)} := \{1,\cdots,N\}$

3　for $n = N,\cdots,1$

4　if $\lambda_{m;n} \in \{\lambda_{m+1;n'}\}_{n'\in g_m^{(n)}}$

5　$\iota_m^{n-1} := \iota_m^{(n)}\setminus\{n\}$

6　$g_m^{n-1} := g_m^{(n)}\setminus\{n'\}$，其中 $n' = \max\{n'' = g_m^{(n)} : \lambda_{m+1;n''} = \lambda_{m;n}\}$

7　else

8　$\iota_m^{(n-1)} := \iota_m^{(n)}$

9　$g_m^{(n-1)} := g_m^{(n)}$

10　end if

11　end for

12　$\iota_m := \iota_m^{(1)}$

13　$g_m := \iota_m^{(1)}$

　　为此，根据步骤 B.1 选择任意单式矩阵 V_m。为了准确，用 K_m 表示 $\{\lambda_{m;n}\}_{n=1}^N$ 中不同值的数量，且对任意 $k=1,\cdots,K_m$，令 $L_{m;k}$ 表示第 k 个值的重数。将索引值 n 表示为 k 和 l 的单增函数，也就是说，将 $\{\lambda_{m;n}\}_{n=1}^N$ 写作 $\{\lambda_{m;n(k,l)}\}_{k=1\,l=1}^{K_m\,L_{m;k}}$，其中若 $k<k'$ 或 $k=k'$ 且 $l<l'$ 时，$n(k,l)<n(k',l')$。令 V_m 是一个由 K 个对角子块组成的 $N\times N$ 阶块对角单式矩阵，其中对任意 $k=$

$1,\cdots,K$，第 k 个子块为一 $L_{m;k}\times L_{m;k}$ 阶单式矩阵。在 $\{\lambda_{m;n}\}_{n=1}^{N}$ 中，在所有值都不同的极限情况下，有 V_m 为对角单式矩阵，即对角线元素为模一的对角阵。即使在该情形下，仍有选择 V_m 的适度自由，这是确定 φ_{m+1} 时步骤 B 过程的唯一自由。在任意情形下，有关 V_m 的重要事实是它的对应于不同重数的子块与 D_m 的对角线同时出现，意味着 $D_mV_m=V_mD_m$。

选择 V_m 后，进行步骤 B.2。设 $\{1,\cdots,N\}$ 的子集 $\mathcal{I}_m$ 和 $\mathcal{J}_m$，分别为 $\{\lambda_{m;n}\}_{n=1}^{N}$ 与 $\{\lambda_{m+1;n}\}_{n=1}^{N}$ 的剩余索引值，方法是从索引 N 到索引 1 逆向地消去两个序列共同的值。表 2.2 给出了实现的显式算法。注意，对任意 $n=N,\cdots,1$(第 3 行)，要么从集 $\mathcal{I}_m^{(n)}$ 和 $\mathcal{J}_m^{(n)}$ 中同时移除单个元素(第 4 ～ 6 行)，要么什么也不做(第 7 ～ 9 行)，意味着 $\mathcal{I}_m:=\mathcal{I}_m^{(1)}$ 和 $\mathcal{J}_m:=\mathcal{J}_m^{(1)}$ 有相同基数，记作 R_m。并且，由于 $\{\lambda_{m+1;n}\}_{n=1}^{N}$ 交错于 $\{\lambda_{m;n}\}_{n=1}^{N}$，则对在 $\{\lambda_{m;n}\}_{n=1}^{N}$ 中重数为 L 任意实标量 λ，在 $\{\lambda_{m+1;n}\}_{n=1}^{N}$ 中的重数必定为 $L-1,L$ 或 $L+1$ 中的一个。当这两个重数相同时，该算法将 $\mathcal{I}_m$ 和 $\mathcal{J}_m$ 中所有对应索引都移除了。如果重数为 $L-1$ 或 $L+1$，则最小的该类索引将分别在 $\mathcal{I}_m$ 或 $\mathcal{J}_m$ 中，指向步骤 B.2 中给出的 $\mathcal{I}_m$ 和 $\mathcal{J}_m$ 的定义。有了这些集合，找到 $\{1,\cdots,N\}$ 中的对应排列 $\pi_{\mathcal{I}_m}$ 和 $\pi_{\mathcal{J}_m}$ 与构造联合投影矩阵 $\boldsymbol{\Pi}_{\mathcal{I}_m}$ 和 $\boldsymbol{\Pi}_{\mathcal{J}_m}$ 就非常容易了。

下面进行步骤 B.3。为了符号表示简洁，令 $\{\beta_r\}_{r=1}^{R_m}$ 和 $\{\gamma_r\}_{r=1}^{R_m}$ 分别表示 $\{\lambda_{m;n}\}_{n\in\mathcal{I}_m}$ 和 $\{\lambda_{m+1;n}\}_{n\in\mathcal{J}_m}$。即对所有 $n\in\mathcal{I}_m$，令 $\beta_{\pi_{\mathcal{I}_m}(n)}=\lambda_{m;n}$，对所有 $n\in\mathcal{J}_m$，令 $\gamma_{\pi_{\mathcal{J}_m}(n)}=\lambda_{m+1;n}$。注意，由于 $\mathcal{I}_m$ 和 $\mathcal{J}_m$ 的定义方式，$\{\beta_r\}_{r=1}^{R_m}$ 和 $\{\gamma_r\}_{r=1}^{R_m}$ 的值在序列内部和两序列之间都是不同的。而且，由于 $\pi_{\mathcal{I}_m}$ 和 $\pi_{\mathcal{J}_m}$ 分别在 $\mathcal{I}_m$ 和 $\mathcal{J}_m$ 上单增，而 $\{\lambda_{m;n}\}_{n\in\mathcal{I}_m}$ 和 $\{\lambda_{m+1;n}\}_{n\in\mathcal{J}_m}$ 都是非增的，则 $\{\beta_r\}_{r=1}^{R_m}$ 与 $\{\gamma_r\}_{r=1}^{R_m}$ 的和单调递减。本书还要求 $\{\gamma_r\}_{r=1}^{R_m}$ 交错于 $\{\beta_r\}_{r=1}^{R_m}$。为了证明，考虑以下 4 个多项式：

$$\begin{cases}p_m(x)=\prod_{n=1}^{N}(x-\lambda_{m;n}), & p_{m+1}(x)=\prod_{n=1}^{N}(x-\lambda_{m+1;n})\\ b(x)=\prod_{r=1}^{R_m}(x-\beta_r), & c(x)=\prod_{r=1}^{R_m}(x-\gamma_r)\end{cases}\tag{2.61}$$

因为 $\{\beta_r\}_{r=1}^{R_m}$ 和 $\{\gamma_r\}_{r=1}^{R_m}$ 是通过消去 $\{\lambda_{m;n}\}_{n=1}^{N}$ 与 $\{\lambda_{m+1;n}\}_{n=1}^{N}$ 共同项得到的，对所有 $x\notin\{\lambda_{m;n}\}_{n=1}^{N}$，$p_{m+1}(x)/p_m(x)=c(x)/b(x)$。对 $n\in\mathcal{I}_m$，记任意 $r=1,\cdots,R_m$ 为 $r=\pi_{\mathcal{I}_m}(n)$，因为 $\{\lambda_{m;n}\}_{n=1}^{N}\subseteq\{\lambda_{m+1;n}\}_{n=1}^{N}$，对"$p(x)$"和"$q(x)$"(分别代表 $p_m(x)$ 和 $p_{m+1}(x)$) 应用引理 2.2 的"仅当"条件，得

$$\lim_{x\to\beta_r}(x-\beta_r)\frac{c(x)}{b(x)}=\lim_{x\to\lambda_{m;n}}(x-\lambda_{m;n})\frac{p_{m+1}(x)}{p_m(x)}\leqslant 0\tag{2.62}$$

由于式(2.62) 对 $r=1,\cdots,R_m$ 均成立，对"$p(x)$" 和"$q(x)$"(分别代表

$b(x)$ 和 $c(x)$) 应用引理 2.2 的"当"条件,得到$\{\gamma_r\}_{r=1}^{R_m}$ 交错于$\{\beta_r\}_{r=1}^{R_m}$。

综上,$\{\beta_r\}_{r=1}^{R_m}$ 和$\{\gamma_r\}_{r=1}^{R_m}$ 是不同的,单调递减的和交错序列意味着 $R_m\times 1$ 阶矢量 v_m 和 w_m 是非常明确的。为了准确,步骤 B.3 在对所有 $r,r'=1,\cdots,R_m$ 均有 $v_m(r),w_m(r')$ 时可重写作

$$[v_m(r)]^2=-\frac{\prod\limits_{r''=1}^{R_m}(\beta_r-\gamma_{r''})}{\prod\limits_{\substack{r''=1\\r''\neq r}}^{R_m}(\beta_r-\beta_{r''})},\quad [w_m(r')]^2=-\frac{\prod\limits_{r''=1}^{R_m}(\gamma_{r'}-\beta_{r''})}{\prod\limits_{\substack{r''=1\\r''\neq r}}^{R_m}(\gamma_{r'}-\gamma_{r''})}\tag{2.63}$$

注意,β_r 和 γ_r 是不同的,意味着式(2.63)的分母非零,且它们的商也是非零的。实际上,因为$\{\beta_r\}_{r=1}^{R_m}$ 单调递减,所以对任意固定 r,值$\{\beta_r-\beta_{r''}\}_{r''\neq r}$ 可以被分解为 $r-1$ 个负值$\{\beta_r-\beta_{r''}\}_{r''=1}^{r-1}$ 和 R_m-r 个正值$\{\beta_r-\beta_{r''}\}_{r''=r+1}^{R_m}$。此外,由于$\{\beta_r\}_{r=1}^{R_m}$ 和$\{\gamma_r\}_{r=1}^{R_m}$,因此对任意这样的 r,值$\{\beta_r-\gamma_{r''}\}_{r''=1}^{R_m}$ 可以被分解为 r 个负值$\{\beta_r-\gamma_{r''}\}_{r''=1}^{r}$ 和 R_m-r 个正值$\{\beta_r-\gamma_{r''}\}_{r''=r+1}^{R_m}$。由于式(2.63)本身带有负号,根据数量,由式(2.63)定义的$[v_m(r)]^2$ 的确是正的。同时,$[w_m(r')]^2$ 的分子$\{\gamma_{r'}-\beta_{r''}\}_{r''=1}^{r'-1}$ 和分母$\{\gamma_{r'}-\gamma_{r''}\}_{r''=1}^{r'-1}$ 都有 $r'-1$ 个负值。

前面步骤 B.3 的 v_m 和 w_m 经合适定义后,现在选取步骤 B.4 和 B.5 中定义的 φ_{m+1} 和 U_{m+1}。回顾这个证明方法中剩余未论证的部分,U_{m+1} 是酉矩阵且 $\Phi_{m+1}=\{\varphi_{m'}\}_{m'=1}^{m+1}$ 满足 $\Phi_{m+1}\Phi_{m+1}^{*}U_{m+1}=U_{m+1}D_{m+1}$。为此,考虑 U_{m+1} 的定义,并根据归纳假设,U_m 是酉矩阵,构造的 V_m 是酉矩阵,排列矩阵 Π_{ι_m} 和Π_{ϑ_m} 是正交的,即单式且实数的。因此,为了论证 U_{m+1} 是酉矩阵,需要证明 $R_m\times R_m$ 阶实矩阵 W_m 是正交的。为了实现,对应于自伴算子的不同特征值的特征向量必须是正交的。因此,为了论证 W_m 是正交的,需要论证 W_m 的列是实对称算子的特征向量。为了该结果,称

$$(D_{m;\iota_m}+v_mv_m^{\mathrm{T}})W_m=W_mD_{m+1;\vartheta_m},\quad W_m^{\mathrm{T}}W_m(r,r)=1,\quad \forall\, r=1,\cdots,R_m\tag{2.64}$$

其中,$D_{m;\iota_m}$ 和 $D_{m+1;\vartheta_m}$ 为 $R_m\times R_m$ 阶对角矩阵,第 r 个对角元素分别为 $\beta_r=\lambda_{m;\pi_{\iota_m}^{-1}(r)}$ 与 $\gamma_r=\lambda_{m+1;\pi_{\vartheta_m}^{-1}(r)}$。为了证明式(2.64),注意到对任意 $r,r'=1,\cdots,R_m$ 有

$$[(D_{m;\iota_m}+v_mv_m^{\mathrm{T}})W_m](r,r')=(D_{m;\iota_m}W_m)(r,r')+(v_mv_m^{\mathrm{T}}W_m)(r,r')=$$
$$\beta_rW_m(r,r')+v_m(r)\sum_{r''=1}^{R_m}v_m(r'')W_m(r'',r')\tag{2.65}$$

用$\{\beta_r\}_{r=1}^{R_m}$和$\{\gamma_r\}_{r=1}^{R_m}$的元素重写步骤 B.5 中W_m的定义，得

$$W_m(r,r') = \frac{v_m(r)w_m(r')}{\gamma_{r'} - \beta_r} \tag{2.66}$$

将式(2.66)代入式(2.65)得

$$\begin{aligned}&[(D_{m;v_m} + v_m v_m^{\mathrm{T}})W_m](r,r') = \\ &\beta_r \frac{v_m(r)w_m(r')}{\gamma_{r'} - \beta_r} + v_m(r)\sum_{r''=1}^{R_m} v_m(r'') \frac{v_m(r'')w_m(r')}{\gamma_{r'} - \beta_{r''}} = \\ &v_m(r)w_m(r')\left(\frac{\beta_r}{\gamma_{r'} - \beta_r} + \sum_{r''=1}^{R_m} \frac{[v_m(r'')]^2}{\gamma_{r'} - \beta_{r''}}\right)\end{aligned} \tag{2.67}$$

简化式(2.67)需要多项式一致。为了精确，注意到两个首一多项式的差值本身$\prod_{r''=1}^{R_m}(x-\gamma_{r''}) - \prod_{r''=1}^{R_m}(x-\beta_{r''})$为一个最高阶为$R_m - 1$的多项式，因此可以用$R_m$个不同点$\{\beta_r\}_{r=1}^{R_m}$将其改写为拉格朗日插值多项式：

$$\begin{aligned}\prod_{r''=1}^{R_m}(x-\gamma_{r''}) - \prod_{r''=1}^{R_m}(x-\beta_{r''}) &= \sum_{r''=1}^{R_m}\left(\prod_{r=1}^{R_m}(\beta_{r''}-\gamma_r) - 0\right)\prod_{\substack{r=1\\ r\neq r''}}^{R_m}\frac{(x-\beta_r)}{(\beta_{r''}-\gamma_r)} = \\ &\sum_{r''=1}^{R_m}\frac{\prod_{r=1}^{R_m}(\beta_{r''}-\gamma_r)}{\prod_{\substack{r=1\\ r=r''}}^{R_m}(\beta_{r''}-\gamma_r)}\prod_{\substack{r=1\\ r=r''}}^{R_m}(x-\beta_r)\end{aligned} \tag{2.68}$$

根据式(2.63)中$[v_m(r)]^2$的表达式，式(2.68)可以改写为

$$\prod_{r''=1}^{R_m}(x-\beta_{r''}) - \prod_{r''=1}^{R_m}(x-\gamma_{r''}) = \sum_{r''=1}^{R_m}[v_m(r'')^2]\prod_{\substack{r=1\\ r=r''}}^{R_m}(x-\beta_r) \tag{2.69}$$

式(2.69)两边同除以$\prod_{r''=1}^{R_m}(x-\beta_r)$，得

$$1 - \prod_{r''=1}^{R_m}\frac{(x-\gamma_{r''})}{(x-\beta_{r''})} = \sum_{r''=1}^{R_m}\frac{[v_m(r'')]^2}{(x-\beta_{r''})}, \quad \forall\, x \notin \{\beta_r\}_{r=1}^{R_m} \tag{2.70}$$

对任意$r' = 1,\cdots,R_m$，令式(2.70)中的$x = \gamma_{r'}$，则左边为 1，得到等式

$$1 = \sum_{r''=1}^{R_m}\frac{[v_m(r'')]^2}{(\gamma_{r'}-\beta_{r''})}, \quad \forall_{r'} = 1,\cdots,R_m \tag{2.71}$$

将式(2.71)代入式(2.67)，并根据式(2.66)，得

$$[(D_{m;\gamma_m}+v_m v_m^{\mathrm{T}})W_m](r,r')=v_m(r)w_m(r')=\left(\frac{\beta_r}{\gamma_{r'}-\beta_r}+1\right)=$$
$$\gamma_{r'}\frac{v_m(r)w_m(r')}{\gamma_{r'}-\beta_r}=\gamma_{r'}W_m(r,r')=$$
$$(W_m D_{m+1;\gamma_m})(r,r') \tag{2.72}$$

因为式(2.72)对所有 $r,r'=1,\cdots,R_m$ 成立,所以得到式(2.64)中的第一个式子。特别地,由此可知 W_m 的列是对应于不同特征值 $\{\gamma_r\}_{r=1}^{R_m}$ 的实对称算子 $D_{m;\gamma_m}+v_m v_m^{\mathrm{T}}$ 的特征向量。因此,W_m 的列是正交的。为了论证 W_m 为正交矩阵,还要论证 W_m 的列是单位模长的,也就是式(2.64)中的第二个式子。为了证明,对任意 $x\notin\{\beta_r\}_{r=1}^{R_m}$,在式(2.70)的两边同时对 x 求导,得

$$\sum_{r''=1}^{R_m}\left[\prod_{\substack{r=1\\r\neq r''}}^{R_m}\frac{(x-\gamma_r)}{(x-\beta_r)}\right]\frac{\gamma_{r''}-\beta_{r''}}{(x-\beta_{r''})^2}=\sum_{r''=1}^{R_m}\frac{[v_m(r'')]^2}{(x-\beta_{r''})^2},\quad\forall x\notin\{\beta_r\}_{r=1}^{R_m} \tag{2.73}$$

对任意 $r'=1,\cdots,R_m$,令式(2.73)中 $x=\gamma_{r'}$,则左边的被加数中 $r''\neq r'$ 的都被消去。根据式(2.63),剩余 $r''=r'$ 部分的被加数可写作

$$\frac{1}{[w_m(r')]^2}=\frac{\prod\limits_{\substack{r=1\\r\neq r'}}^{R_m}(\gamma_{r'}-\gamma_r)}{\prod\limits_{r=1}^{R_m}(\gamma_{r'}-\beta_r)}\left[\prod_{\substack{r=1\\r\neq r'}}^{R_m}\frac{(\gamma_{r'}-\gamma_r)}{(\gamma_{r'}-\beta_r)}\right]\frac{\gamma_{r'}-\beta_{r'}}{(\gamma_{r'}-\beta_{r'})^2}=$$
$$\sum_{r''=1}^{R_m}\frac{[v_m(r'')]^2}{(\gamma_{r'}-\beta_{r''})^2} \tag{2.74}$$

现在利用等式来论证 W_m 的列是单位模长的。对任意 $r'=1,\cdots,R_m$,由式(2.66)和(2.74)得

$$(W_m^{\mathrm{T}}W_m)(r',r')=\sum_{r''=1}^{R_m}[W_m(r'',r')]^2=$$
$$\sum_{r''=1}^{R_m}\left(\frac{v_m(r'')w_m(r')}{\gamma_{r'}-\beta_{r''}}\right)^2=$$
$$[w_m(r')]^2\sum_{r''=1}^{R_m}\frac{[v_m(r'')]^2}{(\gamma_{r'}-\beta_{r''})^2}=$$
$$[w_m(r')]^2\frac{1}{[w_m(r')]^2}=1$$

证明 W_m 正交之后,可知 U_{m+1} 是酉矩阵。然后再证明 $\Phi_{m+1}\Phi_{m+1}^*U_{m+1}=U_{m+1}D_{m+1}$。记 $\Phi_{m+1}\Phi_{m+1}^*=\Phi_m\Phi_m^*+\varphi_{m+1}\varphi_{m+1}^*$,并根据 U_{m+1} 的定义有

$$\Phi_{m+1}\Phi_{m+1}^*U_{m+1}=(\Phi_m\Phi_m^*+\varphi_{m+1}\varphi_{m+1}^*)U_mV_m\Pi_{\mathcal{I}_m}^{\mathrm{T}}\begin{bmatrix}W_m & 0\\ 0 & Id\end{bmatrix}\Pi_{\mathcal{J}_m}=$$

$$\Phi_m\Phi_m^*U_mV_m\Pi_{\mathcal{I}_m}^{\mathrm{T}}\begin{bmatrix}W_m & 0\\ 0 & Id\end{bmatrix}\Pi_{\mathcal{J}_m}+$$

$$\varphi_{m+1}\varphi_{m+1}^*U_mV_m\Pi_{\mathcal{I}_m}^{\mathrm{T}}\begin{bmatrix}W_m & 0\\ 0 & Id\end{bmatrix}\Pi_{\mathcal{J}_m}\tag{2.75}$$

为了简化式(2.75)中第一项，根据归纳假设得到的 $\Phi_m\Phi_m^*U_m=U_mD_m$ 和 V_m 构造使得 $U_mD_m=V_mD_m$，意味着

$$\Phi_m\Phi_m^*U_mV_m\Pi_{\mathcal{I}_m}^{\mathrm{T}}\begin{bmatrix}W_m & 0\\ 0 & Id\end{bmatrix}\Pi_{\mathcal{J}_m}=$$

$$U_mV_mD_m\Pi_{\mathcal{I}_m}^{\mathrm{T}}\begin{bmatrix}W_m & 0\\ 0 & Id\end{bmatrix}=$$

$$U_mV_m\Pi_{\mathcal{I}_m}^{\mathrm{T}}(\Pi_{\mathcal{I}_m}D_m\Pi_{\mathcal{I}_m}^{\mathrm{T}})\begin{bmatrix}W_m & 0\\ 0 & Id\end{bmatrix}\Pi_{\mathcal{J}_m}\tag{2.76}$$

为了继续简化式(2.76)，注意到 $\Pi_{\mathcal{I}_m}D_m\Pi_{\mathcal{I}_m}^{\mathrm{T}}$ 本身就是对角阵：对任意 n，$n'=1,\cdots,N$，由步骤 B.2 的 $\Pi_{\mathcal{I}_m}$ 定义可得

$$(\Pi_{\mathcal{I}_m}D_m\Pi_{\mathcal{I}_m}^{\mathrm{T}})(n,n')=\langle D_m\delta_{\pi_{\mathcal{I}_m}^{-1}(n')},\delta_{\pi_{\mathcal{I}_m}^{-1}(n)}\rangle=\begin{cases}\lambda_{m;\pi_{\mathcal{I}_m}^{-1}(n')}, & n=n'\\ 0, & n\neq n'\end{cases}$$

也就是说，$\Pi_{\mathcal{I}_m}D_m\Pi_{\mathcal{I}_m}^{\mathrm{T}}$ 是对角阵，其前 R_m 个对角线元素，即 $\{\beta_r\}_{r=1}^{R_m}=\{\lambda_{m;\pi_{\mathcal{I}_m}^{-1}(r)}\}_{r=1}^{R_m}$，对应于上述 $R_m\times R_m$ 阶对角阵 $D_{m;\mathcal{I}_m}$ 的对角线元素，且剩余 $N-R_m$ 个对角线元素 $\{\lambda_{m;\pi_{\mathcal{I}_m}^{-1}(n)}\}_{n=R_m+1}^{N}$ 构成了 $(N-R_m)\times(N-R_m)$ 阶对角阵 $D_{m;\mathcal{I}_m^c}$ 的对角线元素：

$$\Pi_{\mathcal{I}_m}D_m\Pi_{\mathcal{I}_m}^{\mathrm{T}}=\begin{bmatrix}D_{m;\mathcal{I}_m} & 0\\ 0 & D_{m;\mathcal{I}_m^c}\end{bmatrix}\tag{2.77}$$

将式(2.77)代入式(2.76)得

$$\Phi_m\Phi_m^*U_mV_m\Pi_{\mathcal{I}_m}^{\mathrm{T}}\begin{bmatrix}W_m & 0\\ 0 & Id\end{bmatrix}\Pi_{\mathcal{J}_m}=$$

$$U_mV_m\Pi_{\mathcal{I}_m}^{\mathrm{T}}\begin{bmatrix}D_{m;\mathcal{I}_m} & 0\\ 0 & D_{m;\mathcal{I}_m^c}\end{bmatrix}\begin{bmatrix}W_m & 0\\ 0 & Id\end{bmatrix}\Pi_{\mathcal{J}_m}=$$

$$U_mV_m\Pi_{\mathcal{I}_m}^{\mathrm{T}}\begin{bmatrix}D_{m;\mathcal{I}_m} & 0\\ 0 & D_{m;\mathcal{I}_m^c}\end{bmatrix}\Pi_{\mathcal{J}_m}\tag{2.78}$$

同时，为了简化式(2.75)中的第二项，根据步骤 B.4 中 φ_{m+1} 的定义，得

$$\varphi_{m+1}\varphi_{m+1}^{*}U_mV_m\Pi_{\mathcal{I}_m}^{\mathrm{T}}\begin{bmatrix}W_m & 0\\ 0 & Id\end{bmatrix}\Pi_{\mathcal{J}_m}=$$

$$U_mV_m\Pi_{\mathcal{I}_m}^{\mathrm{T}}\begin{bmatrix}v_m\\ 0\end{bmatrix}\begin{bmatrix}v_m^{\mathrm{T}} & 0\end{bmatrix}\begin{bmatrix}W_m & 0\\ 0 & Id\end{bmatrix}\Pi_{\mathcal{J}_m}=$$

$$U_mV_m\Pi_{\mathcal{I}_m}^{\mathrm{T}}\begin{bmatrix}v_mv_m^{\mathrm{T}}W_m & 0\\ 0 & 0\end{bmatrix}\Pi_{\mathcal{J}_m}\tag{2.79}$$

将式(2.78)和(2.79)代入式(2.75)，简化结果，并根据式(2.64)，得

$$\Phi_{m+1}\Phi_{m+1}^{*}U_{m+1}=U_mV_mD_m\Pi_{\mathcal{I}_m}^{\mathrm{T}}\begin{bmatrix}(D_{m;\mathcal{I}_m}+v_mv_m^{\mathrm{T}})W_m & 0\\ 0 & D_{m;\mathcal{I}_m^c}\end{bmatrix}\Pi_{\mathcal{J}_m}=$$

$$U_mV_m\Pi_{\mathcal{I}_m}^{\mathrm{T}}\begin{bmatrix}W_mD_{m+1;\mathcal{J}_m} & 0\\ 0 & D_{m;\mathcal{I}_m^c}\end{bmatrix}\Pi_{\mathcal{J}_m}$$

引入一个额外排列矩阵和其逆矩阵，并参照 U_{m+1} 的定义，简化为

$$\Phi_{m+1}\Phi_{m+1}^{*}U_{m+1}=$$

$$U_mV_m\Pi_{\mathcal{I}_m}^{\mathrm{T}}\begin{bmatrix}W_m & 0\\ 0 & Id\end{bmatrix}\Pi_{\mathcal{J}_m}\Pi_{\mathcal{J}_m}^{\mathrm{T}}\begin{bmatrix}D_{m+1;\mathcal{J}_m} & 0\\ 0 & D_{m;\mathcal{I}_m^c}\end{bmatrix}\Pi_{\mathcal{J}_m}=$$

$$U_{m+1}\Pi_{\mathcal{J}_m}^{\mathrm{T}}\begin{bmatrix}D_{m+1;\mathcal{J}_m} & 0\\ 0 & D_{m;\mathcal{I}_m^c}\end{bmatrix}\Pi_{\mathcal{J}_m}\tag{2.80}$$

现将 D_{m+1} 中的 $\{\lambda_{m+1;n}\}_{n=1}^{N}$ 分割为 $\mathcal{J}_m$ 和 $\mathcal{J}_m^c$ 并模仿式(2.77)的推导，将 D_{m+1} 写作 $D_{m+1;\mathcal{J}_m}$ 和 $D_{m+1;\mathcal{J}_m^c}$。注意，根据 $\mathcal{I}_m$ 和 $\mathcal{J}_m$ 的构造方式，$\{\lambda_{m;n}\}_{n\in\mathcal{I}_m^c}$ 的值和 $\{\lambda_{m+1;n}\}_{\mathcal{J}_m^c}$ 的值相等，因为这两个集合恰好代表 $\{\lambda_{m;n}\}_{n=1}^{N}$ 和 $\{\lambda_{m+1;n}\}_{n=1}^{N}$ 的公共值。由于这两个序列均为非增顺序排列，因此有 $D_{m;\mathcal{I}_m^c}=D_{m+1;\mathcal{J}_m^c}$，故

$$\Pi_{\mathcal{J}_m}^{\mathrm{T}}D_{m+1}\Pi_{\mathcal{J}_m}^{\mathrm{T}}=\begin{bmatrix}D_{m+1;\mathcal{J}_m} & 0\\ 0 & D_{m+1;\mathcal{J}_m^c}\end{bmatrix}=\begin{bmatrix}D_{m+1;\mathcal{J}_m} & 0\\ 0 & D_{m;\mathcal{I}_m^c}\end{bmatrix}\tag{2.81}$$

将式(2.81)代入式(2.80)得到 $\Phi_{m+1}\Phi_{m+1}^{*}U_{m+1}=U_{m+1}D_{m+1}$，证明毕。

($\Rightarrow$) 令 $\{\lambda_n\}_{n=1}^{N}$ 和 $\{\mu_m\}_{m=1}^{M}$ 为任意非负非增序列，且令 $\Phi=\{\varphi_m\}_{m=1}^{M}$ 为框架算子，$\Phi\Phi^{*}$ 频谱为 $\{\lambda_n\}_{n=1}^{N}$ 且满足 $\|\varphi_m\|^2=\mu_m$ 对所有 $m=1,\cdots,M$ 成立的任意矢量序列。现将论证通过步骤 A 和步骤 B 能够构造出这样的 Φ。为了完成证明，对任意 $m=1,\cdots,M$，令 $\Phi_m=\{\varphi_{m'}\}_{m'=1}^{m}$，且其框架算子 $\Phi_m\Phi_m^{*}$ 频谱为 $\{\lambda_{m;n}\}_{n=1}^{N}$。对所有 n，令 $\lambda_{0;n}:=0$，定理 2.2 的证明演示了频谱序列 $\{\{\lambda_{m;n}\}_{n=1}^{N}\}_{m=0}^{M}$ 必定构成定义 2.2 指定的外特征步序列。在步骤 A 中选出该特征步集合。

余下的部分可以用步骤 B 构造指定的 Φ。必须谨慎利用选择 U_1 和 V_m 的

自由度。对这些酉矩阵,只有适当的选择才能得到 Φ,而其他选择将得到其他矢量序列,只有通过可能极其复杂的旋转才与 Φ 有关联。实际上,注意到由于 $\{\{\lambda_{m;n}\}_{n=1}^{N}\}_{m=0}^{M}$ 是有效的特征步序列,因此该证明的其他方向,如同先前给出的,暗示任意的 U_1 和 V_m 的选择都能得到特征步对应于 Φ 的矢量序列。此外,证明的其他方向上的变化量只与特征步的选择有关,例如 $\mathcal{I}_m$,$\mathcal{J}_m$,$\{\beta_r\}_{r=1}^{R_m}$ 和 $\{\gamma_r\}_{r=1}^{R_m}$ 等在该方向都得到充分定义。在下列讨论中,根据变化量,并充分利用其先前推导出的性质。

为了精确,令 U_1 为任意酉矩阵,且其第一列 $u_{1;1}$ 满足 $\varphi_1=\sqrt{\mu_1}\,u_{1;1}$。利用归纳法,假设对任意 $m=1,\cdots,M-1$,已经通过步骤 B 选择了合适的 $\{V_{m'}\}_{m'=1}^{m-1}$,并正确地得到 $\Phi_m=\{\varphi_{m'}\}_{m'=1}^{m}$。论证选择合适的 V_m 后怎样正确得到 φ_{m+1}? 为此,再次将第 m 个频谱 $\{\lambda_{m;n}\}_{n=1}^{N}$ 用其重数写作 $\{\lambda_{m;n(k,l)}\}_{k=1}^{K_m}{}_{l=1}^{L_{m;k}}$。对任意 $k=1,\cdots,K_m$,定理 2.2 的步骤 B,φ_{m+1} 在 $\Phi_m\Phi_m^*$ 第 k 个特征空间的投影的模必然由下式给出:

$$\|P_{m;\lambda_{m;n(k,1)}}\varphi_{m+1}\|^2=-\lim_{x\to\lambda_{m;n(k,1)}}(x-\lambda_{m;n(k,1)})\frac{p_{m+1}(x)}{p_m(x)} \tag{2.82}$$

其中,$p_m(x)$ 和 $p_{m+1}(x)$ 的定义同式(2.61)。注意,通过选择 $l=1$,$\lambda_{m;n}(k,1)$ 代表$\{\lambda_{m;n}\}_{n=1}^{N}$ 中该特定值的第一次出现。因此,这些索引是唯一能够构造步骤 B.2 中的集合 $\mathcal{I}_m$ 的元素,即 $\mathcal{I}_m\subseteq\{n(k,1):k=1,\cdots,K_m\}$。然而,这两个索引集合并不一定相等,因为 $\mathcal{I}_m$ 只包含形式为 $n(k,1)$ 的且满足加性属性的 n,即 $\lambda_{m;n}$ 作为$\{\lambda_{m;n'}\}_{n'=1}^{N}$ 的值的重数大于它作为$\{\lambda_{m+1;n}\}_{n=1}^{N}$ 的值的重数。为了精确,对任意给定的 $k=1,\cdots,K_m$,如果 $n(k,1)\in\mathcal{I}_m^c$,则 $\lambda_{m;n(k,1)}$ 作为 $p_{m+1}(x)$ 的根出现的次数至少大于它作为 $p_m(x)$ 的根出现的次数,意味着在该情况下式(2.82) 的限制必须为 0。如果 $n(k,1)\in\mathcal{I}_m$,则对 $r\in\{1,\cdots,R_m\}$ 记作 $\pi_{\mathcal{I}_m}(n(k,1))$,并根据式(2.61) 和(2.63) 中 $b(x)$,$c(x)$ 以及 $v(r)$ 的定义,可以将式(2.82) 重写作

$$\|P_{m;\beta_r}\varphi_{m+1}\|^2=-\lim_{x\to\beta_r}(x-\beta_r)\frac{p_{m+1}(x)}{p_m(x)}=-\lim_{x\to\beta_r}(x-\beta_r)\frac{c(x)}{b(x)}=\frac{\prod\limits_{r''=1}^{R_m}(\beta_r-\gamma_{r''})}{\prod\limits_{\substack{r''=1\\r''\neq r}}^{R}(\beta_r-B_{r''})}=[v_m(r)]^2 \tag{2.83}$$

因此,可以把 φ_{m+1} 写作

$$\varphi_{m+1}=\sum_{k=1}^{K_m}P_{m;\lambda_{m;n(k1)}}\varphi_{m+1}=\sum_{r=1}^{R_m}P_{m;\beta_r}\varphi_{m+1}=\sum_{r=1}^{R_m}v_m(r)\frac{1}{v_m(r)}P_{m;\beta_r}\varphi_{m+1}=\sum_{n\in\mathcal{I}_m}v_m(\pi_{\mathcal{I}_m}(n))\frac{1}{v_m(\pi_{\mathcal{I}_m}(n))}P_{m;\beta\pi_{\mathcal{I}_m}(n)}\varphi_{m+1} \tag{2.84}$$

其中每个$\frac{1}{v_m(\pi_{\mathcal{I}_m}(n))}P_{m;\beta\pi_{\mathcal{I}_m}(n)}\varphi_{m+1}$根据式(2.83)都有单位模。现在对$\Phi_m\Phi_m^*$选取一个新的归一正交特征基$\hat{U}_m:=\{\hat{u}_{m;n}\}_n^N$，对任意$k=1,\cdots,K_m$，$\{u_{m;n(k,l)}\}_{l=1}^{L_{m;k}}$和$\{\hat{u}_{m;n(k,l)}\}_{l=1}^{L_{m;k}}$生成相同的特征空间，且对所有$n(k,1)\in\mathcal{I}_m$，另有性质

$$\hat{u}_{m;n(k,l)}=\frac{1}{v_m(\pi_{\mathcal{I}_m}(n(k,1)))}P_{m;\beta\pi_{\mathcal{I}_m}(n(k,1))}\varphi_{m+1}$$

因此，式(2.84)变为

$$\begin{aligned}\varphi_{m+1}&=\sum_{n\in\mathcal{I}_m}v_m(\pi_{\mathcal{I}_m}(n))\hat{u}_{m;n}=\hat{U}_m\sum_{n\in\mathcal{I}_m}v_m(\pi_{\mathcal{I}_m}(n))\delta_n=\\&\hat{U}_m\sum_{r=1}^{R_m}v_m(r)\delta_{\pi_{\mathcal{I}_m}^{-1}(r)}=\hat{U}_m\Pi_{\mathcal{I}_m}^{\mathrm{T}}\sum_{r=1}^{R_m}v_m(r)\delta_r=\\&\hat{U}_m\Pi_{\mathcal{I}_m}^{\mathrm{T}}\begin{bmatrix}v_m\\0\end{bmatrix}\end{aligned}\tag{2.85}$$

令V_m为酉矩阵$V_m=U_m^*\hat{U}_m$，由特征空间生成条件得到V_m式块对角阵，且第k个对角线子块的尺寸为$L_{m;k}\times L_{m;k}$；并且，根据选择的V_m，式(2.85)变为

$$\varphi_{m+1}=U_mU_m^*\hat{U}_m\Pi_{\mathcal{I}_m}^{\mathrm{T}}\begin{bmatrix}v_m\\0\end{bmatrix}=U_mV_m\Pi_{\mathcal{I}_m}^{\mathrm{T}}\begin{bmatrix}v_m\\0\end{bmatrix}$$

意味着确实可以通过步骤B构造出φ_{m+1}。

本章参考文献

[1] Antezana, J., Massey, P., Ruiz, M., Stojanoff, D.: The Schur-Horn theorem for operators and frames with prescribed norms and frame operator. Ill. J. Math. 51, 537-560 (2007).

[2] Batson, J., Spielman, D. A., Srivastava, N.: Twice-Ramanujan sparsifiers. In: Proc. STOC'09, pp. 255-262 (2009).

[3] Benedetto, J. J., Fickus, M.: Finite normalized tight frames. Adv. Comput. Math. 18, 357-385 (2003).

[4] Bodmann, B. G., Casazza, P. G.: The road to equal-norm Parseval frames. J. Funct. Anal. 258, 397-420 (2010).

[5] Cahill, J., Fickus, M., Mixon, D. G., Poteet, M. J., Strawn, N.: Constructing finite frames of a given spectrum and set of lengths. Appl.

Comput. Harmon. Anal. (submitted). arXiv: 1106.0921.

[6] Calderbank, R., Casazza, P. G., Heinecke, A., Kutyniok, G., Pezeshki, A.: Sparse fusion frames: existence and construction. Adv. Comput. Math. 35, 1-31 (2011).

[7] Casazza, P. G., Fickus, M., Heinecke, A., Wang, Y., Zhou, Z.: Spectral Tetris fusion frame constructions. J. Fourier Anal. Appl.

[8] Casazza, P. G., Fickus, M., Kovačević, J., Leon, M. T., Tremain, J. C.: A physical interpretation of tight frames. In: Heil, C. (ed.) Harmonic Analysis and Applications: In Honor of John J. Benedetto, pp. 51-76. Birkhäuser, Boston (2006).

[9] Casazza, P. G., Fickus, M., Mixon, D. G.: Auto-tuning unit norm tight frames. Appl. Comput. Harmon. Anal. 32, 1-15 (2012).

[10] Casazza, P. G., Fickus, M., Mixon, D. G., Wang, Y., Zhou, Z.: Constructing tight fusion frames. Appl. Comput. Harmon. Anal. 30, 175-187 (2011).

[11] Casazza, P. G., Heinecke, A., Krahmer, F., Kutyniok, G.: Optimally sparse frames. IEEE Trans. Inf. Theory 57, 7279-7287 (2011).

[12] Casazza, P. G., Kovačević, J.: Equal-norm tight frames with erasures. Adv. Comput. Math. 18, 387-430 (2003).

[13] Casazza, P. G., Leon, M. T.: Existence and construction of finite tight frames. J. Comput. Appl. Math. 4, 277-289 (2006).

[14] Chu, M. T.: Constructing a Hermitian matrix from its diagonal entries and eigenvalues. SIAM J. Matrix Anal. Appl. 16, 207-217 (1995).

[15] Dhillon, I. S., Heath, R. W., Sustik, M. A., Tropp, J. A.: Generalized finite algorithms for constructing Hermitian matrices with prescribed diagonal and spectrum. SIAM J. Matrix Anal. Appl. 27, 61-71 (2005).

[16] Dykema, K., Freeman, D., Kornelson, K., Larson, D., Ordower, M., Weber, E.: Ellipsoidal tight frames and projection decomposition of operators. Ill. J. Math. 48, 477-489 (2004).

[17] Dykema, K., Strawn, N.: Manifold structure of spaces of spherical tight frames. Int. J. Pure Appl. Math. 28, 217-256 (2006).

[18] Fickus, M., Mixon, D. G., Poteet, M. J.: Frame completions for optimally robust reconstruction. Proc. SPIE 8138, 81380Q/1-8 (2011).

[19] Fickus, M., Mixon, D. G., Poteet, M. J., Strawn, N.: Constructing all self-adjoint matrices with prescribed spectrum and diagonal (submitted). arXiv:1107.2173.

[20] Goyal, V. K., Kovačević, J., Kelner, J. A.: Quantized frame expansions with erasures. Appl. Comput. Harmon. Anal. 10, 203-233 (2001).

[21] Goyal, V. K., Vetterli, M., Thao, N. T.: Quantized overcomplete expansions in $\mathbf{R}^N$: analysis, synthesis, and algorithms. IEEE Trans. Inf. Theory 44, 16-31 (1998).

[22] Higham, N. J.: Matrix nearness problems and applications. In: Gover, M. J. C., Barnett, S. (eds.) Applications of Matrix Theory, pp. 1-27. Oxford University Press, Oxford (1989).

[23] Holmes, R. B., Paulsen, V. I.: Optimal frames for erasures. Linear Algebra Appl. 377, 31-51 (2004).

[24] Horn, A.: Doubly stochastic matrices and the diagonal of a rotation matrix. Am. J. Math. 76, 620-630 (1954).

[25] Horn, R. A., Johnson, C. R.: Matrix Analysis. Cambridge University Press, Cambridge (1985).

[26] Kovačević, J., Chebira, A.: Life beyond bases: the advent of frames (Part Ⅰ). IEEE Signal Process. Mag. 24, 86-104 (2007).

[27] Kovačević, J., Chebira, A.: Life beyond bases: the advent of frames (Part Ⅱ). IEEE Signal Process. Mag. 24, 115-125 (2007).

[28] Massey, P., Ruiz, M.: Tight frame completions with prescribed norms. Sampl. Theory Signal. Image Process. 7, 1-13 (2008).

[29] Schur, I.: Über eine Klasse von Mittelbildungen mit Anwendungen auf die Determinantentheorie. Sitzungsber. Berl. Math. Ges. 22, 9-20 (1923).

[30] Strawn, N.: Finite frame varieties: nonsingular points, tangent spaces, and explicit local parameterizations. J. Fourier Anal. Appl. 17, 821-853 (2011).

[31] Tropp, J. A., Dhillon, I. S., Heath, R. W.: Finite-step algorithms for constructing optimal CDMA signature sequences. IEEE Trans. Inf. Theory 50, 2916-2921 (2004).

[32] Tropp, J. A., Dhillon, I. S., Heath, R. W., Strohmer, T.: Desig-

ning structured tight frames via an alternating projection method. IEEE Trans. Inf. Theory 51, 188-209 (2005).

[33] Viswanath, P., Anantharam, V.: Optimal sequences and sum capacity of synchronous CDMA systems. IEEE Trans. Inf. Theory 45, 1984-1991 (1999).

[34] Waldron, S.: Generalized Welch bound equality sequences are tight frames. IEEE Trans. Inf. Theory 49, 2307-2309 (2003).

[35] Welch, L.: Lower bounds on the maximum cross correlation of signals. IEEE Trans. Inf. Theory 20, 397-399 (1974).

第3章　有限框架的生成性和独立性

摘要　框架理论的基本概念是冗余，框架在经过传输损耗、量化、引入加性噪声和许多其他问题之后可以实现精确重建，这种特性使得它在数学、计算机科学及工程等多种不同的研究领域变得难能可贵。这个主题同样也出现在许多著名的纯数学问题上，比如 Bourgain－Tzafriri 猜想以及许多等价的提法。因此，在框架理论中最重要的问题之一是理解一个框架子集的生成性和独立性。尤其要注意的是，框架包含多少个生成集？可以把框架划分为线性独立子集的最小数目是多少？当具有统一的 Riesz 下限时，该框架包含的 Riesz 基本序列的最少数目是多少？能把一个框架划分成近似严格的子集吗？这最后一个问题等同于那个令人头疼的 Kadison－Singer 问题。本章将介绍有关把框架划分为线性独立和生成集的研究现状。一个基本工具是著名的 Rado－Horn 定理。在对该定理进行概括的同时，将会给出一个对这个结果的新证明。

关键词　生成集；独立集；冗余；Risez 序列；Rado－Horn 定理；Spark；最大限度鲁棒；拟阵；K 维排序

3.1　引　言

本章的重点是有限框架的独立和生成性。更具体地说，框架分为线性独立、生成或者二者皆有的集合$\{A_k\}_{k=1}^{K}$。

在划分时增大集合的数量会使集合独立变得更简单，同时使生成变得更难。下面将寻找最小的 K 值来满足集合独立的需要，以及最大的 K 值来满足集合生成的需要。为了确定符号，令 $\Phi=(\varphi_i)_{i=1}^{M}$ 可以是 $\mathscr{H}^N$ 中的一个向量集合，而不一定是一个框架。从维数计数来看，对于 $1\leqslant i\leqslant K$，如果 A_i 是线性独立的，那么 $K\geqslant[M/N]$。从维数计数看，对于 $1\leqslant i\leqslant K$，如果 A_i 生成 $\mathscr{H}^N$，那么 $K\leqslant[M/N]$。因此，考虑到线性独立和生成属性，如果 Φ 被展开成为 $K=[M/N]$ 线性独立集和 $K=[M/N]$ 生成集，那么它将是“最大程度上展开的”。

在框架理论中，框架的生成性和独立性这一重要主题直到最近才得以发展。文献[9]第一次将框架分解为线性独立集。最近，文献[4]展示了一个关

于框架生成和独立性质的详细研究。文献[5] 提出了关于框架理论的一个新概念 ——“冗余”，把非零向量$(\varphi_i)_{i=1}^M$ 框架的线性独立和生成集的数目与归一化框架$\left(\frac{\varphi_i}{\|\varphi_i\|}\right)_{i=1}^M$ 的框架算子的最大和最小特征值联系在一起。本章会讨论这一领域的研究现状，也将指出这个主题一些遗留下来比较深奥的、重要的和开放性的问题。

在框架理论中，框架的生成性和独立性与几个重要的主题有关。首先，一个基本的开放性问题是框架理论背景下的 Kadision－Singer 问题，最开始也被称为 Feichtinger 猜想。Kadision－Singer 问题是：对任意框架 $\Phi=(\varphi_i)_{i\in I}$，不必是有限维的，但却是范数有界的，存在一个有限划分$\{A_j:j=1,\cdots,J\}$，使得对于 $1\leqslant j\leqslant J$，$(\varphi_i)_{i\in A_j}$ 是一个 Riesz 序列。特别地，由于任意 Riesz 序列都是一个线性独立集，因此在框架理论中，将研究框架划分为线性独立集以便更好地理解 Kadision－Singer 问题。

与框架理论的生成性和独立性相关的第二个概念是“冗余”。框架有时被描述为“冗余”基，一个贯穿框架理论的主题是使冗余的概念变得精确。挑出两个性质作为冗余的理想性质：冗余应该测量不相交生成集的最大数目，冗余应该测量不相交线性独立集的最小数目。当然这两个数目通常是不同的，但在量化框架冗余时，用一个高效的方式来描述生成集的最大数目和线性独立集的最小数目是一个有用的目标。

与框架的生成性和独立性的第三个重要相关之处是“擦除”。在传输时框架系数有可能丢失（被擦除）或者被干扰，因此不得不在框架系数丢失后尝试做精确重建。如果余下的框架向量仍能够生成空间，上述尝试便可成功。所以，如果一个框架包含至少两个生成集，那么仍可在一个框架向量丢失后做完美的重建。

与框架的生成性和独立性相关的一个基本工具是著名的 Rado－Horn 定理。这个定理给出了一个把框架分解成 K 个不相交线性独立集的充分必要条件。文献[6] 给出了对术语 Rado－Horn 定理的介绍。Rado－Horn 定理是框架理论的一个问题，因为其在应用中是不切实际的。尤其是它需要对框架的每个子集做运算。通过框架的性质，如框架算子的特征值、框架向量的范数等，可以把框架分解成线性独立集的最小数目。由此将研究一系列关于 Rado－Horn 定理的深度优化，通过框架性质可以确定一个框架的线性独立集和生成集的数目。现在至少存在 4 种对 Rado－Horn 定理的证明。最原始的证明是巧妙的，而近来的改进（参考文献[4]、[13]）更是如此。本章将对此进行介绍。

最后考虑到,框架算子是 S 的任意框架 $\Phi=(\varphi_i)_{i=1}^M$ 与 Parseval 框架 $S^{-1/2}\Phi=(S^{-1/2}\varphi_i)_{i=1}^M$,是同构的并且这两个框架有相同的线性独立集和生成集。所以,本章将致力于研究 Parseval 框架。

Full Spark 框架

有一类框架的独立和生成集的分解这一问题的答案是显然的,这类框架就是 Full Spark 框架。

定义 3.1 在 $\mathscr{H}^N$ 中,一个框架$(\varphi_i)_{i=1}^M$的 Spark 指的是框架最小线性相关子集的基数。如果一个框架的每个 N 元素子集是线性独立的,则称该框架是 Full Spark 框架。

Full Spark 框架出现在与通用框架和最大限度稳健擦除相关的文献中,这些框架具有这样一个性质:损失(擦除)任意 $M-N$ 个框架元素后,仍然保持为一个框架。对于一个 Full Spark 框架$(\varphi_i)_{i=1}^M$ 而言,在 $|A_j|=N(j=1,2,\cdots,K-1,A_K$ 为剩余元素)的条件下,$[1,M]$ 到 $K=\lceil M/N\rceil$ 集的任意划分 $\{A_j\}_{j=1}^K$ 都有该性质:对于 $1\leqslant k\leqslant K$,$(\varphi_i)_{i\in A_k}$ 是一个线性独立的生成集,并且$(\varphi_i)_{i\in A_k}$ 是线性独立的(如果 $M=KN$,也是生成集)。

这样看来似乎 Full Spark 框架非常特殊,可能并不常见。但实际上每个框架都任意地接近于一个 Full Spark 框架。文献[7]中表明这个结果甚至适用于 Parseval 框架。即 Full Spark 框架在框架类中是密集的,并且 Full SparkParseval 框架在 Parseval 框架类也是密集的。

为证明这些结果,我们做一些准备工作。对于一个具有框架算子 S 的框架$\Phi=(\varphi_i)_{i=1}^M$,众所周知,$(S^{-1/2}\varphi_i)_{i=1}^M$ 是最接近Φ的 Parseval 框架。在$\mathscr{H}^N$ 中,如果一个框架 Φ 的框架算子的本征值$\lambda_1\geqslant\lambda_2\geqslant\cdots\geqslant\lambda_N$ 满足 $1-\varepsilon\leqslant\lambda_N\leqslant\lambda_1\leqslant1+\varepsilon$,则它是 $\varepsilon-$近似 Parseval 的。

命题 3.1 在 $\mathscr{H}^N$ 中,令$(\varphi_i)_{i=1}^M$ 是一个框架算子为 S 的$\varepsilon-$近似 Parseval 框架。对于$(\varphi_i)_{i=1}^M$,$(S^{-1/2}\varphi_i)_{i=1}^M$ 是最接近的 Parseval 框架,并且

$$\sum_{i=1}^M\|S^{-1/2}\varphi_i-\varphi_i\|^2\leqslant N(2-\varepsilon-2\sqrt{1-\varepsilon})\leqslant N\frac{\varepsilon^2}{4}$$

其证明见第 11 章的 Kadision-Singer 和 Paulsen 问题的证明。

下面还需要检验一个近似 Parseval 框架的框架本身就近似是 Parseval 的。

命题 3.2 在 $\mathscr{H}^N$ 中,令 $\Phi=(\varphi_i)_{i=1}^M$ 为一个 Parseval 框架,且令 $\psi=(\psi_i)_{i=1}^M$ 为 $\mathscr{H}^N$ 中的一个框架,且满足

$$\sum_{i=1}^{M}\|\varphi_i-\psi_i\|^2<\varepsilon<\frac{1}{9}$$

则 Ψ 是一个 $3\sqrt{\varepsilon}$ 近似 Parseval 框架。

证明　给定 $\mathscr{H}^N$，有

$$\left(\sum_{i=1}^{M}|\langle x,\psi_i\rangle|^2\right)^{1/2}\leqslant\left(\sum_{i=1}^{M}|\langle x,\varphi_i-\psi_i\rangle|^2\right)^{1/2}+\left(\sum_{i=1}^{M}|\langle x,\psi_i\rangle|^2\right)^{1/2}\leqslant$$
$$\|x\|\left(\sum_{i=1}^{M}\|\varphi_i-\psi_i\|^2\right)^{1/2}+\|x\|\leqslant$$
$$\|x\|(1+\sqrt{\varepsilon})$$

框架下边界是类似的。

最终得到的结果是：如果一个 Parseval 框架 Φ 与一个框架算子为 S 的框架 Φ 相近，那么 Φ 近似于 $S^{-1/2}\Phi$。

命题 3.3　在 $\mathscr{H}^N$ 中，如果 $\Phi=(\varphi_i)_{i=1}^M$ 是一个 Parseval 框架并且 $\psi=(\psi)_{i=1}^M$ 是一个框架，其框架算子为 S，已知

$$\sum_{i=1}^{M}\|\varphi_i-\psi_i\|^2<\varepsilon<\frac{1}{9}$$

则

$$\sum_{i=1}^{M}\|\varphi_i-S^{-1/2}\psi_i\|^2<2\varepsilon\left[1+\frac{9}{4}N\right]$$

证明

$$\sum_{i=1}^{M}\|\varphi_i-S^{-1/2}\psi_i\|^2\leqslant 2\left[\sum_{i=1}^{M}\|\varphi_i-\psi_i\|^2+\sum_{i=1}^{M}\|\psi_i-S^{-1/2}\psi_i\|^2\right]\leqslant$$
$$2\left[\varepsilon+N\frac{(3\sqrt{\varepsilon})^2}{4}\right]=2\varepsilon\left[1+\frac{9}{4}N\right]$$

在第二个不等式中，将命题 3.1 应用到框架 $(\psi_i)_{i=1}^M$，由命题 3.2 知它是 $3\sqrt{\varepsilon}$ 近似 Parseval 的。

现在将对这个结果给出一个新的初步证明。

定理 3.1　在 $\mathscr{H}^N$ 中，令 $\Phi=(\varphi_i)_{i=1}^M$ 为一个框架并且令 $\varepsilon>0$。则存在一个 Full Spark 框架 $\psi=(\psi_i)_{i=1}^M$ 使下式成立：

$$\|\varphi_i-\psi_i\|<\varepsilon,\quad i=1,2,\cdots,M$$

另外，如果 Φ 是一个 Parseval 框架，则 $\bar{\psi}$ 可以作为一个 Parseval 框架。

证明　因为 Φ 必须包含一个线性独立的生成集，可以假定 $(\varphi_i)_{i=1}^N$ 就是这样的一个集合。令 $\psi_i=\varphi_i, i=1,2,\cdots,N$。在 $\mathscr{H}^N$ 中，由 $(\varphi_i)_{i=1}^N$ 的子集生成的所有超平面集合的补集是开放的和密集的，所以在这个开放集合中存在一个

向量 ψ_{N+1} 满足 $\|\varphi_{N+1}-\psi_{N+1}\|<\varepsilon$。根据定义，$(\psi_i)_{i=1}^{N+1}$ 是Full Spark框架。在 $\mathscr{H}^N$ 中，由 $(\psi_i)_{i=1}^{N+1}$ 的子集生成的所有超平面集合的补集是一个开放且密集的集合，所以可以从这一集合中选择一个向量 ψ_{N+2} 满足 $\|\varphi_{N+2}-\psi_{N+2}\|<\varepsilon$。再次，通过结构可知 $(\psi_i)_{i=1}^{N+2}$ 是 Full Spark 框架。通过迭代可以构造出 $(\psi_i)_{i=1}^{M}$。

对于另外一部分，选择 $\delta>0$ 使 $\delta<\frac{1}{9}$ 且

$$2\delta\left[1+\frac{9}{4}N\right]<\varepsilon^2$$

根据定理的第一部分，可以选择一个 Full Spark 框架 $(\psi_i)_{i=1}^{M}$ 使

$$\sum_{i=1}^{M}\|\varphi_i-\psi_i\|^2<\delta$$

令 S 为 $(\psi_i)_{i=1}^{M}$ 的框架算子，可知 $(S^{-1/2}\psi_i)_{i=1}^{M}$ 是一个 Full Spark 框架，且由命题 3.3 可得

$$\sum_{i=1}^{M}\|\varphi_i-S^{-1/2}\psi_i\|^2<2\delta\left[1+\frac{9}{4}N\right]<\varepsilon^2$$

最后给出一个开放性问题。

问题 3.1 对于 $\mathscr{H}^N$，如果 $(\varphi_i)_{i=1}^{M}$ 是一个等范数的 Parseval 框架且 $\varepsilon>0$，是否存在一个 Full Spark 等范数 Parseval 框架 $\psi=(\psi_i)_{i=1}^{M}$ 使得下式成立：

$$\|\psi_i-\varphi_i\|<\varepsilon,\quad i=1,2,\cdots,M$$

针对这个问题以及它与代数几何关系的讨论参见文献[1]。

3.2 有限框架的生成性和独立性

本节的主要目的是表明，在 $\mathscr{H}^N$ 中，M 个向量的等范数 Parseval 框架可以被划分为 $\lfloor M/N\rfloor$ 个基和一个另外的线性独立集。特别地，等范数 Parseval 框架会包含 $\lceil M/N\rceil$ 个生成集和 $\lceil M/N\rceil$ 个线性独立集。

首先，把生成和线性独立的代数性质与框架及 Riesz 序列的分析性质关联起来。

命题 3.4 令 $\Phi=(\varphi_i)_{i=1}^{M}\subset\mathscr{H}^N$。则当且仅当 $\operatorname{span}\Phi=\mathscr{H}^N$ 时，Φ 是 $\mathscr{H}^N$ 的一个框架。

证明 如果 Φ 是 $\mathscr{H}^N$ 上的一个框架，其框架算子为 S，则对于某些 $0<A$，$A\cdot Id\leqslant S$。所以 Φ 必须生成 $\mathscr{H}^N$。

反之，是一个标准的紧凑性论证。如果 Φ 不是一个框架，则存在向量

$x_n \in \mathscr{H}^N$ 有 $\|x_n\|=1$，且满足

$$\sum_{i=1}^{M} |\langle x_n,\varphi_i\rangle|^2 \leqslant \frac{1}{n},\quad n=1,2,\cdots$$

由于本书讨论的是在一个有限维的空间中，必要时，可以通过切换到 $\{x_n\}_{n=1}^{\infty}$ 的一个子序列来假定 $\lim\limits_{n\to\infty} x_n = x \in \mathscr{H}^N$。可得

$$\begin{aligned}\sum_{i=1}^{M} |\langle x,\varphi_i\rangle|^2 &\leqslant 2\Big[\sum_{i=1}^{M} |\langle x_n,\varphi_i\rangle|^2 + \sum_{i=1}^{M} |\langle x-x_n,\varphi_i\rangle|^2\Big] \leqslant \\ &2\left[\frac{1}{n} + \sum_{i=1}^{M} \|x-x_n\|^2 \|\varphi_i\|^2\right] = \\ &2\left[\frac{1}{n} + \|x-x_n\|^2 \sum_{i=1}^{M} \|\varphi_i\|^2\right]\end{aligned}$$

随着 $n\to\infty$，上面不等式的等号右侧趋近于零。于是

$$\sum_{i=1}^{M} |\langle x,\varphi_i\rangle|^2 = 0$$

所以对于 $i=1,2,\cdots,M$，有 $x \perp \varphi_i$。也就是说，Φ 不生成 $\mathscr{H}^N$。

命题 3.5　令 $\Phi=(\varphi_i)_{i=1}^{M} \subset \mathscr{H}^N$。则当且仅当 Φ 是一个 Riesz 序列时，Φ 是线性独立的。

证明　如果 Φ 是一个 Riesz 序列，则存在一个常量 $0<A$，使得所有标量 $\{a_i\}_{i=1}^{M}$ 均满足

$$A\sum_{i=1}^{M} |a_i|^2 \leqslant \Big\|\sum_{i=1}^{M} a_i\varphi_i\Big\|^2$$

所以，如果 $\sum\limits_{i=1}^{M} a_i\varphi_i = 0$，则对于 $i=1,2,\cdots,M$，$a_i=0$。

反之，如果 Φ 线性独立，则 Φ 的 Riesz 下界等同于框架下边界，所以 Φ 是一个 Riesz 序列。

注意，在以上两个命题中，我们没有提及有关集合 Φ 的框架边界或 Riesz 边界。例 3.1 表明框架下边界和 Riesz 边界可以接近于零。

例 3.1　给定 $\varepsilon>0$，$N\in\mathbf{N}$，在 $\mathscr{H}^N$ 中存在一个线性独立集，其包含 N 个范数为 1 的向量，且有框架下边界（所以有 Riesz 下边界）小于 ε。令 $(e_i)_{i=1}^{N}$ 为对于 $\mathscr{H}^N$ 的一个正交基，且定义一个单位标准线性独立集

$$\Phi=(\varphi_i)_{i=1}^{N} = \left\{e_1, \frac{e_1+\sqrt{\varepsilon}e_2}{\sqrt{1+\varepsilon}}, e_3, \cdots, e_N\right\}$$

此时

$$\sum_{i=1}^{N} |\langle e_2,\varphi_i\rangle|^2 = \frac{\varepsilon}{1+\varepsilon} < \varepsilon$$

3.2.1 Rado－Horn 定理 Ⅰ 的应用

回归本章的主题,我们不禁要问:在何种情况下才可能将 $\mathscr{H}^N$ 中 M 个向量的框架划分为 K 个线性独立集?研究这一问题的主要组合工具就是 Rado－Horn 定理。

定理 3.2(Rado－Horn定理 Ⅰ) 令 $\Phi=(\varphi_i)_{i=1}^M \subset \mathscr{H}^N$ 且 $K \in \mathbf{N}$。存在 $[1,M]$ 的一个划分 $\{A_1,\cdots,A_K\}$,当且仅当对于任一非空集 $J \subset [1,M]$,有

$$\frac{|J|}{\dim \operatorname{span}\{\varphi_i: i \in J\}} \leqslant K$$

此时,对于 $1 \leqslant k \leqslant K$,集合 $(\varphi_i: i \in A_k)$ 是线性独立的。

这个定理在更一般的代数环境下得到论证(见文献[18]、[19]、[22]),在文献[17]中被重新发现。本书把这一定理的证明放到 3.3 节。Rado－Horn 定理 Ⅰ 的正向证明是显而易见的。为了将 Φ 划分为 K 个线性独立集,不存在一个包含超过 K 维向量的子空间 S。反之,对于划分向量集为线性独立集来说,除了维计数障碍以外不存在任何障碍。

我们希望用 Rado－Horn定理 Ⅰ 来把框架划分为线性独立集。命题 3.4 表明每个生成集是一个框架,需要对这个框架做出一些假定。自然而然的一个附加条件就是这个框架是等范数 Parseval 框架。直观地,等范数 Parseval 框架并没有优选方向,所以看起来似乎可以将它们划分成数量不多的线性独立集。更进一步,把 Parseval 框架中向量的最小范数与框架被划分成线性独立集的数量结合起来。

命题 3.6 令 $0<C<1$,且 Φ 为 $\mathscr{H}^N$ 中一个有 M 向量的 Parseval 框架,对于 $\varphi \in \Phi$, $\|\varphi\|^2 \geqslant C$。那么,$\Phi$ 可被划分为 $\left\lceil \frac{1}{C} \right\rceil$ 线性独立集。

证明 Rado－Horn 定理的假定是满足的。令 $J \subset [1,M]$。令 $S=\operatorname{span}\{\varphi_j: j \in J\}$,且令 P 表示 $\mathscr{H}^N$ 在 S 上的正交投影。因为一个 Parseval 框架的正交投影也是一个 Parseval 框架,且 Parseval 框架向量的范数平方的总和是该空间的维度,可得

$$\dim S=\sum_{j=1}^M \|P_S\varphi_j\|^2 \geqslant \sum_{j\in J} \|P_S\varphi_j\|^2=\sum_{j\in J} \|\varphi_j\|^2 \geqslant |J| C$$

因此

$$\frac{|J|}{\dim \operatorname{span}\{\varphi_j: j \in J\}} \leqslant \frac{1}{C}$$

且 Φ 可通过 Rado－Horn 定理被划分为 $\left\lceil \frac{1}{C} \right\rceil$ 线性独立集。

将 N 除以 M 时，我们提出一个一般的方法来构建 $\mathcal{H}^N$ 中一个 M 向量的等范数 Parseval 框架。令 $(e_i)_{i=1}^N$ 为 $\mathcal{H}^N$ 中的一个正交基，$\Phi = (Ce_1, \cdots, Ce_1, Ce_2, \cdots, Ce_2, \cdots, Ce_N, \cdots, Ce_N)$ 为重复 M/N 次的正交基，$C = \sqrt{N/M}$。于是，容易确认 Φ 是一个 Parseval 框架。另外，更加一般的例子是把 M/N 个没有相同元素的正交基求并集，并归一化所得集合的向量。在上述所有情况下，Parseval 框架都可被一般地分解为 $\mathcal{H}^N$ 中的 M/N 个基。推论 3.1 可以看作是一个不完全的逆命题。

推论 3.1　如果 Φ 是 $\mathcal{H}^N$ 中 M 向量的一个等范数 Parseval 框架，那么 Φ 可被划分为 $\lceil M/N \rceil$ 个线性独立集。特别地，如果 $M = kN$，则 Φ 可被划分为 k 个 Riesz 基。

证明　可通过命题 3.6 直接得到

$$\sum_{i=1}^{M} \| \varphi_i \|^2 = N$$

由这一事实可知，对于 $i = 1, \cdots, M$，$\| \varphi_i \|^2 = M/N$。

以上说法没有给出任何关于在推论 3.1 中所得到的 k 个 Riesz 基的 Riesz 下边界的信息。理解这些界限是一个格外困难的问题，相当于去解决 Kadison－Singer 问题(参见第 11 章)。

3.2.2　Rado－Horn 定理 Ⅱ 的应用

Rado－Horn定理 Ⅰ 已经用各种方式推广普及了。本节将其推广到拟阵并描述这一推广在划分为生成及独立集时的两个应用。对于拟阵理论的介绍，读者可参考文献[21]。

拟阵是一个有限集 X 连同 X 子集的一个集 $\mathcal{I}$，满足以下 3 个性质：

(1) $\varnothing \in \mathcal{I}$。

(2) 如果 $I_1 \in \mathcal{I}$ 并且 $I_2 \in I_1$，则 $I_2 \in \mathcal{I}$。

(3) 如果 $I_1, I_2 \in \mathcal{I}$ 并且 $|I_1| < |I_2|$，则存在 $x \in I_2/I_1$，使 $I_1 \cup \{x\} \in \mathcal{I}$。

传统意义上把集合 $I \in \mathcal{I}$ 称为独立集可能导致某种混淆。本节将使用线性独立来表示在向量空间意义上的独立，用独立表示在拟阵意义上的独立。定义集合 $E \subset X$ 的秩为包含在 E 中最大独立(在拟阵意义上) 集的基数。

尽管存在很多拟阵的例子，但是最自然的一个可能来源于线性独立。给定 $\mathcal{H}^N$ 中的一个框架 Φ，定义

$$\mathcal{I} = \{I \subset \Phi : I \text{ 线性独立}\}$$

显而易见$(\Phi, \mathcal{I})$是一拟阵。

另外，稍微复杂一点的例子是令 X 为一个生成 $\mathcal{H}^N$ 的有限集，且

$$\mathcal{I} = \{I \subset X: \text{span}(X \backslash I) = \mathcal{H}^N\}$$

那么，在这个拟阵的定义中，性质(1)和(2)可以直接得出。令 I_1, I_2 满足性质(3)，可得

$$\text{span}(X \backslash I_1) = \text{span}(X \backslash I_2) = \mathcal{H}^N$$

令 $E_1 = X \backslash I_1$ 且 $E_2 = X \backslash I_2$，可得 $|E_1| > |E_2|$。首先，在 $\mathcal{H}^N$ 中通过得到 $E_1 \cap E_2$ 中一个最大线性独立子集 F，并从 E_1 中增加元素，从而找到一个基 G_1。然后，在 $\mathcal{H}^N$ 中通过得到 F 并从 E_2 中加元素找到另一个基 G_2。因为 $|E_1| > |E_2|$，应有一元素 $x \in E_1 \backslash E_2$ 没有被选入 G_1 中。注意到 $x \in I_2 \backslash I_1$，且 $I_1 \cup \{x\} \in \mathcal{I}$，因为 $X \backslash (I_1 \cup \{x\})$ 包含一个基 G_1。拟阵的例子的另一个重要来源是图论。

Rado－Horn 定理自然可推广到拟阵环境中。

定理 3.3 （Rado－Horn 定理 Ⅱ）（参见文献[18]） 令$(X, \mathcal{I})$为一拟阵，并令 K 为一正整数。当且仅当对于任意子集 $E \subset J$，有

$$\frac{|E|}{\text{rank}(E)} \leqslant K \tag{3.1}$$

此时，集合 $J \subset X$ 可被划分为 K 个独立集合。

定理 3.5 中的拟阵版本的 Rado－Horn 定理将会应用到框架中。首先展示它的一个更为直观的应用。假定一个集合 Φ 包括 M 个向量，希望在从 Φ 中丢弃 L 个向量之后，把 Φ 划分为 K 个线性独立集。根据从 Rado－Horn 定理得到的经验，自然会猜想这是可能的，当且仅当对于任一非空 $J \subset [1, M]$ 有

$$\frac{|J| - L}{\dim \text{span}\{\varphi_j : j \in J\}} \leqslant K$$

然而，如何根据 Rado－Horn 定理来证明这个结论并不是显而易见的。在下列定理中将证明在某些情况下，上述猜测是正确的。但是一般情况则需要先证明 Rado－Horn 定理的一个不同扩展，参见定理 3.6。

命题 3.7 令 Φ 为 $\mathcal{H}^N$ 中一个有 M 个向量的集合，$K, L \in \mathbf{N}$。如果存在一个集合 H 有 $|H| \leqslant L$，使集合 $\Phi \backslash H$ 可以被划分为 K 个线性独立集。那么对于任意非空集合 $J \subset [1, M]$，有

$$\frac{|J| - L}{\dim \text{span}\{\varphi_j : j \in J\}} \leqslant K$$

证明 如果 $J \subset [1, M] \backslash H$，那么根据 Rado－Horn 定理，可得

$$\frac{|J|}{\dim \text{span}\{\varphi_j : j \in J\}} \leqslant K$$

对于一般的 J 有 $|J| \geqslant L+1$，注意到

$$\frac{|J|-L}{\dim \operatorname{span}\{\varphi_j: j \in J\}} \leqslant \frac{|J \backslash H|}{\dim \operatorname{span}\{\varphi_j: j \in J \backslash H\}} \leqslant K$$

命题 3.8　令 Φ 为 $\mathscr{H}^N$ 中一个有 M 个向量的集合，索引是 $[1,M]$ 并且令 $L \in \mathbf{N}$，令 $\mathscr{I}=\{I \subset [1,M]$：存在一个集合 $H \subset I$，有 $|H| \leqslant L$，这样，$I \backslash H$ 是线性无关的$\}$。那么 $(\Phi, \mathscr{I})$ 是一个拟阵。

证明　通常拟阵的前两个性质是显而易见的。对于第三个性质，令 I_1，$I_2 \in \mathscr{I}$，且有 $|I_1| < |I_2|$。存在 H_1，H_2 满足 $I_j \backslash H_j$ 线性独立，且 $|H_j| \leqslant L$，$j=1,2$。如果令 $|H_1|$ 满足 $|H_1| < L$，那么可添加任意向量到 I_1 中并且新的集仍线性独立。如果令 $|H_1|$ 有基数 L，那么 $|I_1 \backslash H_1| < |I_2 \backslash H_2|$ 并且两个集都线性独立，那么存在一个向量 $x \in |I_2 \backslash H_2| < |I_1 \backslash H_1|$ 满足 $(I_1 \backslash H_1) \cup \{x\}$ 是线性独立的。通过假定 H_1 有基数 L，$x \notin H_1$，故有并且 $x \neq I_1$，$I_1 \cup \{x\} \in \mathscr{I}$。

定理 3.4　令 $\Phi=(\varphi_i)_{i=1}^M$ 为 $\mathscr{H}^N$ 中一个有 M 个向量的集合。令 $K, L \in \mathbf{N}$。存在一个集合 H，满足 $|H| \leqslant LK$，当且仅当对于任意非空集合 $J \subset [1, M]$，都有

$$\frac{|J|-LK}{\dim \operatorname{span}\{\varphi_j: j \in J\}} \leqslant K$$

此时，集合 $\Phi \backslash H$ 可被划分为 K 个线性独立集。

证明　原命题是命题 3.7 的一个特殊情况。对于逆命题，可以像在命题 3.8 中那样定义拟阵 $(\Phi, \mathscr{I})$。当且仅当对于任意非空集合 $J \subset [1,M]$，有

$$\frac{|J|}{\operatorname{rank}(\{\varphi_j: j \in J\})} \leqslant K$$

此时，根据拟阵版本的 Rado－Horn 定理，可以把 Φ 划分为 K 个独立集合。

对于任意非空集合 $J \subset [1,M]$，有

$$\frac{|J|-LK}{\dim \operatorname{span}\{\varphi_j: j \in J\}} \leqslant K$$

假定对于任意非空集合 $J \subset [1,M]$，有

$$\frac{|J|-LK}{\dim \operatorname{span}\{\varphi_j: j \in J\}} \leqslant K$$

令 $J \subset [1,M]$。注意，如果从 $(\varphi_j)_{j \in J}$ 中去掉少于 L 个向量来形成一个线性独立集，那么

$$\operatorname{rank}(\{\varphi_j: j \in J\}) = |J|$$

于是

$$\frac{|J|}{\text{rank}\{\varphi_j : j \in J\}} = 1 \leqslant K$$

如果需要从$(\varphi_j)_{j\in J}$中去掉至少L个向量来形成一个线性独立集，则$\text{rank}(\{\varphi_j : j \in J\}) = \dim \text{span}\{\varphi_j : j \in J\} + L$，正如所期望的那样：

$$|J| \leqslant K\dim \text{span}\{\varphi_j : j \in J\} + LK = K\text{rank}(\{\varphi_j : j \in J\})$$

因此，如果对于任意$J \subset [1,M]$，有

$$\frac{|J| - LK}{\dim \text{span}\{\varphi_j : j \in J\}} \leqslant K$$

那么，存在一个属于$[1,M]$的划分$(A_i)_{i=1}^K$满足$(\varphi_j : j \in A_i) \in \mathcal{I}$，$1 \leqslant i \leqslant K$。通过拟阵的定义，对于$1 \leqslant i \leqslant K$，存在$H_i \subset A_i$且$|H_i| < L$，使$(\varphi_j : j \in A_i \backslash H_i)$线性独立。令$H = \bigcup_{i=1}^K H_i$，并且注意$|H| \leqslant LK$，以及$J \backslash H$可被划分为$K$个线性独立集。

在以后的定理中，拟阵版本的 Rado－Horn 定理将被应用于有限框架中。

定理 3.5 令$\delta > 0$。假定$\Phi = (\varphi_i)_{i=1}^M$是$\mathcal{H}^N$中有$M$个向量的 Parseval 框架，对于$\varphi \in \Phi$有$\|\varphi_i\|^2 \leqslant 1 - \delta$。令$R \in \mathbf{N}$使$R \geqslant \frac{1}{\delta}$。那么，把$[1,M]$划分为$R$个集合$\{A_1, \cdots, A_R\}$，使对于$1 \leqslant r \leqslant R$，$(\varphi_j : j \notin A_r)$生成$\mathcal{H}^N$是可能的。

证明 令$\mathcal{I} = \{E \subset [1,M] : \text{span}\{\varphi_j : j \notin E\} = \mathcal{H}^N\}$，因为任意框架是一个生成集，可知$([1,M], \mathcal{I})$是一个拟阵。根据 Rado－Horn 定理 Ⅱ，$[1,M]$的每个子集都满足式(3.1)。令$E \subset [1,M]$，定义$S = \text{span}\{\varphi_j : j \notin E\}$，且令$P$为在$S^\perp$上的正交投影，因为一个 Parseval 框架的正交投影也是一个 Parseval 框架，可得对于$S^\perp$，$(P\varphi : \varphi \in \Phi)$是一个 Parseval 框架。另外

$$\dim S_\perp = \sum_{j=1}^M \|P\varphi_j\|^2 = \sum_{j\in E} \|P\varphi_j\|^2 \leqslant |E|(1-\delta)$$

令M是小于或等于$|E|(1-\delta)$的最大整数。由$\dim S_\perp \leqslant M$可知，存在一个集合$E_1 \subset E$使$|E_1| = M$且$\text{span}\{P\varphi_j : j \in E_1\} = S^\perp$。令$E_2 = E \backslash E_1$，则$E_2$是独立的。令$h = h_1 + h_2$，$h \in \mathcal{H}^N$，其中$h_1 \in S$且$h_2 \in S^\perp$。对某些$\{\alpha_j : j \in E_1\}$，有$h_2 = \sum_{j\in E_1} \alpha_j Pf\varphi_j$。令$\sum_{j\in E_1} \alpha_j \varphi_j = g_1 + h_2$，其中$g_1 \in S$，则存在$\{\alpha_j : j \notin E\}$使$\sum_{j\notin E} \alpha_j \varphi_j = h_1 - g_1$成立，所以

$$\sum_{j\notin E_2} \alpha_j \varphi_j = h$$

因此 E_2 是独立的。

因为 E 包含一个基数为 $|E|-M$ 的独立集：

$$\operatorname{rank}(E) \geqslant |E|-M \geqslant |E|-|E|(1-\delta)=\delta|E|$$

所以

$$\frac{|E|}{\operatorname{rank}(E)} \leqslant \frac{1}{\delta} \leqslant R$$

3.2.3　Rado－Horn 定理 Ⅲ 的应用

至此为止，本书几乎把所有注意力放在了框架的线性独立性质上。现在考虑其生成性。下面将给出 Rado－Horn 定理的一个更普通的形式，来描述当向量不能被划分为线性独立集时的情况。

最坏的可能妨碍情况是存在不相交的且属于 $[1,M]$ 的子集（未必是一个划分）$\{A_k\}_{k=1}^K$，其具有以下性质：

$$\operatorname{span}(\varphi_i)_{i\in A_j}=\operatorname{span}(\varphi_i)_{i\in A_k},\quad 1\leqslant j,k\leqslant K$$

此时会导致无法划分一个框架 $(\varphi_i)_{i=1}^M$ 为 K 个线性独立集。

Rado－Horn 定理的改进展现了出人意料的事实，即以上情况是唯一会发生的妨碍情况。

定理 3.6（Rado－Horn 定理 Ⅲ）　令 $\Phi=(\varphi_i)_{i=1}^M$ 为 $\mathscr{H}^N$ 中向量的一个集合并且 $K\in\mathbf{N}$，以下条件是等效的：

(1) 存在属于 $[1,M]$ 的一个划分 $\{A_k: k=1,\cdots,K\}$，对 $1\leqslant k\leqslant K$，集合 $\{\varphi_j: j\in A_k\}$ 是线性独立的。

(2) 对于 $J\subset I$：

$$\frac{|J|}{\dim\operatorname{span}\{\varphi_j: j\in J\}} \leqslant K \tag{3.2}$$

另外，在上述任一条件不成立的情况下，存在属于 $[1,M]$ 一个划分 $\{A_k: k=1,\cdots,K\}$ 以及 $\mathscr{H}^N$ 中一个子空间 S，使以下 3 个条件成立：

(a) 对于 $1\leqslant k\leqslant K$，$S=\operatorname{span}\{\varphi_j: j\in A_k, \varphi_j\in S\}$。

(b) 对于 $J=\{i\in I: \varphi_i\in S\}$，$\dfrac{|J|}{\dim\operatorname{span}(\{\varphi_j: j\in J\})}>K$。

(c) 对于 $1\leqslant k\leqslant K$，$\{P_{S^\perp}\varphi_i: i\in A_k, \varphi_i\notin S\}$ 是线性独立的，这里 $P_{S^\perp}$ 是 $S^\perp$ 上的正交投影。

本节所有假定均限制在 $\mathscr{H}^N$ 中，但是结果也适用于一个略微不同的对一般向量空间的陈述中，细节参见文献[13]。

定理 3.6 的表述及其证明见 3.4 节。现在说明定理 3.6 如何应用于两种不同实例。结合第一个应用,将提供定理 3.4 在一般情况下的证明。

定理 3.7　令 $\Phi=(\varphi_i)_{i=1}^M$ 为 $\mathscr{H}^N$ 中 M 个向量的一个集合,令 $K,L\in\mathbf{N}$。存在一个集合 H,有 $|H|\leqslant L$,当且仅当对于任意空集 $J\subset[1,M]$,有

$$\frac{|J|-L}{\dim\operatorname{span}\{\varphi_j:j\in J\}}\leqslant K$$

时,集合 $\Phi\backslash H$ 可被划分为 K 个线性独立集。

证明　原命题是命题 3.7。对于其逆命题,如果 Φ 可被划分为 K 个线性独立集,那么就不用证明了。否则,根据定理 3.6 来获得一个划分 $\{A_k:k=1,\cdots,K\}$,并且一个子空间 S 满足所列出的性质。

对 $1\leqslant k\leqslant K$,令 $A_k^1=\{j\in A_k:\varphi_j\in S\}$,且 $A_k^2=A_k\backslash A_k^1=\{j\in A_k:\varphi_j\notin S\}$。令 $B_k\subset A_k^1(1\leqslant k\leqslant K)$,根据定理 3.6(a),以满足 $\{\varphi_j:j\in B_k\}$ 是 S 的一个基。令 $J=\bigcup\limits_{k=1}^K A_k^1$ 并且应用于

$$\frac{|J|-L}{\dim\operatorname{span}\{\varphi_j:j\in J\}}\leqslant K$$

最多在 J 中生成 L 个向量,并且不属于 B_k。令 $H=J\backslash\bigcup\limits_{k=1}^K B_k$。因为 $|H|\leqslant L$,令 $C_k=B_k\cup A_k^2$ 划分 $[1,M]\backslash H$ 为线性独立集就可以了。

固定 k,假定 $\sum\limits_{j\in C_k}a_k\varphi_k=0$,则有

$$0=\sum_{j\in C_k}a_kP_{S^\perp}\varphi_j=\sum_{j\in A_k^2}a_kP_{S^\perp}\varphi_j$$

所以,根据定理 3.6(c),对 $k\in A_k^2$,有 $a_k=0$。这表明

$$0=\sum_{j\in C_k}a_k\varphi_j=\sum_{j\in B_k}a_k\varphi_j$$

所以,对 $k\notin B_k$,有 $a_k=0$。因此,$\{C_k\}$ 是 $[1,M]\backslash H$ 的一个划分,使得对 $1\leqslant k\leqslant K$,集合 $(\varphi_j:j\in C_k)$ 是线性独立的。

下面展示一个与框架理论更相关的应用。通过这个定理与定理 3.10 相结合来证明引理 3.2。

定理 3.8　令 $\Phi=(\varphi_i)_{i=1}^M$ 为 $\mathscr{H}^N$ 中一等范数 Parseval 框架。令 $K=[M/N]$,则存在属于 $[1,M]$ 的一个划分 $\{A_k\}_{k=1}^K$,使得

$$\operatorname{span}\{\varphi_i:i\in A_j\}=\mathscr{H}^N,\quad j=1,2,\cdots,K$$

对于定理 3.8 的证明方法包括了 N 维上的归纳。为了应用归纳步骤,将其映射到子空间,将在保留了 Parseval 框架特性的同时,不保留向量的等范数特性。出于这个原因,本书提出一个更经得起归纳证明检验的更一般化定理。

定理 3.9　令 $\Phi=(\varphi_i)_{i=1}^M$ 为 $\mathcal{H}^N$ 中一个框架，且有框架下边界 $A\geqslant 1$，对于 $k=1,2,\cdots,K$，令 $\|\varphi_i\|^2\leqslant 1$，并且集合 $K=\lfloor A\rfloor$。那么存在属于$[1,M]$的一个划分$\{A_k\}_{k=1}^K$，使得

$$\text{span}\{\varphi_i : i\in A_k\}=\mathcal{H}^N,\quad k=1,2,\cdots,K$$

特别地，在一个有框架下边界 A 的单位范数框架中，框架向量的数量大于等于 $\lfloor A\rfloor N$。

在此提出以下引理，证明略。

引理 3.1　令 $\Phi=(\varphi_i)_{i=1}^M$ 为 $\mathcal{H}^N$ 中向量的集合，且令 $I_k\subset[1,M](k=1,2,\cdots,K)$ 为 Φ 到线性独立集的一个划分。假定存在属于$[1,M]$的划分为$\{A_k\}_{k=1}^K$，使得

$$\text{span}\,(\varphi_i)_{i\in A_k}=\mathcal{H}^N,\quad k=1,2,\cdots,K$$

则

$$\text{span}\,(\varphi_i)_{i\in I_k}=\mathcal{H}^N,\quad k=1,2,\cdots,K$$

定理 3.9 的证明　用$\left(\frac{1}{\sqrt{K}}\varphi_i\right)_{i=1}^M$替代$(\varphi_i)_{i=1}^M$以令框架具有大于等于 1 的框架下边界，并且对任意 $i\in[1,M]$，$\|\varphi_i\|^2\leqslant\frac{1}{K}$。假定$(\varphi_i)_{i=1}^M$的框架算子的特征向量是$(e_j)_{j=1}^N$，且各自的特征值 $\lambda_1\geqslant\lambda_2\geqslant\cdots\geqslant\lambda_N\geqslant 1$。下面基于 N 进行归纳。

首先考虑 $N=1$。因为

$$\sum_{i=1}^M\|\varphi_i\|^2\geqslant 1,\quad 且\ \|\varphi_i\|^2\leqslant\frac{1}{K}\tag{3.3}$$

因而有 $|\{i\in I:\varphi_i\neq 0\}|\geqslant K$，所以可将一个框架划分为 K 个生成集。

然后，假定该归纳假说针对 N 维任意希尔伯特空间，且令 $\mathcal{H}^{N+1}$ 为一个 $N+1$ 维的希尔伯特空间。下面检验这两种情况。

情况 1　假定存在一个属于$[1,M]$的划分$\{A_k\}_{k=1}^K$使得对于 $k=1,2,\cdots,K$，$(\varphi_i)_{i\in A_k}$ 线性独立。在这种情况下

$$N+1\leqslant(N+1)\lambda_N\leqslant\sum_{j=1}^{N+1}\lambda_j=\sum_{i=1}^M\|\varphi_i\|^2\leqslant M\frac{1}{K}$$

于是

$$M\geqslant K(N+1)$$

然而，根据线性独立，有

$$M=\sum_{k=1}^K|A_k|\leqslant K(N+1)$$

从而，对于 $k=1,2,\cdots,K$，$|A_k|=N+1$ 成立。所以，对于 $1\leqslant k\leqslant K$，$(\varphi_i)_{i\in A_k}$ 是生成的。

情况 2　假定 $(\varphi_i)_{i=1}^M$ 不能被划分为 K 个线性独立集。在这种情况下，令 $\{A_k\}_{k=1}^K$，由定理 3.6 给出一个子空间 $\varnothing\neq S\subset\mathscr{H}^{N+1}$。如果 $S=\mathscr{H}^{N+1}$，则证明结束。否则，令 P 为在子空间 S 上的正交投影。令

$$A'_k=\{i\in A_k:\varphi_i\notin S\}\quad 且\ B=\bigcup_{k=1}^K A'_k$$

根据定理 3.6(c)，对于 $k=1,2,\cdots,K$，$((Id-P)\varphi_i)_{i\in A'_k}$ 线性独立。

现在，在 $(Id-P)(\mathscr{H}^{N+1})$ 中，$((Id-P)\varphi_i)_{i\in B}$ 有框架下边界 1，$\dim(Id-P)(\mathscr{H}^{N+1})\leqslant N$ 并且对于 $i\in B$，有

$$\|(Id-P)\varphi_i\|^2\leqslant\|\varphi_i\|^2\leqslant\frac{1}{K}$$

应用归纳假说，可以找到一个属于 B 的划分 $\{B_k\}_{k=1}^K$，对于 $k=1,2,\cdots,K$，有 $((Id-P)\varphi_i)_{i\in B_k}=(Id-P)(\mathscr{H}^{N+1})$。现在可以应用引理 3.1 以及这一划分 $\{B_k\}_{k=1}^K$ 来得到 $\mathrm{span}\,((Id-P)\varphi_i)_{i\in A'_k}=(Id-P)(\mathscr{H}^{N+1})$ 生成的结论，故

$$\mathrm{span}\,(\varphi_i)_{i\in A_k}=\mathrm{span}\{S,((Id-P)\varphi_i)_{i\in A'_k}\}=(\mathscr{H}^{N+1})$$

至此已经发现 $\mathscr{H}^N$ 中一个有 M 向量的等范数 Parseval 框架能被划分为 $\lfloor M/N\rfloor$ 个生成集以及 $\lceil M/N\rceil$ 个线性独立集。现在表述存在一个单一划分既具有生成性，又具有线性独立性。

定理 3.10　令 $\Phi=(\varphi_i)_{i=1}^M$ 为 $\mathscr{H}^N$ 中的一个等范数 Parseval 框架，令 $K=\lceil M/N\rceil$。存在属于 $[1,M]$ 的一个划分 $\{A_k\}_{k=1}^K$ 使得：

(1) 对于 $1\leqslant k\leqslant K$，$(\varphi_i:i\in A_k)$ 线性独立。

(2) 对于 $1\leqslant k\leqslant K-1$，$(\varphi_i:i\in A_k)$ 生成 $\mathscr{H}^N$。

根据推论 3.1、定理 3.8 和之后介绍的引理 3.2，定理 3.10 的证明是显而易见的。

引理 3.2　令 $\Phi=(\varphi_i)_{i=1}^M$ 为 $\mathscr{H}^N$ 中一个属于向量的有限集合，令 $K\in\mathbf{N}$。假定：

(1)Φ 可被划分为 $K+1$ 个线性独立集。

(2)Φ 可被划分为一个集合和 K 个生成集。

那么存在一个划分 $\{A_k\}_{k=1}^{K+1}$ 使得 $(\varphi_j)_{j\in A_k}(k=2,3,\cdots,K+1)$ 是一个线性独立生成集，且 $(\varphi_i)_{i\in A_1}$ 是一个线性独立集。

引理 3.2 的证明要用到 Rado－Horn 定理的另一个扩展，尚且没有讨论。这个证明放在 3.4 节的最后部分。

3.3 Rado－Horn 定理 Ⅰ 及其证明

下面讨论 Rado－Horn 定理 Ⅰ 和定理 Ⅲ 的证明。尽管正向推导是显而易见的,但是 Rado－Horn 定理 Ⅰ 的逆向推导尽管基本,却也不易证明。目前的目标是证明 $K=2$ 的情况,其包含了针对一般情况下证明的很多必要思路,同时没有一般情况下的记录困难。下面将提出 Rado－Horn 定理 Ⅲ 的一般情况下的证明,它包含了 Rado－Horn 定理 Ⅰ 的证明。关于逆向推导的主要想法是,作为一个候选划分,使与划分有关的维数总和最大化。那么,如果不能划分集合为线性独立子集,则可构造一个有互相连接的线性独立向量的集合,直接反驳 Rado－Horn 定理 Ⅰ 的假定。

正如以上提及的那样,Rado－Horn 定理 Ⅰ 的原命题在本质上是显而易见的,在以下引理中提出一种形式化证明。

引理 3.3　令 $\Phi=(\varphi_i)_{i=1}^{M}\subset\mathscr{H}^N$ 并且 $K\in\mathbf{N}$。存在属于$[1,M]$的一个划分$\{A_1,\cdots,A_k\}$,使得对于 $1\leqslant k\leqslant K$,$(\varphi_i:i\in A_k)$ 线性独立,那么对于任意非空 $J\subset[1,M]$,有

$$\frac{|J|}{\dim\operatorname{span}\{\varphi_j:i\in J\}}\leqslant K$$

证明　令$\{A_1,\cdots,A_k\}$划分 Φ 为线性独立集。令 J 为$[1,M]$的一个非空子集。对于 $1\leqslant k\leqslant K$,令 $J_k=J\cap A_k$,那么

$$|J|=\sum_{k=1}^{K}|J_k|=\sum_{k=1}^{K}\dim\operatorname{span}(\{\varphi_i:i\in J_k\})\leqslant\dim\operatorname{span}(\{\varphi_i:i\in J\})$$

Rado－Horn 定理 Ⅰ 表明:若想将多个向量划分为 k 个线性独立的子集并没有太大的障碍,划分向量为线性独立子集的唯一的障碍是没有一个子空间 S 含有多于希望划分的 $K\dim(S)$ 个向量。

证明 Rado－Horn 定理 Ⅰ 的第一个障碍是一个候选划分应线性独立。有若干种方法来实现这个。最常见的是在证明这个定理时建立划分,这在文献[17]～[19]、[22] 中使用过。由文献[13] 可知,任何使维数和最大化的划分(像下面解释的那样)必须划分 Φ 为线性独立集,任何所提供的划分也可以如此。给定一个索引为$[1,M]$的集合 $\Phi\subset\mathscr{H}^N$ 和一个自然数 K,我们说,属于$[1,M]$的一个划分$\{A_1,\cdots,A_k\}$使 Φ 的 k 个维数和最大化,如果对于属于$[1,M]$的任意划分$\{B_1,\cdots,B_k\}$

$$\sum_{k=1}^{K}\dim\operatorname{span}\{\varphi_j:j\in A_k\}\geqslant\sum_{k=1}^{K}\dim\operatorname{span}\{\varphi_j:j\in B_k\}$$

需注意关于一个划分$\{A_1,\cdots,A_K\}$使K个维数和最大化的两件事。首先，因为我们要针对的是有限集，所以这样一个划分将会一直存在。第二，如果对任意划分做到这样都是可能的，这样一个划分将会划分Φ为K个线性独立集。这就是以下两个命题的内容。

命题 3.9　令$\Phi=(\varphi_i)_{i=1}^M\subset\mathcal{H}^N$，$K\in\mathbf{N}$并且$\{A_k\}_{k=1}^K$是一个属于$[1,M]$的划分，以下条件是等价的。

(1) 对于$k\in\{1,\cdots,K\}$，$(\varphi_j:j\in A_k)$是线性独立的。

(2) $\sum_{k=1}^K\dim\operatorname{span}\{\varphi_j:j\in A_k\}=M$。

证明　(1)⇒(2)，显然地

$$\sum_{k=1}^K\dim\operatorname{span}\{\varphi_j:j\in A_k\}=\sum_{k=1}^K|A_k|=M$$

(2)⇒(1)，注意到

$$M=\sum_{k=1}^K\dim\operatorname{span}\{\varphi_j:j\in A_k\}\leqslant\sum_{k=1}^K|A_k|=M$$

因此，对于$1\leqslant k\leqslant K$，有$\dim\operatorname{span}\{\varphi_j:j\in A_k\}=|A_k|$，并且$(\varphi_j:j\in A_k)$是线性独立的。

命题 3.10　令$\Phi=(\varphi_i)_{i=1}^M\subset\mathcal{H}^N$并且$K\in\mathbf{N}$。如果$\{A_k\}_{k=1}^K$，使$\Phi$的$K$个维数和最大化，并且存在一个划分$\{B_k\}_{k=1}^K$，使得对于$1\leqslant k\leqslant K$，$\{\varphi_j:j\in B_k\}$是线性独立的，那么，对于$1\leqslant k\leqslant K$，$\{\varphi_j:j\in A_k\}$是线性独立的。

证明

$$M=\sum_{k=1}^K\dim\operatorname{span}\{\varphi_j:j\in B_k\}\leqslant\sum_{k=1}^K\dim\operatorname{span}\{\varphi_j:j\in A_k\}\leqslant M$$

因此，根据命题3.9，对于$1\leqslant j\leqslant M$，$\{\varphi_j:j\in A_k\}$是线性独立的。

尽管不是很明确，文献[4]给出了用于证明Rado－Horn定理Ⅰ的划分Φ的第三种方法。正如上面给定Φ以及$K\in\mathbf{N}$，如果以下条件成立，则一个划分$\{A_k\}_{k=1}^K$使维数的K排序最大化。给定任意属于$[1,M]$的划分$\{B_k\}_{k=1}^K$，如果对于$1\leqslant k\leqslant K$，$\dim\operatorname{span}\{\varphi_j:j\in A_k\}\leqslant\dim\operatorname{span}\{\varphi_j:j\in B_k\}$，那么

$$\dim\operatorname{span}\{\varphi_j:j\in A_k\}=\dim\operatorname{span}\{\varphi_j:j\in B_k\},\quad 1\leqslant k\leqslant K$$

容易看出任何使K个维数和最大化的划分也会使维数K排序最大化。以下命题展示了至少是在可以划分为线性独立集的情况下的一个相反的结论。因此，在证明Rado－Horn定理时，以一个使维数K排序最大化的划分作为开始是有意义的。这里不给出这个命题的证明，但是会在定义3.12提到它。

命题 3.11　令 $\Phi=(\varphi_i)_{i=1}^M\subset\mathscr{H}^N$，$K\in\mathbf{N}$。如果$\{A_k\}_{k=1}^K$使$\Phi$的维数$K$排序最大化，并且存在一个划分$\{B_k\}_{k=1}^K$使得对于$1\leqslant k\leqslant K$，集合$(\varphi_j:j\in B_k)$是线性独立的，那么对于$1\leqslant k\leqslant K$，集合$(\varphi_j:j\in A_k)$是线性独立的。

证明 Rado－Horn 定理 Ⅰ 的第二个障碍是证明一个到线性独立集的候选划分事实上不能划分为线性独立集。其策略是假定它不能划分为线性独立集，并且违反 Rado－Horn 定理 Ⅰ 的假定，直接建立一个集合 $J\subset[1,M]$。为了建立 J，可以想象移动线性独立向量从划分中的一个元素到划分中的另一个元素。第一个观察结果是如果一个划分使维数的 K 排序最大化，存在一个线性独立向量是划分的元素之一，那么向量是在划分中每个元素的生成中。

命题 3.12　令 $\Phi=(\varphi_i)_{i=1}^M\subset\mathscr{H}^N$，$K\in\mathbf{N}$，并且令$\{A_k\}_{k=1}^K$为$[1,M]$中的一个划分，使得$\Phi$的维数$K$排序最大化。固定$1\leqslant m\leqslant K$。假定存在不全为零的标量$\{a_j\}_{j\in A_m}$，使得$\sum\limits_{j\in A_m}a_j\varphi_j=0$。令$j_0\in A_m$，使得$a_{j_0}\neq0$。那么对于$1\leqslant n\leqslant K$有

$$\varphi_{j_0}\in\operatorname{span}\{\varphi_j:j\in A_n\}$$

证明　因为从A_m中消除φ_{j_0}将不会减小生成的维数。在任意其他的A_n的上加上φ_{j_0}并不会增大它们生成的维数。

一个简单但是有用的观察结果是如果以一个使Φ的维数K排序最大化的划分$\{A_k\}_{k=1}^K$开始，那么通过移动一个线性独立向量从某一A_k到另一个$A_{k'}$中所获得的新的划分也将会使维数K排序最大化。

命题 3.13　令 $\Phi=(\varphi_i)_{i=1}^M\subset\mathscr{H}^N$，$K\in\mathbf{N}$，并且令$\{A_k\}_{k=1}^K$为一个属于$[1,M]$的划分，使$\Phi$的维数$K$排序最大化。固定$1\leqslant m\leqslant K$。假定存在一个不全为零的标量$\{a_j\}_{j\in A_m}$，使得$\sum\limits_{j\in A_m}a_j\varphi_j=0$。令$j_0\in A_m$，使得$a_{j_0}\neq0$，对于$1\leqslant n\leqslant K$，通过下式给出划分$\{B_k\}_{k=1}^K$：

$$B_k=\begin{cases}A_k, & k\neq m,n\\ A_m\setminus\{j_0\}, & k=m\\ A_m\cup\{j_0\}, & k=n\end{cases}$$

也会使Φ的维数K排序最大化。

证明　根据命题 3.12，新的划分与旧的划分恰好有相同的生成维。

构造与 Rado－Horn 定理 Ⅰ 的假定相矛盾的集 J，这一想法是假定一个使维数的 K 排序最大化的划分不能划分为线性独立集。针对一个线性独立的向量，可知它在划分的每个其他元素中的生成中。创造新的划分，还是使维数 K 排序最大化，通过移动线性独立向量到划分的其他集合中。移动向量所

得到的划分的元素也是线性独立的。然后重复这一做法并且通过像针对集合 J 这样的方式得到所有向量的索引。容易想象这个证明的记录方面将会变得相对快一些。出于上述原因，将限制在 $K=2$ 这种情况下，并证明 Rado－Horn 定理 Ⅰ。在一般情况下用同样的思路也能起作用。这个情况的记录叙述变得相对容易，而且到现在为止已经给出了这个思路的所有方面。

在 Rado－Horn 定理 Ⅰ 的证明中的关键概念是长度为 P 的依赖关系链。给定向量的两个集 $\{\varphi_j : j \in A_1\}$ 和 $\{\varphi_j : j \in A_2\}$，其中 $A_1 \cap A_2 = \varnothing$，定义一个长度 P 的依赖关系链为一个不同索引 $\{i_1, i_2, \cdots, i_p\} \subset A_1 \cup A_2$ 的有限序列，有以下性质：

(1) 对于奇索引 k，i_k 为 A_1 中的一个元素；对于偶索引 k，i_k 为 A_2 中的一个元素。

(2) $\varphi_{i1} \in \operatorname{span}\{\varphi_j : j \in A_1 \backslash \{i1\}\}$，并且 $\varphi_{i1} \in \operatorname{span}\{\varphi_j : j \in A_2\}$。

(3) 对于奇索引 k，$1 < k \leqslant P$，$\varphi_{ik} \in \operatorname{span}\{\varphi_j : j \in (A_1 \cup \{i_2, i_4, \cdots, i_{k-1}\}) \backslash \{i_1, i_3, \cdots, i_{k-2}\}\}$，且 $\varphi_{ik} \in \operatorname{span}\{\varphi_j : j \in (A_2 \cup \{i_1, i_3, \cdots, i_{k-2}\}) \backslash \{i_2, i_4, \cdots, i_{k-1}\}\}$。

(4) 对于偶索引 k，$1 < k \leqslant P$，$\varphi_{ik} \in \operatorname{span}\{\varphi_j : j \in (A_2 \cup \{i_1, i_3, \cdots, i_{k-1}\}) \backslash \{i_2, i_4, \cdots, i_k\}\}$ 并且 $\varphi_{ik} \in \operatorname{span}\{\varphi_j : j \in (A_1 \cup \{i_2, i_4, \cdots, i_k\}) \backslash \{i_1, i_3, \cdots, i_{k-1}\}\}$。

一个依赖关系链构建方式如下。以一个线性独立向量作为开始。在划分时，移动这个向量到另一个集合不会增加生成集的维度和，所以这个向量也在现在所处集合的向量的生成集中。现使新的集合线性独立，从而得到第二个向量，它在第二个集合中是线性独立的，把它移动到第三个集合中。再一次，在第三个集合中，第二个向量在第三个集合的向量的生成中。继续以这种方式进行下去得到一个依赖关系链。

根据这一新定义，表述 Rado－Horn 定理 Ⅰ 的证明变得更容易。假定一个使维数 2－排序最大化的划分不能划分为线性独立集。令 J 为所有依赖关系链的集合。J 满足

$$\frac{|J|}{\dim \operatorname{span}\{\varphi_j : j \in J\}} > 2$$

例 3.2 在 $\mathscr{H}^3$ 中给出依赖关系链的一个例子。令 $\varphi_1 = \varphi_5 = (1,0,0)^{\mathrm{T}}$，$\varphi_2 = \varphi_6 = (0,1,0)^{\mathrm{T}}$，$\varphi_3 = \varphi_7 = (0,0,1)^{\mathrm{T}}$，$\varphi_4 = (1,1,1)^{\mathrm{T}}$，$A_1 = \{1,2,3,4\}$，$A_2 = \{5,6,7\}$。则集合 $\{4,5,1,6,2,7,3\}$ 是一个长度为 7 的依赖关系链。同样注意到 $\{4,5,1\}$ 是一个长度为 3 的依赖关系链。

注意，如果令 J 为基于划分 $\{A_1, A_2\}$ 的所有依赖关系集的并集，那么

$$\frac{|J|}{\dim \operatorname{span}\{\varphi_j : j \in J\}} = \frac{7}{3} > 2$$

以下例子说明了如果不始于一个使维数 K 排序最大化的划分会有什么样的后果。

例 3.3　令 $\varphi_1=(1,0,0)^{\mathrm{T}}$，$\varphi_2=(0,1,0)^{\mathrm{T}}$，$\varphi_3=(1,1,0)^{\mathrm{T}}$，$\varphi_4=(1,0,0)^{\mathrm{T}}$，$\varphi_5=(0,0,1)^{\mathrm{T}}$，$\varphi_6=(0,1,1)^{\mathrm{T}}$。初始划分由 $A_1=\{1,2,3\}$ 和 $A_2=\{5,6,7\}$ 构成。可以得到一个依赖关系链 $\{3,6\}$，不过注意到 $\{\varphi_6,\varphi_1,\varphi_2\}$ 是线性独立的。这表明已经移去了一个线性独立。事实上，新的划分 $B_1=\{1,2,6\}$，$B_2=\{3,4,5\}$ 是线性独立的。

注意，新的划分会使维数 $K-$ 排序最大化。

下面给出命题 3.13 的一个轻度推广。

引理 3.4　令 $\Phi=(\varphi_i)_{i=1}^M \subset \mathscr{H}^N$，假定 Φ 不能被划分为两个线性独立集。令 $\{A_1,A_2\}$ 为属于 $[1,M]$ 的一个划分，使维数 $2-$ 排序最大化。令 $\{i_1,\cdots,i_p\}$ 是一个长度为 P 的基于划分 $\{A_1,A_2\}$ 的依赖关系链。对于 $1\leqslant k\leqslant P$，划分 $\{B_1(k),B_2(k)\}$ 由以下式子给出：

$$B_1(k)=(A_1 \bigcup_{1\leqslant j\leqslant k/2}\{i_{2j}\})\setminus \bigcup_{1\leqslant j\leqslant (k+1)/2}\{i_{2j-1}\}$$

$$B_2(k)=(A_2 \bigcup_{1\leqslant j\leqslant (k+1)/2}\{i_{2j-1}\})\setminus \bigcup_{1\leqslant j\leqslant k/2}\{i_{2j}\}$$

同样使维数 $2-$ 排序最大化。

在这时，为了方便我们引入一个符号。给定一个集合 $A\subset[1,M]$，一个元素 $\{i_1,i_2,\cdots,i_p\}$ 的有限序列，不相交集合 $Q,R\subset[1,P]$，定义：

$$A(Q;R)=(A\bigcup_{j\in Q}\{i_j\})\setminus \bigcup_{j\in R}\{i_j\}$$

引理 3.5　令 $\Phi=(\varphi_i)_{i=1}^M \subset \mathscr{H}^N$，假定 Φ 不能被划分为两个线性独立集。令 $\{A_1,A_2\}$ 是属于 $[1,M]$ 的一个划分，满足使维数 $2-$ 排序最大化。令 J 是属于 Φ 的基于划分 $\{A_1,A_2\}$ 的所有依赖关系链的并集。令 $J_1=J\cap A_1$，$J_2=J\cap A_2$，且 $S=\operatorname{span}\{\varphi_i : i\in J\}$，那么

$$S=\operatorname{span}\{\varphi_i : i\in J_k\},\quad k=1,2$$

证明　先给出上述引理在 $k=1$ 的情况下的证明，其他 k 值的情况是类似的。只要通过归纳来说明对于每个依赖关系链 $\{i_1,i_2,\cdots,i_p\}$，所有偶索引向量 φ_k 都在 J_1 的生成中就可以了。

注意 $\varphi_{i2}\in\operatorname{span}\{\varphi_i : i\in A_1\setminus\{i_1\}\}$。因此，存在标量 $\{a_i : i\in A_1\setminus\{i_1\}\}$ 使得

$$\varphi_{i2}=\sum_{i\in A_1\setminus\{i_1\}} a_i\varphi_i$$

令 $i\in A_1\setminus\{i_1\}$ 使得 $a_i\neq 0$。在这里 $\{i_1,i_2,i\}$ 是一个长度为 3 的依赖关系链。首先，注意到 $\varphi_i\in\operatorname{span}\{\varphi_j : j\in A_1(\{2\};\{1\})\}$。根据引理 3.4，划分

$\{A_1(\{2\};\{1\}),A_2(\{1\};\{2\})\}$ 使维数 2－排序最大化。由于 φ_i 是$\{\varphi_j:j\in A_1(\{2\};\{1\})\}$ 中的一个独立向量，划分$\{A_1(\{2\};\{1,i\}),A_2(\{1,i\};\{2\})\}$ 有着与划分$\{A_1(\{2\};\{1\}),A_2(\{1\};\{2\})\}$ 相同的维数。特别地，$\varphi_i\in\text{span}\{\varphi_j:j\in A_2(\{1\};\{2\})\}$。因此$\{i_1,i_2,i\}$ 是一个长度为 3 的依赖关系链，并且 $\varphi_{i2}\in\text{span}\{\varphi_j:j\in J_1\}$。

现在，假定 $\varphi_{i2},\cdots,\varphi_{i2m-2}\in\text{span}\{\varphi_j:j\in J_1\}$，其中 $\varphi_{i2m}\in\text{span}\{\varphi_j:j\in J_1\}$。注意，$\varphi_{i2m}\in\text{span}\{\varphi_j:j\in A_1(\{2,4,\cdots,2m-2\};\{1,3,\cdots,2m-1\})\}$。因此，存在标量$\{a_i:i\in A_1(\{2,4,\cdots,2m-2\};\{1,3,\cdots,2m-1\})\}$ 使得

$$\varphi_{i2m}=\sum_{i\in A_1(\{2,4,\cdots,2m-2\};\{1,3,\cdots,2m-1\})}a_i\varphi_i \tag{3.4}$$

根据归纳假说，对于偶索引 $j<2m$，$\varphi_j\in\text{span}\{\varphi_i:i\in J_1\}$，所以只要说明对于 $i\in A(\varnothing;\{1,3,\cdots,2m-1\})$，使得 $a_i\neq 0$，集合$\{i_1,\cdots,i_{2m},i\}$ 是一个依赖关系链就可以了。（注意在这个集合中可能没有 i。）根据式(3.4)，$\varphi_i\in\text{span}\{\varphi_j:j\in A_1(\{2,4,\cdots,2m\};\{1,3,\cdots,2m-1\})\}$。根据引理 3.4，划分$\{A_1(\{2,4,\cdots,2m\};\{1,3,\cdots,2m-1\}),A_2(\{1,3,\cdots,2m-1\};\{2,4,\cdots,2m\})\}$ 使维数 2－排序最大化。因此，φ_i 是$(\varphi_j:j\in A_1(\{2,4,\cdots,2m\};\{1,3,\cdots,2m-1\}))$ 中一个独立向量，通过形成新的划分$\{A_1(\{2,4,\cdots,2m\};\{1,3,\cdots,2m-1\}),A_2(\{1,3,\cdots,2m-1\};\{2,4,\cdots,2m\})\}$，将移动 i 到第二个划分中没有改变维数。特别地

$$\varphi_i\in\text{span}\{\varphi_j:j\in A_2\{1,3,\cdots,2m-1\};\{2,4,\cdots,2m\}\}$$

因此，$\{i_1,i_2,\cdots,i_{2m},i\}$ 是一个长度为 $2m+1$ 的依赖关系链，且 $\varphi_{i2m}\in\text{span}\{\varphi_j:j\in J_1\}$。

定理 3.11 令 $\Phi=(\varphi_i)_{i=1}^M\subset\mathscr{H}^N$。如果对于任意非空子集 $J\subset[1,M]$，有

$$\frac{|J|}{\dim\text{span}\{\varphi_i:i\in J\}}\leqslant 2$$

则 Φ 可被划分为两个线性独立集。

证明 假定 Φ 不能被划分为两个线性独立集。构造一个集合 J 使得

$$\frac{|J|}{\dim\text{span}\{\varphi_i:i\in J\}}>2$$

令$\{A_1,A_2\}$ 属于$[1,M]$ 的一个划分，满足使维数 2－排序最大化。根据假设，这个属于$[1,M]$ 的划分不能划分 Φ 为线性独立集，所以集合$\{\varphi_j:j\in A_k\}(k=1,2)$ 中至少有一个一定是线性独立的，不失一般性，这里假定$\{\varphi_j:j\in A_1\}$ 是线性独立的。

令 J 是所有基于划分$\{A_1,A_2\}$的依赖关系链的并集。要求 J 满足

$$\frac{|J|}{\dim \operatorname{span}\{\varphi_i : i \in J\}} > 2$$

令 $J_1 = J \cap A_1$ 及 $J_2 = J \cap A_2$。根据引理 3.5，$\{\varphi_j : j \in J_k\}(k=1,2)$ 生成相同的子空间 $S=\{\varphi_j : j \in J\}$。由于$\{\varphi_j : j \in J_1\}$不是线性独立的，$|J_1| > \dim S$，因此

$$|J| = |J_1| + |J_2| > \dim S + \dim S = \dim\{\varphi_j : j \in J\}$$

定理得证。

仔细阅读定理 3.11 的证明，会发现给出的证明的覆盖范围超出了定理的表述。事实上，这里已经证明了定理 3.12 的更一般情况，即在划分为两个集合的特殊情况下。

3.4　Rado－Horn 定理 Ⅲ 及其证明

本节给出在之前曾经提及(见定理 3.6) 的对 Rado－Horn 定理 Ⅲ 的证明。这里不包括这个定理的所有因素，因为关于使维数 K－排序最大化的划分的讨论会让我们偏离主题，而且在证明引理 3.2 时才需要这个定理的完整版，因此该证明被推迟到了本节的末尾。

定理 3.12(Rado－Horn 定理 Ⅲ)　令 $\Phi=(\varphi_i)_{i=1}^M$ 为 $\mathscr{H}^N$ 中属于向量的一个集合并且 $K \in \mathbf{N}$，那么以下条件是等价的：

(1) 存在一个$[1,M]$的划分$\{A_k : k=1,\cdots,K\}$，使得对于 $1 \leqslant k \leqslant K$，集合$\{\varphi_j : j \in A_k\}$是线性独立的。

(2) 对于 $J \subset I$，有

$$\frac{|J|}{\dim \operatorname{span}\{\varphi_j : j \in J\}} \leqslant K \tag{3.5}$$

另外，当以上两个条件都成立的情况下，任何使维数 K－排序最大化的划分将会把向量划分为线性独立集。当以上两个条件之一不成立时，存在一个属于$[1,M]$的划分$\{A_k : k=1,\cdots,K\}$以及 $\mathscr{H}^N$ 中的子空间 S 使得以下 3 个条件成立：

(a) 对于 $1 \leqslant k \leqslant K$，$S=\operatorname{span}\{\varphi_j : j \in A_k, \varphi_j \in S\}$。

(b) 对于 $J=\{i \in I, \varphi_i \in S\}$，$\dfrac{|J|}{\dim \operatorname{span}\{\varphi_j : j \in J\}} > K$。

(c) 对于 $1 \leqslant k \leqslant K$，$(P_{S^\perp}\varphi_i : i \in A_k, \varphi_i \notin S)$ 是线性独立的，$P_{S^\perp}$ 是在 $S^\perp$ 上的正交投影。

前面证明了在划分为两个子集的情况下的 Rado－Horn 定理，在更一般的条件下的证明与之相似，有兴趣的读者可参考文献[4]、[13]。

正如前文那样，以一个使维数 $K-$ 排序最大化的划分作为开始。这里将说明如果一个划分不能划分为线性独立集，那么可构造一个集合 J 直接反驳 Rado－Horn定理的假设。在定理的结论中，构造出的集合 J 将会生成子空间 S。

令 $\{A_1,\cdots,A_k\}$ 为一个属于 $[1,M]$ 的划分，并且令 $\{i_1,\cdots,i_p\}\subset[1,M]$。如果对于 $1\leqslant p\leqslant P$，有 $i_p\in A_{a_p}$，则 $\{a_1,\cdots,a_p\}$ 是相关划分的索引。定义划分 $\{\mathscr{A}^j\}_{j=1}^P$ 的链与 $\mathscr{A}=\{A_1,\cdots,A_k\}$ 和 $\{i_1,\cdots,i_P\}$ 相关联，如下所示。令 $\mathscr{A}^1=\mathscr{A}$，划分 $\mathscr{A}^j=\{\mathscr{A}_k^j\}_{k=1}^K$ 已经被定义为对于 $1\leqslant j\leqslant p$ 和 $p\leqslant P$，根据下式定义 $\mathscr{A}^{p+1}=\{A_1^{p+1},\cdots,A_K^{p+1}\}$：

$$A_K^{p+1}=\begin{cases}A_k^p, & k\neq a_p,a_{p+1}\\ A_{a_p}^p\setminus\{i_p\}, & k=a_p\\ A_{a_p+1}^p\cup\{i_p\}, & k=a_{p+1}\end{cases}$$

一个基于 $\{A_1,\cdots,A_k\}$ 的长度为 P 的依赖关系链是一个不同的索引 $\{i_1,\cdots,i_p\}\subset[1,M]$ 的集合，相关划分的索引 $\{a_1,\cdots,a_p\}$，$P+1$ 相关划分 $\{A_k^p\}_{k=1}^K$，$1\leqslant p\leqslant P+1$ 使得满足以下条件：

(1) 对于 $1\leqslant p\leqslant P$，$a_p\neq a_{p+1}$。

(2)$a_1=1$。

(3)$\varphi_{i_1}\in\operatorname{span}\{\varphi_j:j\in A_1^2\}$，且 $\varphi_{i_1}\in\operatorname{span}\{\varphi_j:j\in A_{a_2}^1\}$。

(4) 对于 $1\leqslant p\leqslant P$，$\varphi_{i_p}\in\operatorname{span}\{\varphi_j:j\in A_{a_p}^p\setminus\{i_p\}\}$。

(5) 对于 $1\leqslant p\leqslant P$，$\varphi_{i_p}\in\operatorname{span}\{\varphi_j:j\in A_{a_{p+1}}^p\}$。

引理 3.6 根据上面叙述，对于 $1\leqslant p\leqslant P$，划分 $\{A_k^p\}_{k=1}^K$ 使维数 $K-$ 排序最大化。

证明 正如引理 3.4 中那样，当构造第 p 个划分时，可得一个在 $p-1$ 个划分中是独立的向量，移动它到一个新的划分元素中。由于去掉独立向量不能减少维数，在第 p 个划分中所有的维数应该保持相同。因此它使维数 $K-$ 排序最大化。

引理 3.7 令 $\Phi=(\varphi_i)_{i=1}^M\subset\mathscr{H}^N$，假定 Φ 不能被划分为 K 个线性独立集。令 $\{A_1,\cdots,A_K\}$ 为属于 $[1,M]$ 的一个划分，使维数 $K-$ 排序最大化。令 J 为基于划分 $\{A_1,\cdots,A_K\}$ 的 Φ 的所有依赖关系链的并集。对于 $1\leqslant k\leqslant K$，令 $J_k=J\cap A_k$，并且令 $S=\operatorname{span}\{\varphi_i:i\in J\}$，那么

$$S=\operatorname{span}\{\varphi_i:i\in J_k\},\quad k=1,\cdots,K$$

证明　基于$k=1$的情况来阐述该证明。细节与引理3.5类似。显然，只要证明如果$\{i_1,\cdots,i_P\}$是一个基于$\{A_1,\cdots,A_K\}$的依赖关系链，那么对于$1\leqslant p\leqslant P$，则有$\varphi_{i_p}\in\operatorname{span}\{\varphi_j:j\in J_1\}$。因为$a_1=1$，所以$p=1$。（对于$k\neq 1$，因为移动独立向量从$A_1$到$A_k$不会增加$\{\varphi_i:i\in A_k\}$的维数，所以它成立。）

继续对p进行归纳，假定$\varphi_{i_1},\cdots,\varphi_{i_{p-1}}\in\operatorname{span}\{\varphi_i:i\in J_1\}$。令$\{a_1,\cdots,a_P\}$为相关划分指数及$\mathscr{A}^p=\{A_k^p\}_{k=1}^K$相关划分。如果$a_p=1$，则证明结束。否则，已知$\varphi_{i_p}\in\operatorname{span}\{\varphi_j:j\in A_{ap}^{p+1}\}$，注意到$i_p\in A_{ap}^p$及$i_p\notin A_{ap}^{p+1}$。因此，从$A_{ap}^p$中去掉$i_p$不会改变被$A_{ap}^p$索引的向量的生成，根据引理3.6有

$$\varphi_{i_p}\in\operatorname{span}\{\varphi_j:j\in A_1^p\}$$

有

$$\varphi_{i_p}=\sum_{j\in A_1^p}\alpha_j\varphi_j$$

对于一些标量α_j，有任意j使得$\alpha_j\neq 0,\varphi_j\in\operatorname{span}\{\varphi_i:i\in J_1\}$。因为$A_1^p=A_1\cup\{i_1,\cdots,i_{p-1}\}$，根据归纳假说，只要说明无论何时$j_0=A_1^p\backslash\{i_1,\cdots,i_p\},\varphi_{j_0}\in\operatorname{span}\{\varphi_i:i\in J_1\}$成立即可。为了实现这个目的，令$\{i_1,\cdots,i_p,j_0\}$是一个有相关索引$\{a_1,\cdots,a_p,1\}$的链。注意到$A_1^{p+1}=A_1^p\cup\{i_p\}$，根据依赖关系链的性质(4)，有

$$\varphi_{j_0}\in\operatorname{span}\{\varphi_i:i\in(A_1^p\cup\{i_p\})\backslash\{j_0\}\}$$

定理3.12的证明　假定Φ不能被划分为K个线性独立集。令A为属于$[1,M]$的一个划分，使子空间$K-$排序最大化。根据假设，划分不能划分Φ为线性独立集，所以不失一般性，假定$(\varphi_i:i\in A_1)$是线性独立的。

令J为基于划分$\mathscr{A}$的所有依赖关系链的并集，并且$S\in\operatorname{span}\{\varphi_i:i\in J\}$。根据引理3.7，$J$满足

$$J=\{i\in[1,M]:\varphi_i\in S\}$$

下面说明J和S满足定理3.12的结论。

首先，令$1\leqslant k\leqslant K,J_k=A_k\cap J$，根据引理3.7可知对于$1\leqslant k\leqslant K$，有$\operatorname{span}\{\varphi_i:i\in J_k\}=S$。并且根据$\mathscr{A}$不能划分为线性这一假设，有$|J_1|>\dim S$。因此

$$|J|=\sum_{k=1}^K|J_k|>K\dim S=K\dim\operatorname{span}\{\varphi_i:i\in J\}$$

特别地，如果划分为线性独立集是可能的，那么$\mathscr{A}$就可以划分为线性独立集。

参见定理3.12(a)，显然有$S\supset\operatorname{span}\{\varphi_i:i\in A_k,\varphi_i\in S\}$，根据引理3.7，

有 $S \subset \text{span}\{\varphi_i : i \in A_k, \varphi_i \in S\}$。根据引理 3.7 和以上计算可得(b) 部分。

(c) 部分有待证明。假定存在$\{\alpha_j\}_{j\in A_k\backslash J}$ 不全为零,使得 $\sum\limits_{j\in A_k\backslash J} \alpha_j \varphi_j \in S$。因为 J 是所有依赖关系链的集合的并集,所以 $\sum\limits_{j\in A_k\backslash J} \alpha_j \varphi_j \neq 0$。令$\{\beta_i\}_{j\in J_k}$ 是标量,使得

$$\sum_{j\in A_k\backslash J} a_i \varphi_i = \sum_{j\in J_k} \beta_j \varphi_j \tag{3.6}$$

选择 j_0 和一个依赖关系链$\{i_1, \cdots, i_{p-1}, j_0\}$,使得 $\beta_{j_0} \neq 0$ 且使 P 是所有依赖关系链的最小长度,此依赖关系链的最后一个元素在$\{\beta_j : j \neq 0\}$ 中。令 $m \in A_k\backslash J$ 使得 $\alpha_m \neq 0$。则$\{i_1, \cdots, i_{p-1}, m\}$ 是一个依赖关系链,这与 $m \notin J$ 矛盾,于是证明结束。

证明这一观点的核心是确保链$\{i_1, \cdots, i_{p-1}, j_0\}$ 的长度的极小值满足

$$\{j : \beta_j \neq 0\} \cup \{j : \alpha_j \neq 0\} \subset A_{ap}^P \tag{3.7}$$

为了确认一个依赖关系链的性质(5),由于 $\varphi_{i_{P-1}} \in \text{span}\{\varphi_j : j \in A_{ap}^P \backslash \{j_0\}\}$,式(3.6) 和(3.7) 表明 $\varphi_{i_{P-1}} \in \text{span}\{\varphi_j : j \in A_{ap}^P \backslash \{m\}\}$。参见一个依赖关系链的性质(4),可得

$$\varphi_{j0} = \sum_{j\in A_{ap}^P \backslash \{j_0\}} \gamma_j \varphi_j$$

如果 $\gamma_m \neq 0$,则可以直接从上面等效得到 $\varphi_m \in \text{span}\{\varphi_i : i \in A_{ap}^P \backslash \{m\}\}$。如果 $\gamma_m = 0$,则用 φ_{j0} 代替式(3.6) 中 $\sum\limits_{j\in A_{ap}^P \backslash \{j_0\}} \gamma_j \varphi_j$,以表明 $\varphi_{i_{P-1}} \in \text{span}\{\varphi_i : i \in A_{ap}^P \backslash \{m\}\}$。

为了方便读者,本节将以引理 3.2 的证明作为结尾。

定理 3.13 令 $\Phi = (\varphi_i)_{i=1}^M$ 为 $\mathscr{H}^N$ 中属于向量的有限集合,令 $K \in \mathbf{N}$。假定:

(1)Φ 可被划分为 $K+1$ 个线性独立集。

(2)Φ 可划分为一个集合和 K 个生成集。

则存在一个划分$\{A_k\}_{k=1}^{K+1}$ 使对 $k=2,3,\cdots,K+1$,$(\varphi_j)_{j\in A_k}$ 是线性独立生成集,且$(\varphi_i)_{i\in A_1}$ 是一个线性独立集。

证明 选择一个属于$[1,M]$ 使 $\dim \text{span}\{\varphi_j\}_{j\in A_1}$ 最大化的划分$\{A_k\}_{k=1}^{K+1}$ 取代所有划分,使得最后 K 个集合生成 $\mathscr{H}^N$。如果$\{B_k\}_{k=1}^{K+1}$ 是属于$[1,M]$ 的一个划分,且对于 $1 \leqslant k \leqslant K+1$ 有

$$\dim \text{span}\{\varphi_j\}_{j\in B_i} \geqslant \dim \text{span}\{\varphi_j\}_{j\in A_i}$$

因为 $\dim \text{span}\{\varphi_j\}_{j\in A_i} = N$,且通过构造 $\dim \text{span}\{\varphi_j\}_{j\in A_1} \geqslant \dim \text{span}$

$\{\varphi_j\}_{j\in B_1}$，则对于 $k=2,3,\cdots,K+1$ 有

$$\dim \operatorname{span} \{\varphi_j\}_{j\in A_i} = \dim \operatorname{span} \{\varphi_j\}_{j\in B_i}$$

这意味着划分$\{A_k\}_{k=1}^{K+1}$使维数的$(K+1)$－排序最大化。根据定理 3.12，由于存在一个 Φ 的可划分为 $K+1$ 个线性独立集，可知$\{A_k\}_{k=1}^{K+1}$划分 Φ 为线性独立集。

3.5　框架中生成集的最大数目

本节将确定一个框架含有的生成集的最大数目。划分为生成集的研究不如划分为线性独立集的研究多，因此这一部分的几个结论比较新颖。

在某种意义上，选择包含在一个框架中的生成集的难度与选择线性独立集的难度差不多。即随机选择生成集不一定能提供生成集的最大数目。给出一个简单例子：在 $\mathbf{R}^2$ 中，有框架(e_1,e_1,e_2,e_1+e_2)，其中 $e_1=(1,0)^{\mathrm{T}}$，$e_2=(0,1)^{\mathrm{T}}$。如果选择(e_2,e_1+e_2)，那么只能得到一个生成集；然而如果选择(e_1,e_2)和(e_1,e_1+e_2)，则可得两个生成集。最近发表的文献[15]解决了确定生成集的最大数目的问题。下面以一些基本的结论作为开始。

定理 3.14　令 P 为 $\mathscr{H}^N$ 上的一个投影，并令$(e_i)_{i=1}^M$为 $\mathscr{H}^M$ 的一个正交基。如果 $I\subset\{1,2,\cdots,M\}$，则以下是等价的。

(1)$(Pe_i)_{i\in I}$生成 $P(\mathscr{H}^M)$。

(2)$((Id-P)e_i)_{i\in I^c}$是线性独立的。

证明　(1)⇒(2)。假定$((Id-P)e_i)_{i\in I^c}$不是线性独立的，那么存在标量$\{b_i\}_{i\in I^c}$不全为零，使得

$$\sum_{i\in I^c} b_i(Id-P)e_i=0$$

由此可得

$$x=\sum_{i\in I^c} b_i e_i=\sum_{i\in I^c} b_i Pe_i \in P(\mathscr{H}^M)$$

从而

$$\langle x,Pe_j\rangle=\langle Px,e_j\rangle=\sum_{i\in I^c} b_i\langle e_i,e_j\rangle=0,\quad j\in I$$

所以 $x\perp \operatorname{span}\{Pe_i\}_{i\in I}$，故该族无法生成 $P(\mathscr{H}^M)$。

(2)⇒(1)。假定 $\operatorname{span}\{Pe_i\}_{i\in I}\neq P(\mathscr{H}^M)$。也就是说，存在一个 $0\neq x\in P(\mathscr{H}^M)$ 使得 $x\perp \operatorname{span}\{Pe_i\}_{i\in I}$。同样，$x=\sum_{i=1}^M\langle x,e_i\rangle Pe_i$。则

$$\langle x,Pe_i\rangle=\langle Px,e_i\rangle=\langle x,e_i\rangle=0,\quad i\in I$$

因此，$x=\sum_{i\in I^c}\langle x,e_i\rangle e_i$。也就是说

$$\sum_{i\in I^c}\langle x,e_i\rangle e_i=x=Px=\sum_{i\in I^c}\langle x,e_i\rangle Pe_i$$

即

$$\sum_{i\in I^c}\langle x,e_i\rangle(I-P)e_i=0$$

换言之，$((Id-P)e_i)_{i\in I^c}$ 不是线性独立的。

现在给出一个显而易见的结论。

推论 3.2 令 P 为 $\mathscr{H}^M$ 上的一个投影。以下结论是等价的：

(1) 存在属于 $\{1,2,\cdots,M\}$ 的一个划分 $\{A_j\}_{j=1}^r$，使得对于 $j=1,2,\cdots,r$，$(Pe_i)_{i\in A_j}$ 生成 $P(\mathscr{H}^M)$。

(2) 存在属于 $\{1,2,\cdots,M\}$ 的一个划分 $\{A_j\}_{j=1}^r$，使得对于 $j=1,2,\cdots,r$，$((Id-P)e_i)_{i\in A_j^c}$ 是线性独立的。

这个结论给出了包含在框架中的生成集的最大数目，现在已经能够被证明。这个问题与将一个可逆算子应用在框架中无关，因此只需要证明针对 Parseval 框架的结论。

定理 3.15 令 $(\varphi_i)_{i=1}^M$ 为一个 $\mathscr{H}^N$ 中的 Parseval 框架，令 P 为 $\mathscr{H}^M$ 上的一个投影，有 $(\varphi_i)_{i=1}^M=(Pe_i)_{i=1}^M$，其中 $(e_i)_{i=1}^M$ 是 $\mathscr{H}^M$ 中一个正交基，并且令 $(\psi_i)_{i=1}^{(r-1)M}$ 为多重集：

$$\begin{aligned}&\{(Id-P)e_1,\cdots,(Id-P)e_1,(Id-P)e_2,\cdots,\\&(Id-P)e_2,\cdots,(Id-P)e_M,\cdots,(Id-P)e_M\}\end{aligned}\tag{3.8}$$

以下结论是等价的：

(1) $(\varphi_i)_{i=1}^M$ 可被划分为 r 个生成集。

(2) $(\psi_i)_{i=1}^{(r-1)M}$ 可被划分为 r 个线性独立集。

(3) 对于 $I\subset\{1,2,\cdots,(r-1)M\}$，有

$$\frac{|I|}{\dim\operatorname{span}\{\psi_i\}_{i\in I}}\leqslant r\tag{3.9}$$

证明 (1)⇒(2)。令 $\{A_j\}_{j=1}^r$ 属于 $\{1,2,\cdots,M\}$ 的一个划分，使得对 $j=1,2,\cdots,r$，$(Pe_i)_{i\in A_j}$ 是生成的。那么对 $j=1,2,\cdots,r$，$((Id-P)e_i)_{i\in A_j^c}$ 是线性独立的。因为 $\{A_j\}_{j=1}^r$ 是一个划分，每个 $(Id-P)e_i$ 恰好出现在 $((Id-P)e_i)_{i\in A_j^c}$ 的 $r-1$ 集合中。所以多重集 $(\psi)_{i=1}^{(r-1)M}$ 有可以划分为 r 个线性独立集的划分。

(2)⇒(1)。令 $\{A_j\}_{j=1}^r$ 为属于 $\{1,2,\cdots,(r-1)M\}$ 的一个划分，使得对 $j=1,2,\cdots,r$，$((Id-P)e_i)_{i\in A_j}$ 是线性独立的。由于集合 $((Id-P)e_i)_{i\in A_j}$ 是线

性独立的，对于 $i=1,2,\cdots,M$，它包含至多 r 个 $(Id-P)e_i$ 中的一个。因此，每个 $(Id-P)e_i$ 恰好是在 $((Id-P)e_i)_{i\in A_j}$ 的 $r-1$ 集合中。也就是说，每个 i 都在这些集合中，且每个 i 都只在这些集合 A_j 中的一个中。对于 $j=1,2,\cdots,r$，令 B_j 为 $\{i=1,2,\cdots,M\}$ 中 A_j 的补集。由于 $((Id-P)e_i)_{i\in A_j}$ 是线性独立的，因此 $(Pe_i)_{i\in B_j}$ 是生成的。也就是说，对于 $i,j=1,2,\cdots,r,i\neq j$，有 $B_i\cap B_j=\varnothing$；如果 $k\in B_i\cap B_j$，则 $k\notin A_j$，且 $k\notin A_j$，这是一个矛盾。

(2)⇔(3)。这就是 Rado－Horn 定理 Ⅰ。

3.6 问　题

本节给出了这一研究主题中还存在的开放性问题。Rado－Horn 定理及其变形告诉我们可以将框架划分为线性独立集的最小数目。但是由于需要对框架中的每个子集做计算，实际上是不可行的。本章从框架性质而言，尝试利用 Rado－Horn 定理来确定可以将框架划分为线性独立集的最小数目。结果表明，在很多种情况下可以这样做，但是一般化的问题仍然是开放性的。

问题 3.2　基于框架性质，找到可以将框架划分为线性独立集的最小数目。

根据框架性质，可利用框架 $(\varphi_i)_{i=1}^M$ 的框架算子的特征值、框架向量的范数、与 Parseval 框架有关的向量的范数，或者与 $\left\{\dfrac{\varphi_i}{\|\varphi_i\|}\right\}_{i=1}^M$ 有关的典型 Parseval 框架的框架向量的范数。

以下问题是与框架的生成和独立性有关的主要问题。

问题 3.3　给定 $\mathscr{H}^N$ 中的一个框架 Φ，找到整数 $r_0,r_1,\cdots,r_{N-1}$ 使得 Φ 可被划分为 r_0 个余维数为 0（r_0 个生成集）的集，r_1 个余维数为 1 的集，一般情况下，对于 $i=0,1,2,\cdots,N-1$，r_i 个余维数为 i 的集。另外，尽可能按此方式操作使得 r_0 是生成集的最大数目，且每当从框架去掉 r_0 个生成集，r_1 是可以从剩余向量中获得的超平面的最大数目，并且只要 r_0 和 r_1 已知，r_2 是可以从剩余向量中获得的余维数为 2 的子集的最大数目，依此类推。

最后需要知道在实际中如何回答以上问题。

问题 3.4　为解决以上问题找到实时算法。

问题 3.4 尤为困难，因为它需要找到一个证明 Rado－Horn 定理的算法，而这仅仅是万里长征的第一步。

本章参考文献

[1] Alexeev, B., Cahill, J., Mixon, D. G.: Full spark frames, preprint.

[2] Balan, R.: Equivalence relations and distances between Hilbert frames. Proc. Am. Math. Soc. 127(8), 2353-2366 (1999).

[3] Bodmann, B. G., Casazza, P. G.: The road to equal-norm Parseval frames. J. Funct. Anal. 258(2), 397-420 (2010).

[4] Bodmann, B. G., Casazza, P. G., Paulsen, V. I., Speegle, D.: Spanning and independence properties of frame partitions. Proc. Am. Math. Soc. 40(7), 2193-2207 (2012).

[5] Bodmann, B. G., Casazza, P. G., Kutyniok, G.: A quantitative notion of redundancy for finite frames. Appl. Comput. Harmon. Anal. 30, 348-362 (2011).

[6] Bourgain, J.: Λ_p-Sets in Analysis: Results, Problems and Related Aspects. Handbook of the Geometry of Banach Spaces, vol. I, pp. 195-232. North-Holland, Amsterdam (2001).

[7] Cahill, J.: Flags, frames, and Bergman spaces. M. S. Thesis, San Francisco State University (2010).

[8] Casazza, P. G.: Custom building finite frames. In: Wavelets, Frames and Operator Theory, College Park, MD, 2003. Contemp. Math., vol. 345, pp. 61-86. Am. Math. Soc., Providence (2004).

[9] Casazza, P., Christensen, O., Lindner, A., Vershynin, R.: Frames and the Feichtinger conjecture. Proc. Am. Math. Soc. 133(4), 1025-1033 (2005).

[10] Casazza, P. G., Fickus, M., Weber, E., Tremain, J. C.: The Kadison-Singer problem in mathematics and engineering—a detailed account. In: Han, D., Jorgensen, P. E. T., Larson, D. R. (eds.) Operator Theory, Operator Algebras and Applications. Contemp. Math., vol. 414, pp. 297-356 (2006).

[11] Casazza, P. G., Kovačević, J.: Equal-norm tight frames with erasures. Adv. Comput. Math. 18(2-4), 387-430 (2003).

[12] Casazza, P., Kutyniok, G.: A generalization of Gram-Schmidt orthogonalization generating all Parseval frames. Adv. Comput. Math.

18, 65-78 (2007).

[13] Casazza, P. G., Kutyniok, G., Speegle, D.: A redundant version of the Rado—Horn theorem. Linear Algebra Appl. 418, 1-10 (2006).

[14] Casazza, P. G., Kutyniok, G., Speegle, D., Tremain, J. C.: A decomposition theorem for frames and the Feichtinger conjecture. Proc. Am. Math. Soc. 136, 2043-2053 (2008).

[15] Casazza, P. G., Peterson, J., Speegle, D.: Private communication.

[16] Casazza, P. G., Tremain, J.: The Kadison-Singer problem in mathematics and engineering. Proc. Natl. Acad. Sci. 103(7), 2032-2039 (2006).

[17] Christensen, O., Lindner, A.: Decompositions of Riesz frames and wavelets into a finite union of linearly independent sets. Linear Algebra Appl. 355, 147-159 (2002).

[18] Edmonds, J., Fulkerson, D. R.: Transversals and matroid partition. J. Res. Natl. Bur. Stand. Sect. B 69B, 147-153 (1965).

[19] Horn, A.: A characterization of unions of linearly independent sets. J. Lond. Math. Soc. 30, 494-496 (1955).

[20] Janssen, A. J. E. M.: Zak transforms with few zeroes and the tie. In: Feichtinger, H. G., Strohmer, T. (eds.) Advances in Gabor Analysis, pp. 31-70. Birkhäuser, Boston (2002).

[21] Oxley, J.: Matroid Theory. Oxford University Press, New York (2006).

[22] Rado, R.: A combinatorial theorem on vector spaces. J. Lond. Math. Soc. 37, 351-353 (1962).

第 4 章　代数几何和有限框架

摘要　读者感兴趣的有限框架族通常可用代数约束来描述其特征，因而在有限框架理论中通过使用代数几何工具来得到强有力的结果也就不足为奇了。本章要演示这些技术的优点。首先证明代数几何的思想可以应用于构建局部坐标系统，该坐标可在有限单位范数紧框架的空间(以及更一般的情况)内直观地体现自由度，并且最佳框架(结果)可用代数条件进行刻画。特别地，在有限单位范数紧框架空间内构建局部严格定义的实解析坐标系，同时验证多种最优的 Parseval 框架是致密的，进一步的优化结果可通过嵌入得以发现，而嵌入在代数几何中自然会出现。

关键词　代数几何；消去理论；Plücker；嵌入；有限框架

4.1　引　言

本章的目的是验证代数几何的思想用在有限框架理论中可以得到非常好的结果。传统的框架理论的研究领域集中在调和与泛函分析的工具上。相比之下，随着近来对有限框架理论的研究热，代数几何技术近几年得到了应用。

该领域的研究者开始致力于发展广泛的有限框架理论有两个主要原因。首先，学术界希望对有限框架的更深层次的理解可以帮助解决无限维数框架理论中长期存在的问题(像 Kadison － Singer 问题)。其次，能通过计算机实现的框架肯定是有限的，必须用有限框架理论来验证这些得到的结果是精确稳健的(在 Parseval 问题中有所体现)。这说明感兴趣的有限框架族可以用代数簇定义。也就是说，它们是代数方程组的解或者说是代数方程的解的等效。例如，实 Parseval 框架满足源于 $\Phi\Phi^{\mathrm{T}}=Id$ 项的代数方程系统。接着，在代数几何中应用该思想，来研究有限单位范数紧框架和 Parseval 框架。

有限单位范数紧框架服从长度限制和框架算子限制。其中框架算子的限制是对空间进行参数化的最大障碍。在此约束下，行之有效的方法是将框架算子看作是二进制数的总和，即

$$S=\sum_{i=1}^{M}\phi_i\phi_i^{\mathrm{T}}$$

假设 $\Lambda\subset[M]$ 是框架 ϕ 内的基的索引值，可以得到

$$\sum_{i\in\Lambda}\phi_i\phi_i^{\mathrm{T}}=S-\sum_{i\in[M]\backslash\Lambda}\phi_i\phi_i^{\mathrm{T}}$$

根据连续性，我们能够局部叙述索引值在$[M]\backslash\Lambda$的ϕ_i，同时保证等式左侧是基的一个可行的框架算子。随着自由向量的移动，基可以弹性保持整体的框架算子。另外，这些量还贡献了额外的自由度。这就证明这种直观可以形式化，而消去理论工具可以用来明确地计算在有限范数紧空间上得到的坐标系统(更一般地，有着固定矢量长度和固定框架算子的框架)。应当说明的是，“用给定谱构建有限框架”的章节也包含了含有坐标系统的量，这种坐标系统含有可直接控制特征步系统的自由参数。相反，本章得到的坐标有自由参数，这直接决定了框架向量的空间位置。我们针对这些坐标系统采用了技术验证，首先在有限单位范数紧空间(以及更一般的框架)上表征切空间(定理 4.3)，然后再应用实解析反函数定理(定理 4.4)。本章用详尽的例子来表达这些结果背后的核心思想。

等价于一个可逆变换的 Parseval 框架可以用格拉斯曼流形来确定，这样可以定义具体的等价类间的距离概念。通过该距离，可以证明通用框架(在$M-N$任意擦除中稳健)的等价类在格拉斯曼流形中是致密的。此外，Plücker 嵌入可以构建出代数方程组来描述通用的特征框架，也是数值上对于擦除具有最强稳健性的。最后，证明只要有足够的冗余，就可以在紧致子集中使用框架来解决无相位重建问题。

准备工作

现在来讨论初步的概念和符号。Zariski 拓扑函数在代数几何中是基本概念。多元多项式的零集构成了$\mathscr{H}^n$上 Zariski 拓扑中封闭集的基础。因此，封闭集被定义为

$$\mathscr{C}=\{C\subset\mathscr{H}^n:C=\bigcap_{i=1}^{k}p_i^{-1}(\{0\})\text{ 对某些多项式}\{p_i\}_{i=1}^{k}\}\tag{4.1}$$

易推断出上式可得到拓扑结构。该拓扑结构的一个重要性质是其非平凡的开集在欧几里得拓扑中是致密的。

现用$[a]$来表示a集合$\{1,\cdots,a\}$，同样有$[a,b]=\{a,a+1,\cdots,b\}$。对于集合$P\subset[M]$，$Q\subset[N]$和任意$M\times N$的矩阵X，用X_Q表示删除了索引在Q之外的列向量后而得到的矩阵，用$X_{P\times Q}$表示删除了索引在$P\times Q$之外的列向量后而得到的矩阵。对于任意$M\times N$的矩阵空间中的子簇$\mathscr{M}$，令

$$T_X\mathscr{M}=\left\{Y:Y=\frac{\mathrm{d}}{\mathrm{d}t}\gamma(t)\bigg|_{t=0}\text{，对 }\mathscr{M}\text{ 中的平滑路径 }\gamma,\gamma(0)=X\right\}$$

4.2 框架约束下的消去理论

消去理论包括求解多元多项式系统的方法。一般来说,通过合并方程来依次“消除”变量。只有得到单变量的多项式才能消除该变量,之后将结果代回方程并得到多元方程组中所有变量的解。高斯消元法是最知名的变量消除技术的代表方法。在线性系统中,高斯消元法将解空间进行参数化。在高阶多项式方程组中,得到这种消元方法可以说是相当麻烦的,但在一些显著的情况下,该方法可以得到简化。例如,可以用平方根来构建局部良好定义的空间坐标系,以求解一个球形约束下的解空间:

$$\sum_{i=1}^{N} x_i^2 = 1 \Rightarrow x_1 = \pm\sqrt{1-\sum_{i=2}^{N} x_i^2},\quad i=2,\cdots,N$$

这个例子表明可以用变量 x_i 来对一个超球面的顶部或底部进行参数化描述。注意,这些参数需要满足 $\sum_{i=1}^{N} x_i^2 \leqslant 1$ 的条件,且它们都在区域内部且都是可解析的。

在 $\mathbf{R}^N$ 中的 M 个向量的有限单位范数紧框架完全被以下代数约束刻画:

$$\phi_i^{\mathrm{T}}\phi_i = \sum_{i=1}^{N} \phi_{ji}^2 = 1,\quad i=1,\cdots,N,\qquad \text{且 } \Phi\Phi^{\mathrm{T}} = \frac{M}{N} Id_N$$

因此,有限单位范数紧框架的空间是一个代数簇。另外,这些约束都是二次的,所以该空间也是二次簇。一般二次变量的求解是 NP 难题,但有限单位范数紧框架的空间经常有容易求解的局部解。

由于 $\mathbf{R}^2$ 的有限单位范数紧框架可以被定义为封闭的平面链,所以该空间可以被简单地参数化。

命题 4.1 对于 $\mathbf{R}^2$ 中的 M 个向量的任意框架 Φ,用复变量序列 $\{z_i\}_{i=1}^N$ 来定义 $\{\phi_i\}_{i=1}^M$,其中 $\mathrm{Re}(z_i)=\phi_{1i}$,$\mathrm{Im}(z_i)=\phi_{2i}$。那么 Φ 就是一个有限单位范数紧框架,当且仅当 $|z_i|^2=1, i=1,\cdots,N$ 且 $\sum_{i=1}^{N} z_i^2 = 0$。

为了参数化在 $\mathbf{R}^2$ 上的有 M 个向量的有限单位范数紧框架空间,可以把 $M-2$ 个链节放置在起始于原点的平面链条上,并且以两个长度为 1 的链节来闭合此链条,将得到有限多的可行解。这个参数化违背了局部参数化源于 $M-2$ 向量的局部任意扰动这个事实。这种直观现象也会在 $\mathbf{R}^N$ 的有限单位范数紧框架中出现,但对于 $N>2$ 的作用基则有非凡的自由度。

更一般地,对于一个平方向量长度的列 $\mu \in \mathbf{R}_+^M$ 和目标框架算子 S(一个

对称且正定的 $N \times N$ 维矩阵），可以把这个直观现象扩张到由 μ 和框架算子 S 来指示的，具有平方向量长度的框架的代数簇。我们称这些框架为 (μ, S) 框架，并用 $\mathscr{F}_{\mu,S}$ 来表征所有此类框架的空间。下面的条件优化（在文献[7]中介绍到框架团体中）要求 μ 和 S 使得 $\mathscr{F}_{\mu,S}$ 非空，并且在本书的其余部分都默认 μ 和 S 需满足该条件。

定理 4.1　令 $\mu \in \mathbf{R}_+^M$，S 表征 $N \times N$ 的对称正定有限算子。空间 $\mathscr{F}_{\mu,S}$ 非空，当且仅当

$$\max_{[A \subset [M]:|A|=k]} \sum_{i \in A} \mu_i \leqslant \sum_{i=1}^{k} \lambda_i(S)$$

对所有 $k \in [N]$ 且 $\sum_{i=1}^{M} \mu_i = \sum_{i=1}^{N} \lambda_i(S)$。此处，$\{\lambda_i(S)\}_{i=1}^{N}$ 是 S 非增序列的特征值。

本节将严格验证一个直观感觉，即 $\mathscr{F}_{\mu,S}$ 上的坐标必须来源于 $M-N$ 个向量在球体上的衔接，这是一个受限制的基的衔接。首先，将提出一个简单的例子来描绘在空间上如何构建有固定向量长度和固定框架算子的正规局部坐标。为了验证局部正交坐标系，在这些框架变量上定义切空间，并进一步验证切空间到候选参数空间上的内射映射性质。这使得我们可以引用实分析逆函数定理来确保局部良好定义的实分析坐标曲面确实存在。最后，使用存在的结果来验证正式的坐标解析表达式。与此同时，所有结果对复数域同样成立，只需考虑实数框架，因为它的符号更为简单，并且结论非常相似。

4.2.1　一个启发性的例子

本例将论证基于 $\mathbf{R}^3$ 的有着固定长度和固定算子的空间坐标是如何得到的。该例是最简单的非平凡情况。其优点在于它是普适的，在不同情况下的改动非常小。

令 $M=N=3$，有

$$\mu = \begin{bmatrix} 1 \\ 1 \\ 1 \end{bmatrix}, \quad 且\ \Phi = \begin{bmatrix} 1 & \frac{\sqrt{2}}{2} & 0 \\ 0 & \frac{\sqrt{2}}{2} & \frac{\sqrt{2}}{2} \\ 0 & 0 & \frac{\sqrt{2}}{2} \end{bmatrix}$$

$$S=\Phi\Phi^{\mathrm{T}}=\begin{bmatrix}\frac{3}{2} & \frac{1}{2} & 0\\ \frac{1}{2} & 1 & \frac{1}{2}\\ 0 & \frac{1}{2} & \frac{1}{2}\end{bmatrix}$$

下面来回顾 $\mathscr{F}_{\mu,S}$ 上的限定因素来确认它的维度是多种多样的。3 个长度条件中每个都可以形成一个约束。由于对称性,框架算子共有 $3+2+1=6$ 个约束条件。由于 $\mathscr{F}_{\mu,S}\subset\mathbf{R}^{3\times3}$,这个代数簇看起来是零维的。然而,因为 $\mathrm{trace}(S)=\sum\mu_i$,所以把每个限定条件都计算了两次,因此是一维代数簇。因此,对 $\mathscr{F}_{\mu,S}$ 可以寻找以下形式的参数化:

$$\Phi(t)=\begin{bmatrix}\phi_{11}(t) & \phi_{12}(t) & \phi_{13}(t)\\ \phi_{21}(t) & \phi_{22}(t) & \phi_{23}(t)\\ t & \phi_{32}(t) & \phi_{33}(t)\end{bmatrix},\quad \Phi(0)=\Phi$$

其限制是 $\mathrm{diag}(\Phi^{\mathrm{T}}(t)\Phi(t))=[1\ 1\ 1]^{\mathrm{T}}$ 和

$$\Phi(t)\Phi^{\mathrm{T}}(t)=S\Leftrightarrow$$

$$\Phi^{\mathrm{T}}(t)S^{-1}\Phi(t)=\Phi(t)^{\mathrm{T}}\begin{bmatrix}1 & -1 & 1\\ -1 & 3 & -3\\ 1 & -3 & 5\end{bmatrix}\Phi(t)=Id_3$$

下面继续归纳 $\Phi(t)$ 的列向量。只有涉及第一列的约束条件是正态性条件,且有 $S_{11}=1$,即

$$\phi_{11}^2+\phi_{21}^2+t^2=1$$
$$\phi_{11}^2+3\phi_{21}^2+5t^2-2\phi_{11}\phi_{21}+2\phi_{11}t-6\phi_{21}t=1$$

将这两个多项式看作关于 ϕ_{21} 的多项式,ϕ_{11} 和 t 为 ϕ_{21} 的系数,得

$$\phi_{21}^2+(\phi_{11}^2+t^2-1)=0$$
$$3\phi_{11}^2+(-2\phi_{11}-6t)\phi_{21}+(\phi_{11}^2+5t^2+2\phi_{11}t-1)=0$$

为了在方程组中实现消除,需要引入以下命题(一个使用高斯消除的简单实例)。

命题 4.2　假设 $\alpha_i,\beta_i\in\mathbf{R}$,其中 $i=0,1,2$ 且 $\alpha_2,\beta_2=0$。二次方程式 $p=\alpha_2\xi^2+\alpha_1\xi+\alpha_0$ 和 $q=\beta_2\xi^2+\beta_1\xi+\beta_0$ 有共同的零根,当且仅当 Bezout 行列式满足

$$Bz(p,q):=(\alpha_2\beta_1-\alpha_1\beta_2)(\alpha_1\beta_0-\alpha_0\beta_1)-(\alpha_2\beta_0-\alpha_0\beta_2)^2=0\quad(4.2)$$

在最后两个方程式中运用这个命题,能够消除 ϕ_{21},从而得到

$$
\begin{aligned}
0 = &[(1)(-2\phi_{11} - 6t) - (0)(3)][(0)(\phi_{11}^2 + 5t^2 + 2\phi_{11}t - 1) - \\
&(\phi_{11}^2 + t^2 - 1)(-2\phi_{11} - 6t)] - \\
&[(1)(\phi_{11}^2 + 5t^2 + 2\phi_{11}t - 1) - (3)(\phi_{11}^2 + t^2 - 1)]^2 = \\
&8\phi_{11}^4 + 16t\phi_{11}^3 + (36t^2 - 12)\phi_{11}^2 + \\
&(32t^3 - 16t)\phi_{11} + (40t^4 - 28t^2 + 4)
\end{aligned}
$$

求解 ϕ_{11}，得到 4 个可能的解：

$$\phi_{11}(t) = \pm\sqrt{1-2t^2}, \quad -t \pm \frac{1}{2}\sqrt{-6t^2+2}$$

结合条件 $\phi_{11}(0) = 1$，则只有一个可能解：

$$\phi_{11}(t) = \sqrt{1-2t^2}$$

很容易证明，这隐含了 $\phi_{21}(t) = t$。求解完第一列，认为约束还没有满足，但是该约束只取决于第一和第二列：

$$
\begin{cases}
\phi_{12}^2 + \phi_{22}^2 + \phi_{32}^2 = 1 \\
\phi_{12}^2 + 3\phi_{22}^2 + 5\phi_{32}^2 - 2\phi_{12}\phi_{22} + 2\phi_{12}\phi_{32} - 6\phi_{22}\phi_{32} = 1 \\
x^{\mathrm{T}} S^{-1} y = \sqrt{1-2t^2}\,\phi_{12} - \sqrt{1-2t^2}\,\phi_{22} + (\sqrt{1-2t^2} + 2t)\phi_{32} = 0
\end{cases}
\tag{4.3}
$$

根据连续性，可知在 $t=0$ 附近，$\phi_{11}(t) \neq 0$，因此可求解关于 ϕ_{12} 的第三个方程，从而得

$$\phi_{12}^2 = \phi_{22} - (1 + 2t/\sqrt{1-2t^2})\phi_{32}$$

这允许我们可以通过前两个等式来消去 ϕ_{12}，并且可以把这些新的方程看作是关于 ϕ_{22} 的含有 ϕ_{32} 的系数和 t 的二次方程：

$$
\begin{aligned}
&2\phi_{22}^2 + [(-2 - 4t/\sqrt{1-2t^2})\phi_{32}]\phi_{32} + \\
&[(2 + 4t/\sqrt{1-2t^2} + 4t^2/(1-2t^2))\phi_{32} - 1] = 0 \\
&2\phi_{22}^2 + [-4t\phi_{32}]\phi_{22} + [(4 + 4t^2/(1-2t^2))\phi_{32} - 1] = 0
\end{aligned}
$$

现在考虑求解 $\phi_{32}(t)$，Bezout 行列式不复存在，可以得到 3 个结果：

$$\phi_{32}(t) = 0, \pm\frac{1}{2}\sqrt{2-4t^2}$$

由于 $\phi_{32}(0)=0$，此处只剩下解 $\phi_{32}(t)=0$。将其解代入式(4.3)，可直接得到对于所有的 t，均有 $\phi_{12}(t) = \phi_{22}(t)$，因此得出结论，对于所有的 t，均有

$$\phi_{12}(t) = \phi_{22}(t) = \sqrt{2}/2$$

现在求解最后一列 ϕ_3。ϕ_2 上的条件也适用于 ϕ_3，可以看到

$$\phi_{33}(t) = 0, \pm\frac{1}{2}\sqrt{2-4t^2}$$

然而，$\phi_{33}(t) = \sqrt{2}/2$，因此得到 $\phi_{33}(t) = \frac{1}{2}\sqrt{2-4t^2}$。类似的一个推理表

明

$$\phi_{23}(t)=\pm\frac{\sqrt{2}}{2},\pm\frac{1}{2}\sqrt{2-4t^2}$$

考虑到正交条件

$$\phi_2^{\mathrm{T}}S^{-1}\phi_3=\sqrt{2}\,\phi_{23}-\sqrt{2}\,\phi_{33}=0$$

消除恒定解，并且根据条件 $\phi_{23}(2)=\sqrt{2}/2$，可以得到 $\phi_{23}(t)=\frac{1}{2}\sqrt{2-4t^2}$。根据球形条件 $\phi_{13}^2+\phi_{23}^2+\phi_{33}^2=1$ 和正交条件 $x^{\mathrm{T}}S^{-1}z=0$,得到 $\phi_{13}(t)=-\sqrt{2}\,t$。因此,最终的解是

$$\boldsymbol{\Phi}(t)=\begin{bmatrix}\sqrt{1-2t^2} & \frac{\sqrt{2}}{2} & -\sqrt{2}\,t\\ t & \frac{\sqrt{2}}{2} & \frac{1}{2}\sqrt{2-4t^2}\\ t & 0 & \frac{1}{2}\sqrt{2-4t^2}\end{bmatrix}$$

这个参数化是相对简单的,因为第一列和第三列形成了一个对于任意 t 都成立的生成集 $\{\phi_1(0),\phi_3(0)\}$ 的正交基。如果在例子的开头就发现了这个性质,就可以很快完成其参数化。然而,一般的框架没有正交集,即使这个例子所用的方法一般是有效的。

我们可以直接利用上述例子中的思想来围绕在 $\mathscr{F}_{\mu,S}$ 中的任意框架构造正规坐标系。但是,尚不清楚这些正规坐标系是否都是局部良好定义的。我们面临的第一个挑战是证明它们是唯一且有效的坐标系。然后需要努力辨识这些坐标系及其正规解在反推这个例子时可以被重建。

4.2.2 $F_{\mu,S}$ 上的切空间

首先将注意力转移到表征 $\mathscr{F}_{\mu,S}$ 切空间的问题。这样做有两个原因:首先,如果该切线不能被很好地定义,那么就不能保证该代数簇对于一个欧氏空间的开子集是局部微分的,也就是说,平滑坐标的图表可能无法获得;其次,构建正规坐标系有一个过程(已在前面的例子说明),但我们想知道这些坐标系对于开放的邻域坐标是确实有效的。为了证明这一点,需要证明雅可比的内射性来引用反函数定理的一种形式。验证内射性够保证坐标映射不会坍缩或者有断点,必须表征 $\mathscr{F}_{\mu,S}$ 的切线空间来实现这个证明。

对于 $\mu\in\mathbf{R}_+^M$ 和 $N\times N$ 的对称整实矩阵 S,令

$$\mathbf{T}_{\mu,N}=\{\boldsymbol{\Phi}=(\phi_i)_{i=1}^M\subset\mathbf{R}^N:\|\phi_i\|^2=\mu_i,\ i=1,\cdots,M\}$$

和

$$\mathrm{St}_{S,M}=\{\Phi=\{\phi_i\}_{i=1}^{M}\subset\mathbf{R}^N:\Phi\Phi^{\mathrm{T}}=S\}$$

分别表示广义圆环和广义施蒂菲尔多样性。为简单起见，简称这些为圆环和施蒂菲尔多样性。显然

$$\mathscr{F}_{\mu,S}=\mathbf{T}_{\mu,N}\cap\mathrm{St}_{S,M}$$

假设 $\mathscr{F}_{\mu,S}$ 是非空的，令 $c=\sum_{i=1}^{M}\mu_i$，并且定义该佛罗贝尼乌斯球的平方半径 c 为

$$\mathscr{S}_{M,N,c}=\left\{\Phi=(\phi_i)_{i=1}^{M}\subset\mathbf{R}^N:\sum_{i=1}^{N}\|\phi_i\|^2=c\right\}$$

其包图如下：

$$\begin{array}{ccc} & \mathscr{S}_{M,N,c} & \\ \nearrow & & \nwarrow \\ \mathrm{St}_{S,M} & & \mathbf{T}_{\mu,N} \\ \nwarrow & & \nearrow \\ & \mathscr{F}_{\mu,S} & \end{array}$$

为了证明正规坐标有效地利用了隐函数定理，对于给定的 $\Phi\in\mathscr{F}_{\mu,S}$，需要切空间 $T_\Phi\mathscr{F}_{\mu,S}$ 的有效表征。根据关联图，要考虑何时有

$$T_\Phi\mathscr{F}_{\mu,S}=T_\Phi\mathbf{T}_{\mu,N}\cap T_\Phi\mathrm{St}_{S,M}$$

也就是说，何时有交点的切线空间等于交点的切线空间？横向相交的概念是处理这个问题的出发点（见文献[12]）。

定义 4.1　假设 $\mathscr{M}$ 和 $\mathscr{N}$ 是光滑簇 $\mathscr{K}$ 的子簇，令 $x\in\mathscr{M}\cap\mathscr{N}$。如果有 $T_x\mathscr{K}=T_x\mathscr{M}+T_x\mathscr{N}$，则 M 和 N 相交横向于 N 中的 X。其中，+ 是明可夫斯基和。

定理 4.2　假设 $\mathscr{M}$ 和 $\mathscr{N}$ 是光滑簇 $\mathscr{K}$ 的子簇，并令 $x\in\mathscr{M}\cap\mathscr{N}$，如果 $\mathscr{M}$ 和 $\mathscr{N}$ 相交横向于 $\mathscr{K}$ 中的 x，那么 $T_x(\mathscr{M}\cap\mathscr{N})$ 被完备定义，且有

$$T_x(\mathscr{M}\cap\mathscr{N})=T_x\mathscr{M}\cap T_x\mathscr{N}$$

也就是说，交点的切线空间是切线空间的交点。

图 4.1 提供了这个定理的可视化结果。为了利用这个定理，必须首先确定 $T_\Phi\mathscr{S}_{M,N,c}$，$T_\Phi\mathbf{T}_{\mu,N}$ 及 $T_\Phi\mathrm{St}_{S,M}$。球体 Φ 的切线空间是与 Φ"正交"的矩阵所构成的集合

$$T_\Phi\mathscr{S}_{M,N,c}=\left\{X=(x_i)_{i=1}^{M}\subset\mathbf{R}^N:\sum_{i=1}^{N}\langle x_i,\phi_i\rangle=0\right\}$$

因为簇的乘积的切线空间是切线空间的乘积，同样得

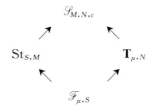

$$T_{\Phi}\mathbf{T}_{\mu,N}=\{X=(x_i)_{i=1}^{M}\subset\mathbf{R}^N:\langle x_i,\phi_i\rangle=0,i=1,\cdots,N\}$$

通过特殊的正交群 $SO(N)$ 作用于 $\mathrm{St}_{S,M}$ 的右侧:$(U,\Phi)\mapsto\Phi U$,可以得到 $T_{\Phi}\mathrm{St}_{S,M}$ 最方便的表征。由于 $SO(N)$ 的 Lie 代数是斜对称矩阵,不难得到

$$T_{\Phi}\mathrm{St}_{S,M}=\{X=(x_i)_{i=1}^{M}\subset\mathbf{R}^N:X=\Phi z,Z=-Z^{\mathrm{T}}\}$$

表征完这些切空间,现在关注当 $\mathbf{T}_{\mu,N}$ 和 $\mathrm{St}_{S,M}$ 是横向相交于 $\mathscr{S}_{M,N,c}$ 时,表征 $\Phi\in\mathscr{F}_{\mu,S}$ 的问题。事实证明,"坏"Φ 正好是可正交分解的框架(见文献[9])。

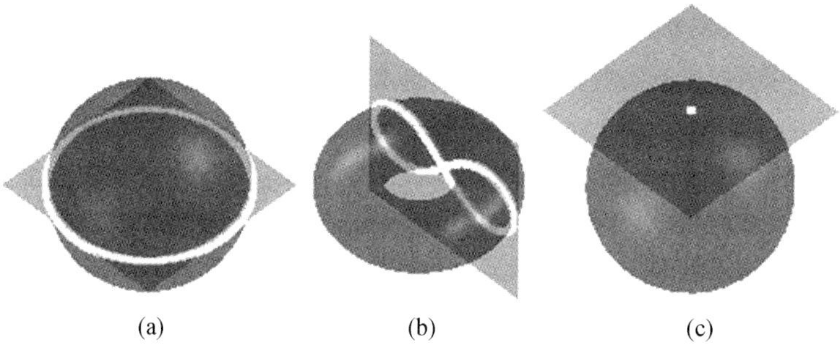

图 4.1　交集完整的横截面(a)确保交点根据维数公式形成多维。图(b)证明局部横截面的不成立导致横截面内部的交叉(双扭线)。图(c)为我们看到当横截完全不成立时而发生的退化

定义 4.2　如果框架 Φ 可被分成两个非凡子集 Φ_1 和 Φ_2,并且两者满足 $\Phi_1^*\Phi_2$,那么可认为它是可正交分解的。也就是说,跨度 Φ_1 和跨度 Φ_2 是非凡的正交子空间。

显然,可正交分解性是与结构成员的相关性结构密切相关的。为了证明这一等同性,下面介绍框架的相关性网络的概念。

定义 4.3　框架 $\Phi=(\phi_i)_{i=1}^{M}$ 的相关性网络是无向图 $\gamma(\Phi)=(V,E)$,其中 $V=[M]$,$(i,j)\in E$,当且仅当$\langle\phi_i,\phi_j\rangle$是非零的。

例 4.1　定义

$$[\langle\phi_i,\phi_j\rangle]_{(i,j)\in[3]^2}=\Phi^{\mathrm{T}}\Phi=\begin{bmatrix}1&\frac{\sqrt{2}}{2}&0\\\frac{\sqrt{2}}{2}&1&\frac{1}{2}\\0&\frac{1}{2}&1\end{bmatrix}$$

由于只有 ϕ_1,ϕ_3 是正交(非相关)的,因此得到结论 $\gamma(\Phi)=(\{1,2,3\},\{(1,2),(2,3)\})$。

现在可以声明与在 Φ 处交点的横截性、相关性网络 $\gamma(\Phi)$ 的连通性和 Φ 的可正交分解性相关的主要定理。这个结果是根据斯特朗(见文献[21]) 得来的。

定理 4.3　假设 $\Phi \in \mathscr{F}_{\mu,S}$，则下列是等价的：

(ⅰ) $T_{\Phi}\mathscr{S}_{M,N,c} = T_{\Phi}\mathbf{T}_{\mu,N} + T_{\Phi}\mathrm{St}_{S,M}$。

(ⅱ) 对于任给 $Y \in T_{\Phi}\mathscr{S}_{M,N,c}$，存在斜对称 $Z=[z_{ij}]$ 是以下系统的解；

$$\langle y_i, \phi_i \rangle = \sum_{j \in [M]} z_{ji\langle \phi_i, \phi_j \rangle}, \quad i \in [M] \tag{4.4}$$

(ⅲ) Φ 不是可正交分解的。

(ⅳ) $\gamma(\Phi)$ 是连通的。

这个定理的证明相当简单，但是它的技术细节使简单的直觉变得有些模糊。论证的核心涉及在给定 $\gamma(\Phi)$ 连续的情况下构建式(4.4) 的解的算法。因为 Z 是斜对称的，这个过程可以解释为用于在相关性网络节点处分配特定资源数量的一个算法。我们用图 4.2 说明该算法。

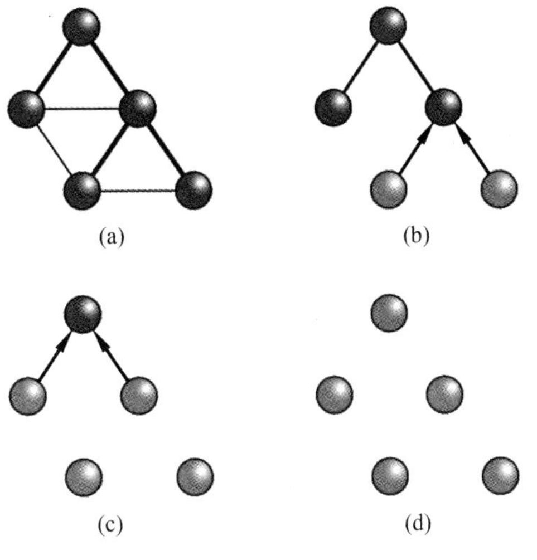

图 4.2　图(a) 从 $\gamma(\Phi)$ 中提取根生成树。如果(i,j) 不属于生成树，令 $z_{ij}=0$。图(b) 节点的唯一孩子是树叶，固定 Z 的项使得(4.4) 对于所有的子叶成立，有效除去树上的子叶。图(c) 直至剩下树的主干。图(d)Y 上的条件保证了最终的等式成立。此时，Z 的所有项都被定义

通过这个理论可直接得到在非可正交分解的框架中 $\mathscr{F}_{\mu,S}$ 的切空间的表征。

推论 4.1　假设 $\Phi \in \mathscr{F}_{\mu,S}$ 是非可正交分解的，有

$$T_\Phi \mathscr{F}_{\mu,S} = T_\Phi \mathbf{T}_{\mu,N} + T_\Phi \mathrm{St}_{S,M} = \{X=(x_i)_{i=1}^M \subset \mathbf{R}^N : X=\Phi Z, Z=-Z^{\mathrm{T}}, \mathrm{diag}(\Phi^* X)=0\} \tag{4.5}$$

4.2.3 在 $\mathscr{F}_{\mu,S}$ 上的局部良好定义的参数化

现在已经表征了在 $\mathscr{F}_{\mu,S}$ 上的切空间，下面继续对任意非可正交分解的 $F \in \mathscr{F}_{\mu,S}$ 建立一个线性映射 π 和线性参数空间 $\Omega \oplus \Delta$，使得 $\pi: T_F\mathscr{F}_{\mu,S} \to \Omega \oplus \Delta$（$\pi$ 的雅可比：$\mathscr{F}_{\mu,S} \to \Omega \oplus \Delta$）是单向映射的，因此根据反函数定理，映射 π：$\mathscr{F}_{\mu,S} \to \Omega \oplus \Delta$ 是存在局完备部定义的逆的。据此得出结论，通过正规过程产生了有效的坐标系。

首先关注通过计算已知的控制约束，一般的非空 $\mathscr{F}_{\mu,S}$ 的维数是

$$\begin{aligned}\dim(\mathscr{F}_{\mu,S}) &= \dim\mathbf{T}_{\mu,N} + \dim \mathrm{St}_{S,M} - \dim \mathscr{S}_{M,N,c} = \\ &(N-1)M + \sum_{i=1}^{M}(M-i) - (MN-1) = \\ &(N-1)(M-N) + \sum_{i=1}^{M-2} i\end{aligned}$$

根据最初的例子，可以预计它可能会获得一个形式 $\Phi(\Theta,L) = [\Gamma(\Theta)B(\dot{\Theta},L)]$ 的参数化，其中

$$L \in \Delta_N = [\delta=(\delta_i)_{i=1}^N \subset \mathbf{R}^N : \delta_{ij}=0, i \leqslant j+1]$$

$$\Theta \in \Omega_{M,N} = [\omega=(\omega_i)_{i=1}^{M-N} \subset \mathbf{R}^N : \omega_{1i}=0,\ i=1,\cdots,M-N]$$

$$\Gamma(\Theta) = \begin{bmatrix} \phi_{11}(\theta_1) & \phi_{12}(\theta_2) & \cdots & \phi_{1,M-N}(\theta_{M-N}) \\ \theta_{21} & \theta_{22} & \cdots & \theta_{2,M-N} \\ \vdots & \vdots & & \vdots \\ \theta_{N1} & \theta_{N2} & \cdots & \theta_{N,M-N} \end{bmatrix}$$

其中 $B(\Theta,L)$ 有以下形式：

$$\begin{bmatrix} \phi_{1,M-N+1} & \phi_{1,M-N+2} & \cdots & \phi_{1,M-3} & \phi_{1,M-2} & \phi_{1,M-1} & \phi_{1M} \\ \phi_{2,M-N+1} & \phi_{2,M-N+2} & \cdots & \phi_{2,M-3} & \phi_{2,M-2} & \phi_{2,M-1} & \phi_{2M} \\ l_{31} & \phi_{3,M-N+2} & \cdots & \phi_{3,M-3} & \phi_{3,M-2} & \phi_{3,M-1} & \phi_{3M} \\ l_{41} & l_{42} & \cdots & \phi_{4,M-3} & \phi_{4,M-2} & \phi_{4,M-1} & \phi_{4M} \\ \vdots & \vdots & & \vdots & \vdots & \vdots & \vdots \\ l_{N-1,1} & l_{N-1,2} & \cdots & \phi_{N-1,N-3} & \phi_{N-1,M-2} & \phi_{N-1,M-1} & \phi_{N-1,M} \\ l_{N1} & l_{N2} & \cdots & \phi_{N,N-3} & \phi_{N,M-2} & \phi_{N,M-1} & \phi_{N,M} \end{bmatrix}$$

式中，Γ 表示可在其球体范围内自由扰动的向量，B 把基参数化。注意，$\Gamma(\Theta)$ 和 $B(\Theta,L)$ 分别是 $N\times(M-N)$ 和 $N\times N$ 的矩阵。

为了利用这个参数空间，必须旋转所有 Φ 的向量来使得切空间是和 $\Omega_{M,N}\oplus\Delta_N$ 充分对齐，否则将不能得到我们刚才描述的形式的参数化。旋转的系统被表述为一个正交的矩阵：

$$Q=(Q_i)_{i=1}^M\subset O^M(N)$$

使用旋转系统 Q 的框架 Φ 被表示为

$$Q\times\Phi=(Q_i\phi_i)_{i=1}^M$$

并且令 $Q^{\mathrm{T}}=(Q_i^{\mathrm{T}})_{i=1}^M$。

定理 4.4(也基于斯特朗，见文献[21]) 通过展示雅可比的内射性来为应用实解析反函数定理设置步骤。特别地，它可以使我们知道何时、如何可以使用参数空间 $\Omega_{M,N}\oplus\Delta_N$ 来获得 $\mathscr{F}_{\mu,S}$ 上的坐标。

定理 4.4　假设 $\Phi\in\mathscr{F}_{\mu,S}$ 是非可正交分解的，则存在旋转的系统 $\dot{Q}\in O^M(N)$ 和一个 $M\times M$ 的转置矩阵 P，使得正交投影

$$\pi:Q^{\mathrm{T}}\times T_{\Phi P^{\mathrm{T}}}\mathscr{F}_{P\mu,S}\to\Omega_{N,N}\oplus\Delta_N$$

是单射的。

通过实分析反函数定理可以得到下列推论，这确保了我们构建正规坐标(如第一个例子)的步骤确实可以生成良好定义的坐标系。

推论 4.2　如果定理 4.4 的条件满足，那么 π 就有一个唯一的、局部良好定义的且实分析的逆，即 $\Phi':\Omega_{M,N}\oplus\Delta_N\to Q^{\mathrm{T}}\times\mathscr{F}_{P\mu,S}$。

备注 4.1　如果 Φ' 与上述推论中的一样，那么 $(Q\times\Phi'(\Theta,L))P$ 是围绕 $\Phi\in\mathscr{F}_{\mu,S}$ 的参数化。

定理 4.4 的证明是非常有技术含量的，但是一个简单的例子就可以体现其精妙之处。考虑框架

$$\Phi=\begin{bmatrix}1 & 1 & \frac{\sqrt{3}}{3} & \frac{\sqrt{3}}{3}\\ 0 & 0 & \frac{\sqrt{3}}{3} & \frac{\sqrt{3}}{3}\\ 0 & 0 & -\frac{\sqrt{3}}{3} & \frac{\sqrt{3}}{3}\end{bmatrix}$$

因此 $\mu=[1\ 1\ 1\ 1]^{\mathrm{T}}$，并且

$$S=\begin{bmatrix}\frac{8}{3} & \frac{2}{3} & 0\\ \frac{2}{3} & \frac{2}{3} & 0\\ 0 & 0 & \frac{2}{3}\end{bmatrix}$$

我们的首要目标是在 Φ 内确定一个非可正交分解的基。注意,该基的存在等同于 $\gamma(\Phi)$ 的连通性。令

$$B=[\phi_2\quad \phi_3\quad \phi_4]=\begin{bmatrix}1 & \frac{\sqrt{3}}{3} & \frac{\sqrt{3}}{3}\\ 0 & \frac{\sqrt{3}}{3} & \frac{\sqrt{3}}{3}\\ 0 & -\frac{\sqrt{3}}{3} & \frac{\sqrt{3}}{3}\end{bmatrix}$$

下面利用基于 $\gamma(B)$ 的有根树。设置这个树的根结点是 4,并且 2 和 3 是子结点。用 T 表示这棵树。在这种方式中,我们选择 T 来说明典型的行为。

现在选定了定理 4.4 的转置矩阵 P,那么 P^{T} 将所有"自由"的向量移动到 ΦP^{T} 的左侧,并且如果在 T 中,i 是 j 的子结点,那么第 i 个向量优先于第 j 个向量。根据对于 Φ 和 T 的选择,有 $P=Id$。接下来固定比对矩阵。

"自由"向量的比对矩阵可以很简单地选出来,使得 $Q_i e_1=\phi_i/\|\phi_i\|$。选择比对矩阵作为基则更加复杂。在该例中,因为 $\phi_1=e_1$,所以 $Q_1=Id$。现在选择 Q_2,类似地

$$[\phi_2\quad \phi_4\quad \phi_3]=[\phi_2\quad \phi_3\quad \phi_4]P_{(23)}=Q_2R_2$$

是在进行第二和第三列的重排后 B 的 QR 分解。注意,在重排后,ϕ_2 后面的向量的索引在 T 中是 2 的父结点。很容易确认

$$\begin{bmatrix}1 & \frac{\sqrt{3}}{3} & \frac{\sqrt{3}}{3}\\ 0 & \frac{\sqrt{3}}{3} & \frac{\sqrt{3}}{3}\\ 0 & \frac{\sqrt{3}}{3} & -\frac{\sqrt{3}}{3}\end{bmatrix}=\begin{bmatrix}1 & 0 & 0\\ 0 & \frac{\sqrt{2}}{2} & \frac{\sqrt{2}}{2}\\ 0 & -\frac{\sqrt{2}}{2} & \frac{\sqrt{2}}{2}\end{bmatrix}\begin{bmatrix}1 & \frac{\sqrt{3}}{3} & \frac{\sqrt{3}}{3}\\ 0 & \frac{\sqrt{6}}{3} & 0\\ 0 & 0 & \frac{\sqrt{6}}{3}\end{bmatrix}$$

因此

$$Q_2=\begin{bmatrix}1 & 0 & 0\\ 0 & \frac{\sqrt{2}}{2} & \frac{\sqrt{2}}{2}\\ 0 & -\frac{\sqrt{2}}{2} & \frac{\sqrt{2}}{2}\end{bmatrix}$$

最终的两个比对矩阵一直可以被设定为恒等的,因此 $Q_3=Q_4=Id$。

现在开始证明该理论中的投影是单射的。假设 $X\in Q^{\mathrm{T}}\times T_{\Phi}\mathscr{F}_{\mu,S}$ 满足 $\pi(X)=0$,因此

$$X=\begin{bmatrix} x_{11} & x_{12} & x_{13} & x_{14} \\ 0 & x_{22} & x_{23} & x_{24} \\ 0 & 0 & x_{33} & x_{34} \end{bmatrix}$$

因为 $\gamma(\Phi)$ 是连续的，所以有

$$T_{\Phi}\mathscr{F}_{\mu,S}=\{Y:Y=\Phi Z,Z=-Z^{t},\mathrm{diag}(\Phi^{\mathrm{T}}\Phi Z)=0\}$$

特别地，对于某些 $Z=-Z^{\mathrm{T}}$，有 $X=Q^{\mathrm{T}}\times(\Phi Z)$。应通过它的列证明 $Z=0$。首先证明可选择 Z 使得 $z_1=0$，注意到 $x_1=\Phi z_1$。因为 $\mathrm{diag}(\Phi^{\mathrm{T}}\Phi Z)=0$，有

$$0=\phi_1^{\mathrm{T}}\Phi z_1=e_1^{\mathrm{T}}\Phi z_1=e_1^{\mathrm{T}}x_1=x_{11}$$

所以，$x_1=0$，这证明了在该例中我们可以假设 $z_1=0$。该细节的描述得到了充分的论证，但是有人可能认为这是说任何固定“自由”矢量的运动只需要知道它是如何作用于基的。现在表明有 $z_2=0$，可得出

$$P_{(23)}\begin{bmatrix} 0 \\ z_{32} \\ z_{42} \end{bmatrix}=R_2^{-1}x_2=\begin{bmatrix} 1 & -\frac{\sqrt{2}}{2} & -\frac{\sqrt{2}}{2} \\ 0 & \frac{\sqrt{6}}{2} & 0 \\ 0 & 0 & \frac{\sqrt{6}}{2} \end{bmatrix}\begin{bmatrix} x_{12} \\ x_{22} \\ 0 \end{bmatrix}=\begin{bmatrix} x_{12}-\frac{\sqrt{2}}{2}x_{22} \\ \frac{\sqrt{6}}{2}x_{22} \end{bmatrix}$$

这意味着

$$z_2=\begin{bmatrix} 0 \\ 0 \\ 0 \\ z_{42} \end{bmatrix}$$

现在来考虑在 $T_{\Phi}\mathscr{F}_{\mu,S}$ 的其他条件。$\mathrm{diag}(\Phi^{\mathrm{T}}\Phi Z)=0$ 意味着 $\phi_2^{\mathrm{T}}\Phi z_2=0$。但因为有 $z_2=z_{42}e_4$，这种情况导致有

$$z_{42}\phi_2^{\mathrm{T}}\phi_4=0$$

在相关性网络的生成树中，4 是 2 的父结点，因此得到 $\phi_2^{\mathrm{T}}\phi_4\neq 0$。而且 $z_{42}=0$，所以 $z_2=0$。重复这个技巧同样可得 $z_3=0$；z_3 的最后 3 个项是 $\Phi^{-1}x_3$，这意味着 z_3 的非零项是 z_{43}，并且对角线条件确保 $z_{43}=0$。最后，因为 $Z=-Z^{\mathrm{T}}$，有 $z_4=0$。

我们已经证明 $Z=0$，则有 $X=0$ 并且 π 是单向映射的。计算维数后，调用

实分析反函数定理得到特殊的、解析的且局部良好定义的坐标。这保证了该系统的形式解是局部有效的。我们现在说明形式解的具体构造。

4.2.4 推导 $\mathscr{F}_{M,S}$ 上的具体坐标

使用与上一个例子相同的 Φ，假设

$$\Phi = \begin{bmatrix} \sqrt{1-\phi_{21}^2-\phi_{31}^2} \\ \phi_{21} \\ \phi_{31} \end{bmatrix}$$

对"自由"矢量施加唯一的条件是，它仍然在其范围内。然而，随着移动 ϕ_1，基的框架算子$[\phi_2\ \phi_3\ \phi_4]$必须改变来保持总体框架算子。明确地说，要强制约束

$$S = \phi_1\phi_1^{\mathrm{T}} + \phi_2\phi_2^{\mathrm{T}} + \phi_3\phi_3^{\mathrm{T}} + \phi_4\phi_4^{\mathrm{T}}$$

因此必须有

$$BB^{\mathrm{T}} = \phi_2\phi_2^{\mathrm{T}} + \phi_3\phi_3^{\mathrm{T}} + \phi_4\phi_4^{\mathrm{T}} = S - \phi_1\phi_1^{\mathrm{T}}$$

因为 B 是可逆的，重新排列得到

$$B^{\mathrm{T}}(S-\phi_1\phi_1^{\mathrm{T}})^{-1}B = Id$$

通过这种重新排列的方式，所有的基上的条件变为列上的条件。这个中心技巧可以用于完整推导具体坐标系的策略。借助重排，可以使用逐列的方式来求解整个系统。

要使用这种方式，我们必须计算$(S-\phi_1\phi_1^{\mathrm{T}})^{-1}$。这个逆的项可以通过解析函数来获得，但是它们已经很复杂了。虽然我们可以把这个表达写在一页纸上，但只考虑一个"自由"的向量。借助一个任意数量的"自由"向量，可以很容易地看到这个逆有复杂难懂的表示。即便只是简单解决一个线性系统的问题，但涉及这种逆运算和基础运算，它的完整表达式也是十分复杂的。在这个形势下，我们将解决两个二次方程和一个线性系统。这会极大地增加具体表达式的复杂性。

不考虑$(S-\phi_1\phi_1^{\mathrm{T}})$的具体形式，现在考虑必须加在 ϕ_2 的条件：

$$\phi_2^{\mathrm{T}}\phi_2 = 1,\quad \phi_2^{\mathrm{T}}(S-\phi_1\phi_1^{\mathrm{T}})^{-1}\phi_2 = 1$$

首先是一个球形约束，第二是在普遍情况下的椭球约束。一般来说，该 $\mathbf{R}^3$ 中的解决方案与 Pringles 片的边界有着明显的相似度。因为对于对齐准结构，令 $\phi_2 = Q_2\psi$，求解

$$\psi^{\mathrm{T}}\psi = 1,\quad \psi^{\mathrm{T}}Q_2^{\mathrm{T}}(S-\phi_1\phi_1^{\mathrm{T}})^{-1}Q_2\psi = 1$$

其中

$$\psi=\begin{bmatrix}\psi_1(t,\phi_1)\\ \psi_2(t,\phi_1)\\ t\end{bmatrix}$$

像在第一个例子中那样，有两个二次约束，可以应用 Bezout 决定技巧来获得 ψ_1 和 ψ_2 的明确表达。由此产生的表达式是完全依赖于 ψ_1 和 t 的。然后令 $\phi_2=Q_2^{\mathrm{T}}\psi$。在 ϕ_2 设定好后，可以参照第一个例子中的方法解决 ϕ_3 和 ϕ_4。细心的读者会认识到，我们在解决这些问题的过程中得到了无数的分支。然而，我们可以通过考虑条件 $\Phi(0,0,0)=\Phi$ 修剪这些分支。

虽然我们可以在这样的坐标系中明确写出表达式，这些表达式将必然涉及四次方程的解，当以完整形式表达出来时是不实用的。在该例中，某些表达式是非常巨大的，它们超越了 Latex 的允许缓冲区。然而，计算机代数软件包可以处理这些表达式。对于这些坐标的详细技术推导以及关于有唯一可行解的完整证明，读者可参考文献[21]。

由于例子中的表达式过于巨大，可以由图 4.3 得到结论，它描述了运动的框架向量使我们遍历局部坐标系。在图中，允许 ϕ_1 沿着大圆移动，并允许 t 完全不同，因此观察到了个体基础矢量在单元球内的二维表达阐述。在本例中，当然也有三维自由度，但是这在一个球体的三维空间中实现三维的可视化是非常困难的。

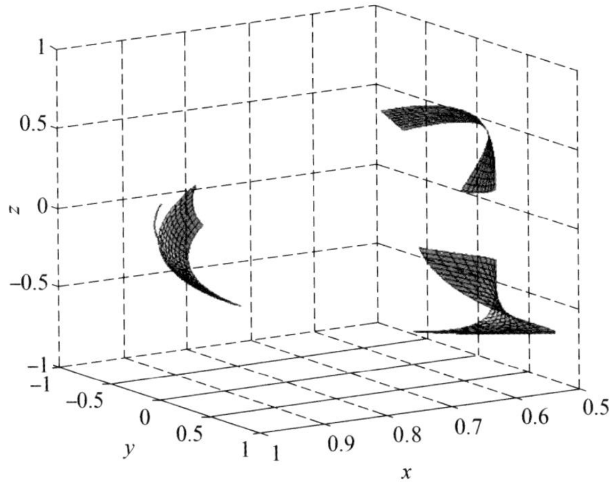

图 4.3　在图中，允许 ϕ_1（在图形左侧的小的蓝色曲线）沿着固定的曲线变化，且 ϕ_2 的运动控制着单自由度。因此，ϕ_2，ϕ_3 和 ϕ_4 能决定二维表面的单位球面（见彩页）

4.3　格拉斯曼流形

在本节中，我们将研究一族著名的变量，它们被称为格拉斯曼流形。这些结果最早出现在文献[5]中。格拉斯曼流形被定义为集合{N 的 $\mathscr{H}^M$ 维子空间}，并用 $Gr(M,N)$ 来表示。这个定义并不能清楚的说明该集合怎样形成一个变量，不过我们将很快进行解释。在框架理论中使用格拉斯曼的想法来源于以下命题（见[1]、[15]）。

命题 4.3　两框架是同构的，当且仅当其对应的分析运算符具有相同的图像。

因此在格拉斯曼流形中一个点对应于框架的一个完整同构类，但框架的许多特性在同构中是不变的，所以格拉斯曼流形可以提供一个有用的方法，来讨论框架家族的某些性质。

在第一部分，我们将介绍格拉斯曼流形的一些基本性质。

首先关注作为一个度量空间的格拉斯曼流形。如果 $\mathscr{X},\mathscr{Y}\in Gr(M,N)$，$\|P_{\mathscr{X}}-P_{\mathscr{Y}}\|$ 决定了在 $Gr(M,N)$ 的度量，其中 $P_{\mathscr{X}}$ 表示 $\mathscr{H}^M$ 在 $\mathscr{X}$ 上的正交投影，$\|\cdot\|$ 表示常用的范数。这个指标有关于在 $\mathscr{X}$ 和 $\mathscr{Y}$ 之间的"角度"的几何解释。定义 $N-$ 元组$(\sigma_1,\cdots,\sigma_k)$ 如下：

$$\sigma_1=\max\{\langle x,y\rangle:x\in\mathscr{X},y\in\mathscr{Y},\|x\|=\|y\|=1\}=\langle x_1,y_1\rangle$$

对于 $i>1$，有

$$\sigma_i=\max\{\langle x,y\rangle:x\in\mathscr{X},y\in\mathscr{Y},\|x\|=\|y\|=1,$$
$$\langle x,x_j\rangle=\langle y,y_j\rangle=0,j<i\}=\langle x_i,y_i\rangle$$

现在定义 $\theta_i(\mathscr{X},\mathscr{Y})=\arccos(\sigma_i)$。$N-$ 元组 $\theta(\mathscr{X},\mathscr{Y})=(\theta_1,\cdots,\theta_N)$ 被称为 $\mathscr{X}$ 和 $\mathscr{Y}$ 的主角（有些作者称为规范角）。令 X 和 Y 是 $N\times M$ 维矩阵，它们的行分别构成 $\mathscr{X}$ 和 $\mathscr{Y}$ 的正交基。这表明 σ_i 是 XY^* 的奇异值。我们也有 $\|P_{\mathscr{X}}-P_{\mathscr{Y}}\|=\sin(\theta_N(\mathscr{X},\mathscr{Y}))$。实际上，有许多度量可以就主角方面来被定义。这三个事实的证明可参见文献[15]。

现在继续解释一个特定的嵌入，称为 Plücker 嵌入，它把 $Gr(M,N)$ 嵌入 $\mathbf{P}^{\binom{M}{N}-1}$ 中，这个将在本节中被广泛应用。令 $\mathscr{X}\in Gr(M,N)$，并让 $X^{(1)}$ 为任意 $N\times M$ 矩阵，其行形成 $\mathscr{X}$ 的基。令 $X^{(1)}_{i_1\cdots i_N}$ 是 $N\times N$ 的较小的包含被 $X^{(1)}$ 的 $i_1,\cdots,i_N$ 索引的列。那么 $\binom{M}{N}$ 元组

$$\mathrm{Plu}(X^{(1)})=(\det(X^{(1)}_{i_1\cdots i_N}))_{1\leqslant i_1<\cdots<i_N\leqslant M}$$

被称为 $\mathscr{X}$ 的 Plücker 坐标。注意到如果 $X^{(2)}$ 是任意之外的 $N\times M$ 矩阵，它的行生成 $\mathscr{X}$，那么存在一个可逆的 $N\times N$ 矩阵 A，使得 $(X^{(2)})=A(X^{(1)})$。所以 $\mathrm{Plu}(X^{(2)})=\det(A)\mathrm{Plu}(X^{(1)})$。因此映射 $\mathscr{X}\mapsto\mathrm{Plu}(\mathscr{X})$ 是一个良好定义 $Gr(M,N)$ 到 $\mathbf{P}^{\binom{M}{N}-1}$ 的单向映射。在大多数情况下，该映射不是满射，然而映射的图像被称为一个投影变量，要知道更多的细节请参见文献[11]。特别地，多项式变为零的轨迹是

$$x_{i_1\cdots i_N}x_{j_1\cdots j_N}-\sum_{k=1}^{N}x_{j_k i_2\cdots i_N}x_{j_1\cdots j_{k-1}i_1 j_{k+1}\cdots j_N}$$

(其中，对于任意排列 σ 有 $x_{\sigma(i_1)\cdots\sigma(i_N)}=\mathrm{sign}(\sigma)x_{i_1\cdots i_N}$) 恰恰是 Plücker 嵌入的图像。用符号 $\mathrm{Plu}(M,N)$ 来表示这组多项式。

不恰当地借用 $\mathrm{Plu}(\mathscr{X})$ 表示 $\mathscr{H}^{\binom{M}{N}}$ 中的一个单位矢量。则有 $|\langle\mathrm{Plu}(\mathscr{X}),\mathrm{Plu}(\mathscr{Y})\rangle|$ 对于任意 $\mathscr{X},\mathscr{Y}\in Gr(M,N)$ 都是良好定义的。定义在 $\mathscr{X}$ 和 $\mathscr{Y}$ 之间的 Plücker 角是

$$\Theta(\mathscr{X},\mathscr{Y})=\arccos|\langle Plu(\mathscr{X}),Plu(\mathscr{Y})\rangle|$$

在 $\Theta(\mathscr{X},\mathscr{Y})$ 和 $\theta(\mathscr{X},\mathscr{Y})$ 之间的关系参见文献[14]、[17] 和[18]。

命题 4.4

$$\cos(\Theta(\mathscr{X},\mathscr{Y}))=\prod_{i=1}^{k}\cos(\theta_i(\mathscr{X},\mathscr{Y}))\tag{4.6}$$

证明　令 $\mathscr{X}$ 和 $\mathscr{Y}$ 为 $N\times M$ 的矩阵，其行分别对构成各自的正交基。则

$$\begin{aligned}\cos(\Theta(\mathscr{X},\mathscr{Y}))=&|\langle\mathrm{Plu}(\mathscr{X}),\mathrm{Plu}(\mathscr{Y})\rangle|=\\&\left|\sum_{1\leqslant i_1\leqslant\cdots\leqslant i_N\leqslant M}\det(X_{i_1\cdots i_N})\det(Y_{i_1\cdots i_N})\right|=\\&\left|\sum_{1\leqslant i_1\leqslant\cdots\leqslant i_N\leqslant M}\det(X_{i_1\cdots i_N}Y^*_{i_1\cdots i_N})\right|=\\&|\det(XY^*)|=|\det(U\Sigma V)|=\det(\Sigma)=\\&\prod_{i=1}^{N}\sigma_i=\prod_{i=1}^{N}\cos(\theta_i(\mathscr{X},\mathscr{Y}))\end{aligned}$$

其中 $XY^*=U\Sigma V$ 是一个奇异值分解，这里对第四个等式应用柯西－比奈公式。

特别是，对任给 $i=1,2,\cdots,N$ 有 $\theta_i(\mathscr{X},\mathscr{Y})\leqslant\Theta(\mathscr{X},\mathscr{Y})$，$\Theta(\mathscr{X},\mathscr{Y})=\frac{\pi}{2}$ 当且仅当 $\theta_N(\mathscr{X},\mathscr{Y})=\frac{\pi}{2}$，且 $\Theta(\mathscr{X},\mathscr{Y})=0$，当且仅当 $\theta_N(\mathscr{X},\mathscr{Y})=0$。而且，对于 $Gr(M,N)$ 有下列新指标：

$$d(\mathscr{X},\mathscr{Y}) = \| \mathrm{Plu}(\mathscr{X}) - \mathrm{Plu}(\mathscr{Y}) \| = 2\sin\left(\frac{\Theta(\mathscr{X},\mathscr{Y})}{2}\right)$$

我们称其为 Plücker 度量。

现在描述一种把格拉斯曼流形分解为多个子集的特定方法,这种方法被称为格拉斯曼流形的拟阵层级处理。首先定义拟阵(注意,有许多等价的方法来定义拟阵,这里只说明本书所使用的一种方法)。

定义 4.4　拟阵是一组有序对$([M],\mathscr{B})$,其中 $\mathscr{B}\subseteq 2^{[M]}$ 满足:

(B1)$\mathscr{B}\neq 0$;

(B2)$A,B\in\mathscr{B},a\in A\backslash B\Rightarrow \exists b\in B\backslash A$,使得$(A\backslash\{a\})\cup\{b\}\in\mathscr{B}$。

$[M]$ 被称为 $\mathscr{M}$ 的基集,$\mathscr{B}$ 中的元素称为 $\mathscr{M}$ 的基。

关于拟阵理论更多的背景可以参考文献[19]。本书关心拟阵主要的原因归结于下述命题,这些也可以在文献[19]中找到。

命题 4.5　让$[M]$是域 F 中 $N\times M$ 矩阵 F 的列标签集。令 $\mathscr{B}$ 是子集 $I\subseteq[M]$ 的集合,其中由 I 标记的列的集合是 F^k 的一个基。则有 $\mathscr{M}(F):=([M],\mathscr{B})$ 是一个拟阵。

拟阵编码线性无关,其决定因素是编写方法。特别地,观察到 $\mathrm{Plu}(\mathscr{X})$ 和每个 $\mathscr{X}\in Gr(M,N)$ 有关,则拟阵 $\mathscr{X}(\mathscr{X})$ 如下:集合$\{i_1,\cdots,i_N\}\subseteq[M]$ 是 $\mathscr{M}(\mathscr{X})$ 的基,当且仅当 $\mathrm{Plu}(\mathscr{X})_{i_1\cdots i_N}\neq 0$。因此,可以将 $Gr(M,N)$ 的子集和每个拟阵 $\mathscr{M}$ 关联起来:

$$\mathscr{R}(\mathscr{M}) = \{\mathscr{X}\in Gr(M,N):\mathscr{M}(\mathscr{X})=\mathscr{M}\}$$

因此,$Gr(M,N)$ 可写成是这类集合的不相交并集。之后将使用这种归类来证明一般的 Parseval 框架在 Parseval 框架的集合中是致密的。

4.3.1　框架和 Plücker 坐标

令 $\Phi=\{\varphi_i\}_{i=1}^M$ 是 $\mathscr{H}^N$ 上的一个框架。定义

$$\mathrm{Plu}(\Phi) = (\det(\Phi_{i_1\cdots i_N}))_{1\leqslant i_1<\cdots<i_N\leqslant M}$$

并且注意 $\mathrm{Plu}(\Phi)$ 是 $\mathscr{H}^{\binom{M}{N}}$ 中的一点。根据命题 4.3 可知 $\mathrm{Plu}(\Phi)=\lambda\mathrm{Plu}(\Psi)$,当且仅当存在可逆算子 T 使得 $\varphi_i=T\psi_i$ 对任意 $i=1,2,\cdots,M$ 成立,此时有 $\lambda=\det(T)$。命题 4.4 中类似的证明在后续给出。

命题 4.6　$\|\mathrm{Plu}(\Phi)\|^2=\det(S)$,$S$ 是对应的框架算子。

推论 4.3 是命题 4.6 的一个重要结论,这会在稍后广泛使用。

推论 4.3　如果 Φ 是一个 Parseval 框架,则 $\|\mathrm{Plu}(\Phi)\|=1$。

然而,注意到命题 4.6 也提到上述推论的逆命题是不成立的。为了验证

这一点，令 S 是一个正的自伴随算子，有 $\det(S)=1$，并令 $\Phi=\{\varphi_i\}_{i=1}^M$ 是一个 Parseval 框架。现在考虑框架 $S^{1/2}\Phi=\{S^{1/2}\varphi_i\}_{i=1}^M$，其中 S 是框架算子。如果 S 不是恒等算子，那么 $S^{1/2}\Phi$ 就不是一个 Parseval 框架，但仍然有 $\|\mathrm{Plu}(S^{1/2}\Phi)\|=1$。

为了符号更简洁，用 $\Pi(\Phi)$ 表示对应于框架 Φ 的分析算子的图像。因此，$\mathrm{Plu}(\Pi(\Phi))$ 是投影空间内的一个点。给定点 $\mathscr{X}\in Gr(M,N)$，用符号 $\Pi^{-1}(\mathscr{X})$ 来表示整个同构类框架，其分析算子有 $\mathscr{X}$ 作为自己的图像。现在可以证明下列结果。需要指出的是，紧密子空间是紧密 Parseval 框架的分析算子的必要图像。

定理 4.5　令 $\mathscr{X},\mathscr{Y}\in Gr(M,N)$，且 $\varepsilon>0$。假设 $\Theta(\mathscr{X},\mathscr{Y})<\dfrac{\varepsilon}{2\sqrt{N}}$ 并且 $\{\varphi_i\}_{i=1}^M\in\Pi^{-1}(\mathscr{X})$ 是一个 Parseval 框架。则存在 Parseval 框架 $\{\psi_i\}_{i=1}^M\in\Pi^{-1}(\mathscr{Y})$，使得 $\|\varphi_i-\psi_i\|<\varepsilon$ 对任意 $i=1,2,\cdots,M$ 成立。

证明　首先注意 $\theta_N(\mathscr{X},\mathscr{Y})\leqslant\Theta(\mathscr{X},\mathscr{Y})<\dfrac{\varepsilon}{2\sqrt{N}}$。可以找到 $\mathscr{X}$ 的正交基 $\{a_j\}_{j=1}^N$ 和 $\mathscr{Y}$ 的正交基 $\{b_j\}_{j=1}^N$，使 $\langle a_j,b_j\rangle=\cos\theta_j$ 对于任给 $j=1,\cdots,N$ 恒成立。因此，对任给 $j=1,\cdots,N$，有

$$\|a_j-b_j\|=2\sin\left(\frac{\theta_j}{2}\right)\leqslant 2\sin\left(\frac{\theta_N}{2}\right)<\frac{\varepsilon}{2\sqrt{N}}$$

现令 A 和 B 是 $N\times M$ 的矩阵，其第 j 列分别是 a_j 和 b_j。令 a_{ij} 是 a_j 第 i 个元素，设 f_i 是 A 的第 i 行，同样，令 b_{ij} 是 b_j 的第 i 个元素，g_i 是 B 的第 i 行。则

$$\sum_{i=1}^M(a_{ij}-b_{ij})^2<\frac{\varepsilon^2}{N},\quad j=1,\cdots,N$$

这意味着

$$(a_{ij}-b_{ij})^2<\frac{\varepsilon^2}{N},\quad j=1,\cdots,N;i=1,\cdots,M$$

进一步意味着

$$\sum_{j=1}^M(a_{ij}-b_{ij})^2=\|f_i-g_i\|^2<\varepsilon^2$$

现在因为 A 的列形成 $\mathscr{X}$ 的一个正交基，$\{f_i\}_{i=1}^M$ 是一个 Parseval 框架，并且它是和 $\{\varphi_i\}_{i=1}^M$ 同构的。这意味着存在酉(的) $T:\mathscr{H}^N\to\mathscr{H}^N$ 使得 $Tf_i=\varphi_i$ 对每个 $i=1,\cdots,M$ 都成立。现在可以认为 Parseval 框架 $\{\psi_i\}_{i=1}^M=\{Tg_i\}_{i=1}^M$ 具有理想的性质。

同样的论证也可以用来证明一个类似的结果,即在格拉斯曼流形上的度量和框架上的度量和指标的不同组合。

定理 4.6 令 $\mathscr{X},\mathscr{Y}\in Gr(M,n),\varepsilon>0$。假设 $\sum_{i=1}^{M}\sin^2(\theta_j(\mathscr{X},\mathscr{Y}))<\varepsilon$,$\{\varphi_i\}_{i=1}^M\in\Pi^{-1}(\mathscr{X})$ 是一个 Parseval 框架。则存在 Parseval 框架 $\{\psi_i\}_{i=1}^M\in\Pi^{-1}(\mathscr{Y})$ 满足 $\sum_{i=1}^{M}\|\varphi_i-\psi_i\|^2<\varepsilon$。

同样可以使用相似的论证来归纳定理4.5,注意框架可能不是Parseval框架的情况。

定理 4.7 令 $\mathscr{X},\mathscr{Y}\in Gr(M,n),\varepsilon>0$。令 $\{\varphi_i\}_{i=1}^M\in\Pi^{-1}(\mathscr{X})$ 有框架算子 S,假设

$$\Theta(\mathscr{X},\mathscr{Y})<\frac{\varepsilon}{\|S^{\frac{1}{2}}\|2\sqrt{N}}$$

则存在框架 $\{\psi_i\}_{i=1}^M\in\Pi^{-1}(\mathscr{Y})$ 使得 $\|\varphi_i-\psi_i\|<\varepsilon$,对于每个 $i=1,\cdots,M$ 都成立。而且,如果 $\{\varphi_i\}_{i=1}^M$ 是Parseval框架,那么 $\{\psi_i\}_{i=1}^M$ 也可以被选为Parseval框架。

4.3.2 通用框架

如果任何 m 个向量可以移除框架,则可以说框架对于 m 消除是稳健的。显然,在 $\mathscr{H}^N$ 上含有 M 个向量的框架只能对至多 $M-N$ 擦除是稳健的。我们称这样的框架为通用框架。通用框架在以前的文献中最常以最大稳健框架的名称出现(见文献[20])。然而可以看到,这对一个给定的框架是一个对鲁棒性很弱的度量。特别地,将要展示有一个开放的紧密的框架集合是对 $M-N$ 消除稳健的,所以我们认为“最大稳健”的名称更应该在一个数值意义上保留其鲁棒性。本节将要研究通用框架集,以下面简单的观察作为本节的开始。

命题 4.7 令 $\{\varphi_i\}_{i=1}^M$ 是一个框架,且 $\varepsilon>0$。则存在一个通用框架 $\{\psi_i\}_{i=1}^M$,使得对于 $i=1,\cdots,M$,满足

$$\|\varphi_i-\psi_i\|<\varepsilon$$

证明 如果 $\{\varphi_i\}_{i=1}^M$ 是通用的,那么就不用证明了,所以假设 $\{\varphi_i\}_{i=1}^M$ 不是通用的。令 $\{\varphi_{i_j}\}_{j=1}^m$ 是最小依赖集,注意到 $\dim(\mathrm{span}(\varphi_{i_j})_{j=1}^m)=m-1$。选择一些 $\varphi_{i_{j_0}}$ 并让 B 为半径集中在 $\varphi_{i_{j_0}}$ 附近的开球。现在令 $\mathscr{W}$ 是 $\{\varphi_i\}_{i=1}^M$ 中不包含 $\varphi_{i_{j_0}}$ 的任意组合向量跨越的超平面(即余维数为 1 子空间)的集合。注意 $\mathscr{H}^N\backslash\mathscr{W}$ 是 $\mathscr{H}^N$ 内的开放紧密集,因为 $\mathscr{W}$ 包含了有限数量的超平面,因此 $B\cap$

$(\mathcal{H}^N \backslash \mathcal{W}) \neq \varnothing$。在集合中选择任意的 x，并用 x 代替 $\varphi_{i_{j_0}}$。这确保了 $\dim(\operatorname{span}\{\varphi_{i_j}\}_{j\neq j_0} \cup \{x\}) = m$，并且不用再创建任何新的基数小于或等于 N 的依赖集。在有限次数内多次重复这一过程，可以确保达到了有所需特性的通用框架结构。

现在如果 $\{\varphi_i\}_{i=1}^M$ 是一个 Parseval 框架，那么 $\{\psi_i\}_{i=1}^M$ 也可以作为一个 Parseval 框架吗？

答案是肯定的，但是要想证明这一点，需要使用到前面章节的结论。在证明这一点之前，我们需要解释格拉斯曼流形的拟阵层积处理的另外一些性质。

选取 $1 \leqslant i_1 < \cdots < i_N \leqslant M$，考虑集合 $\mathcal{V}_{i_1\cdots i_N} = \{\mathcal{X} \in Gr(M,N): \mathrm{Plu}(\mathcal{X})_{i_1\cdots i_N} = 0\} = \bigcup \{\mathcal{R}(\mathcal{M}): \{i_1, \cdots, i_N\}$ 不是 $\mathcal{M}$ 的基础$\}$。现在观察 $\mathcal{V}_{i_1\cdots i_N}$ 是 $Gr(M,N)$ 封闭的真子簇。这说明 $\mathcal{V}_{i_1\cdots i_N}$ 是 $Gr(M,N)$ 在 Zariski 拓扑的闭子集，这也意味着在欧几里得拓扑结构（由 Plücker 度量推导而来）中也是封闭的，所以 $Gr(M,N)\backslash\mathcal{V}_{i_1\cdots i_N}$ 是 $Gr(M,N)$ 的开放且紧密的子集（在两种拓扑结构中）。$[M]$ 中秩为 N 的均匀拟阵指的是这样的拟阵：它的基由所有基数为 N 的$[M]$的子集构成，用符号 $\mathcal{U}_{M,N}$ 来表示。现在得到

$$\mathcal{R}(\mathcal{U}_{M,N}) = \bigcap_{1\leqslant i_1<\cdots<i_N\leqslant M} Gr(M,N)\backslash\mathcal{V}_{i_1\cdots i_N}$$

这表明 $\mathcal{R}(\mathcal{U}_{M,N})$ 是 $Gr(n,k)$ 中开放且紧密子集。现在可以证明其结果。

定理 4.8　令 $\{\varphi_i\}_{i=1}^M$ 是一个 Parseval 框架，且 $\varepsilon > 0$。则由通用 Parseval 框架 $\{\psi_i\}_{i=1}^M$ 有 $\|\varphi_i - \psi_i\| < \varepsilon$ 对任给 $i = 1, \cdots, M$ 成立。

证明　首先注意当且仅当 $\Pi(\Phi) \in \mathcal{R}(\mathcal{U}_{M,N})$，$\Phi$ 才是通用的，因而假设 $\Pi(\Phi) \notin \mathcal{R}(\mathcal{U}_{M,N})$。根据上面的评论可以发现，点 $\mathcal{Y} \in \mathcal{R}(\mathcal{U}_{M,N})$ 满足 $\Theta(\Pi(\Phi), \mathcal{Y}) < \dfrac{\varepsilon}{2\sqrt{k}}$，所以可以从定理 4.5 中得出结论。

现在几乎建立完了每个通用框架，希望找到一个框架的通用性的数值度量，并构建“最通用”的 Parseval 框架。因为我们已经看到如何在格拉斯曼流形和框架之间设置连接点，也知道了如何计算格拉斯曼流形上的距离，那么一个合理的方法测量给定的框架的通用性是寻找格拉斯曼流形到一个非通用的同构框架集的最短距离。然而，有许多方法来测量格拉斯曼流形上的距离，这里选择一个合理的方法。

提出以下优化问题：

$$\min_{\mathcal{X}\in Gr(M,N)} \max\{\Theta(\mathcal{X}, \mathcal{E}_{i_1\cdots i_N}): 1 \leqslant i_1 < \cdots < i_N \leqslant M\} \tag{4.7}$$

其中 $\mathcal{E}_{i_1\cdots i_N} = \operatorname{span}\{e_{i_1}, \cdots, e_{i_N}\}$，$\{e_i\}_{i=1}^M$ 是 $\mathcal{H}^M$ 的标准正交基。回顾推论 4.3，任

何 Parseval 框架的 Plücker 范数是 1，所以需要找到最小（绝对值）Plücker 坐标尽可能大的格拉斯曼流形（的 Plücker 嵌入）上的单位向量。从直观上，一个小的 Plücker 坐标表明相应子集勉强可认为是一个基。

当然，如果 Plücker 嵌入满射，那么这些都将是 Plücker 坐标（绝对值）全部等于 $\binom{M}{N}^{-1/2}$ 的点。然而，只有当 $N=1$ 或 $N=M-1$ 时，这些点才会在 Plücker 嵌入的图像中，也就是对 $N=1$，任一单位系数标量的序列都是最佳的；对 $N=M-1$，每个单一的都是最佳的。对于其他的 M 和 N 的选择，找到其他的格拉斯曼流形上的尽可能接近（在常规欧几里得意义下）的点。它的等效任务是解决以下优化问题。

最大值：
$$\sum_{1\leqslant i_1<\cdots<i_N\leqslant M} |x_{i_1\cdots i_N}|$$
$$\mathrm{Plu}(M,N)$$

受限于：
$$\sum_{1\leqslant i_1<\cdots<i_N\leqslant M} x^2_{i_1\cdots i_N}=1$$

下面将结合第一个非平凡的例子进行说明，$Gr(4,2)$。在该例中 $\mathrm{Plu}(4,2)$ 只包含多项式 $x_{12}x_{34}-x_{13}x_{24}+x_{14}x_{23}$，那么之前的优化问题变成

最大值：$|x_{12}|+|x_{13}|+|x_{14}|+|x_{23}|+|x_{24}|+|x_{34}|$
$$x_{12}x_{34}-x_{13}x_{24}+x_{14}x_{23}=0$$
受限于：$x^2_{12}+|x^2_{13}+x^2_{14}+x^2_{23}+x^2_{24}+x^2_{34}=1$

简单起见，这里只寻找第一象限（即，所有的 Plücker 坐标为正）的解，那么可以去掉绝对值符号。使用拉格拉朗日乘子，得到下列方程组：
$$2\lambda_1x_{12}+\lambda_2x_{34}=1$$
$$2\lambda_1x_{34}+\lambda_2x_{12}=1$$
$$2\lambda_1x_{14}+\lambda_2x_{23}=1$$
$$2\lambda_1x_{23}+\lambda_2x_{14}=1$$
$$2\lambda_1x_{13}-\lambda_2x_{24}=1$$
$$2\lambda_1x_{24}-\lambda_2x_{13}=1$$

由前两个方程只要 $\lambda_1\neq\frac{\lambda_2}{2}$，就可得出
$$2\lambda_1x_{12}+\lambda_2x_{34}=2\lambda_1x_{34}+\lambda_2x_{12}\Rightarrow$$
$$(2\lambda_1-\lambda_2)x_{12}=(2\lambda_1-\lambda_2)x_{34}\Rightarrow$$
$$x_{12}=x_{34}$$

相似地，第三个和第四个方程意味着只要 $\lambda_1\neq\frac{\lambda_2}{2}$，则 $x_{14}=x_{23}$，最后两个

方程说明只要 $\lambda_1 \neq -\frac{\lambda_2}{2}$,则 $x_{13}=x_{24}$。这将上述 6 个方程的系统减少为 3 个方程的系统：

$$(2\lambda_1+\lambda_2)x_{12}=1$$
$$(2\lambda_1+\lambda_2)x_{14}=1$$
$$(2\lambda_1-\lambda_2)x_{13}=1$$

但是系统中前两个方程只说明 $x_{12}=x_{14}$(在对 λ_1 和 λ_2 的假设前提下)。Plücker 关系变为

$$2x_{12}^2-x_{13}^2=0$$

现在使用单位范数约束来找到解：

$$x_{12}=x_{14}=x_{23}=x_{34}=\pm\frac{\sqrt{2}}{4}$$

$$x_{13}=x_{24}=\pm\frac{1}{2}$$

因此，需要找到一个 4 × 2 的矩阵，其 Plücker 坐标是(数乘)$\left(\frac{\sqrt{2}}{4},\frac{1}{2},\frac{\sqrt{2}}{4},\frac{\sqrt{2}}{4},\frac{1}{2},\frac{\sqrt{2}}{4}\right)$。最简单的方法是使第一个 Plücker 坐标等于 1：

$$\frac{4}{\sqrt{2}}\left(\frac{\sqrt{2}}{4},\frac{1}{2},\frac{\sqrt{2}}{4},\frac{\sqrt{2}}{4},\frac{1}{2},\frac{\sqrt{2}}{4}\right)=(1,\sqrt{2},1,1,\sqrt{2},1)$$

并找到如下形式的矩阵：

$$\begin{bmatrix}1 & 0 & a & b\\ 0 & 1 & c & d\end{bmatrix}$$

举个例子,因为 $x_{13}=\sqrt{2}$,所以得到 $c=\sqrt{2}$。相似地,也能解决 a,b 和 d,并得到如下矩阵：

$$\begin{bmatrix}1 & 0 & -1 & -\sqrt{2}\\ 0 & 1 & \sqrt{2} & 1\end{bmatrix}$$

最后,我们对矩阵的每列进行 Gram－Schmidt 处理,使它们变成 $\mathbf{R}^4$ 中集合的标准正交基,这意味着这些列形成了我们寻找的 Parseval 框架。

$$\begin{bmatrix}\frac{1}{2} & 0 & -\frac{1}{2} & -\frac{\sqrt{2}}{2}\\ \frac{1}{2} & \frac{\sqrt{2}}{2} & \frac{1}{2} & 0\end{bmatrix}$$

4.3.3　无相位信号重构

本节将讨论无相位重构的问题。本节的结果最初出现在文献[2]中。假

设给定 $\mathscr{H}^N$ 中的一个框架 $\Phi=\{\varphi_i\}_{i=1}^M$。如果只是给定框架向量的内积的绝对值的向量,能否将 $x\in\mathscr{H}^N$ 恢复到多标量。为了更精确,定义映射:

$$f_\Phi^a:\mathscr{H}^N\rightarrow\mathbf{R}^M,\quad f_\Phi^a(x)=(|\langle x,\varphi_1\rangle|,\cdots,|\langle x,\varphi_M\rangle|)$$

和

$$f_\Phi:\mathscr{H}^N/\sim\rightarrow\mathbf{R}^M,\quad f_\Phi(\hat{x})=(|\langle x,\varphi_1\rangle|,\cdots,|\langle x,\varphi_M\rangle|),\quad x\in\hat{x}$$

其中 $x,y\in\hat{x}\in\mathscr{H}^N/\sim$ 如果有标量 λ 使得 $x=\lambda y$ 且 $|\lambda|=1$。下面寻找在框架 Φ 上确保 f_Φ 单射的条件。下面分别分析实数和复数情况。

从实数情况入手,在本例中 f_Φ 的域是 $\mathbf{R}^N/\sim$,其中 $x,y\in\hat{x}\in\mathbf{R}^N/\sim$ 当且仅当 $x=\pm y$。在给出结论之前,需要固定一些符号。设定子集 $I\subseteq[M]$,通过符号多用,使用相同的符号 I 表示该集合的特征函数,也就是说,对于 $i\in[M]$,$I(i)=1$,如果 $i\in I$,且 $i\notin I$,$I(i)=0$。定义映射 $\sigma_I:\mathbf{R}^M\rightarrow\mathbf{R}^M$:

$$\sigma_I(a_1,\cdots,a_M)=((-1)^{I(1)}a_1,\cdots,(1)^{I(M)}a_M)$$

注意 $\sigma_I^2=I$ 且 $\sigma_{I^c}=-\sigma_I$。同时,令 $L_I=\{(a_1,\cdots,a_M):a_i=0,i\in I\}$,则得到 $\sigma_I(u)=u$ 当且仅当 $u\in L_I$,$\sigma_I(u)=-u$,$u\in L_{I^c}$。

在开始阐述定理前需要更多的定义。

定义 4.5　令 $\mathscr{M}$ 是基集 $[M]$ 的拟阵。如果对任意 $I\subseteq[M]$ 或 I 包含 $\mathscr{M}$ 的基或 I^c 包含 $\mathscr{M}$ 的基,则称 $\mathscr{M}$ 具有补充性。

定理 4.9　对框架 $\Phi=\{\varphi_i\}_{i=1}^M\subseteq\mathbf{R}^N$,下列命题成立:

(1) f_Φ 单射。

(2) 对任给非空子集 $I\subseteq[M]$ 和任给 $u\in\Pi(\Phi)\backslash(L_I\cup L_{I^c})$,有 $\sigma_I(u)\notin\Pi(\Phi)$。

(3) 如果有非空子集 $I\subseteq[M]$ 使 $\Pi(\Phi)\cap L_I\neq\varnothing$ 成立,那么 $\Pi(\Phi)\cap L_{I^c}=\varnothing$。

(4) 对于某些具有互补性的拟阵 $\mathscr{M}$,$\Pi(\Phi)\in\mathscr{R}(\mathscr{M})$。

证明　(1)⇒(2)。假设有非空子集 $I\subseteq[M]$,$u\in\Pi(\Phi)\backslash(L_I\cup L_{I^c})$ 满足 $\sigma_I(u)\notin\Pi(\Phi)$。由 $u\notin L_I\cup L_{I^c}$ 可知,$\sigma_I(u)\neq\pm u$。现在有 $x,y\in\mathbf{R}^N$ 使得 $\langle x,\varphi_i\rangle=u(i)$,且对任意 $i=1,\cdots,M$,都有 $\langle y,\varphi_i\rangle(-1)^{I(i)}u(i)$。但由 $f_\Phi^a(x)=f_\Phi^a(y)$,又因为 $\sigma_I(u)\neq\pm u$,可得 $x\neq\pm y$,故 f_Φ 不是单射的。

(2)⇒(3)。假设有非空子集 $I\subseteq[M]$ 使得 $\Pi(\Phi)\cap L_I\neq\varnothing$ 和 $\Pi(\Phi)\cap L_{I^c}\neq\varnothing$ 成立。选择 $v\in\Pi(\Phi)\cap L_I$ 和 $w\in\Pi(\Phi)\cap L_{I^c}$,则有 $v+w\in\Pi(\Phi)\backslash(L_I\cup L_{I^c})$,但 $\sigma_I(v+w)=v-w\in\Pi(\Phi)$。

(3)⇒(4)。假设有子集 $I\subseteq[M]$ 不属 $\mathbf{R}^N$ 域中的 $\{\varphi_i\}_{i\in I}$ 和 $\{\varphi_i\}_{i\in I^c}$。选择 $x\perp\operatorname{span}\{\varphi_i\}_{i\in I}$ 和 $y\perp\operatorname{span}\{\varphi_i\}_{i\in I^c}$,那么 $T(x)\in L_I$ 和 $T(y)\in L_{I^c}$。

(4)⇒(1)。假设 $x,y\in\mathbf{R}^N$ 对于任意 $i=1,\cdots,M$，有 $|\langle x,\varphi_i\rangle|=|\langle y,\varphi_i\rangle|$。令 $I=\{i:\langle x,\varphi_i\rangle=-\langle y,\varphi_i\rangle\}$ 并且观察到 $x+y\perp\mathrm{span}\{\varphi_i\}_{i\in I}$ 和 $x-y\perp\mathrm{span}\{\varphi_i\}_{i\in I^c}$。但根据假设，有 $\mathrm{span}\{\varphi_i\}_{i\in I}=\mathbf{R}^N$ 或 $\mathrm{span}\{\varphi_i\}_{i\in I^c}=\mathbf{R}^N$，所以得到 $x+y=0$ 或 $x-y=0$，也就是说 $x=\pm y$ 且 f_Φ 单射。

推论 4.4　(1) 如果 $M\geqslant 2N-1$，则对几乎所有的框架 $\Phi=\{\varphi_i\}_{i=1}^M\subseteq\mathbf{R}^N$，$f_\Phi$ 是单射的。

(2) 如果 $M<2N-1$，则是非单射的。

证明　想得到第一个结论，只需观察对 $M\geqslant 2N-1$ 的通用拟阵 $\mathscr{U}_{M,N}$ 具有互补性，所以如果 Φ 是通用的，则 f_Φ 是单射的。对于第二个结论，令 $I\subseteq[M]$，则有 $|I|=N-1$，并注意 $|I^c|\leqslant N-1$，因此对于基集为 $[M]$ 的秩为 N 的任意拟阵，是不可能有互补性的。

下面讨论复数情况。在本例中 f_Φ 的域是 $\mathbf{C}^N/\sim$，其中 $x\sim y$ 当且仅当存在 $\lambda\in\mathbf{T}$ 使得 $x=\lambda y$，其中 $\mathbf{T}$ 是复数情况下的单位圆域。此时的复数情况并不像实数情况那样去理解，然而仍可以证明存在大的框架族使得 f_Φ 是单射的。

定理 4.10　假设 $M\geqslant 4N-2$，那么存在一个 $\mathbf{C}^N$ 上的开放且紧密的具有 M 个元素的框架集，使得 f^Φ 是单射的。

证明　首先注意到 f^Φ 是单射的，当且仅当不存在非平行向量 $v,w\in\Pi(\Phi)$，使得 $|v(i)|=|w(i)|$ 对每个 $i=1,\cdots,M$ 都成立。因此，将表明该组具有该属性的子空间集是 $Gr(M,N)$ 上的一个 Zariski 开放子集。这个集合的补集记为 $\mathscr{A}$，并选择任意 $\mathscr{X}\in\mathscr{A}$。不失一般性，假定有一个 $\mathscr{X}$ 上的基 $\{u_j\}_{j=1}^N$，满足如果 $j=i$，则 $u_j(i)=1$，且当 $j\neq i\leqslant N$ 时，有 $u_j(i)=0$；对于 $i>N u_j(i)$ 是不确定的。因此，在 $\mathscr{X}$ 的邻域看到 $Gr(M,N)$ 作为一个实变量，有 $2N(M-N)$ 个维度。

现在，由于 $\mathscr{X}\in\mathscr{A}$，可以选择非平行的 $v,w\in\mathscr{X}$，满足任给 i，有 $|v(i)|=|w(i)|$。我们对基的选择保证 v（和 w）前 N 项中至少有一个是非零的，不失一般性，可以假定第一项是非零的，因此重新标定后，有 $v(i)=w(i)=1$，由于 v 和 w 是非平行的，对于某些 $2\leqslant i\leqslant N$，有 $v(i)\neq w(i)\neq 0$，不失一般性，可以假设这种情况在 $i=2$ 时发生。

现在有 $\lambda_2,\cdots,\lambda_M\in\mathbf{T}$ 且 $\lambda_2\neq 1$，使得 $w(i)=\lambda_i v(i)$ 对任给 $i=2,\cdots,M$（且 $v(1)=w(1)=1$）都成立。对于 $i>N$ 有 $v(i)=\sum\limits_{j=1}^N v(j)u_j(i)$ 且 $w(j)=\sum\limits_{j=1}^N\lambda_j v(j)u_j(i)$。因此有

$$\left|\sum_{j=1}^{N} v(j)u_j(i)\right| = \left|\sum_{j=1}^{N} \lambda_j v(j)u_j(i)\right| \tag{4.8}$$

考虑到多种数组($\mathscr{Y}, v(1), \cdots, v(N), \lambda_2, \cdots, \lambda_N$),$\mathscr{Y} \in Gr(M,N)$,$v(i)$ 和 λ_i 条件同上。该数组与 $\mathbf{C}^{N(M-N)} \times (\mathbf{C}\backslash\{0\}) \times \mathbf{C}^{N-2} \times (\mathbf{T}\backslash\{1\}) \times \mathbf{T}^{N-2}$ 是局部同构的,作为一个实变量,后者的维数是 $2N(M-N)+3N-3$。我们也得到 $\mathscr{A}$ 是在投影图像上该元组根据方程(4.8)得到的首个因子。现在注意到对于一个固定的 $0 \neq v(2), \cdots, v_N$ 和 $1 \neq \lambda_2, \cdots, \lambda_N$,这些方程是非退化的。由于 $u_1(i), \cdots, u_N(i)$ 只出现在特定的一个方程中,所以它们定义了 $\mathbf{C}^{N(M-N)}$ 的一个子空间,其实的余维数至少是 $M-N$。因为对于所有的 $v(i)$ 和 λ_i 的选择都是真实的,所以这些方程都是独立的。

现在可以得出结论 $\mathscr{A}$ 是一个(局部)维数为 $2N(M-N)+3N-3$ 的实变量。因此,如果 $3N-3-(M-N)<0$,即 $M \geqslant 4N-2$,则 $\mathscr{A}$ 是 $Gr(M,N)$ 的真子簇,同时在 Zariski 拓扑中其互补也是开放的。

我们不知道 $M=4N-2$ 是否是最优的,也就是说,不知道对于一个包含少于 $4N-2$ 个向量的框架,f_Φ 单射是可能的。

本章参考文献

[1] Balan, R. V.: Equivalence relations and distances between Hilbert frames. Proc. Am. Math. Soc. 127, 2353-2366 (1999).

[2] Balan, R. V., Casazza, P. G., Edidin, D.: On signal reconstruction without phase. Appl. Comput. Harmon. Anal. 20, 345-356 (2006).

[3] Benedetto, J. J., Fickus, M.: Finite normalized tight frames. Adv. Comput. Math. 18, 357-385 (2003).

[4] Björner, A., Las Vergnas, M., Sturmfels, B., White, N., Ziegler, G. M.: Oriented Matroids. Cambridge University Press, Cambridge (1999).

[5] Cahill, J.: Flags, frames, and Bergman spaces. Master's Thesis, San Francisco State University (2009).

[6] Cahill, J., Casazza, P. G.: The Paulsen problem in operator theory (2011). arXiv:1102.2344.

[7] Casazza, P. G., Leon, M. T.: Existence and construction of finite frames with a given frame operator. Int. J. Pure Appl. Math. 63, 149-158 (2010).

[8] Casazza, P. G., Tremain, J. C.: The Kadison-Singer problem in mathematics and engineering. Proc. Natl. Acad. Sci. 103, 2032-2039 (2006).

[9] Dykema, K., Strawn, N.: Manifold structure of spaces of spherical tight frames. Int. J. Pure Appl. Math. 28, 217-256 (2006).

[10] Fraenkel, A. S., Yesha, Y.: Complexity of problems in games, graphs, and algebraic equations. Discrete Appl. Math. 1, 15-30 (1979).

[11] Fulton, W.: Young Tableaux—With Applications to Representation Theory and Geometry. Cambridge University Press, Cambridge (1997).

[12] Guillemin, V., Pollack, A.: Differential Topology—History, Theory, and Applications. Prentice-Hall, Englewood Cliffs (1974).

[13] Hartshorne, R.: Algebraic Geometry. Springer, New York (1997).

[14] Jiang, S.: Angles between Euclidean subspaces. Geom. Dedic. 63, 113-121 (1996).

[15] Jordan, C.: Essai sur la géométrie á n dimensions. Bull. Soc. Math. Fr. 3, 103-174 (1875).

[16] Krantz, S. G., Parks, H. R.: The Implicit Function Theorem—History, Theory, and Applications. Birkhäuser, Boston (2002).

[17] Miao, J. M., Ben-Israel, A.: On principal angles between subspaces in $\mathbf{R}^n$. Linear Algebra Appl. 171, 81-98 (1992).

[18] Miao, J. M., Ben-Israel, A.: Product cosines of angles between subspaces. Linear Algebra Appl, 237-238:71-81 (1996).

[19] Oxley, J. G.: Matroid Theory. Oxford University Press, New York (1992).

[20] Püschel, M., Kovačević, J.: Real tight frames with maximal robustness to erasures. In: Proc. IEEE Data Comput. Conf., pp. 63-72 (2005).

[21] Strawn, N.: Finite frame varieties: nonsingular points, tangent spaces, and explicit local parameterizations. J. Fourier Anal. Appl. 17, 821-853 (2011).

[22] Weaver, N.: The Kadison-Singer problem in discrepancy theory. Discrete Math. 278, 227-239 (2004).

第5章　群框架

摘要　一个紧框架的典型例子，即 Mercedes－Benz 框架可以通过由旋转$\frac{2\pi}{3}$生成的群的作用下得到的单一向量的轨迹或三角对称的二面体群得到。实际应用中许多框架是以这种方式构建的，即通常作为一个单一向量的轨迹（和小波母函数类似）。最值得注意的是，信号分析中用到的调和框架（有限阿贝尔群）和等角海森堡框架或量子信息论中用到的 SIC－POVMs（离散海森堡框架）。其他例子包括具有权函数对称的多变量正交多项式的紧框架和可被看作高度规范多面体顶点的高度对称紧框架。本章将描述这样的群框架的基本原理以及到目前为止已经发现的一些构建方式。

关键词　群框架；G－框架；调和框架；SIC－POVM；海森堡框架；高度对称紧框架；框架对称群；海森堡框架；群矩阵；酉表示；等角框架；Zauner 猜想

5.1　框架的对称性（其对偶框架和互补框架）

Mercedes－Benz 框架的对称性是指那些用于排列其中向量的旋转和反射（酉映射）。现在利用对称群（文献[19]中包含完整证明）的关键特征：

① 对于所有有限框架，对称群是作为指标集上的一组排列被定义的。

② 从标准紧框架的格拉姆矩阵中计算对称群很简便。

③ 相似框架的对称群是相等的。特别地，一个框架的对偶框架和标准紧框架有相同的对称群。

④ 多种框架组合的对称群，例如张量积和直和显然与它们的组成框架有关。

⑤ 一个框架的对称群和它的互补框架的对称群是相等的。

下面来正式确定这个概念。

令 S_M 是$\{1,2,\cdots,M\}$上的排列（对称群），$\mathrm{GL}(\mathscr{H})$ 是 $\mathscr{H}\to\mathscr{H}$的线性映射（一般线性群）。

定义 5.1　对于 $\mathscr{H}=\mathbf{F}^N$ 的一个有限框架 $\Phi=\{\varphi_j\}_{j=1}^M$，它的对称群是

$$\mathrm{Sym}(\Phi):=\{\sigma\in S_M:\exists L_\sigma\in \mathrm{GL}(\mathscr{H}),\ L_\sigma\varphi_j=\varphi_{\sigma j},j=1,\cdots,M\}$$

令 Φ^{can} 表示 Φ 的标准紧框架$(\Phi\Phi^*)^{-1/2}$。

定理 5.1 如果 Φ 和 Ψ 是相似框架，即 $\Phi=Q\Psi$，$Q\in GL(\mathscr{H})$，或是互补框架，即

$$G_{\Phi^{can}}+G_{\Psi^{can}}=Id$$

可得

$$\mathrm{Sym}(\Psi)=\mathrm{Sym}(\Phi)$$

特别地，一个框架的对偶框架和它的标准紧框架拥有同样的对称群。

证明 它可以用于证明一个包含关系。假设 $\sigma\in\mathrm{Sym}(\Phi)$，即 $L_\sigma\varphi_j=\varphi_{\sigma j}$，$\forall j$。因为 $\varphi_j=Q\psi_j$，可以给出 $Q^{-1}L_\sigma Q\psi_j=\psi_{\sigma_j}$，$\forall j$，即 $\sigma\in\mathrm{Sym}(\Psi)$。

例 5.1 令 Φ 是 Mercedes－Benz 框架，由于它的向量相加为零，$\Psi=([1],[1],[1])$ 是 $\mathbf{R}$ 上的互补框架。显然，$\mathrm{Sym}(\Psi)=S_3$，所以 $\mathrm{Sym}(\Phi)=S_3$（同构于三角对称的二面体群）。

由于一个有限框架 Φ 可由 $G_{\Phi^{can}}$ 唯一确定，$G_{\Phi^{can}}$ 即标准紧框架的格拉姆矩阵，从 $G_{\Phi^{can}}$ 导出 $\mathrm{Sym}(\Phi)$ 是有可能的。利用以下方法最容易得到。

命题 5.1 令 Φ 是一个有限框架，得到

$$\sigma\in\mathrm{Sym}(\Phi)\Leftrightarrow P_\sigma^*G_{\Phi^{can}}P_\sigma=G_{\Phi^{can}}$$

其中，P_σ 是由 $P_\sigma e_j=e_{\sigma j}$ 给出的转置矩阵。

由于 $\mathrm{Sym}(\Phi)$ 是 S_M 的一个子群，因此 $\mathbf{F}^N$ 中存在 M 个向量构成的最大对称框架，即那些拥有最大可能对称群的框架。

例 5.2 $\mathbf{R}^2$ 中 M 个空间内均匀放置的向量有 $2M$ 阶二面体群作为对称。但这并不总是 $\mathbf{C}^2$ 中 M 个向量的最对称框架。例如，如果 M 是偶数，M 个不同向量给出的（调和的）紧框架

$$\left\{\begin{pmatrix}1\\1\end{pmatrix},\begin{pmatrix}\omega\\-\omega\end{pmatrix},\begin{pmatrix}\omega^2\\\omega^2\end{pmatrix},\begin{pmatrix}\omega^3\\-\omega^3\end{pmatrix},\begin{pmatrix}\omega^4\\\omega^4\end{pmatrix},\cdots,\begin{pmatrix}\omega^{M-2}\\\omega^{M-2}\end{pmatrix},\begin{pmatrix}\omega^{M-1}\\-\omega^{M-1}\end{pmatrix}\right\},\quad \omega:=e^{\frac{2\pi i}{M}}$$

具有一个 $\frac{1}{2}M^2$ 阶的对称群（具体见文献[10]）。

例 5.3 $\mathbf{R}^3$ 中 5 个向量的最对称紧框架如图 5.1 所示。

框架组合的对称群模式是可预见的。

命题 5.2 一个有限框架的对称群满足：

(1) $\mathrm{Sym}(\Phi)\times\mathrm{Sym}(\Psi)\subset\mathrm{Sym}(\Phi\cup\Psi)$（框架并集）。

(2) $\mathrm{Sym}(\Phi)\times\mathrm{Sym}(\Psi)\subset\mathrm{Sym}(\Phi\otimes\Psi)$（张量积）。

(3) $\mathrm{Sym}(\Phi)\cap\mathrm{Sym}(\Psi)\subset\mathrm{Sym}(\Phi\oplus\Psi)$（直和）。

其中

$$\Phi\cup\Psi=\left(\begin{pmatrix}\varphi_j\\0\end{pmatrix},\begin{pmatrix}0\\\psi_k\end{pmatrix}\right),\quad \Phi\otimes\Psi=(\varphi_j\otimes\psi_k)$$

$$\Phi \oplus \Psi = \begin{pmatrix} \varphi_j \\ \psi_k \end{pmatrix}, \quad \sum_j (f, \varphi_j) \psi_j = 0, \forall f$$

由于线性映射由它们在一个生成集上的行为所决定,由此断定,如果 $\sigma \in \mathrm{Sym}(\Phi)$,有唯一的 $L_\sigma \in \mathrm{GL}(\mathscr{H})$,满足 $L_\sigma \varphi_j = \varphi_{\sigma j}$,$\forall j$。进一步

$$\mathrm{Sym}(\Phi) \to \mathrm{GL}(\mathscr{H}) : \sigma \mapsto L_\sigma \tag{5.1}$$

是一个群同态,即一个 $G = \mathrm{Sym}(\Phi)$ 的表示。如果在这个作用下,对称群在 Φ 上的作用可传递,即 Φ 是任意一个向量的轨迹,如 Mercedes－Benz 框架,于是就可得到所谓的 G－框架。

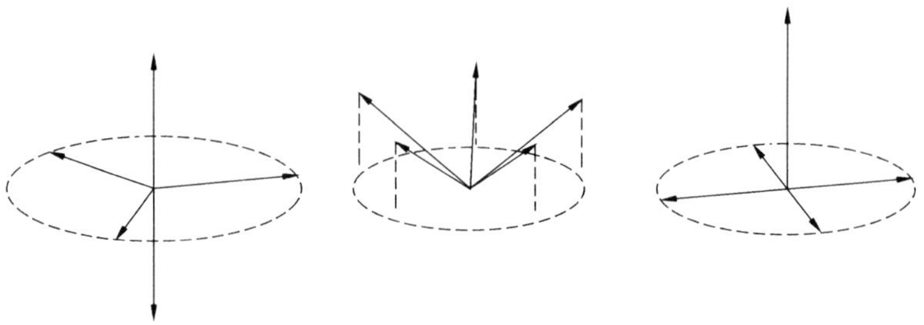

图 5.1　$\mathbf{R}^3$ 中 5 个不同的非零向量的最对称紧框架。三角双锥体的顶点(12 个对称),5 个空间内均匀放置的提升向量(10 个对称)及 4 个空间均匀放置的向量和一个垂直向量(8 个对称)

5.2　表示和 G－框架

Mercedes－Benz 框架是它的对称群下一个单一向量的轨迹。形式上,对称群是表现为酉变换的一组排列(一个抽象群)。这是抽象代数里面的一个基本概念。

定义 5.2　一个有限群的表示是一个群同态

$$\rho : G \mapsto \mathrm{GL}(\mathscr{H})$$

即,G 在 $\mathscr{H} = \mathbf{F}^N$ 上的一个线性作用,通常简写为 $gv = \rho(g)v, v \in \mathscr{H}$。

表示是一种用于研究以线性变换形式出现的群的方便方法,同时还可以诉诸抽象群理论(可查阅[12])。

例 5.4　如果 Φ 是一个框架,那么就已经注意到由(5.1)给出的 $\mathrm{Sym}(\Phi)$ 在 $\mathscr{H}$ 上的作用是一个表示。如果 Φ 是紧框架,那么这个动作具有酉性质。我们将把这个理论构建到对群框架的定义中。

定义 5.3　令 G 是一个有限群,$\mathscr{H}$ 的一个群框架或 G－框架是一个存在酉

表示 $\rho: G \to \mathcal{U}(\mathcal{H})$ 的框架 $\Phi = (\varphi_g)_{g\in G}$，而这个表示满足：

$$g\varphi_h := \rho(g)\varphi_h = \varphi_{gh}, \quad \forall g, h \in G$$

这个定义意味着一个 $G-$ 框架 Φ 是单一向量 $v \in \mathcal{H}$ 的轨迹，即

$$\Phi = (gv)_{g\in G}$$

对于一个等范数框架也是这样。

例 5.5　群框架的一个早期例子是正规的 $M-$ 角形或理想固体（见图 5.2）的顶点，这些是一些早期被考虑到的框架的例子（见[3]）。高度对称紧框架（见 5.7 节）是这些内容的一个变形。

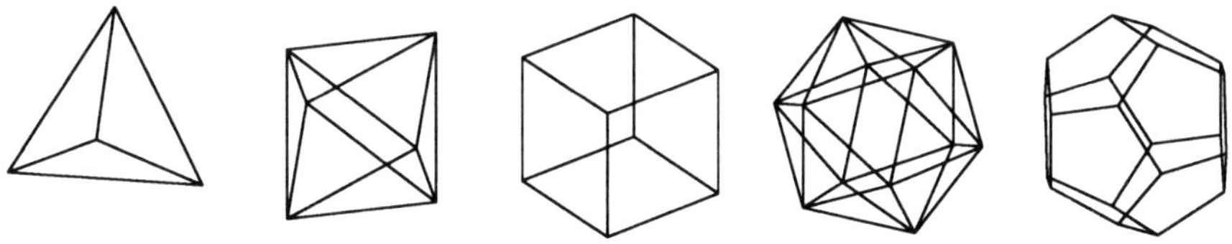

图 5.2　理想固体的顶点是群框架的例子

在剩下的部分中，我们概括了 $G-$ 框架的基本性质和对其的构造。特别地，我们将看到：

(1) 对于阿贝尔群，$\mathbf{F}^N$ 中 M 个向量的 $G-$ 框架数量是有限的。这些框架被作为调和框架（见 5.5 节）。

(2) 对于非阿贝尔群，$\mathbf{F}^N$ 中 M 个向量的 $G-$ 框架数量是无限的，最值得注意的是，$\mathbf{C}^N$ 中 $M=N^2$ 个向量的海森堡框架（见 5.9 节），它提供了拥有最大数量向量的等角紧框架。

5.3　群矩阵和 $G-$ 框架的格拉姆矩阵

因为定义一个 $G-$ 框架的表示具有酉性质。即

$$\rho(g)^* = \rho(g)^{-1} = \rho(g^{-1})$$

所以

$$g^{-1}v = g^* v$$

$G-$ 框架 $\Phi = (\varphi_g)_{g\in G} = (gv)_{g\in G}$ 的格拉姆矩阵有特殊的形式：

$$\langle \varphi_g, \varphi_h \rangle = \langle gv, hv \rangle = \langle v, g^* hv \rangle = \langle v, g^{-1}hv \rangle = \eta\langle g^{-1}h \rangle$$

其中 $\eta: G \to \mathbf{F}$。

因此一个 $G-$ 框架的格拉姆矩阵是一个群矩阵或 $G-$ 矩阵，即，一个矩阵 A，其元素均由群 G 的元素所标记，具有如下形式：

$$A=[\eta(g^{-1}h)]_{g,h\in G}$$

G－框架的格拉姆矩阵是群矩阵的一个重要后果是它拥有角数量很少:$\{\eta(g):g\in G\}$,这使得它们可以成为等角紧框架的好的候选对象(看5.9节)。我们有特征描述[18]:

定理5.2 令G是一个有限群,那么当且仅当它的格拉姆矩阵G_Φ是一个G－矩阵时,$\Phi=(\varphi_g)_{g\in G}$是一个$G$－框架(由于它的生成是$\mathcal{H}$)。

证明 如果Φ是一个G－框架,那么可以观察到它的格拉姆矩阵是一个G－矩阵。

相反地,假设一个框架Φ在生成$\mathcal{H}$内的格拉姆矩阵是G－矩阵。令$\widetilde{\Phi}=(\widetilde{\phi}_g)_{g\in G}$是对偶框架,可以得到

$$f=\sum_{g\in G}\langle f,\widetilde{\phi}_g\rangle\phi_g,\quad\forall f\in\mathcal{H}\tag{5.2}$$

对于每个$g\in G$,通过

$$U_g(f):=\sum_{h_1\in G}\langle f,\widetilde{\phi}_{h_1}\rangle\phi_{gh_1},\quad\forall f\in\mathcal{H}$$

定义一个线性算子$U_g:\mathcal{H}\to\mathcal{H}$。

由于$\mathrm{Gram}(\Phi)=[\langle\phi_h,\phi_g\rangle]_{g,h\in G}$是一个$G$－矩阵,我们得到

$$\langle\phi_{gh_1},\phi_{gh_2}\rangle=v(gh_2)^{-1}gh_1=v(h_2^{-1}h_1)=\langle\phi_{h_1},\phi_{h_2}\rangle\tag{5.3}$$

通过计算

$$\begin{aligned}\langle U_g(f_1),U_g(f_2)\rangle&=\langle\sum_{h_1\in G}\langle f_1,\widetilde{\phi}_{h_1}\rangle\phi_{gh_1},\sum_{h_2\in G}\langle f_2,\widetilde{\phi}_{h_2}\rangle\phi_{gh_2}\rangle=\\&\sum_{h_1\in G}\sum_{h_2\in G}\langle f_1,\widetilde{\phi}_{h_1}\rangle\overline{\langle f_2,\widetilde{\phi}_{h_2}\rangle}\langle\phi_{gh_1},\phi_{gh_2}\rangle=\\&\sum_{h_1\in G}\sum_{h_2\in G}\langle f_1,\widetilde{\phi}_{h_1}\rangle\overline{\langle f_2,\widetilde{\phi}_{h_2}\rangle}\langle\phi_{h_1},\phi_{h_2}\rangle=\\&\langle\sum_{h_1\in G}\langle f_1,\widetilde{\phi}_{h_1}\rangle\phi_{h_1},\sum_{h_2\in G}\langle f_2,\widetilde{\phi}_{h_2}\rangle\phi_{h_2}\rangle=\\&\langle f_1,f_2\rangle\end{aligned}$$

可以从(5.2)和(5.3)中得出U_g具有酉性质。

相似地,可以得到

$$U_g\phi_h=\sum_{h_1\in G}\langle\phi_h,\widetilde{\phi}_{h_1}\rangle\phi_{h_1}=\sum_{h_1\in G}\langle\phi_{gh},\widetilde{\phi}_{gh_1}\rangle\phi_{gh_1}=\phi_{gh}$$

这意味着$\rho:G\to\mathcal{U}(\mathcal{H}):g\mapsto U_g$是一个群同态,因为

$$U_{g_1g_2}\phi_h=\phi_{g_1g_2h}=U_{g_1}\phi_{g_2h}=U_{g_1}U_{g_2}\phi_h,\mathcal{H}=\mathrm{span}(\phi_h)_{h\in G}$$

即ρ是满足

$$\rho(g)\phi_h=\phi_{gh},\quad\forall g,h\in G$$

的 G 的一个表示。即 Φ 是 $\mathscr{H}$ 上的一个 G－框架。

5.4　所有紧 G－框架的特征描述

文献[17]中给出了紧致 G－框架的一个完整特征描述，即在 G 的一个单一作用下哪个轨迹 $(gv)_{g\in G}$ 可给出一个紧框架。在阐述通用定理之前，先给出一个具有启发性证明的特殊情况。

定理 5.3　令 $\rho: G \to \mathscr{U}(\mathscr{H})$ 是一个不可约的酉表示，即

$$\operatorname{span}\{gv: g \in G\} = \mathscr{H}, \quad \forall v \in \mathscr{H}, v \neq 0$$

那么每个轨迹 $\Phi = (gv)_{g\in G}, v \neq 0$ 是一个紧框架。

证明　令 $v \neq 0$，那么 $\Phi = (gv)_{g\in G}$ 是一个框架。想到框架算子 S_Φ 是正定的，所以存在一个特征值 $\lambda > 0$ 和相应的特征向量 W，由于操作具有酉性质，可以计算出

$$S_\Phi(gw) = \sum_{h\in G}\langle gw, hv\rangle hv = g\sum_{h\in G}\langle w, g^{-1}hv\rangle g^{-1}hv = gS_\Phi(w) = \lambda(gw)$$

所以在 $\operatorname{span}\{gw: g \in G\} = \mathscr{H}$ 上，$S_\Phi = \lambda(Id)$，即 Φ 是紧致的。

例 5.6　正如作用在 $\mathbf{R}^3$ 上的二面体群一样，以酉变换形式作用在 $\mathbf{R}^3$ 上的 5 个理想固体的对称群给出了不可约的表示。也就是说，理想固体的顶点和在 $\mathbf{R}^3$ 上 M 个空间均匀分布的向量是紧 G－框架。

对于一个已知的表示，如果存在一个 G－框架 $\Phi = (gv)_{g\in G}$，即 $\operatorname{span}\{gw: g \in G\} = \mathscr{H}$，那么标准紧框架是一个紧 G－框架，为了描述所有这样的紧 G－框架，还需要更多的术语。

定义 5.4　令 G 是一个有限群。如果在 $\mathscr{H}$ 上存在 G 的一个酉作用 $(g, v) \mapsto gv$，即一个表示 $G \to \mathscr{U}(\mathscr{H})$，就说 $\mathscr{H}$ 是一个 **F**G－模。

如果 $\sigma g = g\sigma, \forall g \in G$，**F**$G$－模间的一个线性映射 $\sigma: V_j \to V_k$ 被称为一个 **F**G－同态；如果 σ 是一个双射，其则被称为一个 **F**G－同构。如果一个 **F**G－模对应的表示是不可约的，那么它本身也是不可约的，如果这个 **F**G－模在正常情况下被认为是一个 **C**G－模时是不可约的，那它是绝对不可约的。

现在，将定理 5.3 进行推广。

定理 5.4　令 G 是一个以酉变换形式作用在 $\mathscr{H}$ 上的有限群，并且令

$$\mathscr{H} = V_1 \oplus V_2 \oplus \cdots \oplus V_m$$

是不可约 **F**G－模的正交直和，原因在于该正交直和的被加数是绝对不可约的。那么当且仅当

$$\frac{\| v_j \|^2}{\| v_k \|^2}=\frac{\dim(v_j)}{\dim(v_k)}, \quad \forall j,k$$

时，$\Phi=(gv)_{g\in G}, v=v_1+\cdots+v_m, v_j\in V_j$ 是一个紧 $G-$ 框架。并且，通过 $\sigma: V_j\to V_k$，当 V_j 是 $\mathbf{F}G-$ 同构于 V_k 时，$\langle \sigma v_j, v_k\rangle=0$。根据 Schur 引理，至多存在一个需检验的 σ。

这个结果很容易被应用，确实只要存在一个 $G-$ 框架就存在一个紧框架。

命题 5.3 令 G 是一个以酉变换形式作用在 $\mathscr{H}$ 上的有限群，如果存在一个 $v\in\mathscr{H}$ 使得 $(gv)_{g\in G}$ 是一个框架，即这个框架在 $\mathscr{H}$ 上生成，那么相关联的标准紧框架是一个 $\mathscr{H}$ 上的紧 $G-$ 框架。

这可以用作构建紧 $G-$ 框架的另一种方式，但却要用到对框架算子平方根的计算。

例 5.7 定理 5.4 的一个应用场合是针对具有某个对称 G 的权函数的多变量正交多项式，例如，三角积分给出的二元多项式的内积。通过和单变量的正交多项式类比，N 变量中的 k 次正交多项式是那些和所有小于 k 次的多项式正交的多项式。在这样一个 $\binom{k+N-1}{N-1}$ 的维度空间内寻求一个 $G-$ 不变量紧框架是很自然的。利用定理 5.4，单轨迹 $G-$ 不变量紧框架，即 $G-$ 框架，能够被构建。例如，文献[17] 中给出了一组构建于三角（具有不变权数）的二次正交多项式的正交基，这组正交基在该三角对称的二面体群的作用下是不变的。

例 5.8 对于 G 阿贝尔群，所有不可约的表示都是一维的，于是就出现了只有有限的许多紧 $G-$ 框架能够从这些性质构建出来的结果，接下来讨论随即产生的调和框架。

5.5 调和框架

$M\times M$ 的傅里叶矩阵

$$\frac{1}{\sqrt{M}}\begin{bmatrix} 1 & 1 & 1 & \cdots & 1 \\ 1 & \omega & \omega^2 & \cdots & \omega^{M-1} \\ 1 & \omega^2 & \omega^4 & \cdots & \omega^{2(M-1)} \\ \vdots & \vdots & \vdots & & \vdots \\ 1 & \omega^{M-1} & \omega^{2(M-1)} & \cdots & \omega^{(M-1)(M-1)} \end{bmatrix}, \quad \omega:=e^{\frac{2\pi i}{M}} \tag{5.4}$$

是一个酉矩阵，所以它的列（或行）构成了 $\mathbf{C}^M$ 的一组标准正交基。

因为正交基的投影是一个紧框架，从这个傅里叶变换矩阵中取出 N 行构成的任意子矩阵的列即可得到 $\mathbf{C}^M$ 的一个等范数紧框架。这种紧框架的应用是最广泛的，原因在于它们构建简单且灵活(列的选择有很多种)。它们至少追溯到文献[9]，早期应用包括文献[8]、[11]，并且已被称为调和框架或几何一致紧框架。它们提供了一个单位范数紧框架的很好的例子。

命题 5.4　存在由 $\mathbf{C}^N$ 中 $M \geqslant N$ 个向量构成的等范数紧框架。的确，通过取出傅里叶矩阵(5.4)中任意 N 行即可构建调和框架。

因为 G 是一个阿贝尔群，其不可约表示是一维的，并且通常被称为(线性)特征 $\xi: G \to \mathbf{C}$。如果 $G = \mathbf{Z}_M$，M 阶循环群，那么这 M 个特征是

$$\xi_j : k \mapsto (\omega^j)^k, \quad j \in \mathbf{Z}_M$$

即傅里叶矩阵(5.4)的行(或列)。因此，由定理 5.4 得出，所有的 $\mathbf{C}^N$ 中的 $\mathbf{Z}_M$ — 矩阵都是通过取出傅里叶矩阵的 N 行(或列)所得到的。我们现在呈现这个结论的一般形式。

令 G 是一个 M 阶有限阿贝尔群，并且令 $\hat{G}$ 是特征群，即 G 的 M 个可通过逐点相乘构成群的特征的集合。虽然不是标准方法，但从 $G = \mathbf{Z}_M$ 很容易看出，群 G 和 $\hat{G}$ 是同构的。G 的特征表是具有 G 的特征所给出的行的表。也就是说傅里叶矩阵相当于一个归一化因子，是 $\mathbf{Z}_M$ 的特征表，而取出 N 行相当于取出 n 个特征，或者说取出 N 列相当于限制将 $\mathbf{Z}_M$ 的特征限制为 N 个元素。

定义 5.5　令 G 是一个 M 阶有限阿贝尔群，我们称通过提取 G 的特征表，即

$$\Phi = ((\xi_j(g))_{j=1}^N)_{g \in G}, \quad \xi_1, \cdots, \xi_N \in \hat{G}$$

或

$$\Phi = ((\xi(g_j))_{j=1}^N)_{g \in \hat{G}}, \quad g, \cdots, g_N \in G$$

的 N 行或列所得到的 $\mathbf{C}^N$ 的 G — 框架为一个调和框架。

很容易证明在这种定义下所给出的框架分别是 G— 和 $\hat{G}$— 框架。现在描述 G 阿贝尔群的 G — 框架的特征(详见文献[17])。

定理 5.5　令 Φ 是 $\mathbf{C}^N$ 的一个等范数有限紧框架，那么下列是等价的：

(1)Φ 是一个 G — 框架，其中 G 是一个阿贝尔群。

(2)Φ 是调和的(从 G 的特征表得出)。

由于 M 阶阿贝尔群的数量是有限的，因此得出以下结论。

推论 5.1　确定 $M \geqslant N$。由一个 $N \times N$ 矩阵的阿贝尔群的轨迹给出的 $\mathbf{C}^N$ 上的 M 个向量构成的紧框架，即调和框架的数量是有限的(酉等价意义下)。

例 5.9　取式(5.4)的第二行和最后一行给出如下 $\mathbf{C}^2$ 的调和矩阵：

$$\Phi=\left(\begin{bmatrix}1\\1\end{bmatrix},\begin{bmatrix}\omega\\\bar{\omega}\end{bmatrix},\begin{bmatrix}\omega^2\\\bar{\omega}^2\end{bmatrix},\cdots,\begin{bmatrix}\omega^{M-1}\\\bar{\omega}^{M-1}\end{bmatrix}\right)$$

通过

$$U:=\frac{1}{\sqrt{2}}\begin{bmatrix}1 & 1\\-\mathrm{i} & \mathrm{i}\end{bmatrix},\quad \frac{1}{\sqrt{2}}U\begin{bmatrix}\omega^j\\\bar{\omega}^j\end{bmatrix}=\begin{bmatrix}\cos\dfrac{2\pi j}{n}\\\sin\dfrac{2\pi j}{n}\end{bmatrix},\quad \forall j$$

它酉等价于 $\mathbf{R}^2$ 中 M 个空间等间隔的单位向量。

通过选取具有复共轭对的行,如上例所示,和具有 1 的行(当 N 是奇数时),可以得到下列结论。

推论 5.2 在 $\mathbf{R}^N$ 中存在一个 $M\geqslant N$ 个向量构成的实调和框架。

例 5.10 最小的非循环阿贝尔群是 $\mathbf{Z}_2\times\mathbf{Z}_2$,它的特征表可以通过 $\mathbf{Z}_2$ 的特征表和它本身的克罗内克积计算得出,给出

$$\begin{bmatrix}1 & 1\\1 & -1\end{bmatrix}\otimes\begin{bmatrix}1 & 1\\1 & -1\end{bmatrix}=\begin{bmatrix}1 & 1 & 1 & 1\\1 & -1 & 1 & -1\\1 & 1 & -1 & -1\\1 & -1 & -1 & 1\end{bmatrix}$$

取出最后 3 行的任意一对,可以给出 $\mathbf{R}^2$ 中 4 个空间均匀放置向量的调和框架

$$\left\{\begin{bmatrix}1\\1\end{bmatrix},\begin{bmatrix}-1\\1\end{bmatrix},\begin{bmatrix}-1\\-1\end{bmatrix},\begin{bmatrix}1\\-1\end{bmatrix}\right\}$$

这也可以由 $\mathbf{Z}_4$ 给出(见例 5.9)。取第一行和其他任意一行可以给出一组正交基的两个副本。

因此,调和框架可以由不同的阿贝尔群的特征表给出;由循环群得出的调和框架被称为循环调和框架。存在 M 个向量的调和框架不是循环的。这些似乎很常见(见表 5.1 知何时存在 M 阶非循环阿贝尔群)。

表 5.1 的计算结果来自于文献[10],还有更多的可以有效计算调和框架(酉等价意义下)数量的算法是基于以下的结果(详见文献[5])。

定义 5.6 如果存在一个满足 $K=\sigma(J)$ 的自同构 $\sigma:G\to G$,我们称有限群 G 的子集 J 和 K 是乘法等价的。

定义 5.7 如果

$$\varphi_g=cU\psi_{\sigma g},\quad \forall g\in G$$

就称两个 G — 框架 Φ 和 ψ 通过一个自同构是酉等价的。

表 5.1　当 M 阶非阿贝尔群存在时，$\mathbf{C}^N$，$N=2,3,4$ 中 $M(M\leqslant 35)$ 个不同向量组成的不等价非循环、循环的调和框架的数量

$N=2$				$N=3$				$N=4$			
M	非循环	循环	总数	M	非循环	循环	总数	M	非循环	循环	总数
4	0	3	3	4	0	3	3	4	0	1	1
8	1	7	8	8	5	16	21	8	8	21	29
9	1	6	7	9	3	15	18	9	5	23	28
12	2	13	15	12	11	57	68	12	30	141	171
16	4	13	17	16	28	74	102	16	139	228	367
18	2	18	20	18	19	121	140	18	80	494	574
20	3	19	22	20	29	137	166	20	154	622	776
24	6	27	33	24	89	241	330	24	604	1 349	1 953
25	1	15	16	25	8	115	123	25	37	636	673
27	3	18	21	27	33	159	192	27	202	973	1 175
28	4	25	29	28	57	255	312	28	443	1 697	2 140
32	9	25	34	32	158	278	436	32	1 379	2 152	3 531

其中，$C>0$，U 具有酉性质，并且 $\sigma:G\to G$ 是一个自同构。

定理 5.6　令 G 是一个有限阿贝尔群，$J,K\subset G$。下列是等价的：

(1) 子集 J 和 K 是乘法等价的。

(2) J 和 K 给出的调和框架通过一个自同构是酉等价的。

为了有效利用这个结果，得出以下定理是很容易的。

定理 5.7　令 G 是一个 M 阶阿贝尔群，并且令 $\Phi=\Phi_J=\{\xi|_J\}_{\xi\in\hat{G}}$ 是由 $J\subset G$ 给出的 $\mathbf{C}^N$ 中 M 个向量组成的调和框架，其中$[J]=N$。那么

(1) 当且仅当 J 生成 G 时，Φ 有不同的向量。

(2) 当且仅当 J 取反情况下是闭合的，Φ 是一个实框架。

(3) 当且仅当单位元素是 J 中的一个元素时，Φ 是一个提升框架。

例 5.11　$\mathbf{C}^3$ 中的 7 个向量。对于 $G=\mathbf{Z}_7$，三元素子集的 7 个乘法等价类有如下代表：

$$\{1,2,6\},\{1,2,3\},\{0,1,2\},\{0,1,3\},\{1,2,5\}\quad(\text{大小为 6 类})$$

$$\{0,1,6\}\quad(\text{大小为 3 类})$$

$$\{1,2,4\}\quad(\text{大小为 2 类})$$

每个都给出了不同向量的一个调和框架(非零向量生成 G)。由于它们的角度是不同的，其中没有一个是酉等价的(图 5.3)。

例 5.12　对于 $G=\mathbf{Z}_2$，有 17 种三元素子集的乘法等价情况。它们中只有两个可以给出同角框架，即

$$\{\{1,2,5\},\{3,6,7\}\},\{\{1,5,6\},\{2,3,7\}\}$$

常见的角度多重集为$\{-1,\mathrm{i},\mathrm{i},-\mathrm{i},-\mathrm{i},-2\mathrm{i}-1,2\mathrm{i}-1\}$。

这些框架是酉等价的，但并非通过自同构。

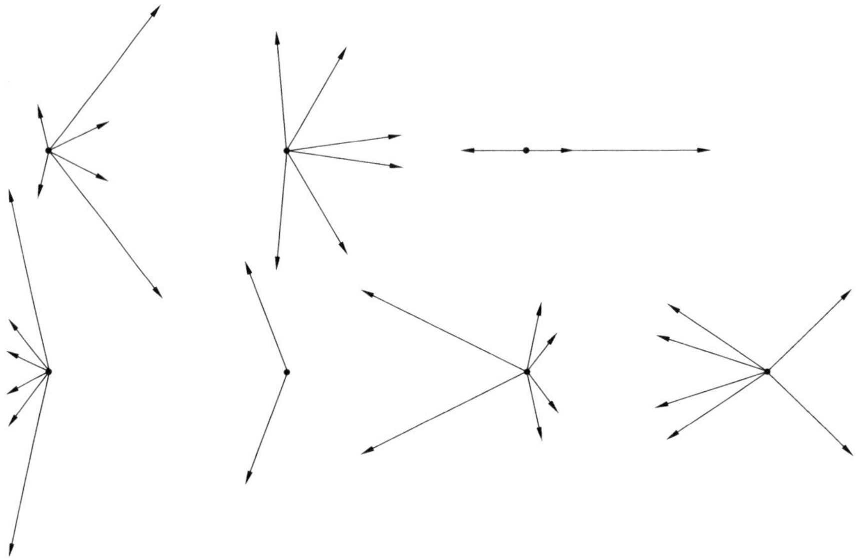

图 5.3　$\mathbf{C}^3$ 中 7 向量组成的 7 个非等价调和框架的角度集$\{\langle\varphi_0,\varphi_j\rangle: j\in G, j\neq 0\}$。注意到一个是实的，3 个是等角

因为类似这样的例子并不存在一个酉等价意义下调和框架的完整的描述。目前存在很多对循环调和框架进行分类的工作。由于阿贝尔群是循环群的产物，这些工作是所有调和框架研究的基石，并且我们得到了如下定理（见文献[19]）。

定理 5.8　调和框架可以按照如下方式结合：

(1) 不相交调和框架的直和是调和框架。

(2) 调和框架的张量积是调和框架。

(3) 调和框架的互补框架是调和框架。

5.6　等角调和框架和差集

从例 5.11 中可以看到存在等角的调和框架。其特征可用阿贝尔群的差集的存在性来描述，由此可导出一些等角紧框架的无限族。

定义 5.8　如果 G 中的每个不同元素可以用 λ 种方式写成两元素 $a,b\in$

J 的差的形式 $a-b$,那么 M 阶有限群 G 的 N 元素子集 J 被称为一个(M,N,λ) 差集,等角调和框架与差集是一一对应的。

定理 5.9　令 G 是一个 M 阶阿贝尔群,则通过限制 G 的特征使得 $J\subset G$,$|J|=N$,从而得到 $\mathbf{C}^N$ 中 M 个向量构成的框架,那么当且仅当 J 是 G 的一个(M,N,λ) 差集时,所得框架是一个等角紧框架。

一个差集的参数满足

$$1\leqslant\lambda=\frac{N^2-N}{M-1}$$

所以对于一个 $\mathbf{C}^N$ 中 M 向量的等角调和框架应满足

$$M\leqslant N^2-N+1$$

循环的情况已经得到应用,见文献[13]、[21] 中的例子。

例 5.13　对于 $G=\mathbf{Z}_7$,例 5.11 中 7 个调和框架中的 3 个是等角的,即通过(乘法等价的) 差集给出的:

$$\{1,2,4\},\{1,2,6\},\{0,1,3\}$$

例 5.14　La Jolla 差集库。

具体见 *http*://*www.ccrwest.org/diffsets/diff_sets/*,有许多差集的例子。

5.7　高度对称紧框架(和有限反射群)

因为 G 是阿贝尔群,所以存在有限数量的许多 $G-$框架。对于 G 是非阿贝尔群的条件,还有无限多的可能情况。这可从定理 5.4 得到,通过一个例子很容易理解。令 $G=D_2$ 是作用在 $\mathbf{R}^2$ 上的三角($|G|=6$) 对称的二面体群,以便将 Mercedes-Benz 框架描述为用一个反射确定的向量 v 的轨迹。如果 v 不是用一个反射确定的,那么它的轨迹是一个紧框架(见定理 5.3),而且很容易看出,在 $\mathbf{R}^2$ 中,可以用这种方法得到无穷多个由 6 个不同向量构成的非酉等价紧 D_3-框架。

但并非无所收获! 我们现在考虑两种从一个非阿贝尔群(抽象的)G 得到有限类 $G-$框架方法。第一种方法在寻求图 5.4 所暗示的可能性中区分 Mercedes-Benz 框架的突出特征,而另一种方法(见 5.8 节) 概括了调和框架的概念。

受 Mercedes-Benz 框架的例子所启示,有如下定义 5.9。

定义 5.9　一个不同向量构成的有限框架 Φ,如果它的对称群 $\mathrm{Sym}(\Phi)$ 的作用是不可约的、可传递的,且任意一个向量(即所有向量的) 的稳定点是一个可以固定一个正好为一维的空间的非平凡子群,那么这个框架 Φ 是高度对称的。

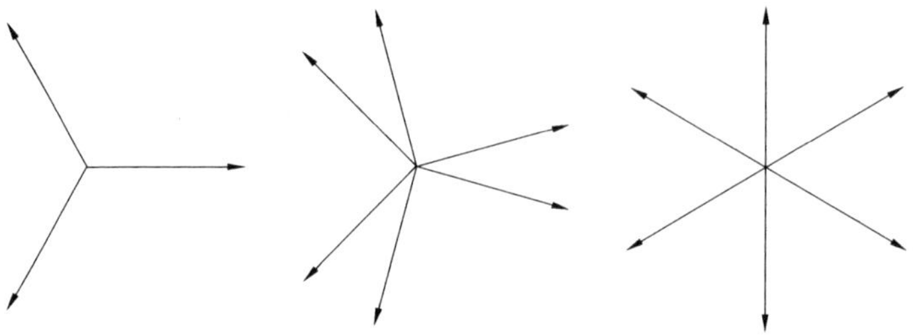

图 5.4　由向量 v 的轨迹给出 $\mathbf{R}^2$ 中的酉非等价紧 D_3 — 框架

例 5.15　对于 $\mathbf{F}^N$，标准正交基 $\{e_1,\cdots,e_N\}$ 不是一个高度对称的紧框架，因为它的对称群确定了向量 $e_1+\cdots+e_N$。然而，正则单体的顶点总是高度对称紧框架（$N=2$ 时是 Mercedes－Benz 框架）。由于这些框架都是调和的，因此可以得出结论：调和框架可能或可能不是高度对称的。此外，对于许多 M 阶对称群的 M 向量调和框架（比较文献[10]），这意味着它们不是高度对称的。

例 5.16　$\mathbf{R}^3$ 中正多面体的顶点，和 $\mathbf{R}^2$ 中 M 个空间均匀放置的单位向量都是高度对称紧框架。

定理 5.10　确定 $M \geqslant N$，$\mathbf{F}^N$ 中 M 个向量构成的高度对称 Parseval 框架的数量是有限的（酉等价意义下）。

证明　假设 Φ 是 $\mathbf{F}^N$ 中一个高度对称的 M 个向量构成的 Parseval 框架，那么它在酉等价意义下，是由 $\mathrm{Sym}(\Phi)$ 所引出的表示和一个只能确定一维子空间的子群 H 所决定的，而这个一维子空间由 Φ 中一些向量生成。对 $\mathrm{Sym}(\Phi)$ 选择的数量是有限的，因为它的阶数不大于 $|S_M|=M!$，并且因此（利用 Maschke 定理）可能的表示的数量也是有限的。由于对 H 的选择是有限的，可以得出这样的框架的类别也是有限的。

高度对称紧框架最近刚刚在文献[4]中被定义，并且文章枚举了与有限反射群及复多面体的 Shephard－Todd 分类相对应的高度对称紧框架。下面给出文献[4]中的一些例子。

例 5.17　令 $G=G(1,1,8)\simeq S_3$，它是非本原不可约复反射群的 3 个无限族中一个的成员，在由满足 $x_1+\cdots+x_8=0$ 的向量所组成的子空间中，这些复反射群是向量 $x\in\mathbf{C}^3$ 的索引的排列。这个向量的轨迹为

$$v=3w_2=(3,3,-1,-1,-1,-1,-1,-1)$$

给出了一个七维空间中 28 个向量的等角紧框架。

例 5.18　海赛函数是具有 27 个顶点和施莱夫利符号 3{3}3{3}3 的正规复多面体。它的对称群（Shephard－Todd）ST 25（648 阶）是由下列 3 个三阶

反射所产生的：

$$R_1=\begin{pmatrix}\omega & & \\ & 1 & \\ & & 1\end{pmatrix},\quad R_2=\frac{1}{3}\begin{pmatrix}\omega+2 & \omega-1 & \omega-1\\ \omega-1 & \omega+2 & \omega-1\\ \omega-1 & \omega-1 & \omega+2\end{pmatrix}$$

$$R_3=\begin{pmatrix}1 & & \\ & 1 & \\ & & \omega\end{pmatrix},\quad \omega=e^{\frac{2\pi i}{3}}$$

并且它有 $v=(1,-1,0)$ 作为一个顶点(比较文献[6])，这些顶点是 v 的 $H-$轨迹，其中 H 是海森堡群，而这些顶点就是海森堡框架(见 5.9 节)。特别地，它们是高度对称紧框架。注意到 H 在 $G=\langle R_1,R_2,R_3\rangle$ 中很常见。

所有高度对称紧框架的分类还都很不完善。

5.8　核心 G－框架

为了缩小非阿贝尔群 G 的酉非等价 $G-$框架的分类(这种分类是无限的)，需要施加额外的对称条件。

定义 5.10　如果由

$$v(g):=\langle\varphi_1,\varphi_g\rangle=\langle\varphi_1,g\varphi_1\rangle$$

所定义的 $v:G\to\mathbf{C}$ 是一个类函数，即在 G 的共轭类中是不变的，那么 $G-$框架 $\Phi=\{\varphi_g\}_{g\in G}$ 被称为是核心的。

很容易看出，具有核心性等价于具有对称条件

$$\langle g\varphi,h\varphi\rangle=\langle g\psi,h\psi\rangle,\quad \forall g,h\in G,\forall\varphi,\psi\in\Phi$$

例 5.19　对于 G 阿贝尔群，所有的 $G-$框架都是中心的，因为阿贝尔群的共轭类都是单元素集。

因此，核心 $G-$框架归纳出了非阿贝尔群 G 的调和框架。

定义 5.11　令 $\rho:G\to\mathcal{U}(\mathcal{H})$ 是有限框架 G 的一个表示，ρ 的特征是由

$$\chi(g):=\text{trace}(\rho(g))$$

定义的映射 $\chi=\chi_\rho:G\to\mathbf{C}$。

现在按照格莱姆矩阵对所有核心 Parseval $G-$框架进行特征描述。特别地，可以发现核心 $G-$框架的类别是有限的。

定理 5.11　令 G 是一个拥有不可约特征 $\chi_1,\cdots,\chi_r$ 的有限群，当且仅当对于某个 $I\subset\{1,\cdots,r\}$，它的格拉姆矩阵由

$$\text{Gram}(\Phi)_{g,h}=\sum_{i\in I}\frac{\chi_i(1)}{|G|}\bar{\chi}_1(g^{-1}h)\tag{5.5}$$

给出时，$\Phi=(\varphi_g)_{g\in G}$ 是核心 Parseval $G-$ 框架。

核心 $G-$ 框架能够以与调和框架相似的方式，通过 G 的不可约特征构建。

推论 5.3　令 G 是一个拥有不可约特征 $\chi_1,\cdots,\chi_r$ 的有限群，选择 $\mathscr{H}_i, i=1,\cdots,r$ 中 Parseval $G-$ 框架 Φ_i，满足

$$\mathrm{Gram}(\Phi_i)=\frac{\chi_i(1)}{|G|}M(\bar{\chi}_1),\quad \dim(\mathscr{H}_i)=\chi_i(1)^2$$

例，取 $\mathrm{Gram}(\Phi_i)$ 的列，那么唯一的（酉等价意义下）满足格拉姆矩阵 (5.5) 的核心 Parseval $G-$ 框架由直和

$$\bigoplus_{i\in I}\Phi_i\subset\mathscr{H}:=\bigoplus_{i\in I}\mathscr{H}_i$$

给出。

此外，如果 $\rho_i:G\to U(\mathbf{C}^{d_i})$ 是具有特征 χ_i 的一个表示，那么 Φ_i 可以由

$$\Phi_i:=\sqrt{\frac{\chi_{i(1)}}{|G|}}(\rho_i(g))_{g\in G}\subset U(\mathbf{C}^{d_i})\subset\mathbf{C}^{d_i\times d_i}\approx\mathbf{C}^{d_i^2}\tag{5.6}$$

的形式给出，其中在 $d_i\times d_i$ 矩阵空间的内积是 $\langle A,B\rangle:=\mathrm{trace}\langle B\times A\rangle$。

例 5.20　令 $G=D_2\cong S_2$ 是 6 阶二面体群（对称群），即

$$G=D_3=\langle a,b:a^3=1,b^2=1,b^{-1}ab=a^{-1}\rangle$$

并且写出关于阶数 $1,a,a^2,b,ab,a^2b$ 的类方程和 $G-$ 矩阵。共轭类是 $\{1\},\{a,a^2\},\{b,ab,a_2b\}$，不可约特征是

$$\chi_1=\begin{bmatrix}1\\1\\1\\1\\1\\1\end{bmatrix},\quad \chi_2=\begin{bmatrix}1\\1\\1\\-1\\-1\\-1\end{bmatrix},\quad \chi_3=\begin{bmatrix}2\\-1\\-1\\0\\0\\0\end{bmatrix}$$

这些中的每个都有一个 $\chi_i(1)^2$ 维度空间的核心 Parseval $G-$ 框架 Φ_i 与其对应。因为 χ_1 和 χ_2 是一维的，式 (5.6) 给出

$$\Phi_1=\frac{1}{\sqrt{6}}(1,1,1,1,1,1),\quad \Phi_2=\frac{1}{\sqrt{6}}(1,1,1,-1,-1,-1)$$

由

$$\rho(1)=\begin{pmatrix}1&0\\0&1\end{pmatrix}\approx\begin{bmatrix}1\\0\\0\\1\end{bmatrix},\quad \rho(a)=\begin{pmatrix}\omega&0\\0&\omega^2\end{pmatrix}\approx\begin{bmatrix}\omega\\0\\0\\\omega^2\end{bmatrix}$$

$$\rho(a^2)=\begin{pmatrix}\omega^2 & 0\\ 0 & \omega\end{pmatrix}\approx\begin{bmatrix}\omega^2\\0\\0\\\omega\end{bmatrix},\quad \rho(b)=\begin{pmatrix}0 & 1\\ 1 & 0\end{pmatrix}\approx\begin{bmatrix}0\\1\\1\\0\end{bmatrix}$$

$$\rho(ab)=\begin{pmatrix}0 & \omega\\ \omega^2 & 0\end{pmatrix}\approx\begin{bmatrix}0\\\omega\\\omega^2\\0\end{bmatrix}$$

$$\rho(a^2b)=\begin{pmatrix}0 & \omega^2\\ \omega & 0\end{pmatrix}\approx\begin{bmatrix}0\\\omega^2\\\omega\\0\end{bmatrix}$$

给出的满足 $\mathrm{trace}(\rho)=\chi_3$ 的一个表示为 $\rho:D_3\to U(\mathbf{C}^2)\subset\mathbf{C}^{2\times 2}\approx\mathbf{C}^4$，所以从式(5.6) 得到

$$\Phi_3=\frac{1}{\sqrt{3}}=\left(\begin{bmatrix}1\\0\\0\\1\end{bmatrix},\begin{bmatrix}\omega\\0\\0\\\omega^2\end{bmatrix},\begin{bmatrix}\omega^2\\0\\0\\\omega\end{bmatrix},\begin{bmatrix}0\\1\\1\\0\end{bmatrix},\begin{bmatrix}0\\\omega\\\omega^2\\0\end{bmatrix},\begin{bmatrix}0\\\omega^2\\\omega\\0\end{bmatrix}\right)$$

因此有 7 个核心 Parseval D_3 — 框架，即

$$\Phi_1,\Phi_2\subset\mathbf{C},\Phi_1\oplus\Phi_2\subset\mathbf{C}^2,\Phi_3\subset\mathbf{C}^4$$

$$\Phi_1\oplus\Phi_3,\Phi_2\oplus\Phi_3\subset\mathbf{C}^5,\Phi_1\oplus\Phi_2\oplus\Phi_3\subset\mathbf{C}^6$$

5.9 海森堡框架(SIC — POVMs)Zauner 猜想

Mercedes — Benz 框架给出了 $\mathbf{R}^2$ 中的 3 个等角线。对于 $\mathbf{R}^N$ 中这样的等角线集合的研究已经有很长的历史了，并且有效地衍生出了代数图论的研究领域(见文献[7])。

最近，$\mathbf{C}^N$ 中 $M=N^2$ 的等角线集合，相当于 $\mathbf{C}^N$ 中 $M=N^2$ 向量的等角紧框架，已经被数值构建，而一些情况下是被解析构建的。注意到 N^2 是 $\mathbf{C}^N$ 中等角紧框架的可能的最大向量数。这些框架在量子信息学中(见[15]) 以 SIC — POVMs(对称信息完备 — 正算子赋值测量) 为人所知，在量子力学中它们具有大量的价值。对于所有 N，它们都存在的断言通常作为 Zauner 猜想为人所知(见文献[22])。

现在来解释此类等角紧框架是如何被期望于构建为一个(海森堡)群的轨迹的。

确定 $N \geqslant 1$,令 ω 是单位元素

$$\omega := e^{\frac{2\pi i}{N}}$$

的原始 N 次方根。

令 $T \in \mathbf{C}^{N\times N}$ 是循环位移矩阵,并且 $\Omega \in \mathbf{C}^{N\times N}$ 是对角阵

$$T := \begin{bmatrix} 0 & 0 & 0 & \cdots & 0 & 1 \\ 1 & 0 & 0 & \cdots & 0 & 0 \\ 0 & 1 & 0 & \cdots & 0 & 0 \\ \vdots & \vdots & \vdots & & \vdots & \vdots \\ 0 & 0 & 0 & \cdots & 1 & \end{bmatrix}$$

$$\Omega := \begin{bmatrix} 1 & 0 & 0 & \cdots & 0 \\ 0 & \omega & 0 & \cdots & 0 \\ 0 & 0 & \omega^2 & \cdots & 0 \\ \vdots & \vdots & \vdots & & \vdots \\ 0 & 0 & 0 & \cdots & \omega^{N-1} \end{bmatrix}$$

这些矩阵的阶数都是 N,即 $T^N = \Omega^N = Id$,并且满足交换关系:

$$\Omega^N T^j = \omega^{jk} T^j \Omega^K \tag{5.7}$$

特别地,T 和 Ω 生成的群包含标量矩阵 $\omega^r Id$.

定义 5.12 由矩阵 T 和 Ω 生成的群 $H = \langle T,\Omega\rangle$ 被称为模 N 离散海森堡群,或简称海森堡群。

考虑到式(5.7),海森堡群的阶数为 N^2,并且由

$$H = \{\omega^r T^j \Omega^K : 0 \leqslant r,j,k \leqslant N-1\}$$

明确给出。因为 ω, T, Ω 的阶数为 N,所以很容易使得 $\omega^r T^j \Omega^K$ 的指数模 N 后为整数,因为 T 和 Ω 具有酉性质,所以 H 是一个酉矩阵的群。

H 在 $\mathbf{C}^N$ 上的作用是不可约的,所以通过定理 5.3,每个轨迹 $(gv)_{g\in H}, v \neq 0$ 对于 $\mathbf{C}^N$ 都是一个紧框架。对于给定的 j 和 k,N 个向量 $\omega^r T^j \Omega^k v, 0 \leqslant r \leqslant N-1$ 是彼此的标量倍数,可一起来确定。正是从这个意义上来讲,H 的轨迹可以被解释为 N^2 个向量(很可能是等角的):

$$\Phi := \{T^j \Omega^k v\}_{(j,k)\in \mathbf{Z}_N\times\mathbf{Z}_N} \tag{5.8}$$

的集合。

这个 Φ 是由子集 $\Lambda = \mathbf{Z}_N \times \mathbf{Z}_N \cong G\times\hat{G}, G = \mathbf{Z}_N$ 给出的 Gabor 系统(见第 6 章)。

定义 5.13　如果拥有(5.8)形式的紧框架 Φ 是一个等角紧框架,就称 Φ 为一个海森堡框架,即一个 SIC－POVM,并且 v 是一个生成向量。

例 5.21　向量

$$v=\frac{1}{\sqrt{6}}\begin{bmatrix}\sqrt{3+\sqrt{3}}\\ e^{\frac{\pi}{4}j}\sqrt{3-\sqrt{3}}\end{bmatrix}$$

生成了 $\mathbf{C}^2$ 中一个 4 等角向量海森堡框架。迄今为止(见文献[16]),存在已知的 $N=2,3,\cdots,15,19,24,35,48$ 的解析解。

它在文献[15]中首次出现,以数值解开始,已经有许多对寻找不同维度 N 下生成向量 v 的尝试。文献[16]中概括了现有的研究状态,下面概述一些主要的观点。

寻找生成向量的关键思想如下:

(1) 解等价的简化方程组。

(2) 寻找带有特殊性质的生成向量。

(3) 理解生成向量之间的关系。

对于一个单位向量 $v\in\mathbf{C}^N$,它生成一个海森堡框架的条件是

$$|\langle gv,hv\rangle|=\frac{1}{\sqrt{N+1}},j\neq k\Leftrightarrow|v,T^j\Omega^k v|=\frac{1}{\sqrt{N+1}},\quad j,k\in\mathbf{Z}_N$$

这在数值计算中是经不起检验的。在文献[15]中,二次框架势

$$f(v)=\sum_{j=0}^{N-1}\sum_{k=0}^{N-1}|\langle v,T^j\Omega^k v\rangle|^4$$

对于所有满足 $g(v)=\|v\|^2=1$ 的 v 而言均被最小化。针对

$$f(v)=1+(N^2-1)\frac{1}{(\sqrt{N+1})^4}=\frac{2N}{N+1}$$

的约束优化问题的最值就是一个生成向量。为了找到这些生成向量,许多不同的简化方程已经被提出,最值得注意的(见文献[1]、[2]、[14])如下:

定理 5.12　当且仅当

$$\sum_{j\in\mathbf{Z}_N}Z_j\bar{Z}_j+s\bar{Z}_t+jZ_{j+s+t}=\begin{cases}0, & s,t\neq 0\\ \dfrac{1}{N+1}, & s\neq 0,t=0,s=0,t\neq 0\\ \dfrac{2}{N+1}, & (s,t)=(0,0)\end{cases}$$

向量 $v=(Z_j)_{j\in\mathbf{Z}_N}$ 是一个海森堡框架的生成向量。

如果 v 生成了一个海森堡框架,而 b 是一个规范化海森堡群的酉矩阵,那么 bv 也是一个生成向量,这是因为

$$|\langle (bv),(gbv)\rangle| = |\langle v,b^* gbv\rangle| = |\langle v,b^{-1}gbv\rangle| = \frac{1}{\sqrt{N+1}},$$
$$g \in H, g \neq Id$$

H 在酉矩阵中的正规化子经常被称为 Clifford 群。这个群包含傅里叶矩阵,这是因为

$$F^{-1}(T^j\Omega^k)F = \omega^{-jk}T^k\Omega^{-j} \in H$$

并且矩阵 Z 是由

$$(Z)_{jk} := \frac{1}{\sqrt{d}}\mu^{j(j+d)+2jk}, \quad \mu := e^{\frac{2\pi i}{2N}} = \omega^{\frac{1}{2}}$$

给出,这是因为

$$Z^{-1}(T^j\Omega^k)Z = \mu^{j(j+d-2k)}T^{k-j}\Omega^{-j}$$

Z 的一个纯量倍数为 3 阶,即 $Z^3 = \sqrt{i}^{1-d}$,$\sqrt{i} := e^{\frac{2\pi i}{3}}$。Zauner 猜想的强描述形式如下:

猜想 5.1 (Zauner) 每个海森堡框架(酉等价意义下)的生成向量都是 Z 的一个特征向量。

所有已知的生成向量(包含数值和解析所得到的)均支持这个猜想。许多确实被发现是 Z 的特征向量。毫无疑问,Zauner 猜想的解以及一般情况下等角紧框架的构建都是通过群进行紧框架构建的核心问题之一。这个领域仍有待开发:由多于一个向量的轨迹来表示的框架(G - 不变融合框架)目前鲜有研究。

本章参考文献

[1] Appleby, D. M., Dang, H. B., Fuchs, C. A.: Symmetric informationally-complete quantum states as analogues to orthonormal bases and minimum-uncertainty states (2007). arXiv:0707.2071v2 [quant-ph].

[2] Bos, L., Waldron, S.: Some remarks on Heisenberg frames and sets of equiangular lines. N. Z. J. Math. 36, 113-137 (2007).

[3] Brauer, R., Coxeter, H. S. M.: A generalization of theorems of Schöhardt and Mehmke on polytopes. Trans. R. Soc. Canada Sect. Ⅲ 34, 29-34 (1940).

[4] Broome, H., Waldron, S.: On the construction of highly symmetric tight frames and complex polytopes. Preprint (2010).

[5] Chien, T., Waldron, S.: A classification of the harmonic frames up to

unitary equivalence. Appl. Comput. Harmon. Anal. 30, 307-318 (2011).

[6] Coxeter, H. S. M.: Regular Complex Polytopes. Cambridge University Press, Cambridge (1991).

[7] Godsil, C., Royle, G.: Algebraic Graph Theory. Springer, New York (2001).

[8] Goyal, V. K., Kovačević, J., Kelner, J. A.: Quantized frame expansions with erasures. Appl. Comput. Harmon. Anal. 10, 203-233 (2001).

[9] Goyal, V. K., Vetterli, M., Thao, N. T.: Quantized overcomplete expansions in $\mathbf{R}^n$: analysis, synthesis, and algorithms. IEEE Trans. Inf. Theory 44, 16-31 (1998).

[10] Hay, N., Waldron, S.: On computing all harmonic frames of n vectors in $\mathbf{C}^d$. Appl. Comput. Harmon. Anal. 21, 168-181 (2006).

[11] Hochwald, B., Marzetta, T., Richardson, T., Sweldens, W., Urbanke, R.: Systematic design of unitary space-time constellations. IEEE Trans. Inf. Theory 46, 1962-1973 (2000).

[12] James, G., Liebeck, M.: Representations and Characters of Groups. Cambridge University Press, Cambridge (1993).

[13] Kalra, D.: Complex equiangular cyclic frames and erasures. Linear Algebra Appl. 419, 373- 399 (2006).

[14] Khatirinejad, M.: On Weyl-Heisenberg orbits of equiangular lines. J. Algebr. Comb. 28, 333- 349 (2008).

[15] Renes, J. M., Blume-Kohout, R., Scott, A. J., Caves, C. M.: Symmetric informationally complete quantum measurements. J. Math. Phys. 45, 2171-2180 (2004).

[16] Scott, A. J., Grassl, M.: SIC-POVMs: A new computer study (2009). arXiv:0910.5784v2 [quant-ph].

[17] Vale, R., Waldron, S.: Tight frames and their symmetries. Constr. Approx. 21, 83-112 (2005).

[18] Vale, R., Waldron, S.: Tight frames generated by finite nonabelian groups. Numer. Algorithms 48, 11-27 (2008).

[19] Vale, R., Waldron, S.: The symmetry group of a finite frame. Linear Algebra Appl. 433, 248- 262 (2010).

[20] Waldron, S.: An Introduction to Finite Tight Frames. Springer, New York (2011).

[21] Xia, P., Zhou, S., Giannakis, G. B.: Achieving the Welch bound with difference sets. IEEE Trans. Inf. Theory 51, 1900-1907 (2005).

[22] Zauner, G.: Quantendesigns—Grundzüge einer nichtkommutativen Designtheorie. Doctorial thesis, University of Vienna, Vienna, Austria (1999).

第6章 有限维Gabor框架

摘要 在过去的30年里,Gabor框架在时频分析中已经被广泛研究,在科学和工程中它们被广泛用于从时间和频率的基本模块中合成信号或将信号分解为时间和频率的基本模块。本章包含一个对有限维复向量空间内Gabor框架基础的和相对完整的介绍。在这种安排下,给出在可能的最一般情况下,Gabor框架中重要结果的基本证明;即考虑在任意有限的阿贝尔群中对应于点阵的Gabor框架。本章还回顾了关于有限维中Gabor系统几何的重要结果:该系统成员构成子集的线性独立性,它们的互相干性以及这样系统下的约束等距性。本章将这些结果应用于稀疏信号的恢复,并且讨论有限维Gabor系统几何的开放式问题。

关键字 有限阿贝尔群的Gabor分析;线性独立性;相干性;Gabor框架的约束等距常量;压缩感知中的运用;有损信道误差校正;信道识别

6.1 引 言

Dennis Gabor于1946年在具有深远影响的论文《通信理论》中,建议将一个通信信道的时频信息域分解为尽可能小的单元,并且让每个单元仅仅传递一个携带信息的系数。他参考海森堡的不确定性原理,论证了可以利用高斯概率函数的多个时频平移样本来实现最小时频单元。总之,他提出了以

$$\psi(t)=\sum_{n=-\infty}^{\infty}\sum_{k=-\infty}^{\infty}c_{nk}\,\mathrm{e}^{-\pi\frac{(t-n\Delta t)^2}{2(\Delta t)^2}}\,\mathrm{e}^{2\pi\mathrm{i}\frac{kt}{\Delta t}}$$

的信号形式发射携带信息的复值序列$\{c_{nk}\}$。其中参数$\Delta t>0$的选取决定于物理条件考虑和实际的应用。用

$$M_v g(t)=\mathrm{e}^{2\pi\mathrm{i}v t}g(t),\quad v\in\mathbf{R}$$

表示调制算子;用

$$T_\tau g(t)=g(t-\tau),\quad \tau\in\mathbf{R}$$

表示平移算子。

Gabor提出在媒介$\{M_{k/\Delta t}T_{n\Delta t}g_0\}_{n,k\in\mathbf{Z}}$上发送,其中$g_0$是高斯窗函数:

$$g_0(t)=\mathrm{e}^{-\pi\frac{t^2}{2(\Delta t)^2}}$$

在20世纪后半叶,Gabor的建议,主要是关于时域和频域中信息多样化的相互作用,被广泛研究。例如,在文献[24]、[25]、[33]、[38]、[61]~[63]、[88]中可以被看到。这条研究方向侧重于像Gabor所建议的那样的函数系统泛函分析性质。除了以下关于历史的评论外,本章不再涉及泛函分析。例如,Janssen详细地分析了在哪些情况下$\{M_{k/\Delta t}T_{n\Delta t}g_0\}_{n,k\in\mathbf{Z}}$能被用于代表函数和分布。他指出虽然Gabor所建议的集合在实线上的平方可积函数的希尔伯特空间是完整的,但在这个空间下,它不是一组Riesz基。然后Balian和Low各自独立地证明了任何在时域和频域良好集中的函数φ都不会对产生一组$\{M_{k/\Delta t}T_{n\Delta t g_0}\}_{n,k\in\mathbf{Z}}$形式的Riesz基有任何帮助。这个用Gabor所建议的方式构造的系统明显缺陷后来通过Duffin和Shaeffer介绍的框架概念而得到调整。确实,如果$\Delta v<1/\Delta t$,$\{M_{k/\Delta t}T_{n\Delta t}g_0\}_{n,k\in\mathbf{Z}}$是一个框架。从此Gabor系统理论和框架理论被深入地联系到了一起,许多框架理论问题在Gabor分析中找到了它们的源头。例如,Feichtinger猜想(见11.2.3节和其中的引用)以及被称为局部框架的框架首先在Gabor框架范围内被得到研究。

在工程中,因为正交频分复用(OFDM)构建的通信系统使用的增长,Gabor的思想在过去十年中十分盛行。确实,OFDM中使用的媒介是$\{M_{k/\Delta t}T_{n\Delta t}\varphi_0\}_{n\in\mathbf{Z},k\in K}$,其中$\varphi_0$是特征函数$\chi_{[0,1/\Delta v]}$(或它的一个修正的和/或周期性扩展的副本),并且考虑到传输频带限制,$K=\{-K_2,-K_2+1,\cdots,-K_1,K_1+1,\cdots,K_2\}$被引进。

虽然最初是在实现上进行构建,但Gabor系统能够在任何具有局部紧致性质的阿贝尔群上被近似定义。有限阿贝尔群上的函数形成了有限维向量空间,因此,有限群上的Gabor系统已经最先在数值线性代数领域被研究。特别地,针对Gabor分析、Gabor合成及Gabor框架算子的高效的矩阵因式分解已在文献中得到讨论,例如,可见于文献[6]、[79]、[80]、[91]。

为了更好地理解Gabor系统在实数线上的性质,有限循环群上的Gabor系统已经被做过数值研究。在文献[55]、[56]、[71]、[89]、[90]中,Gabor系统在实数、整数和循环群上的关系是以采样和周期化论证为基础被研究的。

在过去几十年中,有限阿贝尔群上的Gabor框架的结构考虑到了具有突出几何性质的有限框架的构建的事实已十分明显。最值得注意的是,许多等角框架已经以Gabor框架构建的事实(细节见5.9节以供参考)。同时,在恒幅值零自相关(CAZAC)的序列研究中,以及在雷达和通信中构建扩频序列和错误校正码中,也曾考虑过Gabor系统。

本章有多个目的。6.2和6.3节给出一个Gabor分析的基础介绍。6.2节聚焦于基础定义,而6.3节描述使得Gabor框架在分析和合成具有不同频率成分的信号及有效性的基本思想。

6.4 节定义和讨论有限阿贝尔群上的 Gabor 框架，在一般有限阿贝尔群上的 Gabor 框架的情况比 6.2 节所选择的建立方式更具有技术含量。这原因要归结于有限阿贝尔群的基础理论：它陈述了每个有限阿贝尔群都与有限循环群的积是同构的。

6.5 节证明有限阿贝尔群上 Gabor 框架的基本结果。所讨论的性质是众所周知的，但是文献中的证明包含了要用从线性几何中得到的简单论证替换的表示论中的非平凡概念。

6.5 节的结果是对于一般有限阿贝尔群来讲的，但是一些读者也许想要跳过 6.4 节，简单地假设在 6.5 ～ 6.9 节中，群 G 是循环的，如 6.2 和 6.3 节中那样。

6.6 ～ 6.9 节讨论 Gabor 框架的几何性质。6.6 节解决这样一个问题：处于一般线性位置 Gabor 框架，即一个 Gabor 系统中任意 N 个向量在相应 N 维环绕空间内是线性独立的，能否被构建。作为讨论的副产物，将建立一大类对损耗具有最大鲁棒性的幺模紧 Gabor 框架。6.7 节提出 Gabor 系统的相干性，6.8 节陈述对一个任意选择的 Gabor 窗生成一个具有有效的约束等距常量(RICs) 的 Gabor 框架的可能性的评估。6.9 节陈述在压缩感知构架中 Gabor 框架的一些结果。

本章从头至尾都不会讨论多窗口 Gabor 框架。对于多窗口 Gabor 框架的更多细节请参见文献[35]、[65] 和其中的参考文献。

6.2　$\mathbf{C}^N$ 中的 Gabor 框架

用 $\{0,1,2,\cdots,N-2,N-1\}$，即 $N-$ 元素循环群 $\mathbf{Z}_n=\mathbf{Z}/(N\mathbf{Z})$，标出向量 $x\in\mathbf{C}^N$ 的组成成分，其原因将在 6.4 节讲解。此外，为了避免在这些元素上的代数运算，用 $x(k)$ 而不是 x_k 来表达列向量 x 中的第 k 个组成成分，即得

$$x=(x_0,x_1,x_2,\cdots,x_{N-2},x_{N-1})^{\mathrm{T}}=(x(0),x(1),x(2),\cdots,x(N-2),x(N-1))^{\mathrm{T}}$$

其中，x^{T} 代表向量 x 的转置。

离散傅里叶变换 $\mathscr{F}:\mathbf{C}^N\to\mathbf{C}^N$ 在 Gabor 分析中起到基础的作用，它由

$$\mathscr{F}x(m)=\hat{x}(m)=\sum_{n=0}^{N-1}x(n)\mathrm{e}^{-2\pi\mathrm{i}mn/N},\quad m=0,1,2,\cdots,N-1 \tag{6.1}$$

逐点给出。贯穿本章，算子都是由它们在列向量上的作用定义的，并且将不会区分一个算子和它关于欧几里得基 $\{e_k\}_{k=0,1,\cdots,N-1}$ 的矩阵表示，其中如果 $k=$

n,则 $e_k(n)=\delta(k-n)=1$,否则 $e_k(n)=\delta(k-n)=0$。

在矩阵符号中,离散傅里叶变换(6.1)用满足 $\omega=\mathrm{e}^{2\pi i/N}$ 的傅里叶矩阵 $W_N=(\omega^{-rs})_{r,s=0}^{N-1}$ 表示,例如

$$W_4=\begin{pmatrix}1&1&1&1\\1&-i&-1&i\\1&-1&1&-1\\1&i&-1&-i\end{pmatrix}$$

$$W_6=\begin{pmatrix}1&1&1&1&1&1\\1&\mathrm{e}^{-2\pi i1/6}&\mathrm{e}^{-2\pi i1/3}&\mathrm{e}^{-2\pi i1/2}&\mathrm{e}^{-2\pi i2/3}&\mathrm{e}^{-2\pi i5/6}\\1&\mathrm{e}^{-2\pi i1/3}&\mathrm{e}^{-2\pi i2/3}&1&\mathrm{e}^{-2\pi i1/3}&\mathrm{e}^{-2\pi i2/3}\\1&\mathrm{e}^{-2\pi i1/2}&1&\mathrm{e}^{-2\pi i3/6}&1&\mathrm{e}^{-2\pi i1/2}\\1&\mathrm{e}^{-2\pi i2/3}&\mathrm{e}^{-2\pi i1/3}&1&\mathrm{e}^{-2\pi i2/3}&\mathrm{e}^{-2\pi i1/3}\\1&\mathrm{e}^{-2\pi i5/6}&\mathrm{e}^{-2\pi i2/3}&\mathrm{e}^{-2\pi i1/2}&\mathrm{e}^{-2\pi i1/3}&\mathrm{e}^{-2\pi i1/6}\end{pmatrix}$$

快速傅里叶变换(FFT)提供了一种有效的计算形如矩阵向量积的有效算法。

傅里叶变换的最重要的性质是傅里叶反变换公式(6.2)、Parseval－Plancherel 公式(6.3)和泊松求和公式(6.5)。

定理 6.1　归一化函数 $\frac{1}{\sqrt{N}}\mathrm{e}^{2\pi im(\cdot)/N}$,$m=0,1,2,\cdots,N-1$ 形成了 $\mathbf{C}^N$ 的一组正交基,因此有

$$x=\frac{1}{N}\sum_{m=0}^{N-1}\hat{x}(m)\mathrm{e}^{\frac{2\pi im(\cdot)}{N}},\quad x\in\mathbf{C}^N \tag{6.2}$$

并且

$$\langle x,y\rangle=\frac{1}{N}\langle\hat{x},\hat{y}\rangle,\quad x,y\in\mathbf{C}^N \tag{6.3}$$

此外,对于满足 $ab=N$ 的自然数 a 和 b,有

$$\sum_{n=0}^{b-1}\mathrm{e}^{-\frac{2\pi iamn}{N}}=\begin{cases}b, & \text{如果 } m \text{ 是 } b \text{ 的倍数}\\0, & \text{其他}\end{cases} \tag{6.4}$$

并且

$$a\sum_{n=0}^{b-1}x(an)=\sum_{m=0}^{a-1}\hat{x}(bm),\quad x\in\mathbf{C}^N \tag{6.5}$$

证明　首先证明式(6.4),如果 m 是 b 的倍数,那么对于所有 $n=0,1,\cdots,b-1$,$\mathrm{e}^{-\frac{2\pi iamn}{N}}=1$,且满足式(6.4),否则 $z=\mathrm{e}^{-\frac{2\pi ia\,m}{N}}\neq1$,同时利用几何求和公式,得

$$\sum_{n=0}^{b-1} e^{\frac{2\pi i a\, mn}{N}} = \sum_{n=0}^{b-1} z^n = \frac{1-z^b}{1-z} = \frac{1-1}{1-z} = 0$$

在式(6.4)中,令 $a=1$ 和 $b=N$,使得这些归一化谐波具有正交性质,事实上

$$\langle \frac{1}{\sqrt{N}} e^{\frac{2\pi i m(\cdot)}{N}}, \frac{1}{\sqrt{N}} e^{\frac{2\pi i m'(\cdot)}{N}} \rangle = \frac{1}{N} \sum_{m=0}^{N-1} e^{\frac{2\pi i (m-m')n}{N}} = \begin{cases} 1, & m=m' \\ 0, & \text{其他} \end{cases}$$

重构公式(6.2)及 Parseval－Plancherel 公式(6.3)也是这样。

为了得到式(6.5)从而完成证明,需计算:

$$\sum_{n=0}^{b-1} x(an) \overset{(6.2)}{=\!=} \sum_{n=0}^{b-1} \frac{1}{N} \sum_{m=0}^{N-1} \hat{x}(m) e^{\frac{2\pi i mn}{N}} =$$

$$\frac{1}{N} \sum_{m=0}^{N-1} \hat{x}(m) \sum_{n=0}^{b-1} e^{\frac{2\pi i mn}{N}} \overset{(6.2)}{=\!=}$$

$$\frac{b}{N} \sum_{m=0}^{a-1} \hat{x}(mb)$$

傅里叶反变换公式(6.2)表明了任意 x 都可以写成这些函数的线性组合。因为 $|x(n)|^2$ 量化了信号 x 在时间 n 时的能量,傅里叶系数 $\hat{x}(m)$ 表明携带 $\frac{1}{N}|\hat{x}(m)|^2$ 能量的函数 $e^{\frac{2\pi i m(\cdot)}{N}}$ 包含在 x 内。确实,式(6.3)中 $x=y$ 意味着能量的守恒,即

$$\sum_{n=0}^{N-1} |x(n)|^2 = \frac{1}{N} \sum_{m=0}^{N-1} |\hat{x}(m)|^2, \quad x \in \mathbf{C}^N$$

从数学角度说,Gabor 分析集中于傅里叶变换,平移算子和调制算子的相互作用。循环移位算子 $T:\mathbf{C}^N \to \mathbf{C}^N$ 由

$$Tx = T(x(0), x(1), \cdots, x(N-1))^{\mathrm{T}} = (x(N-1), x(0), x(1), \cdots, x(N-2))^{\mathrm{T}}$$

给出。

平移算子 $T_k, k \in \{0,1,2,\cdots,N-1\}$ 由

$$T_k x(n) = T^k x(n) = x(n-k), \quad x=0,1,2,\cdots,N-1$$

给出。也就是说,T_k 仅仅是 x 元素的重置,例如 $x(0)$ 是 $T_k x$ 的第 k 个元素。注意到差 $n-k$ 是通过模 N 得到的,这与将 $\mathbf{C}^N$ 的顶点作为循环群 $\mathbf{Z}_N = \mathbf{Z}/N\mathbf{Z}$ 的元素的想法相一致。在 6.4 节,将考虑 $\mathbf{C}^G$ 上的 Gabor 框架,$\mathbf{C}^G$ 是一个向量空间,其组成成分的索引是一个有限阿贝尔群 G,G 未必是循环的。

调制算子 $M_\ell:\mathbf{C}^N \to \mathbf{C}^N, \ell=0,1,2,\cdots,N-1$,由

$$M_\ell x = (e^{\frac{2\pi i \ell_0}{N}} x(0), e^{\frac{2\pi i \ell_1}{N}} x(1), \cdots, e^{\frac{2\pi i \ell(N-1)}{N}} x(N-1))^{\mathrm{T}}, \quad x \in \mathbf{C}^N$$

给出，即调制算子 M_ℓ 仅仅扮演了拥有函数 $e^{\frac{2\pi i\ell(\cdot)}{N}}$ 的输入向量 $x=x(\cdot)$ 的逐点积的角色。

平移算子一般是指时移算子。此外，调制算子是频移算子。因此有

$$\hat{M}_\ell x(m)=\mathscr{F}M_\ell x(m)\sum_{n=0}^{N-1}(e^{\frac{2\pi i\ell n}{N}}x(n))e^{-\frac{2\pi imn}{N}}=\sum_{n=0}^{N-1}x(n)e^{-\frac{2\pi i(m-\ell)n}{N}}=\hat{x}(m-\ell)$$

在两边同时应用傅里叶反变换公式得

$$M_\ell=\mathscr{F}^{-1}T_\ell\mathscr{F}$$

一个时频移算子 $\pi(k,\ell)$ 结合了 k 次平移和 ℓ 次调制，即

$$\pi(k,\ell):\mathbf{C}^N\to\mathbf{C}^N,\quad x\mapsto\pi(k,\ell)M_\ell T_k x$$

例如，对于 $G=\mathbf{Z}_4$ 算子 T_1,M_2 和 $\pi(N-1,3)$ 由矩阵

$$\begin{pmatrix}0&0&0&1\\1&0&0&0\\0&1&0&0\\0&0&1&0\end{pmatrix},\begin{pmatrix}1&0&0&0\\0&e^{2\pi i3/4}&0&0\\0&0&e^{2\pi i2/4}&0\\0&0&0&e^{2\pi i1/4}\end{pmatrix},\begin{pmatrix}0&1&0&0\\0&0&e^{2\pi i3/4}&0\\0&0&0&e^{2\pi i2/4}\\e^{2\pi i1/4}&0&0&0\end{pmatrix}$$

给出。

下面的观察极大地简化了 $\mathbf{C}^N$ 上的 Gabor 分析。回顾 $\mathbf{C}^N$ — 上的线性算子空间形成了一个 N^2 — 维希尔伯特空间，其希尔伯特 — 施密特空间内积由

$$\langle A,B\rangle_{HS}=\sum_{\tilde{n}=0}^{N-1}\sum_{n=0}^{N-1}\langle Ae_n,e_{\tilde{n}}\rangle\overline{\langle Be_n,e_{\tilde{n}}\rangle}$$

给出，与所选择的正交基 $\{e_n\}_{n=0,1,\cdots,N-1}$ 无关。

命题 6.1　归一化时频平移算子 $\{1/\sqrt{N}\pi(k,\ell)\}_{k,\ell=0,1,2,\cdots,N-1}$ 的集合是 $\mathbf{C}^N$ 上线性算子的希尔伯特 — 施密特空间的一组正交基。

证明　考虑到 $A=(a_{\tilde{n}n})$ 和 $B=(b_{\tilde{n}n})$ 是关于欧几里得基的矩阵。因此有

$$\langle(a_{\tilde{n}n}),(b_{\tilde{n}n})\rangle_{HS}=\sum_{\tilde{n}=0}^{N-1}\sum_{n=0}^{N-1}a_{\tilde{n}n}\overline{b_{\tilde{n}n}}$$

显然，如果 $k\neq\tilde{k}$，$\langle\pi(k,\ell),\pi(\tilde{k},\tilde{\ell})\rangle_{HS}=0$，因为 $\pi(k,\ell)$ 和 $\pi(\tilde{k},\tilde{\ell})$ 会互不相交。此外，定理 6.1 意味着

$$\langle1/\sqrt{N}\pi(k,\ell),1/\sqrt{N}\pi(\tilde{k},\tilde{\ell})\rangle_{HS}=\langle1/\sqrt{N}e^{\frac{2\pi i\ell(\cdot)}{N}},1/\sqrt{N}e^{\frac{2\pi i\tilde{\ell}(\cdot)}{N}}\rangle=\delta(\ell-\tilde{\ell})$$

现在在 $\mathbf{C}^N$ 上定义 Gabor 系统。因为 $\varphi\in\mathbf{C}^N$，并且 $\Lambda\subseteq\{0,1,\cdots,N-1\}$，所以称

$$(\varphi,\Lambda)=\{\pi(k,\ell)\varphi\}_{k,\ell\in\Lambda}$$

是由窗函数 φ 和集合 Λ 生成的 Gabor 系统。

在 $\mathbf{C}^N$ 上生成的 Gabor 系统是一个框架，并且被称为 Gabor 框架。

例如,$\mathbf{C}^4$ 上的 Gabor 系统$((1,2,3,4)^{\mathrm{T}},\{0,1,2,3\}\times\{0,1,2,3\})$由矩阵

$$\left(\begin{array}{cccc|cccc|cccc|cccc}1&1&1&1&4&4&4&4&3&3&3&3&2&2&2&2\\2&2\mathrm{i}&-2&-2\mathrm{i}&1&\mathrm{i}&-1&-\mathrm{i}&4&4\mathrm{i}&-4&-4\mathrm{i}&3&3\mathrm{i}&-3&-3\mathrm{i}\\3&-3&3&-3&2&-2&2&-2&1&-1&1&-1&4&-4&4&-4\\4&-4\mathrm{i}&-4&4\mathrm{i}&3&-3\mathrm{i}&-3&3\mathrm{i}&2&-2\mathrm{i}&-2&2\mathrm{i}&1&-\mathrm{i}&-1&\mathrm{i}\end{array}\right)$$

的列组成。

而$((1,2,3,4,5,6)^{\mathrm{T}}),\{0,2,4\}\times\{0,3\}$的元素在

$$\left(\begin{array}{cc|cc|cc}1&1&5&5&3&3\\2&2\mathrm{i}&6&6\mathrm{i}&4&4\mathrm{i}\\3&3&1&1&5&5\\4&4\mathrm{i}&2&2\mathrm{i}&6&6\mathrm{i}\\5&5&3&3&1&1\\6&6\mathrm{i}&4&4\mathrm{i}&2&2\mathrm{i}\end{array}\right)$$

中列出。

关于窗 $\varphi\in\mathbf{C}^N\setminus\{0\}$ 的短时傅里叶变换 $V_\varphi:\mathbf{C}^N\to\mathbf{C}^{N\times N}$ 由

$$V_\varphi x(k,l)=\langle x,\pi(k,l)\varphi\rangle=\mathscr{F}(xT_k\bar{\varphi})(l)=\sum_{n=0}^{N-1}x(n)\,\overline{\varphi(n-k)}\mathrm{e}^{\frac{-2\pi\mathrm{i}ln}{N}},\quad x\in\mathbf{C}^N$$

给出。观察到$V_\varphi x(k,l)=\mathscr{F}(xT_k\bar{\varphi})(l)$表明了 $\mathbf{C}^N$ 上的短时傅里叶变换能够用 FFT 有效地算出。这个表达式同时也表明了为什么短时傅里叶变换一般被称为加窗傅里叶变换:一个中心在 0 的窗函数移位 k,选择出以 k 为中心的一部分 x 和 x 逐点积,对这一部分用(快速) 傅里叶变换进行分析。

短时傅里叶变换几乎对称地处理时间和频率。事实上,运用 Parseval－Plancherel 可以得到

$$V_\varphi x(k,l)=\langle x,\pi(k,l)\varphi\rangle=\langle\hat{x},\widehat{M_lT_k\varphi}\rangle=\langle\hat{x},T_lM_{-k}\hat{\varphi}\rangle=$$

$$\mathrm{e}^{-\frac{2\pi\mathrm{i}kl}{N}}\langle\hat{x},M_{-k}T_l\hat{\varphi}\rangle=\mathrm{e}^{-\frac{2\pi\mathrm{i}kl}{N}}V_{\hat{\varphi}}\hat{x}(l,-k),\quad x\in\mathbf{C}^N\tag{6.6}$$

然而短时傅里叶变换在实数上的 Gabor 分析中却扮演了不同的角色 —— 它在 $\mathbf{R}\times\hat{\mathbf{R}}$ 上被定义而 Gabor 框架元素是由 $\mathbf{R}\times\hat{\mathbf{R}}$ 的离散子群内元素组成的 —— 在这种有限维情况下,短时傅里叶变换归纳为关于完整 Gabor 系统$(\varphi,\{0,1,\cdots,N-1\}\times\{0,1,\cdots,N-1\})$的解析映射,即一个满足$\Lambda=\{0,1,\cdots,N-1\}\times\{0,1,\cdots,N-1\})$的 Gabor 系统。因此,短时傅里叶变换的反变换公式为

$$x(n)=\frac{1}{N\|\varphi\|_2^2}\sum_{k=0}^{N-1}\sum_{l=0}^{N-1}V_\varphi x(k,l)\varphi(n-k)\mathrm{e}^{-\frac{2\pi\mathrm{i}ln}{N}}=$$

$$\frac{1}{N\|\varphi\|_2^2}\sum_{k=0}^{N-1}\sum_{\ell=0}^{N-1}\langle x,\pi(k,\ell)\varphi\rangle\pi(k,\ell)\varphi(n),x\in\mathbf{C}^N \tag{6.7}$$

仅仅表明了对于所有的 $\varphi\neq 0$，系统（φ，$\{0,1,\cdots,N-1\}\times\{0,1,\cdots,N-1\}$）是一个 $N\|\varphi\|^2-$ 紧 Gabor 框架。等式(6.7) 是下面推论 6.2 的一个平凡结果。它描绘了对于式(6.7) 中 $\{0,1,\cdots,N-1\}\times\{0,1,\cdots,N-1\}$ 的总和被 $Z_N\times Z_N=\{0,1,\cdots,N-1\}\times\{0,1,\cdots,N-1\}$ 的一个子群 Λ 的总和代替的情况下紧 Gabor 框架(φ,Λ) 的特征。

不是所有的 Gabor 框架都是紧的，意味着一个框架(φ,Λ) 的对偶框架不一定是(φ,Λ)。以下的 Gabor 框架的优良性质保证了一个 Gabor 框架的标准对偶框架还是一个 Gabor 框架。相似的性质对于所有其他相似结构的框架并不成立。例如，小波框架的标准对偶框架一般不是小波框架。

命题 6.2　一个具有框架算子 S 的 Gabor 框架(φ,Λ) 的标准对偶框架是 Gabor 框架($S^{-1}\varphi,\Lambda$)。

证明　对于所有的 $(k,\ell)\in\Lambda$，均可得到 $\pi(k,\ell)\circ S=S\circ\pi(k,\ell)$。因此 $S^{-1}\circ\pi(k,\ell)=\pi(k,\ell)\circ S^{-1}$，并且($\varphi,\Lambda$) 的对偶框架的成员都具有 $S^{-1}(\pi(k,\ell)\varphi)=\pi(k,\ell)(S^{-1}\varphi)$，$(k,\ell)\in\Lambda$ 的形式。

命题 6.5 陈述了结果并且在更一般的情况下得到了证明。为了简化，这里仅考虑 $\Lambda=\{0,a,2a,\cdots,N-a\}\times\{0,b,2b,\cdots,N-b\}$ 的情况，其中 a 和 b 可以整除 N。

下面的基本计算补充了证明：

$$\begin{aligned}
S\circ\pi(k,\ell)x(n) &= \sum_{\tilde{k}=0}^{N/a-1}\sum_{\tilde{\ell}=0}^{N/b-1}\langle\pi(k,\ell)x,\pi(\tilde{k},\tilde{\ell})\varphi\rangle\pi(\tilde{k},\tilde{\ell})\varphi= \\
&\sum_{\tilde{k}=0}^{N/a-1}\sum_{\tilde{\ell}=0}^{N/b-1}\sum_{\tilde{n}=0}^{N-1}e^{\frac{2\pi i\ell b\tilde{n}}{N}}x(\tilde{n}-ka)e^{-\frac{2\pi i\tilde{\ell}b\tilde{n}}{N}}\overline{\varphi(\tilde{n}-\tilde{k}a)}\times \\
&e^{-\frac{2\pi i\tilde{\ell}bn}{N}}\varphi(n-\tilde{k}a)= \\
&\sum_{\tilde{k}=0}^{N/a-1}\sum_{\tilde{\ell}=0}^{N/b-1}\sum_{\tilde{n}=0}^{N-1}x(\tilde{n})e^{-\frac{2\pi i(\tilde{\ell}-\ell)b(\tilde{n}+ka)}{N}}\overline{\varphi(\tilde{n}-(\tilde{k}-k)a)}\times \\
&e^{-\frac{2\pi i\tilde{\ell}bn}{N}}\varphi(n-\tilde{k}a)= \\
&\sum_{\tilde{k}=0}^{N/a-1}\sum_{\tilde{\ell}=0}^{N/b-1}\sum_{\tilde{n}=0}^{N-1}x(\tilde{n})e^{-\frac{2\pi i\tilde{\ell}b\tilde{n}}{N}}\overline{\varphi(\tilde{n}-\tilde{k}a)}\times \\
&e^{-\frac{2\pi i(\tilde{\ell}+\ell)bn}{N}}\varphi(n-(\tilde{k}+k)a)e^{-\frac{2\pi i\ell ba}{N}} \\
&\sum_{\tilde{k}=0}^{N/a-1}\sum_{\tilde{\ell}=0}^{N/b-1}\langle x,\pi(a\tilde{k},b\tilde{\ell})\varphi\rangle\pi(ak,b\ell)\pi(a\tilde{k},b\tilde{\ell})\varphi= \\
&\pi(ak,b\ell)\circ Sx(n)
\end{aligned}$$

6.3　作为时频分析工具的 Gabor 框架

正如 6.1 节所讨论的，引进 Gabor 框架是为了有效地利用通信信道。本节将聚焦于 Gabor 框架的第二个基础应用，它主要考虑那些聚集于时域和/或频域的少量几个成分占优的信号的时频分析。

在科学和数学研究中，傅里叶变换可将一个信号分解为它的频率成分是强有力的工具。然而，许多信号 —— 例如语音和音乐 —— 仅在很短的时间间隔中有频率贡献。一首钢琴奏鸣曲的傅里叶变换也许可以提供是哪个音符控制乐谱的信息，但它在钢琴上重现这首奏鸣曲的乐谱。Gabor 分析通过提供一个信号在何时出现什么频率的信息解决了这个问题。

回顾$(\varphi,\{0,1,\cdots,N-1\}\times\{0,1,\cdots,N-1\})$是一个 $N\|\varphi\|^2$－紧 Gabor 框架。假设 $\|\varphi\|^2=1/N$，得到

$$\sum_{n=0}^{N-1}|x(n)|^2=\sum_{k=0}^{N-1}\sum_{\ell=0}^{N-1}|V_\varphi x(k,\ell)|^2=\sum_{k=0}^{N-1}\sum_{\ell=0}^{N-1}|\mathscr{F}(xT_k\bar{\varphi})(\ell)|^2,\quad x\in\mathbf{C}^N$$

即短时傅里叶变换 V_φ 在时频格$\{0,1,\cdots,N-1\}\times\{0,1,\cdots,N-1\}$上分配了 x 的能量。等式(6.6)意味着

$$|V_\varphi x(k,\ell)|=|\langle x,M_\ell,T_k\varphi\rangle|=|\langle\hat{x},M_{-k},T_\ell\hat{\varphi}\rangle|\leqslant$$
$$\min\{\langle|x|,T_k|\varphi|\rangle,\langle|\hat{x}|,T_\ell|\hat{\varphi}|\rangle\}$$

因此，任何 φ，其中 φ 和 $\hat{\varphi}$ 在 0 处都具有良好的局部化性质，即对于 n 和 m，$|\varphi(n)|$ 和 $|\hat{\varphi}(m)|$ 都很小，而对于 $N-n$ 和 $N-m$ 则很大，意味着如果 ℓ 附近的频率大部分出现在 x 的时间 k 周围时，频谱图值 $SPEC_\varphi(k,\ell)=|V_\varphi x(k,\ell)|^2$ 所捕获的能量才是大的。不幸的是，海森堡的不确定性原理暗示了 φ 和 $\hat{\varphi}$ 不能任意地同时在 0 处都良好局部化。这个定理的最简单的实现如下面结果所示，这要归功于 Donoho 和 Stark。接下来令 $\|x\|_0=\{|n:x(n)\neq 0|\}$。

命题 6.3　令 $x\in\mathbf{C}^N\backslash\{0\}$，那么 $\|x\|_0\cdot\|\hat{x}\|_0\geqslant N$。

证明　对于 $x\in\mathbf{C}^N$，$x\neq 0$，并且 $A=\max\{|\hat{x}(m)|,m=0,1,\cdots,N-1\}\neq 0$，计算

$$NA^2\leqslant N(\sum_{n=0}^{N-1}|x(n)|)^2\leqslant N\|x\|_0\sum_{n=0}^{N-1}|x(n)|^2=$$
$$\|x\|_0\sum_{n=0}^{N-1}|\hat{x}(m)|^2\leqslant\|x\|_0\|\hat{x}\|_0A^2$$

当 N 是质数时，定理 6.12 强化了命题 6.3。

为了阐明 Gabor 框架在时频分析中的作用，我们将用不同的 Gabor 窗分

析由

$$
\begin{aligned}
x(n) = & \chi_{\{0,\cdots,49\}}(n)\sin(2\pi 20n/200) + \\
& \chi_{\{150,\cdots,199\}}(n)\sin(2\pi 50(n-150)/200) + \\
& \chi_{\{50,\cdots,149\}}(n)\sin(2\pi(30(n-50)^2/200^2 + 20(n-50)/200)) + \\
& 1.2\chi_{\{80,\cdots,99\}}(n)(1+\cos(2\pi(10n/200-1/2))\cos(2\pi 60n/200)) + \\
& 1.2\chi_{\{60,\cdots,79\}}(n)(1+\cos(2\pi(10n/200-1/2))\cos(2\pi 50n/200)) + \\
& 1.5\chi_{\{100,\cdots,199\}}(n)(1+\cos(2\pi(2n/200-1/2))\cos(2\pi 20n/200)) + \\
& \chi_{\{20,\cdots,31\}}(n)(1+\cos(2\pi(12n/200-1/2))\cos(2\pi 20n/200)) + \\
& 1.1\chi_{\{100,\cdots,109\}}(n)(1+\cos(2\pi(20n/200-1/2))), \quad n=0,1,\cdots,199
\end{aligned}
\tag{6.8}
$$

给出的多成分信号 $x \in \mathbf{C}^{200}$,其中当 $n \in A$ 时 $\chi_A(n)=1$,否则等于 0。该信号和其傅里叶变换如图 6.1 所示。注意到 x 是实信号,所以它的傅里叶变换是偶对称的。因为下面也将用到实数窗函数,我们得到了频域对称的短时傅里叶变换,并且它足以展示图 6.2 ~ 6.9 中频率仅为 0 ~ 100 的 $SPEC_\varphi$。

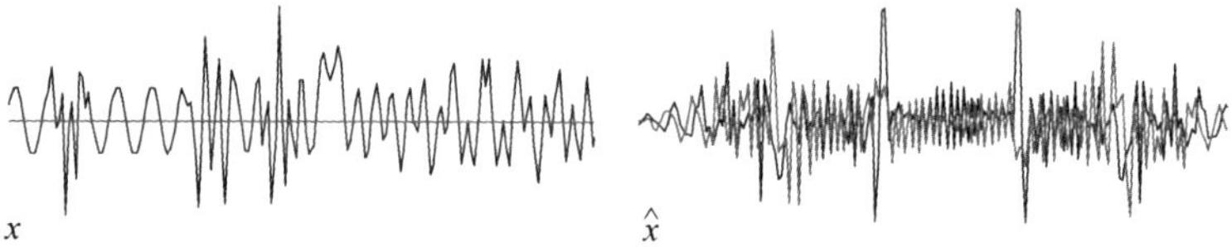

图 6.1　式(6.8)中给出的同时在图 6.2 ~ 6.6 和图 6.9 中使用的测试信号 x 以及它的傅里叶变换。在此图和下面的图中,信号的实数部分由蓝线给出,虚数部分由红线给出(见彩页)

图 6.2 和 6.3 中用到了由特征函数生成的正交 Gabor 系统。在图 6.2 中,使用由 $n=191,192,\cdots,199,0,1,2,\cdots,10$ 时 $\varphi(n)=\frac{1}{\sqrt{20}}$ 以及 $n=11,12,\cdots,190$ 时 $\varphi(n)=0$ 生成的归一化特征函数作为 Gabor 窗。图 6.2 中的频谱图展示了这个信号拥有开头值为 20 和接近末尾值为 50 的主频,中间有一段线性变化。此外,x 的 5 个额外的频率簇出现在 5 个不同的时刻。

图 6.2 显示出了一些垂直扰动的伪成分。这些都是由于 φ 的傅里叶变换 $\hat{\varphi}$ 的副瓣所导致的。它们意味着当 ℓ 的范围很大时,在频域中良好定位的组成成分对 $|V_\varphi x(k,\ell)|^2$ 也有影响。利用式(6.7),短时傅里叶变换的值 $V_\varphi x$ 允许重构 x。这样做要求用 N^2 个系数在 $\mathbf{C}^N$ 中重建一个信号。显然,仅利用一个点阵 Λ 上的 $V_\varphi x$ 的值会更有效,这个间隔 Λ 满足(φ,Λ)是一个维数不超过环绕空间的 N 维的基数框架。

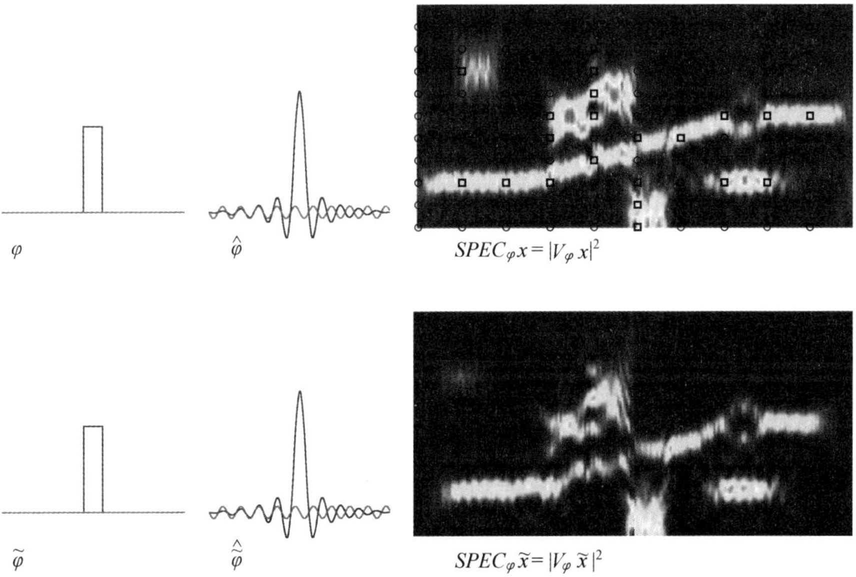

图 6.2　图 6.1 展示了式(6.8)中多成分信号的 Gabor 框架分析。使用了满足 $n=191,192,\cdots,199,0,1,2,\cdots,10$ 时 $\varphi(n)=\frac{1}{\sqrt{20}}$ 以及 $n=11,12,\cdots,190$ 时 $\varphi(n)=0$ 的 Gabor 系统(φ,Λ)。这个 Gabor 系统形成了 $\mathbf{C}^{200}$ 上的一组正交基，因此是自对偶的，即 $\varphi=\tilde{\varphi}$。展示了 $\varphi,\hat{\varphi},\tilde{\varphi},\hat{\tilde{\varphi}}$ 及 x 的谱图和它的近似值的谱图。$SPEC_{\varphi}x$ 上的圆圈描绘了 Λ。它们标注了框架(φ,Λ)的框架系数。正方形代表最大的 20 个框架系数，它们将在后面用于构建 x 的近似值 $\tilde{x}$(见彩页)

图 6.2 中圈出了满足$(k,l)\in\Lambda=\{0,20,\cdots,180\}\times\{0,10,\cdots,190\}$的 $|V_{\varphi}x(k,l)|^2$ 的值。很容易看出(φ,Λ)是一组正交基，因此，仅用圈出的值的短时傅里叶变换值便可重建信号 x。注意，在一般情况下，无论什么时候，只要(φ,Λ)是一个拥有对偶框架$(\tilde{\varphi},\Lambda)$的框架，都可以通过

$$x=\sum_{(k,l)\in\Lambda}\langle x,\pi(k,l)\varphi\rangle\pi(k,l)\tilde{\varphi}$$

重建 x。

然而，在许多应用中，都愿意减少最初存储的信息量去重建维数小于环绕空间维数 N 的信号。与完整重建 x 不同，我们满足于得到一个近似值

$$\tilde{x}=\sum_{(k,l)\in\Lambda}R(\langle x,\pi(k,l)\varphi\rangle)\pi(k,l)\hat{\varphi}$$

它捕获了 x 的主要特征。

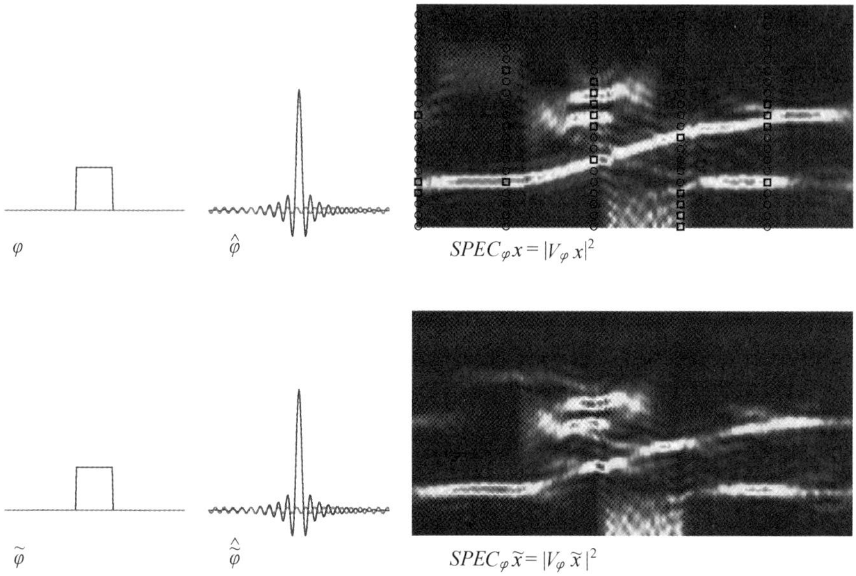

图 6.3　图 6.1 展示了多分量信号的 Gabor 框架分析。我们使用了满足 $n=181,182,\cdots,199,0,1,2,\cdots,20$ 时 $\varphi(n)=\dfrac{1}{\sqrt{40}}$ 以及当 $n=21,12,\cdots,180$ 时 $\varphi(n)=0$ 的正交 Gabor 系统 (φ,Λ)。展示了 $\varphi,\hat{\varphi},\tilde{\varphi},\hat{\tilde{\varphi}},SPEC_{\varphi}x$ 和 $SPEC_{\varphi}\hat{x}$，$SPEC_{\varphi}x$ 上的圆圈，标注了框架 (φ,Λ) 的框架系数，正方形代表了用于构建 $\tilde{x}$ 的 20 个框架系数(见彩页)

这里展示了一个非常简单的压缩算法的影响。也就是说，我们仅仅用 40 个最大的系数(在所描绘的一半频谱中为 20 个)来产生一个 x 的近似值 $\tilde{x}$。即对于这 40 个系数来说 $R(\langle x,\pi(k,l)\varphi\rangle)=\langle x,\pi(k,l)\varphi\rangle$，否则 $R(\langle x,\pi(k,l)\varphi\rangle)=0$。所选择的系数在时域和频域中的位置用正方形标注出来。

$\tilde{x}$ 和 x 以及 $\hat{\tilde{x}}$ 和 $\hat{x}$ 的图形相比较不是非常明显。取而代之，我们比较和原始信号 x 的谱图。这很好地呈现了我们压缩步骤的影响，事实上大多数 x 的特征都被保留了。

造成图 6.3 和图 6.2 效果不同的原因仅仅在于窗函数 φ 的选择不同。这里选择一个更宽的窗函数，导致得到一个定位更好的 $\hat{\varphi}$。特别地，选择当 $n=181,182,\cdots,199,0,1,2,\cdots,20$ 时 $\varphi(n)=\dfrac{1}{\sqrt{40}}$ 以及 $n=21,12,\cdots,180$ 时 $\varphi(n)=0$。作为一个点阵，选择 $\Lambda=\{0,40,\cdots,160\}\times\{0,5,10,\cdots,195\}$ 并且

观察到(φ,Λ)还是一组正交基。

比较图 6.2 和图 6.3 中 x 的谱图，观察到以时域定位损失为代价，扰动效应得到缓解，频域定位也稍好一点。不幸的是，通过对 $SPEC_{\varphi}x$ 和 $SPEC_{\varphi}\hat{x}$ 的比较显示了点阵的标准选择与我们的压缩算法相结合似乎并不很奏效。时域内标注的点阵间的大距离导致了部分频率变换并没有被简单的压缩算法所保留。

在图 6.4 ～ 6.6 中，选择高斯函数作为窗函数。在图 6.4 中，选择

$$\varphi(n)=c\mathrm{e}^{-(n/6)^2}$$

其中 c 规范化 φ，点阵 $\Lambda=\{0.8,\cdots,180\}\times\{0,20,40,\cdots,192\}$。

对于图 6.5，选择

$$\varphi(n)=c\mathrm{e}^{-(n/14)^2}$$

其中 c 对 φ 归一化，点阵 $\Lambda=\{0.8,\cdots,192\}\times\{0,20,40,\cdots,180\}$。

我们运用和得到图 6.2 及图 6.3 一样的简单的压缩步骤。注意到图 6.5 和图 6.6 中的点阵包含 250 个元素，事实上，Gabor 框架(φ,Λ)是过完备的。

选择高斯窗函数具有消除副瓣和提供更易读的谱图的优点。但压缩程序受到两方面的影响而有所损失。首先，从 250 个系数中选出 40 个，它们在主区域内聚集，所以 x 的次要的时频成分也就被忽略了。显然，该算法并没有从所运用的 Gabor 框架的多余部分中获益。其次，φ 在频域中的良好定位说明了组成成分中的一些落在了点阵值之间。因此，它们被忽略了。

图 6.4 和图 6.5 的对比再一次展示了良好时间分辨率和良好频率分辨率之间的折中。

图 6.6 选择和图 6.4 中一样的高斯窗，但是所选择的点阵不是$\{0,1,2,\cdots,199\}$中两部分点阵的积。事实上，有

$$\Lambda=\{0,40,\cdots,160\}\times\{0,8,\cdots,192\}\cup\{20,60,100,140,180\}\times\{4,12,20,\cdots,196\}$$

但是从矩形点阵中偏离出来并没有提供多少好处。此外，即使正在选择一个拥有同样余度的点阵，即在一个 200 维空间内选择了 250 个元素，对偶窗的频域定位仍然不佳。这极大地削弱了利用 x 的压缩值进行重建的质量，因为用于合成的对偶窗反映了信号的频率特性。

在文献[22]、[52]、[68]、[72]、[89]、[90]中可以发现用 Gabor 框架对离散一维信号和离散图进行分析的相似的讨论。

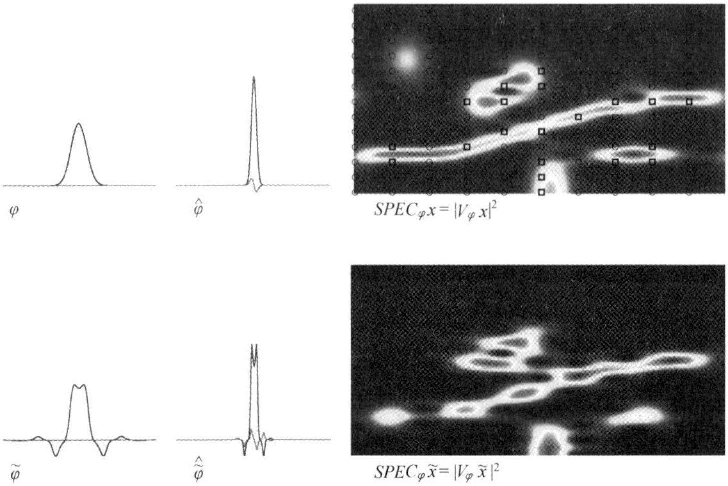

图 6.4　图 6.1 中信号的 Gabor 框架分析。选择归一化的高斯函数 $\varphi(n)=ce^{-(n/6)^2}$，$n=0,1,\cdots,199$ 作为 Gabor 窗，再一次展示 φ，$\hat{\varphi}$，$\tilde{\varphi}$，$\hat{\tilde{\varphi}}$，$SPEC_\varphi x$ 和 $SPEC_\varphi \hat{x}$，其中 $SPEC_\varphi x$ 上的 Λ 用圆圈标出。如前面一样，正方形标出了最大的 20 个系数。未被标出的框架系数并没有用于构建 $\tilde{x}$（见彩页）

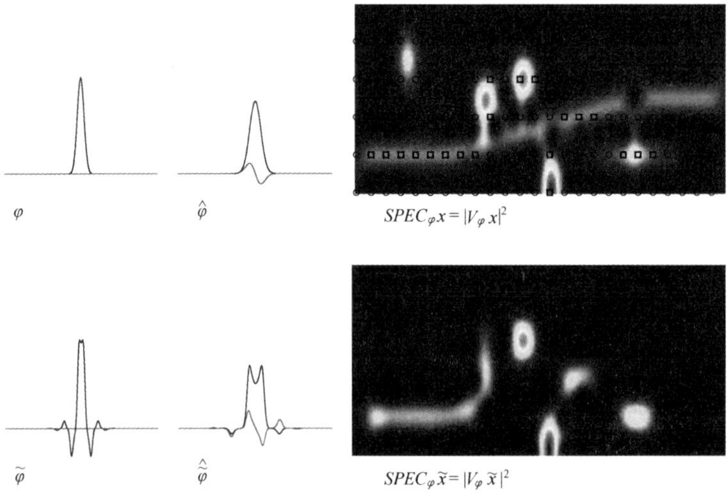

图 6.5　这里运用 $\varphi(n)=ce^{-(n/14)^2}$ 的归一化形式作为高斯窗，$n=0,1,\cdots,199$。像之前一样，φ，$\hat{\varphi}$，$\tilde{\varphi}$，$\hat{\tilde{\varphi}}$，$SPEC_\varphi x$ 和 $SPEC_\varphi \hat{x}$ 被标记出来，$SPEC_\varphi x$ 上标出了 Λ 和用于构建 $\tilde{x}$ 的 20 个系数（见彩页）

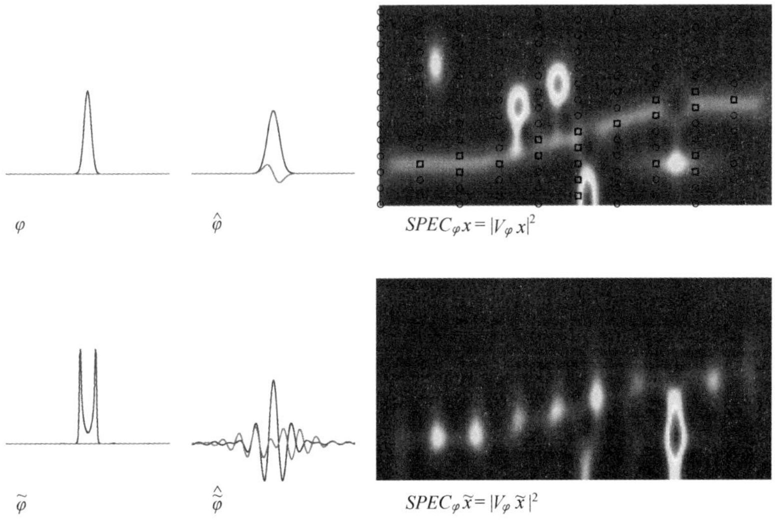

图 6.6　运用和图 6.4 中一样的窗函数,但点阵不同。这改变了所展示的对偶框架 $\tilde{\varphi}$ 和它的傅里叶变换 $\hat{\tilde{\varphi}}$。$SPEC_\varphi x$ 和 $SPEC_\varphi \tilde{x}$ 变化了很多,因此导致 x 和 $\tilde{x}$ 变化了很多。正如图 6.2 ~ 6.5 一样,Λ 和它的最大的 20 个系数也被标注了出来(见彩页)

6.4　有限阿贝尔群中的 Gabor 分析

在 6.2 节定义了 $\mathbf{C}^N$ 中的 Gabor 系统。默认 $\mathbf{C}^N$ 中的向量是在循环群 $\mathbf{Z}_N=\mathbf{Z}/N\mathbf{Z}$ 上定义的向量。例如,平移算子 $\mathbf{T}_k$ 是由 $T_k x(n)=x(n-k)$ 定义的,其中 $n-k$ 要采用模 N 运算。也就是说,被认为是循环群 $\mathbf{Z}_N$ 中的元素。

本节将创建一个用一个任意有限阿贝尔群 G 替代 $\mathbf{Z}_N$ 的 Gabor 系统。因此会得到在有限维向量空间

$$\mathbf{C}^G=\{x:G\rightarrow\mathbf{C}\}$$

上的 Gabor 系统的结果。即 $\mathbf{C}^G$ 是一个 $|G|$ 维向量空间,其向量由群 G 中的元素进行索引。如果 $G=\mathbf{Z}_N$,将继续写出 $\mathbf{C}^N$ 而不是 $\mathbf{C}^{\mathbf{Z}_N}$。

索引集的群结构允许通过

$$T_k x(n)=x(n-k),\quad n\in G$$

定义统一的平移算子 $T_k:\mathbf{C}^G\rightarrow\mathbf{C}^G,k\in G$。

$\mathbf{C}^G$ 上的调制算子是和有限阿贝尔群上的特征的逐点积。一个特征 $\xi\in\mathbf{C}^G$ 是一个将 G 映射到乘法群 $S^1=\{z\in\mathbf{C}:|z|=1\}$ 的群同构。G 上特征的集

合在逐点相乘下形成了一个群。这个群称为 G 的对偶群并且用 $\hat{G}$ 表示。

总之,对于 $\xi \in \hat{G}$,调制算子 $M_\xi:\mathbf{C}^G \to \mathbf{C}^G$ 由

$$M_\xi x(n) = \xi(n)x(n), \quad n \in G$$

给出。

对于 $\lambda = (k,\xi) \in G \times \hat{G}$,通过

$$\pi(\lambda):\mathbf{C}^G \to \mathbf{C}^G, \quad x \mapsto \pi(\lambda)x = \pi(k,\xi)x = M_\xi T_k x = \xi(\cdot)x(-k)$$

定义时频移算子 $\pi(\lambda)$。

现在能够定义 $\mathbf{C}^G$ 上的Gabor系统,其中 G 是拥有对偶框架 $\hat{G}$ 的一个有限阿贝尔群。令 Λ 是乘积群 $G \times \hat{G}$ 的一个子集,并且令 $\varphi \in \mathbf{C}^C \backslash \{0\}$。每个Gabor框架由

$$(\varphi,\Lambda) = \{\pi(\lambda)\varphi\}_{\lambda \in \Lambda}$$

给出。

在 $\mathbf{C}^G$ 上生成的Gabor系统是一个框架并且被称为Gabor框架。在许多情况下,考虑满足 Λ 是 $G \times \hat{G}$ 的一个子群的Gabor系统。

关于窗 $\varphi \in \mathbf{C}^G$ 的短时傅里叶变换 $V_\varphi:\mathbf{C}^G \to \mathbf{C}^{G\times\hat{G}}$ 由

$$V_\varphi x(k,\xi) = \langle x,\pi(k,\xi)\varphi\rangle = \mathscr{F}(xT_k\bar{\varphi})(\xi) = \sum_{n\in G} x(n)\,\overline{\varphi(n-k)(\xi,x)}, \quad x \in \mathbf{C}^G$$

给出,其中 $\mathscr{F}$ 在文献[34]、[35]、[46]、[47]中有定义。正如我们在推论6.2中看到的一样,短时傅里叶的反变换公式为

$$x(n) = \frac{1}{|G|\,\|\varphi\|_2^2} \sum_{(k,\xi)\in \mathbf{C}^{G\times\hat{G}}} V_\varphi x(k,\xi)\varphi(n-k)\langle\xi,x\rangle, \quad x \in \mathbf{C}^G$$

对于所有 $\varphi \neq 0$ 都成立。正如 $G=\mathbf{Z}_N$ 的情况,因此总结出系统$(\varphi,G\times\hat{G})$是一个 $|G|\,\|\varphi\|^2$ — 紧Gabor框架。

在讨论6.4.2节紧阿贝尔群上Gabor系统之前,将证明以有限阿贝尔群上Gabor分析为基础的调和分析结果。

6.4.1 有限阿贝尔群上的调和分析

正如前面提到的,有限阿贝尔群上的一个特征是将 G 映射到乘法循环群 $S^1=\{z\in\mathbf{C}:|z|=1\}$ 的群同态。特征集合用 $\hat{G}$ 表示,它是逐点乘法下的一个有限阿贝尔群,意味着其具有 $(\xi_1+\xi_2)(n)=\xi_1(n)\xi_2(n)$ 的成分。

为了清楚地描述有限阿贝尔群上的特征,将循环群上特征的简单结果和有限阿贝尔群的基础理论相结合。它表明每个有限阿贝尔群都与周期群的乘积同构。

定理 6.2　对于每个有限阿贝尔群 G,都存在满足

$$G \cong \mathbf{Z}_{N_1} \times \mathbf{Z}_{N_2} \times \cdots \times \mathbf{Z}_{N_d} \tag{6.9}$$

的 $N_1, N_2, \cdots, N_d \in \mathbf{N}$。

式(6.9)中的因式分解和因子的数量不是唯一的,但是确实存在唯一的质数集$\{p_1, \cdots, p_d\}$和唯一的自然数集$\{r_1, \cdots, r_d\}$,使得式(6.9)满足

$$N_1 = p_1^{r_1}, \quad N_2 = p_2^{r_2}, \quad \cdots, \quad N_d = p_d^{r_d}$$

证明　对于本书的目的而言,只有在式(6.9)中所给出的因式分解存在时才有意义。下面给将出概述这个事实的一个归纳证明。

回顾$|G|$被称为群G的阶,$\langle n\rangle$代表由$n \in G$生成的群,并且$n \in G$的阶数是$|\langle n\rangle|$。

如果$|G|=1$,那么$G=\{0\}$,很容易证明。假设所有的阶数$|G|<N$的群都满足式(6.9)。现在令G满足$|G|=N$。需要分两种情况讨论。

如果$N=p^s$满足p是质数,选择拥有最大阶数的$n \in G$。如果它的阶数是$|G|$,那么$G=\langle n\rangle$并且$G \cong \mathbf{Z}_N$。如果它的阶数小于$|G|$,那么一小段的代数论证显示了存在满足$G \cong \langle n\rangle \times H$的子群$H$。对$H$应用归纳假设可得到关于$G$的式(6.9)。

如果$N=rp^s$满足p是质数,r和p相对互素,并且$s \geqslant 1$,那么

$$G \cong \{n{:}n \text{ 的阶数是 } p \text{ 的乘方}\} \times \{n{:}n \text{ 的阶数不可被 } p \text{ 整除}\}$$

可以被看作是将G变成两个更小阶数的子群G的因式分解,但可以再一次运用归纳假设。

正如前面所提到的,作为循环群的乘积的有限群的表示并不是唯一的。例如,当(且仅当)K和L是互质时,$\mathbf{Z}_{KL}$同构于$\mathbf{Z}_K \times \mathbf{Z}_L$。

任何群同构都可以导致对偶群间的群同构。因此定理 6.2 暗示了对于有限阿贝尔群上特征的研究,它满足于循环群积的特征的研究。因此,下面可以假设

$$G = \mathbf{Z}_{N_1} \times \mathbf{Z}_{N_2} \times \cdots \times \mathbf{Z}_{N_d}$$

观察到对于循环群$G=\mathbf{Z}_N=\{0,1,2,\cdots,N-1\}$,特征$\xi$完全由$\xi(1)$决定。因为

$$1 = \xi(0) = \xi(N) = \xi(1+\cdots+1) = \xi(1)^N$$

有

$$\xi(1) \in \{\mathrm{e}^{\frac{2\pi i m}{N}}, m=0,1,\cdots,N-1\}$$

所得结论$\hat{\mathbf{Z}}_N$正好包含N个特征,即

$$\xi_m = (\mathrm{e}^{\frac{2\pi i m(\cdot)0}{N}}, \mathrm{e}^{\frac{2\pi i m(\cdot)1}{N}}, \mathrm{e}^{\frac{2\pi i m(\cdot)2}{N}}, \cdots, \mathrm{e}^{\frac{2\pi i m(\cdot)(N-1)}{N}})^{\mathrm{T}}, \quad m=0,1,\cdots,N-1$$

因此，从理论上定义的循环群的调制算子和 6.2 节给出 $\mathbf{C}^N$ 上的调制算子的定义相一致。

观察逐点乘法，特征 $\hat{\mathbf{Z}}_N$ 的群是循环的，并且含有 N 个元素，也就是说 $\hat{\mathbf{Z}}_N \cong \mathbf{Z}_N$，下面我们将用到这个结论。

对于 $G=\mathbf{Z}_{N_1}\times\mathbf{Z}_{N_2}\times\cdots\times\mathbf{Z}_{N_d}$，观察到 G 上的任意一个特征 ξ 都会引出组成群 $\mathbf{Z}_{N_1},\mathbf{Z}_{N_2},\cdots,\mathbf{Z}_{N_d}$ 上的一个特征。因此可以将一个满足

$$\xi(e_r)=\xi((0,\cdots,0,1,0,\cdots,0))=\mathrm{e}^{\frac{2\pi i m_r}{N_1}},\quad r=1,\cdots,d$$

的 $m=(m_1,m_2,\cdots,m_d)$ 与 G 上的任何特征 ξ 关联起来。

显然，由于 ξ 是一个群同构，它可以由 m 完全描述，并且有

$$\xi(n_1,n_2,\cdots,n_d)=\xi_{m_1}(n_2)\cdots\xi_{m_1}(n_d)=\mathrm{e}^{\frac{2\pi i m_1 n_1}{N_1}}\mathrm{e}^{\frac{2\pi i m_2 n_2}{N_2}}\cdots\mathrm{e}^{\frac{2\pi i m_d n_d}{N_d}}=\mathrm{e}^{2\pi i\left(\frac{m_1 n_1}{N_1}+\frac{m_2 n_2}{N_2}+\cdots+\frac{m_d n_d}{N_d}\right)} \tag{6.10}$$

为了简化符号，将用导出的 m 定义 ξ，并且写出

$$\langle m,n\rangle=\xi(n)=\mathrm{e}^{2\pi i\left(\frac{m_1 n_1}{N_1}+\frac{m_2 n_2}{N_2}+\cdots+\frac{m_d n_d}{N_d}\right)} \tag{6.11}$$

观察到

$$\hat{G}=\widehat{(\mathbf{Z}_{N_1}\times\mathbf{Z}_{N_2}\times\cdots\times\mathbf{Z}_{N_d})}\cong\hat{\mathbf{Z}}_{N_1}\times\hat{\mathbf{Z}}_{N_2}\times\cdots\times\hat{\mathbf{Z}}_{N_d}$$

显然，$\hat{\hat{G}}\cong\hat{G}\cong G$；除此以外，$G$ 能够通过群同构 $n:m\mapsto\langle m,n\rangle$ 用 $\hat{\hat{G}}$ 定义，因此验证了式(6.11)中的对偶符号。

在有限阿贝尔群情况中，傅里叶变换 $\mathscr{F}:\mathbf{C}^G\to\mathbf{C}^{\hat{G}}$ 由

$$\mathscr{F}x(m)=\hat{x}(m)=\sum_{n\in G}x(n)\langle m,n\rangle=\sum_{n_1=0}^{N_1-1}\sum_{n_2=0}^{N_2-1}\cdots\sum_{n_d=0}^{N_d-1}x(n_1,n_2,\cdots,n_d)\times\mathrm{e}^{-2\pi i\left(\frac{m_1 n_1}{N_1}+\frac{m_2 n_2}{N_2}+\cdots+\frac{m_d n_d}{N_d}\right)}$$

$$m=(m_1,m_2,\cdots,m_d)\in\hat{G}$$

给出。定理 6.1 意味着 $\mathbf{Z}_N$ 上的归一化符号构成了 $\mathbf{C}^N$ 上的一组正交基。将其和式(6.10)相结合显示了在任意有限阿贝尔群 G 上的归一化符号，形成了具有基数 $|G|=N_1\cdots N_d=\dim\mathbf{C}^G$ 的一个正交系。我们总结为规范化特征形成了 $\mathbf{C}^G$ 的一组正交基。这个简单的观察使式(6.2)和式(6.3)普遍化适用于一般阿贝尔群的情况。例如，傅里叶反变换公式(6.2)变成了

$$x(n)=\frac{1}{|G|}\sum_{m\in\hat{G}}\hat{x}(m)\overline{\langle m,n\rangle}=\frac{1}{|G|}\sum_{m_1=0}^{N_1-1}\sum_{m_2=0}^{N_2-1}\cdots\sum_{m_d=0}^{N_d-1}\hat{x}(m_1,m_2,\cdots,m_d)\times$$

$$e^{2\pi i\left(\frac{m_1 n_1}{N_1}+\frac{m_2 n_2}{N_2}+\cdots+\frac{m_d n_d}{N_d}\right)},\quad n=(n_1,n_2,\cdots,n_d)\in G$$

为了陈述和证明 $\mathbf{C}^G$ 上傅里叶变换的泊松求和公式，我们为 G 中的任意子群 H 定义了零化子子群：

$$H^{\perp}=\{m\in\hat{G}:\langle m,n\rangle=1\ \text{对于所有}\ n\in H\}$$

显然，$H^{\perp}$ 是 $\hat{G}$ 的一个子群。在 Gabor 和调和分析中，G 的离散子群一般被称为点阵，而它们的零化子被称为对偶点阵。

定理 6.3　令 H 是 G 的一个子群(点阵)，并且令 $H^{\perp}$ 是它的零化子子群(对偶点阵)，那么

$$\sum_{n\in H}\langle m,n\rangle=\begin{cases}|H|,m\in H^{\perp}\\0,\text{其他}\end{cases},\sum_{n\in H^{\perp}}\langle m,n\rangle=\begin{cases}|H^{\perp}|,m\in H^{\perp}\\0,\text{其他}\end{cases}\tag{6.12}$$

并且

$$|H^{\perp}|\sum_{n\in H}x(n)=\sum_{n\in H^{\perp}}\hat{x}(m),\quad x\in\mathbf{C}^G\tag{6.13}$$

证明　令 $m\in\mathbf{C}^G$。那么对于 $n\in H$，$m\mapsto\langle m,n\rangle$ 定义了 H 上的一个特征。这个特征和 H 上的平凡特征是同样的或正交的，即对于 $n\in H$，$0\mapsto\langle m,n\rangle$，并且因此

$$\sum_{n\in H}\langle m,n\rangle=\sum_{n\in H^{\perp}}\langle m,n\rangle\overline{\langle 0,n\rangle}=\begin{cases}|H|,\text{在}\ H\ \text{上}\ m=0\\0,\text{其他}\end{cases}=$$

$$\begin{cases}|H|,m\in H^{\perp}\\0,\text{其他}\end{cases}$$

通过观察到 $H^{\perp}$ 是 $\hat{G}$ 的一个子群并且 $(H^{\perp})^{\perp}\subseteq\hat{\hat{G}}$ 能够由 $H\subseteq G$ 标准定义，式(6.12)中的第二个等式可由式(6.12)中的第一个等式推出。

对于任意有限阿贝尔群 G，$G\cong\mathbf{Z}_{N_1}\times\mathbf{Z}_{N_2}\times\cdots\times\mathbf{Z}_{N_d}$ 的事实说明了离散傅里叶矩阵 W_G 能够被表达为循环群 $\mathbf{Z}_{N_1},\mathbf{Z}_{N_2},\cdots,\mathbf{Z}_{N_d}$ 的傅里叶矩阵的克罗内克积，也就是说，$W_G=W_{N_1}\otimes W_{N_2}\otimes\cdots\otimes W_{N_d}$。例如

$$W_{\mathbf{Z}_2\times\mathbf{Z}_2}=W_{\mathbf{Z}_2}\otimes W_{\mathbf{Z}_2}=\begin{pmatrix}1&1\\1&-1\end{pmatrix}\otimes\begin{pmatrix}1&1\\1&-1\end{pmatrix}=\begin{pmatrix}1&1&1&1\\1&-1&1&-1\\1&1&-1&-1\\1&-1&-1&1\end{pmatrix}$$

6.4.2　有限阿贝尔群上的示例和进一步讨论

在 6.4.1 节显示了有限阿贝尔群的研究和循环群的有限积研究是一致的。此外，本节详细地描述了循环群的积的特征以及作用在这样的群上函数

的调制算子。

例如对于 $G=\mathbf{Z}_2\times\mathbf{Z}_2$，算子 $T_{(1,0)}$ 和算子 $M_{(1,1)}$ 有如下矩阵形式：

$$\begin{pmatrix}0&1\\1&0\end{pmatrix}\otimes\begin{pmatrix}1&0\\0&1\end{pmatrix}=\begin{pmatrix}0&1&0&0\\1&0&0&0\\0&0&0&1\\0&0&1&0\end{pmatrix}$$

$$\begin{pmatrix}1&0\\0&-1\end{pmatrix}\otimes\begin{pmatrix}1&0\\0&-1\end{pmatrix}=\begin{pmatrix}1&0&0&0\\0&-1&0&0\\0&0&-1&0\\0&0&0&1\end{pmatrix}$$

并且 $\pi((1,0),(1))$ 是

$$\begin{pmatrix}0&1\\-1&0\end{pmatrix}\otimes\begin{pmatrix}1&0\\0&-1\end{pmatrix}=\begin{pmatrix}0&1&0&0\\-1&0&0&0\\0&0&0&-1\\0&0&1&0\end{pmatrix}$$

命题 6.1 可以经推广得出下列结论。

命题 6.4　归一化的时频平移算子 $\{1/\sqrt{|G|}\times\pi(\lambda)\}_{\lambda\in G\times\hat{G}}$ 形成了具有希尔伯特－施密特内积的 $\mathbf{C}^G$ 上线性算子空间的一组正交基。

证明　这由直接运算或仅仅通过运用正交基的张量形成了张量空间的一组正交基的结果得出。

再一次考虑 $G=\mathbf{Z}_2\times\mathbf{Z}_2$，得

$$G\times\hat{G}=\mathbf{Z}_2\times\mathbf{Z}_2\times\widehat{\mathbf{Z}_2\times\mathbf{Z}_2}=\mathbf{Z}_2\times\mathbf{Z}_2\times\hat{\mathbf{Z}}_2\times\hat{\mathbf{Z}}_2=\mathbf{Z}_2\times\mathbf{Z}_2\times\mathbf{Z}_2\times\mathbf{Z}_2$$

并且 Gabor 系统 $((1,2,3,4)^{\mathrm{T}},\mathbf{Z}_2\times\mathbf{Z}_2\times\mathbf{Z}_2\times\mathbf{Z}_2)$ 由

$$\left(\begin{array}{cccc|cccc|cccc|cccc}1&1&1&1&2&2&2&2&3&3&3&3&4&4&4&4\\2&-2&2&-2&1&-1&1&-1&4&-4&4&-4&3&-3&3&-3\\3&3&-3&-3&4&4&-4&-4&1&1&-1&-1&2&2&-2&-2\\4&-4&-4&&3&-3&-3&3&2&-2&-2&2&1&-1&-1&1\end{array}\right)$$

的列组成。

注意，因为 $(1,2,3,4)^{\mathrm{T}}$ 不是一个简单的张量，上面的 Gabor 系统不是有限阿贝尔群 $\mathbf{Z}_2$ 上两个 Gabor 系统的张量积。也就是说，对于 $v,\omega\in\mathbf{C}^{\mathbf{Z}_2}$，它没有 $v\otimes\omega$ 的形式。当然，积群上的 Gabor 系统能够由组成群上的张量 Gabor 系统生成。也就是说，对于具有子集 $\Lambda_1\subseteq G_1$ 和 $\Lambda_2\subseteq G_2$ 的有限阿贝尔群 G_1 和 G_2，$\varphi_1\in\mathbf{C}^{G_1}$ 和 $\varphi_2\in\mathbf{C}^{G_2}$，得到 $\mathbf{C}^{G_1\times G_2}$ Gabor 系统

$$(\varphi_1, \Lambda_1) \otimes (\varphi_2, \Lambda_2) = (\varphi_1 \otimes \varphi_2, \Lambda_1 \times \Lambda_2)$$

例如文献[22]、[32]中所展示的。

每个满足 $\Lambda = G \times \hat{G}$ 的 Gabor 系统 (φ, Λ)，$\varphi \neq 0$ 都是 $\mathbf{C}^G$ 上的一个紧框架，当然，正如我们下面将要讨论的，(φ, Λ) 的其他代数和几何性质取决于群 G 和窗函数 φ。

6.5　Gabor 框架和 Gabor 框架算子的基本性质

本节得出 $\mathbf{C}^G$ 上 Gabor 框架的主要性质。贯穿整章，读者可能像在 6.2 节中考虑的一样，选择假设 $\mathbf{C}^G = \mathbf{C}^N = \mathbf{C}^{(0,1,\cdots,N-1)}$。确实，6.2 节反映了 $G = \hat{G} = \mathbf{Z}_N = \{0, 1, \cdots, N-1\}$ 的特殊情况。

因为 Gabor 系统 $\{\varphi, G \times \hat{G}\}$ 对于所有 $\varphi \in \mathbf{C}^G \backslash \{0\}$ 是一个紧框架，Gabor 框架源自 5.2 节定义 5.3 中所描述的群框架的事实是有根据的。满足 Λ 是 $G \times \hat{G}$ 的一个子群的 Gabor 框架 (φ, Λ) 拥有许多重要的性质，这些性质是基于：$\pi: G \times \hat{G} \to \mathcal{L}(\mathbf{C}^G, \mathbf{C}^G)$，$\lambda \to \pi(\lambda)$ 是一个投影表示。(事实上是取决于同构体的，它是 $\mathbf{C}^G$ 上 $G \times \hat{G}$ 的唯一可约的准确的投影表达。)

下面证明的结果已经从文献[34]和[35]中一般紧阿贝尔群的情况中得出。在这些文献中，作者用到了表示论中的重要结论(非平凡结论)。

接下来简单的观察形成了 Gabor 分析中大多数基本结论的基础。从理论上说，式(6.14)和(6.15)代表了之前提到过的 π 是一个投影表示的结论。

命题 6.5　对于 $\lambda, \mu \in G \times \hat{G}$ 在 $\mathbf{C}$ 中存在满足

$$\pi(\lambda)\pi(\mu) = C_{\lambda,\mu}\pi(\lambda + \mu) = C_{\lambda,\mu} = C_{\lambda,\mu}\overline{C_{\lambda,\mu}}\pi(\mu)\pi(\lambda) \tag{6.14}$$

和

$$\pi(\lambda)^{-1} = \pi(\lambda)^* = C_{\lambda,\lambda}\pi(-\lambda) \tag{6.15}$$

的 $c_{\lambda,\mu}, c_{\mu,\lambda}$，$|c_{\lambda,\mu}| = |c_{\mu,\lambda}| = 1$。

如果 Λ 是 $G \times \hat{G}$ 的一个子群，那么对于每个 $\varphi \in \mathbf{C}^G$，时频平移算子 $\pi(\mu)$，$\mu \in \Lambda$ 和 (φ, Λ)Gabor 框架算子

$$s: \mathbf{C}^G \to \mathbf{C}^G, \quad x \mapsto \sum_{\lambda \in \Lambda} \langle x, \pi(\lambda)\varphi \rangle \pi(\lambda)\varphi$$

交换。

证明　对于 $G = \mathbf{Z}_N$，一个直接计算表明 $c_{(k,l)(\tilde{k},\tilde{l})} = \mathrm{e}^{-2\pi i k l / N}$。这意味着式(6.14)和式(6.15)是针对循环群的情况。一般情况下，由任何紧阿贝尔群是循环群的积和 $\mathbf{Z}_2$ 上的时频移算子是 $\mathbf{C}^{\mathbf{Z}_N}$ 时频移算子的张量积的结论得出。

为了显示对于 $\mu \in \Lambda$，$S\pi(\mu) = \pi(\mu)S$，计算

$$\pi(\mu)^* S\pi(\mu)x = \sum_{\lambda\in\Lambda}\langle \pi(\mu)f, \pi(\lambda)\varphi\rangle \pi(\mu)^*\pi(\lambda)\varphi =$$
$$\sum_{\lambda\in\Lambda}\langle x, c_{\mu,\mu}\pi(-\mu)\pi(\lambda)\varphi\rangle c_{\mu,\mu}\pi(-\mu)\pi(\lambda)\varphi =$$
$$|c_{\mu,\mu}|^2\sum_{\lambda\in\Lambda}\langle x, c_{\mu(-\lambda)}\pi(\lambda-\mu)\varphi\rangle c_{\mu(-\lambda)}\pi(\lambda-\mu)\varphi =$$
$$\sum_{\lambda\in\Lambda}\langle x, \pi(\lambda-\mu)\varphi\rangle |c_{\mu(-\lambda)}|^2\pi(\lambda-\mu)\varphi =$$
$$\sum_{\lambda\in\Lambda}\langle x, \pi(\lambda)\varphi\rangle\pi(\lambda)\varphi = Sx$$

最后一步的迭代利用了 $\mu\in\Lambda$ 并且 Λ 是一个群的结论。

作为命题(6.5)的第一个结果,需要推导出Gabor框架算子的Janssen表示式(6.17)。

为了这个目的,定义子群 $\Lambda\subseteq G\times\hat{G}$ 的伴随子群是

$$\lambda^\circ = \{\mu\in G\times\hat{G}: \pi(\lambda)\pi(\mu) = \pi(\mu)\pi(\lambda) \text{ 对于所有 } \lambda\in\Lambda\}$$

和 $(\lambda^\perp)^\perp = \Lambda$ 相似,有 $(\Lambda^\circ)^\circ = \Lambda$。以说明为目的,在图 6.7 中描绘了一些点阵,它们的对偶阵和它们的伴随阵。

定理 6.4 令 Λ 是 $G\times\hat{G}$ 的一个子群并且令 $\varphi, \tilde{\varphi}\in \mathbf{C}^G$。然后得

$$\sum_{\lambda\in\Lambda}\langle x, \pi(\lambda)\varphi\rangle\pi(\lambda)\tilde{\varphi} = |\Lambda|/|G|\sum_{\mu\in\Lambda^\circ}\langle\tilde{\varphi}, \pi(\mu)\varphi\rangle\pi(\mu)x, \quad x\in\mathbf{C}^G \tag{6.16}$$

特别地,(φ,Λ)Gabor 框架算子 S 具有以下形式:

$$S = |\Lambda|/|G|\sum_{\mu\in\Lambda^\circ}\langle\varphi, \pi(\mu)\varphi\rangle\pi(\mu) \tag{6.17}$$

令 $K=\{k:(k,l)\in\Lambda, \text{对一些 } l\in\hat{G}\}$,注意到这个代表了关于欧几里得正交基的框架算子的矩阵由 $|K|$ 个对角线(非对角线)元素的并集构成。下面式(6.21)中的Walnut表达式将对这个Gabor框架算子的标准矩阵表示给出更多的理解。

证明 回顾命题 6.4,即 $\{1/\sqrt{|G|}\times\pi(\lambda)\}_{\lambda\in G\times\hat{G}}$ 形成了具有希尔伯特-施密特内积的 $\mathbf{C}^G$ 上线性算子空间的一组正交基。因此,对于 $\varphi, \tilde{\varphi}\in\mathbf{C}^G$,算子

$$S: x\mapsto\sum_{\lambda\in\Lambda}\langle x, \pi(\lambda)\varphi\rangle\pi(\lambda)\tilde{\varphi}$$

具有唯一表达

$$S = \sum_{\mu\in G\times\hat{G}}\eta_\mu\pi(\mu)$$

应用定理(6.15),对于任意 $\lambda\in\Lambda$ 给出

$$\sum_{\mu\in G\times\hat{G}}\eta_\mu\pi(\mu) = S = \pi(\lambda)^* S\pi(\lambda) = \sum_{\mu\in G\times\hat{G}}\eta_\mu\pi(\lambda)^*\pi(\mu)\pi(\lambda)$$

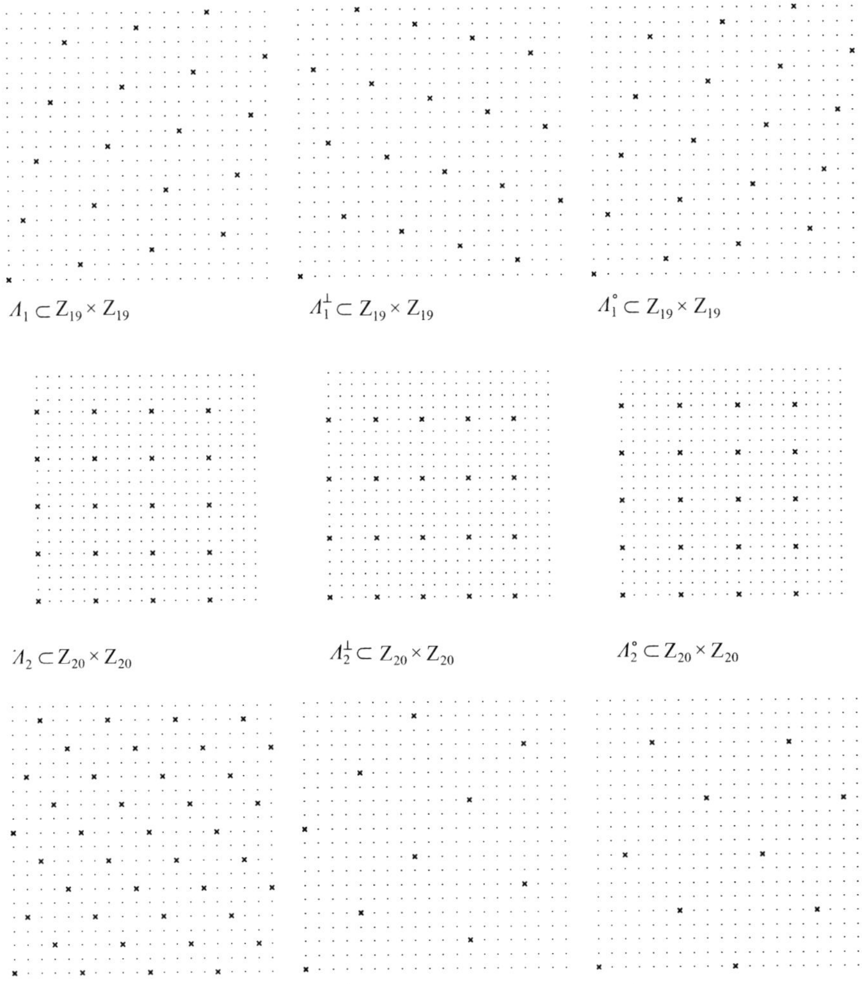

图 6.7　点阵及其对偶阵和伴随阵的例子。点阵 $\Lambda_1 \subset \mathbf{Z}_{19} \times \mathbf{Z}_{19}$ 是包含(1,4) 的 $\mathbf{Z}_{19} \times \mathbf{Z}_{19}$ 的最小子群，$\Lambda_2 \subset \mathbf{Z}_{20} \times \mathbf{Z}_{20}$ 由(1,2) 生成，$\Lambda_2 \subset \mathbf{Z}_{20} \times \mathbf{Z}_{20}$ 是由集合{(1,4),(0,10)} 生成的子群

命题 6.5 中的等式(6.14) 和(6.15) 意味着 $\pi(\lambda)^* \pi(\mu)\pi(\lambda)$ 是 $\pi(\mu)$ 标量倍数。由于系数 $\eta_\mu, \mu \in G \times \hat{G}$ 是唯一的，对于每个 $\mu \in G \times \hat{G}$，有 $\eta_\mu = 0$ 或 $\pi(\lambda)^* \pi(\mu)\pi(\lambda) = \pi(\mu)$，其中 $\lambda \in \Lambda$，即 $\mu \in \Lambda^\circ$。得出结论，如果 $\mu \in \Lambda^\circ$，$\eta_\mu = 0$。

对于 $\mu \in \Lambda^\circ$，可以得到 $\eta_\mu = |\Lambda|/|G| \langle \tilde{\varphi}, \pi(\mu)\varphi \rangle$ 的结果仍有待说明。为

了达到这个目的,注意到秩1算子 $x \mapsto \langle x, \varphi \rangle \tilde{\varphi}$ 由矩阵 $\tilde{\varphi}\bar{\varphi}^{\mathrm{T}}$ 表示。它的具有一个矩阵 M 的希尔伯特－施密特内积满足 $\langle \tilde{\varphi}\bar{\varphi}^{\mathrm{T}}, M \rangle_{HS} = \langle \tilde{\varphi}, M\varphi \rangle$。因此,对于 $\mu \in \Lambda^{\circ}$,有

$$\eta_{\mu} = 1/|G| \langle S, \pi(\mu) \rangle_{HS} = 1/|G| \sum_{\lambda \in \Lambda} \langle \pi(\lambda)\tilde{\varphi}\overline{\pi(\lambda)\varphi^{\mathrm{T}}}, \pi(\mu) \rangle_{HS} =$$
$$1/|G| \sum_{\lambda \in \Lambda} \langle \pi(\lambda)\tilde{\varphi}, \pi(\mu)\pi(\lambda)\varphi \rangle =$$
$$1/|G| \sum_{\lambda \in \Lambda} \langle \pi(\lambda)\tilde{\varphi}, \pi(\lambda)\pi(\mu)\varphi \rangle =$$
$$1/|G| \sum_{\lambda \in \Lambda} \langle \tilde{\varphi}, \pi(\mu)\varphi \rangle = |\Lambda|/|G| \langle \tilde{\varphi}, \pi(\mu)\varphi \rangle$$

取满足 $\tilde{x} \in \mathbf{C}^G$ 的式(6.16)左边和右边的内积,说明 Janssen 表示意味着下面 Gabor 分析(GIGA)中的基本恒等式。同见文献[36]、[46]。

推论 6.1　令 Λ 是 $G \times \hat{G}$ 的一个子群,可以得到

$$\sum_{\lambda \in \Lambda} V_{\varphi}x(\lambda)\overline{V_{\tilde{\varphi}}\tilde{x}(\lambda)} = |\Lambda||G| \sum_{\lambda \in \Lambda^{\circ}} V_{\varphi}\tilde{\varphi}(\lambda)\overline{V_{x}\tilde{x}(\lambda)}, \quad x, \tilde{x}, \varphi, \tilde{\varphi} \in \mathbf{C}^G \tag{6.18}$$

命题6.5的另一个重要结果是Gabor框架的标准对偶框架还是Gabor框架,也就是说,一个 Gabor 框架的标准对偶框架继承了原始框架的时频结构。

定理 6.5　令 Λ 是 $G \times \hat{G}$ 的一个子群并且令 Gabor 系统 (φ, Λ) 在 $\mathbf{C}^G$ 上生成,(φ, Λ) 的标准对偶框架具有形式 $(\tilde{\varphi}, \Lambda)$,也就是说,对于恰当的 $\tilde{\varphi} \in \mathbf{C}^G$,有

$$x = \sum_{\lambda \in \Lambda} \langle x, \pi(\mu)\tilde{\varphi} \rangle \pi(\lambda)\varphi = \sum_{\lambda \in \Lambda} \langle x, \pi(\lambda)\varphi \rangle \pi(\lambda)\tilde{\varphi}, \quad x \in \mathbf{C}^G$$

证明　命题 6.5 陈述了 (φ, Λ) 框架算子

$$S: \mathbf{C}^G \to \mathbf{C}^G, \quad x \mapsto \sum_{\lambda \in \Lambda} \langle x, \pi(\lambda)\varphi \rangle \pi(\lambda)\tilde{\varphi}$$

及它的逆变换 S^{-1} 和 $\pi(\mu), \mu \in \Lambda$ 交换。因此 (φ, Λ) 的标准对偶框架的元素具有

$$\gamma_{\lambda} = S^{-1}\pi(\lambda)\varphi = \pi(\lambda)S^{-1}\varphi = \pi(\lambda)\tilde{\varphi}, \quad \lambda \in \Lambda$$

的形式。

对于过完备 Gabor 框架,即可生成 $\mathbf{C}^G$ 并且具有大于 $N = |G|$ 的基数框架,对偶窗不是唯一的。事实上,选择和标准对偶框架不同的对偶框架也许能够允许减少计算 Gabor 展开系数所需的计算复杂性。

与 $(\tilde{\varphi}, \Lambda)$ 对偶的 Gabor 框架用下面的 Wexler－Raz 准则进行特征码描述(见文献[35]、[98]和其中的参考文献),它是定理 6.4 的一个直接结论。

定理 6.6　令 Λ 是 $G\times\hat{G}$ 的一个子群。对于 Gabor 系统 (φ,Λ) 和 $(\tilde{\varphi},\Lambda)$，当且仅当

$$\langle\varphi,\pi(\lambda)\tilde{\varphi}\rangle=|G|/|\Lambda|\,\delta_{\mu,0},\quad \mu\in\Lambda^{\circ}\tag{6.19}$$

有

$$x=\sum_{\lambda\in\Lambda}\langle x,\pi(\lambda)\tilde{\varphi}\rangle\pi(\lambda)\varphi,\quad x\in\mathbf{C}^{G}\tag{6.20}$$

证明　等式(6.19)意味着算子

$$S:x\mapsto\sum_{\lambda\in\Lambda}\langle x,\pi(\lambda)\varphi\rangle\pi(\lambda)\tilde{\varphi}$$

是恒等式。也就是说，通过定理 6.4，有

$$\pi(0)=Id=S=|\Lambda|/|G|\sum_{\mu\in\Lambda^{\circ}}\langle\varphi,\pi(\lambda)\tilde{\varphi}\rangle\pi(\mu)$$

因为由命题 6.4 可知，算子 $\{\pi(\mu)\}$ 是线性独立的，因此总结出 $|\Lambda|/|G|\cdot\langle\varphi,\pi(\lambda)\tilde{\varphi}\rangle=\delta_{\mu,0}$，即式(6.20)。

反变换的含义一般也可以从 Janssen 公式中得出。

推论 6.2　如果 Λ 是 $G\times\hat{G}$ 的一个子群，当且仅当 $(\varphi,\Lambda^{\circ})$ 是一个正交集时，$(\varphi,\Lambda^{\circ})$ 是一个 $\mathbf{C}^{G}$ 上的紧框架。

证明　结果可由在式(6.19)和式(6.20)中令 $\tilde{\varphi}=\varphi$ 得出。

此外，Wexler－Raz 准则，定理(6.6)说明了下面的 Ron－Shen 对偶结果。

定理 6.7　令 Λ 是 $G\times\hat{G}$ 的一个子群，当且仅当 $(\varphi,\Lambda^{\circ})$ 是线性独立集合，系统 (φ,Λ) 是一个 $\mathbf{C}^{G}$ 上的框架。

证明　如果 (φ,Λ) 是一个框架，那么定理 6.6 意味着一个满足对于 λ，$\mu\in\Lambda^{\circ}$，$\langle\pi(\lambda)\varphi,\pi(\mu)\tilde{\varphi}\rangle=\delta_{\lambda,\mu}$ 的对偶窗 $\tilde{\varphi}$ 存在，那么 $0=\sum_{\lambda\in\Lambda^{\circ}}c_{\lambda}\pi(\lambda)\varphi$ 也就意味着对于 $\mu\in\Lambda^{\circ}$，

$$0=\langle\sum_{\lambda\in\Lambda^{\circ}}c_{\lambda}\pi(\lambda)\varphi,\pi(\mu)\tilde{\varphi}\rangle=\sum_{\lambda\in\Lambda^{\circ}}c_{\lambda}\langle\pi(\lambda)\varphi,\pi(\mu)\tilde{\varphi}\rangle=c_{\mu}\langle\pi(\mu)\varphi,\pi(\mu)\tilde{\varphi}\rangle$$

并且可以总结出对于所有 $\mu\in\Lambda^{\circ}$，$C_{\mu}=0$。因此，$(\varphi,\Lambda^{\circ})$ 是线性独立的。

另一方面，如果 $(\varphi,\Lambda^{\circ})$ 是一个线性独立集合，$\mathrm{span}\{\pi(\mu)\varphi\}_{\mu\in\Lambda^{\circ}}$ 中有唯一向量 $\tilde{\varphi}$ 与 $\mathrm{span}\{\pi(\mu)\varphi\}_{\mu\in\Lambda^{\circ}\setminus\{0\}}$ 正交，且对所有 $\mu\in\Lambda^{\circ}$，有 $\langle\varphi,\pi(\mu)\tilde{\varphi}\rangle=\delta\mu$。定理 6.6 意味着 (φ,Λ) 是一个框架。 □

我们用有限维情况下 Gabor 框架算子的 Walnut 表示的一种新型通用形式来结束这一节。

定理 6.8　对于 $G\times\hat{G}$ 的一个子群 Λ，令 $H_0=\{l:(0,l)\in\Lambda\}$ 并且 $K=\{k:(k,l)\in\Lambda$ 对于一些 $l\}$。对于每个 $k\in K$，选择一个满足 $(k,l_k)\in\Lambda$ 的 l_k。$(\varphi,$

Λ)Gabor 框架算子矩阵($S_{\tilde{n}n}$) 满足

$$(S_{\tilde{n}n}) = |H_0| \chi_{H_0^\perp}(\tilde{n}-n) \sum_{k\in K} \varphi(\tilde{n}-k) \overline{\varphi(n-k)} \langle \ell_k, \tilde{n}-n \rangle \quad (6.21)$$

其中 $H_0^\perp = \{\ell \in G: \langle \ell, k \rangle = 1$ 对于所有 $k \in H_0\}$ 代表 H_0 的零化子子群。如果 $\Lambda = \Lambda_1 \times \Lambda_2$,那么式(6.21) 可简化为

$$S_{\tilde{n}n} = |\Lambda_1| \chi_{\Lambda_2^\perp}(\tilde{n}-n) \sum_{k\in \Lambda_1} \varphi(\tilde{n}-k) \overline{\varphi(n-k)} \quad (6.22)$$

证明　对于 $k \in K$,令 H_k 代表 Λ 的 k 部分,也就是说 $H_k = \{\ell: (k,\ell) \in \Lambda$ 对于一些 $\ell \in \hat{G}\}$。显然,当且仅当 $\tilde{\ell} - \ell \in H_0, \ell, \tilde{\ell} \in H_k$。因此,对于任意 $\ell_k \in H_k \subseteq \hat{G}, H_k = H_0 + \ell_k$,计算

$$\begin{aligned}
S_{\tilde{n}n} = &\sum_{\lambda\in\Lambda} \pi(\lambda)\varphi(\tilde{n})(\pi(\lambda)\varphi(n))^* = \\
&\sum_{k\in K}\sum_{\ell\in H_k} \varphi(\tilde{n}-k)\langle \ell, \tilde{n}\rangle \overline{\varphi(n-k)\langle \ell, n\rangle} = \\
&\sum_{k\in K} \varphi(\tilde{n}-k) \overline{\varphi(n-k)} \sum_{\ell\in H_0} \langle \ell + \ell_k, \tilde{n}-n\rangle = \\
&\sum_{k\in K} \varphi(\tilde{n}-k) \overline{\varphi(n-k)} \langle \ell_k, \tilde{n}-n\rangle \sum_{\ell\in H_0} \langle \ell, \tilde{n}-n\rangle \overset{(6.12)}{=\!=\!=} \\
&\sum_{k\in K} \varphi(\tilde{n}-k) \overline{\varphi(n-k)} \langle \ell_k, \tilde{n}-n\rangle \, |H_0| \chi_{H_0^\perp}(\tilde{n}-n)
\end{aligned}$$

通过观察 $K \in \Lambda_1$,对于 $k \in \Lambda_1, H_0 = H_k = \Lambda_2, \ell_k = 0$,等式(6.22) 由(6.21) 直接得出。

等式(6.22) 意味着对于实值 φ,($\varphi, \Lambda_1 \times \Lambda_2$) 的框架算子 S 限制到了 $\mathbf{R}^G$ 上,特别地,对偶框架生成窗 $\gamma = S^{-1}\varphi$ 也是实值的。式(6.21) 和式(6.22) 所示的 Gabor 框架算子的能带结构在式(6.17) 中的 Janssen 公式中也能被观察到,它显示了 S 的至多 $|H_0^\perp||G| = |G|/|H_0|$ 个元素是非零的。如果 H_2 和 Λ_2 分别是 $\hat{G}$ 的一个较大的子群,这个观察是特别有价值的。

6.6　线性独立

实数上 Gabor 分析中一项传统而频繁的任务是表明一个给定的 Gabor 系统是复数值平方可积函数 $L^2(\mathbf{R})$ 希尔伯特空间的一组 Riesz 基或一个框架。$L^2(\mathbf{R})$ 里 Gabor 系统简单的线性独立性最先被 Heil:Ramanathan 和 Topiwala 所考虑。他们关于 $L^2(\mathbf{R})$ 中每个 Gabor 系的成员都是线性独立的猜想直到今天仍有待考察。事实上,对于所有 $L^2(\mathbf{R})$ 中的窗函数 φ,4 个方程

$$\varphi(t), \varphi(t-1), e^{2\pi i t}\varphi(t), e^{2\pi i\sqrt{2}t}\varphi(t-\sqrt{2})$$

是否是线性独立的，仍然是未知的。

在有限维中，当且仅当一族向量是线性独立的，这族向量是它的生成内的一组 Riesz 基。

相似地，当且仅当一族向量在有限维环绕空间内生成，这族向量是一个框架。显然，环绕空间的维度限制了线性独立向量的数量，本节提出了 $\mathbf{C}^G$ 中 Gabor 系统的向量是否处于线性独立位置（是线性独立的）的问题。也就是说，要想知道哪一个 Gabor 框架 (φ,Λ) 拥有如下性质：即从 (φ,Λ) 中任意选出小于等于 $|G|=\dim \mathbf{C}^G$ 个向量时它们都是线性独立的。

像以前一样，对于有限维空间的一个向量 x，令

$$\| x \|_0 = |\operatorname{supp} x|$$

可算出 x 的非零元素。同样，回顾一个矩阵 M 的 spark 值是由 $\min\{\| c \|_0, c \neq 0, M_c=0\}$ 给出。改述上面的部分，提出问题：哪个 φ 和 Λ 是 (φ,Λ) 合成算子等于 $|G|+1$ 的 spark 值。注意，在文献[99]的补充性的工作中，得到了特定 Gabor 合成算子 spark 值的上界。

在叙述文献[59]、[64]中的主要结果之前，先通过描述这条研究方向在擦除信道的信息传输和算子识别中的相关性来引出此处介绍的一系列工作。作为分析的副产物，我们得到一大族对于擦除具有最大鲁棒性的幺模紧框架。

在一般的通信系统中，向量 $x \in \mathbf{C}^G$ 形式的信息不会直接被发送。首先，它以一种接收方可以忽略在信道中可能被引进的误差，从而将 x 恢复的方式被编码。为了实现一些对抗擦除的鲁棒性，我们能够选择 $\mathbf{C}^G$ 上的一个框架 $\{\varphi_k\}_{k\in K}$ 并且以系数为 $\{\langle x,\varphi_k\rangle\}_{k\in K}$ 的方式发送 x。作为接收方，$\{\varphi_k\}$ 的一个对偶框架 $\{\tilde{\varphi}_k\}$ 能够通过框架重建公式 $x = \sum_k \langle x,\varphi_k\rangle \tilde{\varphi}_k$ 恢复 x。

在擦除信道的情况下，一些发射系数可能丢失。要是系数 $\{\langle x,\varphi_k\rangle\}_{k\in K'}$，$K' \subseteq K$ 被接收，那么当且仅当子集 $\{\varphi_k\}_{k\in K}$ 仍是 c 上的一个框架时，原始向量 x 仍旧能被恢复。当然，这要求 $|K'| \geqslant |G| = \dim |G|$。

定义 6.1　如果从 $\mathscr{F}$ 中移除任意 $L \leqslant |K|-|G|$ 个向量剩余部分仍然是一个框架，那么 $\mathbf{C}^G$ 上的框架 $\Phi=\{\varphi_k\}_{k\in K}$ 对擦除具有最大鲁棒性。

通过定义可知，当且仅当框架向量位于一般线性位置时，一个框架对于损失具有最大鲁棒性。

另一个重要的应用是辨别线性时变算子的问题。

定义 6.2　当线性映射 $E_\varphi:\mathscr{H} \to \mathbf{C}^G, H \mapsto H_\varphi$ 是单射的，算子 $\mathscr{H} \subseteq \{H: \mathbf{C}^G \to \mathbf{C}^G, H \text{ 线性}\}$ 可用标识符 φ 来辨别。

一个时变通信信道普遍被建模为时频移算子的一个线性组合。这个模型背后的思想是发射信号通过少量路径到达接收信道,每个路径都可以引起一个该路径特有的时延 k,一个该路径特有的频移 l(由于多普勒效应)和一个该路径特有的增益因子 $c_{k,l}$。如果我们有由信号传播路径引起的时频移的先验知识,那就致力于得到增益因子的知识,也就是说想要通过类

$$\mathscr{H}_\Lambda=\{\sum_{\lambda\in K}c_\lambda\pi(\lambda),c_\lambda\in\mathbf{C}\},\quad \Lambda\in G\times\hat{G}$$

辨别算子。显然,了解信道是一次成功信息发射的重要的先决条件。详见文献[20]、[59]、[74]。

通常,时移和调制算子参数是未知的,但是可能有一个信号经此传到接收方的路径数量的上界。然后想要辨别算子的类别

$$\mathscr{H}_s=\{\sum_{\lambda\in\Lambda}c_\lambda\pi(\lambda),c_\lambda\in\mathbf{C},\Lambda\in G\times\hat{G}\mid\Lambda\mid\leqslant s\}\tag{6.23}$$

下面的结果和上面讨论的概念有关。

定理 6.9 下面对于 $\varphi\in\mathbf{C}^G\backslash\{0\}$ 是等价的。

(1)Gabor 系统$(\varphi,G\times\hat{G})$处于一般线性位置。

(2)Gabor 系统$(\varphi,G\times\hat{G})$形成了一个对损失具有最大鲁棒性的等范数紧框架。

(3) 对于所有 $x\in\mathbf{C}^G\backslash\{0\}$, $\|V_\varphi x\|_0\geqslant|G|^2-|G|+1$。

(4) 对于所有 $x\in\mathbf{C}^G$, $V_\varphi x$,并且因此 x 完全由它在任意满足 $|\Lambda|=|G|$ 的集合 Λ 上的值所决定的。

(5) 当且仅当 $|\Lambda|\leqslant|G|$ 时,$\mathscr{H}_\Lambda$ 可由 φ 辨别。

如果 $|G|$ 是偶数,那么命题(1)～(5)和下面的(6)是等价的,如果 $|G|$ 是奇数,命题(1)～(5)隐含了(6)。

(6) 当且仅当 $s\leqslant|G|/2$ 时,$\mathscr{H}_s$ 可由 φ 辨别。

证明 (1)～(5)的等价性由标准线性代数论证得出。注意到除了能从任意其他命题中推导出(2),能够利用只要 $\varphi\neq0$,那么$(\varphi,G\times\hat{G})$是一个等范数紧框架的先验条件。

以说明为目的,下面给出(1)的一个证明来说明(6)。假设$(\varphi,G\times\hat{G})$中的向量位于一般位置,并且 $s\leqslant|G|/2$,那么对于 $H,\widetilde{H},H\varphi=\widetilde{H}\varphi$ 意味着

$$0=\sum_{\lambda\in\Lambda}c_\lambda\pi(\lambda)\varphi-\sum_{\tilde{\lambda}\in\tilde{\Lambda}}\tilde{c}_{\tilde{\lambda}}\pi(\tilde{\lambda})\varphi$$

注意到右边是一个由满足 $|(\varphi,\Lambda\cup\widetilde{\Lambda})|\leqslant|(\Lambda\cup\widetilde{\Lambda})|\leqslant\frac{2|G|}{2}=|G|$ 的$(\varphi,\Lambda\cup\widetilde{\Lambda})\subseteq(\varphi,G\times\hat{G})$中元素组成的线性组合。(1)说明了$(\varphi,\Lambda\cup\widetilde{\Lambda})$

的线性独立性,因此,所有的系数是 0 或相互抵消。得出结论 $H=\widetilde{H}$。

一个相似的论证显示了,一般来说,如果 $s>|G|/2$,$\mathscr{H}_s$ 是不可辨认的。

定理 6.9 导出了是否存在一个满足定理 6.9 中(1) ～ (6) 的 Φ 的开放问题。对于是质数的特殊情况,答案是肯定的。

定理 6.10　如果 $G=\mathbf{Z}_p$,p 是质数,那么 $\mathbf{C}^G$ 中存在 φ 使得定理 6.9 中的 (1) ～ (6) 被满足。此外,可以选择幺模的向量 φ。

证明　文献[64]中给出了一个完整的证明。它是非平凡的,下面只回顾它的一些核心思想。

考虑由 p 个复变量 $z_0,z_1,\cdots,z_{p-1}$ 组成的 Gabor 窗。取满足 $|\Lambda|=p$ 的 $\Lambda\in G\times\hat{G}$ 并且由 Gabor 系统(z,Λ)中的 p 个向量形成一个矩阵。这个矩阵的行列式是以 $z_0,z_1,\cdots,z_{p-1}$ 为变量的 p 次齐次多项式 P_Λ。我们必须说明 $P_\Lambda\neq 0$。可观察到至少有一个系数不为 0 的单项式出现在多项式 P_Λ。确实,可以发现至少存在一个多项式,它的系数是傅里叶矩阵 W_p 子式的积。我们可以在单位根上应用切比雪夫定理(见定理 6.12)。它表明了傅里叶矩阵 W_p 的每个子式,p 是质数,是非零的。但这个性质不适用于 $|G|$ 是合数的群,因此,$P_\Lambda\neq 0$。

所得结论对于每个满足 $|\Lambda|=p$ 的 $\Lambda\in G\times\hat{G}$,仅有当行列式 P_Λ 位于非平凡代数簇 $E_\Lambda=\{z=(z_0,z_1,\cdots,z_{p-1}):P_\Lambda(z)=0\}$ 上时,P_Λ 为 0。E_Λ 的勒贝格测度为 0,因此,任意类 φ,即

$$\varphi\in\mathbf{C}^G\backslash(\bigcup_{\Lambda\subseteq G\times\hat{G},|\Lambda|=p}E_\Lambda)$$

在一般线性位置生成一个 Gabor 系统$(\varphi,G\times\hat{G})$。

为了说明能够选择一个幺模的 φ,它足以证明幺模向量集合不包含在 $U_{\Lambda\subseteq G\times\hat{G},|\Lambda|=p}E_\Lambda$ 内。

定理 6.10 由下面的简单观察补充。

定理 6.11　如果 $G=\mathbf{Z}^2\times\mathbf{Z}^2$,那么 $\mathbf{C}^G$ 中不存在使得$(\varphi,G\times\hat{G})$中向量在一般线性位置的 φ。

证明　对于一个一般的 $\varphi=(c_0,c_1,c_2,c_3)^{\mathrm{T}}$,用列 $\varphi,\pi((0,0),(1,0))\varphi$, $\pi((1,1),(0,0))\varphi$ 和 $\pi((1,1),(0,1))\varphi$ 计算矩阵的行列式,也就是说

$$\det\begin{pmatrix}c_0 & c_0 & c_3 & c_3\\ c_1 & c_1 & c_2 & -c_2\\ c_2 & -c_2 & c_1 & c_1\\ c_3 & -c_3 & c_0 & -c_0\end{pmatrix}=\det\begin{pmatrix}0 & 2c_0 & 0 & 2c_3\\ 0 & 2c_1 & 2c_2 & 0\\ 2c_2 & 0 & 0 & 2c_1\\ 2c_3 & 0 & 2c_0 & 0\end{pmatrix}=$$

$$-16c_0\det\begin{pmatrix}0 & c_0 & 0\\ c_2 & 0 & c_1\\ c_3 & c_0 & 0\end{pmatrix}-16c_3\det\begin{pmatrix}0 & c_1 & c_2\\ c_2 & 0 & 0\\ c_3 & 0 & c_0\end{pmatrix}=$$

$$-16c_0c_1c_2c_3+16c_0c_1c_2c_3=0$$

我们总结出对于所有 φ，4 个向量 $\varphi,\pi((0,0),(1,0))\varphi,\pi((1,1),(0,0))\varphi$ 和 $\pi((1,1),(0,1))\varphi$ 是线性独立的。

在文献[59]中，数值结果展示了一个满足定理 6.9 中(2)的向量，因此，对于 $G=\mathbf{Z}_4,\mathbf{Z}_6$，定理 6.9 中的所有命题都存在(见图 6.8)。这个观察引出了下面的开放式问题。

问题 6.1　对于循环群 $G=\mathbf{Z}_N,N\in\mathbf{N},\mathbf{C}^G$ 中确实存在一个满足 $(\varphi,G\times\hat{G})$ 在一般线性位置的窗 φ 吗?

不幸的是，用于解决 $G=\mathbf{Z}_4$ 和 $\mathbf{Z}_6$ 情况下的数值方法步骤对于更大的合数阶群并不适用。事实上，对于 $G=\mathbf{Z}_8$，以数值方法回答问题 6.1 需要 64 选 8 的计算，等同于计算 4 426 165 368 个 8×8 矩阵的行列式。(运用对称，计算量能够被减少，但是不足以立刻得到该问题的一个数值解。)

上面所概括的定理 6.10 的证明是不具有建设性的。事实上，除了小质数 2,3,5,7 外，无法在数值上检验是否一个给出的向量 φ 能够满足定理 6.9 中的命题。同样，一个简单直接的判定系统 $(\varphi,\mathbf{Z}_{11}\times\hat{\mathbf{Z}}_{11})$ 是否位于一般线性位置的方法需要 121 选 11 的计算，也就是说，需要计算 1 276 749 965 026 536 次 11×11 矩阵的行列式值。

问题 6.2　对于 $G=\mathbf{Z}_p$，p 是质数，$\mathbf{C}^G$ 中是否存在一个明确的 φ 的构建使得 $(\varphi,G\times\hat{G})$ 中的向量位于一般线性位置?

事实上，对于 $G=\mathbf{Z}_p$，p 是质数，可知对于几乎每个向量 φ，都会生成一个处于一般线性位置的系统 $(\varphi,G\times\hat{G})$，但是除了阶数小于或等于 7 的群以外，没有一个满足 $(\varphi,G\times\hat{G})$ 位于一般线性位置的单向量是已知的。

正如定理 6.9 所阐明的，问题 6.1 和 6.2 的一个肯定的答案将会拥有深远的应用价值。例如，先前唯一已知的对删除具有最大鲁棒性的等范数紧框架是调和框架，也就是由一些行已经被去掉的傅里叶矩阵的列所组成的框架。(例如，见文献[18]中的总结部分。)类似地，定理 6.8 和定理 6.9 提供了对于 $N\leqslant p$，在 $\mathbf{C}^N$ 中拥有 p^2 个元素的等范数紧框架。可以选择一个满足 6.10 中结论的幺模向量 φ 并且为了得到在 $\mathbf{C}^N$ 中对损失具有最大鲁棒性的等范数紧框架，统一去掉等范数紧框架 $(\varphi,G\times\hat{G})$ 中 $p-N$ 个组成成分。显然，去掉这些组成成分并不会留下一个适当的 Gabor 框架。因为从一个满足定理 6.10 结论的 Gabor 框架中移除一些向量只会留下一个对差错具有最大鲁棒性但可能不是紧的 Gabor 框架。

我们指出对于问题 6.1 的一个肯定的回答将意味着实数平方可积函数空间上成立的算子采样结论可推广到在高维欧几里得空间平方可积函数上定义的算子。

下面描述一个对于构建问题 6.1 的肯定答案可能有所帮助的观察。切比雪夫定理能够以一种不确定性原理的形式被概括，即将其作为 x 和 $\hat{x}$ 不能同时均被良好定位的原理的一种表现形式。可以想到 $\|x\|_0=|\operatorname{supp} x|$。

定理 6.12　对于 $G=\mathbf{Z}_p$，p 是质数，有

$$\|x\|_0=\|\hat{x}\|_0\geqslant|G|+1=p+1,\quad x\in\mathbf{C}^p\backslash\{0\}$$

相应的短时傅里叶变换时频不确定性结果见文献[59]、[64]。

定理 6.13　令 $G=\mathbf{Z}_p$，p 是质数。恰当地选择 $\varphi\in\mathbf{C}^p$，可得

$$\|x\|_0+\|V_\varphi x\|_0\geqslant|G\times\hat{G}|+1=p^2+1,\quad x\in\mathbf{C}^p\backslash\{0\}$$

所有满足各自约束的 (u,v) 对将分别对应于大小一个支撑的向量及其傅里叶变换对，且是短时傅里叶变换，由此来说，定理 6.12 和 6.13 是非常明确的。特别地，对于几乎每个 φ，得到对于所有满足 $u+v\geqslant|G|^2+1,1\leqslant u\leqslant|G|,1\leqslant v\leqslant|G|^2$，存在满足 $\|x\|_0=u$ 和 $\|V_\varphi x\|_0=v$ 和的 x。比较定理 6.12 和 6.13，观察到对于 $a,b\in\mathbf{Z}_p$，当且仅当 $(a,p-b)$ 能够被作为 $(\|x\|_0,\|\hat{x}\|_0)$ 实现，数对 (a,p^2-b) 能够作为 $(\|x\|_0,\|V_\varphi x\|_0)$ 被实现。这个发现导出了下面的问题。

问题 6.3　若 G 是循环的，也就是说，$G=\mathbf{Z}_N$，$N\in\mathbf{N}$，$\mathbf{C}^N$ 中存在一个 φ 使得 $\{(\|x\|_0,\|V_\varphi x\|_0),x\in\mathbf{C}^N\}=\{(\|x\|_0,|G|^2-|G|+\|\hat{x}\|_0),x\in\mathbf{C}^N\}$ 吗？

图 6.8 比较了对于群 $\mathbf{Z}_2\times\mathbf{Z}_2,\mathbf{Z}_4,\mathbf{Z}_6$，可实现的支持尺寸对 $(\|x\|_0,\|V_\varphi x\|_0)$ 和 $(\|x\|_0,\|\hat{x}\|_0)$，其中 φ 恰当选择。

注意，任意满足定理 6.9 中 (1) ～ (6) 的向量 φ 都具有性质 $\|\varphi\|_0=\|\hat{\varphi}\|_0=|G|$。对于任意 $\varphi\neq 0$，很容易观察到

$$\|V_\varphi x\|_0\geqslant|G|,\quad x\in\mathbf{C}^G \tag{6.24}$$

并且文献[59]，提供了 $\|V_\varphi x\|_0$ 取决于 $\|\varphi\|_0,\|\hat{\varphi}\|_0,\|x\|_0,\|\hat{x}\|_0$ 的更加定性的陈述。

Ghobber 和 Jaming 得到了式(6.24)的定量版本和定理 6.13。例如，下

面的结果估计了能够被 $V_\varphi x$ 中一小部分成分捕获的 x 的能量。

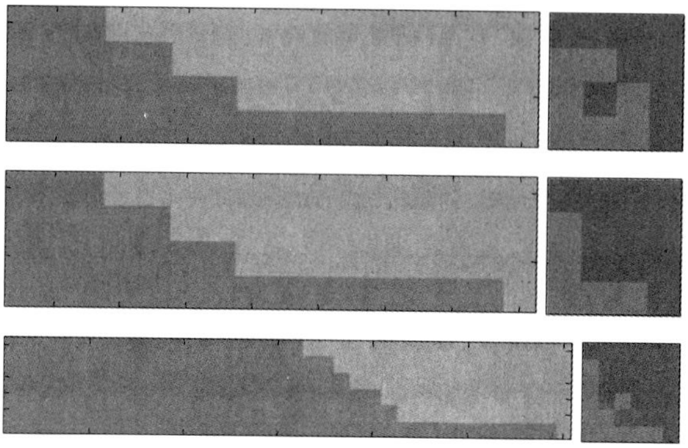

图 6.8　在 $G=\mathbf{Z}_2\times\mathbf{Z}_2,\mathbf{Z}_4,\mathbf{Z}_6$ 中恰当选择了 $\varphi\in\mathbf{C}^G\setminus\{0\}$ 的集合 $\{(\|x\|_0,\|V_\varphi x\|_0),x\in\mathbf{C}^G\setminus\{0\}\}$。为了比较，右列展示了 $\{(\|x\|_0,\|\hat{x}\|_0),x\in\mathbf{C}^G\setminus\{0\}\}$。深红 / 蓝表明了对 (u,v) 在文献[59]的理论验证中被实现或未被实现，其中 φ 是一般的窗。浅红 / 蓝表明了对 (u,v) 在数值验证中被实现或未被实现(见彩页)

定理 6.14　令 $G=\mathbf{Z}_N,N\in\mathbf{N}$。对于满足 $\|\varphi\|=1$ 的 φ 和满足 $|\Lambda|<|G|=N$ 的 $\Lambda\subseteq G\times\hat{G}$，有

$$\sum_{\lambda\in\Lambda}|V_\varphi x(\lambda)|^2\leqslant\left(1-\frac{\left(1-\frac{|\Lambda|}{|G|}\right)}{8}\right)\|x\|^2,\quad x\in\mathbf{C}^G$$

6.7　相干性

Gabor 系统的相干性分析具有双重的动机。首先，许多等角紧框架都以 Gabor 框架形式被构建；其次，如果 A 的列数的相干性足够小，许多致力于解决针对一个稀疏向量的 x 的欠定方程组 $Ax=b$ 的算法就会有效。具体见 6.8 节和文献[28]、[44]、[95]、[96]、[97]。

一个单位范数框架 $\Phi=\{\varphi_k\}$ 的相干性由

$$\mu(\Phi)=\max_{k\neq\tilde{k}}|\langle\varphi_k,\varphi_{\tilde{k}}\rangle|$$

给出。也就是说，一个单位范数框架 $\Phi=\{\varphi_k\}$ 的相干性是框架元素间最小角的余弦值。对于 $k\neq\tilde{k}$，一个满足 $|\langle\varphi_k,\varphi_{\tilde{k}}\rangle|=$常数的单位范数框架 $\Phi=\{\varphi_k\}$ 被称为等角紧框架。很容易看出，在所有具有 $\mathbf{C}^N$ 中 k 个元素的单位范数框架

中，等角框架是具有最小相干性的框架。

如果 $\|\varphi\|=1$，那么 Gabor 系统是单位范数的，并且如果 Λ 是 $G\times\hat{G}$ 的一个子群，那么推论 6.5 意味着 (φ,Λ) 的相干性是

$$\mu(\varphi,\Lambda)=\max_{\lambda\in\Lambda\backslash\{0\}}|\varphi,\pi(\lambda)\varphi|=\max_{\lambda\in\Lambda\backslash\{0\}}|V_{\varphi}\varphi(\lambda)|$$

在框架理论中，存在一个很著名的结论，那就是对于任意具有 $\mathbf{C}^N$ 中 K 个向量的单位范数框架 Φ，有

$$\mu(\Phi)\geqslant\sqrt{\frac{K-N}{N(K-1)}}\tag{6.25}$$

例如，参见文献[92]和其中的参考文献。对于紧框架，式(6.25)可从格拉姆矩阵 $(\langle\varphi_k,\varphi_{\tilde{k}}\rangle)$ 的非对角线元素的大小的简单估计导出：

$$\begin{aligned}(K-1)K\mu(\Phi)^2\geqslant&\sum_{k\neq\tilde{k}}|\langle\varphi_k,\varphi_{\tilde{k}}\rangle|^2=\\&\sum_{k=1}^{K}\left(-|\langle\varphi_k,\varphi_k\rangle|^2+\sum_{\tilde{k}=1}^{K}|\langle\varphi_k,\varphi_{\tilde{k}}\rangle|^2\right)=\\&\sum_{k=1}^{K}\left(-1+\frac{K}{N}\|\varphi_k\|^2\right)=\frac{K^2}{N}-K\end{aligned}\tag{6.26}$$

计算也显示了任意满足式(6.25)中等式的紧框架是等角的。注意到等角性要求 $K\leqslant N^2$，它是一个对所有单位范数框架均成立的结果。

Gabor 框架 $(\varphi,G\times\hat{G})$ 有 $|G|^2$ 个元素，因此，式(6.25)可以简化为

$$\mu(\varphi,G\times\hat{G})\geqslant\sqrt{\frac{|G|^2-|G|}{|G|(|G|^2-1)}}=\sqrt{\frac{|G|-1}{|G|^2-1}}=\frac{1}{\sqrt{|G|+1}}$$

Alltop 考虑了具有元素

$$\varphi_A(k)=p^{-1/2}\mathrm{e}^{2\pi\mathrm{i}k^3/p},\quad k=0,1,\cdots,p-1\tag{6.27}$$

的窗 $\varphi_A\in\mathbf{C}^p$，$p\geqslant5$ 为质数。对于 Alltop 窗函数，有

$$\mu(\varphi_A,\mathbf{Z}_N\times\hat{\mathbf{Z}}_N)=\frac{1}{\sqrt{p}}$$

它和最优下界 $\dfrac{1}{\sqrt{p+1}}$ 非常接近。事实上，φ_A 是幺模的说明了 $(\varphi_A,G\times\hat{G})$ 是 $|G|$ 个正交基的并集。对式(6.26)中一个参数的小调整表明，只要 Φ 是 $\mathbf{C}^N$ 中 N 个正交基的并集时，都必须满足 $\mu(\Phi)\geqslant1/\sqrt{N}$。

对于 $G=\mathbf{Z}_N$ 的 Alltop 窗，N 不是质数，无法保证良好的相干性。以说明为目的，展示了 $|V_{\varphi_A}\varphi_A(\lambda)|=|\langle\varphi_A,\pi(\lambda)\varphi_A\rangle|$，$\lambda\in\mathbf{Z}_N\times\hat{\mathbf{Z}}_N$，对于 $N=6,7,8$ 有

$$\begin{pmatrix}1&0&0&0&0&0\\1&0&0&0&0&0\\1&0&0&0&0&0\\1&0&0&0&0&0\\1&0&0&0&0&0\\1&0&0&0&0&0\end{pmatrix},\begin{pmatrix}1&0&0&0&0&0&0\\u&u&u&u&u&u&u\\u&u&u&u&u&u&u\\u&u&u&u&u&u&u\\u&u&u&u&u&u&u\\u&u&u&u&u&u&u\end{pmatrix},$$

$$\begin{pmatrix}1&0&0&0&0&0&0&0\\0&0.5&0&0.5&0&0.5&0&0.5\\1/\sqrt{2}&0&0&0&1/\sqrt{2}&0&0&0\\0&0.5&0&0.5&0&0.5&0&0.5\\0&0&0&0&1&0&0&0\\0&0.5&0&0.5&0&0.5&0&0.5\\1/\sqrt{2}&0&0&0&1/\sqrt{2}&0&0&0\\0&0.5&0&0.5&0&0.5&0&0.5\end{pmatrix} \tag{6.28}$$

其中，$u=1/\sqrt{7}\approx 0.388\,0$。

文献[2]也对线性调频感应码中所应用的使用了Alltop窗的Gabor系统$(\varphi_A,G\times\hat{G})$，$G=\mathbf{Z}_N$，$N\in\mathbf{N}$进行了数值分析。事实上，那里考虑的线性调频信号的框架都具有

$$\Phi_{\text{chips}}=\{\phi_\lambda(x)=\phi_{(k,l)}(x)=\mathrm{e}^{2\pi\mathrm{i}kx^2/N}\mathrm{e}^{2\pi\mathrm{i}lx/N},\lambda=(k,l)\in G\times\hat{G}\}$$

的形式。因此可以得到

$$\begin{aligned}\pi(k,l)\varphi_A(x)&=\mathrm{e}^{2\pi\mathrm{i}lx/N}\mathrm{e}^{2\pi\mathrm{i}(x-k)^3/N}=\mathrm{e}^{2\pi\mathrm{i}lx/N}\mathrm{e}^{2\pi\mathrm{i}(x^3-3x^2k+3xk^2-k^3)/N}=\\&\mathrm{e}^{-2\pi\mathrm{i}k^3/N}\mathrm{e}^{2\pi\mathrm{i}x^3/N}\mathrm{e}^{2\pi\mathrm{i}(l-k^2)x/N}\mathrm{e}^{-2\pi\mathrm{i}3kx^2/N}=\\&\overline{\mathrm{e}^{2\pi\mathrm{i}k^3/N}\varphi_A(x)\phi_{(3k,l-k^2)}(x)}\end{aligned}$$

如果N不能被3整除，那么除了重新计数的部分，Φ_{chips}是具有Alltop窗的Gabor框架的统一的影像。因此，对于不可被3整除的N，$(\varphi_A,G\times\hat{G})$上的相干性结果和$\Phi_{\text{chips}}$上的相干性结果是完全相同的。并且，$(\varphi_A,G\times\hat{G})$和$\Phi_{\text{chips}}$的约束等距常量(见6.8节)同理也是相同的。

作为Alltop序列的一个替换，J. J. Benedetto、R. L. Benedetto和Woodworth运用数论中的结果，例如利用AndreWeil的指数和边界来估计以Björck序列为Gabor窗函数的Gabor框架的相干性。注意到每个Björck序列φ_B是常幅零相关(CAZAC)序列，因此有

$$\langle T_k\varphi_B,\varphi_B\rangle=0=\langle M_l\varphi_B,\varphi_B\rangle,\quad (k,l)\in G\times\hat{G}$$

再次计算出 CAZAC 中 Gabor 框架格拉姆矩阵的零元素数目,观察到最小可实现相干性是 $1/\sqrt{|G|-1}$。

对于满足模 4 为 1 且 $p\geqslant 5$ 的质数 p,Björck 序列 $\varphi_B\in\mathbf{C}^{\mathbf{Z}_p}$ 由

$$\varphi_B(x)=\frac{1}{\sqrt{p}}\begin{cases}1, x=0\\ \mathrm{e}^{\mathrm{i}\arccos(1/(1+\sqrt{p}))}, x=m^2\bmod(p)\ \text{对于其他}\ m=1,2,\cdots,p-1\\ \mathrm{e}^{-\mathrm{i}\arccos(1/(1+\sqrt{p}))},\text{其他}\end{cases}$$

给出。

并且对于满足 $p=3\bmod 4$ 且 $p\geqslant 3$ 的质数 p,令

$$\Phi_B(x)=\frac{1}{\sqrt{p}}\begin{cases}\mathrm{e}^{\mathrm{i}\arccos\left(\frac{1-p}{1+p}\right)}/p, x\neq m^2\bmod(p)\ \text{对于所有}\ m=1,2,\cdots,p-1\\ 1,\text{其他}\end{cases}$$

其次将

$$\mu(\varphi_B,\mathbf{Z}_p\times\hat{\mathbf{Z}}_p)<\frac{2}{\sqrt{p}}+\begin{cases}\dfrac{4}{p},\quad p=1\bmod(4)\\ \dfrac{4}{p^{2/3}},\quad p=3\bmod(4)\end{cases}$$

和式(6.28)比较,$|V_{\varphi_B}\varphi_B(\lambda)|=|\langle\varphi_B,\pi(\lambda)\varphi_B\rangle|$ 的舍入值 $\lambda\in\mathbf{Z}_N\times\tilde{\mathbf{Z}}_N$,$N=7$ 是

$$\begin{pmatrix}1&0&0&0&0&0&0\\0&0.2955&0.3685&0.5991&0.1640&0.4489&0.4354\\0&0.3685&0.1640&0.4354&0.2955&0.5991&0.4489\\0&0.5991&0.4354&0.3685&0.4489&0.2955&0.1640\\0&0.1640&0.2955&0.4489&0.3685&0.4354&0.5991\\0&0.4489&0.5991&0.2955&0.4354&0.1640&0.3685\\0&0.4354&0.4489&0.1640&0.5991&0.3685&0.2955\end{pmatrix}$$

为了研究 Gabor 系统 $\mu(\varphi_B,\mathbf{Z}_N\times\hat{\mathbf{Z}}_N)$,$N\in\mathbf{N}$ 的相干性的一般行为,我们转而研究随机的窗。为了达到这个目的,令 ε 代表在圆环 $\{z\in\mathbf{C},|z|=1\}$ 上均匀分布的一个随机变量,对于 $N\in\mathbf{N}$,令 φ_R 是具有元素

$$\varphi_R(x)=\frac{1}{\sqrt{N}}\varepsilon_x,\quad x=0,1,\cdots,N-1\tag{6.29}$$

的随机窗函数,其中 ε_x 是 ε 的独立副本。简而言之,φ_R 是一个归一化随机 Steinhaus 序列。

对于 $N=8$,样本为 φ_R, $|V_{\varphi_R}\varphi_R(\lambda)|$,$\lambda\in\mathbf{Z}_N\times\widetilde{\mathbf{Z}}_N$ 的近似值是

$$\begin{pmatrix}
1 & 0 & 0 & 0 & 0 & 0 & 0 & 0\\
0.191\,5 & 0.526\,6 & 0.383\,1 & 0.141\,8 & 0.126\,9 & 0.457\,5 & 0.541\,0 & 0.034\,1\\
0.052\,0 & 0.273\,6 & 0.287\,2 & 0.791\,2 & 0.238\,4 & 0.188\,0 & 0.074\,1 & 0.341\,1\\
0.371\,2 & 0.551\,9 & 0.256\,9 & 0.275\,7 & 0.504\,9 & 0.312\,3 & 0.220\,0 & 0.121\,5\\
0.096\,8 & 0.242\,3 & 0.601\,9 & 0.263\,2 & 0.100\,5 & 0.263\,2 & 0.601\,9 & 0.242\,3\\
0.371\,2 & 0.121\,5 & 0.220\,0 & 0.312\,3 & 0.504\,9 & 0.275\,7 & 0.256\,9 & 0.551\,9\\
0.052\,0 & 0.341\,1 & 0.074\,1 & 0.188\,0 & 0.238\,4 & 0.791\,2 & 0.287\,2 & 0.273\,6\\
0.191\,5 & 0.034\,1 & 0.541\,0 & 0.457\,5 & 0.126\,9 & 0.141\,8 & 0.383\,1 & 0.526\,6
\end{pmatrix}$$

在此和接下来的内容中,**E** 和 **P** 分别代表一个事件的期望和概率。通过上下文,在文献[59]中推论 4.6 的证明的一个小小调整意味着对于质数 p 有

$$\mathbf{P}((\varphi_R,\mathbf{Z}_N\times\widehat{\mathbf{Z}_p})\text{ 是对于差错具有最大鲁棒性的幺模紧框架})=1$$

下面的关于 Gabor 系统的预期相干性的结果在文献[76]中给出。除了因子 α,定理 6.15 中的相干性以高概率类似于 Alltop 窗的相干性 $1/\sqrt{N}$ 并且在这个意义上接近于相干性下界 $1/\sqrt{N+1}$。

定理 6.15　令 $N\in\mathbf{N}$ 并且令 φ_R 是满足元素为

$$\varphi_R(x)=\frac{1}{\sqrt{N}}\varepsilon_x,\quad x=0,1,\cdots,N-1 \tag{6.30}$$

的随机向量,其中 ε_x 是独立的并且在圆环 $\{z\in\mathbf{C},|z|=1\}$ 上均匀分布。那么对于 $\alpha>0$ 并且 N 是偶数

$$\mathbf{P}\left(\mu(\varphi_R,\mathbf{Z}_N\times\hat{\mathbf{Z}}_p)\geqslant\frac{\alpha}{\sqrt{N}}\right)\leqslant 4N(N-1)\mathrm{e}^{-\alpha^2/4}$$

然而对于 N 是奇数

$$\mathbf{P}\left(\mu(\varphi_R,\mathbf{Z}_N\times\hat{\mathbf{Z}}_p)\geqslant\frac{\alpha}{\sqrt{N}}\right)\leqslant 2N(N-1)(\mathrm{e}^{-\frac{N-1}{N}\alpha^2/4}+\mathrm{e}^{-\frac{N+1}{N}\alpha^2/4})$$

例如,根据式(6.30)选择的一个窗 $\varphi\in\mathbf{C}^{10\,000}$ 生成了一个满足概率超过 $10\,000\cdot 9\,999\cdot\mathrm{e}^{-8.6^2/4}\approx 0.067\,1$ 的情况下相干性少于 $\frac{8.6}{\sqrt{10\,000}}=0.086$ 的 Gabor 框架。注意到结果并不能保证满足 $\mathbf{C}^{10\,000}$ 上相干性为 0.085 的 Gabor 框架的存在。尽管如此,Alltop 窗提供了一个满足相干性 $\approx 0.010\,0$ 的 $\mathbf{C}^{9\,972}$ 上的 Gabor 框架。

证明　在文献[76]中有完整的结果证明，在这里仅仅给出 N 是偶数时，该证明的一个概括。

为了估计 $\langle \varphi_R, \pi(\lambda)\varphi_R \rangle = \langle \varphi_R, M_\ell T_k \varphi_R \rangle$，$\lambda = (k,\ell) \in G \times \hat{G} \backslash \{0\}$，首先注意到如果 $k=0$，那么对于 $\ell \neq 0$，$\langle \varphi_R, M_\ell \varphi_R \rangle = \langle |\varphi_R|^2, M_\ell 1 \rangle = 0$。

对于 $k \neq 0$ 的情况，首先在 $\varepsilon_q = e^{2\pi i \omega_q}$ 中选择 $\omega_q \in [0,1)$ 并且观察到

$$\overline{\langle \varphi_R, \pi(\lambda)\varphi_R \rangle} = \langle \pi(\lambda)\varphi_R, \varphi_R \rangle = \frac{1}{N}\sum_{q\in G} e^{2\pi i \frac{q\ell}{N}} \varepsilon_{q-p}\, \overline{\varepsilon_q} = \frac{1}{N}\sum_{q\in G} e^{2\pi i (\omega_{q-p} - \omega_q + \frac{q\ell}{N})}$$

随机变量为

$$\delta_q^\lambda = e^{2\pi i (k_{q-p} - \omega_q + \frac{q\ell}{n})}$$

在圆环 $\mathbf{T}$ 上均匀分布，但它们不是联合独立的。正如文献[76]中所展示的，这些随机变量能够被分为两个满足 $|\Lambda_1| = |\Lambda_2| = N/2$ 的联合独立变量 $\Lambda_1, \Lambda_2 \subseteq G$ 的子群。

复 Bernstein 不等式，意味着对于一个随机向量在圆环上均匀分布的独立序列 ε_q，$q=0,1,\cdots,N-1$，有

$$\mathbf{P}\left(\left|\sum_{q=0}^{N-1} \varepsilon_q\right| \geqslant Nu\right) \leqslant 2e^{-Nu^2/2} \tag{6.31}$$

运用鸽巢原理和不等式(6.31)导出

$$\begin{aligned}
&\mathbf{P}(|\langle \pi(\lambda)\varphi_R, \varphi_R \rangle| \geqslant t) \leqslant \\
&\mathbf{P}\left(\left|\sum_{q\in\Lambda^1} \delta_q^{(p,\ell)}\right| \geqslant \frac{Nt}{2}\right) + \mathbf{P}\left(\left|\sum_{q\in\Lambda^2} \delta_q^{(p,\ell)}\right| \geqslant \frac{Nt}{2}\right) \leqslant \\
&4\exp\left(-\frac{Nt^2}{4}\right)
\end{aligned}$$

运用所有可能的 $\lambda = G \times \hat{G} \backslash \{(0,0)\}$ 的联合界并且选择 $t = \alpha/\sqrt{N}$ 来总结这个证明。

论断 6.1　一个位于一般线性独立位置的 Gabor 系统 (φ, Λ)，其具有小的相干性，或其满足约束等距性，普遍不适用于 6.3 节中所描述的时频分析。回想起为了得到有意义的时频定位信号的谱图，选择了在时间和频率中都良好定位了的窗，也就是说，所选择的窗可以使得远离 0 的 k,ℓ 处 $V_\varphi \varphi(k,\ell) = \langle \varphi, \pi(k,\ell)\varphi \rangle$ 很小(在周期群 $\mathbf{Z}_N$ 中)。为了实现良好相干性，尽力寻找 φ，使得 $V_\varphi \varphi(k,\ell)$ 在所有时频面内接近为常值函数。

为了说明运用 6.6 ～ 6.9 节所讨论的窗是不精确的，用一个根据式(6.30)所选择的窗在图 6.9 中演示了在图 6.2 ～ 6.6 中所做的分析。

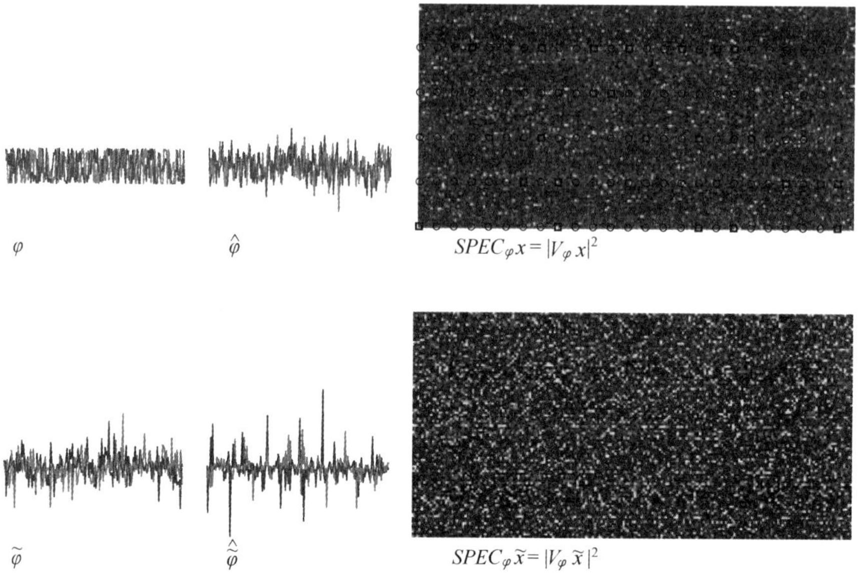

图 6.9　我们用图 6.1 中的信号做和图 6.2 ～ 6.6 中一样的分析，Gabor 系统采用如式(6.30) 中给出的窗 $\varphi = \varphi_R$。函数 φ 和 $\tilde{\varphi}$ 均不位于时频范围内；事实上，在压缩感知中这是一个优势。仅展示 x 和它的近似 $\tilde{x}$ 的谱图的下半部分。两者都没有什么作用。其中所用的点阵是由 $\Lambda = \{0,8,16,\cdots,192\} \times \{0,20,40,\cdots,180\}$ 给出并且用圆标注，谱图中 40 个最大框架系数的点由正方形标出(见彩页)

6.8　约束等距常量

一个单位范数框架的相干性关系到这个框架内两个不同元素的最小角。在压缩感知理论中，理解包含至少大于两个元素但只有少量元素的框架子集的几何结构非常关键，但是以这种方式实现的压缩感知结果是非常弱的。为了获取小向量簇的几何结构，约束等距常量(RICs) 的概念已经得到发展。这引出了压缩感知领域的有用结果。

$\mathbf{C}^N$ 中 M 个向量组成的框架 Φ 的约束等距常量 $\delta_s(\Phi) =: \delta_s$，$2 \leqslant s \leqslant N$ 满足

$$(1-\delta_s)\sum_{i=1}^{M} |c_i|^2 \leqslant \|\sum_{i=1}^{M} c_i\varphi_i\|_2^2 \leqslant (1+\delta_s)\sum_{i=1}^{M} |c_k|^2 \tag{6.32}$$

对于所有满足 $\|c\|_0 \leqslant s$ 的 c 的最小的 $0 < \delta_s < 1$。一个简单的计算展示了一个单位范数框架 Φ 满足 $\mu(\Phi) = \delta_2(\Phi)$。

式(6.32)说明了 s 个向量的每一个子簇构成了 Riesz 界为$(1-\delta_s)$,$(1+\delta_s)$的一个 Riesz 系统。特别地,一个约束等距常量的存在意味着 Φ 中任意 s 个向量是线性独立的。

框架都拥有小的约束等距常量,因为 s 足够大的构建比较困难。研究从具有 $M(M\gg s)$ 个元素的框架中抽取 s 个向量的所有可能是比较困难的,一个绕开此难题的方法是在框架的定义中引入随机性。例如,如果框架中每个向量的每个组成成分是由一个确定的随机过程独立生成的,那么每个 s 向量簇都是被同样构建的,并且一个目标 δ_s 不成立的可能性可以通过使用一个联合界论证进行估计。

为了得到一般 Gabor 框架约束等距常量的结果,将再一次选择 φ_R 作为窗函数,即在式(6.29)中定义的归一化随机 Steinhaus 序列。下面是文献[77]中主要的结果。

定理 6.16　令 $G=\mathbf{Z}_N$ 并且令 φ_R 是归一化 Steinhaus 序列:

(1)$(\varphi_R,G\times\hat{G})$,$s\leqslant N$ 的约束等距常量 δ_s 满足

$$\mathbf{E}\delta_s\leqslant\max\left\{C_1\sqrt{\frac{s^{3/2}}{N}}\log s\sqrt{\log N},C_2\frac{s^{3/2}\log^{3/2}N}{N}\right\}$$

其中 $C_1,C_2>0$ 是普适常量。

(2)对于 $0\leqslant\lambda\leqslant1$,有

$$\mathbf{P}(\delta_s\geqslant\mathbf{E}[\delta_s]+\lambda)\leqslant \mathrm{e}^{-\frac{\lambda^2}{\sigma^2}},\sigma^2=\frac{C_3s^{3/2}\log N\log^2 s}{N}$$

其中 $C_3>0$ 是普适常量。

当通过任意高斯和子高斯随机变量生成 φ 的元素时,结果仍然成立。特别地,如果 φ 的元素是由一个 Bernoulli 过程生成的,结果仍旧成立。在这种情况下,生成的 $N\times N^2$ 矩阵的香农熵是非常小的,即 N 比特。定理 6.16 的界在文献[60]中已经得到改进。

6.9　压缩感知中的 Gabor 合成矩阵

将先验非线性信息与一个向量或它的具有少量线性计量的傅里叶变换结合起来确定高维空间内一个信号的问题频繁地出现在自然科学和工程中。本节将提出通过在假设

$$\|\boldsymbol{F}\|_0=|\{n:\boldsymbol{F}(n)\neq0\}|\leqslant s,\quad s\ll N\ll M$$

下 N 次线性计量确定向量 $F\in\mathbf{C}^M$ 的问题。这个主题在第 9 章中将被作为一般情况对待。本节将全部聚焦于通过应用 Gabor 框架合成矩阵实现线性计

量的情况。

具体而言，利用 T_φ^* 代表$(\varphi,G\times\hat{G})$合成算子，并且

$$\Sigma_s=\{F\in\mathbf{C}^{G\times\hat{G}}:\|F\|_0\leqslant s\}$$

我们提出问题：哪一个 s 可以使每个向量 $F\in\Sigma_s\in\mathbf{C}^{G\times\hat{G}}$ 从

$$T_\varphi^*F=\sum_{\lambda\in G\times\hat{G}}F_\lambda\pi(\lambda)\varphi\in\mathbf{C}^G$$

中有效恢复。

从 T_φ^*F 中寻找稀疏向量 $F\in\Sigma_s$ 的问题和式(6.23)中定义的从 $H\varphi=\sum_{\lambda\in G\times\hat{G}}\eta_\lambda\pi(\lambda)\varphi$ 的观察中识别 $\mathscr{H}_s$ 的问题是相同的。其成立的原因是 $\{\pi(\lambda)\}_{\lambda\in G\times\hat{G}}$ 是 $\mathbf{C}^G$ 上线性算子空间的一个线性独立集合，因此，系数向量 η 是一对一对应于各自的信道算子。

此外，面临的问题可以再次陈述如下：假设知道向量 $x\in\mathbf{C}^G$ 具有形式 $\sum_{\lambda\in\Lambda}c_\lambda\pi(\lambda)\varphi$，$|\Lambda|\leqslant s$。也就是说，$x$ 是从(φ,Λ)中得到的至多 s 个框架元素的线性结合。能计算出系数 c_λ 吗？显然，x 可以在$(\varphi,G\times\hat{G})$中以多种方式被扩展，例如，通过采用

$$x=\sum_{\lambda\in\Lambda}\langle x,\pi(\lambda)\tilde{\varphi}\rangle\pi(\lambda)\varphi\tag{6.33}$$

其中$(\tilde{\varphi},\Lambda)$是$(\varphi,\Lambda)$的对偶框架。当它们拥有可能的最低的 ℓ^2 — 范数时，式(6.33)中的系数是最优的。尽管如此，这里的目的是找到包含最少非零系数的扩展。

定理 6.10 说明了对于 $G=\mathbf{Z}_p$，p 为质数，存在处于一般线性位置拥有$(\varphi,G\times\hat{G})$中元素的 φ。因此，如果 $s\leqslant p/2$，那么 T_φ^* 在 Σ_s 上是单射的，并且从 T_φ^*F 中恢复 F 总是有可能的，但这在计算上可能是不可行的，因为每个被选择的 $|G\times\hat{G}|$，F 的 $G\times\hat{G}$ 集合的 s 个可能子集必须作为 F 的支架集合被考虑。

为了得到一个数值可行的问题，必须减少 s，并且确实对于小 s，文献包含了许多关于测量矩阵 M 的准则，从而允许通过像基追踪(BPs)和正交匹配追踪(OMP)这样的算法从 MF 中计算出 F。

如果 $\mu(\varphi,G\times\hat{G})<1/(2s-1)$，可知如果测量矩阵列的相干性较小，小 s 情况下 BP 和 OMP 的成功是可以被保证的。事实上，将这个结果与 6.7 节中的结果相结合，特别地，对于 $G=\mathbf{Z}_p$，p 为质数，Alltop 框架$(\varphi_A,G\times\hat{G})$的相干性引出了文献[76]中的结果。

定理 6.17　令 $G=\mathbf{Z}_p$，p 为质数，并且令 φ_A 是式(6.27)中给出的 Alltop

窗。当 $s<\frac{\sqrt{p}+1}{2}$ 时，对于每个 $F\in\Sigma_s\subseteq G\times\hat{G}$，BP 可从 $T^*_{\varphi A}F$ 中恢复 F。

在 Steinhaus 序列的情况下，定理 6.15 意味着定理 6.18 也成立。

定理 6.18　令 $G=\mathbf{Z}_N$，N 为偶数。令 φ_R 是式(6.29)中的随机幺模窗。令 $t>0$ 并且

$$s\leqslant\frac{1}{4}\sqrt{\frac{N}{2\log N+\log 4+t}}+\frac{1}{2}$$

那么存在 $1-e^{-t}$ 的概率，对于每个 $F\in\Sigma_s$，BP 可从 $T^*_\varphi RF$ 中恢复 F。

注意到在定理 6.17 和 6.18 中，用于保证每 s－稀疏向量的恢复的测量 N 的数量与 s^2 成比例。如果可以较高概率恢复一个 s－稀疏向量，那么这种情况就可以得到改善。

定理 6.19　令 $G=\mathbf{Z}_N$，$N\in\mathbf{N}$，存在 $C>0$ 使得当 $s\leqslant CN/\log(N/\varepsilon)$ 时，下列成立：对于 $F\in\Sigma_s$，根据式(6.30)选择 φ_R，那么至少有 $1-\varepsilon$ 的概率，BP 可从 $T^*_{\varphi_R}F$ 中恢复 F。

显然，在定理 6.19 中，s 与 $N/\log N$ 成比例，但是可以在高概率下恢复 F。在定理 6.16 中有关约束等距常量的估计说明了，如果 s 是 $N^{2/3}/\log^2 N$ 阶，高概率下 Gabor 合成矩阵 $T^*_{\varphi R}$ 保证了 BP 可从 $T^*_{\varphi R}F$ 中恢复每个 $F\in\Sigma_s$。这是由于如果 $\delta_{2s}(\varphi_R,G\times\hat{G})\leqslant 3/(4+\sqrt{6})$，则 BP 能恢复 $F\in\Sigma_s$。

许多仿真说明了上述的可恢复性保证是非常不乐观的。事实上，将 Alltop 窗 φ_A 和随机窗 φ_R 作为测量矩阵的 Gabor 合成矩阵的表现似乎和随机高斯矩阵的效果一样。

有关利用 s－稀疏矩阵对信号进行估计从而恢复信号的相关 Gabor 框架结果，参见文献[75]～[77]。

本章参考文献

[1] Alltop, W. O.: Complex sequences with low periodic correlations. IEEE Trans. Inf. Theory 26(3), 350-354 (1980).

[2] Applebaum, L., Howard, S. D., Searle, S., Calderbank, R.: Chirp sensing codes: deterministic compressed sensing measurements for fast recovery. Appl. Comput. Harmon. Anal. 26(2), 283-290 (2009).

[3] Balan, R., Casazza, P. G., Heil, C., Landau, Z.: Density, overcompleteness, and localization of frames. I: theory. J. Fourier Anal. Appl. 12(2), 105-143 (2006).

[4] Balan, R., Casazza, P.G., Heil, C., Landau, Z.: Density, overcompleteness, and localization of frames. Ⅱ: Gabor systems. J. Fourier Anal. Appl. 12(3), 307-344 (2006).

[5] Balian, R.: Un principe d'incertitude fort en théorie du signal on en mécanique quantique. C. R. Acad. Sci. Paris 292, 1357-1362 (1981).

[6] Bastiaans, M.J., Geilen, M.: On the discrete Gabor transform and the discrete Zak transform. Signal Process. 49(3), 151-166 (1996).

[7] Benedetto, J.J.: Harmonic Analysis and Applications. Studies in Advanced Mathematics. CRC Press, Boca Raton (1997).

[8] Benedetto, J.J., Benedetto, R.L., Woodworth, J.T.: Optimal ambiguity functions and Weil's exponential sum bound. J. Fourier Anal. Appl. 18(3), 471-487 (2012).

[9] Benedetto, J.J., Donatelli, J.J.: Ambiguity function and frame theoretic properties of periodic zero autocorrelation waveforms. In: IEEE J. Special Topics Signal Process, vol. 1, pp. 6-20 (2007).

[10] Benedetto, J.J., Heil, C., Walnut, D.: Remarks on the proof of the Balian-Low theorem. Annali Scuola Normale Superiore, Pisa (1993).

[11] Benedetto, J.J., Heil, C., Walnut, D.F.: Gabor systems and the Balian-Low theorem. In: Feichtinger, H., Strohmer, T. (eds.) Gabor Analysis and Algorithms: Theory and Applications, pp. 85-122. Birkhäuser, Boston (1998).

[12] Björck, G.: Functions of modulus one on $\mathbf{Z}_p$ whose Fourier transforms have constant modulus. In: A. Haar memorial conference, Vol. I, Ⅱ, Budapest, 1985. Colloq. Math. Soc. János Bolyai, vol. 49, pp. 193-197. North-Holland, Amsterdam (1987).

[13] Björck, G.: Functions of modulus 1 on Z_n whose Fourier transforms have constant modulus, and "cyclic n-roots". In: Recent Advances in Fourier Analysis and Its Applications, Il Ciocco, 1989. NATO Adv. Sci. Inst. Ser. C Math. Phys. Sci., vol. 315, pp. 131-140. Kluwer Academic, Dordrecht (1990).

[14] Brigham, E. (ed.): The Fast Fourier Transform. Prentice Hall, Englewood Cliffs (1974).

[15] Candès, E., Romberg, J., Tao, T.: Stable signal recovery from incomplete and inaccurate measurements. Commun. Pure Appl. Math.

59(8), 1207-1223 (2006).

[16] Candès, E., Tao, T.: Near optimal signal recovery from random projections: universal encoding strategies? IEEE Trans. Inf. Theory 52 (12), 5406-5425 (2006).

[17] Candès, E. J.: The restricted isometry property and its implications for compressed sensing. C. R. Math. Acad. Sci. Paris 346(9-10), 589-592 (2008).

[18] Casazza, P., Kovačević, J.: Equal-norm tight frames with erasures. Adv. Comput. Math. 18(2-4), 387-430 (2003).

[19] Casazza, P., Pfander, G. E.: Infinite dimensional restricted invertibility, preprint (2011).

[20] Chiu, J., Demanet, L.: Matrix probing and its conditioning. SIAM J. Numer. Anal. 50(1), 171-193 (2012).

[21] Christensen, O.: Atomic decomposition via projective group representations. Rocky Mt. J. Math. 26(4), 1289-1313 (1996).

[22] Christensen, O., Feichtinger, H. G., Paukner, S.: Gabor analysis for imaging. In: Handbook of Mathematical METHODS in Imaging, vol. 3, pp. 1271-1307. Springer, Berlin (2010).

[23] Cooley, J., Tukey, J.: An algorithm for the machine calculation of complex Fourier series. Math. Comput. 19, 297-301 (1965).

[24] Daubechies, I.: The wavelet transform, time-frequency localization and signal analysis. IEEE Trans. Inf. Theory 36(5), 961-1005 (1990).

[25] Daubechies, I.: Ten Lectures on Wavelets. CBMS-NSF Reg. Conf. Series in Applied Math. Society for Industrial and Applied Mathematics, Philadelphia (1992).

[26] Demeter, C., Zaharescu, A.: Proof of the HRT conjecture for (2,2) configurations, preprint.

[27] Donoho, D. L., Elad, M.: Optimally sparse representations in general (non-orthogonal) dictionaries via ℓ^1 minimization. Proc. Natl. Acad. Sci. 100, 2197-2202 (2002).

[28] Donoho, D. L., Elad, M., Temlyakov, V. N.: Stable recovery of sparse overcomplete representations in the presence of noise. IEEE Trans. Inf. Theory 52(1), 6-18 (2006).

[29] Donoho, D. L., Stark, P. B.: Uncertainty principles and signal recovery. SIAM J. Appl. Math. 49(3), 906-931 (1989).

[30] Duffin, R. J., Schaeffer, A. C.: A class of nonharmonic Fourier series. Trans. Am. Math. Soc. 72(2), 341-366 (1952).

[31] Evans, R. J., Isaacs, I. M.: Generalized Vandermonde determinants and roots of unity of prime order. Proc. Am. Math. Soc. 58, 51-54 (1976).

[32] Feichtinger, H. G., Gröchenig, K.: Theory and practice of irregular sampling. In: Benedetto, J. J., Frazier, M. W. (eds.) Wavelets: Mathematics and Applications. CRC Press, Boca Raton (1994).

[33] Feichtinger, H. G., Gröchenig, K.: Gabor frames and time-frequency analysis of distributions. J. Funct. Anal. 146(2), 464-495 (1996).

[34] Feichtinger, H. G., Kozek, W.: Quantization of TF-lattice invariant operators on elementary LCA groups. In: Feichtinger, H. G., Strohmer, T. (eds.) Gabor Analysis and Algorithms: Theory and Applications, pp. 233-266. Birkhäuser, Boston (1998).

[35] Feichtinger, H. G., Kozek, W., Luef, F.: Gabor analysis over finite abelian groups. Appl. Comput. Harmon. Anal. 26(2), 230-248 (2009).

[36] Feichtinger, H. G., Luef, F.: Wiener amalgam spaces for the Fundamental Identity of Gabor Analysis. Collect. Math. 57, 233-253 (2006) (Extra Volume).

[37] Feichtinger, H. G., Strohmer, T., Christensen, O.: A group-theoretical approach to Gabor analysis. Opt. Eng. 34(6), 1697-1704 (1995).

[38] Folland, G., Sitaram, A.: The uncertainty principle: a mathematical survey. J. Fourier Anal. Appl. 3(3), 207-238 (1997).

[39] Fornasier, M., Rauhut, H.: Compressive sensing. In: Scherzer, O. (ed.) Handbook of Mathematical Methods in Imaging, pp. 187-228. Springer, Berlin (2011).

[40] Frenkel, P.: Simple proof of Chebotarevs theorem on roots of unity, preprint (2004). math. AC/0312398.

[41] Gabor, D.: Theory of communication. J. IEE, London 93(3), 429-457 (1946).

[42] Ghobber, S., Jaming, P.: On uncertainty principles in the finite dimensional setting. Linear Algebra Appl. 435(4), 751-768 (2011).

[43] Golomb, S., Gong, G.: Signal Design for Good Correlation: For Wireless Communication, Cryptography, and Radar. Cambridge University Press, Cambridge (2005).

[44] Gribonval, R., Vandergheynst, P.: On the exponential convergence of matching pursuits in quasi-incoherent dictionaries. IEEE Trans. Inf. Theory 52(1), 255-261 (2006).

[45] Gröchenig, K.: Aspects of Gabor analysis on locally compact abelian groups. In: Feichtinger, H., Strohmer, T. (eds.) Gabor Analysis and Algorithms: Theory and Applications, pp. 211-231. Birkhäuser, Boston (1998).

[46] Gröchenig, K.: Foundations of Time-Frequency Analysis. Applied and Numerical Harmonic Analysis. Birkhäuser, Boston (2001).

[47] Gröchenig, K.: Uncertainty principles for time-frequency representations. In: Feichtinger, H., Strohmer, T. (eds.) Advances in Gabor Analysis, pp. 11-30. Birkhäuser, Boston (2003).

[48] Gröchenig, K.: Localization of frames, Banach frames, and the invertibility of the frame operator. J. Fourier Anal. Appl. 10(2), 105-132 (2004).

[49] Heil, C.: History and evolution of the density theorem for Gabor frames. J. Fourier Anal. Appl. 12, 113-166 (2007).

[50] Heil, C., Ramanathan, J., Topiwala, P.: Linear independence of time-frequency translates. Proc. Amer. Math. Soc. 124(9), 2787-2795 (1996).

[51] Howard, S. D., Calderbank, A. R., Moran, W.: The finite Heisenberg-Weyl groups in radar and communications. EURASIP J. Appl. Signal Process. (Frames and overcomplete representations in signal processing, communications, and information theory), Art. ID 85, 685, 12 (2006).

[52] Jaillet, F., Balazs, P., Dörfler, M., Engelputzeder, N.: Nonstationary Gabor Frames. In: SAMPTA'09, Marseille, May 18-22. ARI; Gabor; NuHAG; NHG-coop (2009).

[53] Janssen, A. J. E. M.: Gabor representation of generalized functions. J.

Math. Anal. Appl. 83, 377-394 (1981).

[54] Janssen, A. J. E. M. : Duality and biorthogonality for Weyl-Heisenberg frames. J. Fourier Anal. Appl. 1(4), 403-436 (1995).

[55] Janssen, A. J. E. M. : From continuous to discrete Weyl-Heisenberg frames through sampling. J. Fourier Anal. Appl. 3(5), 583-596 (1997).

[56] Kaiblinger, N. : Approximation of the Fourier transform and the dual Gabor window. J. Fourier Anal. Appl. 11(1), 25-42 (2005).

[57] Katznelson, Y. : An Introduction to Harmonic Analysis. Dover, New York (1976).

[58] Keiner, J. , Kunis, S. , Potts, D. : Using NFFT 3—a software library for various nonequispaced fast Fourier transforms. ACM Trans. Math. Softw. 36(4), 30 (2009), Art. 19.

[59] Krahmer, F. , Pfander, G. E. , Rashkov, P. : Uncertainty in time-frequency representations on finite abelian groups and applications. Appl. Comput. Harmon. Anal. 25(2), 209-225 (2008).

[60] Krahmer, F. , Mendelson, S. , Rauhut, H. : Suprema of chaos processes and the restricted isometry property (2012).

[61] Landau, H. : Necessary density conditions for sampling an interpolation of certain entire functions. Acta Math. 117, 37-52 (1967).

[62] Landau, H. : On the density of phase-space expansions. IEEE Trans. Inf. Theory 39(4), 1152- 1156 (1993).

[63] Landau, H. , Pollak, H. : Prolate spheroidal wave functions, Fourier analysis and uncertainty. Ⅱ. Bell Syst. Tech. J. 40, 65-84 (1961).

[64] Lawrence, J. , Pfander, G. E. , Walnut, D. F. : Linear independence of Gabor systems in finite dimensional vector spaces. J. Fourier Anal. Appl. 11(6), 715-726 (2005).

[65] Li, S. : Discrete multi-Gabor expansions. IEEE Trans. Inf. Theory 45 (6), 1954-1967 (1999).

[66] Low, F. : Complete sets of wave packets. In: DeTar, C. (ed.) A Passion for Physics—Essay in Honor of Geoffrey Chew, pp. 17-22. World Scientific, Singapore (1985).

[67] Lyubarskii, Y. I. : Frames in the Bargmann space of entire functions. Adv. Sov. Math. 429, 107-113 (1992).

[68] Manjunath, B. S., Ma, W.: Texture features for browsing and retrieval of image data. IEEE Trans. Pattern Anal. Mach. Intell. (PAMI—Special issue on Digital Libraries) 18(8), 837-842 (1996).

[69] Matusiak, E., Özaydın, M., Przebinda, T.: The Donoho-Stark uncertainty principle for a finite abelian group. Acta Math. Univ. Comen. (N. S.) 73(2), 155-160 (2004).

[70] von Neumann, J.: Mathematical Foundations of Quantum Mechanics. Princeton University Press, Princeton (1932), (1949) and (1955).

[71] Orr, R.: Derivation of the finite discrete Gabor transform by periodization and sampling. Signal Process. 34(1), 85-97 (1993).

[72] Pei, S. C., Yeh, M. H.: An introduction to discrete finite frames. IEEE Signal Process. Mag. 14(6), 84-96 (1997).

[73] Pevskir, G., Shiryaev, A. N.: The Khintchine inequalities and martingale expanding sphere of their action. Russ. Math. Surv. 50(5), 849-904 (1995).

[74] Pfander, G. E.: Note on sparsity in signal recovery and in matrix identification. Open Appl. Math. J. 1, 21-22 (2007).

[75] Pfander, G. E., Rauhut, H.: Sparsity in time-frequency representations. J. Fourier Anal. Appl. 16(2), 233-260 (2010).

[76] Pfander, G. E., Rauhut, H., Tanner, J.: Identification of matrices having a sparse representation. IEEE Trans. Signal Process. 56(11), 5376-5388 (2008).

[77] Pfander, G. E., Rauhut, H., Tropp, J. A.: The restricted isometry property for time-frequency structured random matrices. Probab. Theory Relat. Fields (to appear).

[78] Pfander, G. E., Walnut, D.: Measurement of time-variant channels. IEEE Trans. Inf. Theory 52(11), 4808-4820 (2006).

[79] Qiu, S.: Discrete Gabor transforms: the Gabor-Gram matrix approach. J. Fourier Anal. Appl. 4(1), 1-17 (1998).

[80] Qiu, S., Feichtinger, H.: Discrete Gabor structure and optimal representation. IEEE Trans. Signal Process. 43(10), 2258-2268 (1995).

[81] Rao, K. R., Kim, D. N., Hwang, J. J.: Fast Fourier Transform: Algorithms and Applications. Signals and Communication Technology. Springer, Dordrecht (2010).

[82] Rauhut, H. : Compressive sensing and structured random matrices. In: Fornasier, M. (ed.) Theoretical Foundations and Numerical Methods for Sparse Recovery. Radon Series Comp. Appl. Math., vol. 9, pp. 1-92. de Gruyter, Berlin (2010).

[83] Ron, A., Shen, Z. : Weyl-Heisenberg frames and Riesz bases in $\ell_2(\mathbf{R}^d)$. Tech. Rep. 95-03, University of Wisconsin, Madison (WI) (1995).

[84] Rudin, W. : Fourier Analysis on Groups. Interscience Tracts in Pure and Applied Mathematics, vol. 12. Interscience Publishers (a division of JohnWiley & Sons), New York-London (1962).

[85] Seip, K., Wallstén, R. : Density theorems for sampling and interpolation in the Bargmann-Fock space. I. J. Reine Angew. Math. 429, 91-106 (1992).

[86] Seip, K., Wallstén, R. : Density theorems for sampling and interpolation in the Bargmann-Fock space. Ⅱ. J. Reine Angew. Math. 429, 107-113 (1992).

[87] Skolnik, M. : Introduction to Radar Systems. McGraw-Hill, New York (1980).

[88] Slepian, D., Pollak, H. O. : Prolate spheroidal wave functions, Fourier analysis and uncertainty. I. Bell Syst. Tech. J. 40, 43-63 (1961).

[89] Söendergaard, P. L., Torresani, B., Balazs, P. : The linear time frequency analysis toolbox. Int. J. Wavelets Multi. 10(4), 27 pp.

[90] Söendergaard, P. L. : Gabor frames by sampling and periodization. Adv. Comput. Math. 27(4), 355-373 (2007).

[91] Strohmer, T. : Numerical algorithms for discrete Gabor expansions. In: Feichtinger, H., Strohmer, T. (eds.) Gabor Analysis and Algorithms: Theory and Applications, pp. 267-294. Birkhäuser, Boston (1998).

[92] Strohmer, T., Heath, R. W. Jr. : Grassmannian frames with applications to coding and communication. Appl. Comput. Harmon. Anal. 14(3), 257-275 (2003).

[93] Tao, T. : An uncertainty principle for groups of prime order. Math. Res. Lett. 12, 121-127 (2005).

[94] Terras, A. : Fourier Analysis on Finite Groups and Applications. Lon-

don Mathematical Society Student Texts, vol. 43. Cambridge University Press, Cambridge (1999).

[95] Tropp, J. A. : Greed is good: algorithmic results for sparse approximation. IEEE Trans. Inf. Theory 50(10), 2231-2242 (2004).

[96] Tropp, J. A. : Just relax: convex programming methods for identifying sparse signals. IEEE Trans. Inf. Theory 51(3), 1030-1051 (2006).

[97] Tropp, J. A. : On the conditioning of random subdictionaries. Appl. Comput. Harmon. Anal. 25(1), 1-24 (2008).

[98] Wexler, J. , Raz, S. : Discrete Gabor expansions. Signal Process. 21 (3), 207-221 (1990).

[99] Xia, X. G. , Qian, S. : On the rank of the discrete Gabor transform matrix. Signal Process. 52(3), 1083-1087 (1999).

第7章　框架编码

摘要　本章回顾了有限框架针对纠删码和加性噪声的发展历程。这类误差通常发生于在不可靠环境下的传输模拟信号。框架的应用使得在可控精度内从编码的含有噪声的部分数据中恢复信号。线性二进制编码在信息理论上有悠久的历史,而针对实数或复数的框架编码仅仅从1980年才开始被研究。在编码过程中,在有限维希尔伯特实或复希尔伯特空间中的一个矢量被映射成其与框架向量的内积的序列。擦除的情况发生在当部分框架系数在传输后不可再获取。加性噪声产生于编码过程中,比如系数进行了四舍五入,或者产生于传输过程。本章包括两个最常用的恢复算法:盲重建法,其中丢失系数设为0;主动纠错法,目的在于基于已知系数来完美恢复信号。擦除部分可被模拟成有确定或随机出现模式的任意一种。在确定模式下,通常在最差情景下对框架性能进行优化。对少数擦除的最优化引出了诸如等角紧框架类的几何条件。随机擦除模型通常同例如均方误差这样的基于平均重建误差的性能测试一起结合使用。框架纠错编码也同稀疏恢复的最近结果有着紧密联系。最后,融合框架和数据包擦除引出了一种额外结构,这种结构对最优框架的重建施加了约束。

关键词　框架;Parseval框架;编码;擦除;最差情况误差;均方误差;随机框架;协议;融合框架;数据包擦除;平均等倾融合框架;等距离融合框架

7.1　引　言

数字信号通信无所不在,从手机传输到串流媒体,例如IP电话、卫星广播或者互联网电视。原则上,数字误差修正协议可以保证在噪声和数据丢失存在的情况下几乎完美无错地传输。这些协议的大部分发展受到香农在60年前做出的重要而影响深远的研究的启发,他建立了通过不可靠模拟信道的数据传输理论。但是,现在通常会面对一个在香农重点关注之外的问题:在某种程度上不可靠的数字信道上传输诸如声音或视频模拟数据,即互联网。在从模拟转换数字中的误差之后,网络故障和缓冲溢出是数字传输中的主要问题。这意味着典型的重建误差是由在数字化和在传输中局部数据丢失所产生的加性噪声组成。香农通信理论与现今实际方面的另一种不同是不用涉及在计算香农信号容量时的延迟问题,然而对于手机或者 IP 电话语音,这些或成为重点关注的问题。最简单的控制延迟的方法是处理给定大小的分组码。问题是到达什么程度才能抑制传输中的瑕疵。这个被称为率失真理论的主题是香农为数字传输而研究出来的。他的工作驱动了数字化和随后的信道编码的串联策略,这种策略使得失真测量在数字和模拟域同样奏效。对于后者,很自然地考虑到对于串联策略的另一种选择,通过在模拟电平中加入冗余。如果在模拟电平下编码是线性的,那么这相当于将框架作为编码。简而言之,框架就像分组码,用稳定生成集扩张形成的大量线性系数替代了相对于一组标准正交基下的向量的系数,从而在表示中引入了冗余的同时提供了误差抑制能力。

这种策略被应用于抑制量化噪声,意味着框架系数的四舍五入,见文献[2]～[4]、[8]、[9]、[12]以及在传输过程中的擦除和数据丢失。在文献[5]、[19]、[35]、[40]中对由于在基于框架编码时的丢包所引起的误差抑制的研究结果进行了总结。这种模式假设框架系数被分割为多个子集,这些子集通常大小相同,如果一个发生擦除,那么它会导致无法获取系数的整个子集内容。对于完善非正交子空间分解的相关问题,Casazza 和 Kutyniok 在文献[18]中提出了子空间框架的概念,随后在应用于分布式处理时被称为框架融合。

最后,以稀疏表达和压缩感知为背景,基于 Donoho,Stark 和 Huo 的开创性工作,讨论了擦除校正。尽管存在用于恢复得好的框架的概率证明,即使一部分(充分小的)框架系数丢失,剩余部分加入了一定量的噪声,当前依然没有确定性重建匹配误差修正能力。在关于框架融合的著作中,有更多的开放性问题,尤其是高维理想融合框架的重建。这个有趣的话题仅能涉及一小方面,这就是贯穿本章的主题。不幸的是,理想对偶框架和结构擦除方面的近期结果此处没有涉及。

7.2 节编写了在框架抑制擦除和加性噪声方面的实质性问题。这里讨论了不同性能估计、分层和一般的误差模式和编码随机矩阵。7.3 节重复介绍了讨论融合框架下的情况,概括了可区分误差估计最佳特征。

7.2　模拟数据编码框架

一个有限框架 $\Phi=\{\varphi_j\}_{j=1}^{M}$ 是在 N 维实希尔伯特变换或复希尔伯特变换空间 $\mathscr{H}$ 中生成的一系列矢量。若 Parseval 型等式

$$\| x \|^2 = \frac{1}{A} \sum_{j=1}^{M} |\langle x, \varphi_j \rangle|^2$$

对于任给 $x \in \mathscr{H}$ 和恒定量 $A > 0$ 都成立，那么 Φ 称为 A 紧。如果 $A=1$，那么说 Φ 是一个 Parseval 框架。在这种情况下，类比于分组码的文献，也可以称它为一个(M,N) 框架。一个 Φ 框架的分析算子是 $T:\mathscr{H} \to \ell^2(\{1,2,\cdots,M\})$，$(Tx)_j = \langle x, \varphi_j \rangle$ 的映射。如果 Φ 是一个 Parseval 框架，那么 T 是等距的。框架通常通过几何性质来分类：如果所有框架矢量有同样的标准范数，那么这样的框架称为等范数。如果框架是紧凑的，同时存在 $c \geqslant 0$ 能使对任给 $j \neq l$，$|\langle \varphi_j, \varphi_l \rangle| = c$，那么这样框架称为紧凑等角的。框架几何特征的意义是它们与在确定情况下的理想框架设计有紧密联系。这些将在下面内容中回顾。

编码框架传输的一般形式包括 3 部分：(1) 依据自身框架系数的矢量线性编码；(2) 可能改变框架系数的传输；(3) 重建算法。要传输的输入变量要么被认为是有一些分布的，要么认为试图最小化在所有给出范数的可能输入间的重建误差。这些都可以导致在传输中误差的发生。讨论约束在最差情况下对输入矢量的处理，或是对在所有单位规范输入矢量中均值超过均等概率分布输入向量进行处理。信道模型设置为最差情况或者均等擦除分布，连同附加的框架系数独立分布随机部分，这些系数建立了输入的数字化的噪声模型。在文献[2] ～ [4]、[8]、[9]、[12] 或本书量化的章节里，读者可以了解到数字化误差更细节化的处理。在所有可能的重建算法中，侧重于线性的算法，这种算法有可能不依靠于在传输过程中发生误差的类型。

7.2.1 擦除信道的框架

在网络模式下的一种标准假设是，一个矢量序列以它们框架系数的形式被传输。这些系数以平行流被送往接收端；参照文献[29，例 1.1] 和[34]。如果一个网络节点经历了缓冲区溢出或无线中断，那么通过这个节点的数据流就毁坏了。一些误差修正方案保护了传输中每一个系数的完整性，这样的实用目的是可以假设通过受影响节点的系数没有应用在重建过程中。来自其系数子集的一个矢量的线性重建相当于使丢失的系数归零；这被称为擦除误差。这类误差是文献[7]、[28] ～ [30]、[32]、[34] 研究的主要内容。在给出的公式中，编码矢量是通过其框架系数 Tx 给出的，在线性重建尝试前，擦除通过一个 E 到 Tx 的对角投影矩阵完成。

要么通过依赖擦除的线性转换完成主观误差修正来重建，要么用可能忽略某些系数归零的盲重建。目前，主要侧重第二种选择，稍后加入些主观误差修正的评论。

定义 7.1　令 Φ 为一个实或复希尔伯特空间 $\mathcal{H}$ 里的 (M,N) 框架，T 为分析算子。对一个输入矢量 $x\in\mathcal{H}$ 盲重建误差和下标 $K=\{j_1,j_2,\cdots,j_m\}\subset J=\{1,2,\cdots,M\}$，$m\leqslant M$ 的框架系数擦除由

$$\| T^* E_K T x - x \| = \| (T^* E_K T - I) x \| = \| T^* (I - E_K) T x \|$$

给出，其中如果 $j\in K$，E 是以 $E_{j,j}=0$ 的 $M\times M$ 对角矩阵，否则 $E_{j,j}=1$。在完成主观误差修正后的残留误差定义为 $\| WE_K Tx - x \|$，其中 W 是 $E_K T$ 的广义逆。如果 $WE_K T = I$，那么称由 K 索引的系数擦除是可校正的。

依赖于输入类型和传输形式，框架的性能可以通过确定的或概率的方式来测量。一种测量法是在最坏的重建情况下，这种情况产生所有重建矢量中最大的误差范数。由于误差和输入矢量范数成比例，在所有归一化输入中可以选择算子范数 $\| T^*(I-E_K)T \|$ 对最差情况误差进行测量。另一种可能性是测量统计特性，例如均方误差，其中平均值超过对特定的单位范数输入矢量或是超过这样输入矢量和随机擦除的组合。将这些性能测试与统一的符号结合，例如参照文献[11]。

定义 7.2　令 S 是在实或复 N 维希尔伯特空间 $\mathcal{H}$ 中的单位球，同时令 $\Omega=\{0,1\}_{j=1}^{M}$ 是长度为 M 的二进制序列空间。给定一个二进制序列 $\omega=\{\omega_1,\omega_2,\cdots,\omega_M\}$，使相关联运算子 $E(\omega)$ 是 $M\times M$ 的对角矩阵，其中对于任给 $j\in J=\{1,2,\cdots,M\}$ 有 $E(\omega)_{j,j}=\omega_j$。令 μ 为在空间 $S\times\Omega$ 上的概率测度，即统一概率测度在 S 和 Ω 上的积。第 p 个功率误差范数由

$$e_p(\Phi,\mu) = \left(\int_{S\times\Omega} \| T^* E(\omega) T x - x \|^p \mathrm{d}\mu(x,\omega) \right)^{1/p}$$

给出，其条件为当 $p=\infty$ 时是一个通常范数。常量 $e_\infty(\Phi,\mu)$ 也称为最差情况误差范数，$e_2(\Phi,\mu)^2$ 通常称为均方误差。

最后讨论当 $p=\infty$ 时擦除客观和主观误差修正的关系。原则上，主观误差修正要么导致完美重建，要么导致产生一个只受控于输入范数的误差，因为如果 W 是 $E_K T$ 的广义逆，则 $WE_K T$ 是一个正投影。这可能使主观误差修正看上去只与 $E_K T$ 有无左逆矩阵相关。

但是，即使在擦除可校正的情况下，相对于舍入误差的数值稳定性和其他加性噪声也是令人满意的。这将会在 7.2.3 节更加详细地验证。在 7.2.3 节讨论基于第 p 个功率误差范数广义逆的误差测量。它证明当在 Ω 中所有擦除是可校正的，那么关于 e_∞ 实现最优化相当于在所有 $E(\omega)T(\omega\in\Omega)$ 的广义逆中最小化最大算子范数。

定义 7.3　令 J，S 和 Ω 同上，v 是 $S\times\Omega$ 上的均匀概率测度，$W(\omega)$ 是 $E(\omega)T$ 的广义逆，那么定义

$$a_p(\Phi,v)=\left(\int_{S\times\Omega}\|W(\omega)y\|^p\mathrm{d}v(y,\omega)\right)^{1/p}$$

当 $p=\infty$ 时,上式为一般范数。

命题 7.1　令 $\mathscr{H}$ 是一个 N 维实或复希尔伯特空间。对于任意擦除系列 $\Gamma\subset\Omega$,令 μ_Γ 为概率测度,其为关于在 $S\times\Omega$ 上单位排列和不变量的积。类似地,令 v 为在 $\ell^2(\{1,2,\cdots,M\})\times\Gamma$ 单位球面上的概率测度,其为单位排列和不变量的积。如果在 Γ 中的所有擦除对于 (M,N) 框架的闭子集 $\mathscr{S}$ 是可校正的,那么框架 Φ 可达到最差情况下最小化误差范数 $e_\infty(\Phi,\mu)=\min_{\Psi\in\mathscr{S}}e_\infty(\Psi,\mu)$ 当且仅当 $a_\infty(\Phi,v)=\min_{\Psi\in\mathscr{S}}a_\infty(\Psi,v)$ 达到最小值。

证明　固定一个关于 $\omega\in\Gamma$ 的选择的擦除 E。给定一个等距 T(Parseval 框架的分析算子),最小算子范数的 T 的左逆是(希尔伯特)伴随矩阵 T^*。给定一个 Parseval 框架和一个对角投影 E,那么 T^*ET-I 的算子范数是 $I-T^*ET$ 的最大特征值,因为 $T^*ET-I=T^*(E-I)T$ 是负定的矩阵。通过将 ET 因式分解为 $VA=ET$,其中 A 是非负的,V 是等距的,因此 $A^{-1}T^*$ 的算子范数是 $\|A^{-1}V^*VA^{-1}\|^{1/2}=\|A^{-2}\|^{1/2}=\|A^{-1}\|$,这里通过 A 的最小特征值 $a_{\min}$ 来计算其逆矩阵。

这意味着通过一系列固定擦除的极小化 a_∞ 来实现 $\{A(\omega):\omega\in\Gamma\}$ 中最小特征值的最大化。将其(误差)与下面给出的盲重建比较

$$\|(T^*ET-I)\|=\|I-A^*V^*VA\|=1-a_{\min}^2$$

通过 Γ 最小化误差同样也相当于最大化最小特征值。因此,对于固定的擦除 Γ 集合,e_∞ 或 a_∞ 的最小化是等价的。

1. 层次误差模式

通常假设在传输过程中几乎不丢失一个系数,丢失两个系数的情况就更不可能。一个类似概率量级通常适用于高丢失率。这促使框架设计遵循一个归纳方案:当数据无丢失时,要求完美重建。在能给出完美重建的协议中,当损失某项系数时,我们想最小化最大误差。总体来说,通过在理想 m 擦除和那些最佳 $m+1$ 擦除框架中选择。对于另一种方式,可能不用假设一个误差的等级,参照最大编码和本章稍后的随机 Parseval 框架一节。

定义 7.4　令 $\mathscr{H}$ 是一个 N 维实或复希尔伯特空间。通过用 $\mathscr{F}(M,N)$ 表示所有 (M,N) 框架集合,其中有来自 $\mathscr{H}^M$ 的自然对数。Γ_m 用作所有 m 擦除的集合,$\Gamma_m=\{\omega\in\Omega:\sum_{j=1}^M\omega_j=m\}$。令 μ_m 表示在 $\mathscr{S}\times\Gamma_m$ 上的均匀概率测度结果。令 $e_p^{(1)}(M,N)=\min\{e_p(\Phi,\mu_1):\Phi\in\mathscr{F}(M,N)\}$,$\varepsilon_p^{(1)}(M,N)=\{\Phi\in\mathscr{F}(M,N):e_p(\Phi,\mu_m)=e_p^{(1)}(M,N)\}$。进行归纳,设 $1\leqslant m\leqslant M$,$e_p^{(m)}(M,N)=\min\{e_m^p(\Phi,$

$\mu_m)\}:\Phi\in\varepsilon_p^{(m-1)}(M,N)\}$，定义 e_p 的理想 m 擦除框架为 $\varepsilon_p^{(m-1)}(M,N)$ 的非空紧凑子集 $\varepsilon_p^{(m)}(M,N)$，其可以得到 $e_p^{(m)}$ 的最小值。

用这种方式，可获得一系列具有几何样式特征的递减框架。在文献[32，命题 2.1] 中 Casazza 和Kovačević 的结果在文献[7] 中经过扩展后可以解释为，在所有 Parseval 框架中，对于一个擦除，等范数可以最小化最差情况下的重建误差。

命题 7.2　对于 $1<p\leqslant\infty$，集合 $\varepsilon_p^{(1)}(M,N)$ 与等范数 (M,N) 框架系列相一致。因此，对于 $1<p\leqslant\infty$，$e_p^{(1)}(M,N)=N/M$。

证明　给定一个 (M,N) 框架 $\Phi=\{\varphi_1,\cdots,\varphi_M\}$ 与分析算子 T，一个对角投影矩阵 D 与一个非零输入 $D_{j,j}$，那么 $\|T^*DT\|=\|DTT^*D\|=\|\varphi_j\|^2$。如果 Φ 是一个 Parseval 框架，那么 $\sum_{j=1}^{M}\|f\|^2=\mathrm{tr}TT^*=\mathrm{tr}T^*T=\mathrm{tr}I_N=N$，这样形成了所有框架矢量中的最小化最大范数，当且仅当它们有共同的范数。在这种情况下，$\|\varphi_j\|^2=N/M$，因此对于任何 $p>1$，$e_p^{(1)}(M,N)=N/M$。

Strohmer，Heath，Holmes 和 Paulsen 表明当其存在时，等角 Parseval 框架是对于关于 $e_\infty^{(2)}$ 的两个擦除的最优选择。正如 Holmes 和 Paulsen 所阐明的，如果 Φ 是一个等角 (M,N) 框架，那么 TT^* 是一个自伴随秩为 N 的投影矩阵，可以以 $TT^*=aI+c_{M,N}Q$ 的形式给出，其中 $a=N/M$，$c_{M,N}=\left(\dfrac{N(M-N)}{M^2(M-1)}\right)^{1/2}$，特征矩阵 $Q=(Q_{i,j})$ 是一个 $M\times M$ 的对任意 i 和 $i\neq j$ 且 $|Q_{i,j}|=1$ 满足 $Q_{i,i}=0$ 的自伴随矩阵。最佳性证明用到了如下结论：当 D 是一个对角投影矩阵，在第 i 和第 j 个对角线元素中有 1，T 是一个等范数 (M,N) 框架 $\Phi=\{\varphi_1,\cdots,\varphi_M\}$ 的分析算子，那么 $\|T^*DT\|=\|DTT^*D\|=N/M+|\langle\varphi_i,\varphi_j\rangle|$。因为 $\sum_{j\neq l}|\langle\varphi_i,\varphi_j\rangle|^2=\mathrm{tr}[(TT^*)^2]-\sum_{j=1}^{M}(TT^*)_{j,j}^2=N-N^2/M$，所有内积中最大量级不能低于平均值，这给出了一个对最差情况 2 擦除的低边界。这个边界会饱和，当且仅当所有内积有相同的量级。Welch 建立了对于单位范数矢量序列的不等式。

在文献[7] 中作为理想 2 擦除框架的等角 Parseval 框架的特性范围扩展到了所有充分大的 p 值。

定理 7.1　如果等角框架在等范数 (M,N) 框架中存在，当 $p>2+\left(\dfrac{5N(M-1)}{M-N}\right)^{1/2}$，那么 $\varepsilon_p^{(2)}(M,N)$ 精确地由这些等角框架组成。

实希尔伯特空间中的这些等角 Parseval 框架的存在决定于一个 ± 1 组成的矩阵,矩阵满足特定的代数方程。由于在文献[45]中关于等角框架和 Seidel 早期工作以及其图论上联系的讨论,许多存在性和实等角紧框架的构建工作得益于已知的技术。复杂情况下等角 *Parseval* 矩阵的构建通过数论工具进行研究,参照文献[49]和[33],如同文献[46]的数字化方案。最近,Seidel 的组合方法扩展到了复杂情况范围,具体实现是通过输入为单位根的特征矩阵。

对于擦除情况 3,在融合框架的背景下,导出了一个类似 Welch 不等式的平均论证。对于等角 Parseval 框架特殊情况提出了如下结论。

定理 7.2 令 $M \geqslant 3, M > N, \Phi$ 为一个等角 (M,N) 框架,那么

$$e_{\infty}^{(3)}(M,N) \geqslant \frac{N}{M} + 2c_{M,N}\cos(\theta/3)$$

其中 $\theta \in [-\pi,\pi]$ 遵循 $\cos\theta = \dfrac{M-2N}{M(M-2)c_{M,N}}$。当且仅当对任给 $i \neq j \neq l \neq i$,$\mathrm{Re}[Q_{i,j}Q_{j,l}Q_{l,i}] = \cos(\theta)$ 等式成立,Q 是 Φ 的特征矩阵。

证明 行列用 $\{i,j,l\}$ 表示的子矩阵 Q 的算子范数是 $2\cos(\theta/3)$,其中 $\mathrm{Re}[Q_{i,j}Q_{j,l}Q_{l,i}] = \cos(\theta)$。但是,其三重积的和为常量,即

$$\sum_{i,j,l=1}^{M} Q_{i,j}Q_{j,l}Q_{l,i} = \frac{(M-1)(M-2N)}{c_{M,N}}$$

所有在三重积分中的最大实部不能比平均值小,由这个最大实部得出所需的不等式。

推论 7.1 令 M,N 有 $M > N$,设存在一个等角 (M,N) 框架对于某些 $\theta \in [-\pi,\pi]$ 有三倍积常量 $\mathrm{Re}[Q_{i,j}Q_{j,l}Q_{l,i}] = \cos(\theta)$,那么集合 $\varepsilon_{\infty}^{(3)}(M,N)$ 精确地包含这些框架。

评论 7.1 在文献[5]中,只有 $(M,M-1)$ 框架作为 3 擦除理想框架的例子被提及。但是,近来 Hoffman 和 Solazzo 发现了一系列例子不是这种简单的类型。介绍一个它们的例子。这是个复杂等角 $(8,4)$ 框架,其特征矩阵为

$$Q = \begin{pmatrix} 0 & 1 & 1 & 1 & 1 & 1 & 1 & 1 \\ 1 & 0 & -i & -i & -i & i & i & i \\ 1 & i & 0 & -i & i & -i & -i & i \\ 1 & i & i & 0 & -i & -i & i & -i \\ 1 & i & -i & i & 0 & i & -i & -i \\ 1 & -i & i & i & -i & 0 & -i & i \\ 1 & -i & i & -i & i & i & 0 & -i \\ 1 & -i & -i & i & i & -i & i & 0 \end{pmatrix}$$

在实例中，Bodmann 和 Paulsen 指出，事实上，当且仅当框架是一个等角 $(M,M-1)$ 或 $(M,1)$ 框架时满足这个 3－理想条件。因此，为了区分框架，他们不得不在更多细节方面测试等角紧框架。Bodmann 和 Paulsen 将这些存在擦除数较高的框架的性能与图论的数量联系起来。

为了达到这个目的，他们建立了一个误差上边界，同时描绘了在图论术语中的等式情况：令 Φ 是一个实等角 (M,N) 框架。那么 $e_m^\infty(F) \leqslant N/M+(m-1)c_{M,N}$ 当且仅当与 Φ 相关的特征矩阵 Q 是一个图的赛德尔邻接矩阵时，等号成立，这个图包含以 m 为顶点的完全感应二分子图。以 M 为顶点图 G 的赛德尔邻接矩阵定义为 $M\times M$ 矩阵 $A=(a_{i,j})$，其中当 i 和 j 相邻时 $a_{i,j}$ 是 -1，当 i 和 j 不相邻时是 $+1$，当 i 和 j 相等时为 0。在某些情况下，Bodmann 和 Paulsen 展示出当一幅图大小超过了一定数值时，在所有大小到 5 的导出子图中至少有一个完整的二分图。对这些图来说，m 擦除误差的最差情况为 $m=5$。为了区分这些类等角 Parseval 框架，需要超过 5 擦除误差。图论标准通过研究更大范围导入子图来描述最佳特性。

2. 相对于擦除的等角紧框架的鲁棒性

回想一下当一个分析算子 T 的框架运用于编码时，那么当 ET 有左逆时，擦除可以校正，其中 E 是一个将擦除框架系数设置为零的斜投影矩阵。在这种情况下，左逆有效地从保留的非零框架系数中恢复任意编码矢量 x。

当且仅当其所有奇异值非零，也即无论何时 T^*ET 都是可逆的，矩阵 ET 有左逆。对于 Parseval 框架这相当于 $\| I-T^*ET \| = \| T^*(I-E)T \| < 1$。这个条件逐字地应用到一系列擦除中，举个例子，对角线元素有 m 个零的斜投影矩阵代表 m 框架系数擦除。

定义 7.5　一个算子范数 T 的 Parseval 框架 Φ，当对每一个符合 $\mathrm{tr}\, E=M-m$ 条件的斜投影 E，都有

$$\| T^*ET-I \| < 1$$

那么 Parseval 框架 Φ 对 m 擦除是鲁棒的。

对于实或复等角 Parseval 框架鲁棒性的一个充分标准是运用下面的误差估计，这是一个融合框架结果的特殊情况。

定理 7.3　令 Φ 是一个特征矩阵为 Q 的等角 (M,N) 框架，那么

$$e_\infty^{(m)}(M,N) \leqslant N/M+(m-1)c_{M,N}$$

当且仅当存在一个 $M\times M$ 的斜单位矩阵 Y 使得 Y^*QY 包含一个非对角线元素都是 1 的 $m\times m$ 主子矩阵时，等号成立。

证明　Q 的任意 $m\times m$ 压缩矩阵最大特征值决定了相关 TT^* 压缩矩阵

的最大特征值。对于每一个 m 下标选择 $K=\{j_1,j_2,\cdots,j_m\}$,$(Q_{j,l})_{j,l\in K}$ 的从属于最大特征值的归一化特征向量 x 在所有单位向量中,通过包含于 K 中的支持向量,最大化 $q(x)=\langle Qx,x\rangle$。利用柯西－施瓦兹不等式给出 $q(x)\leqslant\sum_{j\neq l}|x_jx_l|\leqslant(m-1)$,同样当且仅当对于任给在 K 中的 $j\neq l$,$Q_{j,l}x_l\overline{x_j}=1/m$ 等式成立。现在选择 Y 使得当 $j\in K$ 时 $Y_{j,j}=x_j$,然后可以认为 Y^*QY 有已声明的形式。

推论 7.2　如果 $\frac{N}{M}+(m-1)c_{M,N}<1$,那么任意等角 (M,N) 框架对 m 擦除是鲁棒的。

尽管这个原理允许设计修正大量擦除系数的框架,为了保证可修正性,擦除的部分只能增长框架矢量数的平方根的比例。框架随机抽样高概率修正了这个缺陷,将在下节介绍。

7.2.2　随机框架和对擦除的鲁棒性

上节的结果本质上不同于常规的二进制编码结果,如果编码率(这个是 N/M)低于一个给定信道容量值,其可保证编码的存在来提供完美恢复无记忆信道。这可以追溯到误差层次,其利用优化器构建中的硬度。

本节中,遵循相互作用理论,当 m 为 M 的一个固定部分时,称之为误差率,希望确保 m 擦除的可修正性。通过随机框架,用任意框架对一个固定误差率的误差修正是可能的。为了产生这些框架,在 M 维实或复希尔伯特空间中选取一个 N 维向量的标准正交序列,通过用一个随机单位矩阵(或正交矩阵,在实际情况下)转换这个序列。单位矩阵概率测度是平常的,归一化哈尔测度。

引理 7.1　(Dasgupta 和 Gupta) 令 $0<\varepsilon<1$。设 x 是一个 M 维实希尔伯特空间 $\mathscr{H}$ 中的单位向量。如果 V 是一个 N 维子集,$N<M$,且为随机均匀分布,P_V 是映射到 V 的正交投影,那么

$$\sqrt{\frac{M}{N}}\,\|P_Vx\|\leqslant\frac{1}{1-\varepsilon}\tag{7.1}$$

在测量集合上成立

$$P(\{V:(7.1)\text{ 成立}\})\geqslant1-\mathrm{e}^{-N\varepsilon^2}$$

证明　Dasgupta 和 Gupta 证明了对于 $\beta>1$,有

$$P\left(\frac{M}{N}\,\|P_Vx\|^2\geqslant\beta\right)\leqslant\mathrm{e}^{\frac{N}{2}(1-\beta+\ln\beta)}$$

选择 $\beta=(1-\varepsilon)^{-2}$,然后比较 $(1-\varepsilon)^{-2}$ 泰勒展开项和 $2\log(1-\varepsilon)$ 的泰勒展开

项，给出在 $\varepsilon=0$ 时所需边界。

将这个引理与类似 Baraniuk 等人阐述的论证对应起来。

引理 7.2　令 P_V 为一个映射到 $\mathbf{R}^M$ 中 N 维子空间的正交投影，$M>N$，设 $\mathscr{W}=\mathrm{span}\{e_{j_1},e_{j_2},\cdots,e_{j_s}\}$ 是由标准正交基中 s 个向量组成的子空间，$s<N$，令 $0<\delta<2$，则

$$\sqrt{\frac{M}{N}}\ \|P_Vx\|\leqslant\frac{1}{1-\delta+\delta^2/4}\|x\|,\quad x\in\mathscr{W}\tag{7.2}$$

对一系列子空间的概率

$$P(\{V:(7.2)\ 成立\})\geqslant 1-2\left(1+\frac{8}{\delta}\right)^s\mathrm{e}^{-N\delta^2/4}$$

证明　依比例缩放，只需证明对于 $\|x\|=1,x\in\mathscr{W}$，式(7.2) 成立。根据 Minkowski 不等式和范数的 Lipschitz 连续性，可以从范围 S 中得出，对于任给 $x\in W$，$\|x\|=1$，有 $\min_{y\in S}\|x-y\|\leqslant\frac{\delta}{4}$。通过球面填充不等式，得知 S 的基数满足

$$|S|\leqslant\left(1+\frac{8}{\delta}\right)^s$$

应用 Dasgupta 和 Gupta 给出的 Johnson－Lindenstrauss 引理得出的上边界，对于任给 $x\in S$，如测量所述对于 $\varepsilon=\delta/2$，得到满足下面不等式 V 的集合

$$\sqrt{\frac{M}{N}}\ \|P_Vx\|\leqslant\frac{1}{1-\frac{\delta}{2}}\|x\|$$

现在令 a 是满足对任给 $x\in\mathscr{W}$，$\sqrt{\frac{M}{N}}\ \|P_Vx\|\leqslant\frac{1}{1-a}\|x\|$ 成立的最小数。

得到 $a\leqslant\delta-\delta^2/4$。为了说明这点，设 $x\in W$，$\|x\|=1$，选出满足 $y\in S$ 条件的 $\|y-x\|\leqslant\frac{\delta}{4}$。

接着，运用 Minkowskis 不等式得

$$\sqrt{\frac{M}{N}}\ \|P_Vx\|\leqslant\sqrt{\frac{M}{N}}\ \|P_Vy\|+\sqrt{\frac{M}{N}}\ \|P_V(x-y)\|\leqslant\frac{1}{1-\frac{\delta}{2}}+\frac{1}{1-a}\frac{\delta}{4}$$

由于等式右边独立于 x，根据 a 的定义得到

$$\frac{1}{1-a}\leqslant\frac{1}{1-\frac{\delta}{2}}+\frac{1}{1-a}\frac{\delta}{4}$$

为解决$(1-a)^{-1}$，进一步估计给出

$$\frac{1}{1-a}\leqslant\frac{1}{1-\frac{\delta}{2}}\frac{1}{1-\frac{\delta}{4}}\leqslant\frac{1}{\left(1-\frac{\delta}{2}\right)^2}$$

倒转不等式两边，得到

$$1-a\geqslant 1-\delta+\frac{\delta^2}{4}$$

因此有，$a\leqslant\delta-\delta^2/4$。

由于任意 M 维复希尔伯特空间可以理解为一个 $2M$ 维实希尔伯特空间，得出下面定理结论。

定理 7.4 令 $\mathscr{H}$ 为一个 M 维实或复希尔伯特空间。设 P_V 为映射到 $\mathscr{H}$ 中一个 N 维子空间的正交投影，$N<M$，设 $0<\delta<2$，$\mathscr{W}$ 为所有由 s 个 $\mathscr{H}$ 的标准正交基向量扩展的子集的并集，那么

$$\sqrt{\frac{M}{N}}\,\|P_Vx\|\leqslant\frac{1}{1-\delta+\delta^2/4}\|x\|,\quad x\in\mathscr{W}\tag{7.3}$$

概率为

$$P(\{V:(7.3)\ 成立\})\geqslant 1-\left(1+\frac{8}{\delta}\right)^{\tilde{s}}\left(\frac{eM}{s}\right)^{s}\mathrm{e}^{-N\delta^2/4}$$

其中，实情况 $\tilde{s}=s$，复情况 $\tilde{s}=2s$。

证明 对由 s 个标准正交基向量扩展的子空间有 $\binom{M}{s}$ 种选择。Stirling 近似值给出 $\binom{M}{s}\leqslant(eM/s)^s$。在实情况下，进一步联合边界条件，结果直接遵循前面所说的引理。在复情况下，通过 $2M$ 维实希尔伯特空间中的 $2s$ 维实子空间来识别 s 维子空间。球体填充理论接下来得到一个范围为 $|S|\leqslant(1+8/\delta)^{\tilde{s}}$ 的 S 范围。在实情况下用同样的联合边界会产生想要的结果。

失败概率指数项确保对于一个固定的足够小的编码比 N/M，有一个可以以压倒性概率纠正的擦除比 s/M。这个结果建立在 Gitta Kutyniok 的讨论中，非常高兴有机会在这里展示它。

定理 7.5 设 $0<c<1$，$M\geqslant 3$。令 Φ 为一个由 N 维实或复希尔伯特空间中的 M 个向量组成的随机 Parseval 框架，某些 δ 使得

$$0<\delta<2\left(1-\sqrt[4]{\frac{N}{M}}\right)$$

和

$$\frac{s}{N}\left(1+2\ln\left(1+\frac{8}{\delta}\right)+\ln\frac{M}{s}\right)<c\,\frac{\delta^2}{4}$$

那么任意不可校正的 s 擦除的概率以框架系数为指数的方式快速衰减。

证明　这是前述定理的结果，连同可修正性的必要条件。

如果由 s 个标准向量扩展成的子空间的并集 $\mathscr{W}$ 满足

$$\| P_V x \| \leqslant \sqrt{\frac{N}{M}}\,\frac{1}{1-\delta+\delta^2/4}<1,\quad x\in\mathscr{W},\ \| x \| =1$$

所有的 s 个删除系数组成的集合可以被修正。

如果假设 $\delta<2(1-\sqrt[4]{\frac{N}{M}})$，那么 $\frac{1}{1-\delta+\delta^2/4}<\sqrt{\frac{M}{N}}$，导致这种失败的 V 的集合有上面的测度边界为

$$P[\| P_V x \| = \| x \|, x\in\mathscr{W}]\leqslant \mathrm{e}^{2s\ln(1+8/\delta)+s(1+\ln(M/s))-\delta^2 N/4}$$

最后，如果有 $0<c<1$，同时指数边界为

$$2s\ln(1+8/\delta)+s(1+\ln(M/s))-\delta^2 N/4\leqslant(c-1)\delta^2 N/4$$

那么有更大概率修正 $N\to\infty$ 时任意这类 s 擦除。

7.2.3　擦除和加性噪声

如果擦除是存在的，编码向量系数受加性噪声影响，那么必须改进误差估计来匹配它。但是，派生上边界是较为简单的，如果噪声假定为最差情况或是均方误差情况下的独立输入向量，应首先检验盲重建的性能。

1. 客观误差修正

当重建以 T^* 完成时，性能自然测度是一个重建误差的 L^p 范数，其中根本测度模拟输入向量、擦除和加性噪声。L^p 范数计算过的函数是重建误差 $(x,\omega,y)\mapsto\| T^* E(\omega)(Tx+y)-x \|$，其中 $x\in\mathscr{H}$ 是要编码的向量，是由 $\omega\in\Omega$ 给出的擦除，噪声 $y\in\ell^2(\{1,2,\cdots,M\})$ 添加到框架系数里。

定义 7.6　如果输入向量和擦除由在 $S\times\Gamma$ 的均匀概率测度 μ 支配，其中 S 为在 $\mathscr{H}$ 中的单位球体，$\Gamma\subset\Omega$，根据概率测度 v 框架系数由分布式加性噪声决定，那么盲重建误差有

$$e_p(\Phi,\mu,v)=\left(\int_{\ell^2(J)}\int_{S\times\Omega}\| T^* E(\omega)(Tx+y)-x \|^p\,\mathrm{d}\mu(x,\omega)\,\mathrm{d}v(y)\right)^{1/p}$$

通过检测无噪声情况来估计 e_p。

引理 7.3　令 Φ 为一个 (M,N) 框架。平均输入均方误差 $e_2(\Phi,\mu)$ 有如下形式：

$$e_2(\Phi,\mu)=\sum_{j,l=1}^{M}w_{j,l}\,|\,(TT^*)_{j,l}\,|^2$$

其中,$w_{j,l}=w_{l,j}\geqslant 0$,它是 Gram 矩阵的加权 Frobenius 范数的平方。

证明 对于固定 E,有

$$\int \| T^*(E-I)Tx \|^2 \mathrm{d}\mu(x)=\mathrm{tr}[T^*(E-I)TT^*(E-I)T]/N=$$

$$\mathrm{tr}[((E-I)TT^*(E-I))^2]/N$$

这是与删除系数一致的 TT^* 子矩阵的 Frobenius 范数的平方。接下来,当平均到擦除时,表达式的凸组合保留这种形式。

命题 7.3 令 v 是在 $\ell^2(\{1,2,\cdots,M\})$ 中半径为 $\sigma>0$ 的球体的均匀概率测度,设 Φ 是一个 (M,N) 框架,μ 如上面所设,那么得到不等式

$$e_\infty(\Phi,\mu,v)\leqslant e_\infty(\Phi,\mu)+\sigma$$

同时,类似毕达哥拉斯的恒等式为

$$e_2(\Phi,\mu,v)^2=e_2(\Phi,\mu)^2+\sigma^2 e_2(\Phi,\bar{\mu})^2$$

这里,$\bar{\mu}$ 表示 Ω 的测度,由在映射 $\omega\mapsto\bar{\omega},\bar{\omega}_j=1-\omega_j$ 的 μ 产生。

证明 因为$\langle T^*(E-I)Tx,T^*Ey\rangle=\langle ETT^*(E-I)Tx,y\rangle$ 和 y 平均为 0,所以当平均到 y 上时,展开式中混合项

$$\| T^*(E-I)Tx+T^*Ey \|^2=$$

$$\| T^*(E-I)Tx \|^2+2\mathrm{Re}[\langle T^*(E-I)Tx,T^*Ey\rangle]+\| T^*Ey \|^2$$

没有贡献。因此,对于均方误差,擦除和噪声是加性的。平均噪声项有

$$\int_{\sigma S} \| T^*Ey \|^2 \mathrm{d}v(y)=\frac{\sigma^2}{M}\mathrm{tr}[ETT^*E]$$

当由 E 给出的擦除补充发生时,误差表达式成立。

2. 主观误差修正

如果主观误差修正用于补偿在加性噪声面前的擦除,那么 Moore－Penrose 伪逆算子范数决定了影响框架系数的误差对盲重建贡献的大小。在所有单位范数输入向量、擦除集合和所考虑的加性噪声中重建最差情况下误差,是函数 $(x,\omega,y)\mapsto\| W(\omega)E(\omega)(Tx+y)-x \|$ 的必要上确界,其中 $W(\omega)$ 是 $E(\omega)T$ 的 Moore－Penrose 伪逆。如前面一样,假设加性误差是均匀分布在一个 $\ell^2(\{1,2,\cdots,M\})$ 中半径 $\sigma>0$ 的球体上。这种情况下,预先引入量 $a_\infty(\Phi,\mu)$ 来决定其性能。

命题 7.4 令 Φ 是一个(M,N) 框架,μ 如前面所设。如果在没有噪声的情况下,Ω 里每个擦除都是可校正的,加性噪声均匀分布在一个 $\ell^2(\{1,2,\cdots,M\})$ 中半径 $\sigma>0$ 的球体上,那么对误差修正来说,最差情况下重建误差由

$$\max_{\| y \|=\sigma,\| x \|=1,\omega\in\Omega}\| W(\omega)E(\omega)(Tx+y)-x \|=\sigma a_\infty(\Phi,v\times\mu)$$

给出,其中 a_∞ 是定义 7.3 中误差修正的测度,v 是在 $\ell^2(\{1,2,\cdots,M\})$ 里单位

球体 S 的均匀测度。

证明　如果任给一个 $\omega \in \Omega$，擦除都可以修正，那么 $W(\omega)E(\omega)T = I$。这意味着最差情况下误差表达式为

$$\max_{\|y\|=\sigma,\omega\in\Omega} \| W(\omega)E(\omega)y \| = \sigma a_{\infty}(\Phi, v\times\mu)$$

最后一步中，应用了同质性范数，算子范数被 L^{∞} 范数替代，L^{∞} 范数出现在 a_{∞} 的定义里。

7.3　压缩编码的融合框架

如前面章节所讨论的，一个有限框架可以解释为模拟信号的分组码。代替比特模块(或某长度字符串)，分析算子转换一个向量 x 为 M 框架系数序列 $\{\langle x, \varphi_j\rangle\}_{j=1}^{M}$，$x$ 以其给定的一组 N 个标准正交基的展开为特征。类似地，融合框架分析算子由线性映射集 $\{T_j\}_{j=1}^{M}$ 给出，其转换一个 $x \in H$ 向量为其在包含每个 T_j 范围的空间 K_j 的直接和的对应像 $\bigoplus_j T_j x \in \bigoplus_j K_j$。将每个向量 $T_j x \in K_j$ 称为 x 的组成部分。

当每个 T_j 的秩是 1 时，框架可以理解为一种特殊情况下的融合框架。因此，许多框架有类似融合框架的情况。在有限维中，存在一个框架或一个融合框架的条件分别是 $\{\varphi_j\}_{j=1}^{M}$ 的生成特性和 $\{\mathrm{ran}T_j^*\}_{j=1}^{M}$ 的范围。这意味着框架向量的数量 $M \geqslant N$，秩 $\sum_{j=1}^{M}\mathrm{rank}(T_j) \geqslant N$。在两种情况下，与分析算子结合的冗余可以被用于补偿在传输期间或存储时可能损坏框架系数或部分的误差。这是设计编码框架或编码融合框架的目标。理想设计的目的一般是运用冗余量来抑制最大的误差影响。

已经了解了对欧几里得重建误差的峰值估计和相应的确定和随机信号的理想设计。确定的最差情况下的方案由丢失部分和更高数量损耗来检测。同样在随机输入向量的均方误差发生的概率处理方面讨论其平均性能。

定义 7.7　令 $\mathscr{H}$ 为一个实或复希尔伯特空间，设 $\{T_j\}_{j=1}^{M}$ 为一个线性映射 $T_j: \mathscr{H} \to \mathscr{K}$ 到希尔伯特空间的有限集。如果满足恒等式

$$\sum_{j=1}^{M} T_j^* T_j = I$$

就说 $\{T_j\}_{j=1}^{M}$ 是一个 $\mathscr{H}$ 上坐标算子集合。同样说集合 $\{T_j\}_{j=1}^{M}$ 形成一个 Parseval 融合框架，尽管根据通常定义，这仅仅是当每个 T_j 都是部分等距的多倍情况。

知道分析算子 T，存在其伴随矩阵 T^* 作为其左逆矩阵，T 是由 $\{T_j\}_{j=1}^{M}$ 作

为等距矩阵的行组成的。

$$T:\mathscr{H}\to\bigoplus_{j\in J}\mathscr{K},\quad (Tx)_j=T_jx$$

以后通常缩写为 $\bigoplus_{j=1}^{M}\mathscr{K}=\mathscr{K}^M$。

定义 7.8 称一个 Parseval 融合框架的坐标算子集合 $\{T_j\}_{j\in J}$ 为等范数，存在一个常量 $c>0$ 使得对任给的 $j\in J$ 算子范数 $\|T_j\|=c$。

定义 7.9 令 $\mathscr{V}(M,L,N)$ 表示所有由最高秩 $L\in\mathbf{N}$ 的 $M\in\mathbf{N}$ 坐标算子 $T_j:\mathscr{H}\to\mathscr{K}$ 组成的所有 $\{T_j\}_{j=1}^{M}$ 的集合，其提供 N 维实或复希尔伯特空间 $\mathscr{H}$，$N\in\mathbf{N}$ 的单位分辨率。称集合 $\{T_j\}\in\mathscr{V}(M,L,N)$ 的分析算子 T 为一个 (M,L,N) 协议。

ML/N 比称为编码冗余比。

和框架情况一样，在所有可能的 Parseval 融合框架分析算子 T 的左逆矩阵中，T^* 是唯一的同时最小化算子范数和 Hilbert－Schmidt 范数的左逆阵。

7.3.1 数据包擦除和性能测试

考虑的问题是在传输过程中由于一些传输误差，一些数据包 (T_jx) 丢失，或者其内容变得无法获得。

定义 7.10 令 $K\subset J=\{1,2,\cdots,M\}$ 是一个大小为 $|K|=m\in\mathbf{N}$ 的子集。数据包擦除矩阵 $\bigoplus_{j\in J}\mathscr{K}$ 上的 E_K 由下式给出

$$E_K:\bigoplus_{j=1}^{M}\mathscr{K}\to\bigoplus_{j=1}^{M}\mathscr{K},\quad (E_Ky)_j=\begin{cases}y_j, & j\notin K\\ 0, & j\in K\end{cases}$$

在文献[29]中的术语中，算子 E_K 可以认为擦除坐标 $(T_jx)_{j\in K}$。本节的主要目的是描述什么时候误差算子范数在某种意义上对给定数量丢失数据包是最小的，而不依赖于哪个数据包丢失。当然，有许多方式可以定义这种设定下的最优性。这里，仅研究两种可能的方式：最差情况下的误差最优性和平均输入均方误差最优性。关于第二性能测试最优化等价于找到一个可以通过维纳滤波器给出最优统计恢复的框架。

定义 7.11 令 $T:\mathscr{H}\to\bigoplus_{j\in J}\mathscr{K}$ 是一个 (M,L,N) 协议，设 $\mu=\sigma\times\rho$ 是和输入及数据包擦除有关的概率测度。选择 σ 为在球体 $\mathscr{H}$ 上的均匀概率测度，ρ 为 Ω 中子集 Γ 上的概率测度。定义重建误差为

$$e_{p,\infty}(T,\mu)=\left(\max_{\omega\in\Gamma}\int_S\|T^*(I-E(\omega))Tx\|^p\mathrm{d}\sigma(x)\right)^{1/p}$$

主要关注最差情况下误差 $e_{\infty,\infty}(T,\mu)$ 和最差情况下平均输入均方误差 $e_{2,\infty}(\Phi,\mu)^2$。

可以通过以矩阵范数代替输入向量平均值，来简化两种类型误差测量表

达式。由于无穷范数的性质，$e_{p,\infty}(T,\sigma\times\rho)$ 对测度 ρ 的依赖性仅仅通过其支撑 $\Gamma\subset\Omega$。

命题 7.5　令 $T:\mathscr{H}\to\bigoplus_{j\in J}\mathscr{K}$ 是一个 (M,L,N) 协议。如果 $\mu=\sigma\times\rho$，其中 σ 是在希尔伯特空间 $\mathscr{H}$ 中球体的均匀概率测度，ρ 为支持 $\Gamma\subset\Omega$ 的概率测度，那么

$$e_{\infty,\infty}(T,\mu)=\max\{\|(I-E(\omega))TT^*(I-E(\omega))\|:\omega\in\Gamma\}$$

和

$$e_{2,\infty}(T,\mu)=\max_{\omega\in\Gamma}\operatorname{tr}[(I-E(\omega))TT^*(I-E(\omega))^2]/N$$

证明　对于一个固定擦除和相应的矩阵 E，由于矩阵 $T^*(I-E)T$ 的正定性，最大特征值的特征向量 $x\in S$ 给出了算子范数。这样依次，等式 $\|T^*(I-E)T\|=\|(I-E)TT^*(I-E)\|$。

对所有标准输入向量的重建误差平方进行平均得到

$$\int_S\|T^*(I-E)Tx\|^2\mathrm{d}\sigma(x)=\operatorname{tr}[(\mathrm{T}^*(I-E)T)^2]/N=$$

$$\operatorname{tr}[((I-E)TT^*(I-E))^2]/N$$

其中用到的 $I-E$ 是一个正交投影矩阵。

对于一个固定擦除，平均输入均方误差因此与 $[TT^*]_K=(T_iT_j^*)_{i,j\in K}$ 的 Frobenius 范数平方成比例，Gram 矩阵的子矩阵由删除数据包行和列的下标组成。

7.3.2　层次误差模型的最优性

类似框架情况，用 μ_m 表示在 $S\times\Gamma_m$ 上的均匀概率测度的积，其中 S 是 $\mathscr{H}$ 中的单位球，Γ_m 是 $\{\omega\in\{0,1\}^M:\sum_{j=1}^{M}\omega_j=m\}$ 的子集。当所有 (M,L,N) 组成的集合 $\mathscr{V}(M,L,N)$ 是紧凑集时，值

$$e_{p,\infty}^{(1)}(M,L,N)=\inf\{e_{p,\infty}(T,\mu_1):T\in\mathscr{V}(M,L,N)\}$$

是可得到的，定义 1 擦除理想集合为非空紧集 $\mathscr{V}_P^{(1)}(M,L,N)$，其下确界可得到。

$$\mathscr{V}_P^{(1)}(M,L,N)=\{T\in\mathscr{V}(M,L,N):\{e_{p,\infty}(T,\mu_1)=e_{p,\infty}^{(1)}(M,L,N)\}$$

进行归纳，设 $2\leqslant m\leqslant M$

$$e_{p,\infty}^{(m)}(M,L,N)=\min\{e_{p,\infty}(T,\mu_m):T\in\mathscr{V}_p^{(m-1)}(M,L,N)\}$$

定义理想 m 擦除协议为 $\mathscr{V}_p^{(m-1)}(M,L,N)$ 的非空紧子集 $\mathscr{V}_p^{(m)}(M,L,N)$，可获得其最小值。

1. 最差情况分析

接下来，讨论在文献[5]中提到的发生一个数据包丢失最差情况的最优性。证明由框架情况的直接展开完成。

命题 7.6　如果坐标算子$\{T_j:\mathcal{H}\to\mathcal{K}\}$属于在希尔伯特空间$\mathcal{H}$中的一个$(M,L,N)$协议，那么

$$\max_j \| T_j^* T_j \| \geqslant \frac{N}{ML}$$

当且仅当对任给$j\in\{1,2,\cdots,m\}$有$T_j^* T_j=\dfrac{N}{ML}P_j$时，等号成立，其中$P_j$是一个秩为$L$的自伴投影算子。

证明　比较$T_j^* T_j$的算子范数和其迹得出

$$\max_j \| T_j^* T_j \| \geqslant \frac{1}{ML}\sum_{j=1}^{m}\mathrm{tr}[T_j^* T_j]=\frac{N}{ML}$$

如果等号成立，那么对于每一个j，$L\| T_j^* T_j \| =\mathrm{tr}[T_j^* T_j]$，这样每一个$T_j^* T_j$秩都为$L$，同时仅有一个非零特征值，除以这个非零特征值得出自伴投影矩阵$P_j=MLT_j^* T_j/N$。

推论 7.3　令$T:\mathcal{H}\to\bigoplus_{j=1}^{M}\mathcal{K}$为一个$(M,L,N)$协议，$M,L,N\in\mathbf{N}$。那么

$$e_{\infty,\infty}^{(1)}(T,\mu_1)\geqslant\frac{N}{ML}$$

当且仅当坐标算子$\{T_j:\mathcal{H}\to\mathcal{K}\}_{j=1}^{M}$对于任给$j\in\{1,2,\cdots,M\}$，满足

$$T_j^* T_j=\frac{N}{ML}P_j$$

且在$\mathcal{H}$上自伴投影$\{P_j\}_{j=1}^{M}$的秩为L时，等号成立。

证明　如果最大算子范数达到下边界$\max_j\| T_j^* T_j \| =N/(ML)$，那么前述命题表明$\{T_j\}_{j=1}^{M}$提供一个等范数$(M,L,N)$协议。

最优性描述结论如下：如果存在m均匀加权秩L投影矩阵决定在希尔伯特空间$\mathcal{H}$上N维的恒等式，那么等范数(M,L,N)协议就刚好为1擦除的最优协议。协议还被认为是子空间的Parseval框架或Parseval融合框架。

现在转到丢失两个数据包情况。缩写

$$c_{M,L,N}=\sqrt{\frac{N(ML-N)}{M^2L^2(M-1)}}$$

Welch提出的一种边界形式给出了最优性描述。

引理 7.4　如果$\{T_j\}_{j=1}^{M}$，$M\geqslant 2$是希尔伯特空间$\mathcal{H}$上一个N维的特性射影分解均匀加权秩L的坐标算子恒等式，那么

$$\max_{i \neq j} \| T_i T_j^* \| \geqslant c_{M,L,N}$$

当且仅当对任给 $i \neq j$, $T_i T_j^* = c_{M,L,N} Q_{i,j}$ 时等号成立,其中 $Q_{i,j}$ 是 $\mathcal{K}$ 上的一个酉矩阵。

对 $(I-E)TT^*(I-E)$ 的谱估计的一个分块矩阵版本给出了对最差情况下两个数据包的擦除误差。

定理 7.6　令 $M,L,N \in \mathbf{N}$,如果 $T:\mathcal{H} \to \bigoplus_{j=1}^{M} \mathcal{K}$ 是一个单位均匀 (M,L,N) 协议,那么如果 $M \geqslant 2$,有

$$e_2(T) \geqslant \frac{N}{ML} + c_{M,L,N}$$

当且仅当对每一对 $i,j \in \{1,2,\cdots,M\}$, $i \neq j$,都有 $T_i T_j^* = c_{M,L,N} Q_{i,j}$ 时等号成立,其中 $\{Q_{i,j}\}_{i \neq j}$ 是 $\mathcal{K}$ 上的一个酉矩阵。

上边界范围情况描述了一个可以用几何术语描述性质的协议的集合。

定义 7.12　称一个线性映射 $T:\mathcal{H} \to \bigoplus_{j=1}^{m} \mathcal{K}$ 为等倾 (M,L,N) 协议,其指出 T 的坐标算子是均匀一致的,此外存在常量 $c>0$ 使对任给两数据包擦除算子 E 都有 $\| T^*(I-E)T \| = c$。

对于 $i \neq j$, $T_i T_j^* = c_{M,L,N} Q_{i,j}$,其 $Q_{i,j}$ 是 $\mathcal{K}$ 上的一个酉矩阵。这个结论意味着任给一个 $x \in \mathcal{K}$ 都有 $\| T_i T_j^* x \| = c_{M,L,N} \| x \|$。但是, T_i^* 和 T_j^* 是等距的,所有对任意在 T_j^* 范围内 $y \in \mathcal{H}$,有 $\| T_i^* T_i y \| = c_{M,L,N} \| y \|$。这意味着,任给 $i \neq j$,将 P_i 范围内任意向量投影到 P_j 范围内可以通过标量倍数 $c_{M,L,N}$ 改变长度。这样子集集合称为等倾的,前面已命名对应的协议。

定义 7.13　给定一个等倾 (M,L,N) 协议 $T:\mathcal{H} \to \bigoplus_{j=1}^{m} \mathcal{K}$,那么 $TT^* = aI + c_{M,L,N} Q$ 是在 $\bigoplus_j \mathcal{K}$ 上的一个投影,这里 $a = N/(ML)$, $c_{M,L,N}$ 是在引理 7.4 中的下边界, $Q = (Q_{i,j})_{i,j=1}^{m}$ 是一个自伴随矩阵,它包含在 $\mathcal{K}$ 上任给 $i \in \{1,2,\cdots,m\}$ 都有 $Q_{i,i} = 0$ 的零算子和在 $\mathcal{K}$ 上下标 $i \neq j$ 的非对角线元素的酉矩阵 $Q_{i,j}$。称算子 Q 的自伴随矩阵为 T 的特征矩阵。

由于 TT^* 有两个特征值,特征矩阵也一样。通过实际上减少等倾 (M,L,N) 协议的构建来生成满足二次方程的矩阵 Q。

Lemmens 和 Seidel 将描述构建来获得实等倾子空间例子和因此给出的实特征矩阵例子。Godsil 和 Hensel 则展示了如何从完备图的规则距离反向覆盖中获得这样的子空间。找出实希尔伯特空间等价类别等倾协议的图论特征是一个开放性问题,甚至很少了解通用构造和类似在复情况下双均匀协议图论特征。

接下来,对于给定维数 M,L 和 $N \in \mathbf{N}$,在双均匀协议中丢失三个数据包条件下,想要最小化最差情况的欧几里得重建误差。

对于任意三元素下标指数 $K=\{h,i,j\}\subset J=\{1,2,\cdots,m\}$ 的子集,表示 $M\times M$(模块) 矩阵 A 到相应行和列的压缩为

$$[A]_K=\begin{pmatrix}A_{h,h} & A_{h,i} & A_{h,j}\\ A_{i,h} & A_{i,i} & A_{i,j}\\ A_{j,h} & A_{j,i} & A_{j,j}\end{pmatrix}$$

下面的定理给出一个在所有双均匀(M,L,N) 协议中 e_3 的一个下边界。如果 $\mathscr{H}$是一个实希尔伯特空间,$\mathscr{K}=\mathbf{R}$,那么它可以缩减为一个已知陈述[7,章节 5.2]。

定理 7.7 令 $M,L,N\in\mathbf{N},M\geqslant 3,N\leqslant ML$。令 $T:\mathscr{H}\to\bigoplus_{j=1}^{M}\mathscr{K}$是一个双均匀$(M,L,N)$ 协议。那么

$$e_3(T)\geqslant\frac{N}{ML}+2c_{M,L,N}\cos(\theta/3)$$

其中 $\theta\in[-\pi,\pi]$ 遵循下式

$$\cos\theta=\frac{ML-2N}{ML(M-2)c_{M,L,N}}$$

当 $N<ML$,协议 T 达到e_3 下边界,当且仅当 T 的特征矩阵Q 满足对任给$\{h,i,j\}\subset\{1,2,\cdots,m\}$ 时,$Q_{h,i}Q_{i,j}Q_{j,h}+Q_{h,j}Q_{j,i}Q_{i,h}$ 的最大特征值是 $2\cos(\theta)$。

2. 对高丢包数量等倾协议的可修正性

如果在所有$\{Q_{h,i}Q_{i,j}Q_{j,h}+Q_{h,j}Q_{j,i}Q_{i,h},h\neq i\neq j\neq h\}$ 中的最大特征值是 2,对于等倾(M,L,N) 协议特征矩阵,那么这个协议最大化了对于 $m=3$ 丢包的重建误差最差情况范数。描绘更高 m 值情况的类似特性。

如果 $\mathscr{H}$是一个实希尔伯特空间且 $\mathscr{K}=\mathbf{R}$,那么“酉矩阵”$Q_{i,j}$ 是标量 ±1,协变矢量相当于将 $\mathscr{K}$分割为两个子集,如此使 $Q_{i,j}=-1$,无论何时 i 和 j 都属于不同子集。这点在图论术语中重申,这是在这个特殊情况下误差边界衍生的基础。这里,描述压缩编码的一个类似结果。

定理 7.8 令 $M,L,N,m\in\mathbf{N}$。如果 T 是一个特征矩阵为 Q 的双均匀(M,L,N) 协议,那么

$$e^{(m)}(M,L,N)\leqslant\frac{N}{ML}+(m-1)c_{M,L,N}$$

用这个定理来获得丢包可修正性的充分条件。如果上边界严格地低于 1,那么任意 m 丢包内容都可以被恢复。

推论 7.4 如果 T 是一个双均匀(M,L,N) 协议,$N\leqslant ML$,那么如果 $1\leqslant m<1+\sqrt{\frac{(M-1)(ML-N)}{N}}$ 成立,任意 m 丢包算子是可修正的。

3. 平均输入均方误差的最优性

当改变对平均输入均方误差性能测量，最优性的特性描述会轻微改变。这个测量和 Kutyniok 等人讨论的维纳滤波的线性重建均方误差不同，但是最优解是完全相同的。

命题 7.7　如果坐标算子 $\{T_j:\mathscr{H}\to\mathscr{K}\}$ 属于一个希尔伯特空间 $\mathscr{H}$ 上的 (M,L,N) 协议，那么

$$\max_j \operatorname{tr}[(T_j^* T_j)^2] \geqslant \frac{N^2}{M^2 L}$$

当且仅当对任给 $j\in\{1,2,\cdots,m\}$ 有 $T_j^* T_j=\dfrac{N}{ML}P_j$ 时，等号成立，其中 P_j 是一个自伴秩 L 的投影算子。

证明　Frobenius 范数的最大平方值大于平均值。

$$\max_j \operatorname{tr}[(T_j^* T_j)^2] \geqslant \frac{1}{M}\sum_{j=1}^{M}\operatorname{tr}[(T_j^* T_j)^2]$$

依据其特征值，这仅仅是一个 ℓ^2 范数的平方。但是，ℓ^1 范数是固定的，$\sum_j \operatorname{tr}[T_j^* T_j]=N$，那么当所有特征值等于 $N/(ML)$ 时可获得最小值。这样给出 $\operatorname{tr}[(T_j^* T_j)^2]=L(N/(ML))^2$ 和 $\max_j\operatorname{tr}[(T_j^* T_j)^2]\geqslant N^2/(M^2L)$。如果等式成立，那么每个 $T_j^* T_j$ 都是秩为 L 且仅有一个非零特征值的矩阵。通过这个特征值划分给出自伴投影 $P_j=MLT_j^* T_j/N$。

推论 7.5　令 $M,L,N\in\mathbf{N}$，$T:\mathscr{H}\to\bigoplus_{j=1}^{M}\mathscr{K}$ 是一个 (M,L,N) 协议，那么有

$$e_{2,\infty}^{(1)}(T,\mu_1)\geqslant\frac{N}{M^2L}$$

当且仅当坐标算子 $\{T_j:\mathscr{H}\to\mathscr{K}\}_{j=1}^{M}$ 满足对任给 $j\in\{1,2,\cdots,M\}$ 都有

$$T_j^* T_j=\frac{N}{ML}P_j$$

时等号成立，其中 $\{P_j\}_{j=1}^{M}$ 是在 $\mathscr{H}$ 上的秩为 L 的自伴投影阵集合。

证明　证明依据在分块矩阵 $(T_iT_j^*)_{i,j=1}^{M}$ 的所有对角线元素中弗罗贝尼乌斯范数的平方，直接从 $e_{2,\infty}^{(1)}$ 表达式中得出。

如果弗罗贝尼乌斯范数达到下边界，那么同以前一样有 $\max_j\|T_j^* T_j\|=N/(ML)$，前面所述命题表明 $\{T_j\}_{j=1}^{M}$ 得到一个等范数 (M,L,N) 协议。

总结一下，如果等范数融合框架存在，那么它们的分析算子对于最差情况和平均输入误差都是理想协议。

均方误差的 2 擦除最优性本质上不同于最差情况分析。

命题 7.8　令 T 是一个等范数 (M,L,N) 协议的分析算子，那么

$$e_{2,\infty}^{(2)}(T,\mu_2) \geqslant 2\frac{N}{M^2L} + 2\frac{ML-N}{M^2(M-1)L}$$

证明 所有迹的和为

$$\sum_{i,j=1}^{M} \mathrm{tr}[T_iT_j^*T_jT_i^*] = N$$

减去对角线元素得

$$\sum_{i\neq j} \mathrm{tr}[T_iT_j^*T_jT_i^*] = N - \frac{N^2}{ML} = \frac{NML-N^2}{ML}$$

$M(M-1)$ 中最大值不可能小于平均值,所以有

$$\max_{i\neq j} \mathrm{tr}[(T_iT_j^*)^2] \geqslant \frac{NML-N^2}{M^2(M-1)L}$$

现在加上两对角线分块阵和在 $e_{2,\infty}^{(2)}$ 表达式中两非对角线分块阵的贡献,给出所需要的估计。

推论 7.6 在前述命题中,当且仅当存在一个常量 $c>0$ 使对任意对 $i\neq j$ 都有

$$\mathrm{tr}[T_i^*T_iT_j^*T_j] = c$$

时,一个等范数(M,L,N) 协议达到下边界。

上式可以解释为 $T_i^*T_i$ 和 $T_j^*T_j$ 的希尔伯特—施密特内积,定义为这两个算子的距离,也即它们范围的距离。那么这个恒等式意味着所有子集对都有一个相等距离。出于这个原因,联合融合框架也被称为等距离融合框架。

感谢 特别感谢 Gitta Kutyniok 和 Pete Casazza 在准备本章过程中的帮助性评论。此处提出的研究一部分得到了 NSF grant DMS－1109545 和 AFOSR grant FA9550－11－1－0245 大力支持。

本章参考文献

[1] Baraniuk, R., Davenport, M., DeVore, R., Wakin, M.: A simple proof of the restricted isometry property for random matrices. Constr. Approx. 28(3), 253-263 (2008). doi:10.1007/s00365-007-9003-x.

[2] Benedetto, J., Yilmaz, O., Powell, A.: Sigma-delta quantization and finite frames. In: IEEE International Conference on Acoustics, Speech, and Signal Processing, 2004. Proceedings. (ICASSP'04), vol. 3, pp. iii, 937-940 (2004). doi:10.1109/ICASSP.2004.1326700.

[3] Benedetto, J. J., Powell, A. M., Yılmaz, Ö.: Second-order sigma-del-

ta (ΣΔ) quantization of finite frame expansions. Appl. Comput. Harmon. Anal. 20(1), 126-148 (2006). doi:10.1016/j.acha.2005.04.003.

[4] Benedetto, J. J., Powell, A. M., Yılmaz, Ö.: Sigma-delta (ΣΔ) quantization and finite frames. IEEE Trans. Inf. Theory 52(5), 1990-2005 (2006). doi:10.1109/TIT.2006.872849.

[5] Bodmann, B. G.: Optimal linear transmission by loss-insensitive packet encoding. Appl. Comput. Harmon. Anal. 22(3), 274-285 (2007). doi:10.1016/j.acha.2006.07.003.

[6] Bodmann, B. G., Elwood, H. J.: Complex equiangular Parseval frames and Seidel matrices containing pth roots of unity. Proc. Am. Math. Soc. 138(12), 4387-4404 (2010). doi:10.1090/S0002-9939-2010-10435-5.

[7] Bodmann, B. G., Paulsen, V. I.: Frames, graphs and erasures. Linear Algebra Appl. 404, 118-146 (2005). doi:10.1016/j.laa.2005.02.016.

[8] Bodmann, B. G., Paulsen, V. I.: Frame paths and error bounds for sigma-delta quantization. Appl. Comput. Harmon. Anal. 22(2), 176-197 (2007). doi:10.1016/j.acha.2006.05.010.

[9] Bodmann, B. G., Paulsen, V. I., Abdulbaki, S. A.: Smooth frame-path termination for higher order sigma-delta quantization. J. Fourier Anal. Appl. 13(3), 285-307 (2007). doi:10.1007/s00041-006-6032-y.

[10] Bodmann, B. G., Paulsen, V. I., Tomforde, M.: Equiangular tight frames from complex Seidel matrices containing cube roots of unity. Linear Algebra Appl. 430(1), 396-417 (2009). doi:10.1016/j.laa.2008.08.002.

[11] Bodmann, B. G., Singh, P. K.: Burst erasures and the mean-square error for cyclic Parseval frames. IEEE Trans. Inf. Theory 57(7), 4622-4635 (2011). doi:10.1109/TIT.2011.2146150.

[12] Bölcskei, H., Hlawatsch, F.: Noise reduction in oversampled filter banks using predictive quantization. IEEE Trans. Inf. Theory 47(1), 155-172 (2001). doi:10.1109/18.904519.

[13] Bourgain, J., Dilworth, S., Ford, K., Konyagin, S., Kutzarova, D.: Explicit constructions of rip matrices and related problems. Duke Math. J. 159(1), 145-185 (2011). doi:10.1215/00127094-1384809.

[14] Candes, E., Rudelson, M., Tao, T., Vershynin, R.: Error correc-

tion via linear programming. In: 46th Annual IEEE Symposium on Foundations of Computer Science. FOCS 2005, pp. 668-681 (2005). doi:10.1109/SFCS.2005.5464411.

[15] Candès, E. J., Romberg, J. K., Tao, T.: Stable signal recovery from incomplete and inaccurate measurements. Commun. Pure Appl. Math. 59(8), 1207-1223 (2006). doi:10.1002/cpa.20124.

[16] Candes, E. J., Tao, T.: Near-optimal signal recovery from random projections: universal encoding strategies? IEEE Trans. Inf. Theory 52(12), 5406-5425 (2006). doi:10.1109/ TIT.2006.885507.

[17] Casazza, P. G., Kovačević, J.: Equal-norm tight frames with erasures. Adv. Comput. Math. 18(2-4), 387-430 (2003). Frames. doi:10.1023/A:1021349819855.

[18] Casazza, P. G., Kutyniok, G.: Frames of subspaces. In: Wavelets, Frames and Operator Theory. Contemp. Math., vol. 345, pp. 87-113. Am. Math. Soc., Providence (2004).

[19] Casazza, P. G., Kutyniok, G.: Robustness of fusion frames under erasures of subspaces and of local frame vectors. In: Radon Transforms, Geometry, and Wavelets. Contemp. Math., vol. 464, pp. 149-160. Am. Math. Soc., Providence (2008).

[20] Casazza, P. G., Kutyniok, G., Li, S.: Fusion frames and distributed processing. Appl. Comput. Harmon. Anal. 25(1), 114-132 (2008). doi:10.1016/j.acha.2007.10.001.

[21] Dasgupta, S., Gupta, A.: An elementary proof of a theorem of Johnson and Lindenstrauss. Random Struct. Algorithms 22(1), 60-65 (2003). doi:10.1002/rsa.10073.

[22] Donoho, D. L., Huo, X.: Uncertainty principles and ideal atomic decomposition. IEEE Trans. Inf. Theory 47(7), 2845-2862 (2001). doi:10.1109/18.959265.

[23] Donoho, D. L., Stark, P. B.: Uncertainty principles and signal recovery. SIAM J. Appl. Math. 49(3), 906-931 (1989). doi:10.1137/0149053.

[24] Et-Taoui, B.: Equi-isoclinic planes of Euclidean spaces. Indag. Math. (N.S.) 17(2), 205-219 (2006). doi:10.1016/S0019-3577(06)80016-9.

[25] Et-Taoui, B.: Equi-isoclinic planes in Euclidean even dimensional spaces. Adv. Geom. 7(3), 379-384 (2007). doi: 10.1515/ADVGEOM.2007.023.

[26] Et-Taoui, B., Fruchard, A.: Sous-espaces équi-isoclins de l'espace euclidien. Adv. Geom. 9(4), 471-515 (2009). doi: 10.1515/ADVGEOM.2009.029.

[27] Godsil, C. D., Hensel, A. D.: Distance regular covers of the complete graph. J. Comb. Theory, Ser. B 56(2), 205-238 (1992). doi: 10.1016/0095-8956(92)90019-T.

[28] Goyal, V. K., Kelner, J. A., Kovačević, J.: Multiple description vector quantization with a coarse lattice. IEEE Trans. Inf. Theory 48(3), 781-788 (2002). doi: 10.1109/18.986048.

[29] Goyal, V. K., Kovačević, J., Kelner, J. A.: Quantized frame expansions with erasures. Appl. Comput. Harmon. Anal. 10(3), 203-233 (2001). doi: 10.1006/acha.2000.0340.

[30] Goyal, V. K., Vetterli, M., Thao, N. T.: Quantized overcomplete expansions in $\mathbf{R}^N$: analysis, synthesis, and algorithms. IEEE Trans. Inf. Theory 44(1), 16-31 (1998). doi: 10.1109/18.650985.

[31] Hoffman, T. R., Solazzo, J. P.: Complex equiangular tight frames and erasures, preprint, available at arxiv: 1107.2267.

[32] Holmes, R. B., Paulsen, V. I.: Optimal frames for erasures. Linear Algebra Appl. 377, 31-51 (2004). doi: 10.1016/j.laa.2003.07.012.

[33] Kalra, D.: Complex equiangular cyclic frames and erasures. Linear Algebra Appl. 419(2-3), 373-399 (2006). doi: 10.1016/j.laa.2006.05.008.

[34] Kovačević, J., Dragotti, P. L., Goyal, V. K.: Filter bank frame expansions with erasures. IEEE Trans. Inf. Theory 48(6), 1439-1450 (2002). Special issue on Shannon theory: perspective, trends, and applications. doi: 10.1109/TIT.2002.1003832.

[35] Kutyniok, G., Pezeshki, A., Calderbank, R., Liu, T.: Robust dimension reduction, fusion frames, and Grassmannian packings. Appl. Comput. Harmon. Anal. 26(1), 64-76 (2009). doi: 10.1016/j.acha.2008.03.001.

[36] Lemmens, P. W. H., Seidel, J. J.: Equi-isoclinic subspaces of Euclide-

an spaces. Nederl. Akad. Wetensch. Proc. Ser. A 76=Indag. Math. 35, 98-107 (1973).

[37] Lopez, J., Han, D.: Optimal dual frames for erasures. Linear Algebra Appl. 432(1), 471-482 (2010). doi:10.1016/j.laa.2009.08.031.

[38] Marshall, T. G. Jr.: Coding of real-number sequences for error correction: a digital signal processing problem. IEEE J. Sel. Areas Commun. 2(2), 381-392 (1984). doi:10.1109/JSAC.1984.1146063.

[39] Marshall, T.: Fourier transform convolutional error-correcting codes. In: Twenty-Third Asilomar Conference on Signals, Systems and Computers, vol. 2, pp. 658-662 (1989). doi:10.1109/ACSSC.1989.1200980.

[40] Massey, P. G.: Optimal reconstruction systems for erasures and for the q-potential. Linear Algebra Appl. 431(8), 1302-1316 (2009). doi:10.1016/j.laa.2009.05.001.

[41] Püschel, M., Kovačević, J.: Real, tight frames with maximal robustness to erasures. In: Data Compression Conference. Proceedings. DCC 2005, pp. 63-72 (2005). doi:10.1109/DCC.2005.77.

[42] Shannon, C. E.: A mathematical theory of communication. Bell Syst. Tech. J. 27, 379-423 (1948). 623-656.

[43] Shannon, C. E.: Communication in the presence of noise. Proc. I. R. E. 37, 10-21 (1949).

[44] Shannon, C. E., Weaver, W.: The Mathematical Theory of Communication. The University of Illinois Press, Urbana (1949).

[45] Strohmer, T., Heath, R. W. Jr.: Grassmannian frames with applications to coding and communication. Appl. Comput. Harmon. Anal. 14(3), 257-275 (2003). doi:10.1016/S1063-5203(03)00023-X.

[46] Tropp, J. A., Dhillon, I. S., Heath, R. W. Jr., Strohmer, T.: Designing structured tight frames via an alternating projection method. IEEE Trans. Inf. Theory 51(1), 188-209 (2005). doi:10.1109/TIT.2004.839492.

[47] Vershynin, R.: Frame expansions with erasures: an approach through the non-commutative operator theory. Appl. Comput. Harmon. Anal. 18(2), 167-176 (2005). doi:10.1016/j.acha.2004.12.001.

[48] Welch, L.: Lower bounds on the maximum cross correlation of signals

(corresp.). IEEE Trans. Inf. Theory 20(3), 397-399 (1974). doi:10.1109/TIT.1974.1055219.

[49] Xia, P., Zhou, S., Giannakis, G.: Achieving the Welch bound with difference sets. IEEE Trans. Inf. Theory 51(5), 1900-1907 (2005). doi:10.1109/TIT.2005.846411.

第 8 章　量化和有限框架

摘要　框架是在多种理论和实际应用环境下提供稳定和鲁棒信号表示法的工具。框架理论依照其框架系数相关的采集，用框架矢量集合去离散地描绘信号。对偶框架和框架扩展允许从信号框架系数中重构该信号——冗余的运用或过完备框架确保这个过程相对噪声和其他形式的数据丢失是鲁棒的。尽管框架扩展提供了离散信号分解，但框架系数通常具有连续的值的范围，同时也必须经历一个有损耗的步骤去离散化其幅度使它们能进行数字处理和储存。这个模数转换步骤被称为量化。本章将给出一个有限框架的重要实例的量化测量，特别注重 Sigma－Delta(ΣΔ) 类算法和非标准对偶框架重构任务。

关键词　数字信号表示；非标准对偶框架；量化；Sigma－Delta(ΣΔ) 量化；Sobolev 对偶

8.1　引　言

数据表示在现代信号处理应用中是十分重要的。在其他方面，需要寻求一种数值稳定的，相对于噪声和数据丢失是鲁棒的，容易计算处理的，对特定应用问题适应性好的数据表示。于是框架理论作为迎合这些需求的重要工具出现了。框架运用冗余或过度完整性来提供鲁棒性和设计的灵活性，框架扩展线性度则使其能简单运用到实际中。

由框架扩展给出的线性表示法是框架理论的基石。如果$(\varphi_i)_{i=1}^M \subset \mathbf{R}^N$ 是 $\mathbf{R}^N$ 的一个框架，且$(\psi_i)_{i=1}^M \subset \mathbf{R}^N$ 是任意关联对偶框架，那么下面框架扩展成立：

$$\forall x \in \mathbf{R}^N, \quad x = \sum_{i=1}^{M} \langle x, \varphi_i \rangle \psi_i \tag{8.1}$$

等价地，如果 Φ^* 是与$(\varphi_i)_{i=1}^M$ 相关的分析算子，Ψ 是与$(\psi_i)_{i=1}^M$ 相关的合成算子，那么

$$\forall x \in \mathbf{R}^N, \quad x = \Psi\Phi^* x \tag{8.2}$$

框架扩展(8.1)通过框架系数$(\langle x, \varphi_i \rangle)_{i=1}^M$ 将 $x \in \mathbf{R}^N$ 离散化编码。因此，框架扩展可以解释为广义抽样公式，其中框架系数扮演着对基础对象采样的角

色。现今的技术几乎都是数字化的，因此使采样理论可行化需要将其与量化理论结合。通常来说，量化指的是转换连续对象为有限比特流，即用{0,1}转换对象为有限元素序列的过程。典型地，通过将基础对象替换为有限集合中一个被称为量化字母的元素来完成这一过程(由于字母是有限的，其元素最终可被给予一个二进制编码)。

对有限框架量化的研究会覆盖几个不同有限框架量化方式。主要关注下面的方式，这些方式将会更加详细地介绍。

(1) 无记忆标量量化(MSQ)：这是一个简单经典方式，但其尤其不擅长利用框架给出的冗余。

(2) 一阶 Sigma－Delta(ΣΔ) 量化：这是一个比较复杂的低复杂度方法，这种方法可以有效利用冗余但仍留有理论改进的空间。

(3) 高阶 Sigma－Delta(ΣΔ) 量化：这个方式通过利用一类被称为 Sobolev 对偶的非标准对偶框架，以增加复杂度为代价，生成强误差界限。

在讨论上述方式之前，以两个感兴趣的量化问题的实践公式开始。

8.1.1　量化问题：合成公式

固定一个 $\mathbf{R}^N$ 上的框架 $\Psi=(\psi_i)_{i=1}^M$。此后，N 表示外围空间的维数，$M\geqslant N$ 表示框架矢量的数目。此外，扩展使用标记符号，框架 $(\psi_i)_{i=1}^M$ 和相关的 $N\times M$ 合成矩阵都用 Ψ 来表示。令 $\mathscr{A}$ 为一个称为量化字母的有限集合。目的是描述一个经由一种(8.1)形式的扩展的给定 $x\in\mathbf{R}^N$，其中系数 $\langle x,\varphi_i\rangle$ 由 $\mathscr{A}$ 中元素替代。更精确地说，通过将 $x\in\mathbf{R}^N$ 替代为 $\Gamma(F,\mathscr{A}):=\{\Psi q:q\in\mathscr{A}^M\}$ 的一个元素来量化 $x\in\mathbf{R}^N$。在此环境下，目标如下：

QP－合成。给定一个界限集 $\mathscr{B}\in\mathbf{R}^N$ 和一个 $\mathbf{R}^N$ 上的框架 Ψ，找出一个映射 $\mathscr{Q}:\mathbf{R}^N\mapsto\mathscr{A}^M$—— 量化器 —— 使得失真 $\mathscr{E}(x):=\|x-\Psi\mathscr{Q}(x)\|$ 在 $\mathscr{B}$ 上的某些范数(确定环境)或期望(概率环境)是“小”的。

因此，理想量化器(对于给定范数 $\|\cdot\|$)定义为

$$\mathscr{Q}_{\text{opt}}(x;\Psi,\mathscr{A})=\underset{q\in\mathscr{A}^M}{\arg\min}\{\|x-\Psi q\|\}$$

为了通过运用计算中的代数整数来减少在快速傅里叶变换计算中的“计算噪声”，这个关于框架量化问题的公式(QP－合成)就出现了。特别地，推荐方法是基于解决 $N=2$ 的 QP－合成和基础框架 Ψ_M，其由第 M 个单位根，即 $\Psi_M=(\psi_j)_{j=1}^M$ 给出，其中 $\psi_j=\left[\cos\frac{2\pi}{M}j,\sin\frac{2\pi}{M}j\right]^{\mathrm{T}}$。在图 8.1 中，展示了 M 的不同值下的集合 $\Gamma(\Psi_M,\mathscr{A})$ 和 $\mathscr{A}=\{\pm1\}$。在 QP－合成的特殊情况下，只有部

分结果成立。举个例子,当 M 是 2 的整数幂时,通过文献[13] 可以看出当 M 增加时,至少对确定字母来说,失真 $\mathscr{E}$ 以指数方式衰减。此外,文献[13] 同样提出一种(几乎) 可以实现 $\mathscr{Q}_{\text{opt}}$ 的算法。但是,对于一般 M 来说,这两个问题 ——$\mathscr{Q}_{\text{opt}}$ 的容易实现和当 M 增大时理想精度 $\mathscr{E}$ 衰减率 —— 即使在单位根框架 Ψ_M 的情况下,以现有的知识来说,都是开放性的。本章剩余部分主要关注接下来要描述的量化问题的分析公式。下面将详细描述。

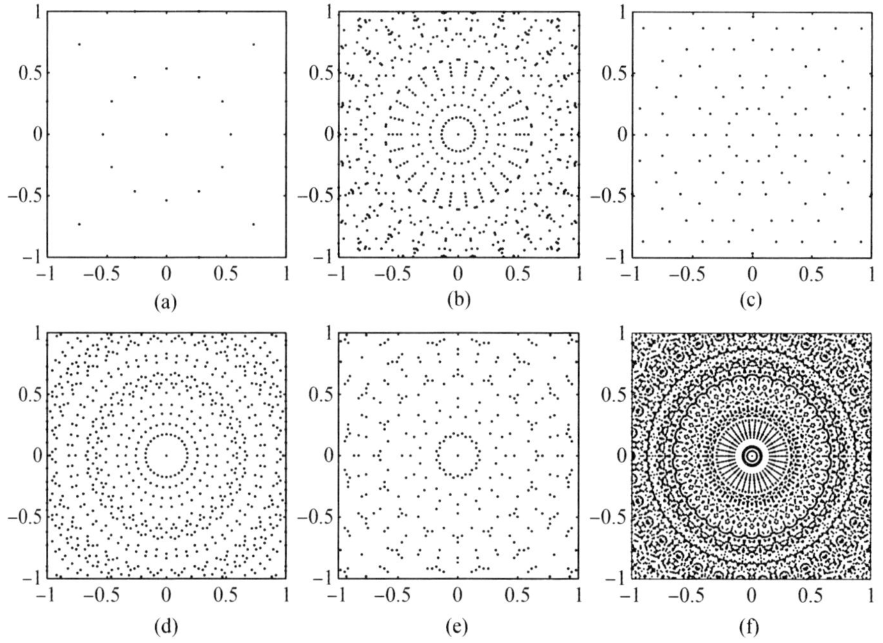

图 8.1　集合 $\Gamma(\Psi_M,\mathscr{A})\cap[-1,1]^2$,其中 Ψ_M 是 $\mathbf{R}^2$ 上框架,由第 M 个单位根给出 ——$M=9,\cdots,14$,在(a),…,(f) 中

8.1.2　量化问题:分析公式

令 Φ 为一个 $\mathbf{R}^N$ 上的框架,M 同样是框架矢量。假设已知框架系数 y_i,其中 $y=[y_1,\cdots,y_M]^{\mathrm{T}}=\Phi^* x$。实际上,$y_i$ 可以是传感器读数,连续函数的有限间隔采样,或是稀疏对象的“压缩采样”见文献[34]。这里 y_i 通常是实数且在有限精度下假定为已知。为了满足数字化处理和储存,框架系数 y_i 必须进一步量化作为一个给定的字母 $\mathscr{A}$。由于最终目的是获得一个 x 的数字化近似值,一种直接的方法是在量化前经由 $x=\Psi y$ 重构 x 。Ψ 是 Φ 的对偶,所以重构是精确的。一旦获得 x,就可以计算 x 的标准正交基扩展和每个系数舍入到

一个依据全部比特预算的精准等级。这种方法可以绕开由原始框架可能是斜的，冗余的所引起的困难，同时它通常能获得比任何已知方法更精确的 x 的数字化近似值，其中原始框架系数由(8.1) 中量化量代替。

不幸的是，上面描述的方法由于几个原因在典型实际应用环境中不可行。首先，它要求复杂的高精度模拟运算，这通常来说不可实行。此外，在框架系数通过序列方法获得的应用中，例如当对连续函数采样或者当从多个传感器中收集测量值时，这种方法需要大量(M) 模拟量，即实数，存储在模拟硬件内存中，这通常在实际中不可行。最后，在许多应用里冗余框架优先于标准正交基，是因为内置冗余量使得相关扩展对各种误差来源更具有鲁棒性，例如加性噪声、部分数据丢失(在传输信道超过擦除信道情况下)，不完美电路元件量化等情况，举个例子，在有限频宽函数过采样的情况下。综合所有这些因素考虑，研究下面框架量化问题十分重要。

QP－分解。给定一个有界集合 $\mathscr{B}\in\mathbf{R}^N$ 和一个 $\mathbf{R}^N$ 上的 M 个矢量的框架 Φ，找出一个映射 $\mathscr{Q}:\mathbf{R}^M\mapsto\mathscr{A}^M$—— 量化器 —— 使得：

(1)$\mathscr{Q}$ 作用于 $x\in\mathbf{R}^N$ 的框架系数，由 $y=\Phi^* x$ 给出。

(2)$\mathscr{Q}$ 是“因果的”；即，量化值 $q_j=\mathscr{Q}(y)_j$ 仅依赖于 $y_1,\cdots,y_j$ 和 $q_1,\cdots,q_{j-1}$。为了避免运用大量模拟内存元素的需求，需进一步确立条件 $\mathscr{Q}$ 仅依赖于 y_j 和预先计算元素 $r\ll M$，即依赖于 r 维“状态向量”。

(3)$\mathscr{B}$ 上的失真 $\widetilde{\mathscr{D}}(x):=\|x-\mathscr{G}\mathscr{Q}(\Phi^* x)\|$ 在某些范数(确定环境)或期望(概率环境)是“小的”。这里 $\ell:\mathscr{A}^M\to\mathbf{R}^N$ 是对量化器 $\mathscr{Q}$ 和框架 Φ 特定的解码器。一种对这样一个解码器的自然选择是由框架理论促使的，通过 Φ 的一些对偶 Ψ(同样也可能对量化器 $\mathscr{Q}$ 是特定的)给定的。这样一个解码器相当于从 x 量化系数中线性重构 x。

8.1.3　程式化示例：无记忆标量量化

为了阐明由 QP－分解形成的挑战，考虑下面的例子。令 Φ_M 是由第 M 个单位根给出的 $\mathbf{R}^2$ 上的框架，设 $\mathscr{B}\subset\mathbf{R}^2$ 是单位圆盘，认为 1 比特量化字母 $\mathscr{A}_1=\{\pm 1\}$。首先，通过运用无记忆标量量化器(MSQ) 来对任意 $x\in\mathscr{B}$ 的框架系数 $y=\Phi_{12}^* x$ 量化，即每个 y_j 是离其最近的 $\mathscr{A}$ 中元素的量化，在这种特别情况下相当于 $q_j=\text{sign}(y_j)$。注意 q_j 仅依赖于第 j 个框架系数，因此量化器是无记忆的。在图 8.2(a) 里，展示了量化器单元，其相当于上面描述的量化器，即一个 1 比特 MSQ。通过独特颜色识别的每个单元，由同一量化系数的向量组成。换句话说，量化后不能区分相同单元里的向量，因此对于给定量化器来说，这些单元的直径反映了最终失真界限,在这种情况下 $\mathcal{Q}_{\mathrm{MSQ}}^{\mathcal{A}_1}$ 如前面描述的一样,其中 $\mathcal{A}_1=\{\pm 1\}$。注意在 2^{12} 种可能的 1 比特量化序列中,$\mathcal{Q}_{\mathrm{MSQ}}^{\mathcal{A}_1}$ 仅用 12 种不同的序列。此外,由于单元是凸的,理想情况下在给定单元内的所有点都应量化为一个落入各自单元内的"代表性点",这些点也处在一个最小化失真的位置(在一个选择规范)。在图 8.2(a) 中,同样看出每个单元的重构向量经由 $x_{\mathrm{rec}}=\Psi\mathcal{Q}_{\mathrm{MSQ}}^{\mathcal{A}_1}(\Phi_{12}^{*}x)$ 获得,其中 $\Psi=\dfrac{1}{12}\Phi_{12}$ 是 Φ_{12} 的标准对偶。这样一个重构方式被称为运用标准对偶进行线性重构。

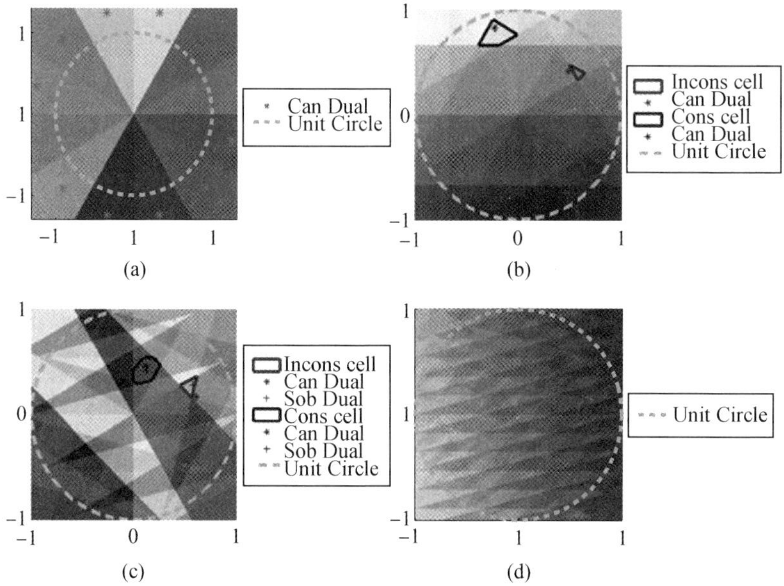

图 8.2 12 单元 1 比特 MSQ,204 单元 1 比特 ΣΔ,84 单元 2 比特 MSQ,1 844 单元 2 比特 ΣΔ(经验计算)(见彩页)

在图 8.2(b) 中,上面描述的 2 比特 MSQ 实验,即字母在这种情况下为 $\mathcal{A}_2=\left\{\pm 1,\pm\dfrac{1}{3}\right\}$。观察得出单元数大幅度增加,从 12 到 84 不同的单元。但是,仍然有 4^{12} 可能量化序列非常小的部分被利用。另一方面是在 2 比特 MSQ 运用标准对偶线性重构下,一些单元不能保持不变。这就是说,在这些单元中的点被量化为一个在单元外的点,从而对在这个单元内的 x 和 $\hat{x}=\Psi\mathcal{Q}(\Phi^{*}x)$,有 $\mathcal{Q}(\Phi^{*}(\hat{x}))\neq\mathcal{Q}(\Phi^{*}x)$。在图 8.2(b) 中,标记两个示例单元,一个始终不变,另一个则不是。当然,非线性重构技术可能会用于一致重构,会在 8.2.3 节中详细讨论。

8.1.4　程式化示例:Sigma－Delta(ΣΔ) 量化

在图 8.2(a) 和 8.2(b) 中显著少数的几个单元暗示了 MSQ 可能不能很好地适合于量化框架扩展(在 QP－分解里)—— 见 8.2 节中框架量化里 MSQ 研究和其性能限制。

框架量化方式的一种替代方式是用 Sigma－Delta(ΣΔ) 量化器。ΣΔ 量化器广泛应用于过采样有限频宽函数的模数转换(A/D),最近也被用于任意框架扩展量化,见文献[2]。许多章节都致力于通过寻址对各种类框架的 QP－分解来分析这些量化器的性能,见 8.3 ～ 8.5 节。这证明如果底层框架是充分冗余的,这些量化器胜过 MSQ(即使用理想一致重构),见文献[3]、[5]、[42]。这里用 ΣΔ 量化器代替 MSQ 重复上面描述的实验。图 8.2(c) 和 8.2(d) 表明量化单元分别相当于 1 比特(字母 $\mathscr{A}_1$) 和 2 比特(字母 $\mathscr{A}_2$) 一阶 ΣΔ 量化器。尽管计划是用相同字母作为 1 比特和 2 比特 MSQ,不同单元数量比在 ΣΔ 计划情况下要大得多:1 比特 ΣΔ 有 204 单元(相比 1 比特 MSQ 有 12 单元),2 比特 ΣΔ 有 1 844 单元(相比 2 比特 MSQ 有 84 单元)。在图 8.2(c) 中,再一次展示了一个始终不变单元和一个非一致的单元,连同运用 Φ_{12} 的标准对偶的线性重构。另外,展示出另一种通过运用 Φ_{12} 的 Sobolev 对偶完成线性重构的方法。Sobolev 对偶是另一种设计在 ΣΔ 量化器特别情况下减少量化误差的对偶,见 8.4 节。注意对于图 8.2 中"非一致单元",当标准对偶重构是非一致时,通过运用 Sobolev 对偶完成的重构是一致的(虽然通常来说这不能绝对保证)。

QP－分解在多种实际应用中是有意义的。比较典型的例子是有限频宽信号的高分辨率 A/D 转换。为了克服"二元决策单元"的精确度限制的物理约束,一个共同策略是用噪声整形模数转换器(ADCs)。这些 ADCs—— 大部分基于 ΣΔ 量化 —— 首先对有限频宽函数进行过采样,有效地收集了关于冗余框架的框架系数。接下来这些冗余量用于设计对执行误差是鲁棒的量化方案。特别地,这类 ΣΔ 量化器成功达成目的:它们可以用低精确度电路元件运行,同时仍能产生高比特深度。

另一个 QP－分解例子是在压缩感知中,将测量(编码) 单独步骤和数据压缩结合到一步来生成高维稀疏信号的高效数字化表示。简单地描述一些 ΣΔ 量化器、非标准对偶框架和 8.4.3 节中压缩感知的联系。

在本章中将研究有限框架量化,其中主要关注 QP－分解。因此,重点讨论 3 个主要步骤:编码,量化,重构。这 3 个步骤可以总结如下:

编码:　$x \in \mathbf{R}^N \mapsto (\langle x, \varphi_i \rangle)_{i=1}^M \in \mathbf{R}^M$

量化：$(\langle x,\varphi_i\rangle)_{i=1}^{M}\in\mathbf{R}^M\mapsto(q_i)_{i=1}^{M}\in\mathscr{A}^M$

重构：$(q_i)_{i=1}^{M}\in\mathscr{A}^M\mapsto\widetilde{x}\in\mathbf{R}^N$

纵观本章,编码步骤将通过用有限框架计算框架系数来完成。通过框架系数$(\langle x,\varphi_i\rangle)_{i=1}^{M}$来编码$x\in\mathbf{R}^N$所得到的冗余量将在减轻由量化引起的损耗方面扮演重要角色,一般$M>N$。量化步骤的研究将首先集中于在上面经典示例中考虑的两个不同方式:(ⅰ)无记忆标量量化,(ⅱ)ΣΔ量化。重构步骤与编码和量化步骤紧密地联系在一起。出于框架理论考虑的促使,重构步骤的讨论主要集中于线性方式,下面将描述对偶框架的多种选择在量化问题中的重要作用。

特别地,虽然简洁是MSQ的优点,但其没有利用暗含在框架表示中的冗余量,因此并不能保证在过采样中很好地降低误差。另外,ΣΔ量化只比MSQ在运算上稍微复杂一点,但是它利用了冗余量。因此它能保证在过采样中很好地降低误差,尤其是当高次计划连同适当的重构方式一起运用时。

8.2　无记忆标量量化

标量量化是量化算法的基础部分。给定一个有限集合$\mathscr{A}\subset\mathbf{R}$,称其为量化字母表,相关的标量量化器是函数$Q:\mathbf{R}\to\mathscr{A}$,定义为

$$Q(u)=\underset{a\in\mathscr{A}}{\arg\min}\ |u-a| \tag{8.3}$$

换句话说,Q通过将其舍入为量化字母表中的最近元素来进行实数量化。存在有限多的$u\in\mathbf{R}$值,即量化域中点,其极小化定义$Q(u)$不是唯一。在这种情况下,存在两种可能最小化定义选择,可以任意选择一个作为$Q(u)$的定义。

纵观本章,所讨论的具体内容在特殊统一的量化字母表情况下会更方便。固定一个正整数L和$\delta>0$,用步长δ定义$(2L+1)$级midtread量化字母表作为有限集合数

$$\mathscr{A}=\mathscr{A}_L^{\delta}=\{-L\delta,\cdots,-\delta,0,\delta,\cdots,L\delta\} \tag{8.4}$$

除非另有声明,本章自始至终都用中步字母表(8.4),虽然在大多数情况下其他字母表一样优秀。举个例子,紧密相关的步长为δ的$2L$级midrise字母表,定义为

$$\{-(2L+1)\delta/2,\cdots,-\delta/2,\delta/2,\cdots,(2L+1)\delta/2\} \tag{8.5}$$

其同样也被广泛应用,尤其是在通过类似$\{-1,+1\}$的1比特字母表粗糙量化中应用。

8.2.1　框架系数的无记忆标量量化

令$(\varphi_i)_{i=1}^M \subset \mathbf{R}^N$是$\mathbf{R}^N$上的框架。框架系数$(\langle x,\varphi_i\rangle)_{i=1}^M$量化的最基础的方法是单独量化每个系数$y_i=\langle x,\varphi_i\rangle$，通过以下公式

$$q_i=Q(y_i)=Q(\langle x,\varphi_i\rangle) \tag{8.6}$$

这一步相当于无记忆标量量化(MSQ)。一种从 MSQ 量化系数$(q_i)_{i=1}^M$中进行信号重构的简单方式是固定一个与$(\varphi_i)_{i=1}^M$相关的对偶框架$(\psi_i)_{i=1}^M \subset \mathbf{R}^N$然后通过

$$\widetilde{x}=\sum_{i=1}^M q_i\psi_i \tag{8.7}$$

进行线性重构。

通过字母$\mathscr{A}_L^\delta$可以量化上述线性重构(8.6)和(8.7)与 MSQ 相关的重构误差$\|x-\widetilde{x}\|$。令$C=\max_{1\leqslant i\leqslant M}\|\varphi_i\|$。如果$x\in\mathbf{R}^N$满足$\|x\|<(L+1/2)/C$，那么$|y_i|=|\langle x,\varphi_i\rangle|\leqslant(L+1/2)$，量化器保持非满状态，即下式成立：

$$\forall\, 1\leqslant i\leqslant M,\quad |y_i-q_i|=|y_i-Q(y_i)|\leqslant\delta/2 \tag{8.8}$$

因此，通过(8.7)线性重构$\widetilde{x}\in\mathbf{R}^N$满足范围

$$\|x-\widetilde{x}\|=\left\|\sum_{i-1}^M(\langle x,\varphi_i\rangle-q_i)\psi_i\right\|\leqslant\frac{\delta}{2}\sum_{i=1}^M\|\psi_i\| \tag{8.9}$$

在$(\varphi_i)_{i=1}^M\subset\mathbf{R}^N$是单位范数紧框架，$\psi_i=\dfrac{N}{M}\varphi_i$是标准对偶框架的特殊情况下，那么误差界限减小为

$$\|x-\widetilde{x}\|\leqslant\frac{\delta N}{2} \tag{8.10}$$

正如希望的一样，误差界限表明，一个更好的量化字母表，即让$\delta>0$越小，量化结果越精确。但是，在这种界限下，框架大小M是明显不够的。

在接下来的章节里会很明显看出，通常来说，在任何意义上无论 MSQ 还是线性重构都不能成为理想量化。但是，当$(b_i)_{i=1}^N\subset\mathbf{R}^N$是标准正交基，$\psi_i=b_i$是(在这种独特情况下)对偶框架这种情况时，如果坚持要线性重构，依据 Parseval 等式，MQS 是最优的。尤其是，如果$(q_i)_{i=1}^N\subset\mathscr{A}$是任意的且$\widetilde{x}=\sum_{i=1}^N q_ib_i$，那么

$$\|x-\widetilde{x}\|^2=\left\|\sum_{i-1}^N(\langle x,b_i\rangle-q_i)b_i\right\|^2=\sum_{i=1}^N|\langle x,b_i\rangle-q_i|^2 \tag{8.11}$$

这个误差通过 $q_i = Q(\langle x, b_i \rangle)$ 可以最小化,这表明当用标准正交基线性重构时 MSQ 是最优的。另外,即使对于标准正交基来说(8.10) 中的上界不是尖锐的,因为在(8.11) 这种情况下有

$$\| x - \tilde{x} \| \leqslant \frac{\delta \sqrt{N}}{2} \tag{8.12}$$

从框架理论角度来看,(8.9) 中界限的重要缺点是它不能利用框架的冗余量。框架的冗余量可以直接地等同于提高相对于噪声的鲁棒性,但是如果框架有更多的冗余,上界没有提升;即当维数 N 是固定的且框架大小 M 增加时(8.9) 没有提升。这表明 MSQ 不是特别适合量化冗余的框架系数采集。出于对此的直观理解,注意 MSQ 在没有任何其他框架系数如何量化的提示下是不适应量化每一个框架系数 $\langle x, e_i \rangle$ 的,因此 MSQ 不能有效地利用框架系数中呈现的联系。

很容易给出框架冗余量无法提升 MSQ 性能的具体例子。令 $(\varphi_i)_{i=1}^M \subset \mathbf{R}^N$ 是任意单位范数框架,假设通过由(8.4) 给出的 midtread 字母 $\mathscr{A}_L^\delta$ 进行标量量化。对于任意 $x \in \mathbf{R}^N$, $\| x \| < \delta/2$,等式 $q_i = Q(\langle x, \varphi_i \rangle) = 0$ 成立。特别是,对于任意对偶框架 $(\psi_i)_{i=1}^M$(8.7) 线性重构有 $\tilde{x} = 0$。因此,无论框架 $(\varphi_i)_{i=1}^M$ 冗余多少,相关量化误差都满足 $\| x - \tilde{x} \| = \| x \|$。这个例子非常简单,但尽管如此,其阐明了 MSQ 的一些基本缺点。文献[53] 中做了关于 MSQ 在利用框架冗余量方面所面临困难的周密详细的技术调查研究。同样也参见文献[14]、[26] 中 Banach 空间量化的工作。

8.2.2 噪声模型和对偶框架

式(8.9) 和(8.10) 中的误差界限提供了最坏情况下量化误差上界,同时表明可以通过选择合适步长 $\delta > 0$ 的量化器来降低量化误差。最坏情况误差界限在量化器分析中十分重要,但实际中通常也观察比最坏情况预测小得多的平均误差。均匀噪声模型是理解平均量化误差的重要工具。

1. 均匀噪声模型

令 $(\varphi_i)_{i=1}^M \subset \mathbf{R}^N$ 是 $\mathbf{R}^N$ 上的框架, $y_i = \langle x, \varphi_i \rangle$, $1 \leqslant i \leqslant M$ 是 $x \in \mathbf{R}^N$ 的框架系数。当 midtread 标量量化器(8.4) 以其不饱和形式运作时,等式(8.8) 表明单独系数量化误差 $\eta_i = y_i - Q(y_i)$ 满足

$$\eta_i = y_i - Q(y_i) \in [-\delta/2, \delta/2]$$

均匀噪声模型比这更进一步,假定 $(\eta_i)_{i=1}^M$ 平均起来在 $[-\delta/2, \delta/2]$ 上十分均匀地展开。这会使其任意建立单独系数量化误差 $(\eta_i)_{i=1}^M$ 模型作为在

$[-\delta/2,\delta/2]$ 上的独立同分布(i. i. d.) 均匀随机变量。

均匀噪声模型:将量化误差 $\eta_i = y_i - Q(y_i)$,$1 \leqslant i \leqslant M$ 作为 $[-\delta/2,\delta/2]$ 上的独立同分布均匀随机变量。

均匀噪声模型可以追溯到 Bennett 在 20 世纪 40 年代的工作,且作为工具在工程文献中被广泛引用。均匀噪声模型通过观察经验是十分合理的,但是它也有一些已知理论缺点,见文献[39]。由于量化是一个确定性过程,在均匀噪声模型时需要一些额外假设来证明其所带来的随机性是否合理。简要地讨论两种来证明均匀噪声模型是否合理的一般方法:(i) 抖动;(ii) 高分辨渐进。

抖动是向量化系统中故意加入噪声来重塑个体误差 $(\eta_i)_{i=1}^M$ 性能的过程。对于抖动方面的理论应用文献的综述,见文献[7]、[31] 和其中的参考资料。简单讨论一种特别的称为负抖动的抖动方式,用它可以证明均匀噪声模型的合理性。对于量化步骤假设可以得到在 $[-\delta/2,\delta/2]$ 上的 i. i. d. 均匀随机变量的序列 $(\varepsilon_i)_{i=1}^M$。序列 $(\varepsilon_i)_{i=1}^M$ 被称为抖动序列。为了量化框架系数序列 $(y_i)_{i=1}^M$,用 MSQ 来量化抖动系数 $y_i + \varepsilon_i$,$q_i = Q(y_i + \varepsilon_i)$。量化序列 $(q_i)_{i=1}^M$ 提供系数 $(y_i)_{i=1}^M$ 的数字化表示。为了在满足均匀噪声模型条件下从 $(q_i)_{i=1}^M$ 中重构信号,首先必须负向移动抖动序列来获得 $\tilde{y}_i = q_i - \varepsilon_i$。个体系数量化误差 $y_i - \tilde{y}_i$ 满足

$$y_i - \tilde{y}_i = y_i - (q_i - \varepsilon_i) = (y_i + \varepsilon_i) - Q(y_i + \varepsilon_i)$$

特别地,如果 $(y_i)_{i=1}^M$ 是任意确定序列,那么它满足 $(y_i - \tilde{y}_i)_{i=1}^M$ 是 $[-\delta/2,\delta/2]$ 上的 i. i. d. 均匀随机变量。这种方式的一个显而易见的实际问题是它需要(无限精度) 抖动序列在量化器和重构阶段的先验条件。

高分辨渐进提供一种不同的证明均匀噪声模型合理性的方式。这里通过假设信号 $x \in \mathbf{R}^N$ 是单位球 $\mathbf{R}^N$ 上绝对连续随机向量来引入随机性。令 Q_δ 表示步长 δ,$L = 1/\lfloor\delta\rfloor$ 的 midtread 量化器。令 $(\varphi_i)_{i=1}^M \subset \mathbf{R}^N$ 是 $\mathbf{R}^N$ 上的框架,考虑标准化量化误差的 M 维随机向量

$$V_\delta = \delta^{-1}[\langle x, e_1\rangle - Q_\delta(\langle x, e_1\rangle), \cdots, \langle x, \varphi_M\rangle - Q_\delta(\langle x, \varphi_M\rangle)] \quad (8.13)$$

文献[39] 中证明在框架 $(\varphi_i)_{i=1}^M$ 的合适条件下,当 δ 趋于 0 时标准误差向量 V_δ 为集中分布在 $[-1/2,1/2]^M$ 上的均匀分布。这提供了一个当 δ 趋于 0 时在高分辨限制下均匀噪声模型合理性的严格证明。关于格状量化器设定的相关研究,见文献[11]。另外,这种方法通常仅是渐进可行的,因为正如文献[39] 中所说,对于固定的 $\delta > 0$ 和 $M > N$,输入 V_δ 永远不独立。此外,尽管高分辨渐进提供了数学上严谨的结果,它还不总能轻易地应用于实际特殊环境中,因为框架 $(\varphi_i)_{i=1}^M$ 需要保持固定。举个例子,如果想了解当越来越多冗余

框架被利用时量化器性能如何改变，高分辨渐进就不适合了。

2. 对偶框架和 MSQ

现在考虑当在均匀噪声模型下分析 MSQ 时的框架理论问题。在本节将自由使用均匀噪声模型，但读者需要记住噪声模型的数学限制和涉及其严格合理性证明的问题。在均匀噪声模型下获得的结果是量化直观表现的宝贵来源。

令$(\varphi_i)_{i=1}^M \subset \mathbf{R}^N$ 是 $\mathbf{R}^N$ 上的框架，假设框架系数 $y_i=\langle x,\varphi_i\rangle$ 通过 MSQ 量化为 $q_i=Q(y_i)$。假设序列 $\eta_i=y_i-q_i, 1\leqslant i\leqslant M$ 满足均匀噪声模型。假设通过$(\varphi_i)_{i=1}^M$ 的对偶框架$(\psi_i)_{i=1}^M$，从量化系数 $\widetilde{x}\in\mathbf{R}^N$ 中重构$(q_i)_{i=1}^M$：

$$\widetilde{x}=\sum_{i=1}^M q_i\psi_i \tag{8.14}$$

简单计算表明均方误差(MSE) 满足

$$MSE=E\parallel x-\widetilde{x}\parallel^2=\sum_{i=1}^M\sum_{j=1}^M E[\eta_i\eta_j]\langle\psi_i\psi_j\rangle=\frac{\delta^2}{12}\sum_{i=1}^M\parallel\psi_i\parallel^2 \tag{8.15}$$

特别是如果$(\varphi_i)_{i=1}^M$ 是单位范数紧框架，$\psi_i=\tilde{e}_i=\dfrac{N}{M}\varphi_i$ 是其标准对偶框架，那么

$$E\parallel x-\widetilde{x}\parallel^2=\frac{N^2\delta^2}{12M} \tag{8.16}$$

对比最坏情况界限(8.10)，当用冗余量更多的单位范数紧框架时，即当 M 增加时，均方误差(8.16) 降低。这说明框架理论和冗余量在量化问题中降低误差时起了什么重要的作用，同时它暗示了复杂算法下更严格和更精确的误差界限，例如 ΣΔ 量化，见 8.3 ～ 8.5 节。

均方误差界限(8.15) 依据对偶框架$(\psi_i)_{i=1}^M$ 的选择。很自然地会提出对(8.14) 中线性重构来说哪种对偶框架的选择是最佳的。经典命题 8.1 表明标准对偶框架对在均匀噪声模型下无记忆标量量化是最优的，例见文献[5]、[29]。

命题 8.1　令$(\varphi_i)_{i=1}^M$ 是 $\mathbf{R}^N$ 上的框架。考虑到最小化问题

$$\min\{\sum_{i=1}^M\parallel\psi_i\parallel^2:(\psi_i)_{i=1}^M\text{ 一与}(\varphi_i)_{i=1}^M\text{ 相的对偶框架}\} \tag{8.17}$$

当且仅当$(\psi_i)_{i=1}^M$ 是 $\mathbf{R}^N$ 上的标准对偶框架，对偶框架$(\psi_i)_{i=1}^M$ 是(8.17) 最小化。

框架问题(8.17) 可能变为等同于通过运用 $M\times N$ 分析算子 Φ^* 和与各自框架$(\varphi_i)_{i=1}^M\subset\mathbf{R}^N$ 和对偶框架$(\psi_i)_{i=1}^M$ 的 $N\times M$ 合成算子 Ψ 相关的矩阵。在矩阵形式下，(8.17) 变为

$$\min\{\|\Psi\|_{\text{Frob}}^2 : \Psi\Phi^* = I\} \tag{8.18}$$

在这种形式下，命题8.1现在描述为：当且仅当$\Psi=(\Phi^*)^\dagger=(\Phi\Phi^*)^{-1}\Phi$是$\Phi^*$的经典左逆矩阵，矩阵$\Psi$是(8.18)的最小化。

当(8.14)中运用标准对偶框架$\psi_i=\tilde{\varphi}_i$，均方误差界限(8.15)变为

$$E\|x-\tilde{x}\|^2=\frac{\delta^2}{12}\sum_{i=1}^{M}\|\tilde{\varphi}_i\|^2 \tag{8.19}$$

关于这点，已经得知对于重构步骤标准对偶框架是最优的，通过其标准对偶框架，误差界限(8.19)依然强烈依赖于原始框架$(\varphi_i)_{i=1}^M$。对于命题8.1很自然的一个后续问题是追寻对于编码步骤来说哪个框架$(\varphi_i)_{i=1}^M$是最优的。为了使这个问题变得有意义，必须在有关框架范数上加一些限制。否则，重新细小调整固定框架$(\varphi_i)_{i=1}^M$允许(8.19)中$\sum_{i=1}^{M}\|\tilde{\varphi}_i\|^2$变得以任意方向趋近于0。更精确些，如果$(\varphi_i)_{i=1}^M$有标准对偶框架$(\tilde{\varphi}_i)_{i=1}^M$，那么重调框架$(c\varphi_i)_{i=1}^M$有标准对偶框架$(c^{-1}\tilde{\varphi}_i)_{i=1}^M$。

下面定理说明如果限制编码框架为单位范数同时用(理想)标准对偶来重构，那么对于均匀噪声模型下的MSQ，一个编码框架的最优选择是用任意单位范数紧框架，见文献[29]。

定理 8.1　令M和N是固定的，考虑最小化问题

$$\min\left\{\sum_{i=1}^{M}\|\tilde{\varphi}_i\|^2 : (\varphi_i)_{i=1}^M\subset\mathbf{R}^N\text{ 是单位范数框架}\right\} \tag{8.20}$$

单位范数框架$(\varphi_i)_{i=1}^M$是(8.20)的最小化取值，当且仅当$(\varphi_i)_{i=1}^M$是$\mathbf{R}^N$上单位范数紧框架。

框架问题(8.20)可以通过运用与$(\varphi_i)_{i=1}^N\subset\mathbf{R}^N$相关的$M\times N$分析算子$\Phi^*$和如下的$N\times M$经典左逆矩阵$(\Phi^*)^\dagger=(\Phi\Phi^*)^{-1}\Phi$，变为矩阵形式：

$$\min\{\|(\Phi^*)^\dagger\|_{\text{Frob}}^2 : \text{rank}(\Phi)=N,\ \text{diag}(\Phi\Phi^*)=I\} \tag{8.21}$$

这里$\|\cdot\|_{\text{Frob}}$表示Frobenius范数。在这种形式下，定理8.1可描述为：$\text{diag}(\Phi^*\Phi)=I$的满秩矩阵$\Phi$是(8.21)的最小化取值，当且仅当$\Phi\Phi^*=\left(\frac{N}{M}\right)I$，$\text{diag}(\Phi^*\Phi)=I$。

因此，结合命题8.1和定理8.1，得出对于给定N维框架大小M，当在编码步骤运用单位范数紧框架同时线性重构中运用标准对偶框架时，均匀噪声模型下的MSQ是最优的。此外，在这种情况下相关的最优误差界限是$E\|x-\tilde{x}\|^2=\frac{N^2\delta^2}{12M}$，见(8.16)。

8.2.3 一致重构

上一节中提到的 MSQ 误差界限都使用线性重构方式。如果运用理想编码框架和理想对偶框架,那么 MSQ(在均匀噪声模型下)得到均方误差

$$E\|x-\widetilde{x}\|^2=\frac{N^2\delta^2}{12M} \tag{8.22}$$

本节中着重于理论上限制和具体算法的方法来简单地讨论 MSQ 更普遍的非线性重构方式的作用。主要感兴趣的是 MSQ 重构方式能多好地利用框架冗余量,其由在界内的 M 的依赖性的反映,例如(8.22)。换句话说,可以从 MSQ 量化框架系数集合得出多少信息?因为框架理论量化到 MSQ 适合冗余框架的程度,所以对框架理论有极大兴趣,同时框架理论会刺激另一种量化方法的需求,类似 $\Sigma\Delta$ 量化。

以描述相对于提升重构界限(8.22)的主要理论障碍开始。文献中存在多种下界,这表明即使是非线性重构方式也不可能运用 MSQ 获得比 $1/M^2$ 更好的均方误差率。举个例子,文献[30]中假设信号 $x\in\mathbf{R}^N$ 合适的非恶化随机向量,从 $\mathbf{R}^N$ 适合的框架集合中选择框架 $(\varphi_i)_{i=1}^M\subset\mathbf{R}^N$。正如文献[30]所示,如果

$$R:(q_i)_{i=1}^M=(Q(\langle x,\varphi_i\rangle))_{i=1}^M\mapsto\widetilde{x}\in\mathbf{R}^N$$

是对从 MSQ 量化系数 $q_i=Q(\langle x,\varphi_i\rangle)$ 中恢复 x 的任意(潜在非线性)重构映射,那么存在常量 $C>0$ 使得

$$E\|x-\widetilde{x}\|^2=E\|x-R((Q(\langle x,\varphi_i\rangle))_{i=1}^M\|^2>\frac{C}{M^2} \tag{8.23}$$

这个结果用不到均匀噪声模式,其期望是随机向量 x。常量 C 不依赖于框架大小 M,但是依赖于维数 N 和考虑在内的框架集合。

希望当运用均匀噪声模型时下界比(8.23)限制更少,因为噪声模型通常比确定性实际情况更佳。但是,事实并非如此,文献[49]中证明了即使在均匀噪声模型下接近 $1/M^2$ 下界。

在通常重构方式 $1/M^2$ 阶理论下界和线性重构可得到的 $1/M$ 阶上界之间存在空白。一致重构接近这一空白。在一致重构后的基本概念是如果量化框架系数遵循 $q_i=Q(\langle x,\varphi_i\rangle)$,那么正确信号 x 位于集合中。

$$H_i=\{u\in\mathbf{R}^N:|\langle u,\varphi_i\rangle-q_i|\leqslant\delta/2\}$$

一致重构选择在交集 $H_i,1\leqslant i\leqslant M$ 中的任意 $\widetilde{x}$,通过 $\widetilde{x}\in\mathbf{R}^N$ 作为对于线性不等约束系统的选择:

$$\forall 1\leqslant i\leqslant M,\quad |\langle\widetilde{x},\varphi_i\rangle-q_i|\leqslant\delta/2 \tag{8.24}$$

通过运用线性编程方法,一致重构可以有效地实现。在合适的环境中一

致重构获得均方误差下界为

$$E \| x - \widetilde{x} \|^2 \leqslant \frac{C}{M^2} \tag{8.25}$$

正如匹配的理论下界，(8.25) 中 $1/M^2$ 阶上界被证明在多种不同假定集环境下存在。在有限频宽信号的情况下在文献[51]中有这种类型的早期结果。文献[30]中证明了对于不用均匀噪声模型的确定调和框架的确定性 $1/M^2$ 阶上界，对比文献[20]来说，文献[19]能高概率获得不用均匀噪声模型的随机框架的 $1/M^2$ 阶上界。在均匀噪声模型下对于确定种类随机框架，文献[48]中证明了式(8.25)，同时通过用随机几何方式来量化常量 C 依赖的维数。这些不同误差界限的重点为了突出一致重构超过线性重构的能力。此外，因为一致重构的 $1/M^2$ 界限与理论下界阶数匹配，所以一致重构本质上说是 MSQ 的最优恢复方式。

一致重构全局上形成了(8.24) 中的约束全集。出于计算效率的考虑，同样也存在迭代算法，这种算法通过强制一致约束来加速运算过程。举个例子，给定量化框架系数 $q_i = Q(\langle x, \varphi_i \rangle)$，$1 \leqslant i \leqslant M$，Rangan－Goyal 迭代算法通过运用

$$x_i = x_{i-1} + \frac{\varphi_i}{\| \varphi_i \|^2} S_{\delta/2}(q_i - \langle x_{i-1}, \varphi_i \rangle) \tag{8.26}$$

得到 x 的估计 $x_i \in \mathbf{R}^N$，其中迭代过程是从 $i = 1, \cdots, M$ 进行，$x_0 \in \mathbf{R}^N$ 是任意选择的初始估计。这里，对于固定 $t > 0$，$S_t(\cdot)$ 表示软阈值函数，定义为

$$S_t(u) = \begin{cases} u - t, & u > t \\ 0, & | u | \leqslant t \\ u + t, & u < -t \end{cases} \tag{8.27}$$

类似一致估计，Rangan－Goyal 算法已经证明对于某些随机或适当有序确定性框架，可以得到 $1/M^2$ 阶均方误差，见文献[46]，[49]，关键是 Rangan－Goyal 算法的收敛依赖于其处理量化框架系数顺序。

总结本节 MSQ 的研究结果如下。基于一致重构的 MSQ 重构方式得到最优 $1/M^2$ 阶数的均方误差。尤其是，一致重构和其变量优于可得到 $1/M$ 阶数均方误差对偶框架的线性重构。

8.3 一阶 Sigma－Delta 量化

ΣΔ 量化是 MSQ 的另一种方式，它是特别被设计用来有效利用量化过程中的冗余量。20 世纪 60 年代，在量化过采样有限频宽信号时，首先发展了 ΣΔ

算法，这种算法得到十分普遍的应用，尤其适合有限框架种类，见文献[2]。$\Sigma\Delta$ 量化运用了一个事实，如果 $(\varphi_i)_{i=1}^M \subset \mathbf{R}^N$ 是一个框架，其中 $M > N$，那么在量化过程中，框架向量 $(\varphi_i)_{i=1}^M$ 之间的联系可以用于误差补偿。本节注重于特殊一阶 $\Sigma\Delta$ 量化器。这样会快速突出 $\Sigma\Delta$ 算法的结构和关键性能，不用因为在更高阶方式出现的技术问题而拖沓。

给定框架系数 $y_i = \langle x, \varphi_i \rangle, 1 \leqslant i \leqslant M$，一阶 $\Sigma\Delta$ 量化器通过进行下面的 $i=1,\cdots,M$ 迭代得到量化系数 $(q_i)_{i=1}^M$：

$$\begin{cases} q_i = Q(u_{i-1} + y_i) \\ u_i = u_{i-1} + y_i - q_i \end{cases} \tag{8.28}$$

这里 $(u_i)_{i=0}^M \subset \mathbf{R}$ 是状态变量的内部序列，为了方便，总是以 $u_0 = 0$ 为初始值。$\Sigma\Delta$ 量化器(8.28)有下面重要稳定性质，例如文献[2]、[21]，将输入序列 $y = (y_i)_{i=1}^M$ 的有界性和状态变量 $u = (u_i)_{i=1}^M$ 的有界性联系起来：

$$\| y \|_\infty < L\delta \Rightarrow \| u \|_\infty \leqslant \delta/2 \tag{8.29}$$

这里，$\| \cdot \|_\infty$ 表示有限或者无限序列的一般 ℓ^∞ 范数。在 $\Sigma\Delta$ 量化器的误差分析中，稳定性十分重要，但其也确保 $\Sigma\Delta$ 量化器通过操作保持在实际范围内的参数，这可以在电路系统中实现。

线性重构是从 $\Sigma\Delta$ 量化框架系数集中恢复信号 $\tilde{x} \in \mathbf{R}^N$ 的最简单的方法。假设 $(\varphi_i)_{i=1}^M \subset \mathbf{R}^N$ 是一个框架，$(\psi_i)_{i=1}^M \subset \mathbf{R}^N$ 是任意相关对偶框架。假设 $x \in \mathbf{R}^N$，框架系数 $y_i = \langle x, \varphi_i \rangle$ 用于 $\Sigma\Delta$ 量化器的输入，$(q_i)_{i=1}^M$ 是量化输出结果。接下来重构 $\tilde{x}$ 为

$$\tilde{x} = \sum_{i=1}^M q_i \psi_i \tag{8.30}$$

有下面的 $\Sigma\Delta$ 误差公式。

命题 8.2　假设一阶 $\Sigma\Delta$ 量化用于量化框架 $(\varphi_i)_{i=1}^M \subset \mathbf{R}^N$ 的框架系数，对偶框架 $(\psi_i)_{i=1}^M \subset \mathbf{R}^N$ 用于(8.30)中线性重构。$\Sigma\Delta$ 量化误差满足

$$x - \tilde{x} = \sum_{i=1}^{M-1} u_i (\psi_i - \psi_{i+1}) + u_M \psi_M \tag{8.31}$$

证明　证明由应用部分总和完成：

$$\begin{aligned} x - \tilde{x} &= \sum_{i=1}^M \langle x, \varphi_i \rangle \psi_i - \sum_{i=1}^M q_i \psi_i = \sum_{i=1}^M (y_i - q_i) \psi_i = \\ &\sum_{i=1}^M (u_i - u_{i-1}) \psi_i = \\ &\sum_{i=1}^{M-1} u_i (\psi_i - \psi_{i+1}) + u_M \psi_M - u_0 \psi_1 \end{aligned}$$

$\Sigma\Delta$ 量化误差 $\| x-\tilde{x} \|$ 依赖于阶数，其中框架系数$(\langle x,\varphi_i\rangle)_{i=1}^M$ 代入到 $\Sigma\Delta$ 算法中。(8.31) 中，状态变量序列$(u_i)_{i=1}^M$(当输入序列阶数改变时，这个序列改变) 有这种依赖性，同时与$(\varphi_i)_{i=1}^M$ 相关的对偶框架$(\psi_i)_{i=1}^M$ 的排序里也有这种依赖性，由项$(\psi_i-\psi_{i+1})$ 得出。为了帮助将对偶框架序列排序的依赖性量化，将利用框架变量 $\sigma((\psi_i)_{i=1}^M)$，其定义为

$$\sigma((\psi_i)_{i=1}^M)=\sum_{i=1}^{M-1}\| \psi_i-\psi_{i+1} \| \tag{8.32}$$

框架变量用于给出下面的 $\Sigma\Delta$ 误差界限。

定理 8.2　假设框架$(\varphi_i)_{i=1}^M\subset \mathbf{R}^N$ 满足$\sup_{1\leqslant i\leqslant M}\| \varphi_i \| \leqslant C$，$x\in \mathbf{R}^N$ 满足 $\| x \| <\delta LC^{-1}$。那么 $\Sigma\Delta$ 误差满足

$$\| x-\tilde{x} \| \leqslant \frac{\delta}{2}(\sigma((\psi_i)_{i=1}^M)+\| \psi_M \|)$$

证明　结果由命题 8.2 推出。由于 $\| x \| <\delta L/M$，有 $|y_i|\leqslant|\langle x,\varphi_i\rangle|\leqslant\| x \| \| \varphi_i \| <\delta LC^{-1}C=L\delta$。利用稳定范围(8.29) 和 $u_0=0$，可以从(8.31) 推出

$$\| x-\tilde{x} \| \leqslant\frac{\delta}{2}(\sum_{i=1}^{M-1}\| \psi_i-\psi_{i+1} \| +\| \psi_M \|)=\frac{\delta}{2}(\sigma((\psi_i)_{i=1}^M)+\| \psi_M \|)$$

推论 8.1 提出了重要的特殊情况，当$(\varphi_i)_{i=1}^M\subset \mathbf{R}^N$ 是单位范数紧框架，$\psi_i=\frac{N}{M}\varphi_i$ 是标准对偶框架时。

推论 8.1　如果$(\varphi_i)_{i=1}^M\subset \mathbf{R}^N$ 是单位范数紧框架，$(\psi_i)_{i=1}^M$ 是有关的标准对偶框架，那么对于 $\| x \| <\delta L$ 的 $x\in \mathbf{R}^N$，$\Sigma\Delta$ 量化误差满足

$$\| x-\tilde{x} \| \leqslant\frac{\delta N(\sigma((\psi_i)_{i=1}^M)+1)}{2M}$$

推论 8.1 的一个实际序列是，对于多种多样有限框架，$\Sigma\Delta$ 量化误差 $\| x-\tilde{x} \|$ 是 $1/M$ 阶。下面的例 8.1 阐述了这种现象对于一个特殊的 $\mathbf{R}^2$ 中的单位范数紧框架集合。

例 8.1　令$(\varphi_i^M)_{i=1}^M\subset \mathbf{R}^2$ 是 $\mathbf{R}^2$ 的单位范数紧框架，由自然排序的第 M 个单位根给出

$$1\leqslant j\leqslant M,\quad \varphi_j^M=(\cos(2\pi j/M),\sin(2\pi j/M)) \tag{8.33}$$

框架变量满足下面独立于框架大小 M 的上界：

$$\sigma((\psi_j)_{j=1}^M)\leqslant 2\pi \tag{8.34}$$

因此，推论 8.1 得出下面 $\Sigma\Delta$ 误差界限：

$$\| x-\tilde{x} \| \leqslant\frac{\delta(2\pi+1)}{M} \tag{8.35}$$

$1/M$ 阶误差界限(8.35)不仅限于单位根框架;其仅需要一类有限框架,其框架变量根据框架大小 M 有界。见文献[2]、[9]里 $\mathbf{R}^N$ 中更普遍类型框架的类似结果,例如调和框架和由框架路径产生的框架。在下一节里在更高阶 ΣΔ 量化中更深刻地考虑这个问题。

由于运用框架变量来获得 ΣΔ 误差界限,得到了(8.35)中常量$(2\pi+1)$。通过框架变量得到上界很方便,但通常却不理想。文献[9]中通过框架变量合适的广义变化改善了一阶 ΣΔ 误差界限的约束。文献[2]中存在精确的误差界限,这表明有时可以改善 $1/M$ 误差率。举个例子,对于单位根框架和由框架路径产生的确定框架,存在 ΣΔ 误差满足 $M^{-5/4}\log M$ 阶精确界限的时候,见文献[2]。文献[2]中有限框架的精确 ΣΔ 误差界限由文献[33]中抽样扩张的精确界限促成,但在这两种情况下获得的估计在阶数上存在技术上的不同。文献[1]仔细地比较了MSQ的ΣΔ量化的逐点性能,文献[52]对ΣΔ误差分析和旅行商问题(TSP)的联系感兴趣。

8.4 高阶 Sigma－Delta 量化

一阶 ΣΔ 量化器(8.28)在不同算法种类的核心位置。已知仅通过(8.28)的单回路反馈机制,一阶 ΣΔ 量化就可以获得准确的 $\|x-\widetilde{x}\|\leqslant C/M$。此外,一阶 ΣΔ 误差界限,例如(8.35),是确定的(需要无噪声模型),因此即使是用理想 MSQ 重构方式,它也胜过 MSQ。一阶 ΣΔ 量化器(8.28)处在算法的顶端。算法(8.28)可以推广为显著优于一阶 ΣΔ 量化和 MSQ 的量化,在某种情况下其接近理想化;例如见 8.5 节的高精度方式。

这里存在几个方向,沿着这些方向可以推广一阶 ΣΔ 量化。举例来说,在工程专业人员中在频谱噪声整形或是误差传播算法结构领域里研究一般 ΣΔ 量化器是很普遍的,见文献[12]。本节里,遵循纯粹结构性的建立在事实基础上的概括方法,其中结果是在由(8.29)给出的均匀稳定性约束下,(8.28)用状态变量 u_i 的一阶差值 $(\Delta u)_i=u_i-u_{i-1}$ 来表述系数量化误差 y_i-q_i。特别地,通过高阶差分算子 Δ^r,第 r 阶 ΣΔ 量化总结关系

$$(\Delta u)_i=y_i-q_i$$

出于这种考虑,定义所需的高阶差分算子类别。令 $(u_i)_{i=1}^M\subset\mathbf{R}$ 是通过约定 $u_i=0,i\leqslant 0$ 扩展至非正数下标的给定序列。对于所有 $1\leqslant i\leqslant M$,标准一阶后向差分算子 $\Delta=\Delta^1$ 通过 $(\Delta u)_i=u_i-u_{i-1}$ 作用于序列 $(u_i)_{i=1}^M$ 上。对于每个正整数 r 递归性地定义第 r 阶后向差分算子 Δ^r 为 $(\Delta^r u)_i=(\Delta\circ\Delta^{r-1}u)_i$ 或为

下面等同的封闭式表达，$i=1,\cdots,M$

$$(\Delta^r u)_i = \sum_{j=0}^{r} (-1)^r \binom{r}{j} u_{i-j} \tag{8.36}$$

8.4.1　有限框架高阶 Sigma－Delta 量化

第 r 阶 ΣΔ 量化器以序列 $(y_i)_{i=1}^M \subset \mathbf{R}$ 作为输入，通过满足下面等式的迭代，得到量化输出序列 $(q_i)_{i=1}^M$ 满足下式，对于 $i=1,\cdots,M$：

$$\begin{cases} q_i = Q(R(u_{i-1},\cdots,u_{i-T},y_i,\cdots,y_{i-S})) \\ (\Delta^r u)_i = y_i - q_i \end{cases} \tag{8.37}$$

这里 S,T 是固定正整数；$R:\mathbf{R}^{T+S+1}\to\mathbf{R}$ 是固定量化规则函数。正如一阶量化器一样，$(u_i)_{i=1-T}^M \subset \mathbf{R}$ 是状态变量序列。简单起见，总假设状态变量序列初值为 $u_0=u_{-1}=\cdots=u_{1-T}=0$，如果有需要的话，定义 $y_i=0,i\leqslant 0$。如前面章节所说，Q 表示关于步长为 $\delta>0$ 的 $(2L+1)$ 级 midtread 量化字母表 $\mathscr{A}_L^\delta$ 的标量量化器。

量化规则 R 的选择十分灵活；对于一些典型选择见文献[54]。选择 R 时最重要的因素是，相关的 ΣΔ 算法应为稳定的。在这种意义上，存在独立于 M 的常量 $C_1,C_2>0$，使得输入序列 $y=(y_i)_{i=1}^M$ 和状态变量序列 $u=(u_i)_{i=1}^M$ 满足

$$\| y \|_\infty \leqslant C_1 \Rightarrow \| u \|_\infty \leqslant C_2$$

相比于一阶算法(8.28)的界限(8.29)，高阶 ΣΔ 量化器的稳定性问题是一个技术上的挑战，尤其是在 1 比特量化器情况下。事实上，最近仅在文献[21]中证明过对每个正整数 r，实际存在稳定 1 比特 r 阶 ΣΔ 量化器。证明特殊高阶 ΣΔ 量化器是稳定的，从动力系统理论上讲，通常会导致一系列问题。举个例子，ΣΔ 量化与分段仿射动力系统遍历理论有紧密联系，同样也与不变集的几何分块性质有紧密联系。

为了避免关于 ΣΔ 稳定性的技术问题，只讨论下面特殊的 r 阶 ΣΔ 量化器，其被称为 greedyΣΔ 量化器：

$$\begin{cases} q_i = Q\left(\sum_{j=1}^{r} (-1)^{j-1}\binom{r}{j} u_{i-j} + y_i\right) \\ u_i = \sum_{j=1}^{r} (-1)^{j-1}\binom{r}{j} u_{i-j} + y_i - q_i \end{cases} \tag{8.38}$$

通过这个规定可以很容易检查，如[34]，如果输入序列 $y=(y_i)_{i=1}^M$ 满足 $\| y \|_\infty < \delta(L-2^{r-1}-3/2)$，那么可得稳定界限

$$| u_i | \leqslant 2^{-1}\delta, \quad | y_i - q_i | \leqslant 2^{r-1}\delta \tag{8.39}$$

注意 r 阶 $\Sigma\Delta$ 量化器(8.38) 的每次迭代比(8.28) 里标准一阶 $\Sigma\Delta$ 量化器需要更多运算和更多内存(为了得到状态变量 u_{i-j})。作为增加运算量负担的交换，稍后会看出高阶 $\Sigma\Delta$ 量化会得到更精确的信号表示。

令 $(\varphi_i)_{i=1}^M \subset \mathbf{R}^N$ 是 $\mathbf{R}^N$ 上框架，$(\psi_i)_{i=1}^M$ 是任意相关的合成算子为 Ψ 的对偶框架。假设 $x \in \mathbf{R}^N$，框架系数 $y_i = \langle x, \varphi_i \rangle$ 作为 r 阶 $\Sigma\Delta$ 量化器(8.38) 的输入，$(q_i)_{i=1}^M$ 是 $\Sigma\Delta$ 量化框架系数的结果。令 q 表示输入为 $(q_i)_{i=1}^M$ 的 $M\times 1$ 列向量。最简单的从 $\Sigma\Delta$ 量化框架系数 $q=(q_i)_{i=1}^M$ 中恢复信号 $\widetilde{x} \in \mathbf{R}^N$ 的方法是以对偶框架 $(\psi_i)_{i=1}^M$，通过用

$$\widetilde{x} = \Psi q = \sum_{i=1}^M q_i \psi_i \tag{8.40}$$

来线性地重构。

对高阶 $\Sigma\Delta$ 量化的讨论只着重于线性方式(8.40) 的重构，但必须指出非线性重构方式例如一致重构，也是十分有效的，例如文献[50]，只不过是以增加复杂度为代价。

对于本节的余下部分，$\widetilde{x}$ 表示为线性重构(8.40)。$\Sigma\Delta$ 误差$(x-\widetilde{x})$ 以矩阵方式简洁地表示，通过定义为下式的 $M\times M$ 矩阵 D

$$D_{ij} := \begin{cases} 1, & i=j \\ -1, & i=j+1 \\ 0, & \text{其他} \end{cases} \tag{8.41}$$

令 u 表示状态变量 $u=(u_i)_{i=1}^M$ 的 $M\times 1$ 列向量，得到下面的 $\Sigma\Delta$ 误差公式；见文献[5]、[34]、[42]。

引理 8.1　r 阶 $\Sigma\Delta$ 量化误差$(x-\widetilde{x})$ 满足

$$(x-\widetilde{x}) = \sum_{i=1}^M (y_i - q_i)\psi_i = \Psi D^r u \tag{8.42}$$

如果 $x \in \mathbf{R}^N$，框架系数 $y_i = \langle x, \varphi_i \rangle$ 满足 $|y_i| \leqslant \delta(L - 2^{r-1} - 3/2)$，那么 $\Sigma\Delta$ 量化器(8.38) 的稳定界限(8.39) 有

$$\| u \| \leqslant \sqrt{M} \ \| u \|_\infty \leqslant 2^{-1}\delta\sqrt{M} \tag{8.43}$$

确保 $|y_i| = |\langle x, \varphi_i \rangle| < \delta(L - 2^{r-1} - 3/2)$ 的典型办法是假设 $x \in \mathbf{R}^N$ 满足 $\| x \| < \delta(L - 2^{r-1} - 3/2)C^{-1}$，其中 $C = \sup_{1\leqslant i\leqslant M} \| \varphi_i \|$。稳定性界限(8.43) 连同引理 8.1 得出下面的 $\Sigma\Delta$ 误差上界。

作为本章剩余部分，如果 $T: \mathbf{R}^{d_1} \to \mathbf{R}^{d_2}$ 是线性算子，那么当 $\mathbf{R}^{d_1}$ 和 $\mathbf{R}^{d_2}$ 都在标准 Euclidean ℓ_2 范数下时，$\| T \|_{\text{op}} = \| T \|_{\ell_2 \to \ell_2}$ 表示 T 的算子范数。

推论 8.2　如果 $x \in \mathbf{R}^N$，框架系数 $y_i = \langle x, \varphi_i \rangle$ 满足

$$\| y \|_{\infty} < \delta(L - 2^{r-1} - 3/2)$$

那么 r 阶 $\Sigma\Delta$ 量化误差满足

$$\| x - \widetilde{x} \| = \| \Psi D^r u \| \leqslant \| u \| \; \| \Psi D^r \|_{\mathrm{op}} \leqslant 2^{-1} \delta \sqrt{M} \; \| \Psi D^r \|_{\mathrm{op}} \tag{8.44}$$

8.4.2 Sobolev 对偶框架

本节的目的是为了获得某些特殊有限框架集的 r 阶量化误差 $\| x - \widetilde{x} \|$ 及其定量估计。需要对推论 8.2 中的误差界限(8.44)有更清晰的理解。类似于(8.16)和(8.35)界限,尤其对作为框架大小 M 的 $\Sigma\Delta$ 函数的定量误差到底有多小感兴趣。

给出一些关于误差界限类型的观点是十分有帮助的。文献[21]的开创性工作研究了在有限频宽采样扩展环境下的 r 阶 $\Sigma\Delta$ 量化和如下形式的误差界限:

$$\| h - \widetilde{h} \|_{L^{\infty}(\mathbf{R})} < \frac{1}{\lambda^r} \tag{8.45}$$

其中,$\widetilde{h}$ 通过 $\Sigma\Delta$ 量化中有限频宽函数 h 获得;λ 表示过采样率。有限频宽采样的全部细节不是必要的,但是(8.45)阐明当算法阶数 r 增加时,高阶 $\Sigma\Delta$ 算法可以使冗余量(过采样)利用的有效率显著提高。希望表明在有限框架环境下,类似的结果也成立。在(8.35)中已经得到了某些有限框架的一阶 $\Sigma\Delta$ 量化结果。

为了获得定量 $\Sigma\Delta$ 误差界限,引理 8.2 表明可以减弱状态变量序列 u 和对偶框架 Ψ 的作用。由于稳定界限可以直接控制状态变量序列,界定 $\| x - \widetilde{x} \|$ 的主要问题在于弄清对偶框架 Ψ 的作用和弄明白算子范数 $\| \Psi D^r \|_{\mathrm{op}}$ 的大小,见(8.44)。对于冗余框架 Φ,对偶框架 Ψ 的选择不唯一,那么紧接着的问题是弄清哪种特殊对偶框架对从 $\Sigma\Delta$ 量化系数中重构信号是最合适的。

给定一个分析算子为 Φ^* 的框架 $(\varphi_i)_{i=1}^M \subset \mathbf{R}^N$,希望确定当用线性重构(8.40)来从 $\Sigma\Delta$ 量化框架系数中重构信号时,哪种对偶框架 $(\psi_i)_{i=1}^M$ 更好。寻找一个不依赖于要量化的特殊信号 $x \in \mathbf{R}^N$ 的对偶框架选择。标准对偶框架的广泛应用会合理地引发一些关于在高阶 $\Sigma\Delta$ 量化中标准对偶框架重构的原始思考。在 8.2 节已经表明标准对偶框架最适合 MSQ 同时很好地解决类似例 8.1 的一阶 $\Sigma\Delta$ 问题,见文献[2]、[3]。不幸的是,标准对偶框架在高阶 $\Sigma\Delta$ 问题方面难有作为。在文献[42]中有这种现象的例子:对于单位根框架(8.33)的 r 阶 $\Sigma\Delta$ 量化,如果 $r \geqslant 3$,那么标准对偶框架重构不能鲁棒地获得比 $1/M^2$ 阶好的阶数的量化误差 $\| x - \widetilde{x} \|$。这意味着对偶框架的合适选择对于有限框架的高阶 $\Sigma\Delta$ 量化是十分重要的。相比之下,在文献[21]中的有限频

宽过采样扩展的 ΣΔ 量化的无限维环境中，这种问题并不存在。

下面的结果指出如何选择对偶框架使量 $\|\Psi D^r\|_{op}$ 最小。引理8.2中，这些对偶框架是 ΣΔ 信号重构的自然候选。

命题 8.3　令 Φ 是给定 $N\times M$ 满秩矩阵，D 是由(8.41)定义的 $M\times M$ 矩阵。考虑到下面所有 $N\times M$ 矩阵 Ψ 所掌管的最小化问题：

$$\min\{\|\Psi D^r\|_{op}:\Psi\Phi^*=I\} \tag{8.46}$$

(8.46)的最小值由下式给出

$$\Psi_{r,\mathrm{Sob}}=(D^{-r}\Phi^*)^{\dagger}D^{-r}=(\Phi(D^*)^{-r}D^{-r}\Phi^*)^{-1}\Phi(D^*)^{-r}D^{-r} \tag{8.47}$$

在(8.47)中称 $\Psi_{r,\mathrm{Sob}}$ 为关于 Φ 的 r 阶 Sobolev 对偶。运用框架注释，如果 $(\varphi_i)_{i=1}^M\subset\mathbf{R}^N$ 是分析算子为 Φ^* 的框架，那么合成算子为 $\Psi_{r,\mathrm{Sob}}$ 的对偶框架 $(\psi_i)_{i=1}^M$ 称为 r 阶 Sobolev 对偶框架。

值得一提的是 D 和 D^* 不能交换。读者应该查阅正误表来避免在文献[5]中 Sobolev 对偶定义中的由不可交换性引起的注释误差。

到目前为止，已经说明了 Sobolev 对偶使 ΣΔ 误差项 $\|\Psi D^r\|_{op}$ 最小化，但是其仍要给出这个表达式的精确定量界限。为此，研究由框架路径产生的框架类别会十分方便。

定义 8.1　向量值函数 $\Phi:[0,1]\to\mathbf{R}^N$ 由下式给出：

$$\Phi(t)=(\varphi_1(t),\varphi_2(t),\cdots,\varphi_N(t))$$

如果下面三个条件成立，该函数是分段 C^1 均匀采样框架路径：

(1) $\forall 1\leqslant i\leqslant M$，映射 $\varphi_i:[0,1]\to\mathbf{R}$ 是分段 C^1。

(2) 函数 $(\varphi_i)_{i=1}^N$ 是线性独立的。

(3) 存在 M_0 使得对所有 $M\geqslant M_0$ 集合 $(\Phi(i/M))_{i=1}^M$ 是 $\mathbf{R}^N$ 上的框架。

由框架路径构建得到许多标准框架；举个例子，见文献[5]。框架路径的一个最简单例子是由下面的函数给出：

$$\Phi(t)=(\cos 2\pi t\ ,\sin 2\pi t)$$

这个框架路径通过下式恢复了(8.33)中单位范数紧框架：

$$\varphi_k^M=\Phi(k/M)=(\cos(2\pi k/M),\sin(2\pi k/M))$$

这样对于每个 $M\geqslant 3$ 集合 $(E(k/M))_{k=1}^M$ 是 $\mathbf{R}^2$ 上的单位范数紧框架。

对于接下来的理论需要下面些许冗长的设定。令 $\Phi:[0,1]\to\mathbf{R}^N$ 是一个分段 C^1 均匀采样框架路径，对于每个 $M\geqslant M_0$，设 $(\psi_i^M)_{i=1}^M$ 为与框架 $(\Phi(i/M))_{i=1}^M\subset\mathbf{R}^N$ 相关的 r 阶 Sobolev 对偶框架。如果 $x\in\mathbf{R}^N$，那么对于每个 $M\geqslant M_0$，信号 x 有框架系数 $y_i^M=\langle x,\Phi(i/M)\rangle$，$1\leqslant i\leqslant M$。假设框架系数都满足 $|y_i^M|\leqslant\delta(K-2^{r-1}-3/2)$，对于每个 $M\geqslant M_0$，为了获得量化系数

$(q_i^M)_{i=1}^M$，r 阶 $\Sigma\Delta$ 量化用于框架系数 $(y_i^M)_{i=1}^M$ 上。最后，Sobolev 对偶框架 $(\psi_i^M)_{i=1}^M$ 用于从 $(q_i^M)_{i=1}^M$ 中线性重构信号 $\widetilde{x}_M$。

定理 8.3　考虑 C^1 均匀采样框架路径的 r 阶 $\Sigma\Delta$ 量化，假设上段中的设定有效。那么存在仅依赖于 r 和框架路径 Φ 的常量 $C_{r,\Phi}$，使得 r 阶 Sobolev 对偶框架重构的 $\Sigma\Delta$ 量化误差满足

$$\forall M \geqslant M_0, \quad \| x - \widetilde{x}_M \| \leqslant \frac{C_{r,\Phi}}{M^r} \tag{8.48}$$

举例来说，定理 8.3 适用于(8.33)中 $\mathbf{R}^2$ 上的单位根框架，$\mathbf{R}^N$ 中的调和框架，由重复标准正交基获得的紧框架，见文献[5]，在每种情况下都确保运用 Sobolev 对偶的 r 阶 $\Sigma\Delta$ 量化获得准确的 $\| x-\widetilde{x} \| \leqslant c/M^r$。再次强调下，如果标准对偶框架替代了 Sobolev 框架，误差性能通常是不适合上述的，见文献[42]。

例 8.2　根据在单位正方形上的均匀分布随机选择 $\mathbf{R}^2$ 中的 30 个点。对于 30 个点中每个点，通过文献[21]中特殊三阶 $\Sigma\Delta$ 方案，关于单位根框架(8.33)的相应的框架系数被量化。通过 30 个量化系数集合的其中一个，运用标准对偶框架和三阶 Sobolev 对偶来进行线性重构。Candual(M)和 Altdual(M)表明分别通过标准对偶框架和 Sobolev 对偶，可以获得 30 个误差中的最大值。图 8.3 显示了相对于框架大小 M 的 Altdual(M)和 Candual(M)的对数比例坐标图。为了比较两者，也给出了 $1/M^3$ 和 $1/M$ 的对数比例坐标图。注意 Sobolev 对偶比标准对偶框架有更小的重构误差。更多本例的细节在文献[5]中可以找到。

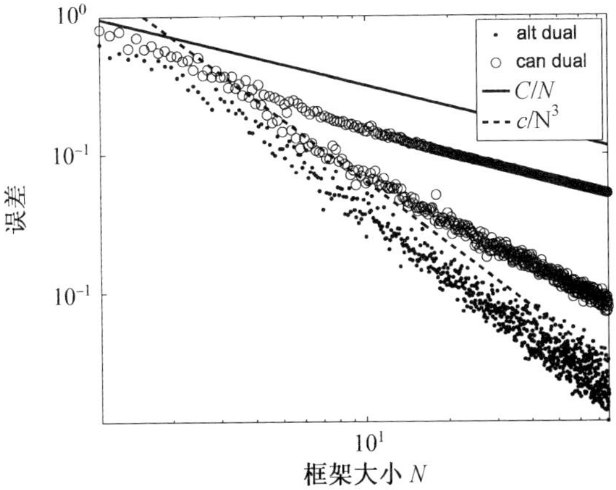

图 8.3　相对于框架大小 N 的三阶 $\Sigma\Delta$ 量化误差对数比例坐标图，$\mathbf{R}^2$ 上第 M 个单位根框架集。图中比较了重构的标准对偶框架和三阶 Sobolev 对偶框架，阐明了 Sobolev 对偶带来的高精确度

例 8.3 令$(\varphi_i)_{i=1}^M \subset \mathbf{R}^2$是由(8.33)给出的$\mathbf{R}^2$上的单位根单位范数紧框架,其$M=256$;图 8.4(a) 显示了框架向量$(\varphi_i)_{i=1}^M$;图 8.4(b) 展示了由$\tilde{\varphi}_i=\left(\frac{2}{256}\right)\varphi_i$,$1\leqslant n\leqslant 256$给出的相关的标准对偶框架向量;图 8.4(c) 显示了相关的阶数$r=2$的 Sobolev 对偶框架。注意每个图是按不同比例缩小为最优可见度。

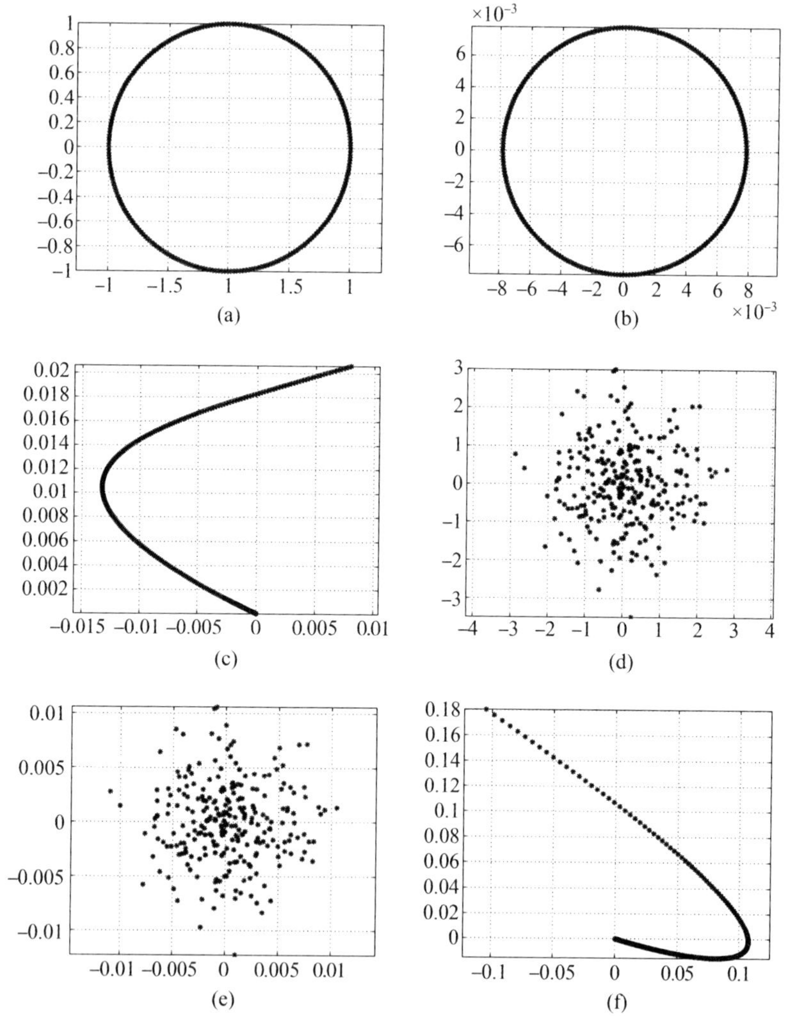

图 8.4　图(a)是$M=256$的单位根框架,图(b)是相关的标准对偶框架,图(c)是相关的阶数为 2 的 Sobolev 对偶框架,图(d)是$M=256$的高斯随机框架,图(e)是相关的标准对偶框架,图(f)是相关的阶数为 4 的 Sobolev 对偶框架。注意每个图的轴线按不同比例缩放到最佳可见性

Sobolev 对偶框架阐明了量化问题的非经典表示法的重要性。更普遍地说，另一种对偶框架的运用是解决一些数学正确号处理方面其他问题的重要技术。举例来说，文献[23]、[41] 通过非经典 Gabor 框架提供改善的时频局部化。文献[16] ～ [18] 中运用非经典表示法来提供在 Gabor 和移位不变性系统环境下需要的支撑性能、平滑性能、结构性能。其他非经典表示法的性能和降低噪声的研究见文献[27]、[43]、[44]。

实际上，不可能总能全部控制用于计算框架系数 $y_i = \langle x, \varphi_i \rangle$ 的编码框架 $(\varphi_i)_{i=1}^M$。举个例子，如果框架 Φ 相当于一个物理测量装置，系数 $(y_i)_{i=1}^M$ 就相当于观察装置。一个 Sobolev 对偶框架方式有价值的性质是其在编码和量化完成后，加入了一些重构步骤。这个模块化使 Sobolev 对偶变为一种灵活的工具。一种不同的已被证明是有成效的方法是定制 ΣΔ 量化的特殊框架，为在经典线性重构下做得更好而特别设计，见文献[10]、[40]。然而，这种方法会在编码框架上加入更多强限制（举例来说，其排除任何单位范数框架），增加了一个有关紧框架扩展的简化重构步骤。尽管如此，类似于 Sobolev 对偶，这些构建中的关键问题是设计能在初始阶段平滑终止的框架。

8.4.3　随机框架的 Sobolev 对偶

由前面章节里已经看出，高阶 ΣΔ 算法能很好地运用框架向量间的关联来提供精确量化。由于其沿着分段平滑路径进行，因此变化缓慢，这能确保邻近的框架向量高度相关，所以用定理 8.3 的框架路径构建能确保充分的框架向量间关联量。鉴于这点，即使对于高度松散的随机框架，也能很好地完成 ΣΔ 量化。

令 Φ 是一个 $N \times M$ 的 i. i. d. 标准正态分布 $\mathcal{N}(0,1)$ 输入的随机矩阵，令 $(\varphi_i)_{i=1}^M \subset \mathbf{R}^N$ 是合成算子为 Φ 的随机向量集。因为 Φ 是概率为 1 的满秩矩阵，称 $(\varphi_i)_{i=1}^M$ 为 $\mathbf{R}^N$ 上的高斯随机框架。下面的理论致力于当运用高斯随机框架时，运用 Sobolev 对偶框架的 ΣΔ 量化的性能。

定理 8.4　令 $(\varphi_i)_{i=1}^M \subset \mathbf{R}^N$ 是一个高斯随机框架，令 $(\psi_i)_{i=1}^M$ 是相关的合成算子为 $\Psi = \Psi_{r,\mathrm{Sob}}$ 的 Sobolev 对偶框架。设 $\lambda = M/N$。

对于任意 $\alpha \in (0,1)$，如果 $\lambda \geqslant c\,(\log M)^{1/(1-\alpha)}$，那么

$$\| \Psi D^r \|_{\mathrm{op}} <_r \lambda^{-\alpha(r-\frac{1}{2})} M^{-\frac{1}{2}} \tag{8.49}$$

成立的概率至少为

$$1 - \exp(-c' M \lambda^{-\alpha})$$

因此，下面的高斯随机框架 r 阶 ΣΔ 量化误差界限成立：

$$\| x-\widetilde{x}_M \|_2 <_r \lambda^{-\alpha(r-\frac{1}{2})}\delta \tag{8.50}$$

例 8.4 令$(\varphi_i)_{i=1}^M \subset \mathbf{R}^2$是一个大小为$M=256$的高斯随机框架。图8.4(d)是框架向量$(\varphi_i)_{i=1}^M$,图8.4(e)是相关的标准对偶框架向量。注意高斯随机框架大约是紧的,例如见文献[30]。图8.4(f)是相关的阶数为$r=4$的Sobolev框架。注意,每幅图都不同程度地缩放到最佳可见性。

定理8.4在压缩感知方面有很重要的含义。相比于框架理论,压缩感知涉及非线性信号空间($\mathbf{R}^N$中的s稀疏信号集),压缩感知的高维性质通常在过采样方面投入高额代价。尽管如此,框架理论在许多压缩感知问题中扮演了重要角色。结合合适的恢复方法,定理8.4意味着ΣΔ量化是量化压缩感知测量值的有效方法,Sobolev对偶是从高位量化数据中提取信息的有效工具;见文献[34]~[36]。在有限频宽信号的随机交叉采样情况下,其他随机采样几何图形的ΣΔ算法运用,见文献[47]。

ΣΔ量化是量化压缩感知测量的有效方法,并且Sobolev对偶是从高维量化数据中提取信息的实用工具,见文献[34]~[36]。文献[47]中ΣΔ算法在带限信号随机隔行扫描采样的环境下随机几何采样的应用过程。

8.5 根指数精确度

前面关于框架量化的讨论已假设了一种特殊范例。给定一个过采样率为$\lambda:=M/N$的合适框架Φ,固定一个r阶ΣΔ量化方案$\mathcal{Q}_r$来量化框架扩展,即$q:=\mathcal{Q}_r(\Phi^* x)$。随后,近似$x$为$\widetilde{x}=\Psi_r q$,其中$\Psi_r$是$\Phi$的$r$阶Sobolev对偶。在这个范例下,阶数$r$是固定的,举例来说,如果$\Phi$是一个高斯随机框架,误差近似值像是一个逆多项式(以λ);特别地,有$\| x-\widetilde{x} \|_2 < C(r)\lambda^{-r}$。

接下来脱离上面范例,把ΣΔ量化方案的阶数r当作一个参数。用这种方式,可以获得"根指数"误差率(当经由Sobolev对偶的线性重构完成解码时)。特别地,如果最优化阶数r为一个λ的函数,倘若合适地选择了ΣΔ方案和编码框架Φ,可以得出重构误差满足$\| x-\widetilde{x} \|_2 \leqslant C\mathrm{e}^{-c\sqrt{\lambda}}$。

8.5.1 超多项式精确度和Sigma-Delta量化:有限频宽环境

在有限框架环境下用来获得根指数精确度的ΣΔ方案最初是为了过采样有限频宽函数的量化而设计的。事实上,ΣΔ量化中的近似值误差的超多项式误差衰减(作为一个过采样率①λ)最初在有限频宽函数(以 L^∞)背景下提出。为了获得超多项式衰减,用涉及"标记"函数串联的非线性量化规则,文献[21]中的方法构造了任意阶数的稳定 ΣΔ 方案集。接下来,实际量化方案的阶数 r 为过采样率 λ 的函数。通过这种方式,文献得出近似值误差是 $O(\lambda^{-c\log\lambda})$。在相同的有限频宽环境下,可以获得指数误差衰减率,会在文献[32]中有说明。特别地,文献[32]中推荐的 r 阶稳定 ΣΔ 量化器,运用线性量化规则和基于其(非直接)先前值 r 更新的辅助状态序列 v,上述 ΣΔ 量化器会在本节后面部分简洁地描述。指数精确度由 λ 的函数 r 的最优选择得到。最近,文献[24]通过构建在文献[32]框架结构更好稳定性质的 ΣΔ 方案得到了改进的指数率。

8.5.2　超多项式精确度和 ΣΔ 量化:有限框架环境

上面描述的方法可以适用于有限框架环境。特别地,当考虑合适的有限框架集合和当重构中运用合适的(Sobolev)对偶时,近似值误差以过采样率 λ 像"根指数"一样衰减。本节剩余部分致力于描述如何这么做。

正如 8.4 节中提到的,可以经由界限 $\| x - \widetilde{x} \| = \| \Psi D^r u \| \leqslant \| \Psi D^r \|_{\mathrm{op}} \| u \| \sqrt{M}$ 控制涉及 r 阶 ΣΔ 量化的重构误差,其中 Ψ 是 Φ 的特殊对偶,用于从量化系数中重构 $\widetilde{x}$。稳定 ΣΔ 方案的运用确保了 $\| u \|$ 是有界的,Sobolev 对偶对所有 Φ 的对偶最小化 $\| \Psi D^r \|_{\mathrm{op}}$。在 8.4 节中,当选择合适的框架 Φ 时,这个技术导致以 λ 为比率的多项式误差衰减。在有限频宽环境的上述讨论的促使下,希望最优化 λ 的函数 r 来获得期望的比多项式衰减率更快的方式。

如果打算将 r 作为量化问题中的设计参数,那么 $\| FD^r \|_{\mathrm{op}}$ 上的任意上界内的常量的确切 r 依赖量,例如(8.48)和(8.50),变得十分重要且必须被计算。

为了解决这个问题,一种方法是用特殊框架例如 Sobolev 自对偶框架。对于这类框架 Φ,$\| \Psi D^r \|_{\mathrm{op}}$ 上界限是明确的 —— 见定理 8.6,其中 Ψ 是 Sobolev 对偶(事实上 $\Psi = \Phi$)。另一种方式是给定框架 Φ 明确控制 $\| \Psi D^r \|_{\mathrm{op}}$ 上界内的依赖 r 的常量,其中 Ψ 是 Sobolev 对偶。这种方式对于调和框架的情况也在文献[40]中提到。

注意(8.38)中用来确保稳定性,即确保 $\| u \|$ 是有界的贪婪 ΣΔ 方案,由

---

① 在这种环境下,过采样率定义为采样率和奈奎斯特速率之比。

于阶数 r 增加，需要更多级，例如见文献[34]。代替在最优化过程中利用 λ 和 r 的互相作用所进行的处理和量化器级数，可以用另一种 $\Sigma\Delta$ 方案，可以选择独立于阶数 r 的级数。特别地，用文献[32]和文献[24]的方案来控制 $\|u\|$。

用下面的卷积符号是十分方便的。给定无限序列 $x=(x_i)_{i=-\infty}^{\infty}$ 和 $y=(y_i)_{i=-\infty}^{\infty}$，卷积序列 $x*y$ 分量定义为

$$\forall i \in \mathbf{Z}, \quad (x*y)_i = \sum_{k=-\infty}^{\infty} x_k y_{i-k}$$

当 $(x_j)_{j=J_1}^{J_2}$ 和 $(y_k)_{k=K_1}^{K_2}$ 是有限序列时，通过 $x_j=0, y_k=0, j\notin\{J_1,\cdots,J_2\}, k\notin\{K_1,\cdots,K_2\}$ 将其扩展为无限序列，接着定义卷积 $x*y$ 如上。

文献[24]、[32]中方案，将 $u=g*v$ 替代为某些固定的 $g=[g_0,\cdots,g_m]$，其中 $m\geqslant r, g_0=1, g_i\in\mathbf{R}$。此外，设定量化规则为

$$\rho(v_i, v_{i-1},\cdots,y_i,y_{i-1},\cdots)=(h*v)_i+y_i$$

其中 $h=\delta^{(0)}-\Delta^r g$（$\delta^{(0)}$ 是 Kronecker 函数）。因此，根据下式来量化：

$$q_i = Q((h*v)_i + y_i) \tag{8.51}$$

$$v_i = (h*v)_i + y_i - q_i \tag{8.52}$$

因为 $(\Delta^r g)_0=g_0=1$，有 $h_0=0$，因此这个公式描述了如何从 $v_j, j<i$ 中计算 v_i。这里和本节剩余部分都用 midrise 量化字母表(8.5)。

可以看出，(例如见文献[24]、[32]) 上述方案是稳定的。定理 8.5 总结了其重要的稳定性质。

定理 8.5　存在一个通用常量 $C_1>0$ 使得对任意步长为 $\delta>0$ 的 $2L$ 级 midrise 量化字母表(8.5)，对任意阶数 $r\in\mathbf{N}$，对所有 $\mu<\delta(K-\frac{1}{2})$，存在对于某些 $m>r$ 的 $g\in\mathbf{R}^m$ 使得对所有输入信号 y(8.51) 给出的 $\Sigma\Delta$ 方案是稳定的，其中 $\|y\|_\infty\leqslant\mu$，且

$$\|u\|_\infty \leqslant C_1 C_2^r r^r \frac{\delta}{2} \tag{8.53}$$

这里 $u=g*v$ 如上所述，$C_2=\left(\left\lceil\frac{\pi^2}{(\operatorname{arccosh}\gamma)^2}\right\rceil\frac{\mathrm{e}}{\pi}\right)$，$\gamma:=2K-\frac{2\mu}{\delta}$。

8.5.3　Sobolev 自对偶框架

现在定义和讨论文献[40]中推荐的 Sobolev 自对偶框架的性质。为了这个目的，考虑对于 $\mathbf{R}^{m\times n}$ 中秩为 k 的任意矩阵 X，存在一个形式为 $X=U_X S_X V_X^*$ 的奇异值分解(SVD)，其中 $U_X\in\mathbf{R}^{m\times k}$ 是正交列的矩阵，$S_X\in\mathbf{R}^{k\times k}$ 是严格非

负输入的对角矩阵，$V_X \in \mathbf{R}^{n\times k}$ 是正交列的矩阵。Sobolev 自对偶框架从矩阵 D^r 的相应最小 N 奇异值的左奇异向量中构建。此外，对于任意 N,M 和 r，这些框架既是标准对偶又是阶数 r 的 Sobolev 对偶。图 8.5 是 $\mathbf{R}^{13}$ 的一阶 Sobolev 自对偶框架向量$(\varphi_i)_{i=1}^{1\,000}$ 的前 3 个坐标。

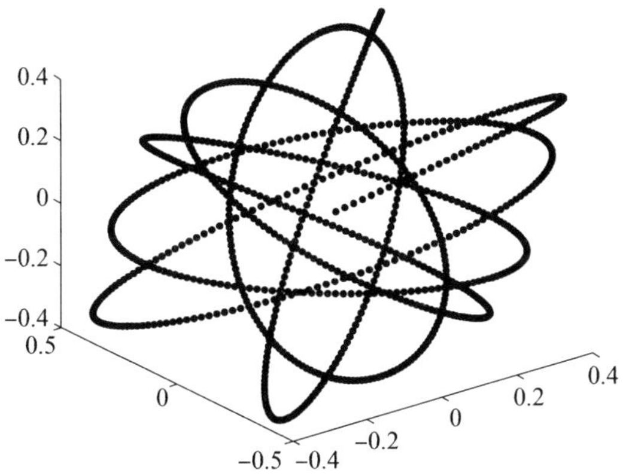

图 8.5　1 000 向量前 3 个坐标组成了一个 $\mathbf{R}^{13}$ 上的一阶 Sobolev 自对偶框架

定理 8.6　令 $U_{D^r}=[u_1 \mid u_2 \mid \cdots \mid u_M]$ 是包含 D^r 的左奇异向量的矩阵，对应于 D^r 的奇异值的递减排列。令 $\Phi=[u_{M-N+1} \mid \cdots \mid u_{M-1} \mid u_M]^*$，$\Psi$ 和 $(\Phi^*)^\dagger$ 分别表示 Φ 的 r 阶 Sobolev 对偶和标准对偶。那么

(1)Φ 是框架界限为 1 的紧框架；

(2)$\Psi=(\Phi^*)^\dagger=\Phi$；

(3) $\| \Psi D^r \|_{\mathrm{op}} \leqslant \left(2\cos\left(\dfrac{(M-N-2r+1)\pi}{2M+1}\right)\right)^r$。

结合定理 8.6 和定理 8.5，最优化超过 r，文献[40]证明了下面定理 8.7 的结果。

定理 8.7　对于 $0<L\in\mathbf{Z}$ 和 $0<\delta\in\mathbf{R}$，令 $x\in\mathbf{R}^N$，使得 $\|x\|_2\leqslant\mu<\delta(L-\frac{1}{2})$。假设希望通过步长为 $\delta>0$ 的 $2L$ 级 midrise 字母表(8.5) 量化一个过采样率 $\lambda=M/N$ 的 x 的冗余表示，如果 $\lambda\geqslant c(\log N)^2$，那么存在一个 Sobolev 自对偶框架 Φ 和相关的 $\Sigma\Delta$ 量化方案 $Q^{\Sigma\Delta}$，其阶数都为 $r^\#=r(\lambda)\approx\sqrt{\lambda}$，使得

$$\| x-\Phi Q^{\Sigma\Delta}(\Phi^* x)\|_2 \leqslant C_1 \mathrm{e}^{-C_2\sqrt{\lambda}}$$

这里，c，C_1 和 C_2 是独立于 N 和 x 的常量。

由于上面的框架 Φ 既可以认为是标准对偶，也可以认为是 Sobolev 对偶，

可以得到对于噪声的鲁棒性。

8.5.4 调和框架

在定理 8.6 的类比中,文献[40]得出了调和框架的如下结果。

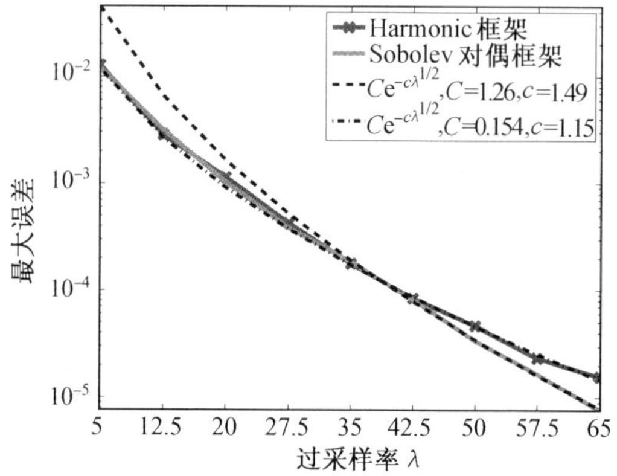

(a)

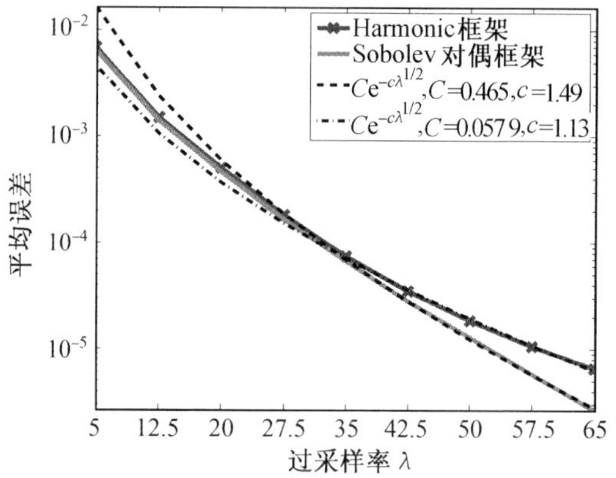

(b)

图 8.6 $N=20$ 的 $\Sigma\Delta$ 量化冗余表达式的线性重构中的最大值(a)和平均(b)误差。误差以过采样率 λ 的函数形式画出(以对数坐标)

引理 8.2 令 Ψ 是调和框架 Φ 的 r 阶 Sobolev 对偶,那么存在(或许依赖于 N)常量 C_1 和 C_2,使得

$$\|\Psi D^r\|_{\text{op}} \leqslant C_1 e^{-r/2} M^{-(r+1/2)} r^{r+C_2} (1+O(M^{-1}))$$

如以前一样,结合引理 8.2 和定理 8.5,最优化超过 r,文献[40]得到下面的根指数误差衰减的定理。

定理 8.8　令 $0 < L \in \mathbf{Z}$ 和 $x \in \mathbf{R}^N$，$\| x \|_2 \leqslant \mu < \delta(L - \frac{1}{2})$。假设希望运用步长为 $\delta > 0$ 的 $2L$ 级 midrise 字母表(8.5)来量化调和框架扩展 $\Phi^* x$，其过采样率 $\lambda = M/N$。存在一个阶数为 $r := r(\lambda) \approx \sqrt{\lambda}$ 的 ΣΔ 量化方案 $Q^{\Sigma\Delta}$，使得

$$\| x - \Psi_r Q^{\Sigma\Delta}(\Phi^* x) \|_2 \leqslant C_1 e^{-C_2\sqrt{\lambda}}$$

这里，Ψ_r 是 Φ 的 r 阶 Sobolev 对偶，常量取决于 N，独立于 x。

例 8.5　做下面的实验来阐明本节的结论。对于 $N = 20$ 产生 1 500 个随机变量 $x \in \mathbf{R}^N$(从高斯系统中)，归一化其幅度值以便 $\| x \| = 2 - \cosh(\pi/\sqrt{6}) \approx 0.058\ 4$。对于每个 x，用冗余表示 $y = \Phi^* x$，其中 $\Phi \in \mathbf{R}^{N \times M}$ 是调和框架或是阶数 r 的 Sobolev 对偶框架。对于 $r \in \{1, \cdots, 10\}$ 及某些 M 的值，根据定理 8.5 中方案进行 y 的 3 比特 ΣΔ 量化。随后，通过用 Φ 的 r 阶 Sobolev 对偶进行线性重构得到 x 的近似值，计算近似值误差。对于每个 M，计算最小的那个最大值(超过 r) 和平均误差(超过 1 500 次运行)。误差曲线结果在图 8.6 中表明。注意，平均和最坏情况下都如根指数形式衰减，这表明通过这种方法和本节的框架，指数误差衰减是不可能的。

感谢　作者感谢 Sinan Gunturk，Mark Lammers 和 Thao Nguyen 在框架理论和量化方面有价值的讨论和协作。

A. Powell 部分由 NSF DMS Grant 0811086 赞助，同时也感谢 Academia Sinica Institute of Mathematics(Taipei，Taiwan) 的支持与款待。

R. Saab 由 Banting Postdoctoral Fellowship 支持，由 the Natural Science and Engineering Research Council of Canada 承办。

Ö. Yiilmaz 部分由 the Natural Sciences and Engineering Research Council of Canada(NSERC) 的 Discovery Grant 赞助。他也同样得到 NSERC CRD Grant DNOISE Ⅱ(375142－08) 的部分支持。最后，Yilmaz感谢 the Pacific Institute for the Mathematical Sciences(PIMS) 赞助了一个 Applied and Computational Harmonic Analysis 中的 CRG。

本章参考文献

[1] Benedetto, J. J., Oktay, O.: Pointwise comparison of PCM and ΣΔ quantization. Constr. Approx. 32, 131158 (2010).

[2] Benedetto, J. J., Powell, A. M., Yılmaz, Ö.: Sigma-Delta (ΣΔ) quantization and finite frames. IEEE Trans. Inf. Theory 52, 1990-

2005 (2006).

[3] Benedetto, J. J. , Powell, A. M. , Yılmaz, Ö. : Second order Sigma-Delta quantization of finite frame expansions. Appl. Comput. Harmon. Anal. 20, 126-148 (2006).

[4] Bennett, W. R. : Spectra of quantized signals. AT&T Tech. J. 27(3), 446-472 (1947).

[5] Blum, J. , Lammers, M. , Powell, A. M. , Yılmaz, Ö. : Sobolev duals in frame theory and Sigma-Delta quantization. J. Fourier Anal. Appl. 16, 365-381 (2010).

[6] Blum, J. , Lammers, M. , Powell, A. M. , Yılmaz, Ö. : Errata to: Sobolev duals in frame theory and Sigma-Delta quantization. J. Fourier Anal. Appl. 16, 382 (2010).

[7] Bodmann, B. , Lipshitz, S. : Randomly dithered quantization and Sigma-Delta noise shaping for finite frames. Appl. Comput. Harmon. Anal. 25, 367-380 (2008).

[8] Bodmann, B. , Paulsen, V. : Frames, graphs and erasures. Linear Algebra Appl. 404, 118-146 (2005).

[9] Bodmann, B. , Paulsen, V. : Frame paths and error bounds for Sigma-Delta quantization. Appl. Comput. Harmon. Anal. 22, 176-197 (2007).

[10] Bodmann, B. , Paulsen, V. , Abdulbaki, S. : Smooth frame-path termination for higher order Sigma-Delta quantization. J. Fourier Anal. Appl. 13, 285-307 (2007).

[11] Borodachov, S. , Wang, Y. : Lattice quantization error for redundant representations. Appl. Comput. Harmon. Anal. 27, 334341 (2009).

[12] Boufounos, P. , Oppenheim, A. : Quantization noise shaping on arbitrary frame expansions. EURASIP J. Appl. Signal Process. , Article ID 53807 (2006), 12 pp.

[13] Buhler, J. , Shokrollahi, M. A. , Stemann, V. : Fast and precise Fourier transforms. IEEE Trans. Inf. Theory 46, 213-228 (2000).

[14] Casazza, P. , Dilworth, S. , Odell, E. , Schlumprecht, T. , Zsak, A. : Coefficient quantization for frames in Banach spaces. J. Math. Anal. Appl. 348, 66-86 (2008).

[15] Casazza, P. , Kovačević, J. : Equal-norm tight frames with erasures. Adv. Comput. Math. 18, 387-430 (2003).

[16] Christensen, O., Goh, S. S.: Pairs of oblique duals in spaces of periodic functions. Adv. Comput. Math. 32, 353-379 (2010).

[17] Christensen, O., Kim, H. O., Kim, R. Y.: Gabor windows supported on [−1, 1] and compactly supported dual windows. Appl. Comput. Harmon. Anal. 28, 89-103 (2010).

[18] Christensen, O., Sun, W.: Explicitly given pairs of dual frames with compactly supported generators and applications to irregular B-splines. J. Approx. Theory 151, 155-163 (2008).

[19] Cvetkovic, Z.: Resilience properties of redundant expansions under additive noise and quantization. IEEE Trans. Inf. Theory 49, 644-656 (2003).

[20] Cvetkovic, Z., Vetterli, M.: On simple oversampled A/D conversion in $L^2(\mathbf{R})$. IEEE Trans. Inf. Theory 47, 146-154 (2001).

[21] Daubechies, I., DeVore, R.: Approximating a bandlimited function using very coarsely quantized data: a family of stable Sigma-Delta modulators of arbitrary order. Ann. Math. 158, 679-710 (2003).

[22] Daubechies, I., DeVore, R. A., Güntürk, C. S., Vaishampayan, V. A.: A/D conversion with imperfect quantizers. IEEE Trans. Inf. Theory 52, 874-885 (2006).

[23] Daubechies, I., Landau, H., Landau, Z.: Gabor time-frequency lattices and the Wexler-Raz identity. J. Fourier Anal. Appl. 1, 437-478 (1995).

[24] Deift, P., Güntürk, C. S., Krahmer, F.: An optimal family of exponentially accurate one-bit Sigma-Delta quantization schemes. Commun. Pure Appl. Math. 64, 883-919 (2011).

[25] Deshpande, A., Sarma, S. E., Goyal, V. K.: Generalized regular sampling of trigonometric polynomials and optimal sensor arrangement. IEEE Signal Process. Lett. 17, 379-382 (2010).

[26] Dilworth, S., Odell, E., Schlumprecht, T., Zsak, A.: Coefficient quantization in Banach spaces. Found. Comput. Math. 8, 703-736 (2008).

[27] Eldar, Y., Christensen, O.: Characterization of oblique dual frame pairs. EURASIP J. Appl. Signal Process., Article ID 92674 (2006), 11 pp.

[28] Games, R. A.: Complex approximations using algebraic integers.

IEEE Trans. Inf. Theory 31, 565-579 (1985).
[29] Goyal, V., Kovačević, J., Kelner, J.: Quantized frame expansions with erasures. Appl. Comput. Harmon. Anal. 10, 203-233 (2001).
[30] Goyal, V., Vetterli, M., Thao, N. T.: Quantized overcomplete expansions in $\mathbf{R}^N$: analysis, synthesis, and algorithms. IEEE Trans. Inf. Theory 44, 16-31 (1998).
[31] Gray, R., Stockham, T.: Dithered quantizers. IEEE Trans. Inf. Theory 39, 805-812 (1993).
[32] Güntürk, C. S.: One-bit Sigma-Delta quantization with exponential accuracy. Commun. Pure Appl. Math. 56, 1608-1630 (2003).
[33] Güntürk, C. S.: Approximating a bandlimited function using very coarsely quantized data: improved error estimates in Sigma-Delta modulation. J. Am. Math. Soc. 17, 229242 (2004).
[34] Güntürk, C. S., Lammers, M., Powell, A. M., Saab, R., Yılmaz, Ö.: Sobolev duals for random frames and Sigma-Delta quantization of compressed sensing measurements, preprint (2010).
[35] Güntürk, C. S., Lammers, M., Powell, A. M., Saab, R., Yılmaz, Ö.: Sigma Delta quantization for compressed sensing. In: 44th Annual Conference on Information Sciences and Systems, Princeton, NJ, March (2010).
[36] Güntürk, C. S., Lammers, M., Powell, A. M., Saab, R., Yılmaz, Ö.: Sobolev duals of random frames. In: 44th Annual Conference on Information Sciences and Systems, Princeton, NJ, March (2010).
[37] Güntürk, C. S., Thao, N.: Ergodic dynamics in Sigma-Delta quantization: tiling invariant sets and spectral analysis of error. Adv. Appl. Math. 34, 523-560 (2005).
[38] Inose, H., Yasuda, Y.: A unity bit coding method by negative feedback. Proc. IEEE 51, 1524- 1535 (1963).
[39] Jimenez, D., Wang, L., Wang, Y.: White noise hypothesis for uniform quantization errors. SIAM J. Math. Anal. 28, 2042-2056 (2007).
[40] Krahmer, F., Saab, R., Ward, R.: Root-exponential accuracy for coarse quantization of finite frame expansions. IEEE Trans. Inf. Theory 58, 1069-1079 (2012).
[41] Lammers, M., Maeser, A.: An uncertainty principle for finite

frames. J. Math. Anal. Appl. 373, 242247 (2011).

[42] Lammers, M., Powell, A. M., Yılmaz, Ö.: Alternative dual frames for digital-to-analog conversion in Sigma-Delta quantization. Adv. Comput. Math. 32, 73-102 (2010).

[43] Li, S., Ogawa, H.: Optimal noise suppression: a geometric nature of pseudoframes for subspaces. Adv. Comput. Math. 28, 141-155 (2008).

[44] Li, S., Ogawa, H.: Pseudo-duals of frames with applications. Appl. Comput. Harmon. Anal. 11, 289-304 (2001).

[45] Norsworthy, S., Schreier, R., Temes, G. (eds.): Delta-Sigma Data Converters. IEEE Press, New York (1997).

[46] Powell, A. M.: Mean squared error bounds for the Rangan-Goyal soft thresholding algorithm. Appl. Comput. Harmon. Anal. 29, 251-271 (2010).

[47] Powell, A. M., Tanner, J., Yılmaz, Ö., Wang, Y.: Coarse quantization for random interleaved sampling of bandlimited signals. ESAIM, Math. Model. Numer. Anal. 46, 605-618 (2012).

[48] Powell, A. M., Whitehouse, J. T.: Consistent reconstruction error bounds, random polytopes and coverage processes, preprint (2011).

[49] Rangan, S., Goyal, V.: Recursive consistent estimation with bounded noise. IEEE Trans. Inf. Theory 47, 457-464 (2001).

[50] Thao, N.: Deterministic analysis of oversampled A/D conversion and decoding improvement based on consistent estimates. IEEE Trans. Signal Process. 42, 519-531 (1994).

[51] Thao, N., Vetterli, M.: Reduction of the MSE in R-times oversampled A/D conversion from $\mathcal{O}(1/R)$ to $\mathcal{O}(1/R^2)$. IEEE Trans. Signal Process. 42, 200-203 (1994).

[52] Wang, Y.: Sigma-Delta quantization errors and the traveling salesman problem. Adv. Comput. Math. 28, 101118 (2008).

[53] Wang, Y., Xu, Z.: The performance of PCM quantization under tight frame representations, preprint (2011).

[54] Yılmaz, Ö.: Stability analysis for several second-order Sigma-Delta methods of coarse quantization of bandlimited functions. Constr. Approx. 18, 599-623 (2002).

第9章　稀疏信号处理中的有限框架

摘　要　在过去的几年里,人们做了大量工作来开发新的信号处理方法以应对在传感、图像、存储和计算机技术方向发展所涌现的大量数据处理问题。大多数方法都是基于简单而又基本的观测:高维的数据集合是典型的高度冗余,并且都是基于低维数据或者子空间生成的。这就意味着收集到的数据在选择合适的有限框架下通常可以以稀疏或简化方式来表示。这个发现也已经引起了一种新的感知模式,即压缩感知的发展,表明从少数的观测可以复原出高保真的高维度数据。有限框架理论在设计和分析稀疏表示及压缩感知方法中扮演了核心地位。本章主要以压缩感知背景下的估计、重构、支持检测、回归及对稀疏信号检测来强调其核心地位。反复出现的主题是,具有较小谱范数和/或小的最差情况相干性、平均相干或总和相干性的框架非常适合于稀疏信号的测量。

关键词　近似理论;相干性;压缩感知;检测;估计;格拉斯曼框架;模型选择;回归;有限等距性;典型保证;统一保证;韦尔奇界

9.1　引　言

不久之前科学家、工程师和技术人员曾抱怨"数据饥荒"。在很多应用中,从没有足够的可用数据来实时地执行各种推断及决策任务。然而,过去20年的技术发展已经改变了这种状态,"数据泛滥"已经代替了"数据饥荒",并令人担忧。如果任其发展,在各个应用中数据产生的速度会很快淹没相关系统的计算及存储资源。

在过去的十几年里,信号处理及统计学界进行了大量的研究来处理数据泛滥的问题。对这个问题提出的解决方法依赖冗余这个简单而基本的原则。在现实生活中的大数据存在于高维度空间中,但是嵌入在大数据中的信息只是存在于低维的空间中。冗余原则可以帮助人们更好地控制数据的泛滥,表现在以下两个方面:(1)可以用设计好的基和框架以稀疏方式来表示收集到的数据。数据的稀疏表示帮助减少了计算量及存储空间,并构成了信号处理方向上一个活跃的研究领域。(2)通过利用有关信号的低维度特性,可以重新设计感知系统来获得较少数量的测量值。在有关信号基于某个基及框架下是稀疏表示的假设下，创造了压缩感知这个术语来表示重新考虑感知系统设计的研究领域。

在之前提到的处理数据泛滥的两种方法有着根本的差别：前者处理收集到的数据而后者处理数据收集过程。尽管存在这样的区别，信号稀疏表示及压缩感知在数学上仍存在很大的相似性。本章主要关注的是压缩感知的构建及有限框架理论在其中的发展。然而，在这个背景下讨论的许多结果可以很容易地重述于信号稀疏表示中。因此在本章中使用通用术语"稀疏信号表示"来指代这些结果。

数学上，稀疏信号处理表示为如下情形：当 $\mathscr{H}^N$ 空间上的一个高度冗余框架 $\Phi=(\varphi_i)_{i=1}^M$ 被用来对稀疏信号进行测量(也许存在噪声)①。考虑任一个信号 $x\in\mathscr{H}^N$ 是 K 稀疏的：$\|x\|_0:=\sum_{i=1}^M 1_{\{x_i\neq 0\}}(x)\leqslant K<N\ll M$。稀疏信号处理用 x 的少量数目的线性观测代替了直接测量 x，表示为 $y=\Phi x+n$，在这里 $n\in\mathscr{H}^N$ 对应着确定的扰动或者是随机的噪声。给定 x 的测量 y，稀疏信号处理中的基本问题包括以下几点：(1) 复原或者估计稀疏信号 x；(2) 估计 x 以用于线性回归；(3) 检测 x 的非零项位置；(4) 在噪声中验证 x 的存在。在所有这些问题中，框架 Φ 的一些特定几何性质对于确定最终解的最优性起着关键的作用。本章的目的就是弄清楚框架的几何特征与稀疏信号处理的联系。

在本章中主要关注的框架的四个几何测量包括：谱范数、最差情况相干性、平均相干性与求和相干性。框架 Φ 的谱范数 $\|\Phi\|$ 是它紧致性的一种简单测量且它由最大的奇异值给定：$\|\Phi\|=\sigma_{\max}(\Phi)$。最差情况相干性 μ_Φ 定义为

$$\mu_\Phi:=\max_{\substack{i,j\in\{1,\cdots,M\}\\ i\neq j}}\frac{|\langle\varphi_i,\varphi_j\rangle|}{\|\varphi_i\|\,\|\varphi_j\|}\tag{9.1}$$

它表示不同框架元素间相似性的一种测量。另外，平均相干性是一种新的框架相干性概念，这个概念最近在文献[2]、[3]中介绍并且在文献[4]中得到进一步分析。平均相干性 v_Φ 定义为

$$v_\Phi:=\frac{1}{M-1}\max_{i\in\{1,\cdots,M\}}\left|\sum_{\substack{j=1\\ j\neq i}}^M\frac{\langle\varphi_i,\varphi_j\rangle}{\|\varphi_i\|\,\|\varphi_j\|}\right|\tag{9.2}$$

它是归一化框架元素 $(\varphi_i/\|\varphi_i\|)_{i=1}^M$ 在单位球中扩散的一种测量。求和相干性被定义为

① 在此背景下稀疏信号处理文献中经常对框架 Φ 使用感知矩阵、测量矩阵和字典等术语。

$$\sum_{j=2}^{M}\sum_{i=1}^{j-1}\frac{|\langle\varphi_i,\varphi_j\rangle|}{\|\varphi_i\|\ \|\varphi_j\|} \tag{9.3}$$

它是在噪声背景下检测稀疏信号是否存在时所产生的一种相干性概念。

在接下来的几节中展示了这些几何测量的不同组合可表征出多种稀疏信号处理算法的性能。特别地,在本章中一次又一次浮现的一个主题就是具有小谱范数和/或最差情况相干性、平均相干性或者求和相干性的框架非常适合稀疏信号的测量。

在深入讨论之前,注意到信号 x 在一些应用中在单位基下是稀疏的,在这种情况下 Φ 代表了测量过程本身。然而,在其他应用中,x 在其他正交基或者超完备字典 Ψ 下也可能是稀疏的。在这种情况下,Φ 对应于 Θ 的一个组成部分,即从测量过程中得到的框架,以及稀疏字典 Ψ,也就是 $\Phi=\Theta\Psi$。在本章中对这两种表达不做区分。特别地,虽然对于前者的情况,公开的结果在实际场景下最容易做出解释,但它们很容易引申到后者。

注意到本章仅提供稀疏信号处理领域中一小部分文献的概述。我们的目的仅仅是要强调有限框架理论在稀疏信号处理理论发展中所起的重要作用。感兴趣的读者可参考文献[34]及其参考文献以获得对于稀疏信号处理文献的一个更综合的评述。

9.2　稀疏信号处理:一致保证和格拉斯曼框架

回忆稀疏信号处理中的基本方程形式:$y=\Phi x+n$。给定测量 y,在本节中的目标就是详细说明框架 Φ 的条件以及相应计算方法,从而保证可从低维度测量 y 对高维度稀疏信号 x 进行可靠地推导。在稀疏信号处理领域这方面已经做了很多工作。在本节中重点是概述在 $\mathscr{H}^M$ 空间中运用确定的框架 Φ 对每一个 K 稀疏信号的性能保证背景下的一些关键结果。下面的内容表明稀疏信号的相干性能保证与框架的最差情况相干性有直接关系。特别地,框架越接近格拉斯曼框架——对于特定的 N 和 M 被定义为具有最小最差情况相干性——从相干性而言其性能越好。

9.2.1　通过 l_0 最小化来复原稀疏信号

考虑在稀疏信号处理中最简单的情况,对应的是从无噪声的观测 $y=\Phi x$ 中复原稀疏信号 x。从数学上来讲,这个问题类似于从线性方程系统中解决欠定问题。虽然欠定线性方程系统有无穷多解,稀疏信号处理的惊奇之处在于对于大量的随机和确定框架类而言,在稀疏信号的假设前提下,从 y 中复原

出 x 是一个适定性的问题。为了从 y 中解出 K 稀疏信号 x，一个直观上的 y 中获得候选解的方法就是寻找最稀疏的满足 $y=\Phi\hat{x}_0$ 的解 $\hat{x}_0$。从数学上说，这个解准则根据以下的零范数表达式可以被表示成：

$$\hat{x}_0 = \arg\min_{z\in\mathcal{H}^M} \| z \|_0 \text{ 满足 } y=\Phi z \tag{P_0}$$

尽管 P_0 显得很简单，对于任意 $x\in\mathcal{H}^M$ 确定 $\hat{x}_0=x$ 的条件却不是显而易见的。考虑到(P_0)的高度非凸优化特性，事实上没有理由一开始就期望 $\hat{x}_0$ 应该是唯一的。正是因为这些障碍，关于(P_0)的严格的数学理解被研究人员提及了很长时间。通过在文献[28]、[41]中的极其初等的数学工具，这些数学挑战最终被攻克。尤其是，在文献[41]中证明了 Φ 的被称为唯一表示性(URP)的性质是理解从 P_0 得到的解的性能的关键。

定义 9.1　(唯一表示性)一个框架 $\Phi=(\varphi_i)_{i=1}^M$ 在 $\mathcal{H}^N$ 空间中被称为具有 K 阶唯一表示性，如果 Φ 中的任何 K 个框架元素是线性独立的。

文献[28]、[41]中表明 $2K$ 阶的 URP 对于 $\hat{x}_0$ 和 x 等价而言既是必要条件也是充分条件①。

定理 9.1　一个任意的 K 稀疏信号 x，作为(P_0)的解可以被唯一地从 $y=\Phi x$ 中复原，当且仅当 Φ 满足 $2K$ 阶的 URP。

定理 9.1 的证明是基础线性代数中的一个简单的练习。它可从如下简单观察推出：当且仅当 Φ 的零空间不包括非平凡的 $2K$ 稀疏信号时，$\mathcal{H}^M$ 空间的 K 稀疏信号可以内射到 $\mathcal{H}^N$ 空间。为了理解定理 9.1 的重要性，注意到只要 $N\geqslant 2K$，则 $\mathcal{H}^N$ 空间中由单位球上随机均匀分布元素构成的随机框架几乎必然具有 $2K$ 阶 URP 性质。这个结论是相当有说服力的，因为这意味着可以从仅在信号 K 稀疏中为线性的若干随机测量中复原稀疏信号，而不是从其外界 M 维度上来复原。尽管拥有这个有说服力的结论，然而，定理 9.1 在任意框架(不一定随机)的情况下是难以理解的。其原因是 URP 是 Φ 的局部几何学性质，明确地验证 $2K$ 阶的 URP 需要在具有 $\binom{M}{2K}$ 种可能性的框架元素集合内进行组合搜索。然而，用 Φ 的最差情况下的相干性来代替定理 9.1 中的 URP 是可能的，可以在多项式时间内对这个 Φ 的全局几何性质进行简单的计算。它的关键就是经典的 Geršgorin 理论(引理 9.1)，可以把一个框架 Φ 的 URP 与它的最差情况相干性联系起来。

---

①　文献[28]对定理 9.1 进行叙述时使用术语 spark 代替了 URP。一个框架 Φ 的 spark 定义为线性相关的 Φ 的框架元素的最小数目。换言之，当且仅当 $\text{spark}(\Phi)\geqslant K+1$ 时 Φ 满足 K 阶 URP。

引理 9.1　让 $t_{i,j}, i,j=1,\cdots,M$ 表示一个 $M\times M$ 的矩阵 T 的元素。T 的每一个特征值至少位于如下定义的 M 个圆中的一个：

$$\mathscr{D}_i(T)=\left\{z\in \mathbf{C}: |z-t_{i,i}|\leqslant \sum_{\substack{j=1\\ j\neq i}}^{M}|t_{i,j}|\right\},\quad i=1,\cdots,M \tag{9.4}$$

Geršgorin 的圆理论在 1931 年首次出现，它的证明可以在任何标准的关于矩阵分析的书中找到，比如文献[50]。这个理论允许人们可以把 Φ 的最差情况下的相干性与 URP 联系起来。

定理 9.2　令 Φ 是单位范数框架，$K\in\mathbf{N}$。只要 $K<1+\mu_{\Phi}^{-1}$，Φ 就满足 K 阶 URP 性质。

运用引理 9.1 来界定格赖姆矩阵 G_{Φ} 的任意 $K\times K$ 阶的主子矩阵的最小特征值，即可得出这个定理的证明。现在能把定理 9.2 与 9.1 组合起来获得下面的定理 9.3，可以把 Φ 的最差情况的相干性与 P_0 的稀疏信号复原性联系起来。

定理 9.3　一个任意的 K 稀疏信号 x 作为(P_0) 的解，可以被唯一地从 $y=\Phi x$ 中复原，只要

$$K<\frac{1}{2}(1+\mu_{\Phi}^{-1}) \tag{9.5}$$

定理 9.3 陈述了只要 $K=O(\mu_{\Phi}^{-1})$，ℓ_0 最小化可使每个运用框架 Φ 测量得到的 K 稀疏信号得到唯一的复原①。这表明具有小的最差情况下的相干性的框架特别适合用于测量稀疏信号，这也启发了对定理 9.3 基本限制的理解。为了做到这一点，回顾下面的单位范数框架的最差情况下的相干性的基本下界(引理 9.2)。

引理 9.2　(Welch 界)$\mathscr{H}^N$ 空间中任意的单位范数框架 $\Phi=(\varphi_i)_{i=1}^{M}$ 的最差情况下的相干性满足不等式 $\mu_{\Phi}\geqslant\sqrt{\dfrac{M-N}{N(M-1)}}$。

从 Welch 界可以看出只要 $M>N$，则有 $\mu_{\Phi}=\Omega(N^{-1/2})$。因此，由定理 9.3，只要 $K=O(\sqrt{N})$，即使在最好的情况下，ℓ_0 最小化下也可得到每个稀疏信号的唯一复原。这个实质条件比较早的对随机框架观察到的 $K=O(N)$ 的程度要弱。因此一个自然要问的问题是，根据 K 与 μ_{Φ} 之间的关系，定理 9.3

---

①　回顾，使用大 $-O$ 数学符号法，若存在正数 C 及 n_0 使得对于所有 $n>n_0$，有 $f(n)\leqslant Cg(n)$，则 $f(n)=O(g(n))$。另外，若 $g(n)=O(f(n))$，则 $f(n)=\Omega(g(n))$，且当 $f(n)=O(g(n))$ 及 $g(n)=O(f(n))$ 时有 $f(n)=\Theta(g(n))$。

是否是弱的。这个问题的答案是否定的，因为存在框架比如单位集合、傅里叶基和 Steiner 等角度紧框架，它们都有基数为 $O(\sqrt{N})$ 的线性相关的框架元素的特定集合。因此从之前的讨论中得出结论，即定理 9.3 从框架理论来看是紧致的，而且一般而言，有较小最差情况相干性的框架更加适合运用 (P_0) 来复原稀疏信号。特别地，从相干性而言，这突出了稀疏信号复原背景下的格拉斯曼框架的重要性。

9.2.2　通过凸优化及贪婪算法的稀疏信号的复原与估计

9.2.1 部分的含义是非常值得注意的。已经知道了运用与 μ_Φ^{-1} 成正比的小数目观测来复原一个 K 稀疏信号是可能的。特别地，对于大量的框架比如说 Gabor 框架，$O(K^2)$ 个数目的观测足够用 ℓ_0 最小化来复原一个稀疏信号。当 $K \ll M$ 时这样做比通过经典信号处理确定的 $N=M$ 次测量小得多。尽管如此，然而，运用 (P_0) 的稀疏信号复原是无法使用在实际中的。原因就是 ℓ_0 最小化计算复杂。为了计算 (P_0)，人们需要穷举搜索所有可能的稀疏度。这样烦琐搜索的复杂程度很显然是 M 的指数次幂，而且在文献[54]中也表明了 (P_0) 一般而言是一个 NP－hard 问题。对于 K 稀疏信号 x 解决 $y=\Phi x$ 的替代方法是可行的，因此对于实现者来说是很有兴趣的。对于稀疏信号处理在学术界目前的兴趣一部分起源于大量研究员人在解决 (P_0) 问题时获得了大量实际的方法所做出的巨大突破。这些方法从凸优化方法到贪婪方法。在本节中，回顾一下这两种在实际中大量使用和突出了格拉斯曼框架在稀疏信号处理中的作用的创新性方法。

1. 基追踪

在解决非凸优化问题中的一个常规启发式的方法是用一个凸问题来近似它们进而解出对应的优化方案。一个相类似的方法可以用于凸化 (P_0)，即通过用与 ℓ_0 最相近的凸优化，即 ℓ_1 范数：$\|z\|_1=\sum_i |z_j|$ 来近似 (P_0) 中的 ℓ_0 范数。产生的优化程序，第一次被提出是在[59]中，可以用如下式子表示：

$$\hat{x}_1=\arg\min_{z\in\mathcal{H}^M}\|z\|_1 \text{ 满足条件 } y=\Phi z \qquad (P_1)$$

ℓ_1 优化程序 P_1 称为基追踪算法(BP)，是一个线性规划问题。一些数值方法被提出来以有效地解决 BP 问题。请读者参考文献[72]来参考其中的一些方法。

自从它在 20 世纪 80 年代中期被提出，尽管 BP 在学术界存在了好多年，其性能也就是在最近十年才得到关注和报道。下面介绍一个与框架 Φ 最差相干性表示有关的结果。

定理 9.4 任意一个稀疏度为 K 的稀疏信号 x 作为 P_1 问题的解可以被唯一地从 $y=\Phi x$ 中复原,只要

$$K < \frac{1}{2}(1+\mu_{\Phi}^{-1}) \tag{9.6}$$

读者会注意到在定理 9.3 和定理 9.4 中的稀疏要求是一样的。然而,这个不能说明 P_0 和 P_1 总是产生同样的结果,因为稀疏要求在两个理论中仅仅是充分条件。无论如何,只要 $K=O(\mu_{\Phi}^{-1})$,人们就可以在多项式范围内求解 K 稀疏信号 x 的一个欠定方程 $y=\Phi x$。特别地,从定理 9.4 中得出的结论就是运用BP算法在稀疏信号复原的环境下,一般情况下拥有较小最差情况相干性的框架,特别是格拉斯曼框架是非常期望得到的。

2. 正交匹配追踪

对于从一些观测值 $y=\Phi x$ 复原出来的 K 稀疏信号 x 可以证明,BP 是一个高度可行的程序。特别地,依据具体的实现,对于一般的框架,类似BP的凸优化算法的计算复杂度为 $O(M^3+NM^2)$,若假设 $P\neq NP$,则其相比于 P_0 的复杂程度是非常好的。然而,BP 算法对于大型的稀疏复原问题其计算量需求是非常大的。幸运的是,对于稀疏信号复原存在贪婪算法来替代优化算法。最古老的可能也是最受欢迎的贪婪算法就是正交匹配追踪(OMP)。注意到BP,OMP 已经被运用到实际问题中有一定时间了,但是在最近研究人员才开始关注它的特性。

算法 1 正交匹配追踪

输入:单位范数框架 Φ 及测量矩阵 y

输出:稀疏 OMP 估计 $\hat{x}_{\mathrm{OMP}}$

初始化:$i=0, \hat{x}^0=0, \hat{\mathcal{K}}=0, r^0=y$

while $\| r^i \| \geqslant \varepsilon$ do $i \leftarrow i+1$ {步进计数}

$z \leftarrow \Phi^* r^{i-1}$ {形成信号迭代}

$\ell \leftarrow \arg\max_j |z_j|$ {选择框架元素}

$\hat{\mathcal{K}} \leftarrow \hat{\mathcal{K}} \cup \{\ell\}$ {更新索引集合}

$\hat{x}^i_{\hat{\mathcal{K}}} \leftarrow \Phi^{\dagger}_{\hat{\mathcal{K}}} y$ 和 $\hat{x}^i_{\hat{\mathcal{K}}^c} \leftarrow 0$ {更新估计值}

$r^i \leftarrow y - \Phi \hat{x}^i$ {更新保留数}

end while

return $\hat{x}_{\mathrm{OMP}} = \hat{x}^i$

OMP 算法得到框架元素$\{\varphi_i : x_i \neq 0\}$索引的一个估计的$\hat{\mathcal{K}}$，这有助于$y = \sum_{i:x_i \neq 0} \varphi_i x_i$的测量。运用框架元素$\{\varphi_i\}_{i\in\hat{\mathcal{K}}}$：$\hat{x}_{\mathrm{OMP}} = \Phi_{\hat{\mathcal{K}}}^{\dagger} y$，最终的 OMP 估计值$\hat{x}_{\mathrm{OMP}}$对应$x$的最小二乘估计，这里$(\cdot)^{\dagger}$表示 Moore－Penrose 伪逆。为了估计这些索引，OMP 从一个空集开始，然后在每一次迭代通过新增一个框架元素贪婪地扩充这个集合。一个形式上的 OMP 表达形式可参见算法 1，在这里$\epsilon > 0$是一个终止阈值。OMP 的影响力源于如下事实：就是如果由算法得到的估计有K个非零值，那么它的计算量只有$O(NMK)$，这通常比一些凸优化算法的计算量$O(M^3 + NM^2)$好多了。现在陈述一个定理来描述在最差情况相干性框架下 OMP 的性能。

定理 9.5　任意一个K稀疏的信号x，作为 OMP 算法的解，可以被唯一地从$y = \Phi x$中复原，只需

$$K < \frac{1}{2}(1 + \mu_{\Phi}^{-1}) \tag{9.7}$$

定理 9.5 表明就最差情况相干性而言 OMP 算法的成立前提与P_0和 BP 相一致，为了从$y = \Phi x$中成功地复原出来K稀疏信号x，OMP 也需要$K = O(\mu_{\Phi}^{-1})$。然而，一再强调一旦$K = \Omega(\mu_{\Phi}^{-1})$，就逐渐在$P_0$，BP 和 OMP 的实际表现中看到了差异。然而，对于定理 9.3 ～ 9.5 的基本结论，即较小最差相干性框架改善了复原效果，在这 3 种情况下都是成立的。

3. 稀疏信号的估计

到目前为止，在本节关注的是从测量值$y = \Phi x$中复原出稀疏信号。实际上，然而，人们得到一个信号的测量值而没有附加噪声的情况是很少见的。一个更为现实的模型对于在这种情况下的稀疏测量可以表示为$y = \Phi x + n$，在这里，n表示确定的或者随机噪声。在噪声的存在下，人们的目的从稀疏信号的复原转变到稀疏信号的估计，在ℓ_2意义下估计出的$\hat{x}$与最初的稀疏信号x相近。

非常明确的是，BP 在它现有的形式下不能用于噪声情况下的稀疏信号估计，由于在这样的情况下$y \neq \Phi x$。然而，对P_1中的约束进行一个简单修正便可以优雅地处理信号估计中的噪声问题。这个修改后的优化问题可以表示为

$$\hat{x}_1 = \arg\min_{z\in\mathcal{H}^M} \| z \|_1 \text{ 满足条件 } \| y - \Phi z \| \leqslant \epsilon \tag{P_1^{ϵ}}$$

这里，ϵ等于噪声量级：$\epsilon = \| n \|$。这个优化问题(P_1^{ϵ})经常被称为不等式约束下的基追踪问题(BPIC)。BPIC 也是一个凸优化问题，虽然它不再是一个线性规划问题。对于 BPIC 在确定噪声情况下基于最差情况相干性的 BPIC 的性能保证困惑了研究员们很长时间。最近文献[29]解决了这个问题，这个

解可以总结为如下的定理 9.6。

定理 9.6 假设任意一个 K 稀疏信号 x 满足稀疏约束条件 $K < \frac{1+\mu_{\Phi}^{-1}}{4}$。考虑到 $y=\Phi x+n$,具有 $\varepsilon = \| n \|$ 的 BPIC 可以被用来获得 x 的估计 $\hat{x}_1$,于是

$$\| x - \hat{x}_1 \| \leqslant \frac{2\varepsilon}{\sqrt{1-\mu_{\Phi}(4K-1)}} \tag{9.8}$$

定理 9.6 说明有着合适的 ε 的 BPIC 可产生一个稳定解,尽管正在处理欠定方程组的问题。特别地,BPIC 也可以处理 $O(\mu_{\Phi}^{-1})$ 的稀疏度,并得到一个解不同于真正信号 x 的误差为 $O(\| n \|)$ 的解。

相比于 BP,OMP 的最初形式,可以适用于无噪声稀疏信号复原和噪声信号的稀疏估计。OMP 中唯一改变的是在后一种情况下的值 ε,其通常也应设定为噪声的大小。定理 9.7 表征了存在噪声时 OMP 的性能。

定理 9.7 假设对任意一个 K 稀疏的信号 x 有 $y=\Phi x+n$,并且用 OMP 来获取信号 x 的估计值 $\hat{x}_{\mathrm{OMP}}$,其 $\varepsilon \mid = \| n \|$。那么 OMP 的解满足

$$\| x - \hat{x}_{\mathrm{OMP}} \| \leqslant \frac{\varepsilon}{\sqrt{1-\mu_{\Phi}(K-1)}} \tag{9.9}$$

假如 x 满足稀疏约束

$$K < \frac{1+\mu_{\Phi}^{-1}}{2} - \frac{\varepsilon \cdot \mu_{\Phi}^{-1}}{x_{\min}} \tag{9.10}$$

这里,$x_{\min}$ 表示在 x 中最小的非零元素 x :$x_{\min} = \min_{i:x_i \neq 0} | x_i |$。

有趣的是,不像稀疏信号复原的情况,OMP 在噪声的情况下没有像 BPIC 的保证。特别地,虽然 OMP 的估计误差仍然是 $O(\| n \|)$,随着 x 中最小非零元素的减小,在 OMP 情况下的稀疏约束成了限制。

当噪声值 n 遵循对抗(或确定)模型时,定理 9.6 和定理 9.7 中呈现的估计误差保证对此情况是最优接近的。这个结果的原因是由于噪声 n 在对抗模型中总能与信号 x 对齐,使其根本不可能保证估计误差小于 n。然而,如果处理的是随机噪声,对于稀疏信号来说,提高误差精度是可能的。为了做到这些,先来定义一个拉格朗日松弛,形式上可以写成

$$\hat{x}_{1,2} = \arg \min_{z \in \mathscr{H}^M} \frac{1}{2} \| y - \Phi x \| + \tau \| z \|_1 \tag{$P_{1,2}$}$$

混合的范数优化程序 $P_{1,2}$ 以基追踪去噪(BPDN)及最小绝对值收缩和选择算子(LASSO)命名。下面在加性白噪声的前提下:$n \sim \mathcal{N}(0,\sigma^2 Id)$,给出 LASSO 和 OMP 两者的估计误差精度保证。

定理 9.8 假设对于任意一个 K 稀疏的信号 x 有 $y=\Phi x+n$，噪声 n 的分布为 $\mathcal{N}(0,\sigma^2 Id)$，并且 LASSO 用于获取具有 $\tau=4\sqrt{\sigma^2\log(M-K)}$ 信号 x 的估计值 $\hat{x}_{1,2}$。那么在假设信号 x 满足稀疏度 $K<\frac{\mu_\Phi^{-1}}{3}$ 的情况下，LASSO 的解满足支持 $\hat{x}_{1,2}\subset\text{support}(x)$ 并以超过 $\left(1-\frac{1}{(M-K)^2}\right)(1-\mathrm{e}^{-K/7})$ 的概率满足

$$\| x-\hat{x}_{1,2}\| \leqslant (\sqrt{3}+3\sqrt{4\log(M-K)})^2 K\sigma^2 \tag{9.11}$$

关于定理 9.8 依次有以下说明。(1) 注意定理的结果以较高概率成立是因为存在很小的概率使得高斯噪声符合稀疏信号。(2)(9.11) 表示 LASSO 解的估计误差是 $O(\sqrt{\sigma^2 K\log M})$。

这个估计误差处于存在随机噪声时获得的最佳无偏估计误差 $O(\sqrt{\sigma^2 K})$ 的对数因子范围内①。忽略定理 9.8 的概率方面后，定理 9.6 的估计误差与 LASSO 的估计误差对比是有意义的。这个过程是一个乏味但简单的练习，可以得到 $\| n\| =\Omega(\sqrt{\sigma^2 K})$ 高概率成立。因此，如果人们把定理 9.6 直接应用到随机噪声的情况下，可以得到估计误差的平方与稀疏信号的环境维度 M 线性成比例。在另一方面，从定理 9.8 可得估计误差的平方与稀疏信号的稀疏度(模数对数因子) 呈线性关系。这突出了确定性噪声模型及随机噪声模型下获得的保证之间存在的差异。

注意到在随机噪声情况下也有可能获得更好的 OMP 估计误差保证，假如人们在 OMP 算法中输入 x 的稀疏度，然后在算法 1 中将停止标准从 $\| r^i\| \geqslant \varepsilon$ 修正为 $i\leqslant K$(也就是说，OMP 被限制为仅做 K 次迭代)，以此来结束这一小节。在这样的修正设置下，对于 OMP 算法的保证可以用下面的定理 9.9 说明。

定理 9.9 假设任意一个 K 稀疏信号 x 可以表示为 $y=\Phi x+n$，噪声 n 的分布为 $\mathcal{N}(0,\sigma^2 Id)$，OMP 算法的输入为稀疏度 K 的信号 x。在假设的前提下，x 满足稀疏约束条件

$$K<\frac{1+\mu_\Phi^{-1}}{2}-\frac{2\sqrt{\sigma^2\log M}\cdot\mu_\Phi^{-1}}{x_{\min}} \tag{9.12}$$

① 此处指出如果愿意在估计中容许一些偏置，则估计误差可以做到比 $O(\sqrt{\sigma^2 K})$ 小，参见文献[18]、[31]。

K 次迭代终止算法后 OMP 的解满足 $\text{support}(\hat{x}_{\text{OMP}})=\text{support}(x)$ 并且以超过 $1-\dfrac{1}{M\sqrt{2\pi\log M}}$ 的概率满足

$$\| x-\hat{x}_{\text{OMP}} \| \leqslant 4\sqrt{\sigma^2\log M} \tag{9.13}$$

这里 $x_{\min}$ 表示 x 中最小的非零元素。

9.2.3 评论

从少量线性观测值 $y=\Phi x+n$ 中复原和估计出稀疏信号对于像信号处理、统计和谐波分析等许多方面来说是一个有巨大兴趣的领域。在这样的背景下,学术界提出了很多基于优化技术或者贪婪算法的重构算法。本章的重点主要是两个最著名的算法,即 BP(BPIC 和 LASSO) 和 OMP。然而,对于读者来说,注意到在学术界存在着其他方法,像 Dantzig 选择、CoSaMP、子空间追踪、IHT,也都可以用来复原及估计稀疏信号。这些方法主要在计算复杂性和运用限制条件上互相不同,但是提供的误差保证与定理 9.4 ~ 9.9 中的一些非常相似。

已指出关注点在于对稀疏信号提供一致保证以及将此保证与框架的最差情况相干性相关联来结束本小节。从之前结果所得到的最重要的收获就是存在许多计算上可行的算法来复原估计任意 K 稀疏信号,只要 $K=O(\mu_{\Phi}^{-1})$。这个收获体现在两个重要方面。(1) 最差情况相干性框架对于稀疏信号的观测非常合适。(2) 如果对于 $\delta>0$,有 $K=O(N^{1/2+\delta})$,由 Welch 界很容易得出,即使格拉斯曼框架也不能保证十分有效。这第二个观测看起来有点过分限制,于是有基于框架的其他性质的文献试着来打破这个"平方根"的瓶颈。一个这样的特性,已经被广泛应用在压缩感知理论中,称为有限等距特性(RIP)。

定义 9.2 (有限等距特性)一个单位范数框架 $\Phi=(\varphi_i)_{i=1}^{M}$ 在 $\mathscr{H}^N$ 空间中被称为具有参数 $\delta_K\in(0,1)$ 的 K 阶 RIP,如果对于每一个 K 稀疏信号 x,有如下不等式成立:

$$(1-\delta_K)\| x \|_2^2 \leqslant \| \Phi x \|_2^2 \leqslant (1+\delta_K)\| x \|_2^2 \tag{9.14}$$

K 阶的 RIP 本质上是一个关于 Φ 的所有 $N\times K$ 阶的子矩阵的最大最小奇异值的陈述。然而,尽管 RIP 已经被用于对大部分稀疏信号估计复原算法,比如说 BP,BPDN,CoSaMP 和 IHT,然而对于任意框架此性质的直接证明却从计算上显得无法企及。尤其是,已知的唯一打破平方根瓶颈(运用 RIP) 来获得一致保证的框架是随机(高斯、随机二进制、随机重采样局部傅里叶等)框架①。但是,间接地通过运用 Geršgorin 圆定理证实 RIP 是有可能的。然而这样做得到的结果与上面描述的稀疏约束情况相匹配,即:$K=O(\mu_{\Phi}^{-1})$。

9.3 一致保证性之外:典型行为

平方根瓶颈在稀疏信号复原估计方面的问题是很难克服的,在某种程度上是因为坚持结果对于所有的 K 稀疏信号一致成立。本节从一致保证中离开,把注意力集中在众多方法的典型行为上。特别地,展示平方根瓶颈可以被打破,通过:(ⅰ)对稀疏信号的支持和/或非零元素施加一个统计先验;(ⅱ)连同最差情况相干性考虑框架的其他几何测量。在下面,将利用多种方法集中于复原、估计、回归及稀疏信号的支持检测。在所有的这些情况下,假设 x 的支撑域 $\mathcal{K}\subset\{1,\cdots,M\}$ 均匀随机地取自 $\{1,\cdots,M\}$ 的所有 $\binom{M}{K}$ 个 K 大小的子集。在某种程度上,在 x 的支撑域上这个是最简单的统计先验,总之,这个假设只是说明了 K 大小的所有支撑是等可能的。

9.3.1 稀疏信号的典型复原

本节中,关注稀疏信号的典型复原和为 ℓ_0 和 ℓ_1 最小化提供保证(比较 (P_0) 和 (P_1))。为达到此目的,施加在稀疏信号非零项上的统计先验知识却与两种优化方案是不相同的。运用 (P_0) 可得到稀疏信号的典型复原的结果,以此开始。定理 9.10 由 Tropp 得到且可通过文献[70]和[71]的组合结果得到。

定理 9.10　假设 $y=\Phi x$ 对于一个 K 稀疏信号 x,它的支撑域选取时是一致随机的,它的非零元素具有联合的连续分布。进一步,对于数值常量 $c_1=240$,令 Φ 满足 $\mu\Phi\leqslant(c_1\log M)^{-1}$。在这样的假设下,$x$ 满足稀疏约束

$$K<\min\left\{\frac{\mu_{\Phi}^{-2}}{\sqrt{2}},\frac{M}{c_2^2\|\Phi\|^2\log M}\right\}\tag{9.15}$$

P_0 的解以超过 $1-M^{-2\log 2}$ 的概率满足 $\hat{x}_0=x$。这里,$c_2=148$ 是另一个数值常量。

---

① 最近 Bourgain 等人在文献[10]中报道了满足 $K=O(N^{\frac{1}{2}+\delta})$ 的 RIP 框架的确定性构建。但是,其中的常数 δ 很小以至于在所有的实际用途中缩放比例可认为是 $K=O(N^{1/2})$。

为了理解定理 9.10 的重要性，关注一个近似紧框架 Φ: $\|\Phi\|^2 \approx \Theta\left(\frac{M}{N}\right)$。在这种情况下，忽视了对数因子，从(9.15)中得到，只要 $K=O(\mu_\Phi^{-2})$，则 ℓ_0 最小化可以以高概率复原一个 K 稀疏信号。这与定理 9.3 形成了鲜明的对比，定理 9.3 只允许 $K=O(\mu_\Phi^{-1})$。特别地，定理 9.10 暗示了运用框架比如说 Gabor 框架，可以将多数的 K 稀疏信号以 $K=O(N/\log M)$ 进行复原。从本质上说，工作重点从统一保证转移到典型保证可以针对任意框架来突破平方根瓶颈。尽管定理 9.10 可以获得接近最优的稀疏复原效果，但它仍然是一个计算上不可行的 ℓ_0 优化的陈述。现在的重点转移到易于计算的 BP 优化方法和现在关于它的典型行为的保证。在继续之前，指出该典型性在 ℓ_0 最小化的情况下是由一个均匀随机支持和非零项的连续分布来定义。与此相反，BP 情况下的典型性，将在下文中定义为一个均匀随机的支持域，但非零项的相位是独立的，且在单位圆 $\mathscr{C}=\{w\in\mathbf{C}: |w|=1\}$ 上均匀分布①。定理 9.11 也是 Tropp 得到的，并且可由文献[70]和[71]的合并结果推出。

定理 9.11 假设 $y=\Phi x$ 对一个 K 稀疏信号 x，它的支撑域选取时是一致随机的，它的非零元素在 $\mathscr{C}$ 上有均匀分布的独立相位。进一步，令框架 Φ 为 $\mu_\Phi \leqslant (c_1 \log M)^{-1}$。在这个假设下，$x$ 满足稀疏约束

$$K < \min\left\{\frac{\mu_\Phi^{-2}}{16\log M}, \frac{M}{c_2^2\|\Phi\|^2\log M}\right\} \tag{9.16}$$

BP 的解以超过 $1-M^{-2\log 2}-M^{-1}$ 的概率满足 $\hat{x}_1=x$。这里 c_1 和 c_2 与定理9.10 定义为一样的数值常量。

值得指出的是，存在定理 9.11 的另一种变形涉及稀疏信号，信号的非零元素是独立同分布且中值为零。定理 9.11 再次提供了强大的典型行为结果。给定近似紧框架，只要 $K=O(\mu_\Phi^{-2}/\log M)$，就有可能采用 BP 以高概率复原 K 稀疏信号。在这里有趣的是，不像 9.2 节必须采用格拉斯曼框架才能有最好的统一保证，定理 9.10 和定理 9.11 都采用格拉斯曼框架且近似紧致才能具有最好的典型保证。也许可以说，是确保框架的紧致性才使得在典型情况下得以突破平方根瓶颈。

9.3.2 稀疏信号的典型回归

现在专注于统计文献中的一个重要问题，即稀疏线性回归，而不是转移到

① 回顾数 $r\in\mathbf{C}_0$: $\mathrm{sgn}(r)=\frac{r}{|r|}$ 的相位的定义

典型稀疏估计的讨论。我们会在 9.3.4 部分讨论稀疏估计问题。对于一个 K 稀疏向量 $x \in \mathbf{R}^M$，设 $y = \Phi x + n$，稀疏回归的目的是获得 x 的估计 $\hat{x}$ 满足回归误差 $\|\Phi x - \Phi\hat{x}\|_2$ 很小。值得注意的是，对于稀疏线性回归所能提供的结果是存在白噪声的，因为在缺少噪声的情况下回归误差始终为零。本节中关注的重点仍然是方差为 σ^2 的加性白噪声 n，而且把自己约束在 LASSO 的解上（参考 $(P_{1,2})$）。如 Candès 和 Plan 最近的工作中所报告的，定理 9.12 为 LASSO 的典型行为提供了保证。

定理 9.12　对于一个 K 稀疏信号 $x \in \mathbf{R}^M$，它的支撑域是均匀随机选取的，它的非零元素是联合独立的，其中值为零。进一步，令噪声 n 的分布为 $\mathcal{N}(0, \sigma^2 Id)$，令框架 Φ 为 $\mu_\Phi \leqslant (c_3 \log M)^{-1}$，对于一些正数值常量 c_3 和 c_4，令 x 满足稀疏约束条件 $K \leqslant \dfrac{M}{c_4 \|\Phi\|^2 \log M}$。用 $\tau = 2\sqrt{2\sigma^2 \log M}$ 计算 LASSO 的解 $\hat{x}_{1,2}$，以至少 $1 - 6M^{-2\log 2} - M^{-1}(2\pi \log M)^{-1/2}$ 的概率满足

$$\|\Phi x - \Phi\hat{x}\|_2 \leqslant c_5 \sqrt{2\sigma^2 K \log M} \tag{9.17}$$

这里，常量 c_5 可以取值为 $8(1+\sqrt{2})^2$。

关于定理 9.12 有两个重要的事情需要指出。(1) 它声明了 LASSO 的回归误差以较高概率取值为 $O(\sqrt{\sigma^2 K \log M})$。这个回归误差事实上非常接近理想的回归误差 $O(\sqrt{\sigma^2 K})$。(2) 定理 9.12 的性能保证是 $\|\Phi\|$ 的强函数，但却是最差情况相干性 μ_Φ 的弱函数。特别地，定理 9.12 说明了如果 μ_Φ 不是特别大，LASSO 具有的稀疏度主要是 $\|\Phi\|$ 的函数。举例来说，Φ 是一个近似紧框架，那么无论 μ_Φ 的值如何，LASSO 可以处理 $K \approx O(N/\log M)$。在本质上，上述定理表示在回归问题上使用具有足够小的相干性的近似紧框架。在本节结束之际指出，文献[15]中应用的用于证明此定理的技术事实上也可以用来缓解 BP 对于 μ_Φ 的依赖性以及获得大多数情况下要求小 $\|\Phi\|$ 的 BP 保证。

9.3.3　稀疏信号的典型支撑检测

在许多信号处理和统计应用中常见的一种情况是对从少量测量获得稀疏信号 x 的非零元素位置感兴趣。支撑检测或者模型选择的问题在无噪声情况下是很简单的；在这种情况下稀疏信号的精确复原意味着信号支撑域的精确复原：$\mathrm{support}(\hat{x}) = \mathrm{support}(x)$。考虑到有非零噪声 n 的 $y = \Phi x + n$，则支撑检测问题变得不再那么容易。因为一个小的估计误差在这种情况下不一定意味着一个小的支撑检测误差。准确的支撑检测 $\mathrm{support}(\hat{x}) = \mathrm{support}(x)$ 和部分支撑检测（$\mathrm{support}(\hat{x}) \subset \mathrm{support}(x)$）在确定噪声的情况下是非常具有

挑战性(甚至不可能)的任务。然而在随机噪声的情况下，这些问题变得可行，在统一保证的前提下在定理9.8和定理9.9中提到了它们。在本节中，关注典型支撑检测以克服平方根瓶颈。

1. 运用LASSO的支撑检测

LASSO可以说是用于统计数据和信号处理领域支持检测的标准工具之一。多年以来，在文献[53]、[73]、[79]为LASSO的支撑检测提供了许多理论上的保证。文献[53]、[79]中报告的结果确立了在一定条件下对于框架Φ和稀疏信号x，LASSO可渐进式地确定其正确支撑。随后，Wainwright在文献[73]中加强了文献[53]、[79]中的结果，明确了运用LASSO进行精确支撑检测时对于x最小(幅度上)非零元素的依赖性。然而，除了在文献[53]、[79]、[73]中提到的结果实际上是渐进的，这些工作的主要限制是当$K=\Omega(\mu_\Phi^{-1-\delta})$，$\delta>0$时，对于任意框架$\Phi$需要满足的条件(比如文献[79]的不可表示条件及文献[73]的非一致条件)的明确验证在计算上是非常难以处理的。

在文献[53]、[79]、[73]中的支撑检测结果经历了平方根瓶颈，这是因为他们的关注重点在于统一保证。最近，Candès和Plan报告了LASSO典型的支撑检测结果，其可在精确支撑检测的情况下克服之前工作中的平方根瓶颈。

定理9.13　对于一个K稀疏信号$x\in\mathbf{R}^M$，$y=\Phi x+n$，它的支撑是随机一致选取的，它的非零元素是联合独立的，具有零中位数。进一步，令噪声n分布为$\mathcal{N}(0,\sigma^2 Id)$，让框架$\Phi$为$\mu_\Phi\leqslant(c_6\log M)^{-1}$，对于一些正数值常量$c_6$和$c_7$，令$x$满足稀疏约束条件$K\leqslant\dfrac{M}{c_7\|\Phi\|^2\log M}$。最后，令$\mathcal{K}$为$x$的支撑区，假设

$$\min_{i\in\mathcal{K}}|x_i|>8\sqrt{2\sigma^2\log M}\tag{9.18}$$

用$\tau=2\sqrt{2\sigma^2\log M}$计算的LASSO的解$\hat{x}_{1,2}$，至少以概率

$$1-2M^{-1}((2\pi\log M)^{1/2}+KM^{-1})-O(M^{-2\log 2})$$

满足

$$\operatorname{support}(\hat{x}_{1,2})=\operatorname{support}(x),\quad \operatorname{sgn}(\hat{x}_{\mathcal{K}})=\operatorname{sgn}(x_{\mathcal{K}})\tag{9.19}$$

算法2　支持检测的一步阈值(OST)算法

输入：单位范数框架Φ，测量矩阵y，及阈值$\lambda>0$

输出：信号支持$\hat{\mathcal{K}}\subset\{1,\cdots,M\}$的估计值

初始化：$i=0$，$\hat{x}^0=0$，$\hat{\mathcal{K}}=0$，$r^0=y$

$z\leftarrow\Phi^* y$　　{形成信号代理}

$\hat{\mathcal{K}}\leftarrow\{i\in\{1,\cdots,M\}:|z_i|>\lambda\}$　　{通过OST选择索引}

这个理论说明了如果稀疏信号 x 的非零元素从它们大致处于(对对数因子取模值后)噪声基底 σ 之上的意义上而言是非常显著的,那么对于充分稀疏的信号 LASSO 可以成功地做到精确的支撑检测。当然,如果信号的任意非零项在噪声基底之下,则除了噪声本身不可能获知此非零项。就此而言,定理 9.13 对于精确模型选择是接近于最佳的。从稀疏约束来讲,这个理论的表达与定理 9.12 相匹配。因此,再次看到,当与 LASSO 一起使用时,有着不太大的最差情况下的相干性的近似紧框架是非常适合用于稀疏信号处理的。

2. 运用一步阈值的支撑检测

虽然报道中定理 9.13 支持检测结果是接近最优的,理想情况下还是需要研究典型支持问题检测的替代解决方案,这是因为:

(1) LASSO 需要对应于支撑 $\mathcal{K}$ 的 Φ 子框架的最小奇异值远离零界。当人们对估计 x 感兴趣时,虽然这是一个貌似合理的条件,但对于支撑检测的情况这是否是必要的仍需论证。

(2) 对于 x 中确定的非零元素的情况,定理 9.13 仍然缺少对于 $K=\Omega(\mu_\Phi^{-1-\delta}),\delta>0$ 的保证。

(3) 对于任意框架的 LASSO 的计算复杂性趋向为 $O(M^3+NM^2)$。这使得 LASSO 计算大规模模型选择问题时计算量巨大。

鉴于这些问题,一些研究人员最近重提比较老的(经常被遗忘的)阈值方法用于支持检测。在算法 2 中描述的一步阈值算法(OST),只有 $O(NM)$ 的计算复杂度,其已被认为对于 $M\times M$ 正交基是接近最优的。在本节中,关注 Bajwa 等人最近的关于运用 OST 进行典型支撑检测的研究成果。在这一点上下面的定理 9.14 依赖于下面定义 9.3 的相干性的概念。

定义 9.3 (相干性) 称一个单位范数框架 Φ 满足相干性,如果

$$(\mathrm{CP}-1)\quad \mu_\Phi\leqslant\frac{0.1}{\sqrt{2\log M}},\quad (\mathrm{CP}-2)\quad v_\Phi\leqslant\frac{\mu_\Phi}{\sqrt{N}}$$

简言之,(CP−1) 大致地说明了 Φ 中的框架元素不太一样,而(CP−2) 大致地说明了单位范数 Φ 的框架元素多少分布在 N 维的单位球上。注意相干性(ⅰ)不一定需要 Φ 的子矩阵的奇异值从零中分开;且(ⅱ)可以在多项式时间内确定,因为它仅需要验证 $\|G_\Phi-Id\|_{\max}\leqslant(200\log M)^{-1/2}$ 和 $\|(G_\Phi-Id)1\|_\infty\leqslant\|G_\Phi-Id\|_{\max}(M-1)N^{-1/2}$。

相干性质的含义将在下面的定理中进行描述。然而,在进行下一步之前,先来定义一些数学符号。用 $\mathrm{SNR}=\|x\|^2/E[\|n\|^2]$ 来表示与支撑检测问题相关的信噪比。用 $x(\ell)$ 表示 x 中第 ℓ 大的非零元素。现在准备好描述 OST

算法的典型支撑检测性能。

定理 9.14 假设对于一个 K 稀疏信号 $x \in \mathbf{C}^M$,$y = \Phi x + n$,它的支撑 $\mathcal{K}$ 是被均匀随机选取的。进一步,令 $M \geqslant 128$,令噪声 n 的分布为零均值、$\sigma^2 Id$ 协方差的复高斯分布 $n \sim \mathcal{CN}(0, \sigma^2 Id)$,令框架 Φ 满足相干性。最后,设定参数$t \in (0,1)$,选择阈值为

$$\lambda = \max\left\{\frac{1}{t}10\mu_\Phi\sqrt{N \cdot \mathrm{SNR}}, \frac{1}{1-t}\sqrt{2}\right\}\sqrt{2\sigma^2 \log M}$$

然后,假设 $K \leqslant N/(2\log M)$,OST 算法以超过 $1-6M^{-1}$ 的概率保证 $\hat{\mathcal{K}} \subset \mathcal{K}$ 和 $|\mathcal{K}\backslash\hat{\mathcal{K}}| \leqslant (K-L)$,在这里 L 是最大的整数,下面的不等式支撑域:

$$x_{(L)} > \max\{c_8\sigma, c_9\mu_\Phi \| x \|\}\sqrt{\log M} \tag{9.20}$$

在这里,$c_8 \doteq 4(1-t)^{-1}$,$c_9 \doteq 20\sqrt{2}t^{-1}$,失败的概率与真实模型 $\mathcal{K}$ 和高斯噪声 n 有关。

为了把定理 9.14 的重要性显现出来,参考 Donoho 和 Johnstone 得出的阈值结果——这构成了小波去噪的思想基础——阈值结果是针对 $M \times M$ 正交基的情况。在文献[31]确立了如下事实:如果 Φ 为正交基,对 $\Phi * y$ 的项在 $\lambda = \Theta(\sqrt{2\sigma^2 \log M})$ 取硬阈值可取得犹如预言似的性能,如果从人们可以(较高概率)恢复处于噪声基底(以 $\log M$ 取模)之上的所有 x 的非零项的位置的意义而言的话。

现在关于定理 9.14 第一件需要注意的事情是所提阈值的直觉上令人愉悦的性质。特别地,假设 Φ 是一个正交基,并且注意到因为 $\mu_\Phi = 0$,定理中提出的阈值 $\lambda = \Theta(\max\{\mu_\Phi\sqrt{N \cdot \mathrm{SNR}}, 1\} \times \sqrt{\sigma^2 \log M})$ 减小到文献[31]中建议的阈值,并且定理 9.14 保证了阈值可复原 x 中所有位于噪声电平之上的非零元素。注意到在正交基的情况下 $x(\ell) = \Omega(\sqrt{\sigma^2 \log M}) \Rightarrow \ell \in \hat{\mathcal{K}}$,读者可以更加坚信这个结果。现在考虑不一定正交但是满足 $\mu_\Phi = O(N^{-1/2})$ 和 $v_\Phi = O(N^{-1})$ 的框架。从定理中得知 OST 可(以高概率)确定 x 的非零元素位置,非零元素的能量高于噪声方差(以 $\log M$ 取模)和每个非零元素的平均能量:$x_{(\ell)}^2 = \Omega(\max\{\sigma^2 \log M, \| x \|^2/K\}) \Rightarrow \ell \in \hat{\mathcal{K}}$。在这种情况下是很容易看出如果噪声电平是很高的或者 x 中的非零元素差不多是相同幅值,则简单的 OST 算法即可来引导出所有在噪声电平上的非零元素的位置的复原。换句话说,从 Donoho 和 Johnstone 的意义而言,OST 在某些情况下具有谕示性质,不要求框架 Φ 是正交基。

9.3.4 稀疏信号的典型估计

本节中的目的是为从有噪声的测量值中复原稀疏信号提供典型保证,在

这里噪声向量 $n \in \mathbf{C}^N$ 元素是独立的，同分布的复高斯随机变量，具有零均值和方差 σ^2。这里分析的重构算法是之前描述的 OST 算法的延伸。这个 OST 重构算法在算法 3 中进行了描述，且最近在文献[4]中被分析过。下面的定理 9.15 由 Bajwa 等人推出，表明了 OST 算法对于某些重要的稀疏信号类可导致一个近似最佳的重构误差。

然而，在正式介绍这个算法之前，需要定义更多一些的数学符号。对于任意 $t \in (0,1)$，使用 $\mathcal{T}_\sigma(t) := \{i : |x_i| > \frac{2\sqrt{2}}{1-t}\sqrt{2\sigma^2 \log M}\}$ 来表示 x 中所有大致来说都在噪声基底 σ 之上的元素的位置。

算法 3　稀疏信号重建的一步阈值(OST)算法

输入：单位范数框架 Φ，测量矩阵 y，及阈值 $\lambda > 0$

输出：稀疏 OST 的估计值 $\hat{x}^{\text{OST}}$

$\hat{x}^{\text{OST}} \leftarrow 0$　　{初始化}

$z \leftarrow \Phi^* y$　　{形成信号代理}

$\hat{\mathcal{K}} \leftarrow \{i : |z_i| > \lambda\}$　　{通过 OST 选择索引}

$\hat{x}^{\text{OST}}_{\hat{\mathcal{K}}} \leftarrow (\Phi_{\hat{\mathcal{K}}})^{\dagger} y$　　{通过最小方差法重建信号}

同样，使用 $\mathcal{T}_\mu(t) := \{i : |x_i| > \frac{20}{t}\mu_\Phi \|x\| \sqrt{2\log M}\}$ 来表示 x 的大致在自干扰基底 $\mu_\Phi \|x\|$ 之上的元素的位置。最后，还需要一个对于重构保证而言更加强大版本的相干性。

定义 9.4　(强相干性) 如果

$$(\text{SCP}-1)\quad \mu_\Phi \leqslant \frac{1}{164\log M},\quad (\text{SCP}-2)\quad v_\Phi \leqslant \frac{\mu_\Phi}{\sqrt{N}}$$

就说一个单位范数框架 Φ 满足强相干性。

定理 9.15　令一个单位范数框架 Φ 满足最强相干性，取 $t \in (0,1)$，选择 $\lambda = \sqrt{2\sigma^2 \log M}\max\left\{\frac{10}{t}\mu_\Phi \sqrt{N}\text{SNR}, \frac{\sqrt{2}}{1-t}\right\}$。进一步，假设 $x \in \mathbf{C}^M$ 有着支撑 $\mathcal{K}$，均匀随机地取自 $\{1,\cdots,M\}$ 的所有的 K 子集。然后假如

$$K \leqslant \frac{M}{c_{10}^2 \|\Phi\|^2 \log M} \tag{9.21}$$

算法 3 以超过 $1-10M^{-1}$ 的概率得到 $\hat{\mathcal{K}}$ 使得 $\mathcal{T}_\sigma(t) \cap \mathcal{T}_\mu(t) \subseteq \hat{\mathcal{K}} \subseteq \mathcal{K}$ 和 $\hat{x}^{\text{OST}}$ 使得

$$\| x - \hat{x}^{\mathrm{OST}} \| \leqslant c_{11}\sqrt{\sigma^2 \mid \hat{\mathscr{K}} \mid \log M} + c_{12} \| x_{\mathscr{K}\setminus\hat{\mathscr{K}}} \| \tag{9.22}$$

最后,定义 $T:=| \mathscr{T}_\sigma(t) \cap \mathscr{T}_\mu(t) |$ 在同样的概率下进一步有

$$\| x - \hat{x} \| \leqslant c_{11}\sqrt{\sigma^2 K\log M} + c_{12} \| x - x_T \| \tag{9.23}$$

这里,$c_{10}=37\mathrm{e}$,$c_{11}=\dfrac{2}{1-\mathrm{e}^{-1/2}}$ 和 $c_{12}=1+\dfrac{\mathrm{e}^{-1/2}}{1-\mathrm{e}^{-1/2}}$ 均为数值常量。

对于定理 9.15 依次有几处说明。(1) 如果 Φ 满足强相干性而且 Φ 是近似紧致的,那么由(9.21),OST 处理的稀疏程度与 N 近似成线性:$K=O(N/\log M)$。(2) OST 算法的 ℓ_2 误差等于 $\sqrt{\sigma^2 K\log M}$ 的近优(以对数因子取模)误差加上由于 OST 算法无法复原比 $O(\mu_\Phi \| x \| \sqrt{2\log M})$ 小的信号元素而引起的最佳 T 项近似误差。特别地,如果 K 稀疏信号 x,最差情况相干 μ_Φ,噪声 n 一起满足 $\| x - x_T \| = O(\sqrt{\sigma^2 K\log M})$,则 OST 算法成功地使 ℓ_2 误差 $\| x - \hat{x} \| = O\sqrt{\sigma^2 K\log M}$ 接近最佳。为了明白为什么误差是接近最佳的,注意到一个 K 维的随机元素组成的具有零均值和方差 σ^2 的向量有预期的平方范数 $\sigma^2 K$;在这里,OST 需要付出一个对数因子的复杂度代价从整个 M 维信号中找到 K 个非零元素的位置。需要承认 $\| x - x_T \| = O\sqrt{\sigma^2 K\log M}$ 的最优化条件取决于信号类、噪声方差和框架的最差情况相干性;特别地,只要 $\| x_{\mathscr{K}} \setminus \mathscr{T}_\mu(t) \| = O(\sqrt{\sigma^2 K\log M})$,则此条件都是满足的,因为

$$\| x - x_T \| \leqslant \| x_{\mathscr{K}} \setminus \mathscr{T}_\sigma(t) \| + \| x_{\mathscr{K}} \setminus \mathscr{T}_\mu(t) \| = O(\sqrt{\sigma^2 K\log M}) + \| x_{\mathscr{K}} \setminus \mathscr{T}_\mu(t) \| \tag{9.24}$$

本节通过陈述一个源于[4]的引理来结束本小节。若噪声方差和最差情况相干性足够小,则该引理可提供满足 $\| x_{\mathscr{K}} \setminus \mathscr{T}_\mu(t) \| = O(\sqrt{\sigma^2 K\log M})$ 的稀疏信号类。

引理 9.3　设一个对于某 $c_{13}>0$ 有着最差情况相干性 $\mu_\Phi \leqslant \dfrac{c_{13}}{\sqrt{N}}$ 的单位范数框架 Φ,且对于某 $c_{14}>0$ 假设 $K \leqslant \dfrac{M}{c_{14}^2 \| \Phi \|^2 \log M}$。确定一个常量 $\beta \in (0,1]$,假设 x 的 βK 个非零元素的大小是某个 $\alpha = \Omega(\sqrt{\sigma^2 K\log M})$,剩下的 $(1-\beta)K$ 个非零元素的大小不一定相同,但是比 α 小,其规模为 $O(\sqrt{\sigma^2 K\log M})$。假设 $c_{13} \leqslant \dfrac{tc_{14}}{20\sqrt{2}}$,则 $\| x_{\mathscr{K}} \setminus \mathscr{T}_\mu(t) \| = O(\sqrt{\sigma^2 K\log M})$。

简言之,引理 9.3 说明了 OST 对于在噪声基底之上有着大概同样幅值的元素的 K 稀疏信号是近似最优的。这包括在应用中出现的一类重要的信号,

比如多标签预测，其中所有的非零项取值都为 $\pm\alpha$。

9.4　用于稀疏信号存在性检测的有限框架

在前面的章节中，讨论了框架理论在不同的环境下复原和估计稀疏信号的作用。现在来考虑一个不同的问题：检测稀疏信号噪声的存在。在最简单的形式中，所述问题是决定一个观测数据向量是一个假设只有噪声模型的实现还是一个假设信号加噪声模型的实现，其中后一种模式的信号是稀疏的，但它的非零元素的索引值是未知的。此问题是如下形式的二元假设检验：

$$\begin{cases}\mathscr{H}_0: y=\Phi n\\ \mathscr{H}_1: y=\Phi(x+n)\end{cases}\tag{9.25}$$

此处，$x\in\mathbf{R}^M$ 是一个确定但未知的 K 稀疏信号，测量矩阵 $\Phi=\{\varphi_i\}_{i=1}^M$ 是 $\mathbf{R}^N$，$N\leqslant M$ 的一个框架，这需要去设计，$n\in\mathbf{R}^M$ 是一个有着协方差矩阵 $E[nn^{\mathrm{T}}]=(\sigma_n^2/M)Id$ 的高斯白噪声向量。

在这里假设允许检测的测量数 N 是预先设定的固定值。希望决定测量向量 $y\in\mathbf{R}^N$ 是否属于模型 $\mathscr{H}_0$ 或者 $\mathscr{H}_1$。此问题与估计稀疏信号根本不同，检测的目的通常是为了最大化检测概率，同时保持较低的虚警率，或尽量减少总误差概率或贝叶斯风险，而不是找到一个符合线性观测模型的最稀疏信号。不同于信号估计问题，稀疏信号检测到目前为止很少被注意，值得注意的例子是文献[45]、[56]、[74]。尤其是，用于检测稀疏信号的最优或接近最优的压缩测量矩阵的设计几乎没有得到解决。在本节中，选择了 Zahedi 等人的结果进行综述，考虑一个框架 Φ 可用于优化检测性能的必要充分条件。

着眼于设计测量框架 Φ 来最大化测量 SNR 的基本问题，在 $\mathscr{H}_1$ 下，SNR 如下式：

$$\mathrm{SNR}=\frac{\|\Phi x\|^2}{\sigma_n^2/M}\tag{9.26}$$

这起源于如下的事实：即对于线性对数似然比检测器，其中对数似然比是数据的线性函数，通过增加信噪比可改善检测性能。特别地，对一个误警率 $P_F\leqslant\gamma$ 的 Neyman-Pearson 检测器，其检测概率为

$$P_d=Q(Q^{-1}(\gamma)-\sqrt{\mathrm{SNR}})\tag{9.27}$$

随 SNR 单调递增，这里 $Q(\cdot)$ 是 Q 函数，如下式：

$$Q(z)=\int_z^{\infty}\mathrm{e}^{-w^2/2}\mathrm{d}w\tag{9.28}$$

此外，在预定的虚警率下，在一个能量检测器中最大限度地提高信噪比可

得到最大化的检测概率，只需简单地检验测量矩阵 y 相对于一个阈值的能量。不失一般性，假设 $\sigma_n^2=1$ 和 $\|x\|^2=1$，设计 Φ 来最大化测量的信号能量 $\|\Phi_x\|^2$。为了避免色噪声向量 n，即为了保持噪声向量为白噪声，将测量框架 Φ 限制为 Parseval，或框架边界为 1 的紧框架。也就是，只考虑框架算子 $S_\Phi=\Phi\Phi^{\mathrm{T}}$ 是单位算子的框架。之后，就简单称这些框架为紧框架，但需要明白，在本节考虑的所有紧框架实际上是 Parseval。

为解决这个问题，一个方法就是假设一个稀疏度 K 的值，然后基于这个假设设计测量框架 Φ。但是，这个方法可能有与真实稀疏度不同的风险。另外一个方法是不假设确定的稀疏度。而是，当设计 Φ 时，优先把不同稀疏度的重要程度排列好。换句话说，首先找到一组对于一个 K_1 稀疏信号为最佳的一组解。然后，在这个集合中，找到一个对于 K_2 稀疏信号的最佳的一组子集。遵从这个步骤直到找到一个包括对于 $K_1,K_2,K_3,\cdots$ 最佳解的子集。这个方法称为词典优化方法（见文献[33]、[43]、48]）。测量框架设计自然依赖于对未知向量 x 的假设。在接下来的章节中，回顾两个不同的设计方法，即最差情况 SNR 设计和平均 SNR 设计，同时关注了文献[76]、[77]的进展。

注意到，文献[46]已经在早些时候采用词典优化来设计对于框架系数擦除有最大鲁棒性的框架。在推导对于最差情况下 SNR 设计的主要结果时使用的分析方法在本质上与文献[46]中的类似。

9.4.1　最差情况信噪比设计

在针对稀疏度 K 的最差情况设计中，考虑在所有 K 稀疏信号间可使信噪比最小的向量 x 和设计使最小信噪比最大的框架 Φ。当然，当针对 x 最小信噪比时，必须找到针对 x 中非零项的位置和取值的最小 SNR。将此与词典方法结合起来，设计矩阵 Φ 来最大化最差情况检测的 SNR，其中最差情况取自 x 的元素的所有大小为 K_i 的子集，其中 K_i 为词典优化方法中第 i 级的稀疏度。这是一个针对所能产生的最差稀疏信号的鲁棒性设计。

考虑字典方法的第 K 个步骤。在该步骤中，假设向量 x 最多有 K 个非零项，并且假定 $\|x\|^2=1$，但除此之外，不对 x 非零项的位置和取值施加任何约束。通过给 K 稀疏向量 x 的非零项赋予可能的最差的位置和取值，希望最大化此时得到的最小（最差情况下）SNR。由于假设 $\sigma_n^2=1$，这对应着使信号能量 $\|\Phi x\|^2$ 最大化的一个最差情况设计。

令 $\mathscr{B}_0$ 为包含所有的 $(N\times M)$ 紧框架的集合 $\mathscr{B}_K$，$K=1,2,\cdots$。递归定义集合作为以下最差情况优化问题的解集：

$$\begin{cases}\max\limits_{\Phi}\min\limits_{x}\|\Phi x\|^2 \\ \text{s. t.}\quad \Phi\in\mathscr{B}_{K-1} \\ \qquad\quad \|x\|=1 \\ \qquad\quad x\text{ 是 }K\text{ 稀疏的}\end{cases}\tag{9.29}$$

第 K 级(9.29) 的优化问题涉及一个最差情况的目标，其局限于第$(K-1)$ 个问题的解集 $\mathscr{B}_{K-1}$。所以，$\mathscr{B}_K\subset\mathscr{B}_{K-1}\subset\cdots\subset\mathscr{B}_0$。

现在，令 $\Omega=\{1,2,\cdots,M\}$，并定义 Ω_K 为 $\Omega_K=\{\omega\subset\Omega:|\omega|=K\}$。对于任意 $\mathscr{T}\in\Omega_K$，设 $x_{\mathscr{T}}$ 是大小为$(K\times1)$ 的子向量，它包含 x 中对应索引为 $\mathscr{T}$ 的所有组成部分。同样地，给定的一框架 Φ，让 $\Phi_{\mathscr{T}}$ 为包括 $\mathscr{T}$ 中索引 Φ 的所有列的$(N\times K)$ 子矩阵。注意，矢量 $x_{\mathscr{T}}$ 可以具有非零项，因此不一定与 x 有一样的支持域。给定 $\mathscr{T}\in\Omega_K$，结果 Φx 可以被 $\Phi_{\mathscr{T}}x_{\mathscr{T}}$ 代替。考虑最差情况下的设计，对于任意 $\mathscr{T}$ 需要考虑使 $\|\Phi_{\mathscr{T}}x_{\mathscr{T}}\|^2$ 最小的 $x_{\mathscr{T}}$，并且找到最差的 $\mathscr{T}\in\Omega_K$。使用此表示并经过一些简单的代数运算，最差情况下问题(9.29) 可以被表示为如下的最大最小问题：

$$(\mathscr{P}_K)\begin{cases}\max\limits_{\Phi}\min\limits_{\mathscr{T}}\lambda_{\min}(\Phi_{\mathscr{T}}^{\mathrm{T}}\Phi_{\mathscr{T}}) \\ \text{s. t.}\quad \Phi\in\mathscr{B}_{K-1} \\ \qquad\quad \mathscr{T}\in\Omega_K\end{cases}\tag{9.30}$$

其中 $\lambda_{\min}(\Phi_{\mathscr{T}}^{\mathrm{T}}\Phi_{\mathscr{T}})$ 表示子 Gramian 框架 $G_{\Phi_{\mathscr{T}}}=\Phi_{\mathscr{T}}^{\mathrm{T}}\Phi_{\mathscr{T}}$ 的最小特征值。

为了解决最差情况的设计问题，先找到$(\mathscr{P}_1)$ 问题的解集 $\mathscr{B}_1$。然后，找到 $\mathscr{B}_2\subset\mathscr{B}_1$ 作为$(\mathscr{P}_2)$ 的解。对于一般的稀疏度 K 继续这一程序。

稀疏度 $K=1$　如果 $K=1$，那么 $|\mathscr{T}|=1$ 的任意 $\mathscr{T}$ 可以被写作 $\mathscr{T}=\{i\}$，$i\in\Omega$，并且 $\Phi_{\mathscr{T}}=\varphi_i$ 仅包含 Φ 的第 i 列。因此，$\Phi_{\mathscr{T}}^{\mathrm{T}}\Phi_{\mathscr{T}}=\|\varphi_i\|^2$，$\mathscr{P}_1$ 简化为

$$\begin{cases}\max\limits_{\Phi}\min\limits_{i}\|\varphi_i\|^2 \\ \text{s. t.}\quad \Phi\in\mathscr{B}_0 \\ \qquad\quad i\in\Omega\end{cases}\tag{9.31}$$

有如下定理 9.16 的结果。

定理 9.16　最大最小问题(9.31) 目标函数的最优值是 N/M，且使 $\hat{\Phi}\in\mathscr{B}_0$ 位于解集 $\mathscr{B}_1$ 中的充分必要条件是令 $\hat{\Phi}=\{\hat{\varphi}_i\}_{i=1}^M$ 是一个等范数紧框架，对于 $i=1,2,\cdots,M$ 有 $\|\hat{\varphi}_i\|=\sqrt{N/M}$。

稀疏度 $K=2$　下一步是解决$(\mathscr{P}_2)$。给定 $\mathscr{T}\in\Omega_2$，矩阵 $\Phi_{\mathscr{T}}$ 包含两列，是 φ_i 和 φ_j。因此在最大最小问题$(\mathscr{P}_2)$ 中，$\Phi_{\mathscr{T}}^{\mathrm{T}}\Phi_{\mathscr{T}}$ 是一个(2×2) 阶矩阵：

$$\Phi_{\mathscr{T}}^{\mathrm{T}}\Phi_{\mathscr{T}}=\begin{bmatrix}\langle\varphi_i,\varphi_i\rangle & \langle\varphi_i,\varphi_j\rangle \\ \langle\varphi_i,\varphi_j\rangle & \langle\varphi_j,\varphi_j\rangle\end{bmatrix}$$

这种情况的解决方案肯定在 $K=1$ 的最优解族之间。换句话说,最佳的解决方案 $\hat{\Phi}$ 必须是等范数紧框架,其中 $\|\hat{\varphi}_i\|=\sqrt{N/M}, i=1,2,\cdots,M$。因此,有

$$\Phi_{\mathcal{T}}^{\mathrm{T}}\Phi_{\mathcal{T}}=(N/M)\begin{bmatrix}1 & \cos\alpha_{ij}\\ \cos\alpha_{ij} & 1\end{bmatrix}$$

其中 α_{ij} 是向量 φ_i 与 φ_j 的夹角。这个矩阵的最小可能特征值为

$$\lambda_{\min}(\Phi_{\mathcal{T}}^{\mathrm{T}}\Phi_{\mathcal{T}})=(N/M)(1-\mu_{\Phi}) \tag{9.32}$$

其中 μ_{Φ} 是框架 $\Phi=\{\varphi_i\}_{i=1}^{M}\in\mathscr{B}_1$ 最差情况下的相干性,见(9.1)中定义。

现在,设 $\mu_{\min}$ 是 $\mathscr{B}_1$ 中的所有框架的最小最差情况下的相干性

$$\mu_{\min}=\min_{\Phi\in\mathscr{B}_1}\mu_{\Phi} \tag{9.33}$$

将 $\mathscr{B}_1$ 中具有最差情况相干性的元素称为格拉斯曼等范数紧框架。

有如下定理 9.17。

定理 9.17 最大最小问题($\mathscr{P}_2$)的目标函数的最优值为 $(N/M)(1-\mu_{\min})$。当且仅当 Φ 的列可构成等范数紧框架且范数为 $\sqrt{N/M}$ 和 $\mu_{\hat{\varphi}}=\mu_{\min}$ 时框架 Φ 属于 $\mathscr{B}_2$。换句话说,($\mathscr{P}_2$)的解 $N\times M$ 是格拉斯曼等范数紧框架。

稀疏度 $K>2$ 现在考虑 $K>2$ 的情况。在这种情况下,$\mathscr{T}\in\Omega_K$ 可以被写作 $\mathscr{T}=\{i_1,i_2,\cdots,i_K\}\subset\Omega$。由前面的结果,知道最优框架 $\hat{\Phi}\in\mathscr{B}_K$ 一定是格拉斯曼等范数紧框架,具有范数值 $\sqrt{N/M}$ 和最差情况相干性 $\mu_{\min}$。考虑到这一点,($\mathscr{P}_K$),$K>2$ 下的 $(K\times K)$ 阶矩阵 $\hat{\Phi}_{\mathscr{T}}^{\mathrm{T}}\hat{\Phi}_{\mathscr{T}}$ 可以被写作 $\hat{\Phi}_{\mathscr{T}}^{\mathrm{T}}\hat{\Phi}_{\mathscr{T}}=(N/M)[Id+A_{\mathscr{T}}]$,其中 $A_{\mathscr{T}}$ 为

$$A_{\mathscr{T}}=\begin{bmatrix}0 & \cos\hat{\alpha}_{i_1i_2} & \cdots & \cos\hat{\alpha}_{i_1i_k}\\ \cos\hat{\alpha}_{i_1i_2} & 0 & \cdots & \cos\hat{\alpha}_{i_2i_k}\\ \vdots & \vdots & & \vdots\\ \cos\hat{\alpha}_{i_1i_k} & \cos\hat{\alpha}_{i_2i_k} & \cdots & 0\end{bmatrix} \tag{9.34}$$

并且 $\cos\hat{\alpha}_{i_hi_f}$ 是框架元素 $\hat{\varphi}_{i_h}$ 和 $\hat{\varphi}_{i_f}$,$i_h\neq i_f\in\mathscr{T}$ 之间的余弦角。很容易得出

$$\lambda_{\min}(\hat{\Phi}_{\mathscr{T}}^{\mathrm{T}}\hat{\Phi}_{\mathscr{T}})=(N/M)(1+\lambda_{\min}(A_{\mathscr{T}})) \tag{9.35}$$

因此,问题($\mathscr{P}_K$),$K>2$ 简化为

$$(\mathscr{P}_K)\begin{cases}\max\limits_{\Phi}\min\limits_{\mathscr{T}}\lambda_{\min}(A_{\mathscr{T}})\\ \text{s. t.}\quad \Phi\in\mathscr{B}_{K-1}\\ \qquad\quad \mathscr{T}\in\Omega_K\end{cases} \tag{9.36}$$

然而解决上述问题并非易事。但至少可以界定最优值。给出 $\mathscr{T}\in\Omega_K$,设

$\hat{\delta}_{i_h i_f}$ 和 $\Delta_{\min}$ 为

$$\hat{\delta}_{i_h i_f} = \mu_{\min} - |\cos \alpha_{i_h i_f}|, \quad i_h \neq i_f \in \mathcal{T} \tag{9.37}$$

$$\Delta_{\min} = \min_{\mathcal{T} \in \Omega_K} \sum_{i_h \neq i_f \in \mathcal{T}} \hat{\delta}_{i_h i_f} \tag{9.38}$$

同时,$\hat{\Delta}$ 定义为如下方式:

$$\hat{\Delta} = \min_{\mathcal{T} \in \Omega_K} \sum_{i_h \neq i_f \in \mathcal{T}} \hat{\delta}_{i_h i_f}$$

有如下定理 9.18。

定理 9.18 $K > 2$ 时最大最小问题($\mathcal{P}_K$)的目标函数最优值位于 $(N/M)\left(1 - \binom{K}{2}\mu_{\min} + \Delta_{\min}\right)$ 和 $(N/M) \times (1 - \mu_{\min})$ 之间。

在得出最差情况信噪比设计前,有几点要说明。

(1) 均匀紧框架和它们的构造方法的实例可以在文献[8]、[13]、[19]、[20] 和其中的参考文献内找到。

(2) 在 $k=2$ 的情况下,在定理 9.17 中确定的与框架 $\hat{\Phi}$ 有关的 $\hat{\Phi}_{\mathcal{T}}^{\mathrm{T}}\hat{\Phi}_{\mathcal{T}}$,在所有的 $\Phi \in \mathcal{B}_1$ 和 $\mathcal{T} \in \Omega_2$ 中具有最大的最小特征值 $(N/M)(1 - \mu_{\min})$ 和最小的最大特征值 $(N/M)(1 + \mu_{\min})$。这意味着($\mathcal{P}_2$)的解 $\hat{\Phi}$ 是一个 2 阶最优 RIC $\delta_2 = \mu_{\min}$ 的等距约束矩阵。

(3) 一般地,$K \geqslant 2$ 时($\mathcal{P}_K$)解 $\hat{\Phi}$ 的最小最差情况相干性 $\mu_{\min}$ 被 Welch 界约束(参见引理 9.2)。然而,当 $1 \leqslant N \leqslant M - 1$ 且

$$M \leqslant \min\{N(N+1)/2, (M-N)(M-N+1)/2\} \tag{9.39}$$

时,Welch 界可以被满足。对于这种情况,所有框架角度相等并且 $K \geqslant 2$ 时($\mathcal{P}_K$)解是等角等范数紧框架。这样的框架是格拉斯曼线性包(Grassmannian Line Packings)(参见文献[8]、[21]、[24]、[49]、[52]、[58]、[63]~[65])。

9.4.2 平均情况设计

现在假设在(9.25)中 x 非零项的位置是随机的,但它们的值是确定和未知的。希望找到使最小信噪比的期望值最大的框架 Φ。期望值是在 x 的元素索引集合中 $\{1, 2, \cdots, M\}$ 大小为 K_i 的所有可能子集上的具有均匀分布的随机索引集合上取值的。所希望最大化其期望值的最小信噪比,是针对随机索引集合的每次实现就向量 x 的每一项的值进行计算的。

设 $\mathcal{T}_K$ 是 Ω_K 上均匀分布的随机值。那么对于 $t \in \Omega_K$,$p_{\mathcal{T}_k}(t) = 1/\binom{M}{K}$ 的概率为 $\mathcal{T}_K = t$。目标是找到框架 Φ 的测量值使最小信噪比的期望值最大,其中

期望采取随机值$\mathcal{T}_K$,并且最小值采取$\mathcal{T}_K$上向量x的元素。考虑到对于最差情况问题简化的步骤用起来容易并且也适用于字典方法,最大化平均信噪比可以用如下方式定义。

设$\mathcal{N}_0$是包含所有$(N\times M)$紧框架的集合。那么对于$K=1,2,\cdots$,递归定义集合$\mathcal{N}_K$作为如下最优化问题的解集

$$\begin{cases}\max\limits_{\Phi} E_{\mathcal{T}_K}\ \min\limits_{x_K}\|\Phi_{\mathcal{T}_K}x_K\|^2\\ \text{s. t.}\quad \Phi\in\mathcal{N}_{K-1}\\ \qquad\quad \|x_K\|=1\end{cases}\tag{9.40}$$

其中$E_{\mathcal{T}_K}$是相对于$\mathcal{T}_K$的期望。像以前一样,$(N\times K)$阶的矩阵$\Phi_{\mathcal{T}_K}$是Φ的子矩阵,其中Φ的列都包含在$\mathcal{F}_K$中。这个问题可以被简化为

$$(\mathcal{F}_K)\begin{cases}\max\limits_{\Phi} E_{\mathcal{T}_K}\lambda_{\min}(\Phi_{\mathcal{T}_K}^{\mathrm{T}}\Phi_{\mathcal{T}_K})\\ \text{s. t.}\quad \Phi\in\mathcal{N}_{K-1}\end{cases}\tag{9.41}$$

为了解决词典问题$(\mathcal{F}_K)$,使用与之前在最差情况中的相同方法;即以解决问题$(\mathcal{F}_1)$开始。那么,从解集$\mathcal{N}_1$中,找到问题$(\mathcal{F}_2)$的最优解,等等。

稀疏度 $K=1$ 假设信号x是1-稀疏的,从矩阵Φ中建立矩阵$\Phi_{\mathcal{T}_1}$有$\binom{M}{1}=M$种不同的可能。问题$(\mathcal{F}_1)$的期望可以被写作:

$$E_{\mathcal{T}_1}\lambda_{\min}(\Phi_{\mathcal{T}_1}^{\mathrm{T}}\Phi_{\mathcal{T}_1})=\sum_{t\in\Omega_1}p_{\mathcal{T}_1}(t)\lambda_{\min}(\Phi_t^{\mathrm{T}}\Phi_t)=\sum_{i=1}^{M}p_{\mathcal{T}_1}(\{i\})\|\varphi_i\|^2=\frac{N}{M}\tag{9.42}$$

以下结果成立。

定理 9.19 问题$(\mathcal{F}_1)$目标函数的最优值为N/M。通过使用任意紧框架$\Phi\in\mathcal{N}_0$可以得到这个值。

定理9.19表明,与最差情况问题不同,任意的紧框架都是$(\mathcal{F}_1)$问题的最优解。接下来,研究信号x为2-稀疏的情况。

稀疏度 $K=2$ 对于问题$(\mathcal{F}_2)$,期望值$E_{\mathcal{T}_2}\lambda_{\min}(\Phi_{\mathcal{T}_2}^{\mathrm{T}}\Phi_{\mathcal{T}_2})$等于

$$\sum_{t\in\Omega_2}p_{\mathcal{T}_2}(t)\lambda_{\min}(\Phi_t^{\mathrm{T}}\Phi_t)=\frac{2}{M(M-1)}\sum_{j=2}^{M}\sum_{i=1}^{j-1}\lambda_{\min}(\Phi_{\{i,j\}}^{\mathrm{T}}\Phi_{\{i,j\}})\tag{9.43}$$

一般地,解决问题族$(\mathcal{F}_K)$,$K=2,3,\cdots$是不容易的。然而,如果将自己限制到等距范数紧框架类,这也出现在解决最差情况的问题中,则可以确立最优化的充分必要条件。这些条件与那些最差情况问题的条件不同,像接下来展示的一样,这里的最优解是等范数紧框架,其相干性的累计量是最小的。

设$\mathcal{M}_1$的定义为$\mathcal{M}_1=\{\Phi:\Phi\in\mathcal{N}_1,\|\varphi_i\|=\sqrt{N/M},\forall i\in\Omega\}$。同时,对于

$K=2,3,\cdots$ 递归定义集合 $\mathscr{M}_K$ 作为如下最优化问题的解集：

$$(\mathscr{F}'_K)\begin{cases}\max\limits_{\Phi} E_{\mathscr{T}_K}\lambda_{\min}(\Phi^{\mathrm{T}}_{\mathscr{T}_K}\Phi_{\mathscr{T}_K})\\ \text{s. t.}\quad \Phi\in\mathscr{M}_{K-1}\end{cases}\tag{9.44}$$

将集中解决上述问题而不是$(\mathscr{F}_K)$，$K=2,3,\cdots$。有如下定理 9.20 的结果。

定理 9.20　当且仅当Φ的和相干性$\sum\limits_{j=2}^{M}\sum\limits_{i=1}^{j-1}|\langle\varphi_i,\varphi_j\rangle|/(\|\varphi_i\|\|\varphi_j\|)$是最小时框架 Φ 属于 $\mathscr{M}_2$。

定理 9.20 表明，对于问题$(\mathscr{F}'_2)$，等范数紧密框架 Φ 的元素之间的角度相比于最差情况问题应以不同的方式来设计。例如，在 N 维空间中 $M=2N$ 的一个等角紧框架，其向量具有相等范数 $\sqrt{1/2}$，最差情况相干性为 $1/(2\sqrt{2N-1})$ 并且和相干性为 $N\sqrt{2N-1}/2$，而一个正交基的两个副本可构成最差情况相干性为$\dfrac{1}{2}$ 并且和相干性为 $N/2$ 的框架。虽然并不清楚正交基的副本构成的框架是否具有最小和相干性，这个例子却阐明了 Grassmannian 框架一般来说并不能得到最小的和相干性。据知，至今还没有提出构建具有最小和相干性的紧密框架的一般方法。

引理 9.4 给出了等范数紧框架和相干性的边界。

引理 9.4　对于一个范数值为$\sqrt{N/M}$ 的等范数紧框架 Φ，如下不等式成立：

$$c\,|(M/N-1)-2(M-1)\mu_\Phi^2|\leqslant\sum_{j=2}^{M}\sum_{i=1}^{j-1}|\langle\varphi_i,\varphi_j\rangle|\leqslant c(M-1)\mu_\Phi^2$$

其中

$$c=\left(\frac{(N/M)^2}{1-2(N/M)}\right)\left(\frac{M(M-2)}{2}\right)$$

稀疏度 $K>2$　与最差情况问题相似，求解问题$(\mathscr{F}'_K)$，$K>2$ 并不容易 —— 这些问题的解集都位于 $\mathscr{M}_2$ 中，并且$(\mathscr{F}'_2)$ 仍然是一个开放问题。如下引理提供了最优目标函数$(\mathscr{F}'_K)$，$K>2$ 的一个下界。

引理 9.5　$K>2$ 时，问题$(\mathscr{F}'_K)$ 的目标函数的最优解的下界为 $(N/M)(1-(K(K-1)/2)\mu_\Phi)$。

以一个概述来结束本节。在最差情况下的信噪比问题中，大多数稀疏信号的最佳测量矩阵是一个格拉斯曼等范数紧框架 —— 并且对于所有稀疏信号来说是等范数紧框架。对于平均信噪比问题，将自己限制到等范数紧框架类并且表明最佳的测量框架是具有最小和相干性的等范数紧框架。

9.5 其他主题

如前面提到的,这个章节只包括稀疏信号处理文献的一小部分结果。我们的目的仅在于突出有限框架和它们的几何测量,如频谱范数、最差情况下的相干性、平均相干性与和相干性在稀疏信号处理方法发挥的核心作用。但是,许多进展情况,其中也包括有限框架,没有被涵盖。例如,在可压缩信号处理方面有很多的研究。这些信号并不是稀疏信号,但其构成项根据特定的幂律做幅度上的衰减。本章中许多估计稀疏信号的结果在可压缩信号中也有对应的结果。类似的结果读者可以参考文献[17]、[23]、[26]、[27]中的例子。又如估计和复原块稀疏信号,其中要估计信号的非零项是聚类的或信号可在融合框架内进行稀疏表示。同样,大部分估计和复原稀疏信号的结果可以扩展到块稀疏信号。读者可参考文献[9]、[35]、[62]、[78]和其中的参考文献。

本章参考文献

[1] IEEE Signal Processing Magazine, special issue on compressive sampling (2008).

[2] Bajwa, W. U., Calderbank, R., Jafarpour, S.: Model selection: two fundamental measures of coherence and their algorithmic significance. In: Proc. IEEE Intl. Symp. Information Theory (ISIT'10), Austin, TX, pp. 1568-1572 (2010).

[3] Bajwa, W. U., Calderbank, R., Jafarpour, S.: Why Gabor frames? Two fundamental measures of coherence and their role in model selection. J. Commun. Netw. 12(4), 289-307 (2010).

[4] Bajwa, W. U., Calderbank, R., Mixon, D. G.: Two are better than one: fundamental parameters of frame coherence. Appl. Comput. Harmon. Anal. 33(1), 58-78 (2012).

[5] Bajwa, W. U., Haupt, J., Raz, G., Nowak, R.: Compressed channel sensing. In: Proc. 42nd Annu. Conf. Information Sciences and Systems (CISS'08), Princeton, NJ, pp. 5-10 (2008).

[6] Ben-Haim, Z., Eldar, Y. C., Elad, M.: Coherence-based performance guarantees for estimating a sparse vector under random noise. IEEE

Trans. Signal Process. 58(10), 5030-5043 (2010).

[7] Blumensath, T., Davies, M. E.: Iterative hard thresholding for compressed sensing. Appl. Comput. Harmon. Anal. 27(3), 265-274 (2009).

[8] Bodmann, B. G., Paulsen, V. I.: Frames, graphs and erasures. Linear Algebra Appl. 404, 118-146 (2005).

[9] Boufounos, P., Kutynio, G., Rahut, H.: Sparse recovery from combined fusion frame measurements. IEEE Trans. Inf. Theory 57(6), 3864-3876 (2011).

[10] Bourgain, J., Dilworth, S. J., Ford, K., Konyagin, S. V., Kutzarova, D.: Breaking the k^2 barrier for explicit RIP matrices. In: Proc. 43rd Annu. ACM Symp. Theory Computing (STOC'11), San Jose, California, pp. 637-644 (2011).

[11] Boyd, S., Vandenberghe, L.: Convex Optimization. Cambridge University Press, Cambridge (2004).

[12] Bruckstein, A. M., Donoho, D. L., Elad, M.: From sparse solutions of systems of equations to sparse modeling of signals and images. SIAM Rev. 51(1), 34-81 (2009).

[13] Calderbank, R., Casazza, P., Heinecke, A., Kutyniok, G., Pezeshki, A.: Sparse fusion frames: existence and construction. Adv. Comput. Math. 35, 1-31 (2011).

[14] Candès, E. J.: The restricted isometry property and its implications for compressed sensing. In: C. R. Acad. Sci., Ser. I, Paris, vol. 346, pp. 589-592 (2008).

[15] Candès, E. J., Plan, Y.: Near-ideal model selection by ℓ_1 minimization. Ann. Stat. 37(5A), 2145-2177 (2009).

[16] Candès, E. J., Romberg, J., Tao, T.: Robust uncertainty principles: exact signal reconstruction from highly incomplete frequency information. IEEE Trans. Inform. Theory 52(2), 489-509 (2006).

[17] Candès, E. J., Tao, T.: Near-optimal signal recovery from random projections: universal encoding strategies? IEEE Trans. Inform. Theory 52(12), 5406-5425 (2006).

[18] Candès, E. J., Tao, T.: The Dantzig selector: statistical estimation when p is much larger than n. Ann. Stat. 35(6), 2313-2351 (2007).

[19] Casazza, P., Fickus, M., Mixon, D., Wang, Y., Zhou, Z.: Constructing tight fusion frames. Appl. Comput. Harmon. Anal. 30, 175-187 (2011).

[20] Casazza, P., Leon, M.: Existence and construction of finite tight frames. J. Concr. Appl. Math. 4(3), 277-289 (2006).

[21] Casazza, P. G., Kovačević, J.: Equal-norm tight frames with erasures. Appl. Comput. Harmon. Anal. 18(2-4), 387-430 (2003).

[22] Chen, S. S., Donoho, D. L., Saunders, M. A.: Atomic decomposition by basis pursuit. SIAM J. Sci. Comput. 20(1), 33-61 (1998).

[23] Cohen, A., Dahmen, W., Devore, R. A.: Compressed sensing and best k-term approximation. J. Am. Math. Soc. 22(1), 211-231 (2009).

[24] Conway, J. H., Hardin, R. H., Sloane, N. J. A.: Packing lines, planes, etc.: packings in Grassmannian spaces. Exp. Math. 5(2), 139-159 (1996).

[25] Dai, W., Milenkovic, O.: Subspace pursuit for compressive sensing signal reconstruction. IEEE Trans. Inform. Theory 55(5), 2230-2249 (2009).

[26] Devore, R. A.: Nonlinear approximation. In: Iserles, A. (ed.) Acta Numerica, vol. 7, pp. 51-150. Cambridge University Press, Cambridge (1998).

[27] Donoho, D. L.: Compressed sensing. IEEE Trans. Inform. Theory 52(4), 1289-1306 (2006).

[28] Donoho, D. L., Elad, M.: Optimally sparse representation in general (nonorthogonal) dictionaries via ℓ_1 minimization. Proc. Natl. Acad. Sci. 100(5), 2197-2202 (2003).

[29] Donoho, D. L., Elad, M., Temlyakov, V. N.: Stable recovery of sparse overcomplete representations in the presence of noise. IEEE Trans. Inform. Theory 52(1), 6-18 (2006).

[30] Donoho, D. L., Huo, X.: Uncertainty principles and ideal atomic decomposition. IEEE Trans. Inform. Theory 47(7), 2845-2862 (2001).

[31] Donoho, D. L., Johnstone, I. M.: Ideal spatial adaptation by wavelet shrinkage. Biometrika 81(3), 425-455 (1994).

[32] Efron, B., Hastie, T., Johnstone, I., Tibshirani, R.: Least angle

regression. Ann. Stat. 32(2), 407-451 (2004).

[33] Ehrgott, M.: Multicriteria Optimization, 2nd edn. Springer, Berlin (2005).

[34] Eldar, Y., Kutyniok, G.: Compressed Sensing: Theory and Applications, 1st edn. Cambridge University Press, Cambridge (2012).

[35] Eldar, Y. C., Kuppinger, P., Bölcskei, H.: Block-sparse signals: uncertainty relations and efficient recovery. IEEE Trans. Signal Process. 58(6), 3042-3054 (2010).

[36] Fickus, M., Mixon, D. G., Tremain, J. C.: Steiner equiangular tight frames. Linear Algebra Appl. 436(5), 1014-1027 (2012). doi: 10.1016/j.laa.2011.06.027.

[37] Fletcher, A. K., Rangan, S., Goyal, V. K.: Necessary and sufficient conditions for sparsity pattern recovery. IEEE Trans. Inform. Theory 55(12), 5758-5772 (2009).

[38] Foster, D. P., George, E. I.: The risk inflation criterion for multiple regression. Ann. Stat. 22(4), 1947-1975 (1994).

[39] Genovese, C. R., Jin, J., Wasserman, L., Yao, Z.: A comparison of the lasso and marginal regression. J. Mach. Learn. Res. 13, 2107-2143 (2012).

[40] Geršgorin, S. A.: Über die Abgrenzung der Eigenwerte einer Matrix. Izv. Akad. Nauk SSSR Ser. Fiz.-Mat. 6, 749-754 (1931).

[41] Gorodnitsky, I. F., Rao, B. D.: Sparse signal reconstruction from limited data using FOCUSS: a re-weighted minimum norm algorithm. IEEE Trans. Signal Process. 45(3), 600-616 (1997).

[42] Gribonval, R., Nielsen, M.: Sparse representations in unions of bases. IEEE Trans. Inform. Theory 49(12), 3320-3325 (2003).

[43] Hajek, B., Seri, P.: Lex-optimal online multiclass scheduling with hard deadlines. Math. Oper. Res. 30(3), 562-596 (2005).

[44] Haupt, J., Bajwa, W. U., Raz, G., Nowak, R.: Toeplitz compressed sensing matrices with applications to sparse channel estimation. IEEE Trans. Inform. Theory 56(11), 5862-5875 (2010).

[45] Haupt, J., Nowak, R.: Compressive sampling for signal detection. In: Proc. IEEE International Conference on Acoustics, Speech and Signal Processing (ICASSP), vol. 3, pp. Ⅲ-1509- Ⅲ-1512 (2007).

[46] Holmes, R. B., Paulsen, V. I.: Optimal frames for erasures. Linear Algebra Appl. 377(15), 31- 51 (2004).

[47] Hsu, D., Kakade, S., Langford, J., Zhang, T.: Multi-label prediction via compressed sensing. In: Advances in Neural Information Processing Systems, pp. 772-780 (2009).

[48] Isermann, H.: Linear lexicographic optimization. OR Spektrum 4(4), 223-228 (1982).

[49] Kutyniok, G., Pezeshki, A., Calderbank, R., Liu, T.: Robust dimension reduction, fusion frames, and Grassmannian packings. Appl. Comput. Harmon. Anal. 26(1), 64-76 (2009).

[50] Lancaster, P., Tismenetsky, M.: The Theory of Matrices, 2nd edn. Academic Press, Orlando (1985).

[51] Mallat, S. G., Zhang, Z.: Matching pursuits with time-frequency dictionaries. IEEE Trans. Signal Process. 41(12), 3397-3415 (1993).

[52] Malozemov, V. N., Pevnyi, A. B.: Equiangular tight frames. J. Math. Sci. 157(6), 789-815 (2009).

[53] Meinshausen, N., Bühlmann, P.: High-dimensional graphs and variable selection with the Lasso. Ann. Stat. 34(3), 1436-1462 (2006).

[54] Natarajan, B. K.: Sparse approximate solutions to linear systems. SIAM J. Comput. 24(2), 227-234 (1995).

[55] Needell, D., Tropp, J. A.: CoSaMP: iterative signal recovery from incomplete and inaccurate samples. Appl. Comput. Harmon. Anal. 26(3), 301-321 (2009).

[56] Paredes, J., Wang, Z., Arce, G., Sadler, B.: Compressive matched subspace detection. In: Proc. 17th European Signal Processing Conference, Glasgow, Scotland, pp. 120-124 (2009).

[57] Reeves, G., Gastpar, M.: A note on optimal support recovery in compressed sensing. In: Proc. 43rd Asilomar Conf. Signals, Systems and Computers, Pacific Grove, CA (2009).

[58] Renes, J.: Equiangular tight frames from Paley tournaments. Linear Algebra Appl. 426(2-3), 497-501 (2007).

[59] Santosa, F., Symes, W. W.: Linear inversion of band-limited reflection seismograms. SIAM J. Sci. Statist. Comput. 7(4), 1307-1330 (1986).

[60] Scharf, L. L.: Statistical Signal Processing. Addison-Wesley, Cambridge (1991).

[61] Schnass, K., Vandergheynst, P.: Average performance analysis for thresholding. IEEE Signal Process. Lett. 14(11), 828-831 (2007).

[62] Stojnic, M., Parvaresh, F., Hassibi, B.: On the representation of block-sparse signals with an optimal number of measurements. IEEE Trans. Signal Process. 57(8), 3075-3085 (2009).

[63] Strohmer, T.: A note on equiangular tight frames. Linear Algebra Appl. 429(1), 326-330 (2008).

[64] Strohmer, T., Heath, R. W. Jr.: Grassmannian frames with applications to coding and communication. Appl. Comput. Harmon. Anal. 14(3), 257-275 (2003).

[65] Sustik, M., Tropp, J. A., Dhillon, I. S., Heath, R. W. Jr.: On the existence of equiangular tight frames. Linear Algebra Appl. 426(2-3), 619-635 (2007).

[66] Tibshirani, R.: Regression shrinkage and selection via the Lasso. J. R. Stat. Soc. Ser. B 58(1), 267-288 (1996).

[67] Tropp, J., Gilbert, A., Muthukrishnan, S., Strauss, M.: Improved sparse approximation over quasiincoherent dictionaries. In: Proc. IEEE Conf. Image Processing (ICIP'03), pp. 37-40 (2003).

[68] Tropp, J. A.: Greed is good: algorithmic results for sparse approximation. IEEE Trans. Inform. Theory 50(10), 2231-2242 (2004).

[69] Tropp, J. A.: Just relax: convex programming methods for identifying sparse signals in noise. IEEE Trans. Inform. Theory 52(3), 1030-1051 (2006).

[70] Tropp, J. A.: Norms of random submatrices and sparse approximation. In: C. R. Acad. Sci., Ser. I, Paris, vol. 346, pp. 1271-1274 (2008).

[71] Tropp, J. A.: On the conditioning of random subdictionaries. Appl. Comput. Harmon. Anal. 25, 1-24 (2008).

[72] Tropp, J. A., Wright, S. J.: Computational methods for sparse solution of linear inverse problems. Proc. IEEE 98(5), 948-958 (2010).

[73] Wainwright, M. J.: Sharp thresholds for high-dimensional and noisy sparsity recovery using ℓ_1 constrained quadratic programming (Lasso).

IEEE Trans. Inform. Theory 55(5), 2183-2202 (2009).

[74] Wang, Z., Arce, G., Sadler, B.: Subspace compressive detection for sparse signals. In: IEEE Int. Conf. Acoust., Speech, Signal Process. (ICASSP), pp. 3873-3876 (2008).

[75] Welch, L.: Lower bounds on the maximum cross correlation of signals. IEEE Trans. Inform. Theory 20(3), 397-399 (1974).

[76] Zahedi, R., Pezeshki, A., Chong, E. K. P.: Robust measurement design for detecting sparse signals: equiangular uniform tight frames and Grassmannian packings. In: Proc. 2010 American Control Conference (ACC), Baltimore, MD (2010).

[77] Zahedi, R., Pezeshki, A., Chong, E. K. P.: Measurement design for detecting sparse signals. Phys. Commun. 5(2), 64-75 (2012). doi: 10.1016/j.phycom.2011.09.007.

[78] Zelnik-Manor, L., Rosenblum, K., Eldar, Y. C.: Sensing matrix optimization for block-sparse decoding. IEEE Trans. Signal Process. 59 (9), 4300-4312 (2011).

[79] Zhao, P., Yu, B.: On model selection consistency of Lasso. J. Mach. Learn. Res. 7, 2541-2563 (2006).

第 10 章　框架理论与滤波器组

摘要　滤波器组是信号和图像处理的基本工具。滤波器是一种线性算子,用来计算输入信号与一个固定函数平移后的内积。在滤波器组中,有多个滤波器作用于输入信号,然后对每个输出信号欠采样。此种算子与框架密切相关,框架是由一组固定的函数经等间隔平移构成的。在本章中,突出强调了框架理论与滤波器组间的各种关系。首先,介绍平移、卷积、欠采样、离散傅里叶变换以及离散 Z 变换等相关操作的几何性质;接着,讨论从框架分析了合成算子等基本框架概念到滤波器组的延伸;最后,以滤波器组合成算子的多相矩阵表达式来结束基本理论的介绍。这种多相表达式极大地简化了构造特定性质滤波器组的过程。事实上,正是用这种表达式来更好地理解滤波器间互为调制这样的特殊情况,即 Gabor 框架。

关键词　滤波器;卷积;平移;多相;Gabor

10.1　引　言

框架理论与滤波器组的研究历史有很多相同之处,两者的内在联系紧密。事实上,框架的许多现代术语,例如分析及合成算子,都是从滤波器文献里借用来的。尽管框架理论最开始是从研究非调和傅里叶级数发展起来的,但其最近的流行却源于它们在 Gabor(时频) 和小波(时间尺度) 分析上的应用,而 Gabor 和小波变换都属于滤波器组的范例。

在本章中,强调了框架与滤波器组件的关系,并具体讨论分析了合成滤波器组是如何与某一类框架的分析与合成算子相对应的。接着,讨论滤波器组的多相表达式,它是滤波器组设计的一种很重要的工具,可以将高维滤波器组框架的构建问题简化为特定多项式空间中低维框架的构建。对于信号处理研究者而言,这些结果给出了如何构建具有稳健抗噪及灵活冗余等性质的良好框架的过程。同时,对于框架理论学者而言,这些结果给出了如何构建框架的众多具体实例的过程,并且针对框架理论到多项式空间的推广,提出许多新颖而有趣的问题。

同框架一样,滤波器组实质上也是希尔伯特空间的向量序列。但是,框架中的向量具有一定的任意性,而滤波器组中的向量根据定义是对给定集合中的所有向量做等间隔平移得到的。因此,只考虑在希尔伯特空间上可以定义平移算子的滤波器组。在信号处理文献中,选择的希尔伯特空间通常如下:

$$\ell^2(\mathbf{Z}):=\{x:\mathbf{Z}\to\mathbf{C}\mid\sum_{k\in\mathbf{Z}}|x[k]|^2<\infty\}$$

即与整数域对应的所有能量有限的复数值序列所构成的空间。此处,k 平移算子为

$$T^k:\ell^2(\mathbf{Z})\to\ell^2(\mathbf{Z}),\quad (T^kx)[k']:=x[k'-k]$$

虽然上述空间具有无限维数,但电气工程师们对此空间却情有独钟,因为可以很自然地将它与定义在实数变量时间轴上的模拟信号的离散采样对应起来。这样的信号自然产生于现实世界的很多应用中。

例如,传统雷达发射的电磁脉冲,视其为时间 φ 的函数模型。脉冲射向空中,直到它碰上飞机等目标。接着脉冲从目标反射回接收机,接收机放置在发射机旁。测得的回波信号 x 可设为 $x[k']=\alpha\varphi[k-k']+\nu[k']$,$\alpha$ 与接收能量和发射能量的比例系数有关,k 对应着 φ 传播至目标再反射回来所导致的时延,$\nu[k']$ 为噪声,如背景辐射等。雷达操作员接着处理接收信号 $x=\alpha T^k\varphi+\nu$,目的是估计 k,将此时延乘以光速的一半即可得到目标距离。这种处理的标准方法是匹配滤波处理,计算 x 与 φ 所有可能的平移的内积:

$$\langle x,T^{k'}\varphi\rangle=\langle\alpha T^k\varphi+\nu,T^{k'}\varphi\rangle=\alpha\langle\varphi,T^{k-k'}\varphi\rangle+\langle\nu,T^{k'}\varphi\rangle$$

这里根据柯西－施瓦兹不等式可得

$$|\langle\varphi,T^{k-k'}\varphi\rangle|\leqslant\|\varphi\|\,\|T^{k-k'}\varphi\|=\|\varphi\|^2=\langle\varphi,T^{k-k'}\varphi\rangle$$

因此,若噪声 ν 的幅度较小,将所需参数 k 近似为使 $|\langle x,T^{k'}\varphi\rangle|$ 取最大值时的 k' 值是合理的。这里,“匹配滤波处理”所谓的“匹配”意思是指依据发射信号 φ 来分析回波信号 x。

考虑更一般的情况,不管 x 与 φ 之间关系如何,计算 x 与 φ 所有平移的内积的操作,称之为对 x 滤波。用框架术语来准确描述的话,这种运算对应着 $\{T^k\varphi\}_{k\in\mathbf{Z}}$ 的框架分析算子的应用,将此算子称为与滤波器 φ 相对应的分析滤波器。滤波器组即由与集合 $\{\varphi_n\}_{n=0}^{N-1}$ 相对应的这样一组滤波器构成。详细来讲,分析滤波器组是 $\{T^k\varphi_n\}_{n=0,k\in\mathbf{Z}}^{N-1}$ 的框架分析算子,换句话说,是一种变换,给定 x,计算所有 k 与 n 取值下的 $\langle x,T^k\varphi_n\rangle$。此种滤波器很自然地产生于日常应用中。例如,在雷达中经常应用 Gabor 滤波器组,此时的 φ_n 对应于发射波形 φ 的不同调制;通过计算 $|\langle x,T^k\varphi_n\rangle|$ 值最大时对应的下标 k 和 n,不仅可以通过 k 估计出目标的距离,而且可以通过 n 估计出由多普勒效应导致的目标接近雷达的速度。

相近的原理使得滤波器组可以应用到许多工作领域中去。简而言之,它

们是检测时间或位置的天然工具,在这些时间或位置处信号显示出某些确定的特征集合。随着滤波器组应用的普及,人们投入更多精力来深入研究它们。特别是随着小波的兴起,注意力发生了如下转移:人们不再计算 x 与 φ_n 的所有平移的内积,而只是与等间隔平移的某个子集 $\{T^{Mp}\varphi_n\}_{n=0,p\in\mathbf{Z}}^{N-1}$ 进行内积计算。这样有助于弥补随着 N 增大所导致的较大计算量。注意力进一步转移至滤波器组对噪声的敏感性,以及它们在信号重构上的运用。这两种主题都导致了框架的产生,即希望找到框架边界 A 和 B,使得

$$A\ \|x\|^2 \leqslant \sum_{n=0}^{N-1}\sum_{p\in\mathbf{Z}} |\langle x, T^{Mp}\varphi_n\rangle|^2 \leqslant B\ \|x\|^2,\quad \forall x\in \ell^2(\mathbf{Z})$$

如前述章节讨论的那样,此种框架的扩展对于噪声的鲁棒性更好,且当 A 趋向于 B 时有益于稳定的重构。$\ell^2(\mathbf{Z})$ 上滤波器组的基本框架理论性质参见文献[4]、[8]。

本书主要是关于有限框架的。因此,在本章中不能直接应用文献[4]、[8] 中的无限维的结果,而是遵循文献[7]、[11] 中的方法,将文献[4]、[8] 中的结果推广到有限维希尔伯特空间研究范围中:

$$\ell^2(\mathbf{Z}_P):=\{x:\mathbf{Z}\to\mathbf{C}\mid x[p+P]=x[p],\forall p\in\mathbf{Z}\}\tag{10.1}$$

即整数变量域上所有以 P 为周期的复数序列所组成的空间,P 为任意确定的正整数。此空间是一个满足以下标准内积的希尔伯特空间:

$$\langle x_1,x_2\rangle:=\sum_{p\in\mathbf{Z}_P} x_1[p](x_2(p))^*$$

ζ^* 表示数 $\zeta\in\mathbf{C}$ 的复共轭,而索引 $p\in\mathbf{Z}_P$ 指的是从每个整数子组 $P\mathbf{Z}$ 的 P 个陪集中选出一个代表值,比如可以取 $p=0,\cdots,P-1$。对于每个 $p\in\mathbf{Z}$,考虑 δ — 狄拉克函数 $\delta_p\in\ell(\mathbf{Z}_P)$:

$$\delta_p[p']=\begin{cases}1, & p=p' \bmod P\\ 0, & p\neq p' \bmod P\end{cases}$$

容易知道 $\{\delta_p\}_{p\in\mathbf{Z}_P}$ 是 $\ell(\mathbf{Z}_P)$ 空间的规范正交基 —— 称为标准基 —— 因此 $\ell(\mathbf{Z}_P)$ 是一个 P 维希尔伯特空间,等效于 $\mathbf{C}^P$;实际上 $\mathbf{C}^P$ 与 $\ell(\mathbf{Z}_P)$ 中的向量唯一区别在于 $\mathbf{C}^P$ 中的向量下标通常取值为 $p=0,\cdots,P-1$,而 $\ell(\mathbf{Z}_P)$ 中的向量下标可以认为是循环群中的元素。

$\ell(\mathbf{Z}_P)$ 上的平移算子的定义与其相应无限维上的定义类似,即 $T:\ell(\mathbf{Z}_P)\to\ell(\mathbf{Z}_P)$,$(Tx)[p]:=x[p-1]$。然而,由于 $\ell(\mathbf{Z}_P)$ 中信号的周期性质,这两个平移算子的表现不同。实际上,将 x 看作一个 $P\times 1$ 的列向量,下标从 0 到 $P-1$,Tx 可如下得到:通过将向量中的元素向下平移一个单位,并且将 x 的第 $(P-1)$ 个元素循环到 0 索引位置:$(Tx)[0]=x[0-1]=x[P-1]$。更一般

地，将操作 T 重复应用 p' 次对应于循环移位 p'：$(T^{p'}x)[p]=x[p-p']$，其中 x 的周期为 P 意味着 $p-p'$ 的减法可以以 P 为模来完成。特别是，循环平移算子对于所有的 x 满足 $(T^{P}x)[p]=x[p-P]$，即 $T^{P}=I$，这与 $\ell^2(\mathbf{Z})$ 上的平移算子对于所有非零整数 m 满足 $T^{m}\neq I$ 形成鲜明对比。

在 $\ell(\mathbf{Z}_P)$ 而不是 $\ell^2(\mathbf{Z})$ 上进行运算既有优点也有缺点。人们更易于认为 $\ell^2(\mathbf{Z})$ 通常是更符合实际的信号模型，因为许多现实生活中的信号，如电磁波与图像，一般不是周期的。而同时，从计算的观点来看，$\ell(\mathbf{Z}_P)$ 的设定更为实际：一台计算机在任何固定的时间段内只能运行有限次的代数运算。另外，从数学本身的观点来看，在 $\ell(\mathbf{Z}_P)$ 上运算使得滤波器组成为一个纯粹的代数问题，而在 $\ell^2(\mathbf{Z})$ 上运算则需要泛函分析。在本章中的任何情况下，都假设下面的观点：注意力集中在滤波器组为何是有限框架的实例这个特定话题下，因此必须与有限维滤波器组打交道。基于上述假设，如果人们想成为真正的滤波器组专家，无论是理论上还是应用上的，必须对上面两个设定都理解才行；从工程的角度对滤波器组进行全面地、易于数学家理解地阐述见文献[23]、[26]。本章中的许多有限维的表述引自文献[7]和[11]。

在下一节中，讨论框架和滤波器的基本概念，并对即将用到信号处理工具如卷积、上采样、离散 Z 变换和离散傅里叶变换等进行重点强调。在 10.3 节中，讨论框架与滤波器组的基本关系。可以更加详细地明白某类向量的分析与合成算子为什么又分别是分析与合成滤波器组。在 10.4 节中，讨论滤波器组的多相位表达式，并且用它来提供一种计算滤波器组最优框架边界的快速算法。在第 10.5 节及 10.6 节中，利用多相位表达式对离散 Gabor 框架理论进行深入简要地分析。

10.2　框架与滤波器

在讨论滤波器组之前，先在(10.1)定义的 P 维希尔伯特空间 $\ell(\mathbf{Z}_P)$ 的背景下复习有限框架理论的基础知识。设 $\mathcal{N}$ 为一个元素个数为 N 的索引集合，且 $\ell(\mathcal{N})=\{y:\mathcal{N}\to\mathbf{C}\}$ 表示 $\mathcal{N}$ 上的复值函数的集合。$\ell(\mathbf{Z}_P)$ 中一个矢量序列 $\Phi=\{\varphi_n\}_{n=1}^{N}$ 的合成算子表示为：$\Phi:\ell(\mathcal{N})\to\ell(\mathbf{Z}_P)$，$\Phi y:=\sum\limits_{n\in\mathcal{N}}y[n]\varphi_n$。本质上，$\Phi$ 是以 φ_n 为列的 $P\times N$ 矩阵。这里及以后需要注意，对于向量本身及由其推导出的合成算子，并没有在符号上予以区别。Φ 的分析算子是它的伴随 Φ^*：$\ell(\mathbf{Z}_P)\to\ell(\mathcal{N})$，其定义为：任给 $n\in\mathcal{N}$ 有 $(\Phi^*x)[n]:=\langle x,\varphi_n\rangle$。任给 $x\in\ell(\mathbf{Z}_P)$，若存在框架边界 $0<A\leqslant B<\infty$ 使得

$$A\|x\|^2 \leqslant \|\Phi^* x\|^2 \leqslant B\|x\|^2$$

则称向量 Φ 为 $\ell(\mathbf{Z}_P)$ 上的框架。任给 Φ，其最优框架边界 A 和 B 分别是框架算子 $\Phi\Phi^*:\ell(\mathbf{Z}_P)\to\ell(\mathbf{Z}_P)$ 的最小和最大特征值

$$\Phi\Phi^* = \sum_{n\in\mathcal{N}}\varphi_n\varphi_n^*$$

其中"行向量"φ_n^* 是线性函数 $\varphi_n^*:\ell(\mathbf{Z}_P)\to\mathbf{C}$，$\varphi_n^* x := \langle x,\varphi_n\rangle$。特别地，当且仅当 φ_n 可生成 $\ell(\mathbf{Z}_P)$ 时 Φ 才是一个框架，这要求 $P\leqslant N$。框架提供了对向量的过完备分解；若 Φ 为是 $\ell(\mathbf{Z}_P)$ 上的框架，则任给 $x\in\ell(\mathbf{Z}_P)$ 可分解为

$$x = \Phi\Psi^* x = \sum_{n\in\mathcal{N}}\langle x,\psi_n\rangle\varphi_n$$

其中 $\Psi=\{\psi_n\}_{n\in\mathcal{N}}$ 为 Φ 的对偶框架，意味着它满足 $\Phi\Psi^*=I$。任意框架至少有一个对偶，即标准对偶的框架，由伪逆 $\Psi=(\Phi\Phi^*)^{-1}\Phi$ 给出。要注意计算标准对偶框架涉及框架算子的逆运算。因此，当针对特定应用设计框架时，保持对 $\Phi\Phi^*$ 范围的控制是非常重要的。

10.2.1　滤波器

本节接下来的材料是经典的，是关于滤波器已知理论的一个有限维的描述。滤波器组是一种特殊类型的框架，要求框架元素是各自的平移。在开始学习通常的滤波器组之前，首先来考虑一种特殊情形是不无裨益的，即框架由 $\ell(\mathbf{Z}_P)$ 中的单一向量 φ 所有循环平移构成。更准确地，可以回顾引言中 φ 的第 p 次循环平移为 $(T^p\varphi)[p'] := \varphi[p'-p]$。由于 $T^P=I$，这里不考虑 $\{T^p\varphi\}_{p\in\mathbf{Z}}$ 而是 $\{T^p\varphi\}_{p\in\mathbf{Z}_P}$。这里，索引集 $\mathcal{N}$ 为 $\mathbf{Z}_P$，因此 $\{T^p\varphi\}_{p\in\mathbf{Z}_P}$ 的分析和合成算子从 $\ell(\mathbf{Z}_P)$ 映射到其自身上。特别地，合成算子 $\Phi:\ell(\mathbf{Z}_P)\to\ell(\mathbf{Z}_P)$，在现在的背景之下也可称为合成滤波器，即

$$(\Phi y)[p] = \sum_{p'\in\mathbf{Z}_P} y[p'](T^{p'}\varphi)[p] = \sum_{p'\in\mathbf{Z}_P} y[p']\varphi[p-p'] \tag{10.2}$$

调谐分析员会认出(10.2)的右半部分。确实 $y_1,y_2\in\ell(\mathbf{Z}_P)$，通常的卷积是 $y_1 * y_2\in\ell(\mathbf{Z}_P)$，定义为

$$y_1 * y_2[p] := \sum_{p'\in\mathbf{Z}_P} y_1[p']y_2[p-p']$$

因此合成滤波器(10.2)是将给定的输入 y 与 φ 进行卷积的算子。下面对非常容易证明的一些结论给出了卷积的一些有用的性质。

命题 10.1　任给 $y_1,y_2,y_3\in\ell(\mathbf{Z}_P)$。

(1) 卷积满足结合律：

$$(y_1 * y_2) * y_3 = y_1 * (y_2 * y_3)$$

(2) 卷积满足交换律：

$$y_1 * y_2 = y_2 * y_1$$

(3) 卷积的乘法单位是 δ_0：

$$y_1 * \delta_0 = y_1$$

(4) 卷积满足加法分配律：

$$(y_1 + y_2) * y_3 = (y_1 * y_3) + (y_2 * y_3)$$

(5) 卷积与标量的乘积满足分配律：

$$(\alpha y_1) * y_2 = \alpha(y_1 * y_2)$$

通常，当 $\ell(\mathbf{Z}_P)$ 中存在 φ 使得对任意 $y \in \ell(\mathbf{Z}_P)$ 有 $\Phi y = y * \varphi$ 时，线性算子 $\Phi: \ell(\mathbf{Z}_P) \to \ell(\mathbf{Z}_P)$ 恰好可认为是一个时不变滤波器。上述定义虽然简洁，但不是很直观。下面的结论对于什么是真正的时不变滤波器给出了更好的理解：具有平移可交换性质的线性算子，即 $\Phi T = T\Phi$。换言之，滤波器是 $\ell(\mathbf{Z}_P)$ 上的线性算子，当对输入 Φ 延迟特定时间时也会导致输出有相同延迟。将来会看到这等效于使 Φ 为平移算子幂的线性组合。

命题 10.2 下列等价：

(1)Φ 是时不变滤波器；

(2)Φ 是线性的，且平移可交换；

(3)Φ 是算子$\{T^p\}_p \in \mathbf{Z}_P$ 的线性组合。

此外，对于 Φ 有 $\Phi y = y * \varphi$ 且

$$\Phi = \sum_{p \in \mathbf{Z}_P} \varphi[p] T^p$$

其中 $\varphi = \Phi\delta_0$。

证明 ((1)⇒(3)) 令 Φ 是一个滤波器。根据定义，存在 $\varphi \in \ell(\mathbf{Z}_P)$ 使得对任意 $y \in \ell(\mathbf{Z}_P)$ 及 $p' \in \mathbf{Z}_P$，有

$$(\Phi y)[p'] = (y * \varphi)[p'] = (\varphi * y)[p'] = \sum_{p \in \mathbf{Z}_P} \varphi[p] y[p' - p] = \sum_{p \in \mathbf{Z}_P} \varphi[p](T^p y)[p']$$

因此，$\Phi = \sum_{p \in \mathbf{Z}_P} \varphi[p] T^p$，即证。

((3)⇒(2)) 令 $\Phi = \sum_{p \in \mathbf{Z}_P} \varphi[p] T^p$，立即可得 Φ 是线性的。此外

$$\Phi T = \sum_{p\in \mathbf{Z}_P} \varphi[p] T^p T = \sum_{p\in \mathbf{Z}_P} \varphi[p] T^{p+1} = \sum_{p\in \mathbf{Z}_P} \varphi[p] T T^p =$$
$$T \sum_{p\in \mathbf{Z}_P} \varphi[p] T^p = T\Phi$$

((2)⇒(1)) 令 Φ 线性且满足 $\Phi T = T\Phi$。令 $\varphi = \Phi\delta_0$，因此对任意 $p \in \mathbf{Z}_P$ 有

$$\Phi\delta_p = \Phi T^p \delta_0 = T^p \Phi\delta_0 = T^p \varphi$$

因此，任给 $y \in \ell(\mathbf{Z}_P)$

$$(\Phi y)[p'] = (\Phi \sum_{p\in \mathbf{Z}_P} y[p]\delta_p)[p'] = \sum_{p\in \mathbf{Z}_P} y[p](\Phi\delta_p)[p'] =$$
$$\sum_{p\in \mathbf{Z}_P} y[p](T^p\varphi)[p'] = \sum_{p\in \mathbf{Z}_P} y[p]\varphi[p'-p] =$$
$$(y * \varphi)[p']$$

因此 $\Phi y = y * \varphi$，即证。

此处，形象的例子有助于帮助大家理解，见例 10.1。

例 10.1　令 $P=8$。可以将任意 $x \in \ell(\mathbf{Z}_8)$ 表示为 $\mathbf{C}^8$ 中的列向量，假设向量索引从 0 开始。此列中的每一项由 x 与标准基中 $\{\delta_p\}_{p=0}^7$ 的元素做内积得到。这种表示可得到任意线性算子 Φ 从 $\ell(\mathbf{Z}_8)$ 到其自身的 8×8 矩阵表示方法：令该矩阵的第 p 列为 $\Phi\delta_p$ 的列向量表示。特别地，平移算子表示为

$$T = \begin{bmatrix} 0&0&0&0&0&0&0&1\\ 1&0&0&0&0&0&0&0\\ 0&1&0&0&0&0&0&0\\ 0&0&1&0&0&0&0&0\\ 0&0&0&1&0&0&0&0\\ 0&0&0&0&1&0&0&0\\ 0&0&0&0&0&1&0&0\\ 0&0&0&0&0&0&1&0 \end{bmatrix} \tag{10.3}$$

利用命题 10.2 来计算由 $\Phi y = y * \varphi$ 定义的滤波器 Φ，简单起见，令 φ 的形式为 $a\delta_0 + b\delta_1 + c\delta_2 + d\delta_3$，其中 a,b,c 和 d 是一些任意选取的复数值。根据命题 10.2，Φ 的形式为

$$\Phi = aT^0 + bT^1 + cT^2 + dT^3$$

即 Φ 是算子的 0,1,2 和 3 次平移的线性组合，其矩阵表示为

$$
\begin{bmatrix}
1 &&&&&&& \\
& 1 &&&&&& \\
&& 1 &&&&& \\
&&& 1 &&&& \\
&&&& 1 &&& \\
&&&&& 1 && \\
&&&&&& 1 & \\
&&&&&&& 1
\end{bmatrix},
\begin{bmatrix}
&&&&&&& 1 \\
1 &&&&&&& \\
& 1 &&&&&& \\
&& 1 &&&&& \\
&&& 1 &&&& \\
&&&& 1 &&& \\
&&&&& 1 && \\
&&&&&& 1 &
\end{bmatrix},
$$

$$
\begin{bmatrix}
&&&&&& 1 & \\
&&&&&&& 1 \\
1 &&&&&&& \\
& 1 &&&&&& \\
&& 1 &&&&& \\
&&& 1 &&&& \\
&&&& 1 &&& \\
&&&&& 1 &&
\end{bmatrix},
\begin{bmatrix}
&&&&& 1 && \\
&&&&&& 1 & \\
&&&&&&& 1 \\
1 &&&&&&& \\
& 1 &&&&&& \\
&& 1 &&&&& \\
&&& 1 &&&& \\
&&&& 1 &&&
\end{bmatrix}
$$

为了便于阅读,省略了所有取值为 0 的项。用系数 a,b,c 和 d 将 4 个矩阵组合后得到滤波器 Φ 的矩阵表示为

$$
\Phi=\begin{bmatrix}
a &&&&& d & c & b \\
b & a &&&&& d & c \\
c & b & a &&&&& d \\
d & c & b & a &&&& \\
& d & c & b & a &&& \\
&& d & c & b & a && \\
&&& d & c & b & a & \\
&&&& d & c & b & a
\end{bmatrix} \tag{10.4}
$$

注意 Φ 的对角线为常数,此外这些对角线从左至右、从上至下是环绕的。即 Φ 的矩阵表示对任意 p 和 p' 满足

$$\Phi[p,p']=\Phi[p+1,p'+1]$$

其中索引作模为 P 的算术运算。这样的矩阵称为循环矩阵。每一个循环矩阵对应一个滤波器 Φ,其中 φ 由矩阵的第一列给出。特别地,对于 $\ell(\mathbf{Z}_8)$ 上的最通用的滤波器,有

$$\varphi=a\delta_0+b\delta_1+c\delta_2+d\delta_3+e\delta_4+f\delta_5+g\delta_6+h\delta_7$$

这对应着将值 h,g,f 和 e 分别放置在(10.4) 的第 1,2,3 和 4 循环超对角线

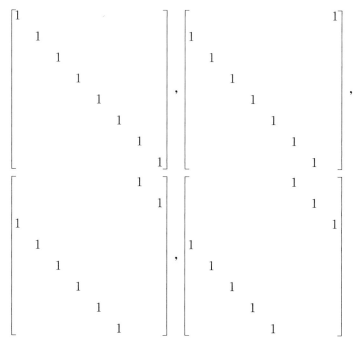

上。

对输入列向量 y 应用(10.4)得到下面的输出向量 Φy：

$$\begin{aligned}(y*\varphi)[0]&=ay[0]+by[7]+cy[6]+dy[5]\\(y*\varphi)[1]&=ay[1]+by[0]+cy[7]+dy[6]\\(y*\varphi)[2]&=ay[2]+by[1]+cy[0]+dy[7]\\(y*\varphi)[3]&=ay[3]+by[2]+cy[1]+dy[0]\\(y*\varphi)[4]&=ay[4]+by[3]+cy[2]+dy[1]\\(y*\varphi)[5]&=ay[5]+by[4]+cy[3]+dy[2]\\(y*\varphi)[6]&=ay[6]+by[5]+cy[4]+dy[3]\\(y*\varphi)[7]&=ay[7]+by[6]+cy[5]+dy[4]\end{aligned}\tag{10.5}$$

此处，可看到滤波器的作用：它计算了输入信号与滤波器系数的"滑动"内积。特别地，若 φ 的每一项非负且和为 1，则用 φ 来对 y 进行滤波的结果是 y 的滑动平均值序列。对于 φ 的其他值，例如 $\varphi=\delta_0-\delta_1$，滤波变为类似于取离散导数。在下面的小节中，运用离散傅里叶变换可从直觉上更好地理解滤波过程。

现在利用上述例子来注解一些术语。尽管向量 φ 偶尔被当作是滤波器，可从实际层面讲，只有在与 φ 进行卷积运算时才适于滤波器的叫法；在信号处理文献中，φ 被称为滤波器的冲激响应，这是因为它是冲激 δ_0 通过 Φ 后得到的输出，即 $\varphi=\delta_0*\varphi=\Phi\delta_0$。

φ 中非零值的个数 K 称为它的抽头个数。人们通常致力于设计 K 值小的滤波器，因为在任意取值 p 固定的情况下，直接计算(10.2)都需要 K 次乘法。例如，当 a,b,c 和 d 非零时，滤波器(10.4)称为 4－抽头滤波器。通常而言，由于工作于 $\ell(\mathbf{Z}_P)$，抽头的个数最多为 P。特别地，K 为有限值。然而，在标准的信号处理文献中，φ 取值于无限维空间 $\ell^2(\mathbf{Z})$，于是人们必须区别出具有有限抽头及无限抽头的 φ 来，即分别为有限冲激响应滤波器(FIR)和无限冲激响应滤波器(IIR)。虽然 FIR 和 IIR 的概念没有转移到 $\ell(\mathbf{Z}_P)$，但对于特定应用，在 φ 满足其他约束条件的限制下，人们尽量使得抽头 K 值越小越好。

在信号处理文献中，因果滤波器是另一个重要的概念。准确来说，若对任意 $k<0$ 有 $\varphi[k]=0$，则 $\ell^2(\mathbf{Z})$ 中的滤波器 φ 是因果的。因果性只有在信号的输入轴与时间有关时才是一个重要问题，比如语音信号，与此相对图像则是两个空间输入轴。事实上，对于时间信号，因果滤波意味着滤波器不需要预测：在任何时刻，过滤后的信号值只依赖于此刻及之前的输入信号值。此种思想不能直接推广到 $\ell(\mathbf{Z}_P)$ 设定下，因为条件 $k<0$ 在 $\mathbf{Z}_P$ 中没有意义。然而，可以要求 φ 在 $\{0,\cdots,K-1\}$ 对 P 求模而得的整数值上成立来模拟因果性。在此假

设下,(10.2) 变为

$$(\Phi y)[p]=(y*\varphi)[p]=(\varphi*y)[p]=\sum_{p'\in\mathbf{Z}_P}\varphi[p']y[p-p']=\sum_{p'=0}^{K-1}\varphi[p']y[p-p']$$

因此

$$(\Phi y)[p]=\varphi[0]y[p]+\varphi[1]y[p-1]+\cdots+\varphi[K-1]y[p-K+1]$$

正如所期望的那样。例如,当(10.2) 中给定的滤波器 Φ 的冲激响应 φ 在索引值$\{0,1,2,3\}$ 上存在时,则任意时刻 p,$\Phi y=y*\varphi$ 的值仅依赖于 $p,p-1,p-2,p-3$ 时刻的 y 值,这在(10.5) 中已经得到证实。

在详细介绍滤波器之后,现在来考察它们的与框架理论有关的性质。已经看到$\{T^p\varphi\}_{p\in\mathbf{Z}_P}$ 的合成算子$\Phi:\ell(\mathbf{Z}_P)\rightarrow\ell(\mathbf{Z}_P)$ 可由 $\Phi y=y*\varphi$ 得到。同时,相应的分析算子 $\Phi^*:\ell(\mathbf{Z}_P)\rightarrow\ell(\mathbf{Z}_P)$ 如下式:

$$(\Phi^*x)[p]=\langle x,T^p\varphi\rangle=\sum_{p'\in\mathbf{Z}_P}x[p'](\varphi[p'-p])^*=\sum_{p'\in\mathbf{Z}_P}x[p']\tilde{\varphi}[p-p']=x*\tilde{\varphi}$$

其中 $\tilde{\varphi}$ 是 φ 的对合(共轭反演),定义为$(\tilde{\varphi})[p]:=(\varphi[-p])^*$。特别地,滤波器 φ 的伴随滤波器为$\tilde{\varphi}$。把 Φ^* 当作 φ 的合成算子。例如,对于(10.4) 中$\ell(\mathbf{Z}_8)$ 上的合成滤波器 Φ,其冲激响应为

$$\varphi=a\delta_0+b\delta_1+c\delta_2+d\delta_3$$

对(10.4) 共轭转置得

$$\Phi^*=\begin{bmatrix}a^* & b^* & c^* & d^* & & & & \\ & a^* & b^* & c^* & d^* & & & \\ & & a^* & b^* & c^* & d^* & & \\ & & & a^* & b^* & c^* & d^* & \\ & & & & a^* & b^* & c^* & d^* \\ d^* & & & & & a^* & b^* & c^* \\ c^* & d^* & & & & & a^* & b^* \\ b^* & c^* & d^* & & & & & a^*\end{bmatrix}$$

即分析滤波器 Φ^*,其冲激响应为

$$\tilde{\varphi}=a^*\delta_0+b^*\delta_{-1}+c^*\delta_{-2}+d^*\delta_{-3}=a^*\delta_0+d^*\delta_5+c^*\delta_6+b^*\delta_7$$

此外,由于 $\Phi=\{T^p\varphi\}_{p\in\mathbf{Z}_P}$ 的分析和合成算子都是滤波器,则框架算子也是如此,这是由于卷积满足结合律:

$$\Phi\Phi^*x=\Phi^*(x*\varphi)=(x*\varphi)*\tilde{\varphi}=x*(\varphi*\tilde{\varphi}) \tag{10.6}$$

即 $\Phi=\{T^p\varphi\}_{p\in\mathbf{Z}_P}$ 的分析、合成及框架算子分别对应着利用 φ,$\tilde{\varphi}$ 以及 $\varphi*\tilde{\varphi}$ 进行滤波。函数 $\varphi*\tilde{\varphi}$ 被称为 φ 的自相关,因为它的值给出了 φ 与其自身平移后的相关:$(\varphi*\tilde{\varphi})[p]=\langle\varphi,T^p\varphi\rangle$。

既然得到了 $\Phi=\{T^p\varphi\}_{p\in\mathbf{Z}_P}$ 的典型框架算子的表达式,下一个目标是确定 φ 所需要满足的条件以保证 Φ 是 $\ell(\mathbf{Z}_P)$ 上的框架,以及在此种情况下来确定其对偶框架 Ψ。现在,$\Phi=\{T^p\varphi\}_{p\in\mathbf{Z}_P}$ 的最优框架边界可由框架算子 $\Phi\Phi^*$ 的极值特征值得到。由于 $\Phi\Phi^*$ 是滤波器,首先可以得到任意滤波器 $\Phi y=y*\varphi$ 的特征值,接着,将 φ 替换为 $\varphi*\tilde{\varphi}$ 后再利用所得结果。下一小节包含了完成这个任务所需的工具。

10.2.2　Z 变换和离散傅里叶变换

Z 变换是信号处理中一种标准工具,将卷积与多项式乘积联系起来。准确来说,当工作于无限维空间 $\ell^2(\mathbf{Z})$ 时,$\varphi\in\ell^1(\mathbf{Z})$ 的 Z 变换是劳伦级数

$$(Z\varphi)(z):\sum_{k=-\infty}^{\infty}\varphi[k]z^{-k}$$

注意 $\varphi\in\ell^1(\mathbf{Z})$ 的假设保证了这个级数在单位圆上的绝对收敛。进一步注意到 FIR 滤波器的 Z 变换是有理函数,而因果滤波器的变换是幂级数。

由于目的是理解有限维空间 $\ell(\mathbf{Z}_P)$ 上的平移框架,必须将 Z 变换的概念进行推广。从数学上来讲,这使得免于所需的分析但同时迫使考虑更为奇异的代数。准确讲,$y\in\ell(\mathbf{Z}_P)$ 的 Z 变换为

$$(Zy)(z):=\sum_{p\in\mathbf{Z}_P}y[p]z^{-p}\tag{10.7}$$

处于多项式 $P_P[z]:=C[z]/\langle z^P-1\rangle$ 环内。此处,$C(z)$ 表示具有复系数的多项式环,以标准方式定义加法与乘法,且 $\langle z^P-1\rangle$ 表示 z^P-1 的理想生成,由 z^P-1 的所有多项式乘积组成。若 $C(z)$ 中的两个多项式的差分可被 z^P-1 整除,则定义两者等价,$P_P[z]$ 的商环是所有对应等价类的集合。本质上,$P_P[z]$ 是 z 的指数对 P 求模值后所有多项式的集合;除了这个奇异处外,多项式加法和乘法以常规方式定义。例如,参考例 10.1,其中

$$\varphi=a\delta_0+b\delta_1+c\delta_2+d\delta_3$$

认为在 $\ell(\mathbf{Z}_8)$ 上,有

$$(Z\varphi)(z)=a+bz^{-1}+cz^{-2}+dz^{-3}$$

此处,z 的指数定义为对 8 求模值,由此也可写为

$$(Z\varphi)(z)=az^8+bz^7+cz^{14}+dz^{-11}$$

注意到 Z 变换是从 $\ell(\mathbf{Z}_P)$ 到 $P_P[z]$ 的双射,每个信号 y 对应唯一的多项式

$(Zy)(z)$,反之亦如此。类似于无限维,有限维 Z 变换的用处在于它可以很自然地用多项式乘法来表示卷积。

命题 10.3 对任意 $y,\varphi \in \ell(\mathbf{Z}_P)$

$$[Z(y*\varphi)](z)=(Zy)(z)(Z\varphi)(z)$$

证明 根据定义

$$(Zy)(z)(Z\varphi)(z)=\sum_{p\in\mathbf{Z}_P}y[p]z^{-p}\sum_{p'\in\mathbf{Z}_P}\varphi[p']z^{-p'}=$$
$$\sum_{p\in\mathbf{Z}_P}\sum_{p'\in\mathbf{Z}_P}y[p]\varphi[p']z^{-(p+p')}$$

对于任意确定值 p,用 $p''=p+p'$ 替换变量 p' 得到如下结果

$$(Zy)(z)(Z\varphi)(z)=\sum_{p\in\mathbf{Z}_P}\sum_{p''\in\mathbf{Z}_P}y[p]\varphi[p''-p']z^{-p''}=$$
$$\sum_{p''\in\mathbf{Z}_P}(\sum_{m\in\mathbf{Z}_P}y[p]\varphi[p''-p])z^{-p''}=$$
$$\sum_{p''\in\mathbf{Z}_P}(y*\varphi)[p'']z^{-p''}=$$
$$[Z(y*\varphi)](z)$$

例如,当 $P=8$ 时,将给定信号 y 的 Z 变换与

$$\varphi=a\delta_0+b\delta_1+c\delta_2+d\delta_3$$

的 Z 变换相乘,合并同类项 —— 并将 Z 的指数对 8 求模值 —— 得

$$\begin{aligned}(Zy)(z)(Z\varphi)(z)=&(y[0]+y[1]z^{-1}+y[2]z^{-2}+y[3]z^{-3}+\\&y[4]z^{-4}+y[5]z^{-5}+y[6]z^{-6}+y[7]z^{-7})\times\\&(a+bz^{-1}+cz^{-2}+dz^{-3})=\\&(ay[0]+by[7]+cy[6]+dy[5])+\\&(ay[1]+by[0]+cy[7]+dy[6])z^{-1}+\\&(ay[2]+by[1]+cy[0]+dy[7])z^{-2}+\\&(ay[3]+by[2]+cy[1]+dy[0])z^{-3}+\\&(ay[4]+by[3]+cy[2]+dy[1])z^{-4}+\\&(ay[5]+by[4]+cy[3]+dy[2])z^{-5}+\\&(ay[6]+by[5]+cy[4]+dy[3])z^{-6}+\\&(ay[7]+by[6]+cy[5]+dy[4])z^{-7}\end{aligned}$$

正好就是 $y*\varphi$ 的 Z 变换,已直接在(10.5)中计算得到。

现在,由于 $P_P[z]$ 中多项式 $(Zy)(z)$ 的 z 的指数只是在对 P 进行模值后得到了较好的定义,不能奢望在整个复平面上来求得此多项式的值。的确,多项式 z^3 在 $P_3[z]$ 中等价于 z^0,但是对每一项代入 $\zeta=-1$ 后分别得到不同的结

果$(-1)^3=-1$和$(-1)^0=1$。事实上，在商环 $P_P[z]=C[z]/\langle z^P-1\rangle$ 中求取多项式的值只在理想生成器的根值点 $\zeta\in C$ 上有意义。即对于 $y\in\ell(\mathbf{Z}_P)$，$(Zy)(\zeta)$ 只在使得 $\zeta^P-1=0$ 的 ζ 处有定义，即，单位$\{e^{2\pi ip/P}\}_{p\in\mathbf{Z}_P}$ 的 P 次方根。这些点上对 Zy 取值是一种典型的傅里叶变换。准确来讲，$y\in\ell(\mathbf{Z}_P)$ 的离散傅里叶变换是算子 $F^*:\ell(\mathbf{Z}_P)\to\ell(\mathbf{Z}_P)$，定义为

$$(F^*y)[p]:=\frac{1}{\sqrt{P}}(Zy)(e^{2\pi ip/P})=\frac{1}{\sqrt{P}}\sum_{p'\in\mathbf{Z}_P}y[p']e^{-2\pi ipp'/P}\qquad(10.8)$$

(10.8) 中的$\frac{1}{\sqrt{P}}$项是一个归一化因子，使得傅里叶变换是一个酉算子。眼见为实，考虑 $\ell(\mathbf{Z}_P)$ 中的离散傅里叶基$\{f_p\}_{p\in\mathbf{Z}_P}$，其第 p 个向量为

$$f_p[p']=\frac{1}{\sqrt{P}}e^{2\pi ipp'/P}$$

可以观察出傅里叶变换就是这个基的分析算子

$$(F^*y)[p]=\frac{1}{\sqrt{P}}\sum_{p'\in\mathbf{Z}_P}y[p']e^{-2\pi ipp'/P}=\sum_{p'\in\mathbf{Z}_P}y[p'](f_p[p'])^*=\langle y,f_p\rangle$$

此外，几何级数求和公式得到了此基正交的结果：

$$\langle f_p,f_{p'}\rangle=\frac{1}{P}\sum_{p''\in\mathbf{Z}_P}[e^{2\pi i(p-p')/P}]^{p''}=\begin{cases}1, & p=p'\bmod P\\0, & p\neq p''\bmod P\end{cases}$$

作为正交基的分析算子，傅里叶变换必须是单位值，意味着逆傅里叶变换可由对应的合成算子给出：

$$(Fx)[p']=\sum_{p\in\mathbf{Z}_P}x[p]f_p[p']=\frac{1}{\sqrt{P}}\sum_{p\in\mathbf{Z}_P}x[p]e^{2\pi ipp'/P}$$

Z 变换、傅里叶变换及傅里叶基间的关系对于理解滤波器的特征值和特征向量以及滤波器本身的意义是非常关键的。准确讲，对命题 10.3 的任意 p 次方根求值得到

$$\begin{aligned}[F^*(y*\varphi)][p']&=\frac{1}{\sqrt{P}}[Z(y*\varphi)](e^{2\pi ip'/P})=\\&\frac{1}{\sqrt{P}}(Zy)(e^{2\pi ip'/P})(Z\varphi)(e^{2\pi ip'/P})=\\&(F^*y)[p'](Z\varphi)(e^{2\pi ip'/P})\end{aligned}$$

对任意固定值 p，令 y 为傅里叶基的第 p 个元素，则可得

$$\begin{aligned}[F^*(f_p*\varphi)][p']&=(F^*f_p)[p'](Z\varphi)(e^{2\pi ip'/P})=\\&\langle f_p,f'_p\rangle(Z\varphi)(e^{2\pi ip'/P})\end{aligned}$$

由于傅里叶基是正交的，对此关系式求逆傅里叶变换得到

$$f_p * \varphi = FF^*(f_p * \varphi) = \sum_{p' \in \mathbf{Z}_P} [F^*(f_p * \varphi)][p'] f_{p'} = \sum_{p' \in \mathbf{Z}_P} \langle f_p, f'_p \rangle (Z\varphi)(e^{2\pi i p'/P}) f_{p'} = (Z\varphi)(e^{2\pi i p'/P}) f_p$$

于是，算子 $\Phi y := y * \varphi$ 满足 $\Phi f_p = (Z\varphi)(e^{2\pi i p/P}) f_p$，因此 f_p 是 Φ 的特征值 $(Z\varphi)(e^{2\pi i p/P})$ 对应的特征向量。将此结论总结为命题 10.4。

命题 10.4　若 Φ 是 $\ell(\mathbf{Z}_P)$ 上冲激响应为 φ 的滤波器，则傅里叶基的每个成员 f_p 是 Φ 的特征向量，其特征值为 $(Z\varphi)(e^{2\pi i p/P})$。

注意到上述结论可得 $\Phi F = FD$，其中 D 是对角（逐点相乘）算子，其第 p 个对角项为 $(Z\varphi)(e^{2\pi i p/P})$。由于 F 是酉算子，这等价于 $\Phi = FDF^*$，这是一个著名的结论，即每一个滤波器（循环矩阵）都可以使用傅里叶变换进行单位对角化。此外，如现在所解释的那样，此结果证明了使用术语"滤波器"的合理性。确实，既然 F 是酉算子，每一个 $y \in \ell(\mathbf{Z}_P)$ 可用傅里叶基来分解：

$$y = FF^* y = \sum_{p \in \mathbf{Z}_P} \langle y, f_p \rangle f_p \tag{10.9}$$

对于任意 p，注意 $\sqrt{P} f_p[p'] = e^{2\pi i p p'/P}$ 由 $[0,1]$ 上频率为 p 的复数波 $e^{2\pi i p t}$ 的离散采样构成。因此，(10.9) 的分解指出了如何将输入信号 y 分解为波的组合，每个波都有自己不同的固定频率。复标量 $\langle y, f_p \rangle$ 的幅度和辐角分别是第 p 个波的幅度和相位平移。根据命题 10.4，对 (10.9) 使用滤波器 Φ 得到

$$\Phi y = \sum_{p \in \mathbf{Z}_P} \langle y, f_p \rangle f_p = \sum_{p \in \mathbf{Z}_P} \langle y, f_p \rangle (Z\varphi)(e^{2\pi i p/P}) f_p \tag{10.10}$$

通过对比 (10.9) 和 (10.10) 可以看到滤波器 Φ 的效果：每个波成分 f_p 都有其幅度 / 相位平移引子 $\langle y, f_p \rangle$ 与 $(Z\varphi)(e^{2\pi i p/P})$ 相乘。特别地，对于使得 $(Z\varphi)(e^{2\pi i p/P})$ 较大的 p 值，Φy 的第 p 个频率分量要比 y 的大得多。同理，对于使得 $(Z\varphi)(e^{2\pi i p/P})$ 较小的 p 值，Φy 的对应频率比 y 中的明显要小。本质上，Φ 就像个人家中立体声系统的均衡器：根据输入声音 y 的频率进行修正以得到更加理想的输出声音 Φy。特别地，通过精心设计 φ，可以创造出一个滤波器 Φ 可以用来放大低音，或者其他的滤波器来放大高音；这样的滤波器分别被称为低通或高通，因为它们在允许低频或高频通过的同时滤除了不想要的频率。成对的低频和高频滤波器对于小波理论是至关重要的，在接下来的章节中会更加详细地予以讨论。

在得到任意滤波器的特征值后，应用此结果来确定平移序列 $\Phi = \{T^p \varphi\}_{p \in \mathbf{Z}_P}$ 的框架特性。回顾起相应的合成、分析及框架算子分别对应 φ，$\tilde{\varphi}$ 及 $\varphi * \tilde{\varphi}$，其中 $\tilde{\varphi}[p] := (\varphi[-p])^*$。已经知道合成滤波器的特征值可通过在

单位 p 次方根处求 $(Z\varphi)(z)$ 的值而得到。因此，分析滤波器 φ 的特征值——即 $\tilde{\varphi}$ 的合成滤波器——可在这些相同点处对下式求值得到：

$$(Z\tilde{\varphi})(z)=\sum_{p\in\mathbf{Z}_P}\tilde{\varphi}[p]z^{-p}=\sum_{p\in\mathbf{Z}_P}(\varphi[-p])^*z^{-p}=$$
$$\sum_{p\in\mathbf{Z}_P}(\varphi[p])^*z^{P}=(Z\varphi^*)(z^{-1})$$

注意到只要当 $|\zeta|=1$ 时 $\zeta^*=\zeta^{-1}$，上式可进一步简化，因此对于单位 ζ 的任意 p 次方根有

$$(Z\tilde{\varphi})(\zeta)=\sum_{p\in\mathbf{Z}_P}(\varphi[p])^*\zeta^p=(\sum_{p\in\mathbf{Z}_P}\varphi[p]\zeta^{-p})^*=[Z\varphi(\zeta)]^*$$

于是，分析滤波器 Φ^* 的特征值即是 Φ 的特征值的共轭。这一事实与命题(10.3)一起给出了 $\Phi\Phi^*$ 的第 p 个特征值：

$$[Z(\varphi*\tilde{\varphi})](e^{2\pi ip/P})=(Z\varphi)(e^{2\pi ip/P})(Z\tilde{\varphi})(e^{2\pi ip/P})=$$
$$(Z\varphi)(e^{2\pi ip/P})[(Z\varphi)(e^{2\pi ip/P})]^*=$$
$$|(Z\varphi)(e^{2\pi ip/P})|^2$$

于是，$\Phi=\{T^p\varphi\}_{p\in\mathbf{Z}_P}$ 的最优框架边界单位 P 次方根上 φ 的 Z 变换模的平方的极值：

$$A=\min_{p\in\mathbf{Z}_P}|(Z\varphi)(e^{2\pi ip/P})|^2,\quad B=\max_{p\in\mathbf{Z}_P}|(Z\varphi)(e^{2\pi ip/P})|^2$$

意味着当且仅当对所有 p 都有 $(Z\varphi)(e^{2\pi ip/P})\neq 0$ 时 Φ 是一个框架。此外，当且仅当 φ 的傅里叶变换平坦时 Φ 是一个紧框架，即对任意 p 有

$$\frac{A}{P}=\frac{1}{P}|(Z\varphi)(e^{2\pi ip/P})|^2=|(F^*\varphi)[p]|^2$$

于是，由于 $\Phi=\{T^p\varphi\}_{p\in\mathbf{Z}_P}$ 由 P 维空间的 P 个向量组成，可以看到 φ 的所有平移组成的集合是 $\ell(\mathbf{Z}_P)$ 上的正交基，即对于所有 p 当且仅当 $|(F^*\varphi)[p]|^2=\dfrac{1}{P}$ 时 Φ 是幺正的。

现在回顾 $\Phi=\{T^p\varphi\}_{p\in\mathbf{Z}_P}$ 可以写成 $\Phi=FDF^*$，其中 D 的第 p 个对角项为 $(Z\varphi)(e^{2\pi ip/P})$。只要 Φ 是一个框架，这些对角项则是非零的，且可看出标准对偶框架 Ψ 本身也是一个滤波器：

$$\Psi=(\Phi\Phi^*)^{-1}\Phi=(FDF^*FD^*F^*)^{-1}FDF^*=$$
$$F(DD^*)^{-1}DF^*=F(D^*)^{-1}F^*$$

将 Ψ 写为 $\Psi=\{T^p\psi\}_{p\in\mathbf{Z}_P}$，$\psi:=\Psi\delta_0$ 是 Ψ 的冲激响应，注意这个标准对偶满足 $\Phi\Psi^*=I$。这意味着以 $\tilde{\psi}$ 进行的滤波可通过以 φ 滤波来对消，反之亦成立；每一个 $x\in\ell(\mathbf{Z}_P)$ 可分解为

$$x=\sum_{p\in \mathbf{Z}_P}\langle x,T^p\psi\rangle T^p\varphi$$

注意到在此背景下 Φ 是方阵,因此 $\Psi^*=\Phi^{-1}$;令 $\Psi=F(D^*)^{-1}F^*$ 也可立即得到该结论。进一步注意到,利用 φ 的自相关 $\varphi*\tilde{\varphi}$ 对 φ 进行解卷积即可得到标准对偶滤波器 ψ:

$$\psi=\Psi\delta_0=(\Phi\Phi^*)^{-1}\Phi\delta_0=(\Phi\Phi^*)^{-1}\varphi$$

在 Z 变换域,上述解卷积对应多项式除法:

$$(Z\psi)(z)=\frac{(Z\varphi)(z)}{[Z(\varphi*\tilde{\varphi})](z)}=\frac{(Z\varphi)(z)}{(Z\varphi)(z)(Z\varphi^*)(z^{-1})}=\frac{1}{(Z\varphi^*)(z^{-1})}$$

这个除法意味着即使当 φ 较为"良好"时 ψ,通常也是非"良好"的滤波器。特别地,当工作于无限维情况 $\ell^2(\mathbf{Z})$ 时,有限项有理函数的倒数通常是无限项的劳伦级数。类似原则在有限维情况下 $\ell^2(\mathbf{Z})$ 时同样成立:当 $\Phi=\{T^p\varphi\}_{p\in\mathbf{Z}_P}$ 是框架且 φ 抽头数较少时,其标准对偶滤波器 ψ 通常抽头数较多,这个原则的例外是当 φ 只有一个抽头时,意味着 $(Z\varphi)(z)$ 是单项式。虽然从代数角度看较好,但这样的单抽头滤波器从应用的角度看还有太多需要改进的地方:其傅里叶变换是平坦的,从强调某些频率而抑制其他频率的意义而言,这意味着它们不能真正"过滤"一个信号。它们只是对信号做了简单的延迟。即任何单个的滤波器无法给出真正想要的结果,即对于此滤波器及其对偶滤波器都具有频率可选择性且抽头数目少。为实现此功能,将前述理论推广到由多个滤波器构成的算子上来。

10.3 滤波器组

滤波器组是由多个滤波器组成的算子。这种算子相比任何单一滤波器可提供更多的设计潜力。尽管是一个长期关注的目标,但滤波器组直到小波发展到全盛时期才广为普及。回顾 φ 的合成滤波器是 φ 的所有平移构成的集合 $\Phi=\{T^p\varphi\}_{p\in\mathbf{Z}_P}$ 的合成算子,即 $\Phi y=y*\varphi$。滤波器组作为该思想的自然推广而产生:考虑由多个 φ 的所有平移构成的集合的合成算子。

确切地讲,给定 $\ell(\mathbf{Z}_P)$ 中 N 个理想脉冲响应 $\{\varphi_n\}_{n=0}^{N-1}$ 组成的序列,可以将上节中的理论推广至形如 $\{T^p\varphi_n\}_{n=0,p\in\mathbf{Z}_P}^{N-1}$ 的系统。注意到该系统包含了 P 维空间的 NP 个向量,因此必然有整数冗余 $\dfrac{NP}{P}=N$。为了对冗余进行灵活处理,进一步将这些概念推广到由所有平移的子群构成的平移系统。具体而言,给定任意正整数 M 及任意 $\ell(\mathbf{Z}_{MP})$ 中的 $\{\varphi_n\}_{n=0}^{N-1}\ell(\mathbf{Z}_{MP})$,考虑 φ_n 的所有 M 次平

移构成的集合，即

$$\Phi=\{T^{Mp}\varphi_n\}_{n=0,p\in\mathbf{Z}_P}^{N-1}$$

此处注意将背景空间从 $\ell(\mathbf{Z}_P)$ 变到了 $\ell(\mathbf{Z}_{MP})$；在下面的理论中，平移 M 的间隔必须除以信号的长度，若不做此变换，就需要较为复杂地写成 $\frac{P}{M}$，而不能简单地写成 P。

合成算子 $\{T^{Mp}\varphi_n\}_{n=0,p\in\mathbf{Z}_P}^{N-1}$ 是 NP 维空间 $[\ell(\mathbf{Z}_P)]^N$ 上的算子，即 $\ell(\mathbf{Z}_P)$ 的 N 次直接求和。我们将 $[\ell(\mathbf{Z}_P)]^N$ 中的任意 Y 写为 $Y=\{y_n\}_{n=0}^{N-1}$，其中对所有 n 都有 y_n 属于 $\ell(\mathbf{Z}_P)$。在此表示方式下，$\{T^{Mp}\varphi_n\}_{n=0,p\in\mathbf{Z}_P}^{N-1}$ 的合成算子 Φ：$[\ell(\mathbf{Z}_P)]^N\to\ell(\mathbf{Z}_{MP})$ 给定如下：

$$(\Phi\{y_n\}_{n=0}^{N-1})[k]=(\sum_{n=0}^{N-1}\sum_{p\in\mathbf{Z}_P}y_n[p]T^{Mp}\varphi_n)[k]=$$

$$\sum_{n=0}^{N-1}\sum_{p\in\mathbf{Z}_P}y_n[p]\varphi_n[k-Mp] \tag{10.11}$$

希望将 Φ 的这个表达式写成卷积形式，以便于利用滤波器的丰富理论。此处，问题在于(10.11) 中 y_n 的参量"p"与参量 φ_n 中的项"Mp"不匹配。此问题的解决方法是对 y 进行 M 倍上采样，即通过在 y 的任意两值间插入 $M-1$ 个 0 从而将周期 P 的信号 y 扩展为周期为 MP 的信号。确切地讲，对 $\ell(\mathbf{Z}_P)$ 以 M 算子进行上采样即 $\uparrow:\ell(\mathbf{Z}_P)\to\ell(\mathbf{Z}_{MP})$，定义为

$$(\uparrow y)[k]:=\begin{cases}y[k/M], & M\mid k\\ 0, & M\nmid k\end{cases}$$

有了这个概念，接着对(10.11) 进行简化。做变量代换 $k'=Mp$ 得到

$$(\Phi\{y_n\}_{n=0}^{N-1})[k]=\sum_{n=0}^{N-1}\sum_{\substack{k'\in\mathbf{Z}_{MP}\\ M\mid k'}}y_n[k'/M]\varphi_n[k-k']=$$

$$\sum_{n=0}^{N-1}\sum_{k'\in\mathbf{Z}_{MP}}(\uparrow y_n)[k']\varphi_n[k-k']=$$

$$\sum_{n=0}^{N-1}((\uparrow y_n)*\varphi_n)[k] \tag{10.12}$$

在(10.12) 基础上，以卷积的形式来书写 $\{T^{Mp}\varphi_n\}_{n=0,p\in\mathbf{Z}_P}^{N-1}$ 的分析算子。具体讲，$\Phi^*:\ell(\mathbf{Z}_{MP})\to[\ell(\mathbf{Z}_P)]^N$ 的表示如下：

$$(\Phi^*x)_n[p]=\langle x,T^{Mp}\varphi_n\rangle_{\ell(\mathbf{Z}_{MP})}=\sum_{k\in\mathbf{Z}_{MP}}x[k][(T^{Mp}\varphi_n)[k]]^*=$$

$$\sum_{k\in\mathbf{Z}_{MP}}x[k]\tilde{\varphi}_n[Mp-k]=(x*\tilde{\varphi}_n)[Mp]=$$

$$[\downarrow(x*\tilde{\varphi}_n)][p] \tag{10.13}$$

其中 $\downarrow:\ell(\mathbf{Z}_{MP})\to\ell(\mathbf{Z}_P)$ 是下采样算子。$\downarrow:\ell(\mathbf{Z}_{MP})\to\ell(\mathbf{Z}_P)$ 定义为 $(\downarrow x)[p]=x[Mp]$。M倍下采样只保留能整除M的索引值,将周期为MP的信号变换为周期为 P 的信号。综合(10.12)和(10.13),做如下定义。

定义 10.1 给定滤波器$\{\varphi_n\}_{n=0}^{N-1}\subseteq\ell(\mathbf{Z}_{MP})$,对应的合成滤波器组为算子$\Phi:[\ell(\mathbf{Z}_P)]^N\to\ell(\mathbf{Z}_{MP})$,定义为

$$\Phi\{y_n\}_{n=0}^{N-1}=\sum_{n=0}^{N-1}(\uparrow y_n)*\varphi_n$$

同时,分析算子滤波器组 $\Phi^*:\ell(\mathbf{Z}_{MP})\to[\ell(\mathbf{Z}_P)]^N$ 为 $\Phi^*x=\{\downarrow(x*\tilde{\varphi}_n)\}_{n=0}^{N-1}$。

上述运算如图 10.1 所示。

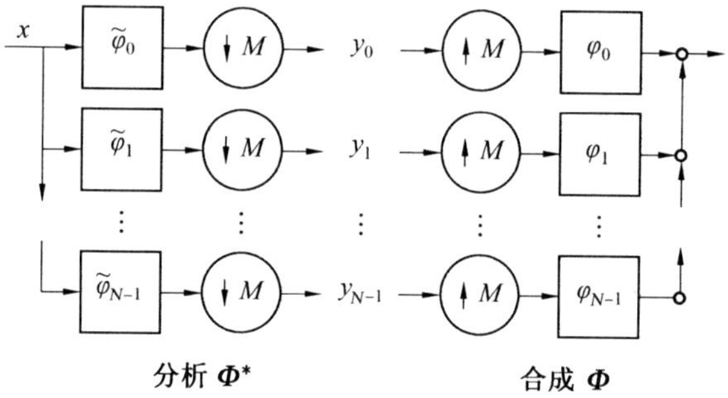

图 10.1 以M倍速率下采样的N信道滤波器组。分析滤波器组Φ^*计算给定的$\ell(\mathbf{Z}_{MP})$中的输入信号 x 与每个 φ_n 的 M 次平移的内积,得到输出信号 $\Phi^*x=\{\downarrow(x*\tilde{\varphi}_n)\}_{n=0}^{N-1}$,其中每个信号 $\downarrow(x*\tilde{\varphi}_n)$ 都属于 $\ell(\mathbf{Z}_P)$。同时,合成滤波器组Φ利用某些$[\ell(\mathbf{Z}_{MP})]^N$ 中的$\{y_n\}_{n=0}^{N-1}$ 值作为系数对 φ_n 的M次平移进行了线性组合:$\Phi\{y_n\}_{n=0}^{N-1}=\sum_{n=0}^{N-1}(\uparrow y_n)*\varphi_n$。对应于框架理论,这些分析及合成滤波器组是$\{T^{Mp}\varphi_n\}_{n=0,p\in\mathbf{Z}_P}^{N-1}$ 的分析及合成算子,因此这些算子的组成即为对应的框架算子。在下节中,利用此滤波器组的多相表达式给出了计算该系统框架边界的一种有效方法

例 10.2 以滤波器组的一些例子来结束本节。首先考虑$M=N=2$,且基于例 10.1,考虑 $\ell(\mathbf{Z}_8)$ 中的 4 抽头滤波器:

$$\varphi_0=a\delta_0+b\delta_1+c\delta_2+d\delta_3$$
$$\varphi_1=e\delta_0+f\delta_1+g\delta_2+h\delta_3$$

此时,合成滤波器组为 $\Phi:[\ell(\mathbf{Z}_4)]^2\to\ell(\mathbf{Z}_8)$:

$$\Phi\{y_0,y_1\}=(\uparrow y_0)*\varphi_0+(\uparrow y_1)*\varphi_1$$

将用 φ_0 进行滤波的运算写为循环矩阵(10.4)得到

$$(\uparrow y_0)*\varphi_0=\begin{bmatrix} a &&&&& d & c & b \\ b & a &&&&& d & c \\ c & b & a &&&&& d \\ d & c & b & a &&&& \\ & d & c & b & a &&& \\ && d & c & b & a && \\ &&& d & c & b & a & \\ &&&& d & c & b & a \end{bmatrix}\begin{bmatrix} y_0[0] \\ 0 \\ y_0[1] \\ 0 \\ y_0[2] \\ 0 \\ y_0[3] \\ 0 \end{bmatrix}=$$

$$\begin{bmatrix} a &&& c \\ b &&& c \\ c & a && \\ d & b && \\ & c & a & \\ & d & b & \\ && c & a \\ && d & b \end{bmatrix}\begin{bmatrix} y_0[0] \\ y_0[1] \\ y_0[2] \\ y_0[3] \end{bmatrix} \tag{10.14}$$

将$(\uparrow_2 y_1)*\varphi_1$ 做相同写法并将结果求和得到

$\Phi\{y_0,y_1\}=(\uparrow y_0)*\varphi_0+(\uparrow y_1)*\varphi_1=$

$$\left[\begin{array}{cccc:cccc} a &&& c & e &&& g \\ b &&& d & f &&& h \\ c & a &&& g & e && \\ d & b &&& h & f && \\ & c & a &&& g & e & \\ & d & b &&& h & f & \\ && c & a &&& g & e \\ && d & b &&& h & f \end{array}\right]\begin{bmatrix} y_0[0] \\ y_0[1] \\ y_0[2] \\ y_0[3] \\ \hline y_1[0] \\ y_1[1] \\ y_1[2] \\ y_1[3] \end{bmatrix}$$

这是讲得通的,因为 Φ 的列应该是$\{T^{Mp}\varphi_n\}_{n=0,p\in\mathbf{Z}_P}^{N-1}$ 的框架向量,即 φ_0 和 φ_1 的 4 次相同平移。如果在此滤波器组中加入第三个滤波器 $\varphi_3=i\delta_0+j\delta_1+k\delta_2+l\delta_4$,意味着现在有 $M=2,N=3$ 和 $P=4$,合成算子变为了 8×12,即

$$\Phi=\left[\begin{array}{cccc:cccc:cccc}
a & & & c & e & & & g & i & & & k\\
b & & & d & f & & & h & j & & & l\\
c & a & & & g & e & & & k & i & & \\
d & b & & & h & f & & & l & j & & \\
 & c & a & & & g & e & & & k & i & \\
 & d & b & & & h & f & & & l & j & \\
 & & c & a & & & g & e & & & k & i\\
 & & d & b & & & h & f & & & l & j
\end{array}\right]$$

对于形如$\{T^{Mp}\varphi_n\}_{n=0,p\in\mathbf{Z}_P}^{N-1}$的通用系统,表示合成滤波器组的矩阵的大小为$MP\times NP$,即$N$个大小为$MP\times P$的模块的串联,每个模块包含了$\ell(\mathbf{Z}_{MP})$中给定的$\varphi_n$的所有$M$次平移。为了确定类似系统的最优框架边界,必须计算$\Phi\Phi^*$的特征值,即$\Phi$的奇异值。第一眼看上去,这不像是一个简单的问题。同时,这些矩阵具有准循环结构的事实也使我们有理由相信可通过Z变换和傅里叶变换来更好地理解它们,这将是下节的主题。

10.4　多相表达式

前几节讨论了滤波器组与框架理论的关系。框架理论学家经常想得到具有某些理想性质的框架,比如紧致性或非相干性。正如人们所猜想的那样,也有想得到的滤波器组的性质。例如,有人也许想设计具有如下性质的分析与合成滤波器组,即用合成滤波器组可重建输入到分析滤波器组的信号——参见下面的定理 10.2 后的理想重建滤波器的讨论。另外,也许想获得这些滤波器组中具有较少抽头的滤波器,即愿意与小支撑区向量做卷积,因为这样可以使执行速度更快。

在本节中,引入了滤波器组的一种表达方式,称为多相表达式,在设计具有某些性质的滤波器组时非常有用。尽管这种表达式一开始是在研究非冗余滤波器组时提出的,但不久就被改进用于滤波器组框架的情况。本节的主要结论都是由文献[4]、[8]、[24]的结论到有限维空间的直接推广。

定义 10.2　对任意$\varphi\in\ell(\mathbf{Z}_{MP})$,关于向量$\varphi$的$M$维多相向量具有$M\times 1$维多项式向量的形式

$$\varphi(z)=\begin{bmatrix}\varphi^{(0)}(z)\\ \varphi^{(1)}(z)\\ \vdots\\ \varphi^{(M-1)}(z)\end{bmatrix}$$

其中 $\varphi(z)$ 的每一项定义为从 φ 约束到关于子群 $M\mathbf{Z}_P$ 的 $\mathbf{Z}_{MP}$ 陪集的 Z 变换：

$$\varphi^{(m)}(z):=\sum_{p\in\mathbf{Z}_P}\varphi[m+Mp]z^{-p}=[Z(\downarrow T^{-m}\varphi)](z) \tag{10.15}$$

例如，当 $M=2$ 及 $P=4$ 时，$\ell(\mathbf{Z}_8)$ 中形如

$$\varphi=a\delta_0+b\delta_1+c\delta_2+d\delta_3$$

的某些 4 抽头滤波器 φ 的多相向量是 2×1 的向量，由 φ 的偶数及奇数部分的 Z 变换组成：

$$\varphi(z)=\begin{bmatrix}\varphi^{(0)}(z)\\\varphi^{(1)}(z)\end{bmatrix}=\begin{bmatrix}a+cz^{-1}\\b+dz^{-1}\end{bmatrix}$$

本节致力于解释为什么这种多相表达式是理解滤波器组框架性质的关键所在。

正式地讲，由于 $\varphi\in\ell(\mathbf{Z}_{MP})$，则对于任意 m 有 $\downarrow T^{-m}\varphi\in\ell(\mathbf{Z}_P)$，因此它的 Z 变换属于上节讨论过的商多项式环 $P_P[z]:=C[z]/\langle z^P-1\rangle$。因此，多相向量 $\varphi(z)$ 属于 $P_P[z]$ 的 M 个重复的笛卡尔积，记作 $P_P^M[z]$。令 T_P 表示由单位 1 的 P 次根组成的离散环，可表明 $P_P^M[z]$ 是内积下的希尔伯特空间：

$$\begin{aligned}\langle\varphi(z),\psi(z)\rangle_{P_P^M[z]}:=&\frac{1}{P}\sum_{\zeta\in T_P}\langle\varphi(\zeta),\psi(\zeta)\rangle_{C^M}=\\&\frac{1}{P}\sum_{p\in\mathbf{Z}_P}\langle\varphi(e^{2\pi ip/P}),\psi(e^{2\pi ip/P})\rangle_{C^M}=\\&\frac{1}{P}\sum_{p\in\mathbf{Z}_P}\sum_{m\in\mathbf{Z}_M}\varphi^{(m)}(e^{2\pi ip/P})[\psi^{(m)}(e^{2\pi ip/P})]^*\end{aligned} \tag{10.16}$$

实际上，正如下个结论表明的那样，在映射 $\varphi\mapsto\varphi(z)$ 下 $P_P^M[z]$ 空间与 $\ell(\mathbf{Z}_{MP})$ 是等距对应的，被称为 *Zak* 变换。

命题 10.5　*Zak* 变换 $\varphi\mapsto\varphi(z)$ 从 $\ell(\mathbf{Z}_{MP})$ 映射到 $P_P^M[z]$ 是等距的。

证明　任给 $\varphi(z),\psi(z)\in P_P^M[z]$，由多相内积的定义(10.16)得

$$\langle\varphi(z),\psi(z)\rangle_{P_P^M[z]}=\frac{1}{P}\sum_{p\in\mathbf{Z}_P}\sum_{m\in\mathbf{Z}_M}\varphi^{(m)}(e^{2\pi ip/P})[\psi^{(m)}(e^{2\pi ip/P})]^* \tag{10.17}$$

考虑多相项(10.15)的 Z 变换表达式，利用(10.8)以傅里叶变换的方式重写 $\varphi^{(m)}(e^{2\pi ip/P})$：

$$\varphi^{(m)}(e^{2\pi ip/P})=[Z(\downarrow T^{-m}\varphi)](e^{2\pi ip/P})=\sqrt{P}[F^*(\downarrow T^{-m}\varphi)](p) \tag{10.18}$$

对于 $\psi^{(m)}(e^{2\pi ip/P})$ 可得到类似表达式，将此及(10.18)代入到(10.17)可得到

$$\langle\varphi(z),\psi(z)\rangle_{P_P^M[z]}=\sum_{p\in\mathbf{Z}_P}\sum_{m\in\mathbf{Z}_M}[F^*(\downarrow T^{-m}\varphi)](p)[[F^*(\downarrow T^{-m}\psi)](p)]^* \tag{10.19}$$

交换(10.19)中求和的顺序得到 $\ell(\mathbf{Z}_P)$ 中的内积和:

$$\langle\varphi(z),\psi(z)\rangle_{P_P^M[z]}=\sum_{m\in\mathbf{Z}_M}\langle F^*(\downarrow T^{-m}\varphi),F^*(\downarrow T^{-m}\psi)\rangle_{\ell(\mathbf{Z}_P)}$$

此处,利用傅里叶变换的幺正特性可得到

$$\begin{aligned}\langle\varphi(z),\psi(z)\rangle_{P_P^M[z]}&=\sum_{m\in\mathbf{Z}_M}\langle\downarrow T^{-m}\varphi,\downarrow T^{-m}\psi\rangle_{\ell(\mathbf{Z}_P)}=\\&\sum_{m\in\mathbf{Z}_M}\sum_{p\in\mathbf{Z}_P}(\downarrow T^{-m}\varphi)[p][(\downarrow T^{-m}\psi)[p]]^*=\\&\sum_{m\in\mathbf{Z}_M}\sum_{p\in\mathbf{Z}_P}\varphi[m+Mp](\psi[m+Mp])^*\end{aligned}$$

最终,进行代换 $k=m+Mp$ 即可证明:

$$\langle\varphi(z),\psi(z)\rangle_{P_P^M[z]}=\sum_{k\in\mathbf{Z}_{MP}}\varphi[k](\psi[k])^*=\langle\varphi,\psi\rangle_{\mathbf{Z}_{MP}}$$

如图 10.1 所示的那些滤波器组,由 N 个 $\ell(\mathbf{Z}_{MP})$ 中的滤波器组成,记为 $\{\varphi_n\}_{n=0}^{N-1}$。对 $P_P^M[z]$ 中 N 个多项式向量 $\{\varphi_n(z)\}_{n=0}^{N-1}$ 的每个结果做多相变换。可以看到,系统 $\Phi=\{T^{Mp}\varphi_n\}_{n=0,p\in\mathbf{Z}_P}^{N-1}$ 的许多框架性质可以根据 $\Phi(z)=\{\varphi_n(z)\}_{n=0}^{N-1}$ 的合成算子,即多相矩阵来理解。

定义 10.3 给定滤波器 $\{\varphi_n(z)\}_{n=0}^{N-1}\subseteq\ell(\mathbf{Z}_{MP})$ 序列,对应的多相矩阵为 $M\times N$,其列为多相向量 $\{\varphi_n(z)\}_{n=0}^{N-1}$:

$$\Phi(z):=\begin{bmatrix}\varphi_0^{(0)}(z) & \varphi_1^{(0)}(z) & \cdots & \varphi_{N-1}^{(0)}(z)\\ \varphi_0^{(1)}(z) & \varphi_1^{(1)}(z) & \cdots & \varphi_{N-1}^{(1)}(z)\\ \vdots & \vdots & & \vdots\\ \varphi_0^{(M-1)}(z) & \varphi_1^{(M-1)}(z) & \cdots & \varphi_{N-1}^{(M-1)}(z)\end{bmatrix}$$

定理 10.1 在多项式域解释了合成滤波器组的运算,首次体现了多相表达式的作用。

定理 10.1 令 Φ 是 $\{T^p\varphi_n\}_{n=0,p\in\mathbf{Z}_P}^{N-1}$ 的合成算子(滤波器组),且令 $\Phi(z)$ 是 $\{\varphi_n(z)\}_{n=0}^{N-1}$ 的多相矩阵。则

$$x=\Phi Y\Leftrightarrow x(z)=\Phi(z)Y(z)$$

其中 $P_P^M[z]$ 中的 $x(z)$ 是 $x\in\ell(\mathbf{Z}_{MP})$ 的 $M\times 1$ 维多相向量,$Y(z)$ 表示 $P_P^N[z]$ 中 $N\times 1$ 维向量,$P_P^N[z]$ 的第 n 个成分是 y_n 的 Z 变换,其中 $Y=\{y_n\}_{n=0}^{N-1}\in[\ell(\mathbf{Z}_P)]^N$。

为了证明这个事实,首先证明下面与 Z 变换有关的结论。

命题 10.6

(1) 对任意 $y \in \ell(\mathbf{Z}_{MP})$，有$[Z(\uparrow y)](z)=(Zy)(z^M)$。

(2) 对任意 $x \in \ell(\mathbf{Z}_{MP})$，有 $\sum\limits_{m\in\mathbf{Z}_M} z^{-m}x^{(m)}(z^M)$。

证明　对于(1)，注意到由上采样的定义可得

$$[Z(\uparrow y)](z)=\sum_{k\in\mathbf{Z}}(\uparrow y)[k]z^{-k}=\sum_{\substack{k\in\mathbf{Z}_{MP}\\ M|k}} y[k/M]z^{-k}$$

做变量代换 $k=Mp$ 得到结果

$$[Z(\uparrow y)](z)=\sum_{p\in\mathbf{Z}_P} y[p]z^{-Mp}=\sum_{p\in\mathbf{Z}_P} y[p](z^M)^{-p}=(Zy)(z^M)$$

对于(2)，做变量代换 $k=m+Mp$ 得

$$\begin{aligned}(Zx)(z)=\sum_{k\in\mathbf{Z}_{MP}} x[k]z^{-k}=\sum_{m\in\mathbf{Z}_M}\sum_{p\in\mathbf{Z}_P} x[m+Mp]z^{-(m+Mp)}=\\ \sum_{m\in\mathbf{Z}_M} z^{-m}\sum_{p\in\mathbf{Z}_P} x[m+Mp](z^M)^{-p}=\\ \sum_{m\in\mathbf{Z}_M} z^{-m}x^{(m)}(z^M)\end{aligned}$$

或者，也可以先证明(2)，则(1) 是(2) 的一个特例。

定理 10.1 的证明　注意到当且仅当$(Zx)(z)=(\Phi Y)(z)$ 时 $x=\Phi Y$。此处，$(Zx)(z)$ 由命题 10.6(2) 给出。同时，定义 10.1，Z 变换的线性性质，以及命题 10.3 和 10.6 给出

$$\begin{aligned}(Z\Phi Y)(z)=(Z\sum_{n=0}^{N-1}(\uparrow y_n)*\varphi_n))(z)=\sum_{n=0}^{N-1}[Z(\uparrow y_n)](z)(Z\varphi_n))(z)=\\ \sum_{n=0}^{N-1}(Zy_n)(z^M)(Z\varphi_n)(z)\end{aligned}$$

利用命题 10.6(2) 继续将$(Z\Phi Y)(z)$ 改写为$(Z\varphi_n)(z)$：

$$\begin{aligned}(Z\Phi y)(z)=\sum_{n=0}^{N-1}(Zy_n)(z^M)\sum_{m\in\mathbf{Z}_M} z^{-m}\varphi_n^{(m)}(z^M)=\\ \sum_{m\in\mathbf{Z}_M} z^{-m}\sum_{n=0}^{N-1}\varphi_n^{(m)}(z^M)(Zy_n)(z^M)=\\ \sum_{m\in\mathbf{Z}_M} z^{-m}[\Phi(z^M)Y(z^M)]_m\end{aligned}$$

于是，当且仅当

$$\sum_{m\in\mathbf{Z}_M} z^{-m}x^{(m)}(z^M)=(Zx)(z)=(Z\Phi y)(z)=\sum_{m\in\mathbf{Z}_M} z^{-m}[\Phi(z^M)Y(z^M)]_m$$

时 $x=\Phi Y$。

仅考虑那些对 m 求模值后相等的指数,于是得到对于所有 m 当且仅当 $x^{(m)}(z^M)=[\Phi(z^M)Y(z^M)]_m$ 时有 $x=\Phi Y$。总结一下,注意到此时调用的 x 和 φ 的 Z 变换属于环 $P_{MP}[z]=C[z]/\langle z^{MP}-1\rangle$;此环中使 $x(z^M)=\Phi(z^M)Y(z^M)$ 等价于在环 $P_P[z]=C[z]/\langle z^P-1\rangle$ 中使 $x(z)=\Phi(z)Y(z)$。

对于分析滤波器组也可证明与定理 10.1 相类似的结果。此处,对伴随 $\Phi^*(z)$ 是通过对 $\Phi(z)$ 取共轭转置得到的多项式矩阵,其中变量 z 被认为单位圆 $T:=\{\zeta\in C:|\zeta|=1\}$ 上的元素因此 $z^*:=z^{-1}$。从形式上而言,$\Phi^*(z)$ 是 $N\times M$ 的多项式矩阵,每项都属于 $P_P[z]$,其第 (n,m) 项为

$$[\Phi^*(z)]_{n,m}:=(\varphi_n^*)^{(m)}(z^{-1})=\sum_{p\in\mathbf{Z}_P}\varphi_n^*[m+Mp]z^P$$

定理 10.2 令 $\Phi^*(z)$ 为 $\{T^p\varphi_n\}_{n=0,p\in\mathbf{Z}_P}^{N-1}$ 的分析算子(滤波器组),且令 $\Phi(z)$ 是 $\{\varphi_n(z)\}_{n=0}^{N-1}$ 的多相矩阵。则

$$Y=\Phi^* z\Leftrightarrow Y(z)=\Phi^*(z)x(z)$$

证明 $\Phi^*(z)x(z)$ 的第 n 项是

$$\begin{aligned}[\Phi^*(z)x(z)]_n=&\sum_{m\in\mathbf{Z}_M}[\Phi^*(z)]_{n,m}x^{(m)}(z)=\\&\sum_{m\in\mathbf{Z}_M}\sum_{p'\in\mathbf{Z}_P}\varphi_n^*[m+Mp']z^{p'}\sum_{p''\in\mathbf{Z}_P}x[m+Mp'']z^{-p''}=\\&\sum_{m\in\mathbf{Z}_M}\sum_{p'\in\mathbf{Z}_P}\sum_{p''\in\mathbf{Z}_P}\varphi_n^*[m+Mp']x[m+Mp'']z^{-(p''-p')}\end{aligned}$$

做两个变量代换,$p=p''-p'$ 和 $k=m+Mp''$,得到

$$\begin{aligned}[\Phi^*(z)x(z)]_n=&\sum_{p\in\mathbf{Z}_P}\Big(\sum_{m\in\mathbf{Z}_M}\sum_{p''\in\mathbf{Z}_P}\varphi_n^*[m+Mp''-Mp]x[m+Mp'']\Big)z^{-p}=\\&\sum_{p\in\mathbf{Z}_P}\Big(\sum_{k\in\mathbf{Z}_{MP}}\tilde{\varphi}[Mp-k]x[k]\Big)z^{-p}=\sum_{p\in\mathbf{Z}_P}(x*\tilde{\varphi}_n)[Mp]z^{-p}=\\&\sum_{p\in\mathbf{Z}_P}[\downarrow(x*\tilde{\varphi}_n)][p]z^{-p}=\{Z[\downarrow(x*\tilde{\varphi}_n)]\}(z)\end{aligned}$$

特别地,对所有 n,当且仅当 $(Zy_n)(z)=\{Z[\downarrow(x*\tilde{\varphi}_n)]\}(z)$ 时 $Y(z)=\Phi^*(z)x(z)$;当对于所有 n 有 $y_n=\downarrow(x*\tilde{\varphi}_n)$,即 $Y=\Phi^* x$ 时,上式精确成立。

由定理 10.1 及 10.2 可知关于多相表达式的非常有趣之处:分析滤波器组的多相矩阵表现为多相空间分类的分析算子,对合成有类似结果。本节的其余部分指出,Φ 的某些性质在多相表达式中以同样方式得到了保留。

例如,由定理 10.1 和 10.2,可以描述一类重要的滤波器组的特征。如果 $\Phi\Psi^*=I$,则称 (Ψ^*,Φ) 对为完美重建滤波器组(PRFB)。这等价于使相应框架互为对偶。PRFB 是有效的,因为可以用合成滤波器组来重建输入到分析滤波器组的任意信号。注意结合定理 10.1 和 10.2 可得:

当且仅当 $\Phi(z)\Psi^*(z)x(z)=x(z)$ 时 $\Phi\Psi^* x=x$。

因此，得到 PRFB 的多相特征描述：$\Phi(z)\Psi^*(z)=1$。多相表达式也可用来描述滤波器组的其他有用的性质。在叙述它们之前，先证明下述引理 10.1。

引理 10.1　任给 $x,\varphi\in\ell(\mathbf{Z}_{MP})$

$$\langle x(\mathrm{e}^{2\pi \mathrm{i}p/P}),\varphi(\mathrm{e}^{2\pi \mathrm{i}p/P})\rangle_{C^M}=\sqrt{P}(F^*\langle x,T^{M\cdot}\varphi\rangle_{\ell(\mathbf{Z}_{MP})})[p] \tag{10.20}$$

证明　首先表明 $T^{Mp}\varphi$ 的多相表达式为 $z^{-p}\varphi(z)$。任给 $p\in\mathbf{Z}_P$ 及 $m\in\mathbf{Z}_M$

$$(T^{Mp}\varphi)^{(m)}(z)=\sum_{p'\in\mathbf{Z}_P}(T^{Mp}\varphi)[m+Mp']z^{-p'}=$$
$$\sum_{p'\in\mathbf{Z}_P}\varphi[m+M(p'-p)]z^{-p'} \tag{10.21}$$

在(10.21)中令 $p''=p'-p$ 得到

$$(T^{Mp}\varphi)^{(m)}(z)=\sum_{p''\in\mathbf{Z}_P}\varphi[m+Mp'']z^{-(p''+p)}=z^{-p}\varphi^{(m)}(z) \tag{10.22}$$

由于对所有 $m\in\mathbf{Z}_M$(10.22)都成立，对于所有 $p\in\mathbf{Z}_P$ 有 $(T^{Mp}\varphi)^{(m)}(z)=z^{-p}\varphi(z)$。由此结果及命题 10.5 可得

$$\langle x,T^{Mp}\varphi\rangle_{\ell(\mathbf{Z}_{MP})}=\langle x(z),(T^{Mp}\varphi)(z)\rangle_{P_P^M[z]}=\langle x(z),z^{-p}\varphi(z)\rangle_{P_P^M[z]}$$

根据 $P_P^M[z]$ 上内积的定义及逆傅里叶变换得

$$\langle x,T^{Mp}\varphi\rangle_{\ell(\mathbf{Z}_{MP})}=\frac{1}{P}\sum_{p'\in\mathbf{Z}_P}\langle x(\mathrm{e}^{2\pi \mathrm{i}p'/P}),\mathrm{e}^{-2\pi \mathrm{i}pp'/P}\varphi(\mathrm{e}^{-2\pi \mathrm{i}p'/P})\rangle_{C^M}=$$
$$\frac{1}{P}\sum_{p'\in\mathbf{Z}_P}\langle x(\mathrm{e}^{2\pi \mathrm{i}p'/P}),\varphi(\mathrm{e}^{2\pi \mathrm{i}p'/P})\rangle_{C^M}\mathrm{e}^{2\pi \mathrm{i}pp'/P}=$$
$$\frac{1}{\sqrt{P}}(F\langle x(\mathrm{e}^{2\pi \mathrm{i}\cdot/P}),\varphi(\mathrm{e}^{2\pi \mathrm{i}\cdot/P})\rangle_{C^M})[p] \tag{10.23}$$

其中"·"表示给定函数的可变参数。取(10.23)的傅里叶变换并乘以 $\sqrt{P}$ 得到(10.20)的结果。

也许最简单直接的 PRFB 产生自单位滤波器组，其中 $M=N$ 且合成滤波器组算子是分析滤波器组算子的逆，$\Phi=(\Psi^*)^{-1}=\Psi$。此种情况下，表明 $\Phi\Psi^*=\Phi\Phi^*=I$ 等价于表明 $\Phi^*\Phi=I$，即矩阵 Φ 的各列是正交的。下面的结论——是文献[24]中著名结论的有限维变化形式——描述了单位滤波器组的特征。当对于单位 $T_P:=\{\zeta\in C:\zeta^P=1\}$ 的 P 次根中的每个 ζ，相应多相矩阵 $\Phi(\zeta)$ 的列都正交时，可以说 Φ 的列是精确正交的。

定理 10.3　对每个 $\varphi,\psi\in\ell(\mathbf{Z}_{MP})$。

(1) 当且仅当对每个 $\zeta\in T_P$ 都有 $\|\varphi(\zeta)\|_{C^M}^2=1$，则 $\{T^{Mp}\varphi\}_{p\in\mathbf{Z}_P}$ 是正交

的。

(2) 当且仅当对每个 $\zeta \in \mathbb{T}_P$ 都有 $\langle \varphi(\zeta), \psi(\zeta) \rangle_{\mathbf{C}^M} = 0$，则 $\{T^{Mp}\varphi\}_{p \in \mathbf{Z}_P}$ 对 $\{T^{Mp}\varphi\}_{p \in \mathbf{Z}_P}$ 是正交的。

证明　对于(1)，注意到正交的 $\{T^{Mp}\varphi\}_{p \in \mathbf{Z}_P}$ 等价于对每个 $p \in \mathbf{Z}_P$ 使 $\langle \varphi, T^{Mp}\varphi \rangle_{\ell(\mathbf{Z}_{MP})} = \delta_0[p]$。对此关系做傅里叶变换，引理 10.1 等价于对每个 $p \in \mathbf{Z}_P$ 有 $\| \varphi(\mathrm{e}^{2\pi \mathrm{i} p/P}) \|_{\mathbf{C}^M}^2 = 1$。对(2)有类似结果，对 $\{T^{Mp}\psi\}_{p \in \mathbf{Z}_P}$ 正交的 $\{T^{Mp}\varphi\}_{p \in \mathbf{Z}_P}$ 等价于对每个 $p \in \mathbf{Z}_P$ 使 $\langle \varphi, T^{Mp}\psi \rangle_{\ell(\mathbf{Z}_{MP})} = 0$。对此关系做傅里叶变换，引理 10.1 等价于对每个 $p \in \mathbf{Z}_P$ 有 $\langle \varphi(\mathrm{e}^{2\pi \mathrm{i} p/P}), \psi(\mathrm{e}^{2\pi \mathrm{i} p/P}) \rangle_{\mathbf{C}^M} = 0$。

例 10.3　设计一对实 4 抽头滤波器 $\psi_0, \psi_1 \in \ell(\mathbf{Z}_{2P})$ 使得 $\{T^{2p}\psi_n\}_{n=0, p \in \mathbf{Z}_P}^{1}$ 组成一组正交基。$P \geqslant 4$ 时对这些滤波器的设计是独立的；可以设计这些滤波器同时可使 P 取任意值表明了这种设计过程的强有效性。在此例中，想让滤波器具有共同支撑

$$\psi_0 := a\delta_0 + b\delta_1 + c\delta_2 + d\delta_3$$

$$\psi_1 := e\delta_0 + f\delta_1 + g\delta_2 + h\delta_3$$

由于 $M=2$，这些滤波器的多相成分可通过对偶数和奇数索引做 Z 变换得到

$$\boldsymbol{\Psi}(z) = \begin{bmatrix} \psi_0^{(0)}(z) & \psi_1^{(0)}(z) \\ \psi_0^{(1)}(z) & \psi_1^{(1)}(z) \end{bmatrix} = \begin{bmatrix} a + cz^{-1} & e + gz^{-1} \\ b + dz^{-1} & f + hz^{-1} \end{bmatrix}$$

为了确定如何选择 ψ_0 和 ψ_1 以使 $\{T^{2p}\psi_n\}_{n=0, p \in \mathbf{Z}_P}^{1}$ 为正交基，求助于定理 10.3，这要求对每个 $\zeta \in \mathbb{T}_P$，$\boldsymbol{\Psi}(\zeta)$ 都是单位矩阵。具有此性质的二次多相矩阵称为类单位矩阵。由于 $\boldsymbol{\Psi}(\zeta)$ 是 2×2 的矩阵，这不是个困难的任务，第二列可当作第一列的调制乘方。然而，想使这个性质对所有 $\zeta \in \mathbb{T}_P$ 都成立，因此将更仔细地运用定理 10.3。具体来讲，定理 10.3(2) 要求对每个 $\zeta \in \mathbb{T}_P$，$\boldsymbol{\Psi}(\zeta)$ 的第一和第二列正交，因此

$$\begin{aligned} 0 = {} & (a + c\zeta^{-1})(e + g\zeta^{-1})^* + (b + d\zeta^{-1})(f + h\zeta^{-1})^* = \\ & (a + c\zeta^{-1})(e + g\zeta) + (b + d\zeta^{-1})(f + h\zeta) = \\ & (ae + bf + cg + dh) + (ce + df)\zeta^{-1} + (ag + bh)\zeta \end{aligned} \tag{10.24}$$

对某些 $\alpha \in \mathbf{R}$，由 ζ^{-1} 的系数为零可得

$$e = \alpha d, \quad f = -\alpha c \tag{10.25}$$

而对某些 $\beta \in \mathbf{R}$，则由 ζ 可得

$$g = \beta b, \quad h = -\beta a \tag{10.26}$$

将(10.25)和(10.26)代入(10.24)的常数项可得

$$\begin{aligned} 0 = {} & ae + bf + cg + dh = \\ & a(\alpha d) + b(-\alpha c) + c(\beta b) + d(-\beta a) = \end{aligned}$$

$$(\alpha-\beta)(ad-bc)$$

于是，当且仅当 $ad-bc=0$ 或 $\alpha=\beta$ 时 $\Psi(\zeta)$ 的各列总是正交的。强制令 $ad-bc=0$ 会使得在设计滤波器时失掉许多的自由度，因此取 $\alpha=\beta$。

现在将 $\Psi(z)$ 改写为

$$\Psi(z)=\begin{bmatrix}a+cz^{-1} & e+gz^{-1}\\ b+dz^{-1} & f+hz^{-1}\end{bmatrix}=\begin{bmatrix}a+cz^{-1} & \alpha(d+bz^{-1})\\ b+dz^{-1} & -\alpha(c+az^{-1})\end{bmatrix}$$

接着，定理 10.3(1) 要求对每个 $\zeta\in T_P$，$\Psi(\zeta)$ 的各列为单位范数。注意到对于 $\zeta\in T_P$，第二列的二次范数为

$$\begin{aligned}&|\alpha(d+b\zeta^{-1})|^2+|-\alpha(c+a\zeta^{-1})|^2=\\&|\alpha\zeta^{-1}(d\zeta+b)|^2+|-\alpha\zeta^{-1}(c\zeta+a)|^2=\\&\alpha^2(|(b+d(\zeta')^{-1}|^2+|a+c(\zeta')^{-1})|^2)\end{aligned}$$

其中 $\zeta':=\zeta^{-1}$。即第二列在 $z=\zeta$ 处的二次范数是第一列在 $z=\zeta^{-1}$ 处二次范数的 α^2 倍。于是，为了满足定理 10.3(1)，必须令 $\alpha=\pm1$。取 $\alpha=1$，改写 $\Psi(z)$ 为

$$\Psi(z)=\begin{bmatrix}a+cz^{-1} & d+bz^{-1}\\ b+dz^{-1} & -c-az^{-1}\end{bmatrix}\tag{10.27}$$

总结一下，(10.27) 的各列分别是 ψ_0 和 ψ_1 的多相表达式，且 $\{T^{2p}\psi_n\}_{n=0,p=\mathbf{Z}_P}^{1}$ 组成了正交基，假如

$$|a+c\zeta^{-1}|^2+|b+d\zeta^{-1}|^2=1,\quad \forall\,\zeta\in T_P\tag{10.28}$$

由定理 10.3(1) 可得上式等价于使 $\{T^{2p}\psi_0\}_{p=\mathbf{Z}_P}$ 正交。选择 a,b,c 和 d 时保留的自由度可用来优化以得到其他理想的滤波器性质，如频率选择性，将会在下节对此做更为详尽的讨论。

将幺正滤波器组进行推广，可从 Parseval 滤波器组生成另一类理想的 PRFB。对比幺正情况，条件 $\Phi\Phi^*=I$ 不等价于 $\Phi^*\Phi=I$，这是因为 Φ 不是方阵。下面的结果 —— 文献[4]、[8] 中主要结果的有限维变化形式 —— 在每个 $\zeta\in T_p$ 处以相应的多相表达式 $\Psi(\zeta)$ 的框架边界表述了 Φ 的框架边界。尤其是，对所有 $\xi\in T_P$，Φ 是 Parseval 算子，当且仅当 $\Phi(\xi)$ 是 Parseval 算子。

定理 10.4　任给 $\ell(\mathbf{Z}_{MP})$ 中滤波器 $\{\varphi_n\}_{n=0}^{N-1}$，$\ell(\mathbf{Z}_{MP})$ 中 $\{T^{Mp}\varphi_n\}_{n=0,p=\mathbf{Z}_P}^{N-1}$ 的最优框架边界 A 和 B 为

$$A=\min_{p\in\mathbf{Z}_P}A_p,\quad B=\max_{p\in\mathbf{Z}_P}B_p$$

其中 A_p 和 B_p 表示 $\mathbf{C}^M$ 中 $\{\varphi_n(\mathrm{e}^{2\pi\mathrm{i}p/P})\}_{n=0}^{N-1}$ 的最优框架边界。

证明　首先表明这个 A 和这个 B 确实是框架边界，也就是

$$A\|x\|_{\ell(\mathbf{Z}_{MP})}^2 \leqslant \sum_{n=0}^{N-1}\sum_{p\in\mathbf{Z}_P} |\langle x, T^{Mp}\varphi_n\rangle_{\ell(\mathbf{Z}_{MP})}^2|^2 \leqslant B\|x\|_{\ell(\mathbf{Z}_{MP})}^2, \quad \forall x\in\ell(\mathbf{Z}_{MP}) \tag{10.29}$$

为达到这个目的,将(10.29)中间的表达式用 $\ell(\mathbf{Z}_P)$ 的范数来表示,接着利用傅里叶变换是幺正的性质可得

$$\begin{aligned}\sum_{n=0}^{N-1}\sum_{p\in\mathbf{Z}_P} |\langle x, T^{Mp}\varphi_n\rangle_{\ell(\mathbf{Z}_{MP})}^2|^2 &= \sum_{n=0}^{N-1}\|\langle x, T^{M\cdot}\varphi_n\rangle_{\ell(\mathbf{Z}_{MP})}\|_{\ell(\mathbf{Z}_P)}^2 = \\ &\sum_{n=0}^{N-1}\|F^*\langle x, T^{M\cdot}\varphi_n\rangle_{\ell(\mathbf{Z}_{MP})}\|_{\ell(\mathbf{Z}_P)}^2 = \\ &\sum_{n=0}^{N-1}\sum_{p\in\mathbf{Z}_P}|F^*\langle x, T^{M\cdot}\varphi_n\rangle_{\ell(\mathbf{Z}_{MP})}[P]|^2\end{aligned}$$

接着,应用引理 10.1 且改变求和顺序:

$$\begin{aligned}\sum_{n=0}^{N-1}\sum_{p\in\mathbf{Z}_P} |\langle x, T^{Mp}\varphi_n\rangle_{\ell(\mathbf{Z}_{MP})}|^2 &= \sum_{n=0}^{N-1}\sum_{p\in\mathbf{Z}_P}\left|\frac{1}{\sqrt{P}}\langle x(\mathrm{e}^{2\pi \mathrm{i}p/P}), \varphi_n(\mathrm{e}^{2\pi \mathrm{i}p/P})\rangle_{C^M}\right|^2 = \\ &\frac{1}{P}\sum_{p\in\mathbf{Z}_P}\left(\sum_{n=0}^{N-1}|\langle x(\mathrm{e}^{2\pi \mathrm{i}p/P}), \varphi_n(\mathrm{e}^{2\pi \mathrm{i}p/P})\rangle_{C^M}|^2\right)\end{aligned} \tag{10.30}$$

由于对每个 $p\in\mathbf{Z}_P$,A_p 是$\{\varphi_n(\mathrm{e}^{2\pi \mathrm{i}p/P})\}_{n=0}^{N-1}\subseteq\mathbf{C}^M$ 的下边界,继续(10.30):

$$\begin{aligned}\sum_{n=0}^{N-1}\sum_{p\in\mathbf{Z}_P} |\langle x, T^{Mp}\varphi_n\rangle_{\ell(\mathbf{Z}_{MP})}|^2 &= \frac{1}{P}\sum_{p\in\mathbf{Z}_P}A_p\|x(\mathrm{e}^{2\pi \mathrm{i}p/P})\|_{C^M}^2 \geqslant \\ &(\min_{p\in\mathbf{Z}_P}A_p)\left(\frac{1}{P}\sum_{p\in\mathbf{Z}_P}\|x(\mathrm{e}^{2\pi \mathrm{i}p/P})\|_{C^M}^2\right) = \\ &A\|x(z)\|_{P_P^M|z|}^2 = A\|x\|_{\ell(\mathbf{Z}_{MP})}^2\end{aligned} \tag{10.31}$$

其中(10.31)应用了命题 10.5。同理,继续(10.30)可得

$$\sum_{n=0}^{N-1}\sum_{p\in\mathbf{Z}_P} |\langle x, T^{Mp}\varphi_n\rangle_{\ell(\mathbf{Z}_{MP})}|^2 \leqslant B\|x\|_{\ell(\mathbf{Z}_{MP})}^2$$

因此 A 和 B 确实是$\{T^{Mp}\varphi_n\}_{n=0,p=\mathbf{Z}_P}^{N-1}\subseteq\ell(\mathbf{Z}_{MP})$ 的框架。

为了表明 A 和 B 是最优框架边界,需要找出使(10.29)左右两边不等式成立的 x。对于左边的不等式,令 p' 是使得 $A_p{}'$ 取最小值时的索引,且令 $x_{p';\min}\in\mathbf{C}^M$ 是取得$\{\varphi_n(\mathrm{e}^{2\pi \mathrm{i}p'/P})\}_{n=0}^{N-1}\subseteq C^M$ 的最优下框架边界的向量。用其多相成分来定义 $x_{\min}\in\ell(\mathbf{Z}_{MP})$:

$$x_{\min}^{(m)}(z):=x_{p';\min}[m]\prod_{p\in\mathbf{Z}_P\setminus\{p'\}}\left(\frac{z-\mathrm{e}^{2\pi \mathrm{i}p/P}}{\mathrm{e}^{2\pi \mathrm{i}p'/P}-\mathrm{e}^{2\pi \mathrm{i}p/P}}\right)$$

注意到 $x_{\min}(e^{2\pi i p/P})=\delta_{p'}[p]x_{p';\min}$，于是得到了(10.31)中的不等式。类似定义可得一个 $x_{\max}$ 取得(10.29)右边不等式，证毕。

从应用的角度来看，定理 10.4 的意义在于其有利于设计具有良好框架边界的滤波器组。确切地讲，尽管 PRFB 满足 $\Phi\Psi^*=I$ 并由此可提供过完备分解，但这样的滤波器可能是性能较差的框架。这是非常重要的，因为只有性能良好的滤波器才能保证对噪声有较好的鲁棒性。确切地讲，在许多信号处理应用中，目的是从 $y=\Psi^*x+\varepsilon$ 重建 x，其中 ε 是由于传输误差或量化等带来的"噪声"。对 y 应用对偶框架 Φ 得到重建结果 $\Phi y=x+\Phi\varepsilon$。很明显，对 x 估值的有效性依赖于 $\Phi\varepsilon$ 相对于 x 的大小。一般而言，如果此滤波器组是性能较差的框架，即使 ε 很小时 $\Phi\varepsilon$ 也可能非常大；防止这种情况发生的唯一方法是保证框架的条件数 $\dfrac{B}{A}$ 尽可能接近于 1。尽管针对大矩阵计算其条件数的话计算量非常大，但当讨论中的框架对应一个滤波器组时定理 10.4 提供了计算此条件数的一种便捷方式。注意从这个视角来看，最好且可能的 PRFB 是紧框架，即现在要考虑的一个例子。

例 10.4　现在运用定理 10.4 来构造一个 PRFB，其来自于由下式定义的 Parseval 合成滤波器组 $\Phi:[\ell(\mathbf{Z}_P)]^3\to\ell(\mathbf{Z}_{2P})$

$$\Phi\{y_n\}_{n=0}^{2}=\sum_{n=0}^{2}(\uparrow y_n)*\varphi_n$$

像之前一样，对 P 取任意值。由定理 10.4 可看出，当且仅当对每个 $\zeta\in T_P$，$\Phi(\zeta)$ 是 Parseval(滤波器组)时 Φ 为 Parseval(滤波器组)。且 $\Phi(\zeta)$ 是 2×3 的矩阵，且此唯一的等范数 Parseval 框架——忽略旋转——由单位值的归一化立方根给出：

$$\frac{1}{\sqrt{6}}\begin{bmatrix}2 & -1 & -1\\ 0 & \sqrt{3} & -\sqrt{3}\end{bmatrix}\tag{10.32}$$

将在下节看到，希望多相矩阵中的列具有等范数，因为这意味着相应的滤波器组在其频率选择性方面有所均衡。

定义多相矩阵 $\Phi(z)$ 为(10.32)中的矩阵。由于(10.32)的各列是每个滤波器的多相表达式，记下多项式的系数：

$$\varphi_0:=\frac{2}{\sqrt{6}}\delta_0$$

$$\varphi_1:=-\frac{1}{\sqrt{6}}\delta_0+\frac{\sqrt{3}}{\sqrt{6}}\delta_1$$

$$\varphi_2 := -\frac{1}{\sqrt{6}}\delta_0 - \frac{\sqrt{3}}{\sqrt{6}}\delta_1$$

此处，$\Phi(z)$ 不依赖于 z 意味着滤波器只在前面的 $M=2$ 的项有意义。更进一步，合成算子的矩阵表达式为

$$\Phi = \frac{1}{\sqrt{6}}\left[\begin{array}{ccc|ccc|ccc} 2 & & & -1 & & & -1 & & \\ 0 & & & \sqrt{3} & & & -\sqrt{3} & & \\ & 2 & & & -1 & & & -1 & \\ & 0 & & & \sqrt{3} & & & -\sqrt{3} & \\ & & \ddots & & & \ddots & & & \ddots \\ & & 2 & & & -1 & & & -1 \\ & & 0 & & & \sqrt{3} & & & -\sqrt{3} \end{array}\right]$$

注意到常见滤波器平移后具有不相交的支持域。Φ 的各列也可打乱顺序后形成以 I_P 为张量的 $\Phi(z)$ 的变化形式。于是，此例作为一个滤波器组是非常乏味的；相应的分析算子只分析了某些项组成的对之间的交互作用。

对于不同的应用，还想让 PRFB 满足其他的理想滤波器性质。为了拥有满足这些性质的必需的自由度，滤波器需要更多的抽头。这意味着滤波器组的多相矩阵 $\Phi(z)$ 将不再是常数值。但是(10.32) 给出了不考虑旋转情况下的唯一的 2×3 等范数 Parseval 框架。因此，将 $\Phi(z)$ 定义为在(10.32) 的左边乘以多项式单位矩阵。为达到此目的，考虑(10.27) 中的 $\Psi(z)$，使 $a,c=2^{-\frac{5}{2}}(1\pm\sqrt{3})$ 且 $b,d=2^{-\frac{5}{2}}(3\pm\sqrt{3})$；选择这些数值是因为它们对应着一个 Daubechies 小波，更为详细的描述见下节内容。于是

$$\Phi(z) := \begin{bmatrix} a+cz^{-1} & d+bz^{-1} \\ b+dz^{-1} & -c-az^{-1} \end{bmatrix}\left(\frac{1}{\sqrt{6}}\begin{bmatrix} 2 & -1 & -1 \\ 0 & \sqrt{3} & -\sqrt{3} \end{bmatrix}\right) =$$

$$\frac{2}{\sqrt{6}}\begin{bmatrix} a+cz^{-1} & -2^{-\frac{3}{2}}(1-\sqrt{3}z^{-1}) & d-bz^{-1} \\ b+dz^{-1} & -2^{-\frac{3}{2}}(\sqrt{3}+z^{-1}) & -c+az^{-1} \end{bmatrix} \tag{10.33}$$

通过读取这些多项式的系数即可得到滤波器：

$$\varphi_0 := \frac{2a}{\sqrt{6}}\delta_0 + \frac{2b}{\sqrt{6}}\delta_1 + \frac{2c}{\sqrt{6}}\delta_3 + \frac{2d}{\sqrt{6}}\delta_3$$

$$\varphi_1 := -\frac{1}{\sqrt{12}}\delta_0 - \frac{\sqrt{3}}{\sqrt{12}}\delta_1 + \frac{\sqrt{3}}{\sqrt{12}}\delta_2 - \frac{1}{\sqrt{12}}\delta_3$$

$$\varphi_2 := \frac{2d}{\sqrt{6}}\delta_0 - \frac{2c}{\sqrt{6}}\delta_1 - \frac{2b}{\sqrt{6}}\delta_2 + \frac{2a}{\sqrt{6}}\delta_3$$

当 $P=4$ 时，合成滤波器变为

$$
\Phi=\frac{2}{\sqrt{6}}\left[\begin{array}{cccc|cccc|cccc}
a & & & c & -\frac{1}{2\sqrt{2}} & & & \frac{\sqrt{3}}{2\sqrt{2}} & d & & & -b \\
b & & & d & -\frac{\sqrt{3}}{2\sqrt{2}} & & & -\frac{1}{2\sqrt{2}} & -c & & & a \\
c & a & & & \frac{\sqrt{3}}{2\sqrt{2}} & -\frac{1}{2\sqrt{2}} & & & -b & d & & \\
d & b & & & -\frac{1}{2\sqrt{2}} & -\frac{\sqrt{3}}{2\sqrt{2}} & & & a & -c & & \\
 & c & a & & & \frac{\sqrt{3}}{2\sqrt{2}} & -\frac{1}{2\sqrt{2}} & & & -b & d & \\
 & d & b & & & -\frac{1}{2\sqrt{2}} & -\frac{\sqrt{3}}{2\sqrt{2}} & & & a & -c & \\
 & & c & a & & & \frac{\sqrt{3}}{2\sqrt{2}} & -\frac{1}{2\sqrt{2}} & & & -b & d \\
 & & d & b & & & -\frac{1}{2\sqrt{2}} & -\frac{\sqrt{3}}{2\sqrt{2}} & & & a & -c
\end{array}\right]
$$

构建后，Φ 是一个 Parseval 框架。当然，通过手工检查是非常麻烦的，但这可由 $\Psi(z)$ 是多项式单位矩阵来保证。事实上，不管如何选择 P，Φ 都将是一个 Parseval 框架。这举例说明了设计像 $\Phi(z)$ 这样的多项式 Parseval 框架的实用步骤。

10.5　设计滤波器组框架

当针对一个给定的现实生活中的应用来设计滤波器时，常常考虑 3 种情况：使滤波器组是良好的框架，使滤波器具有较小的支持域，使滤波器具有良好的频率选择性，详述如下。当这 3 个目标非互斥时，它们之间便有一个折中。例如，具有较少抽头的滤波器在设计具有理想频率响应时自由度非常小；这是不确定原则的一种。因此，即使在多相域来讲，设计这样性能良好的滤波器仍然是一个难题，这也是一个热门的研究领域。现在，一种热门的滤波器组框架选择是文献[3]中引入的余弦调制滤波器组。对于其他的例子，参见文献[14]、[15]及其参考文献。

此处，一个“良好”的框架指的是其框架边界 A 和 B 相对于其他理想性质的设计约束而言尽可能靠近。这是想要的,因为当 $\Phi\Phi^*$ 的条件数 B/A 越接近于1时能从 $y=\Phi^* x+\varepsilon$ 求解 x 的速度和数值稳定性就会改善。特别地,当 $M=N$ 时,希望 $\{T^{Mp}\varphi_n\}_{n=0,p\in\mathbf{Z}_P}^{N-1}$ 成为 $\ell(\mathbf{Z}_{MP})$ 的正交基,意味着其合成算子是幺正的。而当 $M<N$ 时,希望 Φ 为紧框架,意味着标准对偶框架即是框架向量本身的标量积:$\psi_n=\dfrac{1}{A}\varphi_n$。有时其他的设计考虑会胜过这个。例如,当正交小波存在时,只有 Haar 小波表现为偶对称 —— 在图像处理中这是一个非常重要的性质 —— 因此就发展出了双正交小波理论,即 $M=N=2$ 的非紧滤波器组框架。

通常也期望滤波器组中的滤波器具有较小的支撑域,即具有较少数目的抽头。这是非常关键的,因为在现实生活的大多数信号处理应用中,滤波本身都是直接在时间域实现的。更清楚地讲,如 10.2 节所讨论的那样,滤波可以看作频域相乘:$x*\varphi$ 可以通过对 x 和 φ 的傅里叶变换的逐点乘积然后再取傅里叶反变换后计算。运用此方法,$x*\varphi$ 的计算量本质上是三次傅里叶变换的计算量,即对于 $x,\varphi\in(\mathbf{Z}_{MP})$ 的运算量为 $\mathcal{O}(MP\log(MP))$。但是,即使只需要某一单个时刻的 $x*\varphi$,此频域方法也需要知道输入信号 x 的所有值。另外,时域滤波可实时完成。特别地,若某个滤波器的支持域是以 K 点为周期的,则可仅用 $\mathcal{O}(KMP)$ 次运算直接计算 $x*\varphi$;此外,$x*\varphi$ 的每个值可从 x 的 K 个邻近值计算得出。

确实,在大多数现实生活的应用中,滤波器频域表达式的真正好处根本不是计算上的优势,而是能够从直觉上理解滤波器究竟在起什么作用。频域内容是许多人们感兴趣的信号的重要组成成分,例如音频信号、电磁信号以及图像。正确的滤波可以将用户真正在乎的那部分信号分离出来。例如,一个低通滤波器有助于将高声调的鸣叫声从一个音频样本背景去除。需要澄清的是,没有框架展开能够完全消除信号的任何一部分,否则的话那部分将无法重建。但是,一个设计恰当的滤波器组框架可以将信号分解为多个信道,每个信道强调频谱的某个特殊区域。即使一个低通滤波器本身是性能差的框架,如果它与合适的高通滤波器放置在一起也可以变为一个性能良好的滤波器。

从形式上讲,$\{T^{Mp}\varphi_n\}_{n=0,p\in\mathbf{Z}_P}^{N-1}$ 的分析与合成滤波器组的第 n 个信道分别指的是运算 $x\mapsto\downarrow(x*\tilde{\varphi}_n)$ 和 $y_n\mapsto(\uparrow y_n)*\varphi_n$。根据频率内容不难表明下采样运算周期化了 —— 对 M 次平移求和 ——$x*\tilde{\varphi}_n$ 的周期为 MP 的傅里叶变换,然而上采样运算对 y_n 的 P — 周期傅里叶变换进行了周期延拓。即下采样和上采样运算修正了对信号频谱内容的已知影响。于是,此信道中唯一真正的设计自由度在对 φ_n 的选择。此处,回顾 10.2 节中的资料可得经过滤波的

信号 $x*\varphi$ 的频域表达为

$$
\begin{aligned}
[F^*(x*\varphi_n)][k]=&\frac{1}{\sqrt{MP}}[Z(x*\varphi_n)](e^{2\pi ik/(MP)})=\\
&\frac{1}{\sqrt{MP}}(Zx)(e^{2\pi ik/(MP)})(Z\tilde{\varphi}_n)(e^{2\pi ik/(MP)})=\\
&(F^*x)[k][(Z\varphi_n)(e^{2\pi ik/(MP)})]^*
\end{aligned}
$$

特别地，$|[F^*(x*\varphi_n)][k]|^2=|(F^*x)[k]|^2\,|(Z\varphi_n)(e^{2\pi ik/(MP)})|^2$。此处，乘数 $|(Z\varphi_n)(e^{2\pi ik/MP})|^2$ 称为 φ_n 的频率响应。这个频率响应表明用 φ_n 将 x 滤波之后改变 x 任意频率分量强度的程度。注意到在经典的信号处理文献中，滤波器一般处于无限维空间 $\ell^1(\mathbf{Z})$，频率响应常常表示为经典的傅里叶级数：

$$
\hat{\varphi}_n(\omega):=\sum_{k=-\infty}^{\infty}\varphi_n[k]e^{-ik\omega}
$$

仅对 $\mathbf{Z}_{MP}$ 的最小陪集典型值求和且将其他系数视为零，便可使此概念适用于 $\ell(\mathbf{Z}_{MP})$ 的周期信号：

$$
\hat{\varphi}_n(\omega):=\sum_{k=-\lfloor MP/2\rfloor}^{\lfloor (MP-1)/2\rfloor}\varphi_n[k]e^{-ik\omega}
$$

在此定义下，$\hat{\varphi}_n$ 在 $\mathbf{R}/(2\pi\mathbf{Z})=[-\pi,\pi)$ 中任意 ω 处都得到良好定义。此外，φ_n 的频率响应为

$$
\left|\hat{\varphi}_n\left(\frac{2\pi k}{MP}\right)\right|^2=\left|\sum_{k'\in\mathbf{Z}_{MP}}\varphi_n[k']e^{-2\pi ikk'/(MP)}\right|^2=|(Z\varphi_n)(e^{2\pi ik/(MP)})|^2
$$

举个频率响应的例子，回顾上节用到的那两个 4－抽头滤波器 $\{\psi_0,\psi_1\}$：

$$
\psi_0:=a\delta_0+b\delta_1+c\delta_2+d\delta_3
$$
$$
\psi_1:=d\delta_0-c\delta_1+b\delta_2-a\delta_3
$$

其中 $a,c=2^{-\frac{5}{2}}(1\pm\sqrt{3})$；$b,d=2^{-\frac{5}{2}}(3\pm\sqrt{3})$。尽管系数的选取看起来比较随意，但由 ψ_0 和 ψ_1 的频率响应即可看到它们是比较特殊的。确实，通过观察图 10.2 中 $\omega\in[-\pi,\pi)$ 上的 $|\hat{\psi}_0(\omega)^2|$ 和 $|\hat{\psi}_1(\omega)^2|$ 的图形，可以看出 ψ_0 为低通滤波器，即其集中于零频附近，而 ψ_1 为高通滤波器，集中于 $\pm\pi$ 的频率附近。这些图的偶对称是由于 ψ_0 和 ψ_1 的系数是实数。选择特殊值 a,b,c 和 d 使得在(10.28)条件的约束下，ψ_0 在 $\omega=0$ 处尽可能高和平坦。(10.28)是使(10.27)中得到的多相矩阵 $\Psi(z)$ 为幺正的必要条件。

仔细观察图 10.2 中两个频率响应可发现，$|\hat{\psi}_1(\omega)^2|$ 是将 $|\hat{\psi}_0(\omega)^2|$ 平移了 π，此外这两个图加在一起等于 2。$|\hat{\psi}_1(\omega)^2|$ 是 $|\hat{\psi}_0(\omega)^2|$ 的平移，这种现象是从 ψ_0 重建 ψ_1 时人为采取的方式，并能总是成立。然而，定理 10.5 的结论表明，$|\hat{\psi}_0(\omega)^2|$ 与其平移的和为常数值是因为 ψ_0 的偶次平移是正交这个事实。

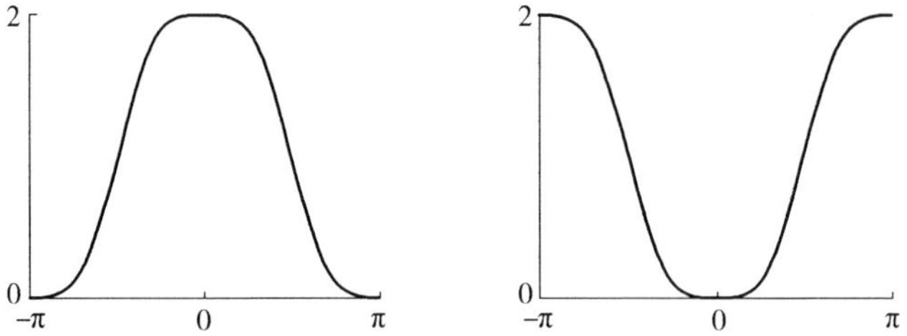

图 10.2　4－抽头低通 Daubechies 滤波器 ψ_0（左）和其高通对 ψ_1（右）的频率响应 $|\hat{\psi}_0(\omega)^2|$ 和 $|\hat{\psi}_1(\omega)^2|$。如 10.3 节所讨论的那样，对应的 2×2 多相矩阵 $\Psi(z)$ 是幺正的，即 ψ_0 和 ψ_1 的所有偶数次平移组成的集合 $\{T^{2p}\psi_0, T^{2p}\psi_1\}_{p\in\mathbf{Z}_P}$ 组成了 $\ell(\mathbf{Z}_P)$ 的正交基。相应的由分析和合成滤波器 Ψ 及 Ψ^* 构成的 2－信道滤波器组显示出了一个良好滤波器最重要性质中全部的 3 个：它是良好框架（正交基），滤波器抽头数少（4 个），且滤波器本身显示出良好的频率选择性，即 2 个信道中的任一个都集中于某个特定频率范围内。将上述事实总结在一起意味着可从 x 快速计算 $\Psi^* x$，而 x 可从 $\Psi^* x$ 以较为稳定的数值方法得到快速重建，2 个输出信道 $y_0 := \downarrow(x * \psi_0)$ 和 $y_1 := \downarrow(x * \psi_1)$ 的任意一个都包含 x 的一个独立频率分量。即，Ψ^* 完美地将信号 x 分解为低频和高频分量

定理 10.5　$\ell(\mathbf{Z}_{MP})$ 中的向量 $\{T^{Mp}\varphi\}_{p\in\mathbf{Z}_P}$ 是正交的，当且仅当

$$\sum_{m\in\mathbf{Z}_M}\left|\hat{\varphi}\left(\frac{2\pi(k-Pm)}{MP}\right)\right|^2 = M,\quad \forall k\in\mathbf{Z}_{MP}$$

证明　从定理 10.3 可知 $\{T^{Mp}\varphi\}_{p\in\mathbf{Z}_P}$ 是正交的，当且仅当

$$1=\sum_{m\in\mathbf{Z}_M}|\varphi^{(m)}(\zeta)|^2,\quad \forall\zeta\in T_P$$

其等效于使

$$1=\sum_{m\in\mathbf{Z}_M}|\varphi^{(m)}(\zeta^M)|^2,\quad \forall\zeta\in T_{MP}\tag{10.34}$$

回顾命题 10.6 的 $(Z\varphi)(z)=\sum_{m\in\mathbf{Z}_M} z^{-m}\varphi^{(m)}(z^M)$，对于任意 $\zeta\in T_{MP}$ 有

$$\sum_{m\in\mathbf{Z}_M}|(Z\varphi)(\mathrm{e}^{-2\pi\mathrm{i}m/M}\zeta)|^2=\sum_{m\in\mathbf{Z}_M}\left|\sum_{m'\in\mathbf{Z}_M}\mathrm{e}^{2\pi\mathrm{i}mm'/M}\zeta^{-m'}\varphi^{(m')}(\zeta^M)\right|^2=$$

$$\sum_{m\in\mathbf{Z}_M}\left|\sqrt{M}[F(\zeta^{-\cdot}\varphi^{(\cdot)})(\zeta^M)][m]\right|^2$$

由于傅里叶变换是幺正的，可得

$$\sum_{m\in\mathbf{Z}_M}|(Z\varphi)(\mathrm{e}^{-2\pi\mathrm{i}m/M}\zeta)|^2=M\sum_{m\in\mathbf{Z}_M}|\zeta^{-m}\varphi^{(m)}(\zeta^M)|^2=M\sum_{m\in\mathbf{Z}_M}|\varphi^{(m)}(\zeta^M)|^2$$

根据(10.34)，因此有 $\{T^{Mp}\varphi\}_{p\in\mathbf{Z}_P}$ 是正交的，当且仅当

$$M=\sum_{m\in\mathbf{Z}_M}|(Z\varphi)(\mathrm{e}^{-2\pi\mathrm{i}m/M}\zeta)|^2,\quad\forall\zeta\in T_{MP}$$

将 ζ 写为 $\mathrm{e}^{2\pi\mathrm{i}k/(MP)}$ 可得 $\{T^{Mp}\varphi\}_{p\in\mathbf{Z}_P}$ 是正交的，当且仅当

$$M=\sum_{m\in\mathbf{Z}_M}|(Z\varphi)\mathrm{e}^{-2\pi\mathrm{i}m/M}\mathrm{e}^{2\pi\mathrm{i}k/(MP)}|^2=\sum_{m\in\mathbf{Z}_M}\left|\hat{\varphi}\left(\frac{2\pi(k-Pm)}{MP}\right)\right|^2,\quad\forall k\in\mathbf{Z}_{MP}$$

得证。

注意到对于一个常规滤波器组框架 $\{T^{Mp}\varphi_n\}_{n=0}^{N-1}{}_{p\in\mathbf{Z}_P}$，不要求 $\{T^{Mp}\varphi_n\}_{p\in\mathbf{Z}_P}$ 对每个 n 都正交。于是，定理 10.5 并不都适用，即对于任意 n，$\{|\hat{\varphi}_n(\omega)|^2\}_{n=0}^{N-1}$ 的包含 M 项的周期并不一定都是平坦的。同时，做出如下约束是有利的：使 φ_n 的 M 次平移正交等价于使滤波器组框架算子的第 n 个信道，即运算

$$x\rightarrow(\uparrow\downarrow(x*\tilde{\varphi}_n))*\varphi_n=\sum_{p\in\mathbf{Z}_P}\langle x,T^{Mp}\varphi_n\rangle T^{Mp}\varphi_n$$

从 $\ell(\mathbf{Z}_{MP})$ 到由 φ_n 的 M 次平移生成的子空间上是正交投影。在此情形下，滤波器组的框架算子 $\Phi\Phi^*$ 变为 N 个投影的和 —— 每个信道一次 —— 即 $\{T^{Mp}\varphi_n\}_{n=0,p\in\mathbf{Z}_P}^{N-1}$ 可视为融合框架。文献[5] 中引入的此类框架是最优的线性包编码器，且是本书另外一章的关注所在。直觉上，这样一种约束保证了每个信道相对于其他所有信道都具有相同意义。这样的滤波器组融合框架是文献[7] 关注的焦点。

前一节给出了这样的滤波器组的一个例子，即 3 — 信道、2 — 下采样的 Parseval 滤波器组，其 2×3 的多相矩阵(10.33) 是通过 4 — 抽头 Daubechies 2×2 的类单位矩阵 $\Psi(z)$ 与确定的 2×3Parseval Mercedes — Benz 合成矩阵相乘得到。这种产生滤波器组框架的方法 —— 将确定的合成矩阵乘以一个类单位矩阵 —— 在文献[16] 中被用来构建强一致紧框架。文献[1] 考虑了此类框架的推广，即完全地有限冲激响应滤波器组。文献[17] 详细展示了强一致紧框架的构建方法，其中作者以类似于非下采样滤波器组的方式设计了这些框架，如文献[21] 中展示的那些以及各种其他的研究。这种思想的最引人注意的地方在于它允许利用所有类单位矩阵的已知的完备表征。

回到我们的例子，注意到将各列以引子 $\sqrt{3/2}$ 进行重新标度，得到的矩阵 $\Phi(z)$ 是多项式的一个 2×3 的单位范数紧框架，即对于任意 $\zeta\in T_P$，$\Phi(\zeta)$ 的 3 列的每一列都有单位范数，而它的两行是正交的，其常范数是 $\sqrt{3/2}$。分析滤波器组将 $\ell(\mathbf{Z}_{2P})$ 中的任意信号 x 分解为 3 个成分信号 y_0，y_1 和 y_2，每个都属于 $\ell(\mathbf{Z}_P)$。相应的 3 个滤波器的频率响应如图 10.3 所示。它们表明当此滤波器组具有良好的框架性质时，从频率选择的角度看还有许多需要改进的地方。为了构建一个具有更好的频率选择性的滤波器组框架，转向 Gabor 滤波

器组理论。

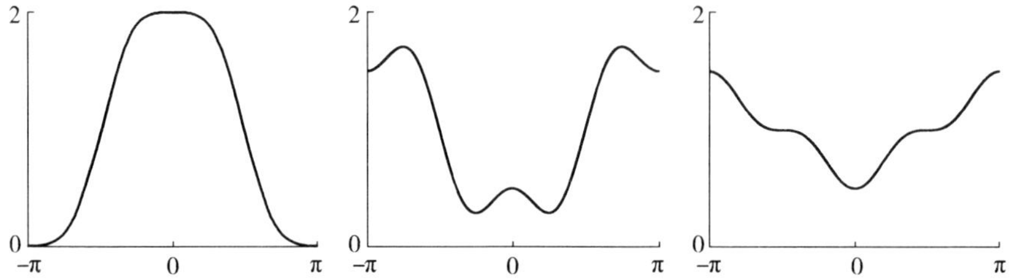

图 10.3　(10.33) 中给出的 3－信道、2－下采样的滤波器组的频率响应曲线 $|\hat{\varphi}_0(\omega)^2|$(左), $|\hat{\varphi}_1(\omega)^2|$(中)以及 $|\hat{\varphi}_2(\omega)^2|$(右)。这个滤波器组只表现出了一个滤波器组 3 个理想性质中的两个:它是良好的框架,紧框架,每个滤波器仅有 4 个抽头。但是,如图所示,这些滤波器没有表现出良好的频率选择性。特别地,当 φ_0——4－抽头 Daubechies 低通滤波器 ψ_0 的一个复制——分离信号的低频信号时表现非常好,其他的滤波器 φ_1 和 φ_2 却在很大程度上允许所有频率通过。于是,这种滤波器组在许多以频率分离为主要目标的信号处理应用中用处不大

Gabor 滤波器组

由于有限 Gabor 框架会在其他章节予以更详细的讨论,在这里仅简单考虑一下它们,集中于整数冗余性的特殊情况,即下采样速率 M 除以滤波器数目 N。Gabor 滤波器组指的是滤波器 $\{\varphi_n\}_{n=0}^{N-1}$ 都是某单个滤波器 φ 的调制。这样的滤波器组从设计的角度看是引人注意的:此处,各种滤波器的频率响应曲线都是各自的平移,因此只需要设计单个的“母”滤波器。同时,从纯数学的角度看,这样的滤波器组是良好的,因为其多相表达式与经典的 Zak 变换理论联系非常紧密。

确切地讲,对任意 $p\in\mathbf{Z}$, $\ell(\mathbf{Z}_P)$ 上 p 算子的调制为

$$E^p:\ell(\mathbf{Z}_P)\to\ell(\mathbf{Z}_P),\quad (E^p y)[p']:=\mathrm{e}^{2\pi\mathrm{i}pp'/P}y[p']$$

令 $R:=N/M$ 是 $\ell(\mathbf{Z}_{MP})$ 上框架的理想冗余度,且令 $Q:=P/R$,即 $N=MR$ 和 $P=QR$。给定 $\ell(\mathbf{Z}_{MQR})$ 中的任意 φ,考虑 φ 的所有 M－平移和 Q－调制的 Gabor 系统 $\{T^{Mp}E^{Qn}\varphi\}_{p\in\mathbf{Z}_{QR},n\in\mathbf{Z}_{MR}}$,即 N 信道滤波器组,其第 n 个滤波器为 $\varphi_n=E^{Qn}\varphi$。

如之前一样,想得到一个是良好框架且滤波器抽头数少且具有良好频率选择性的滤波器组;利用 Gabor 滤波器组有助于达到所有的这 3 个希望达到的目标。确切讲,注意到由于 $\varphi_n=E^{Qn}\varphi$ 的抽头数目与 φ 的相同,仅需设计具

有较小支持域的单个滤波器 φ。此外，φ_n 的频率响应是 φ 的频率响应的平移；有

$$(Z\varphi_n)(z)=(ZE^{Qn}\varphi)(z)=\sum_{k\in\mathbf{Z}_{MQR}}(E^{Qn}\varphi)[k]z^{-k}=$$
$$\sum_{k\in\mathbf{Z}_{MQR}}\mathrm{e}^{2\pi\mathrm{i}Qnk/(MQR)}\varphi[k]z^{-k}=$$
$$\sum_{k\in\mathbf{Z}_{MQR}}\varphi[k](\mathrm{e}^{-2\pi\mathrm{i}n/(MR)}z)^{-k}=$$
$$(Z\varphi)(\mathrm{e}^{-2\pi\mathrm{i}n/(MR)}z)$$

因此 φ_n 的频率响应值为

$$\left|\hat{\varphi}_n\left(\frac{2\pi k}{MQR}\right)\right|^2=|(Z\varphi_n)(\mathrm{e}^{2\pi\mathrm{i}k/(MQR)})|^2=$$
$$|(Z\varphi)(\mathrm{e}^{2\pi\mathrm{i}(-n)/(MR)}\mathrm{e}^{2\pi\mathrm{i}k/(MQR)})|^2=$$
$$|(Z\varphi)(\mathrm{e}\mathrm{e}^{2\pi\mathrm{i}(k-Qn)/(MQR)})|^2=$$
$$\left|\hat{\varphi}\left(\frac{2\pi(k-Qn)}{MQR}\right)\right|^2$$

特别地，如果设计得足够好使得 $|\hat{\varphi}(\omega)|^2$ 能够集中于某个给定的频率段，则任意一个 φ_n 的调制的频率响应会集中于此频率段，在$[-\pi,\pi)$ 中的 N 个均匀间隔平移中的其中一个上。

剩下要讨论的是如何利用 Gabor 滤波器组来简化构建良好框架的难题。根据定理 10.4，$\{T^{Mp}E^{Qn}\varphi\}_{p\in\mathbf{Z}_{QR},n\in\mathbf{Z}_{MR}}$ 的最优框架边界可通过计算所有 $\zeta\in T_{QR}=\{\zeta\in C:\zeta^{QR}=1\}$ 上的 $\Phi(\zeta)[\Phi(\zeta)]^*$ 的特征根极值来得到，其中 $\Phi(z)$ 是$\{\varphi_n\}_{n=0}^{N-1}$ 的多相矩阵。对于 Gabor 系统，第 n 个多相向量的第 m 个成分是

$$\varphi_n^{(m)}(z)=\sum_{p\in\mathbf{Z}_P}(E^{Qn}\varphi)[m+Mp]z^{-p}=$$
$$\sum_{p\in\mathbf{Z}_P}\mathrm{e}^{2\pi\mathrm{i}Qn(m+Mp)/(MQR)}\varphi[m+Mp]z^{-p}=$$
$$\mathrm{e}^{2\pi\mathrm{i}mn/(MR)}\sum_{p\in\mathbf{Z}_P}\varphi[m+Mp](\mathrm{e}^{-2\pi\mathrm{i}n/R}z)^{-p}=$$
$$\mathrm{e}^{2\pi\mathrm{i}mn/(MR)}\varphi^{(m)}(\mathrm{e}^{-2\pi\mathrm{i}n/R}z)$$

很显然，这意味着当冗余度 R 是整数时，多相矩阵 $\Phi(z)$ 的各列必定正交。对任意 $\zeta\in T_{QR}$ 及任意行索引 m 和 m'，令 $n=r+Rm''$ 可得

$$(\Phi(z)[\Phi(\zeta)]^*)_{m,m'}=$$
$$\sum_{n\in\mathbf{Z}_{MR}}\varphi_n^{(m)}(\zeta)[\varphi_n^{(m')}(\zeta)]^*=$$

$$\sum_{n\in\mathbf{Z}_{MR}} e^{2\pi i(m-m')n/(MR)}\varphi^{(m)}(e^{-2\pi in/R}\zeta)[\varphi^{(m')}(e^{-2\pi in/R}\zeta)]^* =$$

$$\sum_{r\in\mathbf{Z}_R}\sum_{m''\in\mathbf{Z}_M} e^{2\pi i(m-m')(r+Rm'')/(MR)}\varphi^{(m)}(e^{-2\pi ir/R}\zeta)[\varphi^{(m')}(e^{-2\pi ir/R}\zeta)]^* =$$

$$\sum_{r\in\mathbf{Z}_R}\varphi^{(m)}(e^{-2\pi ir/R}\zeta)[\varphi^{(m')}(e^{-2\pi ir/R}\zeta)]^* e^{2\pi i(m-m')r/(MR)}\times$$

$$\sum_{m''\in\mathbf{Z}_M} e^{2\pi i(m-m')m''/M} =$$

$$\begin{cases} M\sum_{r\in\mathbf{Z}_R}|\varphi^{(m)}(e^{2\pi ir/R}\zeta)|^2, & m=m' \bmod M \\ 0, & m\neq m' \bmod M \end{cases}$$

特别地,由于 $\Phi(\zeta)[\Phi(\zeta)]^*$ 是对角的,其特征值是其对角项。将上述讨论总结为定理 10.6。

定理 10.6 对任意正整数 M,Q 及 R,以及 $\ell(\mathbf{Z}_{MQR})$ 中的任意 φ,Gabor 系统 $\{T^{Mp}E^{Qn}\varphi\}_{p\in\mathbf{Z}_{QR},n\in\mathbf{Z}_{MR}}$ 的最优框架边界为

$$A=M\min_{\zeta\in T_{QR}}\min_{m\in\mathbf{Z}_M}\sum_{r\in\mathbf{Z}_R}|\varphi^{(m)}(e^{-2\pi ir/R}\zeta)|^2$$

$$B=M\max_{\zeta\in T_{QR}}\max_{m\in\mathbf{Z}_M}\sum_{r\in\mathbf{Z}_R}|\varphi^{(m)}(e^{-2\pi ir/R}\zeta)|^2$$

特别地,当 $\|\varphi\|=1$ 时,这样的 Gabor 系统是紧框架,当且仅当对于所有 $m=0,\cdots,M-1$ 和所有 $\zeta\in T_{QR}$

$$\frac{R}{M}=\sum_{r\in\mathbf{Z}_R}|\varphi^{(m)}(e^{-2\pi ir/R}\zeta)|^2 \tag{10.36}$$

于是,一种构建良好的 Gabor 滤波器组的方式是确定理想抽头数 K 且找出一个 K 抽头滤波器 φ,其频率响应集中于由约束(10.36)确定的零点附近。图 10.4 给出了这种构建方法的例子。

式(10.36)中一个有趣的结果是任何以整数冗余度产生有限紧 Gabor 框架的 φ 与它的某些平移必定是正交的。这是因为(10.36)是定理 10.5 的一个特例。特别地,当且仅当对于每个固定的 m,经尺度变换的第 m 个陪集 $\sqrt{M}\varphi[m+M\cdot]$ 的各 $R-$ 平移在 $\ell(\mathbf{Z}_{QR})$ 中正交,才有(10.36)成立。为了从形式上看到此结果,注意到定理 10.5 中当且仅当

$$R=\sum_{r\in\mathbf{Z}_R}|(Z\sqrt{M}\downarrow T^{-m}\varphi)(e^{2\pi i(p-Qr)/(QR)})|^2,\quad \forall p\in\mathbf{Z}_{QR}$$

时 $\{T^{Rq}\sqrt{m}\downarrow T^{-m}\varphi\}_{q\in\mathbf{Z}_Q}$ 是正交的。令

$$\varphi^{(m)}(z)=\sum_{p\in\mathbf{Z}_P}\varphi[m+Mp]z^{-p}=(Z\downarrow_M T^{-m}\varphi)(z)$$

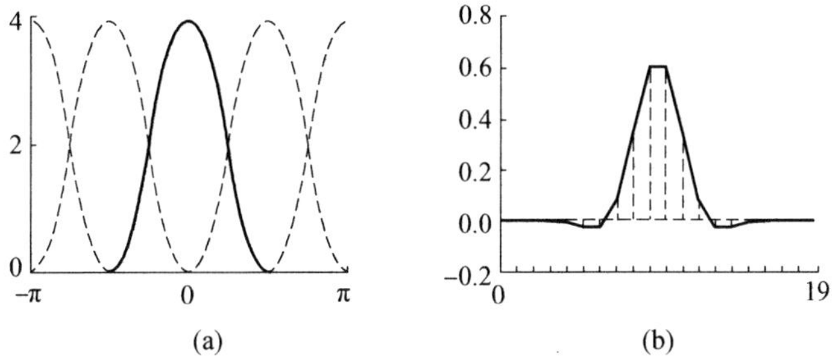

图 10.4　一个最多为 20 抽头的扁平滤波器 φ，其 4 个调制及偶数次平移构成了一个 4 信道，2 下采样的紧 Gabor 滤波器组框架。φ 的频率响应及其 3 个调制如图(a) 所示，而图(b) 描述了以时间量为函数的滤波器自身。如(10.35)标明的那样，这 4 个频率响应由$[-\pi,\pi)$中 φ 的频率响应的等间隔平移组成。在 20 抽头约束条件及(10.36) 所要求的结果框架是紧框架的限制下，滤波器系数可通过使 $\omega=\pm\pi$ 处的 φ 的频率响应尽可能小及平坦来得到。此处，$M=R=2$ 及 φ 的偶数和奇数部分相对于它们自身的 2 平移都是正交的。特别地，φ 与其自身的 4 平移正交

则将其等价于

$$\frac{R}{M}=\sum_{r\in\mathbf{Z}_R}|\varphi^{(m)}(\mathrm{e}^{2\pi\mathrm{i}(p-Qr)/(QR)})|^2=\sum_{r\in\mathbf{Z}_R}|\varphi^{(m)}(\mathrm{e}^{-2\pi\mathrm{i}r/R}\mathrm{e}^{2\pi\mathrm{i}p/(QR)})|^2$$
$$\forall p\in\mathbf{Z}_{QR}$$

即，(10.36)，其中 $\zeta=\mathrm{e}^{2\pi\mathrm{i}p/(QR)}$。

此事实尤其暗示着若 φ 能产生一个 $\ell(\mathbf{Z}_{MQR})$ 中的有限、整数冗余度的紧 Gabor 框架$\{T^{Mp}E^{Qn}\varphi\}_{p\in\mathbf{Z}_{QR},n\in\mathbf{Z}_{MR}}$，则 φ 的M 个R－平移是必定正交的。于是，所有的此类框架在某种程度上都必然是滤波器组融合框架。

致谢　作者感谢 Amina Chebira 和 Terika Harris 的有益的讨论。此项研究受到 NSF DMS 1042701，NSF CCF 1017278，AFOSR F1ATA01103J001，AFOSR F1ATA00183G003 及 A. B. Krongard 奖学金的资助。文中所表达的观点仅代表作者自己而不反映官方政策或美国空军、国防部或美国政府的立场。

本章参考文献

[1] Bernardini, R., Rinaldo, R.: Oversampled filter banks from extended perfect reconstruction filter banks. IEEE Trans. Signal Process. 54, 2625-2635 (2006).

[2] Bodmann, B. G.: Optimal linear transmission by loss-insensitive packet

encoding. Appl. Comput. Harmon. Anal. 22, 274-285 (2007).

[3] Bölcskei, H., Hlawatsch, F.: Oversampled cosine modulated filter banks with perfect reconstruction. IEEE Trans. Circuits Syst. Ⅱ, Analog Digit. Signal Process. 45, 1057-1071 (1998).

[4] Bölcskei, H., Hlawatsch, F., Feichtinger, H. G.: Frame-theoretic analysis of oversampled filter banks. IEEE Trans. Signal Process. 46, 3256-3269 (1998).

[5] Casazza, P. G., Kutyniok, G.: Frames of subspaces. Contemp. Math. 345, 87-113 (2004).

[6] Chai, L., Zhang, J., Zhang, C., Mosca, E.: Frame-theory-based analysis and design of oversampled filter banks: direct computational method. IEEE Trans. Signal Process. 55, 507-519 (2007).

[7] Chebira, A., Fickus, M., Mixon, D. G.: Filter bank fusion frames. IEEE Trans. Signal Process. 59, 953-963 (2011).

[8] Cvetković, Z., Vetterli, M.: Oversampled filter banks. IEEE Trans. Signal Process. 46, 1245- 1255 (1998).

[9] Cvetković, Z., Vetterli, M.: Tight Weyl-Heisenberg frames in $\ell^2(\mathbf{Z})$. IEEE Trans. Signal Process. 46, 1256-1259 (1998).

[10] Daubechies, I.: Ten Lectures on Wavelets. SIAM, Philadelphia (1992).

[11] Fickus, M., Johnson, B. D., Kornelson, K., Okoudjou, K.: Convolutional frames and the frame potential. Appl. Comput. Harmon. Anal. 19, 77-91 (2005).

[12] Gan, L., Ling, C.: Computation of the para-pseudo inverse for oversampled filter banks: forward and backward Greville formulas. IEEE Trans. Image Process. 56, 5851-5859 (2008).

[13] Gröchenig, K.: Foundations and Time-Frequency Analysis. Birkhäuser, Boston (2001).

[14] Kovačević, J., Chebira, A.: Life beyond bases: the advent of frames (Part Ⅰ). IEEE Signal Process. Mag. 24, 86-104 (2007).

[15] Kovačević, J., Chebira, A.: Life beyond bases: the advent of frames (Part Ⅱ). IEEE Signal Process. Mag. 24, 115-125 (2007).

[16] Kovačević, J., Dragotti, P. L., Goyal, V. K.: Filter bank frame expansions with erasures. IEEE Trans. Inf. Theory 48, 1439-1450

(2002).

[17] Marinkovic, S. , Guillemot, C. : Erasure resilience of oversampled filter bank codes based on cosine modulated filter banks. In: Proc. IEEE Int. Conf. Commun. , pp. 2709-2714 (2004).

[18] Mertins, A. : Frame analysis for biorthogonal cosine-modulated filterbanks. IEEE Trans. Signal Process. 51, 172-181 (2003).

[19] Motwani, R. , Guillemot, C. : Tree-structured oversampled filterbanks as joint source-channel codes: application to image transmission over erasure channels. IEEE Trans. Signal Process. 52, 2584-2599 (2004).

[20] Oppenheim, A. V. , Schafer, R. W. : Discrete-Time Signal Processing, 3rd edn. Pearson, Upper Saddle River (2009).

[21] Selesnick, I. W. , Baraniuk, R. G. , Kingsbury, N. G. : The dual-tree complex wavelet transform. IEEE Signal Process. Mag. 22, 123-151 (2005).

[22] Smith, M. , Barnwell, T. : Exact reconstruction techniques for tree-structured subband coders. IEEE Trans. Acoust. Speech Signal Process. 34, 434-441 (1986).

[23] Strang, G. , Nguyen, T. : Wavelets and Filter Banks, 2nd edn. Cambridge Press, Wellesley (1996).

[24] Vaidyanathan, P. P. : Multirate Systems and Filter Banks. Prentice Hall, Englewood Cliffs (1992).

[25] Vetterli, M. : Filter banks allowing perfect reconstruction. Signal Process. 10, 219-244 (1986).

[26] Vetterli, M. , Kovačević, J. , Goyal, V. K. : Fourier and Wavelet Signal Processing (2011). http://www.fourierandwavelets.org/.

第 11 章　有限框架理论中的卡迪森－辛格问题与保尔森问题

摘要　现在了解到在框架理论中的几个基本开放性问题与许多其他研究领域中基础开放性问题是等价的，这些研究领域包括纯数学和应用数学，工程学以及其他学科。这些问题包括 1959 年 C^* 代数中的卡迪森－辛格(Kadison－Singer) 问题，算子理论中的摊铺猜想，巴拿赫(Banach) 空间理论中的布尔盖恩－萨夫里(Bourgain-Tzafriri) 猜想，框架理论中的芬汀格(Feichtinger) 猜想和 R_ε 猜想，凡此种种，不一而足。本章将展示其中的等价关系，也将考虑稍许弱化后的卡迪森－辛格(Kadison－Singer) 问题，也即所谓的桑德伯格(Sundberg) 问题，而后将目光转向在框架理论中另一个深层次问题——保尔森(Paulsen) 问题的最新进展。特别地，将了解到这个问题与算子理论中的基础开放性问题也是等价的。换句话说，如果一个有限维希尔伯特空间上的投影有一个近似的对角常量，它与一个对角常量投影能接近到何种地步呢？

关键词　卡迪森－辛格问题；摊铺猜想；状态；可变尺度(rieszable)；离散傅里叶变换；R_ε 猜想；芬汀格猜想；布尔盖恩－萨夫里猜想；受限可逆准则；桑德伯格问题；保尔森问题；主角度；弦距

11.1　引　言

起初，有限框架理论无论是对纯数学还是对应用数学中最为深层次的问题都产生举足轻重的影响，本章将着眼于有限框架理论有着重大影响的两个案例——卡迪森－辛格问题与保尔森问题。在此向读者事先说明，由于(讨论的) 限于有限维希尔伯特空间，因此这些问题的无限维版本的表述不会在此出现。

11.2　卡迪森－辛格问题

在超过 50 年的时间里，卡迪森－辛格问题令这个时代里最天才的数学家付出最辛勤的努力之后仍然一筹莫展。

卡迪森－辛格问题 11.1　(KS) 是否存在基于 ℓ_2 有界对角算子在(阿贝尔) 文－纽曼代数 D 的每个纯状态,整数域平方可和序列的希尔伯特空间有一个唯一的拓展至基于 $B(\ell_2)$ 的纯状态,也即在希尔伯特空间 ℓ_2 上的有界线性算子的文－纽曼代数?

文－纽曼代数 R 的一个状态是一个作用于 R 的线性函数 f,且对任意 $T \geqslant 0$(当 T 是一个正的算子时),满足 $f(I)=1$ 和 $f(T)\geqslant 0$。R 的状态集是在 ω^* 拓扑中被压缩后的 R 对偶空间的凸子集。通过科瑞－米尔(Krein-Milman) 定理,这一凸集是它极值点的凸外壳,状态空间的外部元素被称为 R 的纯状态。

这一问题产生于卡迪森和辛格在 20 世纪 50 年代那段多产的合作时期,那时他们正研习狄拉克的量子力学著作,后者将他们在三角算子代数中的创造性工作推向顶峰。

现如今众所周知,1959 年卡迪森－辛格问题与许多研究领域尚未解决的基础性问题是等价的,这些领域包括纯数学、应用数学和工程学(见文献[1]～[4]、[16]、[22]、[23]、[33] 及其参考文献),由于它基本上是一个无限维的问题,而主要将精力集中于有限维框架理论,因此在这里不会将此话题就其细节进行展开。本章将视角投向许多和 KS 问题等价以及被有限维框架理论压缩后的问题。现如今多数人都赞同卡迪森和辛格最开始的声明,即 KS 会给出一个否定的回答,因此所有的等价形式也都会给出一个否定的答案。

11.2.1　摊铺猜想

安德森(Anderson) 在 1979 年对于 KS 做出了明显的改进,他将 KS 再度阐释为现在广为人知的摊铺猜想(同见文献[3]、[4]),文献[32] 的莱纳(Lemma)5 展示了 KS 和摊铺之间的联系,记作若 $J \in \{1,2,\cdots,n\}$,则对角投影 Q_J 是一个除(i,i),$i \in J$ 为 1,其余输入皆为 0 的矩阵,对于一个矩阵 $A=(a_{ij})_{i,j=1}^N$,令 $\delta(A)=\max_{1\leqslant i\leqslant N} \mid a_{ii} \mid$。

定义 11.1　算子 $T \in B(\ell_2^N)$ 若有$\{1,2,\cdots,N\}$ 的分割$\{A_j\}_{j=1}^r$,则被称为有一个(r,ε) 摊铺,因此

$$\| Q_{A_i} T Q_{A_i} \| \leqslant \varepsilon \| T \|$$

摊铺猜想 11.1　(PC) 对于每一个 $0<\varepsilon<1$,都有一个自然数 r,因此对每一个自然数 N,以及对每一个零对角矩阵 ℓ_2^N 上的每一个线性算子 T,都有一个(r,ε) 摊铺。

在 PC 中 r 不依赖于 N 这一点是很重要的，只要 $T-D(T)$ 满足 PC，其中 $D(T)$ 是 T 的对角，则 T 满足 PC。

被表现为可摊铺的唯一的算子大类就是“对角占优”矩阵，ℓ_1 定位算子，所有输入皆为正实数的矩阵，矩阵相对于维数相关性小，(见文献[36] 摊铺为固定尺寸块) 黎曼(Riemann) 可积函数处理后的特普利茨(Toeplitz) 算子(同见文献[29])，同样，在文献[8] 中有一个针对于沙藤(Schatten)C_P 规范的摊铺问题分析。

定理 11.1 如果下面分类中的任何一个满足摊铺猜想，则摊铺猜想都会有一个正解决：

(1) 单位算子；

(2) 正交投影；

(3) 对角常量 1/2 的正交投影；

(4) 正算子；

(5) 自伴算子；

(6) 格拉姆矩阵 $(\langle\varphi_i,\varphi_j\rangle)_{i,j\in I}$，$T:\ell_2(I)\to\ell_2(I)$ 是一个有界线性算子 $Te_i=\varphi_i$，对任意的 $i\in I$，$\|Te_i\|=1$；

(7) 可逆算子(或 0 对角可逆算子)；

(8) 三角算子。

近来，韦弗(Weaver) 提供了一个研究 KS 的新角度，他是通过给出与 KS 等价的关于投影的 PC 问题来完成的。

猜想 11.1 (韦弗) 存在普适常数 $0<\delta,\varepsilon<1$ 以及 $r\in\mathbf{N}$，因此对于所有 N 和所有 ℓ_2^N 上，且 $\delta(p)\leqslant\delta$ 的正交投影 P，有一个 $\{1,2,\cdots,n\}$ 的摊铺 $\{A_j\}_{j=1}^r$ 因此对所有 $j=1,2,\cdots,r$，有 $\|Q_{A_j}PQ_{A_j}\|\leqslant 1-\varepsilon$。

既然在文献[38] 中并没有什么看起来像猜想 11.1，那么就需要一些解释，韦弗观察得出一个事实，即猜想 11.1 意味着 PC 遵循于文献[1] 中命题 7.6 与 7.7 的微调，而后他介绍了他称之为“KS_r 猜想”的论断(见猜想 11.8)。一个针对[38] 定理 1 证明的详细检验揭示出韦弗展示出“KS_r 猜想”隐含猜想 11.1，反过来隐含与 KS_r 等价的 KS(在证明之后)。

在文献[17] 中显示出 $r=2$ 时 PC 失效，即便是常量对角 1/2 时。近期出现了一个框架理论性地具体构建了非 2 可摊铺投影，如果这种构建可以生成，便有了 PC 和 KS 的反例，现在来看一下文献[19] 的构建。

定义 11.2 对于 N 维希尔伯特空间 $\mathscr{H}^N$ 的一族向量 $\{\Phi_i\}_{i=1}^M$，若有 $\{1,2,\cdots,M\}$ 的一个分割 $\{A_j\}_{j=1}^r$，则它是 (δ,r) 尺度可变的，因此对于所有的 $j=$

$1,2,\cdots,r$ 以及所有的标量$\{a_i\}_{i\in A_j}$ 可得

$$\left\| \sum_{i\in A_j} a_i\varphi_i \right\|^2 \geqslant \delta \sum_{i\in A_j} |a_i|^2$$

若$\{Pe_i\}_{i=1}^N$ 是一个(δ,r)尺度可变的，则$\mathscr{H}^N$ 上的一个投影 P 是(δ,r)尺度可变的。

得出下面的命题 11.1。

命题 11.1　令 P 是 $\mathscr{H}^N$ 上的一个正交投影，则下列命题等价：

(1) 向量$\{Pe_i\}_{i=1}^N$ 是一个(δ,r) 尺度可变的。

(2) 有$\{1,2,\cdots,N\}$ 的一个分割$\{A_j\}_{j=1}^r$，对于所有的 $j=1,2,\cdots,r$ 以及所有的标量$\{a_i\}_{i\in A_j}$ 可得

$$\left\| \sum_{i\in A_j} a_i(I-P)e_i \right\|^2 \leqslant (1-\delta) \sum_{i\in A_j} |a_i|^2$$

(3)$I-P$ 矩阵是(δ,r) 可摊铺的。

证明　(1)⇔(2)：对于任意标量$\{a_i\}_{i\in A_j}$ 有

$$\sum_{i\in A_j} |a_i|^2 = \left\| \sum_{i\in A_j} a_i Pe_i \right\|^2 + \left\| \sum_{i\in A_j} a_i(I-P)e_i \right\|^2$$

因此

$$\left\| \sum_{i\in A_j} a_i(I-P)e_i \right\|^2 \leqslant (1-\delta) \sum_{i\in A_j} |a_i|^2$$

当且仅当

$$\left\| \sum_{i\in A_j} a_i Pe_i \right\|^2 \leqslant \delta \sum_{i\in A_j} |a_i|^2$$

(2)⇔(3)：给定任意分割$\{A_j\}_{j=1}^r$，任意的 $1\leqslant j\leqslant r$，以及任意的 $x=\sum_{i\in A_j} a_i e_i$，有

$$\langle (I-P)x,x\rangle = \|(I-P)x\|^2 = \left\| \sum_{i\in A_j} a_i(I-P)e_i \right\|^2 \leqslant (1-\delta)\sum_{i\in A_j} |a_i|^2 = \langle (1-\delta)x,x\rangle$$

当且仅当 $I-P \leqslant (1-\delta)I$。

给定 $N\in\mathbf{N}$，令 $\omega=\exp\left(\frac{2\pi i}{N}\right)$；定义 $\mathbf{C}^N$ 中的离散傅里叶变换(DFT) 为

$$D_N = \sqrt{\frac{1}{N}}(\omega^{jK})_{j,k=0}^{N-1}$$

这些 D_N 矩阵的主要特点是它们的输入是模为$\sqrt{\frac{1}{N}}$ 的单位矩阵，以下是一个简单的结果。

命题 11.2　令 $A=(a_{ij})_{i,j=1}^{N}$ 是一个行正交矩阵，并对所有 i,j 满足 $|a_{ij}|^2=a$，若将 j 行(第 j 行) 乘以常量 C_j 来得到一个新的矩阵 B，则：

(1)B 的行正交；

(2)B 的任意列输入的正交和全部等于 $a\sum\limits_{j=1}^{N}C_j^{\ 2}$；

(3)B 第 j 行输入的平方和为 $aC_j^{\ 2}$。

为了构建例子，从一个 $2N\times 2N$ 的 DFT 开始，首先对前面 $N-1$ 行乘以 $\sqrt{2}$，剩余行乘以$\sqrt{\frac{2}{N+1}}$ 来得到一个新的矩阵 B_1；而后再取一个 $2N\times 2N$ 的 DFT 矩阵，将前 $N-1$ 行乘以 0，剩余各行乘以$\sqrt{\frac{2N}{2N+1}}$ 得到矩阵 B_2；然后将矩阵 B_1，B_2 并排放置得到一个形式如下的 $N\times 2N$ 的矩阵 B

$$B=\begin{matrix}(N-1)\text{Rows}\\(N+1)\text{Rows}\end{matrix}\begin{bmatrix}\sqrt{2} & 0\\ \sqrt{\frac{2}{N+1}} & \sqrt{\frac{2N}{N+1}}\end{bmatrix}$$

此矩阵有 $2N$ 行、$4N$ 列，现在说明它即是所需的例子。

命题 11.3　矩阵 B 满足以下条件：

(1) 列正交，并且每一列系数平方和为 2；

(2) 每一行系数平方和为 1。

矩阵 B 的行向量并不是$(\delta,2)$ 尺寸可变的，因为任意的 δ 都独立于 N。

证明　直接计算导出(1) 和(2)。

展示出 B 的列向量并不是一致的 2 尺度可变独立于 N，因此令$\{A_1,A_2\}$ 是$\{1,2,\cdots,4N\}$ 的一个分割，没有损失大部分，不妨假设 $|A_1\cap\{1,2,\cdots,2N\}|\geqslant N$，令矩阵 B 的列向量为$\{\varphi_i\}_{i=1}^{4N}$ 作为 $\mathbf{C}^{2N}$ 的元素。令 P_{N-1} 为 $\mathbf{C}^{2N}$ 上投影于前 $N-1$ 坐标上的正交投影，由于 $|A_1|\geqslant N$，存在标量$\{a_i\}_{i\in A_1}$，因此 $\sum\limits_{i\in A_1}|a_i|^2=1$，且

$$P_{N-1}(\sum_{i\in A_1}a_i\varphi_i)=0$$

同样，令$\{\psi_j\}_{j=1}^{2N}$ 是包含 DFT_{2N} 原始列的正交基，则有

$$\|\sum_{i\in A_1}a_i\varphi_i\|^2=\|(I-P_{N-1})(\sum_{i\in A_1}a_i\varphi_i)\|^2=$$

$$\frac{2}{N+1}\|(I-P_{N-1})(\sum_{i\in A_1}a_i\psi_i)\|^2\leqslant$$

$$\frac{2}{N+1}\|\sum_{i\in A_1}a_i\psi_i\|^2=\frac{2}{N+1}\sum_{i\in A_1}|a_i|^2=\frac{2}{N+1}$$

令 $N\to\infty$，这类矩阵不是$(\delta,2)$尺度可变的，因此对于任何 $\delta>0$ 都不是$(\delta,2)$可摊铺的。

如果这一声明会产生非$(\delta,3)$可摊铺矩阵，那么这类声明会产生 PC 的完全反例。

11.2.2　R_ε 猜想

在这一部分将定义 R_ε 猜想，也会向大家展示出它与摊铺猜想实际上是等价的。

定义 11.3　一族向量$\{\Phi_i\}_{i=1}^M$在 $0<\varepsilon<1$ 上是一个 ε－Riesz 基序列，如果对于所有的标量$\{a_i\}_{i=1}^M$，可得

$$(1-\varepsilon)\sum_{i=1}^M|a_i|^2\leqslant\|\sum_{i=1}^M a_i\varphi_i\|^2\leqslant(1+\varepsilon)\sum_{i=1}^M|a_i|^2$$

一个很自然的问题是，能否通过将序列分割为子集来证明 Riesz 基是一个单位标准 Riesz 基的界。

猜想 11.2　(R_ε 猜想)对于每一个 $\varepsilon>0$，每一个单位标准 Riesz 基序列是一个 ε－Riesz 基序列的并集。

这一猜想首先被卡萨扎(Casazza)和沃什宁(Vershynin)所声明，并首先在文献[15]中研究，研究表明 PC 隐含着猜想。R_ε 猜想的一大优势在于，它可以在一门课程伊始，在希尔伯特空间展示给学生。

R_ε 猜想有一个自然有限维形式。

猜想 11.3　对于每一个 $\varepsilon>0$ 和任意 $T\in B(\ell_2^N)$ 且 $\|Te_i\|=1(i=1,2,\cdots,N)$ 有 $r=r(\varepsilon,\|T\|)$ 和一个$\{1,2,\cdots,N\}$的分割$\{A_j\}_{j=1}^r$，因此对于所有的 $j=1,2,\cdots,r$ 以及所有的标量$\{a_i\}_{i\in A_j}$有

$$(1-\varepsilon)\sum_{i\in A_j}|a_i|^2\leqslant\|\sum_{i\in A_j}a_iTe_i\|^2\leqslant(1+\varepsilon)\sum_{i\in A_j}|a_i|^2$$

现在来说明 R_ε 猜想与 PC 是等价的。

定理 11.2　下列命题等价：

(1) 摊铺猜想。

(2) 对于 $0<\varepsilon<1$ 存在一个 $r=r(\varepsilon,B)$，因此对于每一个 $N\in\mathbf{N}$，若 $T:\ell_2^N\to\ell_2^N$ 是一个有界线性算子，且 $\|T\|\leqslant B$ 和对于所有 $i=1,2,\cdots,N$ 都有

$\| Te_i \| = 1$,于是有一个$\{1,2,\cdots,N\}$的分割$\{A_j\}_{j=1}^r$,因此对每一个$1 \leqslant j \leqslant r$,$\| Te_i \|_{i \in A_j}$是一个$\varepsilon$里斯基序列。

(3)R_ε猜想。

证明 (1)⇒(2):修正$0 < \varepsilon < 1$,给定(2)中的T,令$S = T^* T$,由于S在对角线上有1,由摊铺猜想,存在一个$r = r(\varepsilon, \| T \|)$和一个$\{1,2,\cdots,N\}$的分割$\{A_j\}_{j=1}^r$,因此对于每一个$j = 1,2,\cdots,r$,有

$$\| Q_{A_j}(I - S)Q_{A_j} \| \leqslant \delta \| I - S \|$$

其中$\delta = \dfrac{\varepsilon}{\| S \| + 1}$,现在,对于所有的$x = \sum_{i=1}^N a_i e_i$和所有的$j = 1,2,\cdots,r$,有

$$\begin{aligned}\| \sum_{i \in A_j} a_i Te_i \|^2 = \| TQ_{A_j} x \|^2 = \langle TQ_{A_j} x, TQ_{A_j} x \rangle = \langle T^* TQ_{A_j} x, Q_{A_j} x \rangle = \\ \langle Q_{A_j} x, Q_{A_j} x \rangle - \langle Q_{A_j}(I - S)Q_{A_j} x, Q_{A_j} x \rangle \geqslant \\ \| Q_{A_j} x \|^2 - \delta \| I - S \| \| Q_{A_j} x \|^2 \geqslant \\ (1 - \varepsilon) \| Q_{A_j} x \|^2 = (1 - \varepsilon) \sum_{i \in A_j} | a_i |^2\end{aligned}$$

类似地,$\| \sum_{i \in A_j} a_i Te_i \|^2 \leqslant (1 + \varepsilon) \sum_{i \in A_j} | a_i |^2$。

(2)⇒(3):显然;

(3)⇒(1):令$T \in B(\ell_2^N)$,且$Te_i = \varphi_i$,且对于$1 \leqslant i \leqslant N$有$\| \varphi_i \| = 1$,通过定理11.1第6部分,它充分说明了$\{\varphi_i\}_{i=1}^N$的克莱姆(Gram)算子$G$是可摊铺的。修正$0 < \delta < 1$并令$\varepsilon > 0$。令$\psi_i = \sqrt{1 - \delta^2}\varphi_i \oplus \delta e_i \in \ell_2^N \oplus \ell_2^N$,那么对于所有$1 \leqslant i \leqslant N$及标量$\{a_i\}_{i=1}^N$有$\| \psi_i \| = 1$。

$$\begin{aligned}\delta \sum_{i=1}^N | a_i |^2 \leqslant \| \sum_{i=1}^N a_i \psi_i \|^2 = (1 - \delta^2) \| \sum_{i=1}^N a_i Te_i \|^2 + \delta^2 \sum_{i=1}^N | a_i |^2 \leqslant \\ [(1 - \delta^2) \| T \|^2 + \delta^2] \sum_{i=1}^N | a_i |^2\end{aligned}$$

所以$\{\psi_i\}_{i=1}^N$是一个单位标准里斯基序列,且对于所有的$1 \leqslant i \neq k \leqslant N$有

$$\langle \psi_i, \psi_k \rangle = (1 - \delta^2)\langle \varphi_i, \varphi_k \rangle$$

由R_ε猜想有一个$\{1,2,\cdots,N\}$的分割$\{A_j\}_{j=1}^r$,因此对于所有的$x = \sum_{i \in A_j} a_i e_i$和所有的$j = 1,2,\cdots,r$,有

$$\begin{aligned}(1 - \varepsilon) \sum_{i \in A_j} | a_i |^2 \leqslant \| \sum_{i \in A_j} a_i \psi_i \|^2 = \langle \sum_{i \in A_j} a_i \psi_i, \sum_{k \in A_j} a_k \psi_k \rangle = \\ \sum_{i \in A_j} | a_i |^2 \| \psi_i \|^2 + \sum_{i \neq k \in A_j} a_i \overline{a_k} \langle \psi_i, \psi_k \rangle =\end{aligned}$$

$$\sum_{i\in A_j}|a_i|^2+(1-\delta^2)\sum_{i\neq k\in A_j}a_i\overline{a_k}\langle\psi_i,\psi_k\rangle=$$
$$\sum_{i\in A_j}|a_i|^2+(1-\delta^2)\langle Q_{A_j}(G-D(G))Q_{A_j}x,x\rangle\leqslant$$
$$(1+\varepsilon)\sum_{i\in A_j}|a_i|^2$$

通过不等域减去$\sum_{i\in A_j}|a_i|^2$,即

$$-\varepsilon\sum_{i\in A_j}|a_i|^2\leqslant(1-\delta^2)\langle Q_{A_j}(G-D(G))Q_{A_j}x,x\rangle\leqslant\varepsilon\sum_{i\in A_j}|a_i|^2$$

也就是

$$(1-\delta^2)|\langle Q_{A_j}(G-D(G))Q_{A_j}x,x\rangle|\leqslant\varepsilon\|x\|^2$$

由于$Q_{A_j}(G-D(G))Q_{A_j}$是一个自伴算子,因此有$(1-\delta^2)\|Q_{A_j}(G-D(G))Q_{A_j}\|\leqslant\varepsilon$,即$(1-\delta^2)G$(并且因此$G$)是可摊铺的。

标注 11.1　结论 11.2 的证明(3)⇒(1)表示了一种将关于标准单元 Riesz 基序列$\{\psi_i\}_{i\in I}$的猜想转换为单位标准族$\{\varphi_i\}_{i\in I}$且$T\in B(\ell_2(I))$,$Te_i=\varphi_i$猜想的标准方法。换句话说,给定$\{\varphi_i\}_{i\in I}$及$0<\delta<1$,令$\psi_i=\sqrt{1-\delta^2}f_i\oplus\delta e_i\in\ell_2(I)\oplus\ell_2(I)$,因此$\{\psi_i\}_{i\in I}$是一个单位标准 Riesz 基序列,并且对于足够小的δ,ψ_i与φ_i将足够地接近来跨越$\{\psi_i\}_{i\in I}$与$\{\varphi_i\}_{i\in I}$之间的差异。

本章讨论的R_ε猜想不同于所有其他的猜想因为它通常而言并不适用于希尔伯特空间上的等范数,例如,如果通过$|\{a_0\}|=\|\{a_0\}\|_{\ell_2}+\sup_0|a_0|$再赋范$\ell_2$,那么$R_\varepsilon$猜想就不再是这种等范数,要说明这一点借助于反证法,假设有一个$0<\varepsilon<1$和一个$r=r(\varepsilon,2)$满足R_ε猜想,令$\{e_i\}_{i=1}^{2N}$为ℓ_2^{2N}并令$x_i=\dfrac{e_{2i}+e_{2i+1}}{\sqrt{2}+1}$,其中$1\leqslant i\leqslant N$,这个现在为一个以 Riesz 上限为 2 的单位标准 Riesz 基序列。假设分割$\{1,2,\cdots,2N\}$为集合$\{A_j\}_{j=1}^r$,那么对于一些$1\leqslant k\leqslant r$,有$|A_k|\geqslant\dfrac{N}{r}$。令$A\subset A_k$,其中$|A|=\dfrac{N}{r}$并且对$i\in A$,$a_i=\dfrac{1}{\sqrt{N}}$,那么

$$\left|\sum_{i\in A}a_ix_i\right|=\frac{1}{\sqrt{2}+1}\left(\sqrt{2}+\frac{r}{\sqrt{N}}\right)$$

由于对于比较大的N,上述规范有界且远离于1,所以并不能满足R_ε猜想所需满足的条件,它遵从于 KS 的正解可能意味着专注于“内积”而不仅限于范数的新的基础性结论。

另外一个 PC 重要的等价形式产生于文献[22],也就是,从表面上看,一种对于R_ε猜想而言显著弱化,却仍然等价于 PC。

猜想 11.4　存在一个常数 $A>0$ 和一个自然数 r,对于所有的自然数 N 和 $T:\ell_2^N\to\ell_2^N$, $\|Te_i\|=1$,对于所有的 $i=1,2,\cdots,N$ 和 $\|T\|\leqslant 2$,有一个$\{1,2,\cdots,N\}$的分割$\{A_j\}_{j=1}^r$,因此对于所有的 $j=1,2,\cdots,r$ 以及所有的标量$\{a_i\}_{i\in A_j}$ 有

$$\left\|\sum_{i\in A_j}a_iTe_i\right\|^2\geqslant A\sum_{i\in A_j}|a_i|^2$$

定理 11.3　猜想 11.4 与 PC 等价。

证明　由于 PC 等价于 R_ε 猜想,反过来隐含猜想 11.4,仅需要说明猜想 11.4 隐含猜想 11.1。因此选择一个满足猜想 11.4 的 r,A_0 补充 $0<\delta\leqslant\frac{3}{4}$ 并令 P 为 ℓ_2^N 上的正交投影且 $\delta(p)\leqslant\delta$。现在,$\langle Pe_i,e_i\rangle=\|Pe_i\|^2\leqslant\delta$ 意味着 $\|(I-P)e_i\|^2\geqslant 1-\delta\geqslant\frac{1}{4}$。通过 $Te_i=\frac{(I-P)e_i}{\|(I-P)e_i\|}$ 定义 $T:\ell_2^N\to\ell_2^N$,对于任意的标量$\{a_i\}_{i=1}^N$ 有

$$\left\|\sum_{i=1}^N a_iTe_i\right\|^2=\left\|\sum_{i=1}^N\frac{a_i}{\|(I-P)e_i\|}(1-P)e_i\right\|^2\leqslant$$
$$\sum_{i=1}^N\left|\frac{a_i}{\|(I-P)e_i\|}\right|^2\leqslant 4\sum_{i=1}^N|a_i|^2$$

因此 $\|Te_i\|=1$ 且 $\|T\|\leqslant 2$。由猜想 11.4,存在一个$\{1,2,\cdots,N\}$的分割$\{A_j\}_{j=1}^r$,因此对于所有的 $j=1,2,\cdots,r$ 和所有的标量$\{a_i\}_{i\in A_j}$,易得

$$\left\|\sum_{i\in A_j}a_iTe_i\right\|^2\geqslant A\sum_{i\in A_j}|a_i|^2$$

因此

$$\left\|\sum_{i\in A_j}a_i(I-P)e_i\right\|^2=\left\|\sum_{i\in A_j}a_i\|(I-P)e_i\|Te_i\right\|^2\geqslant$$
$$A\sum_{i\in A_j}|a_i|^2\|(I-P)e_i\|^2\geqslant$$
$$\frac{A}{4}\sum_{i\in A_j}|a_i|^2$$

它遵循对于所有的标量$\{a_i\}_{i\in A_j}$

$$\sum_{i\in A_j}|a_i|^2=\left\|\sum_{i\in A_j}a_iPe_i\right\|^2+\left\|\sum_{i\in A_j}a_i(I-P)e_i\right\|^2\geqslant$$
$$\left\|\sum_{i\in A_j}a_iPe_i\right\|^2+\frac{A}{4}\sum_{i\in A_j}|a_i|^2$$

现在,对于所有的 $x=\sum_{i=1}^N a_ie_i$ 有

$$\| PQ_{A_j}x \|^2 = \| \sum_{i\in A_j} a_i Pe_i \|^2 \leqslant \left(1-\frac{A}{4}\right)\sum_{i\in A_j} |a_i|^2$$

因此

$$\| Q_{A_j}PQ_{A_j} \| = \| PQ_{A_j} \|^2 \leqslant 1-\frac{A}{4}$$

因此猜想 11.1 有效。

威沃(Weaver)通过展示下述猜想与 PC 等价建立了框架与 PC 间的重要关系。

猜想 11.5　存在普遍适用的常数 $B\geqslant 4$ 且 $\alpha>\sqrt{B}$，$r\in\mathbf{N}$，因此存在以下结论。无论何时 $\{\varphi_i\}_{i=1}^M$ 是一个针对 ℓ_2^N 的单位标准 B 紧框架，存在一个 $\{1,2,\cdots,M\}$ 的分割 $\{A_j\}_{j=1}^r$，因此对于所有的 $j=1,2,\cdots,r$ 和 $x\in\ell_2^N$ 有

$$\sum_{i\in A_j} |\langle x,\varphi_i\rangle|^2 \leqslant (B-\alpha)\| x \|^2 \tag{11.1}$$

利用猜想 11.5 能说明以下猜想与 PC 是等价的。

猜想 11.6　存在一个普通常数 $1\leqslant D$，因此对于所有的 $i=1,2,\cdots,N$，$T\in B(\ell_2^N)$ 且 $\| Te_i \|=1$，存在一个 $r=r(\| T \|)$ 以及一个 $\{1,2,\cdots,N\}$ 的分割 $\{A_j\}_{j=1}^r$，因此对于所有的 $j=1,2,\cdots,r$ 和所有的标量 $\{a_i\}_{i\in A_j}$

$$\| \sum_{i\in A_j} a_i Te_i \|^2 \leqslant D\sum_{i\in A_j} |a_i|^2$$

定理 11.4　猜想 11.6 等价于 PC。

证明　由于猜想 11.3 明显隐含猜想 11.6，仅需说明猜想 11.6 意味着猜想 11.5。因此，在猜想 11.6 中选择 D 且选择 $B\geqslant 4$ 及 $\alpha\geqslant\sqrt{B}$，因此 $D\leqslant B-\alpha$。令 $\{\varphi_i\}_{i=1}^M$ 是 ℓ_2^N 的一个单位范数 B 紧框架。若 $Te_i=\varphi_i$ 是这一框架的合成算子，那么 $\| T \|^2=\| T^* \|^2=B$，因此由猜想 11.6，有一个 $r=r(\| B \|)$ 以及一个 $\{1,2,\cdots,M\}$ 的分割 $\{A_j\}_{j=1}^r$ 对于所有的 $j=1,2,\cdots,r$ 和所有的标量 $\{a_i\}_{i\in A_j}$

$$\| \sum_{i\in A_j} a_i Te_i \|^2 = \| \sum_{i\in A_j} a_i\varphi_i \|^2 \leqslant D\sum_{i\in A_j} |a_i|^2 \leqslant (B-\alpha)\sum_{i\in A_j} |a_i|^2$$

因此对于所有 $x\in\ell_2^N$

$$\| TQ_{A_j} \|^2 \leqslant B-\alpha$$

$$\sum_{i\in A_j} |\langle x,\varphi_i\rangle|^2 = \| (Q_{A_j}T)^* x \|^2 \leqslant \| TQ_{A_j} \|^2 \| x \|^2 \leqslant (B-\alpha)\| x \|^2$$

这证实了猜想 11.5 是适用的，因此 KS 也是适用的。

评论 11.1 和猜想 11.6 显示出在 R_ε 猜想中我们仅需要一个普通上界使之满足 KS。

11.2.3　芬汀格猜想

在从事时频分析时，芬汀格观察得出他当时所研究的所有 Gabor 框架都有一个性质，即它们可以被分解为数量有限的 Riesz 基序列构成的子集。这一性质引出了下述猜想。

芬汀格猜想 11.1　(FC) 每一个有界框架(或等价的，所有的单位范数框架)是一个 Riesz 基序列的有限联合。

FC 的有限维形式如下：

猜想 11.7　(有限维芬汀格猜想) 对所有的 $B, C>0$，有一个自然数 $r=r(B,C)$ 和一个常数 $A=A(B,C)>0$，因此只要 $\{\varphi_i\}_{i=1}^N$ 是 $\mathcal{H}^N$ 有上框架界 B 的框架且对所有的 $i=1,2,\cdots,N$ 有 $\|\varphi_i\|\geqslant C$，于是 $\{1,2,\cdots,N\}$ 可以被分割为子集 $\{A_j\}_{j=1}^r$，因此对任意的 $1\leqslant j\leqslant r$，$\{\varphi_i\}_{i\in A_j}$ 是一个 Riesz 下界为 A、上界为 B 的 Riesz 基序列。

这一猜想的重要工作体现在文献[6]、[7]、[15]、[27]，然而即使它对于 Gabor 框架也仍然是开放的。

现在来验证芬汀格猜想与 PC 是等价的。

定理 11.5　下列等价：

(1) 摊铺猜想；

(2) 芬汀格猜想。

证明　(1)⇒(2)：定理 11.2 的(2) 与 PC 等价，并且明显可推出 FC。

(2)⇒(1)：观察得出 FC 隐含猜想 11.4，由定理 11.3 它(猜想 11.4) 与 PC 又是等价的。在猜想 11.4 中 $\{Te_i\}_{i=1}^N$ 是一个以框架上界 2 为跨度的框架。现在立刻便可得出上述有限维芬汀格猜想隐含猜想 11.4。

另一个由威沃(Weaver) 提出的 KS 的等价的公式化形式如下：

猜想 11.8　(KS_r) 有普通常数 B 且 $\varepsilon>0$，因此下式是适用的。令 $\{\varphi_i\}_{i=1}^M$ 是 ℓ_2^N 的元素，对于 $i=1,2,\cdots,M$，$\|\varphi_i\|\leqslant 1$ 并且设任意的 $x\in\ell_2^N$

$$\sum_{i=1}^{M}|\langle x,\varphi_i\rangle|^2=B\|x\|^2 \tag{11.2}$$

于是，有一个 $\{1,2,\cdots,M\}$ 的分割 $\{A_j\}_{j=1}^r$，因此对于所有的 $x\in\ell_2^N$ 及所有 $j=1,2,\cdots,r$

$$\sum_{i\in A_j}|\langle x,\varphi_i\rangle|^2\leqslant(B-\varepsilon)\|x\|^2$$

定理 11.6　下述等价：

(1) 摊铺猜想；

(2) 适用于某些 $r \geqslant 2$ 的 KS_r 猜想。

证明　假设 KS_r 猜想对某些修正后的 r, B, ε 是真实的，可以证明猜想 11.1 也是正确的。令 P 为 $\mathscr{H}_M$ 上的正交投影且 $\delta(P) \leqslant \frac{1}{B}$。若 P 有秩 N，那么它的范围是 $\mathscr{H}_M$ 的 N 维子空间 W，对于所有的 $1 \leqslant i \leqslant M$ 定义 $\varphi_i = \sqrt{B} \cdot Pe_i \in W$。检验：

对于所有的 $i = 1, 2, \cdots, M$

$$\| \varphi_i \|^2 = B \cdot \| Pe_i \|^2 = B\langle Pe_i, e_i \rangle \leqslant B\delta(P) \leqslant 1$$

现在，若 $x \in W$ 是任意单位向量，则

$$\sum_{i=1}^{M} |\langle x, \varphi_i \rangle|^2 = \sum_{i=1}^{M} |\langle x, \sqrt{B}Pe_i \rangle|^2 = B\sum_{i=1}^{M} |\langle x, e_i \rangle|^2 = B$$

由 KS_r 猜想，有一个 $\{1, 2, \cdots, M\}$ 的分割 $\{A_j\}_{j=1}^{r}$ 满足对所有 $1 \leqslant j \leqslant r$ 及所有单位向量 $x \in W$

$$\sum_{i \in A_j} |\langle x, \varphi_i \rangle|^2 = B - \varepsilon$$

于是 $\sum_{j=1}^{r} Q_{A_j} = Id$。并且对任意的向量 $x \in W$ 有

$$\| Q_{A_j} Px \|^2 = \sum_{i=1}^{M} |\langle Q_{A_j} Px, e_i \rangle|^2 = \sum_{i=1}^{M} |\langle x, PQ_j e_i \rangle|^2 =$$

$$\frac{1}{B} \sum_{i \in A_j} |\langle x, \varphi_i \rangle|^2 \leqslant \frac{\varepsilon}{B}$$

因此猜想 11.1 使用，那么 PC 也适用。

反之，假设 KS_r 猜想并不能适用于全部 r，修正 $B = r \geqslant 2$，且令 $\mathscr{H}^N$ 中 $\{\varphi_i\}_{i=1}^{M}$ 是一个 $\varepsilon = 1$ 的反例，令 $\psi_i = \frac{\varphi_i}{\sqrt{B}}$，标注 $\| \psi_i \psi_i^{\mathrm{T}} \| = \| \psi_i \|^2 \leqslant \frac{1}{B}$，对于所有的 $i = 1, 2, \cdots, M$ 且 $\sum_{i=1}^{M} \psi_i \psi_i^{\mathrm{T}} \leqslant Id$。于是 $Id - \sum_{i=1}^{M} \psi_i \psi_i^{\mathrm{T}}$ 是一个正的有限秩算子，因此可以找到对于 $M+1 \leqslant i \leqslant K$ 的秩 1 算子 $\psi_i \psi_i^{\mathrm{T}}$，因此对于所有的 $1 \leqslant i \leqslant K$ 且 $\sum_{i=1}^{K} \psi_i \psi_i^{\mathrm{T}} = Id$ 有 $\| \psi_i \psi_i^{\mathrm{T}} \| \leqslant \frac{1}{B}$。

令 T 为 $\{\psi_i\}_{i=1}^{K}$ 的分析算子，它是等距的，并且若 P 是 $\mathscr{H}_K$ 上距离为 $T(\mathscr{H}^N)$ 的正交投影，于是对于所有的 $i = 1, 2, \cdots, K$，$Pe_i = T\psi_i$，令 D 为对角值为 P 的对角矩阵，那么

$$\| D \| = \max_{1 \leqslant i \leqslant K} \| \psi_i \|^2 \leqslant \frac{1}{B}$$

令$\{Q_j\}_{j=1}^r$是任意加和恒定的$K\times K$对角投影,通过令A_j为Q_j对角,定义$\{1,2,\cdots,K\}$的分割$\{A_j\}_{j=1}^r$。通过人为地选择$\{\varphi_i\}_{i=1}^M$,存在$1\leqslant j\leqslant r$且$x\in\mathscr{H}^N$,$\|x\|=1$且

$$\sum_{i\in A_j\cap\{1,2,\cdots,M\}}|\langle x,\varphi_i\rangle|^2>B-1$$

因此

$$\sum_{i\in A_j}|\langle x,\psi_i\rangle|^2>1-\frac{1}{B}$$

它遵循于对于所有的j

$$\|Q_jP(Tx)\|^2\geqslant\sum_{i=1}^K|\langle Q_jP(Tx),e_i\rangle|^2=\sum_{i\in A_j}|\langle Tx,e_i\rangle|^2=\sum_{i\in A_j}|\langle x,\psi_i\rangle|^2>1-\frac{1}{B}$$

因此,$\|Q_jPQ_j\|=\|Q_jP\|^2>1-\dfrac{1}{B}$。现在矩阵$A=P-D$有0对角且满足$\|A\|\leqslant 1+\dfrac{1}{B}$,上式表明对任意$K\times K$对角投影$\{Q_j\}_{j=1}^r$且$\sum_{j=1}^r Q_j=Id$,对某些$j$有

$$\|Q_jAQ_j\|\geqslant\|Q_jPQ_j\|-\|Q_jDQ_j\|\geqslant 1-\frac{2}{B}$$

最终,当$B=r\to\infty$时,得到一样本序列否定了摊铺定理。

威沃也说明了若假设对于所有的$x\in\ell_2^M$式(11.2)相等,KS_r猜想与PC是等价的。威沃进一步说明KS_r猜想与PC是等价的即便是强调它的假设,因此需要向量$\{\varphi_i\}_{i=1}^M$是等范数,且在(11.2)同样适用,但是对$\varepsilon>0$来说代价颇高。

猜想 11.9　(KS'_r)存在普通常数$B\geqslant 4$且$\varepsilon>\sqrt{B}$因此下述适用。令$\{\varphi_i\}_{i=1}^M$是ℓ_2^N的元素,对于$i=1,2,\cdots,M$,$\|\varphi_i\|=1$并且设对于任意的$x\in\ell_2^N$

$$\sum_{i=1}^M|\langle x,\varphi_i\rangle|^2=B\|x\|^2\tag{11.3}$$

于是,有一个$\{1,2,\cdots,M\}$的分割$\{A_j\}_{j=1}^r$,因此对于所有的$x\in\ell_2^M$及所有$j=1,2,\cdots,r$

$$\sum_{i\in A_j}|\langle x,\varphi_i\rangle|^2\leqslant(B-\varepsilon)\|x\|^2$$

再多介绍几个猜想。

猜想 11.10　存在普通常量 $0<\delta,\sqrt{\delta}\leqslant\varepsilon<1$ 且 $r\in\mathbf{N}$，因此对于所有的 N 以及 ℓ_2^N 上的正交投影 $P,\delta(P)\leqslant\delta$，且对于所有的 $i,j=1,2,\cdots,N$，$\|Pe_i\|=\|Pe_j\|$，有一个 $\{1,2,\cdots,N\}$ 的摊铺 $\{A_j\}_{j=1}^r$，因此对于所有的 $j=1,2,\cdots,r$，$\|Q_{A_j}PQ_{A_j}\|\leqslant 1-\varepsilon$。

应用猜想 11.9 能够看出 PC 与猜想 11.10 是等价的。

定理 11.7　PC 等价于猜想 11.10。

证明　显然猜想 11.1(与 PC 等价）意味着猜想 11.10。因此假设猜想 11.10 成立并且猜想 11.9 也成立。令 $\{\varphi_i\}_{i=1}^M$ 是 $\mathscr{H}^N$ 的元素，对于 $i=1,2,\cdots,M$，$\|\varphi_i\|=1$，并且假设对任意的 $x\in\mathscr{H}^N$

$$\sum_{i=1}^M|\langle x,\varphi_i\rangle|^2=B\|x\|^2 \tag{11.4}$$

其中 $\frac{1}{B}\leqslant\delta$。它遵从于式(11.4) 即 $\left\{\frac{1}{\sqrt{B}}\varphi_i\right\}_{i=1}^M$ 是一个等范数 Parseval 框架并且由 Naimark 的定理，可以假设存在一个更大的希尔伯特空间 ℓ_2^M 以及一个投影 $P:\ell_2^M\to\mathscr{H}^N$，因此对于所有的 $i=1,2,\cdots,M$，$Pe_i=\varphi_i$。现在对于所有的 $i=1,2,\cdots,N$

$$\|Pe_i\|^2=\langle Pe_i,e_i\rangle=\frac{1}{B}\leqslant\delta$$

因此由猜想 11.10 有一个 $\{1,2,\cdots,M\}$ 的摊铺 $\{A_j\}_{j=1}^r$，因此对于所有的 $j=1,2,\cdots,r$，$\|Q_{A_j}PQ_{A_j}\|\leqslant 1-\varepsilon$。至此，对于所有的 $1\leqslant j\leqslant r$ 及 $x\in\ell_2^M$ 有

$$\begin{aligned}\|Q_{A_j}Px\|^2&=\sum_{i=1}^M|\langle Q_{A_j}Px,e_i\rangle|^2=\sum_{i=1}^M|\langle x,PQ_{A_j}e_i\rangle|^2=\\&\frac{1}{B}\sum_{i\in A_j}|\langle x,\varphi_i\rangle|^2\leqslant\|Q_{A_j}P\|^2\|x\|^2=\\&\|Q_{A_j}PQ_{A_j}\|\,\|x\|^2\leqslant(1-\varepsilon)\|x\|^2\end{aligned}$$

对于所有的 $x\in\ell_2^N$，有

$$\sum_{i\in A_j}|\langle x,\varphi_i\rangle①|^2\leqslant(B-\varepsilon B)\|x\|^2$$

由于 $\varepsilon B>\sqrt{B}$，完成了对猜想 11.9 的证明。

11.2.4　Bourgain－Tzafriri 猜想

从布尔盖恩和萨夫里称之为有限可逆原则这一基本定理开始，这一定理

---

①　原书有误，$\langle x\varphi_i\rangle$ 应为 $\langle x,\varphi_i\rangle$。

指向了(或强或弱)Bourgain－Tzafriri猜想。能够看出这一猜想与PC是等价的。

1987年,布尔盖恩和萨夫里证明了巴拿赫(Banach)空间理论中的基本结果,它有一个更加闻名遐迩的名字即有限可逆原则。

定理 11.8 (Bourgain－Tzafriri)有一个普通常数 $0<c<1$,对于任意的 $T:\ell_2^N\to\ell_2^N$ 是一个对于 $1\leqslant i\leqslant N$, $\|Te_i\|=1$ 的线性算子,于是存在一个 $\sigma\in\{1,2,\cdots,N\}$ 基数 $|\sigma|\geqslant\frac{cN}{\|T\|^2}$ 的子集,因此对于所有选择的标量 $\{a_j\}_{j\in\sigma}$

$$\|\sum_{j\in\sigma}a_jTe_j\|^2\geqslant c\sum_{j\in\sigma}|a_j|^2$$

一个贴近于定理的证明得出 c 的数量级在10^{-72},定理的证明用到了概率论和泛函分析技术,并且它是非平凡、非可建的。最近出现了显著突破,斯皮尔曼(Spielman)和斯瓦塔瓦(Srivastava)提出了一个证明有限可逆原则的算法。更进一步,他们的证明给出了理论常量的最大可能。

定理 11.9 (有限可逆原则:斯皮尔曼－斯瓦塔瓦式)假设$\{v_i\}_{i=1}^M$是ℓ_2^N的向量且$A=\sum_{i=1}^M v_iv_i^{\mathrm{T}}=I$,$0<\varepsilon<1$,若$L:\ell_2^N\to\ell_2^N$是一个线性算子,那么有一个子集 $J\in\{1,2,\cdots,M\}$,大小为 $|J|\geqslant\varepsilon^2\frac{\|L\|_F^2}{\|L\|^2}$,其中$\{Lv_i\}_{i\in J}$是线性独立的,且

$$\lambda_{\min}(\sum_{i\in J}Lv_i(Lv_i)^{\mathrm{T}})>\frac{(1-\varepsilon)^2\|L\|_F}{M}$$

其中$\|L\|_F$是L的Frobenius范数并且$\lambda_{\min}$是用于计算跨度$\{v_i\}_{i\in J}$算子的最小特征值。

这种有限可逆定理的广义形式首先是被Vershynin介绍的,他通过John的恒等式分解研究凸体的联系点,有限维希尔伯特空间的相应理论仍然是开放的,但是这个案例需要集合J很大,这与Beurling密度有关这个问题的特殊案例在文献[21]、[37]中已经被解决了。

有限可逆定理的不同之处涉及ℓ_2下界,知道有一个相应接近于1的ℓ_2上边界在这一定理中可以达到。

有限维希尔伯特空间中的相应理论仍然是开放的,这一问题的特例在文献[21]、[37]中已被解决。

定理11.8引发的问题在这一领域已经引起极大的重视。

Bourgain－Tzafriri猜想 11.1 (BT)有一个普通常数 $A>0$,对任意 $B>

1 有一个自然数 $r=r(B)$ 满足：对任何自然数 N，任意的 $T:\ell_2^N\to\ell_2^N$ 是一个对于 $i=1,2,\cdots,N$，满足 $\|T\|\leqslant B$ 且 $\|Te_i\|=1$ 的线性算子，此时有一个$\{1,2,\cdots,N\}$ 的分割$\{A_j\}_{j=1}^r$，因此对于所有的 $j=1,2,\cdots,r$ 以及所有选择的标量$\{a_i\}_{i\in A_j}$ 有

$$\|\sum_{i\in A_j}a_iTe_i\|^2\geqslant A\sum_{i\in A_j}|a_i|^2$$

有时 BT 被称为强 BT，因为有一个它的弱化称之为弱 BT，弱 BT 中允许 A 依赖于算子 T 的范数，致力于证明强弱 BT 等价的多年努力有了显著的效果，Casazza 和 Tremain 最终证明了这一等式。在这里不必做任何工作，因为在之前的部分已经得出所有需要的结果。

定理 11.10　下列等价

(1) 摊铺猜想；

(2)Bourgain－Tzafriri 猜想；

(3)(弱)Bourgain－Tzafriri 猜想。

证明　(1)⇒(2)⇒(3)：摊铺猜想与 R_ε 猜想是等价的，明确意味着 Bourgain－Tzafriri 猜想，也立刻说明了弱 Bourgain－Tzafriri 猜想。

(3)⇒(1)：弱 Bourgain－Tzafriri 猜想立刻印证与摊铺猜想等价的猜想 11.4。

11.2.5　将框架分割为框架子集

在框架理论中自然而频繁出现的问题就是将框架分解为框架子集，每一个都有一个优良的框架边界，这个看似简朴的问题实际看起来比它要深刻得多，并且正如即将看到的，它与 PC 是等价的。

猜想 11.11　存在 $\varepsilon>0$ 对于大部分的 K，全部的 N，以及所有的对 ℓ_2^N 相等范数 Parseval 框架$\{\varphi_i\}_{i=1}^{KN}$，有一个非空集 $J\subset\{1,2,\cdots,KN\}$，因此对于$\{\varphi_i\}_{i\in J}$ 和$\{\varphi_i\}_{i\in J^c}$ 有比 ε 大得多的框架下界。

理想状况应该是对于所有 $K\geqslant 2$ 猜想 11.11 适用。为了让$\{\varphi_i\}_{i\in J}$ 和$\{\varphi_i\}_{i\in J^c}$ 都是 ℓ_2^N 的框架，它们至少要生成 ℓ_2^N，因此首先一个问题是能否将框架分解为生成集，这由 Rado－Horn 定理的一般化产生的。参考本书章节：有限框架的生成和独立性质。

命题 11.4　每一个 ℓ_2^N 的等范数 Parseval 框架$\{\varphi_i\}_{i=1}^{KN+L}$，$0\leqslant L<N$ 可以被分解为 K 线性独立生成集加上 L 元素的线性独立集。

很自然的问题是能否做这样的分割以使每一个子集都有一个好的框架边界，即对于所有子集而言的普适框架下界，在解决这一问题之前，声明另外一

个猜想。

猜想 11.12 存在 $\varepsilon>0$ 和一个自然数 r，使对所有的 N，多数的 K，以及所有 ℓ_2^N 的 Parseval 等范数 $\{\varphi_i\}_{i=1}^{KN}$ 有一个 $\{1,2,\cdots,KN\}$ 的分割 $\{A_j\}_{j=1}^r$，因此对于所有的 $j=1,2,\cdots,r$，$\{\varphi_i\}_{i\in A_j}$ 的 Bessel 界是 $\leqslant 1-\varepsilon$。

将猜想 11.12 和 PC 之间建立一个联系。

定理 11.11

(1) 猜想 11.11 意味着猜想 11.12；

(2) 猜想 11.12 等价于 PC。

证明 (1) 修正 $\varepsilon>0$，猜想 11.11 中的 r,K。令 $\{\varphi_i\}_{i=1}^{KN}$ 是 N 维希尔伯特空间 $\mathscr{H}^N$ 中的等范数 Parseval 框架。由 Naimark 定理，可以假设 ℓ_2^{KN} 上的正交投影 P，且对于所有的 $i=1,2,\cdots,KN$，$Pe_i=\varphi_i$。由猜想 11.11，存在 $J\subset\{1,2,\cdots,KN\}$，对于 $\{Pe_i\}_{i\in J}$ 和 $\{Pe_i\}_{i\in J^c}$ 都有一个 $\varepsilon>0$ 的框架下界，因此对于 $x\in\mathscr{H}_M=P(\ell_2^{KN})$

$$\|x\|^2=\sum_{i=1}^{KN}|\langle x,Pe_i\rangle|^2=\sum_{i\in J}|\langle x,Pe_i\rangle|^2+\sum_{i\in J^c}|\langle x,Pe_i\rangle|^2\geqslant \sum_{i\in J}|\langle x,Pe_i\rangle|^2+\varepsilon\|x\|^2$$

也即 $\sum\limits_{i\in J}|\langle x,Pe_i\rangle|^2\leqslant(1-\varepsilon)\|x\|^2$，因此 $\{Pe_i\}_{i\in J}$（这一框架分析算子 $(PQ_J)^*$ 的范数）的框架上界是 $1-\varepsilon$。由于 PQ_J 是这一框架的合成算子，有 $\|Q_JPQ_J\|=\|PQ_J\|^2=\|(PQ_J)^*\|^2\leqslant 1-\varepsilon$，类似地，$\|Q_{J^c}PQ_{J^c}\|\leqslant 1-\varepsilon$，因此猜想 11.12 对 $r=2$ 是适用的。

(2) 我们会表明猜想 11.12 意味着猜想 11.5，对于所有 K，选择 ε 和 r 满足猜想 11.12，特别地，选择满足 $\frac{1}{\sqrt{K}}<\alpha$ 的任意 K，令 $\{\varphi_i\}_{i=1}^M$ 是 N 维希尔伯特空间 $\mathscr{H}^N$ 的单位范数 K 紧框架。于是 $M=\sum\limits_{i=1}^M\|\varphi_i\|^2=KN$。由于 $\left\{\frac{1}{\sqrt{K}}\varphi_i\right\}_{i=1}^M$ 是一个等范数 Parseval 框架，由 Naimark 定理假设有 ℓ_2^M 上的正交投影 P，且对于 $i=1,2,\cdots,M$ 有 $Pe_i=\frac{1}{\sqrt{K}}\varphi_i$。由猜想 11.12，有一个 $\{1,2,\cdots,M\}$ 的分割 $\{A_j\}_{j=1}^r$，因此对于每一族 $\{\varphi_i\}_{i\in A_j}$ 的 Bessel 界 $\|(PQ_{A_j})^*\|\leqslant 1-\varepsilon$，因此对于 $j=1,2,\cdots,r$ 和任意 $x\in\ell_2^N$ 有

$$\sum_{i\in A_j}\left|\langle x,\frac{1}{\sqrt{K}}\varphi_i\rangle\right|^2=\sum_{i\in A_j}|\langle x,PQ_{A_j}e_i\rangle|^2=\sum_{i\in A_j}|\langle Q_{A_j}Px,e_i\rangle|^2\leqslant$$

$$\| Q_{A_j} P x \|^2 \leqslant \| Q_{A_j} P \|^2 \| x \|^2 =$$
$$\| (PQ_{A_j})^* \|^2 \| x \|^2 \leqslant (1-\varepsilon) \| x \|^2$$

因此

$$\sum_{i \in A_j} | \langle x, \varphi_i \rangle |^2 \leqslant K(1-\varepsilon) \| x \|^2 = (K - K\varepsilon) \| x \|^2$$

由于 $K\varepsilon > \sqrt{K}$，即证实了猜想 11.5。

反过来，选择 r,δ,ε 满足猜想 11.1。若令 $\{\varphi_i\}_{i=1}^{KN}$ 是 N 维希尔伯特空间 $\mathscr{H}^N$ 中的等范数 Parseval 框架且 $\frac{1}{K} \leqslant \delta$，由 Naimark 定理假设有 ℓ_2^{KN} 上的正交投影 P，且对于 $i=1,2,\cdots,KN$ 有 $Pe_i = \varphi_i$。由于 $\delta(P) = \| \varphi_i \|^2 \leqslant \frac{1}{K} \leqslant \delta$，由猜想 11.1，有一个 $\{1,2,\cdots,KN\}$ 的分割 $\{A_j\}_{j=1}^r$，因此对于所有 $j = 1,2,\cdots,r$

$$\| Q_{A_j} P Q_{A_j} \| = \| P Q_{A_j} \|^2 = \| (PQ_{A_j})^* \|^2 \leqslant 1 - \varepsilon$$

由于 $\| (PQ_{A_j})^* \|^2$ 是 $\{Pe_i\}_{i \in A_j} = \{\varphi_i\}_{i \in A_j}$ 的贝塞尔界，有猜想 11.12 适用。

11.3　桑德伯格问题

近来，Kadison－Singer 问题的显著弱化异军突起，在复函数插值理论的工作中，桑德伯格注意到下述问题，尽管这是一个无限维的问题，在这里声明它是因为它与 Kadison－Singer 问题有着千丝万缕的联系。

问题 11.1　(桑德伯格问题) 若 $\{\varphi_i\}_{i=1}^{\infty}$ 是一个单位范数贝塞尔序列，则能够把它分解为数量有限的非生成集合吗?

这个问题看似容易，但是它却惊人的困难，芬汀格猜想立刻也就意味着桑德伯格问题。

定理 11.12　芬汀格猜想的正解也就意味着桑德伯格问题的正解。

证明　若 $\{\varphi_i\}_{i=1}^{\infty}$ 是一个单位范数贝塞尔序列，那么由 FC，可以将自然数分解为数量有限的集合 $\{A_j\}_{j=1}^r$，因此 $\{\varphi_i\}_{i \in A_j}$ 是一个对于所有 $j=1,2,\cdots,r$ 成立的 Riesz 序列，对任意的 $j=1,2,\cdots,r$，选择 $i_j \in A_j$。那么无论是 φ_{i_j} 还是 $\{\varphi_i\}_{i \in A_j \setminus \{i_j\}}$ 都可以扩展为空间。

11.4　Paulsen 问题

Paulsen 问题在数十年间尽管广受关注却仍然十分棘手，这一部分让人们将视野投向这一问题当下的研究状态,首先需要两个定义。

定义 11.4　对于 $\mathscr{H}^N$ 伴随着算子 S 的框架 $\{\varphi_i\}_{i=1}^M$ 是 ε 近似等范数,若

$$(1-\varepsilon)\frac{N}{M}\leqslant \|\varphi_i\|^2\leqslant(1+\varepsilon)\frac{N}{M},\quad i=1,2,\cdots,M$$

且为近似 εParseval,若满足下述条件

$$(1-\varepsilon)Id\leqslant S\leqslant(1+\varepsilon)Id$$

定义 11.5　给定 $\mathscr{H}^N$ 的框架 $\boldsymbol{\Phi}=\{\varphi_i\}_{i=1}^M$ 和 $\boldsymbol{\Psi}=\{\psi_i\}_{i=1}^M$,通过下式定义它们之间的距离:

$$d(\boldsymbol{\Phi},\boldsymbol{\Psi})=\sum_{i=1}^M\|\varphi_i-\psi_i\|^2$$

这个方程并不是严格意义上的距离方程,因为并没有取右手边部分的平方根,但由于这一等式非常标准,还是会使用它,现在就可以声明 Paulsen 问题。

问题 11.2　(Paulsen 问题)一个 ε 近似等范数与一个 ε 近似 Parseval 框架与一个等范数 Parseval 框架有多么接近?

Paulsen 问题的重要性在于有构建等范数和近似 Parseval 的算法,问题在于,如果作用于这些框架,能够确保作用的这些框架与一些等范数 Parseval 框架是接近的吗? 正在寻找函数 $f(\varepsilon,N,M)$ 以使每一个 ε 近似等范数与 ε 近似 Parseval 框架 $\varphi=\{\varphi_i\}_{i=1}^M$ 满足

$$d(\boldsymbol{\Phi},\boldsymbol{\Psi})\leqslant f(\varepsilon,N,M)$$

对于一些等范数 Parseval 框架 $\boldsymbol{\Psi}$,由于 Hadwin(见文献[10])展示出必须有一个这样的函数,因此要有一个简洁的讨论。

引理 11.1　函数 $f(\varepsilon,N,M)$ 存在。

证明　借由反证法来说明。如果这不满足,于是有一个 $0<\varepsilon$ 使对任意的 $\delta=\frac{1}{n}$,有一个框架 $\{\varphi_i^n\}_{i=1}^M$ 其界为 $1-\frac{1}{n}$,$1+\frac{1}{n}$,且满足

$$\left(1-\frac{1}{n}\right)\frac{N}{M}\leqslant\|\varphi_i^n\|\leqslant\left(1+\frac{1}{n}\right)\frac{N}{M}$$

而 $\boldsymbol{\Phi}_n=\{\varphi_i^n\}_{i=1}^M$ 是从任意等范数 Parseval 框架出发大于 ε 的距离,通过紧凑和转化为序列,可以假设对于所有 $i=1,2,\cdots,M$ 存在

$$\lim_{n\to\infty}\varphi_i^n=\varphi_i$$

但是现在 $\boldsymbol{\Phi}=\{\varphi_i\}_{i=1}^M$ 是一个等范数 Parseval 框架,与事实矛盾

$$d(\boldsymbol{\Phi}_n,\boldsymbol{\Phi})\geqslant\varepsilon>0,\quad n=1,2,\cdots$$

这个讨论的问题在于它并没有给出关于参数的定量化估计。并没有关于

函数 $f(\varepsilon, N, M)$ 该是怎样形式的好想法，我们甚至不知道 M 到底是应该出现在函数中还是它与框架向量数是独立的，下面这个例子表明 Paulsen 问题明显是空间维度的函数。

引理 11.2　Paulsen 问题满足

$$f(\varepsilon, N, M) \geqslant \varepsilon^2 N$$

证明　修正 $\varepsilon > 0$ 以及一个 $\mathscr{H}^N$ 的正交基 $\{e_j\}_{j=1}^N$，通过下式定义一个框架 $\{\varphi_i\}_{i=1}^{2N}$

$$\varphi_i = \begin{cases} \dfrac{1-\varepsilon}{\sqrt{2}} e_i, & 1 \leqslant i \leqslant N \\ \dfrac{1+\varepsilon}{\sqrt{2}} e_i - N, & N+1 \leqslant i \leqslant 2N \end{cases}$$

通过定义，$\{\varphi_i\}_{i=1}^M$ 是 ε 近似等范数，同样，对任意 $x \in \mathscr{H}^N$ 有

$$\sum_{i=1}^{2N} |\langle x, \varphi_i \rangle|^2 = \frac{(1-\varepsilon)^2}{2} \sum_{i=1}^N |\langle x, e_i \rangle|^2 + \frac{(1+\varepsilon)^2}{2} \sum_{i=1}^N |\langle x, e_i \rangle|^2 = (1+\varepsilon^2) \| x \|^2$$

因此 $\{\varphi_i\}_{i=1}^{2N}$ 是一个 $(1+\varepsilon^2)$ 的紧框架并且是 ε 近似 Parseval 框架。最接近于 $\{\varphi_i\}_{i=1}^{2N}$ 的等范数框架是 $\left\{\dfrac{e_i}{\sqrt{2}}\right\}_{i=1}^N \cup \left\{\dfrac{e_i}{\sqrt{2}}\right\}_{i=1}^N$，同样

$$\sum_{i=1}^N \left\| \frac{e_i}{\sqrt{2}} - \varphi_i \right\|^2 + \sum_{i=N+1}^{2N} \left\| \frac{e_i - N}{\sqrt{2}} - \varphi_i \right\|^2 = \sum_{i=1}^N \left\| \frac{\varepsilon}{\sqrt{2}} e_i \right\|^2 + \sum_{i=1}^N \left\| \frac{\varepsilon}{\sqrt{2}} e_i \right\|^2 = \varepsilon^2 N$$

解决 Paulsen 问题的一大难题在于寻找一个闭合的等范数框架，包括寻找一个满足几何条件的闭合框架，同时寻找一个给定框架的闭合的 Parseval 框架需要一个特定的代数条件，此时，缺乏整合两大条件的技术，然而它们每一个单独都有一个著名的解决方案，那就是确实知道与给定框架最接近的等范数框架，也确实知道与给定框架（文献[5]、[10]、[14]、[20]、[31]）最接近的 Parseval 框架。

引理 11.3　若 $\{\varphi_i\}_{i=1}^M$ 是 $\mathscr{H}^N$ 的 ε 近似等范数框架，那么与 $\{\varphi_i\}_{i=1}^M$ 最接近的等范数框架即是

$$\psi_i = a \frac{\varphi_i}{\| \varphi_i \|}, \quad i = 1, 2, \cdots, M$$

其中

$$a = \frac{\sum_{i=1}^M \| \varphi_i \|}{M}$$

众所周知，对于$\mathscr{H}^N$伴随框架算子S的一个框架$\{\varphi_i\}_{i=1}^M$，距离$\{\varphi_i\}_{i=1}^M$最近的 Parseval 框架是$\{S^{-\frac{1}{2}}\varphi_i\}_{i=1}^M$，这里将给出来自于文献[10]的版本。

命题 11.5 令$\{\varphi_i\}_{i=1}^M$是一个N维希尔伯特空间$\mathscr{H}^N$的一个框架，框架算子为$S=T^*T$，于是$\{S^{-\frac{1}{2}}\varphi_i\}_{i=1}^M$是距$\{\varphi_i\}_{i=1}^M$最近的 Parseval 框架，更进一步，若$\{\varphi_i\}_{i=1}^M$是一个近 εParseval 框架，于是

$$\sum_{i=1}^{M}\|S^{-1/2}\varphi_i-\varphi_i\|^2\leqslant N(2-\varepsilon-2\sqrt{1-\varepsilon})\leqslant N\varepsilon^2/4$$

证明 首先检验$\{S^{-\frac{1}{2}}\varphi_i\}_{i=1}^M$是距$\{\varphi_i\}_{i=1}^M$最近的 Parseval 框架。

$\{\varphi_i\}_{i=1}^M$与任意 Parseval 框架$\{\psi_j\}_{j=1}^N$间的平方ℓ^2距离可以被表示成一系列它们的分析算子T和T_1为

$$\|\mathscr{F}-\ell\|^2=\mathrm{Tr}[(T-T_1)(T-T_1)^*]=$$
$$\mathrm{Tr}[TT^*]+\mathrm{Tr}[T_1T_1^*]-2\mathscr{R}\mathrm{Tr}[TT_1^*]$$

选择一个 Parseval 框架$\{\psi_i\}_{i=1}^M$等价于选择等距的T_1。为了在所有T_1的选择中最小化距离，考虑将T极坐标分解$T=UP$，其中P是正的，U是等距的。事实上，$S=T^*T$意味着$P=S^{\frac{1}{2}}$，意味着它的特征值有界远离于 0.

由于P是正的且有界远离 0，$\mathrm{Tr}[T_1T_1{}^*]=\mathrm{Tr}[UPT_1{}^*]=\mathrm{Tr}[T_1{}^*UP]$是$T_1$与$U$的内部产物，它的幅度由柯西－施瓦兹不等式界定，并且如果$T_1=U$，它有最大的实部，也意味着$T_1^*U=I$。在这一案例中，$T=T_1P=T_1S^{\frac{1}{2}}$或者说，等价地，$T_1{}^*=S^{-1/2}T^*$，总结得出对于所有的$i=1,2,\cdots,M$，$\psi_i=S^{-1/2}\varphi_i$。

选择完$T_1=TS^{-1/2}$，ℓ^2距离被表示成一系列$S=T^*T$的特征值$\{\lambda_j\}_{j=1}^N$如下式所示

$$\|\mathscr{F}-\ell\|^2=\mathrm{Tr}[S]+\mathrm{Tr}[I]-2\mathrm{Tr}[S^{1/2}]=\sum_{j=1}^{N}\lambda_j+N-2\sum_{j=1}^{N}\sqrt{\lambda_j}$$

若对于所有的$j=1,2,\cdots,N$有$1-\varepsilon\leqslant\lambda_j\leqslant1+\varepsilon$，微积分学显示出当$\lambda_j=1-\varepsilon$时$\lambda_j-2\sqrt{\lambda_j}$达最大。所以

$$\|\mathscr{F}-\ell\|^2\leqslant2N-N\varepsilon-2N\sqrt{1-\varepsilon}$$

由降幂级数前三项估计$\sqrt{1-\varepsilon}$得出不等式$\|\mathscr{F}-\ell\|^2\leqslant N\varepsilon^2/4$。

可以看出上式估计是准确的，因此独立证明出距离关系是N的函数。

归功于 Holmes 和 Paulsen，有一个将任何框架转化为有相同框架算子等范数框架的简单算法。

命题 11.6 有一个用相同框架算子将任意框架转化为等范数框架的算法。

证明　令$\{\varphi_i\}_{i=1}^M$是$\mathscr{H}^N$的有框架算子S的一个框架，及分析算子T，于是

$$\sum_{i=1}^M \|\varphi_i\|^2 = \mathrm{Tr}\ S$$

令$\lambda=\dfrac{\mathrm{Tr}S}{M}$，若对于所有的$m=1,2,\cdots,M$有$\|\varphi_i\|^2=\lambda$，这样就完成了。否则，存在$1\leqslant i\neq j\leqslant M$且$\|\varphi_i\|^2>\lambda>\|\varphi_j\|^2$，对于任意的$\theta$将向量$\varphi_i$和$\varphi_j$替换为

$$\psi_i=(\cos\theta)\varphi_i-(\sin\theta)\varphi_j,\quad \psi_j=(\sin\theta)\varphi_i+(\cos\theta)\varphi_j$$
$$\psi_k=\varphi_k,\quad k\neq i,j$$

现在，对于由 Givens 循环给出的ℓ_2^N上的单位算子U，$\{\psi_i\}_{i=1}^M$的分析算子是$T_1=UI$，因此$T_1^*T_1=T^*U^*UT=T^*T=S$，因此框架算子对任意θ值来说都是不变的，现在选择θ使$\|\psi_i\|^2=\lambda$，重复这一过程至多$M-1$次，产生一个和$\{\varphi_i\}_{i=1}^M$框架算子相同的等范数框架。

利用命题 11.6 中的 Parseval 框架，确实得到了一个等范数 Parseval 框架。同样的问题，没有任何量化手段去衡量两个 Parseval 框架究竟接近到什么程度。

有一个解决 Paulsen 问题的明显方法。给定一个框架算子为S，$\mathscr{H}^N$的近ε等范数近εParseval 框架$\{\varphi_i\}_{i=1}^M$，可以切换到最近的 Parseval 框架$\{S^{-1/2}\varphi_i\}_{i=1}^M$。然后切换到最近等范数框架$\{S^{-1/2}\varphi_i\}_{i=1}^M$，称框架算子为$S_1$的$\{\psi_i\}_{i=1}^M$。现在切换到$\{S^{-1/2}\psi_i\}_{i=1}^M$并且再次切换到最近的等范数框架再继续。不幸的是，即使能够说明这一过程是收敛的并且能够检查出这其中所历经的距离，仍然不能回答 Paulsen 问题，因为这一过程没有收敛到一个等范数 Parseval 框架。尤其是，这个过程中有一个固定点并不是等范数 Parseval 框架。

例 11.1　令$\{e_i\}_{i=1}^N$是ℓ_2^N上的正交基，并令$\{\varphi_i\}_{i=1}^{N+1}$是$\ell_2^N$上的等角单位范数紧框架。于是$\ell_2^N\oplus\ell_2^N$上的$\{e_i\oplus 0\}_{i=1}^N\cup\{0\oplus\varphi_i\}_{i=1}^{N+1}$是一个近$\varepsilon=\dfrac{1}{N}$的等范数且为有称为$S$的框架算子的近$\dfrac{1}{N}$Parseval 框架。一个明确的计算表明取框架向量得$S^{-1/2}$并切换到最近的等范数框架是不会改变框架的。

Paulsen 问题被公认为棘手已经超过 12 年，近来在文献[10]、[18]中两个部分解决方案已经被提出，且各有优势，由于这两者的文章都是技术性的，在此仅列出其思想概述。

在文献[10]中，一个新技术被提出，这是一个有关向量值的常微分方程

系统,它起始于给定的 Parseval 框架,且具有如下性质:当所有框架均接近一个等范数 Parseval 框架时,它们仍然是 Parseval 框架。作者随后通过框架能量界定了 ODE 系统的弧长。最终,给定一个框架能量上的指数边界,他们由在原始、近 ε 等范数和近 ε Parseval 框架 $\mathscr{F}$ 以及等范数 Parseval 框架 ℓ 之间的距离得出了定量的估计。为了让方法能够奏效,他们必须假设希尔伯特空间的维数 N 和框架向量的个数 M 是互素的。作者显示在实际应用中,这并不是一个严格的限制,文献[10] 的主要结果如下。

定理 11.13 令 $N, M \in \mathbf{N}$ 互素,令 $0 < \varepsilon < \dfrac{1}{2}$,假设 $\Phi = \{\varphi_i\}_{i=1}^{M}$ 是 N 维实或复希尔伯特空间的一个近 ε 等范数和一个近 ε Parseval 框架。于是有一个等范数 Parseval 框架 $\Psi = \{\psi_i\}_{i=1}^{M}$,于是

$$\| \Phi - \Psi \| \leqslant \frac{29}{8} N^2 M (M-1)^8 \varepsilon$$

在文献[18] 中,作者提供了一种新的迭代算法 —— 潜在框架的梯度下降法 —— 为了提高任意有限单位范数框架的紧密程度。算法本身对于实现而言不值一提,并且它保存了原始框架相当群组的结构。在潜在空间框架元素数量相对于维数更为占优的特例下,表明这一算法以线性速率收敛于一个单位范数紧密框架,证明原始单位范数框架已经足够接近于紧密。这个方法与文献[10] 中方法的主要区别在于,文献[10] 中作者始于近似等范数 Parseval 并且将之完善为接近于等范数框架同时包含 Parseval,在文献[18] 中作者始于一个等范数近 Parseval 框架,在尽可能少改动其转变进程的同时给出了一个完善其代数原则的算法。文献[18] 的主要结果是下面的定理。

定理 11.14 假设 M 和 N 互素。筛选 $t \in \left(0, \dfrac{1}{2M}\right)$ 且令 $\Phi_0 = \{\varphi_i\}_{i=1}^{M}$ 是一个单位范数框架且分析算子 T_0 满足 $\| T_0^* T_0 - \dfrac{M}{N} I \|_{\mathrm{HS}}^2 \leqslant \dfrac{2}{N^3}$。现在,迭代潜在框架梯度下降法来得到 Φ^k。于是 $\Phi_\infty := \lim\limits_{k} \Phi_k$ 存在且是一个单位范数紧框架满足

$$\| \Phi_\infty - \Phi_0 \|_{\mathrm{HS}} \leqslant \frac{4 N^{20} M^{8.5}}{1 - 2Mt} \left\| T_0^* T_0 - \frac{M}{N} I \right\|_{\mathrm{HS}}$$

在文献[10] 中,作者表明在 Paulsen 问题和一个在算子理论的基础开放性问题之间有一个联系。

问题 11.3 (投影问题)令 $\mathscr{H}^N$ 是有正交基 $\{e_i\}_{i=1}^{N}$ 的 N 维希尔伯特空间。寻找函数 $g(\varepsilon, N, M)$ 满足下面条件。若 P 是一个 $\mathscr{H}^N$ 上秩为 M 的投影满足

$$(1-\varepsilon)\frac{M}{N}\leqslant \| Pe_i \|^2 \leqslant (1+\varepsilon)\frac{M}{N},\quad i=1,2,\cdots,N$$

于是有一个投影 Q 且对于所有的 $i=1,2,\cdots,N$，$\| Qe_i \|^2=\frac{M}{N}$ 满足

$$\sum_{i=1}^{N}\| Pe_i - Qe_i \|^2 \leqslant g(\varepsilon,N,M)$$

在文献[13]中，显示 Paulsen 问题等价于投影问题，并且它们的接近函数互相之间在两个因素之内。这一结果的证明给出了关于框架间距离和分析算子范围距离之间的关系。

定理 11.15　令 $\Phi=\{\varphi_i\}_{i\in I}$，$\Psi=\{\psi_i\}_{i\in I}$ 是希尔伯特空间 $\mathscr{H}$ 上分析算子分别为 T_1，T_2 的 Parseval 框架，若

$$d(\Phi,\Psi)=\sum_{i\in I}\| \varphi_i - \psi_i \|^2 < \varepsilon$$

则

$$d(T_1(\Phi),T_2(\Psi))=\sum_{i\in I}\| T_1\varphi_i - T_2\psi_i \|^2 < 4\varepsilon$$

证明　注意对于所有的 $j\in I$

$$T_1\varphi_j=\sum_{i\in I}\langle \varphi_j,\varphi_i\rangle e_i,\quad T_2\psi_j=\sum_{i\in I}\langle \psi_j,\psi_i\rangle e_i$$

因此

$$\begin{aligned}\| T_1\varphi_j - T_2\psi_j \|^2 = &\sum_{i\in I}|\langle \varphi_j,\varphi_i\rangle - \langle \psi_j,\psi_i\rangle|^2 = \\ &\sum_{i\in I}|\langle \varphi_j,\varphi_i-\psi_i\rangle + \langle \varphi_j-\psi_j,\psi_i\rangle|^2 \leqslant \\ &2\sum_{i\in I}|\langle \varphi_j,\varphi_i-\psi_i\rangle|^2 + 2\sum_{i\in I}|\langle \varphi_j-\psi_j,\psi_i\rangle|^2\end{aligned}$$

对 j 求和并且利用框架 Φ 和 Ψ 是 Parseval 这一事实，给出

$$\begin{aligned}\sum_{j\in I}\| T_1\varphi_j - T_2\psi_j \|^2 \leqslant &2\sum_{j\in I}\sum_{i\in I}|\langle \varphi_j,\varphi_i-\psi_i\rangle|^2 + \\ &2\sum_{j\in I}\sum_{i\in I}|\langle \varphi_j-\psi_j,\psi_i\rangle|^2 = \\ &2\sum_{i\in I}\sum_{j\in I}|\langle \varphi_j,\varphi_i-\psi_i\rangle|^2 + 2\sum_{j\in I}\| \varphi_j-\psi_j \|^2 = \\ &2\sum_{i\in I}\| \varphi_i-\psi_i \|^2 + 2\sum_{j\in I}\| \varphi_j-\psi_j \|^2 = \\ &4\sum_{j\in I}\| \varphi_j-\psi_j \|^2\end{aligned}$$

而后，希望将两个子集的弦距和它们正交投影之间建立起联系。首先需要去定义正交投影之间的距离。

定义 11.6　若 P，Q 是 $\mathscr{H}^N$ 上的正交投影，通过下式定义它们之间的距离

$$d(P,Q)=\sum_{i=1}^{M}\|Pe_i-Qe_i\|^2$$

其中$\{e_i\}_{i=1}^{N}$是$\mathscr{H}^N$的一组正交基。

希尔伯特空间子集间的弦距在文献[25]中被定义并且在许多年被广泛应用。

定义 11.7　给定希尔伯特空间的M维子空间W_1,W_2，定义M重数$(\sigma_1,\sigma_2,\cdots,\sigma_M)$如下

$$\sigma_1=\max\{\langle x,y\rangle:x\in Sp_{W_1},y\in Sp_{W_2}\}=\langle x_1,y_1\rangle$$

其中Sp_W是子空间W的单位范围。对$2\leqslant i\leqslant M$

$$\sigma_i=\max\{\langle x,y\rangle:\|x\|=\|y\|=1,$$
$$\langle x_j,x\rangle=0=\langle y_j,y\rangle,1\leqslant j\leqslant i-1\}$$

其中

$$\sigma_i=\langle x_i,y_i\rangle$$

M重$(\theta_1,\theta_2,\cdots,\theta_M)$且$\theta_i=\arccos(\sigma_i)$被称为$W_1,W_2$之间的主角度，$W_1,W_2$之间的弦距由下式给出：

$$d_c^2(W_1,W_2)=\sum_{i=1}^{M}\sin^2\theta_i$$

因此通过定义，存在正交基$\{a_j\}_{j=1}^{M},\{b_j\}_{j=1}^{M}$对于$W_1,W_2$各自满足

$$\|a_j-b_j\|=2\sin\left(\frac{\theta}{2}\right),\quad j=1,2,\cdots,M$$

它遵从于$0\leqslant\theta\leqslant\frac{\pi}{2}$

$$\sin^2\theta\leqslant 4\sin^2\left(\frac{\theta}{2}\right)=\|a_j-b_j\|^2\leqslant 4\sin^2\theta,\quad j=1,2,\cdots,M$$

因此

$$d_c^2(W_1,W_2)\leqslant\sum_{j=1}^{M}\|a_j-b_j\|^2\leqslant 4d_c^2(W_1,W_2)\tag{11.5}$$

也需要下面的结果。

引理 11.4　若$\mathscr{H}^N$是一个N维希尔伯特空间，且P,Q是秩为M的W_1,W_2各自的正交投影，那么子空间之间的弦距$d_c(W_1,W_2)$满足

$$d_c^2(W_1,W_2)=M-\mathrm{Tr}\,PQ$$

接下来给出子空间弦距与这些子空间上投影之间距离的精确联系。这一结果可以在文献[25]中希尔伯特－施密特范数语言中找到。

命题 11.7　令$\mathscr{H}^M$是有正交基$\{e_i\}_{i=1}^{M}$的M维希尔伯特空间。令P,Q是N维子空间$\mathscr{H}^M$上的W_1,W_2各自的正交投影。于是W_1,W_2间的弦距满足

$$d_c^2(W_1,W_2) \leqslant \frac{1}{2}\sum_{i=1}^{M} \| Pe_i - Qe_i \|^2$$

特别地，有 W_1 的正交基 $\{e_i\}_{i=1}^{N}$，W_2 的正交基 $\{\tilde{e}_i\}_{i=1}^{N}$ 满足

$$\frac{1}{2}\sum_{i=1}^{M} \| Pe_i - Qe_i \|^2 \leqslant \sum_{i=1}^{N} \| e_i - \bar{e}_i \|^2 \leqslant 2\sum_{i=1}^{N} \| Pe_i - Qe_i \|^2$$

证明　计算

$$\begin{aligned}\sum_{i=1}^{M} \| Pe_i - Qe_i \|^2 = &\sum_{i=1}^{M}(Pe_i - Qe_i, Pe_i - Qe_i) = \\ &\sum_{i=1}^{M} \| Pe_i \|^2 + \sum_{i=1}^{M} \| Qe_i \|^2 - 2\sum_{i=1}^{M}\langle Pe_i, Qe_i\rangle = \\ &2N - 2\sum_{i=1}^{M}\langle PQe_i, e_i\rangle = \\ &2N - 2\mathrm{Tr}\ PQ = \\ &2N - 2[N - d_c^2(W_1,W_2)] = \\ &2d_c^2(W_1,W_2)\end{aligned}$$

这与式(11.5)一起，完成了证明。

紧接着要去处理的问题是将投影间的距离和相应 Parseval 框架分析算子范围联系在一起。

定理 11.16　令 P,Q 为 $\mathscr{H}^M$ 上秩为 N 的投影，并且令 $\{e_i\}_{i=1}^{M}$ 是 $\mathscr{H}^M$ 的坐标基，进一步讲，假设有 $\mathscr{H}^N$ 的 Parseval 框架 $\{\varphi_i\}_{i=1}^{M}$ 且分析算子 T 满足对所有 $i=1,2,\cdots,M$，有 $T\varphi_i = Pe_i$。若

$$\sum_{i=1}^{M} \| Pe_i - Qe_i \|^2 < \varepsilon$$

于是有一个 $\mathscr{H}_M$ Parseval 框架 $\{\psi_i\}_{i=1}^{M}$ 且分析算子 T_1 满足

$$T_1\psi_i = Qe_i,\quad i=1,2,\cdots,M$$

且

$$\sum_{i=1}^{M} \| \varphi_i - \psi_i \|^2 < 2\varepsilon$$

更进一步来说，若 $\{Qe_i\}_{i=1}^{M}$ 是等范数，那么 $\{\psi_i\}_{i=1}^{M}$ 可以被选为等范数。

证明　由命题 11.7，有 $W_1 = T(\mathscr{H}^N)$，$W_2 = T_1(\mathscr{H}^N)$ 的正交基 $\{a_j\}_{j=1}^{M}$ 和 $\{b_j\}_{j=1}^{M}$ 分别满足

$$\sum_{j=1}^{M} \| a_j - b_j \|^2 < 2\varepsilon$$

令 A,B 是 $N\times M$ 的矩阵，其第 j 列分别是 a_j,b_j，令 a_{ij},b_{ij} 分别是 A,B 在

(i,j) 位置的输入。最终,令$\{\varphi'_i\}_{i=1}^M$,$\{\psi'_i\}_{i=1}^M$ 分别为 A,B 的第 i 行。那么有

$$\sum_{i=1}^{M} \| \varphi'_i - \psi'_i \|^2 = \sum_{i=1}^{M}\sum_{j=1}^{N} | a_{ij} - b_{ij} |^2 = \sum_{j=1}^{N}\sum_{i=1}^{M} | a_{ij} - b_{ij} |^2 =$$
$$\sum_{i=1}^{N} \| a_j - b_j \|^2 < 2\varepsilon$$

由于 A 的行构成了 W_1 的正交基,知道$\{\varphi'_i\}_{i=1}^M$ 是一个与$\{\varphi_i\}_{i=1}^M$ 同构的 Parseval 框架,因此有一个统一的算子 $U:\mathscr{H}^M \to \mathscr{H}^M$,且 $U\varphi'_i = \varphi_i$,现在令$\{\psi_i\}_{i=1}^M = \{U\psi'_i\}_{i=1}^M$,于是

$$\sum_{i=1}^{M} \| \varphi_i - U\psi'_i \|^2 = \sum_{i=1}^{M} \| U(\varphi'_i) - U(\psi'_i) \|^2 = \sum_{i=1}^{M} \| \varphi'_i - \psi'_i \|^2 \leqslant 2\varepsilon$$

最终,若 T_1 是 Parseval 框架$\{\psi_i\}_{i=1}^M$ 的分析算子,那么 T_1 是等距的,因为对于所有的$i=1,2,\cdots,N$,$T_1\psi_i=Qe_i$,若Qe_i 是等范数,也即$\{T_1\psi_i\}_{i=1}^M$,因此也就是$\{\psi_i\}_{i=1}^N$。

定理 11.17 若 $g(\varepsilon,N,M)$ 是 Paulsen 问题的函数且 $f(\varepsilon,N,M)$ 是投影问题的函数,于是

$$f(\varepsilon,N,M) \leqslant 4g(\varepsilon,N,M) \leqslant 8f(\varepsilon,N,M)$$

证明 首先,假设投影问题适用于函数 $f(\varepsilon,N,M)$。令$\{\varphi_i\}_{i=1}^M$ 是 $\mathscr{H}^N$ 的 Parseval 框架,满足

$$(1-\varepsilon)\frac{N}{M} \leqslant \| \varphi_i \|^2 \leqslant (1+\varepsilon)\frac{N}{M}$$

令 T 是$\{\varphi_i\}_{i=1}^M$ 的分析算子并且令 P 是 $\mathscr{H}_M$ 投于幅度 T 上的投影。因此,对于所有的 $i=1,2,\cdots,M$,$T\varphi_i = Pe_i$。由假设投影问题是适用的,有 $\mathscr{H}_M$ 上的常对角投影 Q,因此

$$\sum_{i=1}^{M} \| Pe_i - Qe_i \|^2 \leqslant f(\varepsilon,N,M)$$

由定理 11.16,有 $\mathscr{H}^N$ 的 Parseval 框架$\{\psi_i\}_{i=1}^M$ 且有分析算子 T_1 因此 $T_1\psi_i = Qe_i$ 且

$$\sum_{i=1}^{M} \| \varphi_i - \psi_i \|^2 \leqslant 2f(\varepsilon,N,M)$$

由于 T_1 是一个等距的且$\{T_1\varphi_i\}_{i=1}^M$ 是等范数,它遵从于$\{\psi_i\}_{i=1}^M$ 是一个满足 Paulsen 问题的等范数 Parseval 框架。

反过来,假设 ParsevalPaulsen 问题有一个方程为 $g(\varepsilon,N,M)$ 的正的解。令 P 是 $\mathscr{H}^M$ 上的正交投影,满足

$$(1-\varepsilon)\frac{N}{M} \leqslant \| Pe_i \|^2 \leqslant (1+\varepsilon)\frac{N}{M}$$

那么$\{Pe_i\}_{i=1}^M$是H^N的一个近ε等范数 Parseval 框架，由 Paulsen 问题，有一个等范数 Parseval 框架$\{\psi_i\}_{i=1}^M$，使

$$\sum_{i=1}^{M} \| \varphi_i - \psi_i \|^2 \leqslant g(\varepsilon, N, M)$$

令T_1是$\{\psi_i\}_{i=1}^M$的分析算子，令Q是T_1幅度上的投影，对于所有的$i=1, 2, \cdots, M$有$Qe_i = T_1\psi_i$，由定理 11.15 有

$$\sum_{i=1}^{M} \| Pe_i - T_1\psi_i \|^2 = \sum_{i=1}^{N} \| Pe_i - Qe_i \| \leqslant 4g(\varepsilon, N, M)$$

由于T_1是等距的且$\{\psi_i\}_{i=1}^M$是等范数，它遵从于Q是一常对角投影。

在文献[13]中有几个 Paulsen 问题和投影问题的推广。

11.5 最后评论

在这里聚焦于几个有着有限维公式的纯数学问题。在采样理论、谐波分析和其他尚未涵盖的领域中有许多这些问题的无限维版本。

因为这些问题悠久的历史并且它们与如此众多的数学领域相关联，很自然地将思绪引向了针对于 KS 可判定性的考虑。因为有这些问题的有限维版本，它可以被纯数论的语言所重构，并且因此它有被逻辑学家称为绝对性的性质。作为一个实际问题，通常的感觉是这意味着它不太可能无法被决定。

致谢 作者感谢来自于 NSF DMS 1008183，NSF ATD1042701，以及 AFOSR FA9550－11－1－0245 的支持。

本章参考文献

[1] Akemann, C. A., Anderson, J.: Lyapunov theorems for operator algebras. Mem. AMS 94 (1991).

[2] Anderson, J.: Restrictions and representations of states on C^*-algebras. Trans. Am. Math. Soc. 249, 303-329 (1979).

[3] Anderson, J.: Extreme points in sets of positive linear maps on $B(\mathscr{H})$. J. Funct. Anal. 31, 195-217 (1979).

[4] Anderson, J.: A conjecture concerning pure states on $B(\mathscr{H})$ and a related theorem. In: Topics in Modern Operator Theory, pp. 27-43. Birkhäuser, Basel (1981).

[5] Balan, R.: Equivalence relations and distances between Hilbert frames.

Proc. Am. Math. Soc. 127(8), 2353-2366 (1999).
[6] Balan, R., Casazza, P. G., Heil, C., Landau, Z.: Density, overcompleteness and localization of frames. I. Theory. J. Fourier Anal. Appl. 12, 105-143 (2006).
[7] Balan, R., Casazza, P. G., Heil, C., Landau, Z.: Density, overcompleteness and localization of frames. Ⅱ. Gabor systems. J. Fourier Anal. Appl. 12, 309-344 (2006).
[8] Berman, K., Halpern, H., Kaftal, V., Weiss, G.: Some C_4 and C_6 norm inequalities related to the paving problem. Proc. Symp. Pure Math. 51, 29-41 (1970).
[9] Berman, K., Halpern, H., Kaftal, V., Weiss, G.: Matrix norm inequalities and the relative Dixmier property. Integral Equ. Oper. Theory 11, 28-48 (1988).
[10] Bodmann, B., Casazza, P. G.: The road to equal-norm Parseval frames. J. Funct. Anal. 258(2), 397-420 (2010).
[11] Bourgain, J., Tzafriri, L.: Invertibility of "large" submatrices and applications to the geometry of Banach spaces and harmonic analysis. Isr. J. Math. 57, 137-224 (1987).
[12] Bourgain, J., Tzafriri, L.: On a problem of Kadison and Singer. J. Reine Angew. Math. 420, 1-43 (1991).
[13] Cahill, J., Casazza, P. G.: The Paulsen problem in operator theory, preprint.
[14] Casazza, P. G.: Custom building finite frames. In: Wavelets, Frames and Operator Theory, College Park, MD, 2003. Contemporary Mathematics, vol. 345, pp. 61-86. Am. Math. Soc., Providence (2004).
[15] Casazza, P. G., Christensen, O., Lindner, A., Vershynin, R.: Frames and the Feichtinger conjecture. Proc. Am. Math. Soc. 133 (4), 1025-1033 (2005).
[16] Casazza, P. G., Edidin, D.: Equivalents of the Kadison-Singer problem. Contemp. Math. 435, 123-142 (2007).
[17] Casazza, P. G., Edidin, D., Kalra, D., Paulsen, V.: Projections and the Kadison-Singer problem. Oper. Matrices 1(3), 391-408 (2007).
[18] Casazza, P. G., Fickus, M., Mixon, D.: Auto-tuning unit norm frames. Appl. Comput. Harmon. Anal. 32, 1-15 (2012).

[19] Casazza, P. G., Fickus, M., Mixon, D. G., Tremain, J. C.: The Bourgain-Tzafriri conjecture and concrete constructions of non-pavable projections. Oper. Matrices 5(2), 351-363 (2011).

[20] Casazza, P., Kutyniok, G.: A generalization of Gram-Schmidt orthogonalization generating all Parseval frames. Adv. Comput. Math. 18, 65-78 (2007).

[21] Casazza, P. G., Pfander, G.: An infinite dimensional restricted invertibility theorem, preprint.

[22] Casazza, P. G., Tremain, J. C.: The Kadison-Singer problem in mathematics and engineering. Proc. Natl. Acad. Sci. 103(7), 2032-2039 (2006).

[23] Casazza, P. G., Fickus, M., Tremain, J. C., Weber, E.: The Kadison-Singer problem in mathematics and engineering—a detailed account. In: Han, D., Jorgensen, P. E. T., Larson, D. R. (eds.) Operator Theory, Operator Algebras and Applications. Contemporary Mathematics, vol. 414, pp. 297-356 (2006).

[24] Casazza, P. G., Tremain, J. C.: Revisiting the Bourgain-Tzafriri restricted invertibility theorem. Oper. Matrices 3(1), 97-110 (2009).

[25] Conway, J. H., Hardin, R. H., Sloane, N. J. A.: Packing lines, planes, etc.: packings in Grassmannian spaces. Exp. Math. 5(2), 139-159 (1996).

[26] Dirac, P. A. M.: Quantum Mechanics, 3rd edn. Oxford University Press, London (1947).

[27] Gröchenig, K. H.: Localized frames are finite unions of Riesz sequences. Adv. Comput. Math. 18, 149-157 (2003).

[28] Halpern, H., Kaftal, V., Weiss, G.: Matrix pavings and Laurent operators. J. Oper. Theory 16, 121-140 (1986).

[29] Halpern, H., Kaftal, V., Weiss, G.: Matrix pavings in $B(\mathscr{H})$. In: Proc. 10th International Conference on Operator Theory, Increst (1985). Adv. Appl. 24, 201-214 (1987).

[30] Holmes, R. B., Paulsen, V.: Optimal frames for erasures. Linear Algebra Appl. 377, 31-51 (2004).

[31] Janssen, A. J. E. M.: Zak transforms with few zeroes and the tie. In: Feichtinger, H. G., Strohmer, T. (eds.) Advances in Gabor Analy-

sis, pp. 31-70. Birkhäuser, Boston (2002).

[32] Kadison, R., Singer, I.: Extensions of pure states. Am. J. Math. 81, 383-400 (1959).

[33] Paulsen, V.: A dynamical systems approach to the Kadison-Singer problem. J. Funct. Anal. 255, 120-132 (2008).

[34] Paulsen, V., Ragupathi, M.: Some new equivalences of Anderson's paving conjecture. Proc. Am. Math. Soc. 136, 4275-4282 (2008).

[35] Spielman, D. A., Srivastava, N.: An elementary proof of the restricted invertibility theorem. Isr. J. Math. 19(1), 83-91 (2012).

[36] Tropp, J.: The random paving property for uniformly bounded matrices. Stud. Math. 185(1), 67-82 (2008).

[37] Vershynin, R.: Remarks on the geometry of coordinate projections in $\mathbf{R}^n$. Isr. J. Math. 140, 203-220 (2004).

[38] Weaver, N.: The Kadison-Singer problem in discrepancy theory. Discrete Math. 278, 227-239 (2004).

第12章　概率框架:概述

摘要　有限框架可以被看成分布在欧几里得空间里大量的点,因此它们组成了一个称之为概率框架的更大更丰富的概率测度类的子类,推导了概率框架的一些基本性质,同时在一些适当的势函数的极小值方面对这些子类中的一个特征进行了描述。此外,调查了一系列有概率框架出现的领域,即使它们在这些领域有不同的称谓。这些领域包括方向统计学、凸体几何学和 t 设计理论。

关键字　概率框架;POVM;框架势;各向同性测量

12.1　引　言

在 $\mathbf{R}^N$ 空间里的有限框架是生成集合,它允许像一般性的分解那样对向量进行解析和合成。然而,框架是有冗余的系统,因此,它们提供的重构公式不是唯一的。这些冗余在很多框架的应用中起到了关键的作用,现在这些框架出现在一些领域中,包括但不限于信号处理、量子计算、编码理论、稀疏表示这些领域中。详细概述见参考文献[11]、[22]、[23]。

通过将框架向量看成在 $\mathbf{R}^N$ 空间里分布的大量离散点,便可以将框架的概念延伸到概率测度。文献[16]以概率框架的名称引入这个观点,文献[18]对此做了扩展。本章的目的就是总结出概率框架的主要特性并且找出它们和数学其他领域的联系。

这个概率测度集因其包含的方法很多,再加上分析和代数工具,使重构一些概率框架的案例变得简单和直截了当。例如,通过对这些概率测度进行卷积,可以从已知的框架中得出新的概率框架。此外,本章所考虑的概率框架允许我们引进一种新的框架间距,称为 Wasserstein 间距(见文献[35]),同时也被称为 Earth Mover 间距(见文献[25])。与文献里说的那种像 ℓ_2 间距的标准框架间距不同,Wasserstein 度量能够在两个有不同基数的框架之间定义有意义的间距。

在12.4节将会看到,概率框架与一些领域内出现的概念有着紧密的联系,比如 t 设计理论、在量子计算中遇到的正算子估值方法(POVM)和在凸体研究中使用的等距法。特别是在1948年,F. John 在文献[20]中在有最大容积的椭球上(这个椭球被称为John椭球)给出了一个描述，这个描述就是现在广为人知的单位规范紧框架。后来的和其他的一些处于极值位置上的椭球均支持了这些概率测度，这些方法就是概率框架。框架和凸体之间的联系可以在框架的构建上提供新的思路，将在别的地方进行详细说明。

最后，很有必要提一下概率框架和统计学的联系。比如，在方向统计学里概率紧框架可以用来度量某些统计检验的不兼容性。此外，在文献[21]、[33]、[34]中讨论的 M 统计量中，有限紧框架可以从概率框架参数估计中可能的最大统计量中获得。

本章结构如下，在 12.2 节中，定义了概率框架，并证明了它们的某些特性，然后给出了一些例子。在 12.3 节中，介绍了概率框架的势的概念，而且就紧概率框架给出了最小值。在 12.4 节中，讨论了概率框架和其他领域的关联，这些领域有凸体几何学、量子计算、t 设计理论、方向统计学和压缩感知。

12.2 概率框架

12.2.1 定义和基本性质

令 $\mathscr{P}:=\mathscr{P}(\mathscr{B},\mathbf{R}^N)$ 表征在 $\mathbf{R}^N$ 空间中关于 Borel 的 σ 代数 $\mathscr{B}$ 的所有概率测度的集合。这里用 $\mathrm{supp}(\mu)$ 表征的支撑集 $\mu\in\mathscr{P}$ 是所有 $x\in\mathbf{R}^N$ 的集合，对于以 x 为参数的所有开放性领域 $U_x\subset\mathbf{R}^N$ 有 $\mu(U_x)>0$。用 $\mathscr{P}(K):=\mathscr{P}(\mathscr{B},K)$ 表征在集合 $\mathscr{P}$ 中满足支撑集在 $K\in\mathbf{R}^N$ 的那些概率测度，同时在 $\mathbf{R}^N$ 中的线性空间 $\mathrm{supp}(\mu)$ 用 E_μ 来表征。

定义 12.1 一个Borel概率测度 $\mu\in\mathscr{P}$ 称为一个概率框架，如果存在 $0<A\leqslant B<\infty$ 使得

$$A\|x\|^2\leqslant\int_{\mathbf{R}^N}|\langle x,y\rangle|^2\mathrm{d}\mu(y)\leqslant B\|x\|^2,\quad x\in\mathbf{R}^N \tag{12.1}$$

常数 A 和 B 分别被称为概率框架的上界和下界。当 $A=B$ 时，μ 在此时被称为紧概率框架。如果只有右边的不等式成立，那么称 μ 为巴塞尔概率测度。

引言里已经提到，这个概念由文献[16]提出，在文献[18]中得到进一步发展。稍后会在 12.2.2 小节中看到，概率框架提供了与那些有限框架中已知公式相似的重建公式。要给出概率框架的一个完整描述，首先需要明确一些定义。令

$$\mathscr{P}_2 := \mathscr{P}_2(\mathbf{R}^N) = \{\mu \in \mathscr{P}: M_2^2(\mu) := \int_{\mathbf{R}^N} \| x \|^2 \mathrm{d}\mu(x) < \infty\} \quad (12.2)$$

为包含有限二阶矩的全部概率测度的(凸面)集合。在集合 $\mathscr{P}_2$ 中存在一个自然度量标准,称为 2 — Wasserstein 度量标准,它由下式给出

$$W_2^2(\mu, v) := \min\left(\int_{\mathbf{R}^N \times \mathbf{R}^N} \| x - y \|^2 \mathrm{d}\gamma(x, y), \gamma \in \Gamma(\mu, \nu)\right) \quad (12.3)$$

这里 $\Gamma(\mu,\nu)$ 为 $\mathbf{R}^N \times \mathbf{R}^N$ 空间中所有 Borel 概率测度 γ 的集合,它的临界值分别为 μ 和 ν,即对所有在 $\mathbf{R}^N$ 中的子集 A 和 B 满足 $\gamma(A \times \mathbf{R}^N) = \mu(A)$,$\gamma(\mathbf{R}^N \times B) = \nu(B)$。Wasserstein 距离表示了把物质从 μ 运往 ν 所需要的"工作量",并且每个 $\gamma \in \Gamma(\mu,\nu)$ 被称为一个运送方案。为了得到更多的关于 Wasserstein 空间的细节,分别参考了文献[2]的第 7 章和文献[35]的第 6 章。

定理 12.1　称某种 Borel 概率测度 $\mu \in \mathscr{P}$ 是一种概率框架,如果当且仅当 $\mu \in \mathscr{P}_2$ 且 $E_\mu = \mathbf{R}^N$。此外,如果 μ 是一种紧概率框架,那么这个框架的边界 A 由 $A = \frac{1}{N} M_2^2(\mu) = \frac{1}{N}\int_{\mathbf{R}^N} \| y \|^2 \mathrm{d}\mu(y)$ 给出。

证明　首先假设 μ 是一种紧概率框架,并且令 $\{e_i\}_{i=1}^N$ 为 $\mathbf{R}^N$ 的一个规范正交基,令式(12.1)中的 $x = e_i$,可以得到 $A \leqslant \int_{\mathbf{R}^N} |\langle e_i, y\rangle|^2 \mathrm{d}\mu(y) \leqslant B$。以 i 为求和变量将这些不等式进行求和可得 $A \leqslant \frac{1}{N}\int_{\mathbf{R}^N} \| y \|^2 \mathrm{d}\mu(y) \leqslant B < \infty$,因此,有 $\mu \in \mathscr{P}_2$。请注意后一个不等式同时也证明了定理中的第二部分。

为了证明 $E_\mu = \mathbf{R}^N$,假设 $E_\mu^\perp \neq \{0\}$ 并且选择 $0 \neq x \in E_\mu^\perp$,那么式(12.1)的左半边部分就产生了一个矛盾。

为了得到其反向含义,使 $M_2(\mu) < \infty$ 且 $E_\mu = \mathbf{R}^N$。通过将柯西—施瓦茨不等式应用到 $B = \int_{\mathbf{R}^N} \| y \|^2 \mathrm{d}\mu(y)$ 得到式(12.1)的上界,为了得到框架的下界,令

$$A := \inf_{x \in \mathbf{R}^N}\left(\frac{\int_{\mathbf{R}^N} |\langle x, y\rangle|^2 \mathrm{d}\mu(y)}{\| x \|^2}\right) = \inf_{x \in S^{N-1}}\left(\int_{\mathbf{R}^N} |\langle x, y\rangle|^2 \mathrm{d}\mu(y)\right)$$

根据控制收敛定理,映射 $x \mapsto \int_{\mathbf{R}^N} |\langle x, y\rangle|^2 \mathrm{d}\mu(y)$ 是连续的并且由于单位球面 S^{N-1} 是紧致的,故下确界实际上达到了最小值。令 x_0 在 S^{N-1} 上,则

$$A = \int_{\mathbf{R}^N} |\langle x_0, y\rangle|^2 \mathrm{d}\mu(y)$$

需要验证 $A>0$:因为 $E_\mu=\mathbf{R}^N$,故存在 $y_0\in\operatorname{supp}(\mu)$ 使得 $|\langle x_0,y_0\rangle|^2>0$,因此,存在 $\varepsilon>0$ 和一个满足 $y_0\in U_{y_0}$ 的开子集 $U_{y_0}\subset\mathbf{R}^N$,对于所有的 $y\in U_{y_0}$ 都有 $|\langle x,y\rangle|^2>\varepsilon$。由于 $\mu(U_{y_0})>0$,可以得到 $A\geqslant\varepsilon\mu(U_{y_0})>0$,由此这个定理的第一部分得证。

评论 12.1 一个满足 $M_2(\mu)=1$ 的紧概率框架 μ 会被当作归一化紧概率框架来用。在这种情况下,这个框架的边界是 $A=\frac{1}{N}$,它只依赖于外围空间的维数。事实上,任何一个支集包含在单位球面 S^{N-1} 上的紧概率框架 μ 都是归一化的紧概率框架。

在后续篇幅中,用 δ_φ 来表示以 $\varphi\in\mathbf{R}^N$ 为支撑的 Dirac 方法。

命题 12.1 令 $\Phi=(\varphi_i)_{i=1}^M$ 是 $\mathbf{R}^N$ 空间中的一个非零向量序列,并且令 $(a_i)_{i=1}^M$ 是一个正数序列。

(1)Φ 是一个框架并且框架边界为 $0<A\leqslant B<\infty$,当且仅当 $\mu_\Phi:=\frac{1}{M}\sum_{i=1}^M\delta_{\varphi_i}$ 是一个边界为 A/M 和 B/M 的概率框架时。

(2) 此外,以下表述是等价的:

①Φ 是一个(紧)框架;

②$\mu^\Phi:=\frac{1}{\sum_{i=1}^M\|\varphi_i\|^2}\sum_{i=1}^M\|\varphi_i\|^2\delta_{\frac{\varphi_i}{\|\varphi_i\|^2}}$ 是一个(紧)归一化概率框架;

③ $\frac{1}{\sum_{i=1}^M a_i^2}\sum_{i=1}^M a_i^2\delta_{\frac{\varphi_i}{a_i}}$ 是一个(紧)概率框架。

容易证明,μ_Φ 是一个概率测度,并且它的支集是集合 $\{\varphi_k\}_{k=1}^M$,此集合生成了 $\mathbf{R}^N$ 空间。此外

$$\int_{\mathbf{R}^N}\langle x,y\rangle^2\mathrm{d}\mu_\Phi(y)=\frac{1}{M}\sum_{i=1}^M\langle x,\varphi_i\rangle^2$$

(1) 部分可以很容易地从上述等式得到,并且直接的计算包含了剩余的等价关系。

评论 12.2 尽管 μ_Φ 的框架边界小于 Φ 的框架边界,但能注意到它们各自框架边界的比率是相同的。

例 12.1 令 $\mathrm{d}x$ 表示 $\mathbf{R}^N$ 空间中的 Lebesgue 测度并且假设 f 是一个正的 Lebesgue 积分函数例如 $\int_{\mathbf{R}^N}f(x)\mathrm{d}x=1$,如果 $\int_{\mathbf{R}^N}\|x\|^2f(x)\mathrm{d}x<\infty$,则由 $\mathrm{d}\mu=f(x)\mathrm{d}x$ 定义的测度 μ 就是一个(Borel)概率测度,即概率框架。此外,如

果对于任意的用“±”号连接起来的量有 $f(x_1,\cdots,x_N)=f(\pm x_1,\cdots,\pm x_N)$，则 μ 是一个紧概率框架;参阅文献[16]中的命题 3.13。比方说当 f 径向对称时,即存在一个函数 g 使得 $f(x)=g(\|x\|)$ 时,后者是成立的。

概率框架有一些优点。例如,可以利用测度理论工具从旧的概率框架中产生新的概率框架。实际上,在一些比较宽松的条件下,概率框架的卷积可以产生新的概率框架。这里 $\mu,\nu\in\mathscr{P}$ 的卷积就是一个概率框架,这个框架由 $\mu*\nu(A)=\int_{\mathbf{R}^N}\mu(A-x)\mathrm{d}\nu(x)(A\in\mathscr{B})$ 给出。表述基于概率框架卷积得到的结果需要一个技术性引理,这个引理与之后要考虑的概率框架的支撑集有关。这个结果是对一个实际情况的模拟,这个实际情况就是往一个框架里添加有限个向量不会改变这个框架的本质,只会影响到它的边界值。在概率框架的支撑集中添加单一的点(或者有限个点)不会破坏框架的属性,仅仅改变框架的边界值。

引理 12.1　令 μ 是一个边界为 $B>0$ 的 Bessel 概率测度,给定 $\varepsilon\in(0,1)$,使 $\mu_\varepsilon=(1-\varepsilon)\mu+\varepsilon\delta_0$,那么 μ_ε 就是一个边界为 $B_\varepsilon=(1-\varepsilon)B$ 的 Bessel 测度。如果 μ 同时也是一个边界满足 $0<A\leqslant B<\infty$ 的概率框架,那么 μ_ε 也是一个边界为 $(1-\varepsilon)A$ 和 $(1-\varepsilon)B$ 的概率框架。

特别地,当 μ 是一个边界为 A 的紧概率框架时,μ_ε 也是一个边界为 $(1-\varepsilon)A$ 的紧概率框架。

证明　μ_ε 是概率测度的凸合成,所以它显然是一个概率测度。这个引理的证明可由下式得出:

$$\int_{\mathbf{R}^N}|\langle x,y\rangle|^2\mathrm{d}\mu_\varepsilon(y)=(1-\varepsilon)\int_{\mathbf{R}^N}|\langle x,y\rangle|^2\mathrm{d}\mu(y)+\varepsilon\int_{\mathbf{R}^N}|\langle x,y\rangle|^2\mathrm{d}\delta_0(y)=(1-\varepsilon)\int_{\mathbf{R}^N}|\langle x,y\rangle|^2\mathrm{d}\mu(y)$$

到这里,已经完成了为理解概率框架之间卷积的所有准备工作。

定理 12.2　令 $\mu\in\mathscr{P}_2$ 是一个概率框架并且令 $\nu\in\mathscr{P}_2$,如果 $\mathrm{supp}(\mu)$ 包含至少 $N+1$ 个不一样的向量,那么 $\mu*\nu$ 就是一个概率框架。

证明

$$M_2^2(\mu*\nu)=\int_{\mathbf{R}^N}\|y\|^2\mathrm{d}\mu*\nu(y)=\iint_{\mathbf{R}^N\times\mathbf{R}^N}\|x+y\|^2\mathrm{d}\mu(x)\mathrm{d}\nu(y)\leqslant M_2^2(\mu)+M_2^2(\nu)+2M_2(\mu)M_2(\nu)=$$

$$(M_2(\mu)+M_2(\nu))^2<\infty$$

因此$\mu*\nu\in\mathscr{P}_2$，参阅定理12.1，它仅仅可以证实$\mu*\nu$的支集生成了空间$\mathbf{R}^N$。由于$\mathrm{supp}(\mu)$生成空间$\mathbf{R}^N$，故存在$\{\varphi_i\}_{i=1}^{N+1}\subset\mathrm{supp}(\mu)$组成空间$\mathbf{R}^N$中的一个框架，由于对于每个$x\in\mathbf{R}^N$，它们之间是线性独立的，可以找到$\{c_i\}_{i=1}^{N+1}\subset\mathbf{R}$且$x=\sum_{i=1}^{N+1}c_i\varphi_i$，$\sum_{i=1}^{N+1}c_i=0$。对于$y\in\mathrm{supp}(\nu)$，有

$$x=x+0y=\sum_{i=1}^{N+1}c_i\varphi_i+\sum_{i=1}^{N+1}c_iy=\sum_{i=1}^{N+1}c_i(\varphi_i+y)\in\mathrm{span}(\mathrm{supp}(\mu)+\mathrm{supp}(\nu))$$

故$\mathrm{supp}(\mu)\subset\mathrm{span}(\mathrm{supp}(\mu)+\mathrm{supp}(\nu))$，因为$\mathrm{supp}(\mu)+\mathrm{supp}(\nu)\subset\mathrm{supp}(\mu*\nu)$，因此定理得证。

评论 12.3 通过定理12.1不失一般性，可以假设$0\in\mathrm{supp}(\nu)$，在这种情况下，如果μ是一个概率框架满足$\mathrm{supp}(\mu)$不包含$N+1$个不同的向量，那么$\mu*\nu$仍然是一个概率框架。的确，$0\in\mathrm{supp}(\nu)$和$E_\mu=\mathbf{R}^N$联合$\mathrm{supp}(\mu)+\mathrm{supp}(\nu)\subset\mathrm{supp}(\mu*\nu)$这一事实可以推出$\mathrm{supp}(\mu*\nu)$生成空间$\mathbf{R}^N$。

最后，如果μ是一个概率框架且满足$\mathrm{supp}(\mu)$不包含$N+1$个不同的向量，那么$\mathrm{supp}(\mu)=\{\varphi_j\}_{j=1}^N$组成了空间$\mathbf{R}^N$的一个基，在这种情况下，如果$\nu=\delta_{-x}$，那么$\mu*\nu$就不是一个概率框架，这里$x$是$\{\varphi_j\}_{j=1}^N$的一个仿射线性合成。的确，由在$\sum_{j=1}^N c_j=1$时的$x=\sum_{j=1}^N c_j\varphi_j$可推断出$\sum_{j=1}^N c_j(\varphi_j-x)=0$，尽管不是所有的$c_j$都为零。因此，$\mathrm{supp}(\mu*\nu)=\{\varphi_j-x\}_{j=1}^N$是线性独立的，故不能生成空间$\mathbf{R}^N$。

命题 12.2 令μ和ν是紧概率框架，如果ν的均值为零，即$\int_{\mathbf{R}^N}y\mathrm{d}\nu(y)=0$，那么$\mu*\nu$也是一个紧概率框架。

证明 令A_μ和A_ν分别代表框架的两个边界μ和ν，则

$$\begin{aligned}\int_{\mathbf{R}^N}|\langle x,y\rangle|^2\mathrm{d}\mu*\nu(y)=&\int_{\mathbf{R}^N}\int_{\mathbf{R}^N}|\langle x,y+z\rangle|^2\mathrm{d}\mu(y)\mathrm{d}\nu(z)=\\&\int_{\mathbf{R}^N}\int_{\mathbf{R}^N}|\langle x,y\rangle|^2\mathrm{d}\mu(y)\mathrm{d}\nu(z)+\\&\int_{\mathbf{R}^N}\int_{\mathbf{R}^N}|\langle x,z\rangle|^2\mathrm{d}\mu(y)\mathrm{d}\nu(z)+\\&2\int_{\mathbf{R}^N}\int_{\mathbf{R}^N}\langle x,y\rangle\langle x,z\rangle\mathrm{d}\mu(y)\mathrm{d}\nu(z)=\\&A_\mu\|x\|^2+A_\nu\|x\|^2+\\&2\langle\int_{\mathbf{R}^N}\langle x,y\rangle x\mathrm{d}\mu(y),\int_{\mathbf{R}^N}z\mathrm{d}\nu(z)\rangle=\end{aligned}$$

$$(A_\mu + A_\nu)\|x\|^2$$

这里，后边等式成立是因为$\int_{\mathbf{R}^N} z\,\mathrm{d}\nu(z)=0$。

例 12.2　令$\{\varphi_i\}_{i=1}^M \subset \mathbf{R}^N$是一个紧概率框架，且$\nu$是一个概率测度使得对于某方程$g$满足$\mathrm{d}\nu(x)=g(\|x\|)\mathrm{d}x$。已经在例 12.1 中提到$\nu$是一个紧概率框架，并且随后命题 12.2 得出$\left(\frac{1}{M}\sum_{i=1}^M \delta_{-\varphi_i}\right) * \nu = \frac{1}{M}\sum_{i=1}^M f(x-\varphi_i)\mathrm{d}x$是一个紧概率框架，由图 12.1 可以直观地看到。

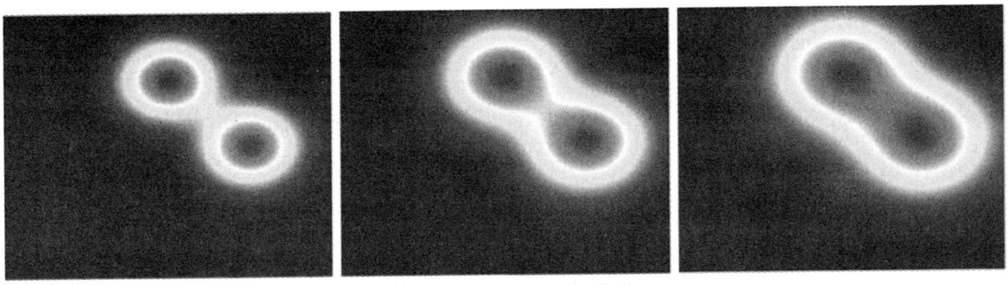

(a) 正交基与高斯基进行卷积

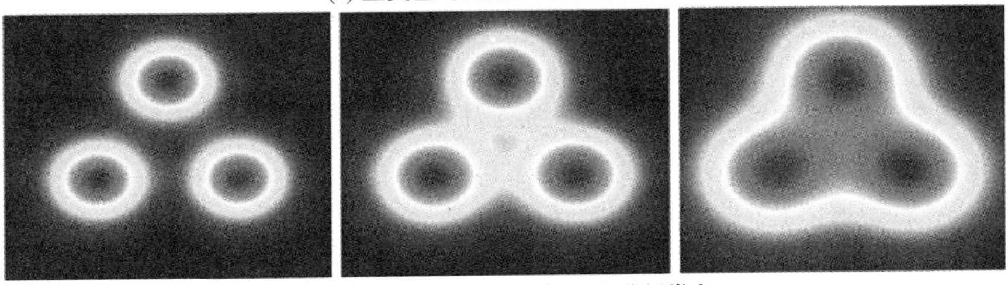

(b) Mercedes-benz基与高斯基进行卷积

图 12.1　$\{\varphi_i\}_{i=1}^M \subset \mathbf{R}^2$与高斯基相卷积后生成的概率紧框架的热力图，其中高斯基的方差从左到右依次增加。原点在中心位置，坐标轴从 −2 到 2。每个图的调色板(colormap) 都分别依照密度从零到最大值按比例显示(见彩页)

命题 12.3　令μ和ν分别为空间$\mathbf{R}^{N_1}$和空间$\mathbf{R}^{N_2}$上的紧概率框架，其上下框架边界分别为A_μ, A_ν和B_μ, B_ν，以使它们至少有一个是零均值的。那么由$\gamma=\mu\otimes\nu$产生的测度是一个在空间$\mathbf{R}^{N_1}\times\mathbf{R}^{N_2}$上的概率测度，它的上下边界分别为$\min(A_\mu, A_\nu)$和$\max(B_\mu, B_\nu)$。

另外，如果μ和ν均是紧致的，且$M_2^2(\mu)/N_1 = M_2^2(\nu)/N_2$，那么$\gamma=\mu\otimes\nu$是一个紧概率框架。

证明　令$(z_1, z_2)\in\mathbf{R}^{N_1}\times\mathbf{R}^{N_2}$，则

$$\iint_{\mathbf{R}^{N_1}\times\mathbf{R}^{N_2}} \langle (z_1,z_2),(x,y)\rangle^2 \mathrm{d}\gamma(x,y) =$$

$$\iint_{\mathbf{R}^{N_1}\times\mathbf{R}^{N_2}} (\langle z_1,x\rangle + \langle z_2,y\rangle)^2 \mathrm{d}\gamma(x,y) =$$

$$\iint_{\mathbf{R}^{N_1}\times\mathbf{R}^{N_2}} \langle z_1, x\rangle^2 \mathrm{d}\gamma(x,y) +$$
$$\iint_{\mathbf{R}^{N_1}\times\mathbf{R}^{N_2}} \langle z_2, y\rangle^2 \mathrm{d}\gamma(x,y) +$$
$$2\iint_{\mathbf{R}^{N_1}\times\mathbf{R}^{N_2}} \langle z_1, x\rangle\langle z_2, y\rangle \mathrm{d}\gamma(x,y) =$$
$$\int_{\mathbf{R}^{N_1}} \langle z_1, x\rangle^2 \mathrm{d}\mu(x) + \int_{\mathbf{R}^{N_2}} \langle z_2, y\rangle^2 \mathrm{d}\nu(y) +$$
$$2\int_{\mathbf{R}^{N_1}}\int_{\mathbf{R}^{N_2}} \langle z_1, x\rangle\langle z_2, y\rangle \mathrm{d}\mu(x)\mathrm{d}\nu(y) =$$
$$\int_{\mathbf{R}^{N_1}} \langle z_1, x\rangle^2 \mathrm{d}\mu(x) + \int_{\mathbf{R}^{N_2}} \langle z_2, y\rangle^2 \mathrm{d}\nu(y)$$

这里,最后一个方程源于一个事实,即这两个概率测度中有零均值的测度。这样可得

$$A_\mu \|z_1\|^2 + A_\nu \|z_2\|^2 \leqslant \iint_{\mathbf{R}^{N_1}\times\mathbf{R}^{N_2}} \langle (z_1, z_2), (x, y)\rangle^2 \mathrm{d}\gamma(x,y) \leqslant B_\mu \|z_1\|^2 + B_\nu \|z_2\|^2$$

并且此命题的第一部分源自 $\|(z_1, z_2)\|^2 = \|z_1\|^2 + \|z_2\|^2$,第二部分可由以上的估计和定理 12.1 联合推出。

如果命题 12.3 中的 $N_1 = N_2 = N$ 并且 μ 和 ν 是空间 $\mathbf{R}^N$ 上满足至少有一个是零均值的紧概率框架,那么 $\gamma = \mu \otimes \nu$ 是空间 $\mathbf{R}^N \times \mathbf{R}^N$ 上的一个紧概率框架。显然,测度 $\gamma = \mu \otimes \nu$ 有两个边界,分别为 μ 和 ν,因此,它也是 $\Gamma(\mu,\nu)$ 的一个元素,这个集合由(12.3)定义。人们或许有疑问在 $\Gamma(\mu,\nu)$ 是否还有别的紧概率框架,如果有,如何把它们找出来?

接下来是大家熟知的框架理论领域中的“Paulsen 问题”。由文献[7]、[9]、[10]给定一个框架 $\{\varphi_i\}_{i=1}^M \subset \mathbf{R}^N$,那么拥有相同的范数的相距最近的紧概率框架之间的距离有多远?两个框架 $\Phi = \{\varphi_i\}_{i=1}^M$ 和 $\Psi = \{\psi_i\}_{i=1}^M$ 之间的距离通常由标准 ℓ_2 - 距离 $\sum_{i=1}^M \|\varphi_i - \psi_i\|^2$ 给出。

概率环境下 Paulsen 问题能够被重构,并且这个重构似乎具有足够的灵活性。已知任一非零向量 $\Phi = \{\varphi_i\}_{i=1}^M$,则在概率测度空间中存在两个自然嵌入量,即

$$\mu_\Phi = \frac{1}{M}\sum_{i=1}^M \delta_{\varphi_i} \quad 和 \quad \mu^\Phi := \frac{1}{\sum_{i=1}^M \|\varphi_i\|^2}\sum_{i=1}^M \|\varphi_i\|^2 \delta_{\varphi_i/\|\varphi_i\|}$$

μ_Φ 和 μ_Ψ 之间的 2 - Wasserstein 距离满足

$$M\|\mu_\Phi - \mu_\Psi\|_{W_2}^2 = \inf_{\pi \in \Pi_M} \sum_{i=1}^M \|\varphi_i - \psi_{\pi(i)}\|^2 \leqslant \sum_{i=1}^M \|\varphi_i - \psi_i\|^2 \quad (12.4)$$

这里 Π_M 表示$\{1,\cdots,M\}$所有排列的集合，相关内容参阅文献[25]。式(12.4)的右边代表了框架间的标准距离，并且对框架元素的排列顺序较为敏感。但是，Wasserstein距离允许对元素重新排序。更重要的是，ℓ_2－距离要求两个框架具有相同的基数，另外，Wasserstein 度量标准可以定义两个框架或者不同基数间的距离有多远。因此为了解 Paulsen 问题，人们可以在不必拥有相同基数的情况下找出最近的紧归一化概率框架。

第二个嵌入量 μ^{Φ} 可以被用来解释这一点。

例 12.3　如果对于 $\varepsilon>0$，有

$$\Phi_\varepsilon=\left\{(1,0)^{\mathrm{T}},\sqrt{\frac{1}{2}}\ (\sin\varepsilon,\cos\varepsilon)^{\mathrm{T}},\sqrt{\frac{1}{2}}\ (\sin(-\varepsilon),\cos(-\varepsilon))^{\mathrm{T}}\right\}$$

那么当 $\varepsilon\to 0$ 时，2－Wasserstein 的度量标准中的 $\mu^{\Phi_\varepsilon}\to\frac{1}{2}(\delta_{e_1}+\delta_{e_2})$，这里$\{e_i\}_{i=1}^2$ 是 $\mathbf{R}^2$ 空间中的标准正交基。因此，在概率集合中$\{e_i\}_{i=1}^2$ 和 Φ_ε 非常接近。由于$\{e_i\}_{i=1}^2$ 只有两个向量，因此当人们在标准 ℓ_2 － 距离范围内寻找和 Φ_ε 接近的紧概率框架时，一般会忽略掉$\{e_i\}_{i=1}^2$。

以一系列的开放性问题来结束本小节，这些问题可以给框架理论带来新的想法。前三个问题都和 Paulsen 问题相关，相关内容参考之前已经提到过的文献[7]、[9]、[10]。

问题 12.1

(a) 已知一个概率框架 $\mu\in\mathscr{P}(S^{N-1})$，那么与之距离最近的归一化紧概率框架 $\nu\in\mathscr{P}(S^{N-1})$ 和此概率框架的 2 － Wasserstein 距离有多远？如何找到它？注意在这种情况下，$\mathscr{P}_2(S^{N-1})\in\mathscr{P}(S^{N-1})$ 是一个紧致集合，参见文献[29]中定理 6.4 的例子。

(b) 给定一个归一化概率框架 $\mu\in\mathscr{P}_2$，那么与之距离最近的归一化紧概率框架 $\nu\in\mathscr{P}_2$，和此概率框架的 2－Wasserstein 距离有多远？如何找到它？

(c) 在先前提到的两个问题中把 2－Wasserstein 距离替换为不同 p 值下的 Wassersteinp 度量标准 $W_p^p(\mu,\nu)=\inf_{\gamma\in\Gamma(\mu,\nu)}\int_{\mathbf{R}^N\times\mathbf{R}^N}\|x-y\|^p\mathrm{d}\gamma(x,y)$，这里 $2\neq p\in(1,\infty)$。

(d) 令 μ 和 ν 是 $\mathbf{R}^N$ 空间上的两个紧概率框架，它们中至少有一个是零均值的。回顾一下，$\Gamma(\mu,\nu)$ 是 $\mathbf{R}^N\times\mathbf{R}^N$ 中所有概率测度的集合，它的两个边界值分别为 μ 和 ν，那么在度量标准为 $W_2^2(\mu,\nu)$ 情况下，极小值变量 $\gamma_0\in\Gamma(\mu,\nu)$ 是一个概率框架吗？或者，除了乘积测度以外，在 $\Gamma(\mu,\nu)$ 中还有别的紧概率框架吗？

12.2.2　概率框架和格兰姆算子

为了更好地理解概率框架的概念，现在考虑一些相关的算子，这些算子包

含了概率测度 μ 的所有性质。令 $\mu \in \mathscr{P}$ 是一个概率框架，则概率分析算子由下式给出

$$T_{\mu}: \mathbf{R}^N \to L^2(\mathbf{R}^N, \mu), \quad x \mapsto \langle x, . \rangle$$

它的伴随算子定义为

$$T_{\mu}^*: L^2(\mathbf{R}^N, \mu) \to \mathbf{R}^N, \quad f \mapsto \int_{\mathbf{R}^N} f(x) x \mathrm{d}\mu(x)$$

被称为概率综合算子，上式中的积分值是向量。统计格兰姆算子为 $G_{\mu} = T_{\mu} T_{\mu}^*$，它也被称为 μ 的统计格兰姆算子。μ 的概率框架算子为 $S_{\mu} = T_{\mu}^* T_{\mu}$，容易证明

$$S_{\mu}: \mathbf{R}^N \to \mathbf{R}^N, \quad S_{\mu}(x) \to \int_{\mathbf{R}^N} \langle x, y \rangle y \mathrm{d}\mu(y)$$

如果 $\{e_j\}_{j=1}^2$ 是 $\mathbf{R}^N$ 中的一组标准正交基，那么这个向量值积分满足

$$\int_{\mathbf{R}^N} y^{(i)} y \mathrm{d}\mu(y) = \sum_{j=1}^N \int_{\mathbf{R}^N} y^{(i)} y^{(j)} \mathrm{d}\mu(y) e_j$$

这里 $y = (y^{(1)}, \cdots, y^{(N)})^{\mathrm{T}} \in \mathbf{R}^N$，用 $m_{i,j}(\mu)$ 表示 μ 的二阶矩，即

$$m_{i,j}(\mu) = \int_{\mathbf{R}^N} x^{(i)} x^{(j)} \mathrm{d}\mu(x), \quad i, j = 1, \cdots, N$$

则可以得到

$$S_{\mu} e_i = \int_{\mathbf{R}^N} y^{(i)} y \mathrm{d}\mu(y) = \sum_{j=1}^N \int_{\mathbf{R}^N} y^{(i)} y^{(j)} \mathrm{d}\mu(y) e_j = \sum_{j=1}^N m_{i,j}(\mu) e_j$$

因此概率框架算子是二阶矩的矩阵。

μ 的格兰姆算子就是由下式定义在 $L^2(\mathbf{R}^N, \mu)$ 上的积分算子

$$G_{\mu} f(x) = T_{\mu} T_{\mu}^* f(x) = \int_{\mathbf{R}^N} K(x, y) f(y) \mathrm{d}\mu(y) = \int_{\mathbf{R}^N} \langle x, y \rangle f(y) \mathrm{d}\mu(y)$$

易知 G_{μ} 是 $L^2(\mathbf{R}^N, \mu)$ 上的一个紧致算子，它是一个有迹算子并且经过希尔伯特－施密特化。它的内核是对称的连续的，并且在 $L^2(\mathbf{R}^N \times \mathbf{R}^N, \mu \otimes \mu) \subset L^1(\mathbf{R}^N \times \mathbf{R}^N, \mu \otimes \mu)$ 上。注意这个包含关系来源于一个事实，就是 $\mu \otimes \mu$ 是一个 $\mathbf{R}^N \times \mathbf{R}^N$ 上的(有限)概率框架，此外对于任何 $f \in L^2(\mathbf{R}^N, \mu)$，$G_{\mu} f$ 是 $\mathbf{R}^N$ 上的一个归一化连续函数。

下面汇总一下 S_{μ} 和 G_{μ} 的性质。

命题 12.4　假如 $\mu \in \mathscr{P}$，那么下列叙述在相应条件下成立：

(1)S_{μ} 被严格定义(因此有界)当且仅当

$$M_2(\mu) < \infty$$

(2)μ 是一个概率框架当且仅当 S_{μ} 被严格定义且正定；

(3)G_{μ} 上的零空间包含了 $L^2(\mathbf{R}^N, \mu)$ 中的所有函数，使得

$$\int_{\mathbf{R}^N} y f(y) \mathrm{d}\mu(y) = 0$$

此外,G_μ 上的零特征值有有限的多样性,即它的特征空间是有限维的。

为了更加完整,给出命题 12.4 的一个详细的证明。

证明　(1) 如果 S_μ 被严格定义,那么它是一个有限维希尔伯特空间的线性算子并且有界。如果 $\| S_\mu \|$ 表征它的算子范数并且$\{e_i\}_{i=1}^N$ 是 $\mathbf{R}^N$ 空间的正交基,那么

$$\int_{\mathbf{R}^N} \| y \|^2 \mathrm{d}\mu(y) = \sum_{i=1}^N \int_{\mathbf{R}^N} \langle e_i, y\rangle\langle y, e_i\rangle \mathrm{d}\mu(y) = \sum_{i=1}^N \langle S_\mu(e_i), e_i\rangle \leqslant \sum_{i=1}^N \| S_\mu(e_i) \| \leqslant N \| S_\mu \|$$

另外,如果 $M_2(\mu) < \infty$,那么

$$\int_{\mathbf{R}^N} | \langle x, y\rangle |^2 \mathrm{d}\mu(y) \leqslant \int_{\mathbf{R}^N} \| x \|^2 \| y \|^2 \mathrm{d}\mu(y) = \| x \|^2 M_2^2(\mu)$$

因此,T_μ 被严格定义且有界,T_μ^* 也是一样,故 S_μ 被严格定义且有界。

(2) 如果 μ 是一个概率框架,那么 $M_2(\mu) < \infty$,参考定理 12.1,因此 S_μ 被严格定义。如果 $A > 0$ 是 μ 的下界,那么可以得到

$$\langle x, S_\mu(x)\rangle = \int_{\mathbf{R}^N} \langle x, y\rangle\langle x, y\rangle \mathrm{d}\mu(y) = \int_{\mathbf{R}^N} | \langle x, y\rangle |^2 \mathrm{d}\mu(y) \geqslant A \| x \|^2$$

对于所有的 $x \in \mathbf{R}^N$,故 S_μ 是正定的。

令 S_μ 是严格定义且正定的,根据(1),$M_2^2(\mu) < \infty$,可知概率框架的上界存在。由于 S_μ 是正定的,它的特征向量$\{\nu_i\}_{i=1}^N$ 是 $\mathbf{R}^N$ 空间的一个基并且它的特征值$\{\lambda_i\}_{i=1}^N$ 都为正。每个 $x \in \mathbf{R}^N$ 都可以被扩展成 $x = \sum_{i=1}^N a_i \nu_i$,使得 $\sum_{i=1}^N a_i^2 = \| x \|^2$。如果 $\lambda > 0$ 表示最小的特征值,那么可以得到

$$\int_{\mathbf{R}^N} | \langle x, y\rangle |^2 \mathrm{d}\mu(y) = \langle x, S_\mu(x)\rangle = \sum_{i,j} a_i \langle \nu_i, \lambda_j a_j \nu_j\rangle = \sum_{i=1}^N a_i^2 \lambda_i \geqslant \lambda \| x \|^2$$

λ 就是概率框架的下界。

对于(3),注意到 f 在 G_μ 的零空间中当且仅当

$$0 = \int_{\mathbf{R}^N} \langle x, y\rangle f(y) \mathrm{d}\mu(y) = \langle x, \int_{\mathbf{R}^N} y f(y) \mathrm{d}\mu(y)\rangle, \quad x \in \mathbf{R}^N$$

这个条件与$\int_{\mathbf{R}^N} y f(y) \mathrm{d}\mu(y) = 0$ 等价,根据紧算子的基本准则,与零特征值对应的特征空间具有有限的维数。

概率框架的一个关键性质是,它们引出一个重建公式,这个公式与框架理论中应用的相似。如果 $\mu \in \mathscr{P}$是一个概率框架,根据下式定义 $\tilde{\mu} = \mu \circ S_\mu$

$$\tilde{\mu}(B) = \mu((S_\mu^{-1})^{-1} B) = \mu(S_\mu B)$$

对于每一个 Borel 集合 $B \subset \mathbf{R}^N$。它等价于

$$\int_{\mathbf{R}^N} f(S_\mu^{-1}(y))\mathrm{d}\mu(y) = \int_{\mathbf{R}^N} f(y)\mathrm{d}\tilde{\mu}(y)$$

我们指出,$\tilde{\mu}$ 是通过 S_μ^{-1} 的演进。为了得到概率测度的演进的更多细节,查阅了文献[2]中的5.2节,因此,利用 $S_\mu^{-1}S_\mu = S_\mu S_\mu^{-1} = Id$ 这一事实,对于每一个 $x \in \mathbf{R}^N$,可以得到

$$\begin{aligned}\int_{\mathbf{R}^N} \langle x, y\rangle S_\mu y \mathrm{d}\tilde{\mu}(y) &= \int_{\mathbf{R}^N} \langle x, S_\mu^{-1} y\rangle S_\mu S_\mu^{-1}(y)\mathrm{d}\mu(y) = \\ &\int_{\mathbf{R}^N} \langle S_\mu^{-1} x, y\rangle y \mathrm{d}\mu(y) = \\ &S_\mu S_\mu^{-1}(x) = x\end{aligned}$$

因此,推导出了重建公式:

$$x = \int_{\mathbf{R}^N} \langle x, y\rangle S_\mu y \mathrm{d}\tilde{\mu}(y) = \int_{\mathbf{R}^N} y\langle S_\mu y, x\rangle \mathrm{d}\tilde{\mu}(y), \quad x \in \mathbf{R}^N \tag{12.5}$$

如果 μ 是 $\mathbf{R}^N$ 空间上的概率框架,那么 $\tilde{\mu}$ 也是 $\mathbf{R}^N$ 空间上的概率框架。请注意,如果 μ 是一个与有限单位规范紧概率框架 $\{\varphi_i\}_{i=1}^M$ 相对应的计数测度,那么 $\tilde{\mu}$ 也是一个与规范双重框架有关的计数测度。式(12.5)把人们熟知的重建公式归纳为有限框架。根据这些结果,现在提出以下定义:

定义 12.2 如果 μ 是一个概率框架,那么 $\tilde{\mu} = \mu \circ S_\mu$ 被称为 μ 的一个概率规范双重框架。

现在可以推导有限框架的很多性质。比如,可以根据文献[12]中的方法来得到规范紧框架的一般化的形式。

命题 12.5 如果 μ 是 $\mathbf{R}^N$ 空间的一个概率框架,那么 $\tilde{\mu} = \mu \circ S_\mu^{1/2}$ 是 $\mathbf{R}^N$ 空间的一个紧概率框架。

评论 12.4 迄今为止,在有限维 Euclidean 空间中提出的概率框架的概念可以在任意的无限维可分离实希尔伯特空间 X 中定义,X 的范数和内积分别用 $\|\cdot\|_X$ 和 $\langle\cdot,\cdot\rangle_X$ 表示。如果存在 $0 < A \leqslant B < \infty$ 使得

$$A\|x\|^2 \leqslant \int_X |\langle x, y\rangle|^2 \mathrm{d}\mu(y) \leqslant B\|x\|^2, \quad x \in X$$

就称一个 Borel 概率测度 μ 是 X 空间上的一个概率框架。如果 $A = B$,那么称 μ 是一个紧概率框架。

12.3 概率框架的势

概率框架的势在文献[6]、[16]、[31]、[36]中都有定义,特别是 $\Phi = \{\varphi_i\}_{i=1}^M \subset \mathbf{R}^N$ 的框架的势是通过下式被定义在 $\mathbf{R}^N \times \mathbf{R}^N \times \cdots \times \mathbf{R}^N$ 上的函数 FP(·)

$$\mathrm{FP}(\Phi) := \sum_{i=1}^M \sum_{j=1}^M |\langle \varphi_i, \varphi_j\rangle|^2$$

它的概率形式由以下的定义给出。

定义 12.3　对于 $\mu \in \mathscr{P}_2$,概率框架的势为

$$\mathrm{PFP}(\mu) = \iint_{\mathbf{R}^N \times \mathbf{R}^N} |\langle x, y\rangle|^2 \mathrm{d}\mu(x)\mathrm{d}\mu(y) \tag{12.6}$$

请注意,对于每个 $\mu \in \mathscr{P}_2$,$\mathrm{PFP}(\mu)$ 都被严格定义并且 $\mathrm{PFP}(\mu) \leqslant M_2^4(\mu)$。事实上,概率框架的势仅仅是算子 G_μ 的希尔伯特－施密特标准型,即

$$\| G_\mu \|_{\mathrm{HS}}^2 = \iint_{\mathbf{R}^N \times \mathbf{R}^N} \langle x, y\rangle^2 \mathrm{d}\mu(x)\mathrm{d}\mu(y) = \sum_{l=0}^{\infty} \lambda_l^2$$

这里 $\lambda_k := \lambda_k(\mu)$ 是 G_μ 的第 k 个特征值。

如果 $\Phi = \{\varphi_i\}_{i=1}^M, M \geqslant N$ 是一个有限的单位规范紧框架,且 $\mu = \frac{1}{M}\sum_{i=1}^{M} \delta_{\varphi_i}$ 是相应的概率紧框架,那么

$$\mathrm{PFP}(\mu) = \frac{1}{M^2}\sum_{i,j=1}^{M} \langle \varphi_i, \varphi_j\rangle^2 = \frac{1}{M^2}\frac{M^2}{N} = \frac{1}{N}$$

根据[16] 中的定理 4.2,可得

$$\mathrm{PFP}(\mu) \geqslant \frac{1}{N} M_2^4(\mu)$$

除去测度 δ_0,等式成立的条件是当且仅当 μ 是一个紧概率框架。

定理 12.3　如果 $\mu \in \mathscr{P}_2$ 使得 $M_2(\mu) = 1$,那么

$$\mathrm{PFP}(\mu) \geqslant 1/n \tag{12.7}$$

这里 n 是 S_μ 的非零特征值的个数。此外,等式成立的条件是当且仅当 μ 是 E_μ 的一个紧概率框架。

请注意,必须将 E_μ 和定理 12.3 中的实 $\dim(E_\mu)$－欧几里得空间的维数看作等同来讨论概率框架。此外,定理 12.3 给出一个结论,即当 $\mu \in \mathscr{P}_2$ 使得 $M_2(\mu) = 1$ 时,那么 $\mathrm{PFP}(\mu) \geqslant 1/N$,并且等号成立的条件是当且仅当 μ 是 $\mathbf{R}^N$ 空间中的紧概率框架。

证明　由于 $\sigma(G_\mu) = \sigma(S_\mu) \cup \{0\}$,这里 $\sigma(T)$ 表示算子 T 的谱。再者,由于 G_μ 是紧致的,它的谱仅仅由特征值组成。此外,μ 的支集上的情况意味着 S_μ 的特征值 $\{\lambda_k\}_{k=1}^N$ 均为正。所以

$$\sigma(G_\mu) = \sigma(S_\mu) \cup \{0\} = \{\lambda_k\}_{k=1}^N \cup \{0\}$$

这个命题使得 $\sum_{k=1}^{N} \lambda_k^2$ 在限制条件 $\sum_{k=1}^{N} \lambda_k = 1$ 下减小到最小值,定理 12.3 得证。

12.4　与其他领域的关系

1. 概率框架,各向同性测度和凸体几何学

当满足如下条件时,一个在 S^{N-1} 上的有限非负 Borel 测度 μ 在文献[19]、

[26] 中被称为各向同性的

$$\int_{S^{N-1}} |\langle x,y\rangle|^2 \mathrm{d}\mu(y)=\frac{\mu(S^{N-1})}{N}, \quad \forall x\in S^{N-1}$$

因此，每一个紧概率框架 $\mu\in\mathscr{P}(S^{N-1})$ 是一个各向同性的测度。术语各向同性也被用在 $\mathbf{R}^N$ 的特殊子集上，当 K 是紧致的、凸的并且内部非空时，这个子集 $K\in\mathbf{R}^N$ 被称为一个凸体。令 $\mathrm{vol}_N(B)$ 表示 $B\subset\mathbf{R}^N$ 的 N 维体积，根据文献[28] 的 1.6 节和文献[19]，如果存在一个常数 L_K 满足

$$\int_K |\langle x,y\rangle|^2 \mathrm{d}\sigma_K(y)=L_K, \quad \forall x\in S^{N-1} \tag{12.8}$$

这里 σ_K 表示 K 上的一致测度，那么一个几何中心在原点且有单位体积的凸体 K，即 $\int_K x\,\mathrm{d}x=0$ 和 $\mathrm{vol}_N(K)=\int_K \mathrm{d}x=1$，被称为是各向同性的。

因此，K 是各向同性的，当且仅当在 $K(\sigma_K)$ 上的一致概率测度是一个紧概率框架时，那时常数 L_K 必须满足 $L_K=\frac{1}{N}\int_K \|x\|^2\mathrm{d}\sigma_K(x)$。

事实上，这两个概念，各向同性的测度和各向同性，可以在概率框架中按如下所述结合在一起：已知任一在 $\mathbf{R}^N$ 上的紧概率框架 $\mu\in\mathscr{P}$，令 K_μ 表示 $\mathrm{supp}(\mu)$ 的凸包，那么对于每一个 $x\in\mathbf{R}^N$，有

$$\int_{\mathbf{R}^N} |\langle x,y\rangle|^2 \mathrm{d}\mu(y)=\int_{\mathrm{supp}(\mu)} |\langle x,y\rangle|^2 \mathrm{d}\mu(y)=\int_{K_\mu} |\langle x,y\rangle|^2 \mathrm{d}\mu(y)$$

尽管 K_μ 可能不是一个凸体，我们知道对于每个紧概率框架，它的支撑集的凸包都是关于 μ 各向同性的。

在接下来的部分中，令 $\mu\in\mathscr{P}(S^{N-1})$ 是一个零均值的单位规范紧概率框架，K_μ 是一个凸体且

$$\mathrm{vol}_N(K_\mu)\geqslant\frac{(N+1)^{(N+1)/2}}{N!}N^{-N/2}$$

这里等号成立当且仅当 K_μ 是一个正则单体，参见文献[3]、[26]。请注意，正则单体的极值点形成了一个等角紧概率框架 $\{\varphi_i\}_{i=1}^{N+1}$，即其内部成对出现的量 $|\langle\varphi_i,\varphi_j\rangle|$ 不依赖于 $i\neq j$。此外，极体 $P_\mu:=\{x\in\mathbf{R}^N:\langle x,y\rangle\leqslant 1, y\in\mathrm{supp}(\mu)\}$ 满足

$$\mathrm{vol}_N(P_\mu)\leqslant\frac{(N+1)^{(N+1)/2}}{N!}N^{N/2}$$

且等号成立当且仅当 K_μ 是一个正则单体，参见文献[3]、[26]。

紧概率框架同样也和凸体的内接椭球面有关联，注意到，每一个凸体都包含了一个拥有最大体积的特殊的椭球，即 John 椭球，参见文献[20]。因此，存

在一个仿射变换 Z 使得有最大体积的这个椭球的变换 $Z(K)$ 是一个单位球面。从文献[3] 和[20] 可以看到有关这个变换的凸体的一种特征描述。

定理 12.4　单位球体 $B\subset\mathbf{R}^N$ 是凸体 K 中体积最大的椭球,当且仅当 $B\subset K$,而且对于某个 $M\geqslant N$,存在 $\{\varphi_i\}_{i=1}^M\subset S^{N-1}\cap\partial K$ 和正数 $\{c_i\}_{i=1}^M$ 满足

(1) $\sum\limits_{i=1}^{M}c_i\varphi_i=0$;

(2) $\sum\limits_{i=1}^{M}c_i\varphi_i\varphi_i^{\mathrm{T}}=I_N$。

注意,在定理 12.4 中的(1) 和(2) 两种情况都说明 $\frac{1}{N}\sum\limits_{i=1}^{M}c_i\delta_{\varphi_i}\in\mathscr{P}(S^{N-1})$ 是一个零均值的单位规范紧概率框架。

最后,要对凸分析中的一个深入且开放性的问题进行研究。Bourgain 在文献[8] 中提出了这样一个问题:是否存在这样一个普遍的常数 $c>0$ 使得对于任意的维数 N 和任意的一个在 $\mathbf{R}^N$ 中满足 $\mathrm{vol}_N(K)=1$ 的凸体 K,存在一个超平面 $H\subset\mathbf{R}^N$,使得 $\mathrm{vol}_{N-1}(K\cap N)>c$? 对于这个问题的正面回答已经就是人们熟悉的超平面猜想。通过应用文献[28] 中的结果,可以通过利用紧概率框架的方法对这个猜想进行重新描述:存在一个普遍的常数 $C>0$ 满足对于任意的凸体 K,在这个凸体上,归一化概率测度 σ_K 形成了一个紧概率框架,这个概率框架的边界值小于 C。根据定理 12.1,边界条件就等同于 $M_2^2(\sigma_K)\leqslant CN$。这个超平面猜想现在仍然是开放的问题,但是人们已经在很多像高斯随机多面体这样的凸体种类上建立了确切的解答。

2. 概率框架和正值算子测度

令 Ω 是一个局部紧致的 Hausdorff 空间,$\mathscr{B}(\Omega)$ 是 Ω 上的 Borel－sigma 代数运算,并令 $\mathscr{H}$ 是一个正的可分离希尔伯特空间,它的范数为 $\|\cdot\|$,内积为 $\langle\cdot,\cdot\rangle$。用 $\mathscr{L}(\mathscr{H})$ 来表征在 $\mathscr{H}$ 上的有界线性算子空间。

定义 12.4　在 Ω 上的正值算子测度(POVM) 和 $\mathscr{L}(\mathscr{H})$ 中的值是一个映射 $F:\mathscr{B}(\Omega)\to\mathscr{L}(\mathscr{H})$ 满足:

(1) $F(A)$ 对于每一个 $A\in\mathscr{B}(\Omega)$ 是半正定的;

(2) $F(\Omega)$ 是 $\mathscr{H}$ 上的恒等映射;

(3) 如果 $\{A_i\}_{i\in I}^{\infty}$ 是 $\mathscr{P}(\Omega)$ 中的有限个两两不相交的 Borel 集合的集合,那么

$$F(\bigcup_{i\in I}A_i)=\sum_{i\in I}F(A_i)$$

这里等号右边的和项在 $\mathscr{L}(\mathscr{H})$ 的弱拓扑结构中是收敛的,即对于向量

$x, y \in \mathscr{H}$, 和项 $\sum_{i \in I} \langle F(A_i)x, y \rangle$ 收敛。

可以参考文献[1]、[13]、[14] 获取关于 POVM 更多的细节信息。

事实上,每一个在 $\mathbf{R}^N$ 上的紧概率框架会在 $\mathbf{R}^N$ 上产生一个 POVM,其值为 $N \times N$ 的实矩阵集合中的某一个。

命题 12.6 假设 $\mu \in \mathscr{P}(\mathbf{R}^N)$ 是一个紧概率框架,定义从 $\mathscr{B}$ 到 $N \times N$ 的实矩阵集合的映射的算子为

$$F(A) := \frac{N}{M_2^2(\mu)} \left(\int_A y_i y_j \mathrm{d}\mu(y) \right)_{i,j} \tag{12.9}$$

那么此时 F 是一个 POVM。

证明 注意到,对于每个 Borel 可测试的集合 A,矩阵 $F(A)$ 是半正定的,并且可以得到 $F(\mathbf{R}^N) = Id_N$。最后,对于有限个两两不相交的 Borel 可测集合 $\{A_i\}_{i \in I}$,对于每一个 $x \in \mathbf{R}^N$

$$F(\bigcup_{i \in I} A_i)x = \sum_{k \in I} F(A_k)x$$

因此,每一个在 $\mathbf{R}^N$ 上的紧概率框架都会产生一个 POVM。

还不能证明这种情况的相反情况是否成立。

问题 12.2 已知一个 POVM $F: \mathscr{B}(\Omega) \to \mathscr{L}(\mathscr{H})$,是否存在一个紧概率框架 μ 使得 F 和 μ 是完全相关的,见(12.9)?

3. 概率框架和 t — 设计

令 σ 表示在 S^{N-1} 上的规范概率框架,一个强度求积公式 t 是点集 $\{\varphi_i\}_{i=1}^M \subset S^{N-1}$ 在权系数 $\{\omega_i\}_{i=1}^M$ 下的有限累加,对于所有度数小于或等于有 N 个变量的 t 的齐次多项式 h,满足

$$\sum_{i=1}^{M} \omega_i h(\varphi_i) = \int_{S^{N-1}} h(x) \mathrm{d}\sigma(x)$$

积分公式经常被用在数值积分上,并且权重往往要求为正数。一个球形 t — 设计是一个权重都为 $1/M$ 的强度积分公式 t,参数 t 用来对球形设计如何能更好地对球体采样进行定量分析。球形设计以类似于在球体上做传统组合设计的方法在文献[15] 中被引出,人们的目的主要是想找出对于固定的 M,最好的球形设计方法,或者找出对于一个固定的强度 t,最小的 M,明确的解法在本质上已经被人们熟知,但这仅仅限于对于小的 M 和 t。人们反倒是得到了它们各自的上界和下界,还有一些渐进性描述,参考文献[4]、[5]、[15]、[32]。一般性来说,对于很大的 t,想要明确得建立球形 t — 设计方法是非常困难的。

t — 设计的概念可以延伸到本章一直考虑的概率集合中。特别地,如果对

于所有度数小于或等于 t 的齐次多项式 h，满足

$$\int_{S^{N-1}} h(x)\mathrm{d}\mu(x) = \int_{S^{N-1}} h(x)\mathrm{d}\sigma(x) \tag{12.10}$$

一个概率测度 $\mu \in \mathscr{P}(S^{N-1})$ 在文献[16]中被称为一个概率球形 t－设计。由于权系数隐藏在了测度中，称 μ 是一个概率积分公式也是正确的，随后的一些结论已经在文献[16]中提出来。

定理 12.5　如果 $\mu \in \mathscr{P}(S^{N-1})$，那么下列叙述是等价的：

(1) μ 是一个概率球体 2－设计；

(2) 在所有的 $\mu \in \mathscr{P}(S^{N-1})$ 中的概率测度中，μ 使得下式最小

$$\frac{\int_{S^{N-1}}\int_{S^{N-1}} |\langle x,y\rangle|^2 \mathrm{d}\mu(x)\mathrm{d}\mu(y)}{\int_{S^{N-1}}\int_{S^{N-1}} \|x-y\|^2 \mathrm{d}\mu(x)\mathrm{d}\mu(y)} \tag{12.11}$$

(3) μ 是一个零均值紧单位规范概率框架。

特别地，如果 μ 是一个零均值紧单位规范概率框架，那么，对于 $A \in \mathscr{P}$，$\nu(A) := \frac{1}{2}(\mu(A) + \mu(-A))$ 定义了一个概率球体 2－设计。

注意到，定理 12.4 中的情况(1)和情况(2)可以被重述为，$\frac{1}{N}\sum_{i=1}^{M} c_i\delta_{\varphi_i} \in \mathscr{P}(S^{N-1})$ 是一个概率球体 2－设计。

评论 12.5　通过利用文献[18]中的结果，如果 t 是一个偶数，定理 12.5 中(1)和(2)的等价性可以被归纳为球形 t－设计。在这种情况下，μ 是一个概率球形 t－设计当且仅当 μ 使得下式最小

$$\frac{\int_{S^{N-1}}\int_{S^{N-1}} |\langle x,y\rangle|^{\mathrm{T}} \mathrm{d}\mu(x)\mathrm{d}\mu(y)}{\int_{S^{N-1}}\int_{S^{N-1}} \|x-y\|^2 \mathrm{d}\mu(x)\mathrm{d}\mu(y)}$$

4. 概率框架和方向统计

在方向统计中，通常的试验主要集中在单位球面 S^{N-1} 上的采样是否是均匀分布的。如果散射矩阵

$$\frac{1}{M}\sum_{i=1}^{M} \varphi_i\varphi_i^{\mathrm{T}}$$

与 $\frac{1}{N}I_N$ 距离很远，那么 Bingham 试验就否定了一个样本 $\{\varphi_i\}_{i=1}^{M} \subset S^{N-1}$ 是有向均匀分布的假设，参考文献[27]。注意到，这个散射矩阵是 $\{\varphi_i\}_{i=1}^{M}$ 的归一化概率框架算子，因此，人们可以测出一个紧概率框架中样本的数值偏差。在

文献[17]中满足 $S_\mu=\frac{1}{N}I_N$ 的概率测度 μ 被称为 Bingham 量,并且在球体 S^{N-1} 上的单位规范紧概率框架是 Bingham 量。

紧框架也会在与 M－评估器相关的地方出现,就像在文献[21]、[33]、[34]中讨论的那样:中心角高斯分布族通过与球面 S^{N-1} 上的规范球面测度相关的概率密度 f_Γ 给出,这里

$$f_\Gamma(x)=\frac{\det(\Gamma)^{-1/2}}{a_N}(x^{\mathrm{T}}\Gamma^{-1}x)^{-N/2},\quad x\in S^{N-1}$$

请注意,Γ 仅仅被定为是一个归一化因子。根据文献[34],基于一个随机样本 $\{\varphi_i\}_{i=1}^M\subset S^{N-1}$ 的 Γ 的最大可能估值是 $\hat{\Gamma}$ 的解

$$\hat{\Gamma}=\frac{M}{N}\sum_{i=1}^{M}\frac{\varphi_i\varphi_i^{\mathrm{T}}}{\varphi_i^{\mathrm{T}}\hat{\Gamma}^{-1}\varphi_i}$$

这个式子在不强的假设下,通过下面的迭代法求出解

$$\Gamma_{k+1}=\frac{N}{\sum_{i=1}^{M}\frac{1}{\varphi_i^{\mathrm{T}}\Gamma_k^{-1}\varphi_i}}\sum_{i=1}^{M}\frac{\varphi_i\varphi_i^{\mathrm{T}}}{\varphi_i^{\mathrm{T}}\Gamma_k^{-1}\varphi_i}$$

这里 $\Gamma_0=I_N$,并且当 $k\to\infty$ 时,$\Gamma_k\to\hat{\Gamma}$。不难发现 $\{\psi_i\}_{i=1}^M:=\left\{\frac{\hat{\Gamma}^{-1/2}\varphi_i}{\|\hat{\Gamma}^{-1/2}\varphi_i\|}\right\}_{i=1}^M\subset S^{N-1}$ 构成了一个紧框架。如果 $\hat{\Gamma}$ 和恒等矩阵相近,那么 $\{\psi_i\}_{i=1}^M$ 和 $\{\varphi_i\}_{i=1}^M$ 相近并且 f_Γ 可能是一个接近紧致的,即与规范表面测度接近的概率测度。

5. 概率框架和随机矩阵

随机矩阵通常被用在多元统计学、物理学、压缩感知和很多其他领域中。这里,要指出随机矩阵关于紧概率框架的一些结论。

对于一组点云 $\{\varphi_i\}_{i=1}^M$,框架算子是样本协方差矩阵直到减去均值的一个归一化版本,并且当随机选择时,这个算子和总体协方差矩阵相关。为了得到文献[16]中的正确结果,回忆一些概念,对于 $\mu\in\mathscr{P}_2$,定义 $E(Z):=\int_{\mathbf{R}^N}Z(x)\mathrm{d}\mu(x)$,这里 $Z:\mathbf{R}^N\to\mathbf{R}^{p\times q}$ 是根据 μ 分布的随机矩阵或向量。随后的一些结论都在文献[16]中有证明,在文献[16]中,$\|\cdot\|_{\mathscr{F}}$ 表示矩阵的 Frobenius 标准型。

定理 12.6　令 $\{X_k\}_{k=1}^M$ 是一组随机向量,是与紧概率框架 $\{\mu_k\}_{k=1}^M\subset\mathscr{P}_2$ 相互独立的分布,此概率框架的四阶矩是有界的,即 $M_4^4(\mu_k):=\int_{\mathbf{R}^N}\|y\|^4\mathrm{d}\mu_k(y)<\infty$。如果 F 表示与 $\{X_k\}_{k=1}^M$ 相关的随机矩阵,那么可以

得到

$$E\left(\left\|\frac{1}{M}F^*F-\frac{L_1}{N}I_N\right\|_{\mathscr{F}}^2\right)=\frac{1}{M}\left(L_4-\frac{L_2}{N}\right) \tag{12.12}$$

这里 $L_1:=\frac{1}{M}\sum_{k=1}^{M}M_2(\mu_k)$,$L_2:=\frac{1}{M}\sum_{k=1}^{M}M_2^2(\mu_k)$,$L_4:=\frac{1}{M}\sum_{k=1}^{M}M_4^4(\mu_k)$。

在定理 12.6 的表示符号下,文献[16]也解决了单位规范紧概率框架的特殊情形。

推论 12.1　令 $\{X_k\}_{k=1}^M$ 是一组随机向量,是与单位规范紧概率框架 $\{\mu_k\}_{k=1}^M$ 相互独立的分布,此概率框架满足 $M_4(\mu_k)<\infty$。如果 F 表示与 $\{X_k\}_{k=1}^M$ 相关的随机矩阵,那么

$$E\left(\left\|\frac{1}{M}F^*F-\frac{1}{N}I_N\right\|_{\mathscr{F}}^2\right)=\frac{1}{M}\left(L_4-\frac{1}{N}\right) \tag{12.13}$$

这里 $L_4=\frac{1}{M}\sum_{k=1}^{M}M_4^4(\mu_k)$。

在压缩感知中,随机矩阵被用在设计测度上,并且常常基于 Bernoulli, Gaussian, sub-Gaussian 分布。因为一个随机矩阵的每一行可以被看作一个随机向量,由此可见,在压缩感知中的这些矩阵可以被看作从紧概率框架中引出的,因此可以应用定理 12.1。

例 12.4　令 $\{X_k\}_{k=1}^M$ 是一组 N 维随机向量,由一个零均值且四阶矩有界的概率测度可知,每个向量的元素均是独立同分布的。这意味着每一个 X_k 是关于一个存在四阶矩的紧概率框架的概率分布,因此,定理 12.6 中的假设能够满足,并且可以计算出与压缩感知有关的一些特殊分布:

(1) 如果 $X_k,k=1,\cdots,M$ 的元素是关于 Bernoulli 分布的独立同分布随机变量,且此 Bernoulli 分布是服从概率为 $\frac{1}{2}$、值为 $\pm\frac{1}{\sqrt{N}}$ 的分布,那么 X_k 是按照被 N 维超立方体顶点支撑的归一化计数测度分布的向量。所以,X_k 是关于一个 $\mathbf{R}^N$ 中的单位规范概率框架的分布。

(2) 如果 $X_k,k=1,\cdots,M$ 的元素是关于零均值且方差为 $\frac{1}{\sqrt{N}}$ 高斯分布的独立同分布随机变量,那么 X_k 是一个协方差矩阵为 $\frac{1}{N}I_N$ 的多元高斯概率测度 μ,并且 μ 构成了 $\mathbf{R}^N$ 空间中的一个紧概率框架。由于多元高斯随机向量的矩是已知的,可以明确地计算出定理 12.6 中的 $L_4=1+\frac{2}{N}$,$L_1=1$,$L_2=1$。因

此,式(12.12)中等式右边部分等于$\frac{1}{M}\left(1+\frac{1}{N}\right)$。

致谢 M. Ehter受到了NIH/DFG研究职业转型奖励计划(EH 405/1－1/575910)的资助。K. A. Okoudjou受到如下资助:ONR基金N000140910324及N000140910144,以及来自马里兰大学帕克分校研究生院的RASA和洪堡基金,他也想对奥斯纳布吕克大学致以感激之情。

本章参考文献

[1] Albini, P., De Vito, E., Toigo, A.: Quantum homodyne tomography as an informationally complete positive-operator-valued measure. J. Phys. A 42(29), 12 (2009).

[2] Ambrosio, L., Gigli, N., Savaré, G.: Gradients Flows in Metric Spaces and in the Space of Probability Measures. Lectures in Mathematics ETH Zürich. Birkhäuser, Basel (2005).

[3] Ball, K.: Ellipsoids of maximal volume in convex bodies. Geom. Dedic. 41(2), 241-250 (1992).

[4] Bannai, E., Damerell, R.: Tight spherical designs Ⅰ. J. Math. Soc. Jpn. 31, 199-207 (1979).

[5] Bannai, E., Damerell, R.: Tight spherical designs Ⅱ. J. Lond. Math. Soc. 21, 13-30 (1980).

[6] Benedetto, J. J., Fickus, M.: Finite normalized tight frames. Adv. Comput. Math. 18(2-4), 357-385 (2003).

[7] Bodmann, B. G., Casazza, P. G.: The road to equal-norm Parseval frames. J. Funct. Anal. 258(2-4), 397-420 (2010).

[8] Bourgain, J.: On high-dimensional maximal functions associated to convex bodies. Am. J. Math. 108(6), 1467-1476 (1986).

[9] Cahill, J., Casazza, P. G.: The Paulsen problem in operator theory. arXiv:1102.2344v2 (2011).

[10] Casazza, P. G., Fickus, M., Mixon, D. G.: Auto-tuning unit norm frames. Appl. Comput. Harmon. Anal. 32(1), 1-15 (2012).

[11] Christensen, O.: An Introduction to Frames and Riesz Bases. Birkhäuser, Boston (2003).

[12] Christensen, O., Stoeva, D. T.: *p*-frames in separable Banach spaces.

Adv. Comput. Math. 18, 117-126 (2003).

[13] Davies, E. B. : Quantum Theory of Open Systems. Academic Press, London-New York (1976).

[14] Davies, E. B. , Lewis, J. T. : An operational approach to quantum probability. Commun. Math. Phys. 17, 239-260 (1970).

[15] Delsarte, P. , Goethals, J. M. , Seidel, J. J. : Spherical codes and designs. Geom. Dedic. 6, 363- 388 (1977).

[16] Ehler, M. : Random tight frames. J. Fourier Anal. Appl. 18(1), 1-20 (2012).

[17] Ehler, M. , Galanis, J. : Frame theory in directional statistics. Stat. Probab. Lett. 81(8), 1046- 1051 (2011).

[18] Ehler, M. , Okoudjou, K. A. : Minimization of the probabilistic *p*-frame potential. J. Stat. Plan. Inference 142(3), 645-659 (2012).

[19] Giannopoulos, A. A. , Milman, V. D. : Extremal problems and isotropic positions of convex bodies. Isr. J. Math. 117, 29-60 (2000).

[20] John, F. : Extremum problems with inequalities as subsidiary conditions. In: Courant Anniversary Volume, pp. 187-204. Interscience, New York (1948).

[21] Kent, J. T. , Tyler, D. E. : Maximum likelihood estimation for the wrapped Cauchy distribution. J. Appl. Stat. 15(2), 247-254 (1988).

[22] Kovačević, J. , Chebira, A. : Life beyond bases: the advent of frames (Part Ⅰ). IEEE Signal Process. Mag. 24(4), 86-104 (2007).

[23] Kovačević, J. , Chebira, A. : Life beyond bases: the advent of frames (Part Ⅱ). IEEE Signal Process. Mag. 24(5), 115-125 (2007).

[24] Klartag, B. , Kozma, G. : On the hyperplane conjecture for random convex sets. Isr. J. Math. 170, 253-268 (2009).

[25] Levina, E. , Bickel, P. : The Earth Mover's distance is the Mallows distance: some insights from statistics. In: Eighth IEEE International Conference on Computer Vision, vol. 2, pp. 251-256 (2001).

[26] Lutwak, E. , Yang, D. , Zhang, G. : Volume inequalities for isotropic measures. Am. J. Math. 129(6), 1711-1723 (2007).

[27] Mardia, K. V. , Peter, E. J. : Directional Statistics. Wiley Series in Probability and Statistics. Wiley, New York (2008).

[28] Milman, V. , Pajor, A. : Isotropic position and inertia ellipsoids and

zonoids of the unit ball of normed n-dimensional space. In: Geometric Aspects of Functional Analysis. Lecture Notes in Math. , pp. 64-104. Springer, Berlin (1987-1988).

[29] Parthasarathy, K. R. : Probability Measures on Metric Spaces. Probability and Mathematical Statistics, vol. 3. Academic Press, New York-London (1967).

[30] Radon, J. : Zur mechanischen Kubatur. Monatshefte Math. 52, 286-300 (1948).

[31] Renes, J. M. , et al. : Symmetric informationally complete quantum measurements. J. Math. Phys. 45, 2171-2180 (2004).

[32] Seymour, P. , Zaslavsky, T. : Averaging sets: a generalization of mean values and spherical designs. Adv. Math. 52, 213-240 (1984).

[33] Tyler, D. E. : A distribution-free M-estimate of multivariate scatter. Ann. Stat. 15(1), 234-251 (1987).

[34] Tyler, D. E. : Statistical analysis for the angular central Gaussian distribution. Biometrika 74(3), 579-590 (1987).

[35] Villani, C. : Optimal Transport: Old and New. Grundlehren der Mathematischen Wissenschaften, vol. 338. Springer, Berlin (2009).

[36] Waldron, S. : Generalised Welch bound equality sequences are tight frames. IEEE Trans. Inf. Theory 49, 2307-2309 (2003).

第13章　融合框架

摘要　新技术的发展已经显著地提高了需要分布式处理模型应用的需求。然而框架(理论)对于这样的应用来说太过局限,因此打破经典框架理论的约束就显得十分必要。融合框架可以看作是子空间的框架,很好地满足了这些需求。它们通过将信号投影到多维子空间进行分析,与仅考虑一维投影的框架形成了鲜明对比。本章起到对这一充满前景的研究领域进行介绍与研究的作用,同时也作为这一研究领域发展现状的参考。

关键词　压缩感知;分布式处理;融合相干;融合框架;融合框架势;等倾斜度子空间;互无偏基;稀疏融合框架;谱块;非正交融合框架

13.1　引　言

在21世纪,科学家们面对着大量的数据,通常已经不能够再用单一的处理系统来完成。一个在传感器网络中貌似毫不相干的问题出现了,即当任何一对传感器之间由于诸如低通信带宽这样的原因而不可能进行通信。再有另外一个问题是为了分开发送而将数据拆分为数据包时具有抗擦除的基于数据包的编码设计。

所有这些问题都可以被视为属于分布式处理领域。然而,有一个普遍的甚至更为特定的结构,因为它们每一个都可以视作下面数学框架的一个特例:给定数据和子集的一个集合,将数据投影于子空间,然后在每一个子空间内处理数据,最终“融合”当地被计算的目标。

给定数据到子空间的分解与最开始那3个问题——快速接入不同的处理系统,毗邻传感器组的当地测量以及数据包的产生,结果是一致的。分布式融合模拟了重建处理过程,例如一种弹性恢复抗擦除的误差分析。这就是如果数据被一种冗余的方式分解,这就迫使子空间也冗余。

融合框架提供了一种分布式处理需求之下设计和分析此类应用的合适的数学框架。有趣的是,融合理论也是一种对于更多数学上理论导向问题的多用途工具,并且将会看到不同的例子贯穿于本章中。

13.1.1　融合框架体系

现在对融合框架做一个半正式的介绍,以另外一个动因为指导。框架理论的目的之一是通过融合"更小"的框架来构建一个大的框架,并且,事实上,这也是两位作者引入融合框架的初衷。回到 13.1.3 节中 3 个信号处理应用中并且展示更多细节来说明它们是如何与这一体系相符的。

框架的位置可以被模型化为框架次序,即它们闭合线性跨度的框架。现在假设有一个 $\mathcal{H}^N$ 中的框架序列 $(\varphi_{ij})_{j=1}^{J_i}$ 且 $i=1,\cdots,M$,且对每一个 i,集合 $\mathcal{W}_i := \mathrm{span}\{\varphi_{ij}: j=1,\cdots,J_i\}$ 两个关键性的问题是:集合 $(\varphi_{ij})_{i=1;j=1}^{M;J_i}$ 能形成一个 $\mathcal{H}^N$ 的框架吗?如果能,它具备哪条框架性质呢?第一个问题很容易回答,因为需要的是 $(\mathcal{W}_i)_{i=1}^M$ 族的跨度性质;第二问题就要深思熟虑了,但在直觉上是明显的 —— 除了框架序列边界的知识外 —— 它将唯一取决于子空间 $(\mathcal{W}_i)_{i=1}^M$ 族的结构性原则,事实上,可以被证明的关键性质是与映射 ℓ_2 − 稳定相关的常数

$$\mathcal{H}^N \ni x \mapsto (P_i(x))_{i=1}^M \in \mathbf{R}^{NM} \tag{13.1}$$

其中,P_i 贡献出子空间 $\mathcal{W}_i$ 的正交投影,满足这样一种稳定条件的 $(\mathcal{W}_i)_{i=1}^M$ 子空间族被称为融合框架。

不妨强调一下(13.1)指向了基本融合框架的定义,比方说,它可以被修正为加权投影在每一个子空间中且可以显著增强灵活性,因此可在本地构建 $(\varphi_{ij})_{j=1}^{J_i}$。

这里强调在文献[21]中介绍的标志法被创造为"子空间框架",因为它在续集中十分明显,后来,为了避免与"子空间的框架"相混淆并且强调信息的本地融合,它在文献[22]中被正式命名为"融合框架"。

13.1.2　融合框架与框架的比较

框架与融合框架的主要区别在于 $\mathcal{H}^N$ 中的框架 $(\varphi_i)_{i=1}^M$ 提供了下面对于 $x \in \mathcal{H}^N$ 信号的测量方法:

$$x \mapsto (\langle x, \varphi_i \rangle)_{i=1}^M \in \mathbf{R}^M$$

另外,$\mathcal{H}^N$ 的一个融合框架 $(\mapsto_i)_{i=1}^M$ 分析信号 x 通过

$$x \mapsto (P_i(x))_{i=1}^M \in \mathbf{R}^{MN}$$

因此框架的标量测量被矢量测量所代替,框架的表示空间是 $\mathbf{R}^M$,而融合框架中确是 $\mathbf{R}^{MN}$,后一种空间是可以简化的,在下一节会涉及一些细节。

更加自然的一个问题是是否融合框架理论包含框架理论,事实的确如

此。事实上 —— 下一节会给出更加详细的信息 —— 一个框架可以被视为其框架向量产生的一维子空间的集合。取框架向量的范数作为前面提及的权重，它可以显示出这是一个有相似性质的融合框架。反过来，拿来一个融合框架，可以在每一个子空间中固定正交基，而后便可认为它被赋予了特定结构。

甚至在这一点上这两种观点都反映出融合框架理论比框架理论要复杂些，事实上，这一章的绝大多数结果都仅仅被声明为权重为 1，即使是在这种情况下回答框架的问题在融合框架理论的范围内依然是开放性的。

13.1.3　融合框架的应用

融合框架体系的普适性允许它们应用于自然条件下无论是实际的还是理论的不同问题之中 —— 而后在需要额外的适应特定处境下考虑的设置。首先强调在本章开头提出的 3 个信号处理应用。

(1) 分布式感知。给定一个散布于一个大区域的小型廉价传感器的集合，每一个传感器对于输入信号 $x \in \mathscr{H}^N$ 所产生的测量值可以被修正为 $\langle x, \varphi_i \rangle$，$\varphi_i \in \mathscr{H}^N$ 是传感器特性，因为比方说有限的带宽和发射能量，传感器只能本地通信，信号 x 的恢复可以首先被表现为传感器组。令 $\mathscr{H}^N$ 中 $(\varphi_{ij})_{j=1}^{J_i}$，其中 $i=1,\cdots,M$ 就是这样的组。而后设对所有 i，$\mathscr{W}_i := \text{span}\{\varphi_{ij}: j=1,\cdots,J_i\}$，本地框架重构指向了向量 $(P_i(x))_{i=1}^{M}$。这些数据随后被特殊的发射机传递到中央处理站进行联合处理。在这一点上，融合框架开始生效并且提供一种表现和分析信号 x 的手段，通过融合框架构成的传感器网络的建模在一系列文章中已被提及。一个类似的局部 - 总体信号处理原则可以应用于人类视觉建模，这一点已经在文献[43]中被讨论过了。

(2) 并行处理。如果一个框架对于有效处理而言太大 —— 从计算复杂度或数量稳定性的角度而言 —— 一种方法是将之分解为许多简单而理想化的并行处理子系统。融合框架允许稳定地分裂成更小的框架并且随后进行当地输出的稳定组合。将一个并行处理系统分解为更小的子系统最先在文献[3]、[42]中被提出。

(3) 数据包编码。通过通信网络发送数据，例如说互联网，通常要完成它首先要进行编码使之成为一个数字包。通过在编码体制中引入冗余，通信体系变得更有弹性来对抗损耗哪怕是发送数据包的全部丧失，融合框架提供了实现和分析表现出的冗余子空间的方法，其中每一个包携带融合框架投影中的一个。数据包编码中融合框架的运用在文献[4]中被提出过。

融合框架也产生了更多的理论问题，正如下面两个例子所体现的那样。

(1)Kadison－Singer 问题。1959 年 Kadison－Singer 问题是当今在分析领域最著名的未解决的问题之一。许多等式之中的一个说的是下面这个问题:一个有界框架能够被分解为引向一个“好的”更低融合框架界的框架吗?因此,融合框架设计上的进步将会给向 Kadison－Singer 问题发起新的攻势提供新的角度。

(2) 最佳封装。融合框架理论与格拉斯曼(Grassmanian) 包有着紧密的联系。在文献[38] 中已经体现出来特殊的 Parseval 融合框架类所包含的等距,等维数子空间事实上是最佳格拉斯曼包。因此,建立这样融合框架的新方法同时提供了构建最佳包的方法。

13.1.4 相关方法

涉及融合框架的几种方法已经在正文中有所论述。子空间的类框架概念在 Björstad 和 Mandel 以及 Oswald 关于域分解技术中最先被探索得出。在 2003 年,Fornasier 在文献[33] 中引入被他称为准正交分解的技术。融合框架体系事实上是在同时期被文献[21] 中的两位作者发展而来并将这些分解技术作为特例囊入其中。同时也值得一提的是,Sun 在一系列文章中提出的 G－框架,拓展了融合框架的定义。然而这种概念的一般化并不适用于分布式处理的建模。

13.1.5 概　述

在 13.2 节中,介绍了融合框架理论的基本概念和定义,讨论了它与框架理论的关系,并且提供了一个重构公式。13.3 节聚焦于框架理论的引入和分析融合框架潜在应用的高度实用的方法。在 13.4 中融合框架的构建成为焦点。在这一节中,在讨论完等倾融合框架和滤波器组后提供频域块算法作为一种构建融合框架的多功能方法。13.5 节讨论了融合框架对抗加性噪声、擦除和扰动的影响。融合框架与新的稀疏范例的关系 —— 理想稀疏融合框架和源于融合框架测量的稀疏恢复 —— 是 13.6 节的话题,通过 13.7 节中提出的非正交融合框架的新方向来结束本章。

13.2 融合框架基础

首先从引言中精确的数学推导得出了一个直观的认识,然后声明了一个从融合框架测量中重构信号的重建等式,这一等式也需要引入融合框架算子。

值得一提的是，融合框架最初被引入到一般环境下设置的希尔伯特空间中，在此仅限于应用到更感兴趣的有限维环境之下，尽管有这样的限制，难度等级却没有减小。

13.2.1　融合框架的定义

从融合框架的精确的数学定义开始，这在引言中已经提及了。

定义 13.1　令$(\mathcal{W}_i)_{i=1}^M$是$\mathcal{H}^N$下的一族子空间，并且令$(\mathcal{W}_i)_{i=1}^M \subseteq \mathbf{R}^+$是一族权重，于是$((\mathcal{W}_i, w_i))_{i=1}^M$是$\mathcal{H}^N$的一个融合框架，若存在常数$0 < A \leqslant B < \infty$，于是

$$A \| x \|_2^2 \leqslant \sum_{i=1}^{M} w_i^2 \| P_i(x) \|_2^2 \leqslant B \| x \|_2^2, \quad x \in \mathcal{H}^N$$

其中，P_i提供对于每一个i上的正交投影$\mathcal{W}_i$；A和B被称为融合框架的下界和上界，$((\mathcal{W}_i, w_i))_{i=1}^M$被提为紧融合框架，若$A = B$，在这种情况下，也称融合框架是$A-$紧融合框架。进一步地，如果$A$，$B$可以被选择为$A = B = 1$，它被称为 Parseval 融合框架。最终，若对于所有的i，$w_i = 1$，通常$(\mathcal{W}_i)_{i=1}^M$是被简化利用的。

为了阐明融合框架的概念，首先提供一些说明的例子，也能体现构建融合框架的精妙之处。

例 13.1

(1) 令$(e_i)_{i=1}^3$是$\mathbf{R}^3$的正交基，定义子空间$\mathcal{W}_1$和$\mathcal{W}_2$，$\mathcal{W}_1 = \text{span}\{e_1, e_2\}$和$\mathcal{W}_2 = \text{span}\{e_2, e_3\}$，并且令$w_1$和$w_2$是两个权，于是$((\mathcal{W}_i, w_i))_{i=1}^2$是一个$\mathbf{R}^3$的融合框架，其最佳融合框架界为$\min\{w_1^2, w_2^2\}$和$w_1^2 + w_2^2$。省略显而易见的证明，但是值得一提的是，这个例子显示即使是改变权值也并不总能将一个融合框架转变为一个紧融合框架。

(2) 现在令$(\varphi_j)_{j=1}^J$是$\mathcal{H}^N$上以A和B为界的框架，一个自然的问题是是否集合$\{1, \cdots, J\}$可以被分解为子集$J_1, \cdots, J_M$，使得子集$\mathcal{W}_i = \text{span}\{\varphi_j : j \in J_i\}$，$i = 1, 2, \cdots, M$形成了具有“好的”融合框架界的融合框架，从他们的比率接近于 1 这个意义上说，因为这确保了重建的低的计算复杂性，对于传感器的网络应用，也寻找像$(\varphi_j)_{j \in J_i}$这样的分解来具备“好的”框架界限，然而在文献[25]中已经说明将一个框架分为有限数量子集，每一个子集都有一个好的框架下界，与仍未解决的 Kadison－Singer 问题是等价的。见 13.1.3 节，然而在下一个子节会提出将融合框架分解为子集的可能性。

13.2.2　融合框架与框架的比较

当引入一个新的概念时的一个问题是，它与之前考虑过的经典概念相联

系，框架理论也不是特例。最开始的结果显示融合框架可以被视为下面情况框架的衍生。

引理 13.1 令$(\varphi_i)_{i=1}^M$是$\mathcal{H}^N$上以A和B为界的框架。那么$(\mathrm{span}\{\varphi_i\}, \|\varphi_i\|_2)_{i=1}^M$构成了$\mathcal{H}^N$上以$A$和$B$为融合框架界的融合框架。

证明 令P_i是$\mathrm{span}\{\varphi_i\}$上的正交投影。于是，对所有的$x\in\mathcal{H}^N$，有

$$\sum_{i=1}^M \|\varphi_i\|_2^2 \|P_i(x)\|_2^2 = \sum_{i=1}^M \|\varphi_i\|_2^2 \left\|\langle x, \frac{\varphi_i}{\|\varphi_i\|_2}\rangle \frac{\varphi_i}{\|\varphi_i\|_2}\right\|_2^2 = \sum_{i=1}^M |\langle x,\varphi_i\rangle|^2$$

应用框架和融合框架的定义来完成证明。

另外，如果选择给定融合框架任何子空间内跨度的集合，这些向量族的集合形成一个$\mathcal{H}^N$的框架，从这个意义上说，融合框架或许也可被视为是有一定结构的框架，请注意，虽然这一观点在很大程度上决定于子空间跨度子集的选择，下一个理论详细说明了局部－整体的交互作用。

定理 13.1 令$(w_i)_{i=1}^M$是$\mathcal{H}^N$上子空间的一族，并令$(w_i)_{i=1}^M\subseteq\mathbf{R}^+$是一族权重，进一步而言，令$(\varphi_{ij})_{j=1}^{J_i}$是$\mathcal{W}_i$的一个框架，对于任意的$i$，有框架界$A_i$和$B_i$，且集合$A:=\min_i A_i$和$B:=\min_i B_i$，下列条件等价：

(1)$((\mathcal{W}_i, w_i))_{i=1}^M$是$\mathcal{H}^N$上的一个融合框架；

(2)$(w_i\varphi_{ij})_{i=1,j=1}^{M,J_i}$是$\mathcal{H}^N$上的一个框架。

特别地，若$((\mathcal{W}_i, w_i))_{i=1}^M$是一个以$C$和$D$为融合框架界的融合框架，那么$(w_i\varphi_{ij})_{i=1,j=1}^{M,J_i}$是一个以$AC$和$BD$为界的框架。另外，如果$(w_i\varphi_{ij})_{i=1,j=1}^{M,J_i}$是一个以$C$和$D$为界的框架，则有$((\mathcal{W}_i, w_i))_{i=1}^M$是以$\dfrac{C}{B}$和$\dfrac{D}{A}$为融合界的融合框架。

证明 为了证明这一结论，证明特殊情况即足够，要证明这一点，首先假设$((\mathcal{W}_i, w_i))_{i=1}^M$是一个以$C$和$D$为融合框架界的融合框架，而后

$$\sum_{i=1}^M w_i^2 \sum_{j=1}^{J_i} |\langle x,\varphi_{ij}\rangle|^2 = \sum_{i=1}^M w_i^2 \left[\sum_{j=1}^{J_i} |\langle P_i(x),\varphi_{ij}\rangle|^2\right] \leqslant \sum_{i=1}^M w_i^2 B_i \|P_i(x)\|_2^2 \leqslant BD\|x\|_2^2$$

下界AC同理可证。

第二步，假设$(w_i\varphi_{ij})_{i=1,j=1}^{M,J_i}$是一个以$C$和$D$为界的框架，由此可得

$$\sum_{i=1}^M w_i^2 \|P_i(x)\|_2^2 \leqslant \frac{1}{A}\sum_{i=1}^M w_i^2 \left[\sum_{j=1}^{J_i} |\langle P_i(x),\varphi_{ij}\rangle|^2\right] \leqslant \frac{D}{A}\|x\|_2^2$$

像之前一样，融合框架下界$\dfrac{C}{B}$可以被相似的讨论，证毕。

下面是一个直接的结论。

推论 13.1　令$(\mathcal{W}_i)_{i=1}^M$是$\mathcal{H}^N$下的一族子空间，并且令$(w_i)_{i=1}^M \subseteq \mathbf{R}^+$是一族权重，那么$((\mathcal{W}_i, w_i))_{i=1}^M$是$\mathcal{H}^N$上的融合框架当且仅当子空间$\mathcal{W}_i$跨于$\mathcal{H}^N$。

由于紧融合框架重建特性的优越性(见理论 13.2)，故而扮演了一个特别重要的角色，这是紧融合框架直接声明之前结果的特例。它紧随理论 13.1 而来。

推论 13.2　令$(\mathcal{W}_i)_{i=1}^M$是$\mathcal{H}^N$下的一族子空间，并且令$(w_i)_{i=1}^M \subseteq \mathbf{R}^+$是一族权重，进一步，令$(\varphi_{ij})_{j=1}^{J_i}$对于任意的$i$，是$\mathcal{W}_i$的$A$－紧框架，那么下述条件等价：

(1)$((\mathcal{W}_i, w_i))_{i=1}^M$是$\mathcal{H}^N$的一个$C$－紧框架；

(2)$(w_i\varphi_{ij})_{i=1,j=1}^{M,J_i}$是$\mathcal{H}^N$的一个$AC$－紧框架。

这个结果有一个有趣的推论。由于冗余度既是融合框架也是框架的重要性质，也许会有人有兴趣将之定量化，在框架环境中，相当粗糙的测量是框架数量分为维数的数量 —— 最近被一种更准确的测量方式替代了 —— 见[5]，在融合框架的情况下，这仍在研究之中。然而，因为是第一次在紧融合框架下提出冗余的概念，可以选择其融合框架界作为测量。下面的结果计算出了它的值。

命题 13.1　令$((\mathcal{W}_i, w_i))_{i=1}^M$是一个$\mathcal{H}^N$上的$A$－紧融合框架，于是有

$$A = \frac{\sum_{i=1}^M w_i^2 \dim \mathcal{W}_i}{N}$$

证明　令$(e_{ij})_{j=1}^{\dim \mathcal{W}_i}$是对于任意$1 \leqslant i \leqslant M$的一组正交基，由推论 13.2，序列$(w_i e_{ij})_{i=1,j=1}^{M,\dim \mathcal{W}_i}$是一个$A$－紧框架，因此得到

$$A = \frac{\sum_{i=1}^M \sum_{j=1}^{\dim \mathcal{W}_i} \| w_i e_{ij} \|^2}{N} = \frac{\sum_{i=1}^M w_i^2 \dim \mathcal{W}_i}{N}$$

13.2.3　融合框架算子

正如前面讨论的那样，信号$x \in \mathcal{H}^N$的测量是它(权)在给定子空间族的正交投影。因此，给定一个对于$\mathcal{H}^N$融合框架$\mathcal{W} = ((\mathcal{W}_i, w_i))_{i=1}^M$，定义相关的分析算子$T_{\mathcal{W}}$为

$$T_{\mathcal{W}}: \mathcal{H}^N \to \mathbf{R}^{MN}, \quad x \mapsto (w_i P_i(x))_{i=1}^M$$

为了减少表示空间$\mathbf{R}^{MN}$的维数，可以在每一个子空间$\mathcal{W}_i$中挑选一个正交基，可以组合得到$N \times \dim \mathcal{W}_i$矩阵$U_i$而后分析算子可以修正为$T_{\mathcal{W}}(x) =$

$(w_iU_i^{\mathrm{T}}(x))_{i=1}^M$,这种方法正在运用,例如在文献[38]中。

作为在框架理论中的习惯,合成算子被定义为分析算子的伴随算子,因此在这种情况下合成算子 $T_{\mathscr{W}}^*$ 有形式:

$$T_{\mathscr{W}}^*:\mathbf{R}^{MN}\to\mathbf{R}^N,\quad (y_i)_{i=1}^M\mapsto\sum_{i=1}^M w_iP_i(y_i)$$

这指向了相关融合框架算子 $S_{\mathscr{W}}$:

$$S_{\mathscr{W}}=T_{\mathscr{W}}^*T_{\mathscr{W}}:\mathscr{H}^N\to\mathscr{H}^N,\quad x\mapsto\sum_{i=1}^M w_i^2P_i(x)$$

13.2.4　重构公式

介绍完与每一个融合框架息息相关的融合框架算子,希望它能引出一个和框架理论中类似的重构公式,事实上,一个相似的结论依旧正确,正如下面理论所说的那样。

定理 13.2　令 $\mathscr{W}=((\mathscr{W}_i,w_i))_{i=1}^M$ 是 $\mathscr{H}^N$ 的融合框架,其融合框架界为 A 和 B 并且与融合框架算子 $S_{\mathscr{W}}$ 有关,于是 $S_{\mathscr{W}}$ 是一个 $\mathscr{H}^N$ 上一个正定的、自伴随的、可逆的算子,且 $AId\leqslant S_{\mathscr{W}}\leqslant BId$,不仅如此,得到重建公式

$$x=\sum_{i=1}^M w_i^2S_{\mathscr{W}}^{-1}(P_i(x)),\quad x\in\mathscr{H}^N$$

注意无论怎样,这个重建公式 —— 与对框架类似的公式而言 —— 并不会自动引向“对偶融合框架”。事实上,对偶融合框架的近似定义仍然是一个研究的课题。

定理 13.2 说明当且仅当 $S_{\mathscr{W}}=AId$,并且在这种情况下重构公式采取如下形式

$$x=A^{-1}\sum_{i=1}^M w_i^2(P_i(x)),\quad x\in\mathscr{H}^N$$

这一事实使紧框架对于应用而言尤其具有吸引力。

如果实际的制约阻碍了近似融合紧框架的利用和生成,转化融合框架算子仍能绕过重建过程。回想起第 1 章介绍过的框架算法,可以将之推广到来源于融合框架测量的信号重构的迭代算法。下面结果的证明遵从于与框架模拟的十分接近的讨论;因此,忽略它。

命题 13.2　令 $((\mathscr{W}_i,w_i))_{i=1}^M$ 是一个 $\mathscr{H}^N$ 上的融合框架,融合框架算子 $S_{\mathscr{W}}$,融合框架界为 A 和 B,而且,令 $x\in\mathscr{H}^N$,定义序列 $(x_n)_{n\in\mathbf{N}_0}$,由

$$x_n=\begin{cases}0, & n=0\\ x_{n-1}+\dfrac{2}{A+B}S_{\mathscr{W}}(x-x_{n-1}), & n\geqslant 1\end{cases}$$

于是有 $x=\lim\limits_{n\to\infty}x_n$，误差估计为

$$\| x-x_n \| \leqslant \left(\frac{B-A}{B+A}\right)^n \| x \|$$

这个算法使基于 $(w_i p_i(x))_{i=1}^M$ 的信号 x 的重构成为可能，因为 $S_{\mathscr{W}}(x)$—— 对于算法是必要的 —— 仅需要这些测量的知识和序列的权重 $(w_i)_{i=1}^M$。

13.3　融合框架势

融合框架势，在文献[2]中被引入(同见第 1 章)，通过对系统中存储的激励正交的能量的估计来对系统向量正交性进行定量的估计。在文献[16]中已经证明，给定一个完备向量集，相关框架势中的极小者是精确的紧框架。这一事实使得框架势对于无论是理论结果还是产生大类的紧框架都是很有吸引力的。然而，略显美中不足的是缺少实际构建这类框架的相关算法，因此这些结果主要被用作实际存在的结果之中。

对于融合框架而言，是否存在相似的定量测量这一问题在文献[14]中被融合框架势的引入所解答，这些结果在文献[41]中被显著地普遍化与拓展了。在这一节中，将提供这一理论的最基础的一些结果。

从声明融合框架势的定义开始，回顾在框架 $\Phi=(\varphi_i)_{i=1}^M$ 的情况下，框架势被定义为

$$\mathrm{FP}(\Phi)=\sum_{i,j=1}^M |\langle \varphi_i,\varphi_j\rangle|^2$$

对于它是如何拓展的并不明确。下面来自文献[14]的定义提供了一个合适的备选，注意它包含了引理 13.1 的经典框架势。

定义 13.2　令 $\mathscr{W}=((\mathscr{W}_i,w_i))_{i=1}^M$ 是 $\mathscr{H}^N$ 的融合框架，相应的融合框架算子为 $S_{\mathscr{W}}$，那么相关融合框架势 $\mathscr{W}$ 被定义为

$$\mathrm{FFP}(\mathscr{W})=\sum_{i,j=1}^M w_i^2 w_j^2 \mathrm{Tr}[P_i P_j]=\mathrm{Tr}[S_{\mathscr{W}}^2]$$

下面结论可立刻得到。

引理 13.2　令 $\mathscr{W}=((\mathscr{W}_i,w_i))_{i=1}^M$ 是 $\mathscr{H}^N$ 的融合框架，相应的融合框架算子为 $S_{\mathscr{W}}$，并且令 $(\lambda_i)_{i=1}^N$ 是 $S_{\mathscr{W}}$ 的特征值，那么

$$\mathrm{FFP}(\mathscr{W})=\sum_{i=1}^N \lambda_i^2$$

接下来定义融合框架的大类，通过它们来寻找最小化融合框架势的方

法。

定义 13.3 令 $d=(d_i)_{i=1}^M$ 是一个正整数序列且 $w=(w_i)_{i=1}^M$ 是一正权值序列,定义集合

$$B_{M,N}(d)=\{((\mathscr{W}_i,v_i))_{i=1}^M:((\mathscr{W}_i,v_i))_{i=1}^M,\dim \mathscr{W}_i=d_i,i=1,2,\cdots,M\}$$

是一个融合框架且两个子集为

$$B_{M,N}(d,w)=\{((\mathscr{W}_i,v_i))_{i=1}^M\in B_{M,N}(d):v_i=w_i,i=1,2,\cdots,M\}$$

$$B_{M,N}^1(d)=\{\mathscr{W}=((\mathscr{W}_i,v_i))_{i=1}^M\in B_{M,N}(d):\mathrm{Tr}[S_{\mathscr{W}}]=\sum_{i=1}^M v_i^2 d_i=1\}$$

首先聚焦于集合 $B_{M,N}^1(d)$,从融合框架势中元素的一个重要性质入手,在下面的结果中,由 $\|\cdot\|_F$ 给出 Frobenius 范数。

命题 13.3 令 $\mathscr{W}=((\mathscr{W}_i,w_i))_{i=1}^M\in B_{M,N}^1(d)$,那么

$$\left\|\frac{1}{N}Id-S_{\mathscr{W}}\right\|_F^2=\mathrm{FFP}(\mathscr{W})-\frac{1}{N}$$

证明 由于定义 $B_{M,N}^1(d)$,$\mathrm{Tr}[S_{\mathscr{W}}]=1$,直接计算显示

$$\left\|\frac{1}{N}Id-S_{\mathscr{W}}\right\|_F^2=\mathrm{Tr}\left[\frac{1}{N^2}Id-\frac{2}{N}S_{\mathscr{W}}+S_{\mathscr{W}}^2\right]=\mathrm{Tr}[S_{\mathscr{W}}^2]-\frac{1}{N}$$

FFP($\mathscr{W}$) 定义证毕。

这一结果说明通过融合框架族 $B_{M,N}^1(d)$ 的最小化融合框架势与 $S_{\mathscr{W}}$ 之间等 Frobenius 距和许多其他定义是等价的。

在这一思想下,下面的结论就不那么令人惊讶了,但它需要技术上的证明,在此忽略它。

定理 13.3 $B_{M,N}^1(d)$ 上 FFP 的局部最小值是全局最小值,并且它们是紧融合框架。

在此忠告读者,在这一理论中并不说明局部最小值的存在,只是在它们存在时才是紧框架。FFP 的下界提供一个说明局部最小值存在的方法。下面的推论 13.3 是命题 13.3 的直接结果。

推论 13.3 令 $\mathscr{W}\in B_{M,N}^1(d)$,于是有 $\mathrm{FFP}(\mathscr{W})\geqslant\frac{1}{N}$,进一步而言,$\mathrm{FFP}(\mathscr{W})=\frac{1}{N}$ 当且仅当 $\mathscr{W}$ 是 $\mathscr{H}^N$ 的一个紧融合框架。

现在转而分析定义于 $B_{M,N}(d,v)$ 上的融合框架势。第一步声明 FFP 的一个下界,它也引向了一个紧融合框架的基本等式。

命题 13.4 令 $d=(d_i)_{i=1}^M$ 是一个正整数序列且 $w=(w_i)_{i=1}^M$ 是一个正权值递减序列以使 $\sum_{i=1}^M w_i^2 d_i=1$ 和 $\sum_{i=1}^M d_i\geqslant N$,并令 $\mathscr{W}=((\mathscr{W}_i,w_i))_{i=1}^M\in B_{M,N}(d,$

20)；进一步，令 $j_0 \in \{1,\cdots,M\}$ 定义为

$$j_0 = j_0(N,d,v) = \max_{1\leqslant j\leqslant M}\{j:(N-\sum_{i=1}^{j}d_i)w_j^2 > \sum_{i=j+1}^{M}w_i^2d_i\}$$

若集合为空，令 $j_0=0$，若

$$c:=\frac{\sum_{i=j_0+1}^{M}w_i^2d_i}{N-\sum_{i=1}^{j_0}d_i} < w_{j_0}^2$$

那么

$$\mathrm{FFP}(\mathscr{W}) \geqslant \sum_{i=1}^{j_0}w_i^4d_i + (N-\sum_{i=j_0+1}^{M}d_i)c^2 \tag{13.2}$$

进一步，在(13.2)有等式，当且仅当下面两个条件满足：

(1) 对于所有的 $1\leqslant i\neq j\leqslant j_0$，有 $P_iP_j=0$；

(2) $((\mathscr{W}_i,w_i))_{i=j_0+1}^{M}$ 是跨度为 $\{\mathscr{W}_i:1\leqslant i\leqslant j_0\}^{\perp}$ 的紧融合框架。

文献[41]的主要结果是有一定技术性的。它的结果主要利用了可接受的 $(M+1)$ 维向量 $(J_0,J_1,\cdots,J_M)$ 且

$$J_r=\{1\leqslant j_1<j_2<\cdots<j_r\leqslant N\}$$

和一个相关分解

$$\lambda(J)=(j_r-r,\cdots,j_1-1)$$

其中 $r\leqslant N$。由于篇幅所限不能探究更多细节，仅能提到一个可接受的 $(M+1)$ 维向量被定义为一个相关于 $\lambda(J_0),\cdots,\lambda(J_M)$ 的 Littlewood－Richardson 正系数。这可得出下面的结果。

定理 13.4　令 $d=(d_i)_{i=1}^{M}$ 是一个正整数序列且满足 $\sum_i d_i\geqslant N$，令 $w=(w_i)_{i=1}^{M}$ 是一系列正权值，设 $c=\sum_{i=1}^{M}w_i^2d_i$，那么下面条件等价。

(1) 存在 $B_{M,N}(d,w)$ 上的 $\frac{c}{N}$－紧融合框架；

(2) 对任意的 $1\leqslant r\leqslant N-1$，且对每一个可接受的 $(M+1)$－重 $(J_0,J_1,\cdots,J_M)$

$$\frac{r\cdot c}{N}\leqslant\sum_{i=1}^{M}w_i^2\cdot\#(J_i\cap\{1,2,\cdots,d_i\})$$

最终，通过探究 Horn－Klyachko 不等式提出必要而充分的条件来说明统一紧融合框架的存在。引用文献[41]来声明并证明这一研究。

13.4 融合框架的构建

不同的应用可能对融合框架要满足的迫切需求不同。本章提出了构建融合框架的3种方法：(1) 基于给定融合框架算子的特征值序列的构建；(2) 重点针对子空间夹角的构建；(3) 生成具有类似滤波器组性质的融合框架的构建。

13.4.1 谱图融合框架构建

无论从理论观点还是在应用中，往往寻求构建具有规定的融合框架算子特征值序列的融合框架。例如流媒体信号的分析，设计它的融合框架必须关系到给定相关特征值的逆噪声协方差矩阵的特征基。类似于注水原理在无线通信或者脸部识别中的预编码器设计，其中特征脸的重要性加权基可能会给出。

暂时回到框架理论，来看看这个理论的发展是如何影响了融合框架理论的。尽管在实际中单位范数紧框架是最有用的框架，直到最近才出现极少构造这类框架的技术。实际上，所采用的主要方法是截断调和框架，一个用于获得所有等范数紧框架的构建方法 $\mathbf{R}^2$ 是可用的。多年来，该领域依赖框架势和优化技术给出的存在证据。最近在框架构建中一个重要进展与谱图方法的引入有关(见第2章)。在本书中，谱图用来分类和构建对于等维子空间且权为1而言存在的所有紧融合框架。然后，就将其推广到构建规定融合框架算子特征值不小于2的融合框架。在文献[15]中，它被进一步推广到构建 $\mathscr{H}^N$ 的融合框架 $(\mathscr{W}_i)_{i=1}^M$，其中规定了融合框架算子的特征值和子空间的维数。文献[15]中的结果包括了当特征值小于2的情况，由首次延伸谱图算法，把基础的构建模块从 2×2 调整酉矩阵变为 $k\times k$ 离散傅里叶变换调整矩阵来实现。

13.4.2 构建紧融合框架

对 $\mathscr{H}^N$，有紧融合框架 $((\mathscr{W}_i, w_i))_{i=1}^M$，其中对所有等维子空间有 $M\geqslant 2N$。先从此框架的存在和构建这一结果开始。

从文献[17]的第一个结果，提出一个稍有技术的结果，这将能够从给定的紧融合框架直接构建新的紧融合框架。相关程序由以下来自文献[11]的定义给出，为了供以后使用，表述出更一般的非等维子空间。

定义 13.4 令 $\mathscr{W}=((\mathscr{W}_i, w_i))_{i=1}^M$ 是一个 $\mathscr{H}^N$ 的 A - 紧融合框架。

(1) 如果对于 $i=1,\cdots,M$ 且 $\bigcap\limits_{i=1}^{M}\mathscr{W}_i=\{0\}$，有 $\dim\mathscr{W}_i<N$，则 $\mathscr{W}$ 的互补空间

定义为融合框架

$$((\mathcal{W}_i^{\perp}, w_i))_{i=1}^{M}$$

(2) 对于 $i=1,\cdots,M$，令 $(e_{ij})_{j=1}^{m_i}$ 是 $\mathcal{W}_i$ 的一个正交基，因此 $\left(\frac{w_i}{\sqrt{A}}e_{ij}\right)_{i=1,j=1}^{M,m_i}$ 是 $\mathcal{H}^N$ 的一个 Parseval 框架。令 $m=\sum\limits_{i=1}^{M}m_i$，同时令 P 表示正交投影，其将一个封闭的希尔伯特空间 $\mathcal{H}^m$ 上的一个正交基 $(e'_{ij})_{i=1,j=1}^{M,m_i}$ 映射到由 Naimark 定理给出的 Parseval 框架 $\left(\frac{w_i}{\sqrt{A}}e_{ij}\right)_{i=1,j=1}^{M,m_i}$（见第 1 章）。则融合框架

$$(\text{span}\{(Id-P)e_{ij}\}_{j=1}^{m_i}, \sqrt{A-w_i^2})_{i=1}^{M}$$

被称为关于 $(e_{ij})_{i=1,j=1}^{M,m_i}$ 的 Naimark 补 $\mathcal{W}$。

应该提及的是，一个融合框架的 Naimark 补取决于对子空间初始正交基的具体选择。如果不需要明确这种依赖性，可以同样谈及 w 的 Naimark 补。

接下来检查在紧框架 —— 在本小节的情况下，这样确实能生成紧融合框架。

引理 13.3　令 $\mathcal{W}=((\mathcal{W}_i,w_i))_{i=1}^{M}$ 是 $\mathcal{H}^N$ 的一个紧融合框架，它的子空间不全等于 $\mathcal{H}^N$。则 $\mathcal{W}$ 的空间补和每个 Naimark 补都是紧融合框架。

证明　为了表示空间补这一表述，通过 A 可令 $x\in\mathcal{H}^N$ 表示的 $\mathcal{W}$ 的紧框架边界，观察到

$$\sum_{i=1}^{M}w_i^2\,\|(Id-P_i)(x)\|_2^2=\sum_{i=1}^{M}w_i^2\,\|(\|x\|_2^2-\|P_i(x)\|_2^2)=(\sum_{i=1}^{M}w_i^2-A)\,\|x\|_2^2$$

由于 $\sum\limits_{i=1}^{M}w_i^2-A=0$ 当且仅当 $\dim\mathcal{W}_i=N$ 对任给 $1\leqslant i\leqslant M$ 都成立，则 $((\mathcal{W}_i^{\perp},w_i))_{i=1}^{M}$ 是一个紧融合框架。

转向 Naimark 补，由于对 $j\neq l$，有

$$\langle Pe_{ij}, Pe_{il}\rangle=-\langle(Id-P)e_{ij},(Id-P)e_{il}\rangle$$

由此得 $((Id-P)e_{ij})_{j=1}^{m_i}$ 是一个正交集，这意味着 $(\text{span}\{(Id-P)e_{ij}\}_{j=1}^{m_i}, \sqrt{1-w_i^2})_{i=1}^{M}$ 是一个紧融合框架。

有了这些定义，现在可以陈述和证明第一个结论了。

命题 13.5　令 N,M 和 m 是正整数，且满足 $1<m<N$。

(1) 对 $\mathcal{H}^N$ 存在紧融合框架 $((\mathcal{W}_i,w_i))_{i=1}^{M}$，满足 $\dim\mathcal{W}_i=m$ 对任给 $i=1,\cdots,M$ 都成立，当且仅当对 $\mathcal{H}^N$ 紧融合框架 $((\mathcal{V}_i,v_i))_{i=1}^{M}$ 存在，且满足

$\dim \mathscr{V}_i = N - m$ 对任给 $i = 1, \cdots, M$ 都成立。

(2) 对 $\mathscr{H}^N$ 存在紧融合框架 $((\mathscr{W}_i, w_i))_{i=1}^M$，满足 $\dim \mathscr{W}_i = m$ 对任给 $i = 1, \cdots, M$ 都成立当且仅当对 $\mathbf{R}^{Mm-N}$ 紧融合框架 $((\mathscr{V}_i, v_i))_{i=1}^M$ 存在，且满足 $\dim \mathscr{V}_i = (M-1)m - N$ 对任给 $i = 1, \cdots, M$ 都成立。

证明 (1) 可由通过空间补然后使用引理 13.3 直接得到。通过使用 Naimark 补和引理 13.3 的再次应用，可得重复的空间补构造，从而得到(2)。

现在转到这个小节中的主要理论，可用来回答一个问题：对于一个给定的正整数三数组合 (M, m, N)，对 $\mathscr{H}^N$ 是否存在一个加权为 1 的且等维数都是 m 的 M 个子空间的紧融合框架？这个结果不仅仅是一个存在性的结果，而且还通过明确地构建一个在大多数情况下存在给定参数的融合框架回答了这个问题。而且，除了之前从给定的一个框架通过补的方法来构造融合框架，需要一个对融合框架的构造来作为起始。使用定理 13.1，构建一个紧融合框架满足参数 (M, m, N) 的一个方式是构建一个 $\mathscr{H}^N$ 的 Mm 个元素的紧单位范数框架 $(\varphi_{i,j})_{i=1,j=1}^{M,m}$，满足 $(\varphi_{i,j})_{j=1}^m$ 对任给 $i = 1, \cdots, M$ 都成立。然后可以通过令 $\mathscr{W}_i$ 是 $(\varphi_{i,j})_{j=1}^m$ 的生成，其中 $i = 1, \cdots, M$，来定义想要的紧融合框架 $(\mathscr{W}_i)_{i=1}^M$。

单位范数紧框架，其元素可以被分割为正交向量集，可以选用谱图构建这一工具来构建(见第 2 章)。一般情况下，融合框架构建涉及谱图工作是因为通过谱图构建的框架是稀疏的(见 13.6 节)。这个稀疏性确保了构建的框架可以被分割为正交向量集，其生成集即是想得到的融合框架。

定理 13.5　令 N, M 和 m 为正整数且 $m \leqslant N$。

(1) 假定 $m \mid N$，此时存在 $\mathscr{H}^N$ 的紧融合框架 $(w_i)_{m=1}^M$，对所有 $i = 1, \cdots, M$ 当且仅当 $M \geqslant \dfrac{N}{m}$ 时，其维数 $w_i = m$。

(2) 假定 $m \nmid N$，此时有如下事实：

(ⅰ) 如果存在 $\mathscr{H}^N$ 上的一个紧融合框架 $(w_i)_{m=1}^M$，且对所有 $i=1, \cdots, M$，其维数 $w_i = m$，则有 $M \geqslant \left[\dfrac{N}{m}\right] + 1$。

(ⅱ) 如果 $M \geqslant \left[\dfrac{N}{m}\right] + 2$，则存在 $\mathbf{C}^N$ 上的紧融合框架 $(w_i)_{m=1}^M$，且对所有 $i = 1, \cdots, M$，其维数为 $w_i = m$。

证明 (简略证明)(1) 假设存在 $\mathscr{H}^N$ 上的紧融合框架 $(w_i)_{m=1}^M$，且对所有 $i = 1, \cdots, M$，其维数 $w_i = m$，此时其子空间的任意生成集合包含至少 Mm 个向量，此向量可生成空间 $\mathscr{H}^N$，因此 $M \geqslant \dfrac{N}{m}$。

相反地，假设$M\geqslant\frac{N}{m}$且$K:=\frac{N}{m}$为整数，令$(e_j)_{j=1}^{K}$为$\mathscr{H}^K$上的标准正交基，此时存在$\mathscr{H}^K$上的单位范数紧框架$(\varphi_i)_{i=1}^{M}$（见第 1 章），考虑由$(e_i+(k-1)m)_{k=1}^{K}$，$i=1,\cdots,m$给出的m个标准正交基。将框架元素投影到相应的生成空间上，生成m个单位范数紧框架$(\varphi_{i,j})_{i=1}^{M}$，$j=0,\cdots,m-1$，令$w_i=\mathrm{span}\{\varphi_{ij}:j=0,\cdots,m-1\}$，可得到所需融合框架。

(2)(ⅰ) 如果存在$\mathscr{H}^N$上的紧融合框架$(w_i)_{i=1}^{M}$，且维数$w_i=m,i=1,\cdots,M$。此时有$M\geqslant\frac{N}{m}$，由于N不能被m整除，有$M>\frac{N}{m}$。因此，由引理 13.3 可知，存在$\mathscr{H}^{Mm-N}$上的紧框架$(v_i)_{i=1}^{M}$，其维数$v_i=m,i=1,\cdots,M$。因此，存在$\mathscr{H}^{Mm-N}$上的m个标准正交向量，且$m\leqslant Mm-N$。因此有$M\geqslant\frac{N}{m}+1$，这里由M是整数这一事实得出上述结论。

(ⅱ) 本部分的证明用到了谱图生成框架的稀疏性，由文献[17] 的观点和评论得知，首先，谱图可以用来构造包含至少两倍于空间维数的向量个数的框架，空间求补运算必须采用。其次，由谱图所生成的框架具有正交性，因此可通过集成不同调制特性的这类框架，生成复 Gabor 融合框架。

定理 13.5 没有考虑如下情况：当m不能整除N且$M=\left[\frac{N}{m}\right]+1$时，是否存在$\mathbf{C}^N$中的紧融合框架，且这些框架具有相同维数$m$的$M$个子空间？如果是这种情况，回答则有时是这样的，有时不是这样的，这可由定理 13.5 和命题 13.5 重复决定最多$(m-1)$次。可参考文献[17] 获得更多细节信息，这个结果回答了算子理论中的非无效解问题，比如说，它可将三元组(N,M,m)进行分类，这样的话，一个N维希尔伯特空间可具有秩M以及m个投影值，这些值具有多恒等性。

13.4.3　一般融合框架的谱图构建

接下来讨论在文献[15] 介绍的一般性构造，包括融合框架算子的不同特征值以及子空间的不同维度，而且把文献[11] 包括进来作为一个特例。

以介绍一个给定特征值序列的参考融合框架作为开始。这个被构建的融合框架，尽管其融合框架算子有着给定的特征值，有一个明显的性质，即其子空间的维度是在某种意义上是“最大的”，允许一个给定维度的序列决定一个相关融合框架是否可以使用在图 13.1(与文献[11] 比较) 里给出的归一化谱图算法 STC 来构建。这个算法是原始谱图算法从紧框架情况下到给定框架算子谱的框架情况下直接的推广，即现在被构建的合成矩阵的行的平方和等于各自给定的特征值。我们说一个紧融合框架是可以通过 STC 构建的,如果存在一个由 STC 构建的、向量可以被以一定方式分割且满足每个组中的向量是正交的,而且可生成各自融合的框架子空间。

STC:对于给定特征值的谱图构建

参数:

维度:N

框架向量的数量:M

特征值:$(\lambda_j)_{j=1}^N \subseteq [2,\infty)$,满足 $\sum_{j=1}^N \lambda_j = M$。

算法:

(1) Set $k := 1$

(2) For $j = 1,\cdots,N$, do

(3) Repeat

(4) If $\lambda_j < 2, \lambda_j \neq 1$ then

(5) $\varphi_k := \sqrt{\frac{\lambda_j}{2}} \cdot e_j + \sqrt{1-\frac{\lambda_j}{2}} \cdot e_{j+1}$

(6) $\varphi_{k+1} := \sqrt{\frac{\lambda_j}{2}} \cdot e_j - \sqrt{1-\frac{\lambda_j}{2}} \cdot e_{j+1}$

(7) $k := k+2$

(8) $\lambda_j := 0$

(9) $\lambda_{j+1} := \lambda_{j+1} - (2-\lambda_j)$

(10) else

(11) $\varphi_k := e_j$

(12) $k := k+1$

(13) $\lambda_j := \lambda_j - 1$

(14) end;

(15) until $\lambda_j = 0$

(16) end;

输出:单位范数 $(\varphi_i)_{i=1}^M \subset \mathscr{H}^N$,满足其框架算子特征值为 $(\lambda_j)_{j=1}^N$

图 13.1 用于构建对于给定框架算子谱框架的 STC

通过接下来的名为 RFF 的算法(图 13.2)可实现对于一个给定特征值序列的参考融合框架的构建。把由 RFF 构建的、序列 $(\lambda_j)_{j=1}^N$ 的参考融合框架表示为 RFF($(\lambda_j)_{j=1}^N$)。在 RFF 和接下来在这节的结果中,限定为在特征值不小于 2 的情况,顺便指出这个限定在文献[15]中被忽略,在此文献中一般的情况是首先通过扩张谱图构建来处理。

RFF(参考融合框架)
参数:
维度:N
特征值:$(\lambda_j)_{j=1}^N \subseteq [2,\infty)$
算法:
(1) 对$(\lambda_j)_{j=1}^N$ 和 $M := \sum_{j=1}^N \lambda_j$ 运行 STC,以获得框架$(\varphi_i)_{i=1}^M$
(2) $K := (\varphi_i)_{i=1}^M$ 的合成矩阵的行所支持的最大尺度
(3) 对 $i = 1,\cdots,K, S_i := \varnothing$
(4) $k := 0$
(5) 重复
(6) 　$k := k+1$
(7) 　$j := \min\{1 \leqslant r \leqslant K : \text{supp } \varphi_k \cap \text{supp } \varphi_s = \varnothing, \varphi_s \in S_r\}$
(8) 　$S_j := S_j \cup \{\varphi_k\}$
(9) 直到 $k = M$
输出:融合框架$(\mathscr{V}_i)_{i=1}^K$ 其中对 $i = 1,\cdots,K$,有 $\mathscr{V}_i = \text{span } S_i$

图 13.2　用于构建参考融合框架的 RFF 算法

现在主要的目标是推导通过 STC 对给定融合框架算子特征值和子空间维度的融合框架进行构造的必要和充分条件。这将要求对比给定维度序列的由 RFF 构建的一个参考融合框架子空间的维度。

首先需要回顾优化的概念。给定一个序列 $a=(a_n)_{n=1}^N \in \mathscr{H}^N$,用 $a^{\downarrow} \in \mathscr{H}^N$ 来表示由降序重排 a 的坐标得到的序列。对于$(a_n)_{n=1}^N,(b_n)_{n=1}^N \in \mathscr{H}^N$,假如 $\sum_{n=1}^m a_n^{\downarrow} \geqslant \sum_{n=1}^m b_n^{\downarrow}$ 对于 $m=1,\cdots,N-1$ 都成立,且有 $\sum_{n=1}^N a_n = \sum_{n=1}^N b_n$,序列$(a_n)_{n=1}^N$ 使$(b_n)_{n=1}^N$ 最优,表示为$(a_n) \geqslant (b_n)$。

这个概念将会是关键成分,用于推导给定特征值和维度的融合框架通过谱图来构建的特性。也将会在不同序列之间使用优化的概念,这些序列有着不同的长度,通过对短序列补零来使得它们具有相同的长度。

接下来的证明是建设性的,将会参考文献[15]来思考如何从融合框架开始来迭代构建想要的融合框架。

定理 13.6　令 M,N 是正整数,且满足 $M \geqslant 2N$,令$(\lambda_j)_{j=1}^N \subset [2,\infty)$,令$(d_i)_{i=1}^D$ 是一个满足 $\sum_{j=1}^N \lambda_j = \sum_{i=1}^D d_i = M$ 的正整数序列。进一步地,令$(\mathscr{V}_i)_{i=1}^K = \text{RFF}((\lambda_j)_{j=1}^N)$。如果$(\dim \mathscr{V}_i) \succeq (d_i)$,则 $\mathscr{H}^N$ 的融合框架$(\mathscr{W}_i)_{i=1}^D$ 满足

$\dim \mathscr{W}_i = d_i$ 对 $i=1,\cdots,D$ 都成立,且具有特征值$(\lambda_j)_{j=1}^N$ 的融合框架可以通过 STC 被重建。

在紧融合框架的特例中,优化条件对通过分割成由 STC 构建框架的正交集的构建也是必要的。

定理 13.7 令 M,N 是正整数,且满足 $M \geqslant 2N$,令$(d_i)_{i=1}^D$ 是一个满足 $\sum_{i=1}^D d_i = M$ 的正整数序列。进一步,令$(v_i)_{i=1}^K = \mathrm{RFF}((\lambda_j)_{j=1}^N)$,$(\lambda_j)_{j=1}^N = \left(\frac{M}{N},\cdots,\frac{M}{N}\right)$。则以下条件是等价的:

(1) 在 $\mathscr{H}^N$ 上的一个融合框架$(\mathscr{W}_i)_{i=1}^D$,$\dim \mathscr{W}_i = d_i$ 对 $i=1,\cdots,M$ 都成立,此框架可由 STC 构建。

(2)$(\dim \mathscr{V}_i) \geqslant (d_i)$。

13.4.4 等倾斜的融合框架

等范数等角 Parseval 框架在应用中是非常有用的,尤其是因为它们沿着合成矩阵的最优条件数的最优擦除弹性,包括无相位重建和量子态层析成像的例子。

这类 Parseval 框架对应的融合框架其子空间具有等弦距或者说 —— 要求更严格一点 —— 其子空间是等倾斜的。弦距的概念由 Conway,Hardin 和 Sloane 在文献[27] 中介绍;等倾斜子空间的概念由 Lemmens 和 Seidel 在文献[39] 中介绍,并由 Hoggar 和其他人进一步研究。与框架理论相似,这类融合框架 —— 具有等弦距且等倾斜子空间 —— 也是对噪声和擦除有最优弹性的。更多的细节可参考在 13.5.2 节的讨论。这里,为了首先给出直观的理解,提到这类融合框架将输入能量最均匀地分布到融合框架的测量。

作为先决条件,首先需要注意主角的概念。

定义 13.5 $\mathscr{W}_1$ 和 $\mathscr{W}_2$ 是 $\mathscr{H}^N$ 的子空间,满足 $m:=\dim \mathscr{W}_1 \leqslant \dim \mathscr{W}_2$,则在 $\mathscr{W}_1$ 和 $\mathscr{W}_2$ 之间的主角 $\theta_1,\theta_2,\cdots,\theta_m$ 定义如下。

令

$$\theta_1 = \min\left\{\arccos\left(\frac{\langle x_1, x_2\rangle}{\|x_1\|_2 \|x_2\|_2}\right) : x_i \in \mathscr{W}_i, i=1,2\right\}$$

是第一主角,选择 $x_i^{(1)} \in \mathscr{W}_i, i=1,2$ 以满足

$$\cos\theta_1 = \frac{\langle x_1^{(1)}, x_2^{(1)}\rangle}{\|x_1^{(1)}\|_2 \|x_2^{(1)}\|_2}$$

则对任意 $1 \leqslant j \leqslant m$,主角 θ_j 被递归地定义为

$$\theta_j =$$

$$\min\left\{\arccos\left(\frac{\langle x_1, x_2\rangle}{\| x_1 \|_2 \| x_2 \|_2}\right): x_i \in \mathscr{W}_i, x_i \perp x_i^{(l)}, \forall 1 \leqslant l \leqslant j-1, i = 1,2\right\}$$

令 $x_i^{(j)} \in \mathscr{W}_i$，选取对任意 $1 \leqslant l \leqslant j-1, i=1,2$，都有 $x_i \perp x_i^{(l)}$，以满足

$$\cos\theta_j = \frac{\langle x_1^{(j)}, x_2^{(j)}\rangle}{\| x_1^{(j)} \|_2 \| x_2^{(j)} \|_2}$$

有了这个概念，现在可以介绍弦距和等倾构造的概念了。

定义 13.6　令 $\mathscr{W}_1$ 和 $\mathscr{W}_2$ 是 $\mathscr{H}^N$ 的子空间，满足 $m:=\dim \mathscr{W}_1 \leqslant \dim \mathscr{W}_2$，用 P_i 表示在 $\mathscr{W}_i, i=1,2$ 上的正交投影。进一步地，令 $(\theta_j)_{j=1}^m$ 表示主角。

(1) $\mathscr{W}_1$ 和 $\mathscr{W}_2$ 的弦距 $d_c(\mathscr{W}_1, \mathscr{W}_2)$ 由下式给出

$$d_c(\mathscr{W}_1, \mathscr{W}_2) = m - \mathrm{Tr}[P_1 P_2] = m - \sum_{j=1}^{m} \cos^2\theta_j$$

(2) 子空间 W_1 和 W_2 是等倾斜的，如果对任给 $1 \leqslant j_1, j_2 \leqslant m$，都有 $\theta_{j_1} = \theta_{j_2}$。

称多个子空间是等倾斜的，如果它们中的任一对都是等倾斜的。

定义 13.6 的第(2) 部分是标准定义的等价公式化描述。本小节的主要结果将是等倾融合框架的构建，即有等倾子空间的融合框架。一个主要的部分是 Naimark 补(对比定义 13.4) 方法。作为第一步——同样也是自身的一个有趣的结果——分析在计算 Naimark 补时主角的变化。证明采用直接计算，参考了文献[18] 里的细节。

定理 13.8　令 $((\mathscr{W}_i, w_i))_{i=1}^M$ 是 $\mathscr{H}^N$ 的 Parseval 框架，且满足对于 $1 \leqslant i \leqslant M$ 有 $\dim \mathscr{W}_i = m$，令 $((\mathscr{W}'_i, \sqrt{1-w_i^2}))_{i=1}^M$ 是它的 Naimark 补。对于 $1 \leqslant i_1 \neq i_2 \leqslant M$，将子空间对 $\mathscr{W}_{i_1}, \mathscr{W}_{i_2}$ 的主角表示为 $(\theta_j^{(i_1 i_2)})_{j=1}^m$。则子空间对 $\mathscr{W}'_{i_1}, \mathscr{W}'_{i_2}$ 的主角是

$$\left(\arccos\left(\frac{w_{i_1}}{\sqrt{1-w_{i_1}^2}} \cdot \frac{w_{i_2}}{\sqrt{1-w_{i_2}^2}} \cdot \cos(\theta_j^{(i_1 i_2)})\right)\right)_{j=1}^{M}$$

接下来，使用这个结果来提供一个构建等倾融合框架的方法，在文献[7] 中被研究出来。

定理 13.9　令 $(e_{ij})_{i=1,j=1}^{M,N}$ 是 $\mathscr{H}^N$ 的 M 个正交基的联合，则 $(\mathrm{span}\{e_{ij}: j=1,\cdots,N\}, \sqrt{1/M})_{i=1}^M$ 是 $\mathscr{H}^N$ 的一个 Parseval 框架，令 $(\mathscr{W}'_i, \sqrt{(M-1)/M})_{i=1}^M$ 表示 $\mathbf{R}^{(M-1)N}$ 的 Parseval 融合框架，由它的相对于 $(e_{ij})_{i=1,j=1}^{M,N}$ 的 Naimark 补推导得出。则以下成立：

(1) 对任给 $i \in \{1,2,\cdots,M\}$，有

$$\text{span}\{\mathscr{W}'_{i'}\}_{i'\neq i}=\mathbf{R}^{(M-1)N}$$

(2)$\mathscr{W}'_{i_1},\mathscr{W}'_{i_2}$ 对的主要角如下

$$\theta_j^{(i_1 i_2)}=\arccos\left(\frac{1}{M-1}\right)$$

因此,$(\mathscr{W}'_i,\sqrt{(M-1)/M})_{i=1}^M$ 形成了一个等倾 Parseval 融合框架。

证明 很显然,$(\text{span}\{e_{ij}:j=1,\cdots,N\},\sqrt{1/M})_{i=1}^M$ 是 $\mathscr{H}^N$ 的 Parseval 融合框架。现在令 $P:\mathbf{R}^{MN}\to\mathscr{H}^N$ 表示由 Naimark 定理给出的正交投影,所以对在 $\mathbf{R}^{MN}$ 中的某些正交基$(e'_{ij})_{i=1,j=1}^{M,N}$,有 $e_{ij}=\sqrt{1/M}\cdot Pe'_{ij}$。

(1) 因为对一个固定 i,组$(e_{ij})_{j=1}^N$ 是线性独立的,文献[6]的推论 2.6 意味着

$$\mathscr{W}'_i=\text{span}\{(Id-P)e_{i'j'}:i'\neq i\},\quad i=1,\cdots,M$$

这就证明了(1)。

(2) 对此,令 $i_1\neq i_2\in\{1,\cdots,M\}$。注意 $\mathscr{W}_{i_1},\mathscr{W}_{i_2}$ 对的特征角均全为 0。因此由定理 13.8,对 $\mathscr{W}'_{i_1},\mathscr{W}'_{i_2}$ 的特征角由下式给出:

$$\arccos\left(\frac{\frac{1}{\sqrt{M}}}{\sqrt{1-\left(\frac{1}{\sqrt{M}}\right)^2}}\,\frac{\frac{1}{\sqrt{M}}}{\sqrt{1-\left(\frac{1}{\sqrt{M}}\right)^2}}\cos 0\right)=\arccos\left(\frac{1}{M-1}\right)$$

因此,(2) 也得证。

现在列出这个结果的一个特别有趣的特例,即当一族$(e_{ij})_{i=1,j=1}^{M,N}$ 被选作一组相互无偏基的时候。首先来定义这个概念。

定义 13.7 $\mathscr{H}^N$ 中的一组正交序列$\{e_{ij}\}_{i=1}^M$,$j=1,\cdots,L$,若对于所有的 $j_1\neq j_2$,存在一个常数 $c>0$ 使得

$$|\langle e_{i_1 j_1},e_{i_2 j_2}\rangle|=c$$

则称之为相互无偏。若 $N=M$,则必然存在 $c=\sqrt{1/N}$,于是认为$\{e_{ij}\}_{i=1,j=1}^{M,L}$ 是一组相互无偏基。

现在选取$\{e_{ij}\}_{i=1,j=1}^{M,N}$ 为一族相互无偏基,导出定理 13.9 的如下特例。

推论 13.4 令$\{e_{ij}\}_{i=1,j=1}^{M,N}$ 为 $\mathscr{H}^N$ 内一组相互无偏基。则$(\text{span}\{e_{ij}:j=1,\cdots,N\},\sqrt{1/M})$ 为 $\mathscr{H}^N$ 的 Parseval 融合框架,令$(\mathscr{W}'_i,\sqrt{(M-1)/M})_{j=1}^M$ 表示 $\mathbf{R}^{(M-1)N}$ 的 Parseval 融合框架,由它的相对于$(e_{ij})_{i=1,j=1}^{M,N}$ 的 Naimark 补推导得出。则$(\mathscr{W}'_i,\sqrt{(M-1)/M})_{j=1}^M$ 是一个等倾融合框架,此外,子空间 $\mathscr{W}'_i$ 由相互无偏序列生成。

由于已知相互无偏基存在于所有的素数幂维度 p^r 中，这个结果意味着存在维度为 p^r 的 $M \leqslant p^r+1$ 等倾子空间的 Parseval 融合框架，由 $\mathbf{R}^{(M-1)p^r}$ 中的相互无偏基序列生成。如果等距或者等倾 Parseval 融合框架都是不可实现的，一个弱化的版本是至多有两个不同值的子空间族，见[12]。

最后指出，最近文献[7] 通过使用多个副本的正交基引入了一个不同类的等倾融合框架族。

13.4.5　融合框架滤波器组

在文献[26] 中，推导了第一个可有效执行的融合框架的构建方法。其主要思想是采用专门设计的过采样滤波器组。一个滤波器是一个线性算子，可计算一个输入信号与固定函数所有平移的内积。在一个滤波器组中，几个滤波器被应用在输入中，每个生成的信号经过降采样处理。

设计滤波器组框架的问题是确保它们满足在典型应用的框架内所需要的大量条件。这里一个重要的工具是多相矩阵。在滤波器组框架方面的基本工作从多相矩阵的角度描述了 $\ell^2(\mathbf{Z})$ 中的平移不变框架的特性。特别地，文献[28] 中描述了滤波器组框架的特性，而文献[8] 从其多相矩阵单值的角度推导了滤波器组框架的最优框架边界。在文献[26] 中，这些特征随后被用来构建离散小波和 Gabor 变换的滤波器组融合框架形式。

13.5　融合框架的鲁棒性

实际应用自然要求鲁棒性，这意味着对噪声和擦除的弹性或者扰动下的稳定性。在本节中，将给出几种融合框架的鲁棒性特征的介绍。

13.5.1　噪声

冗余的一个主要优势是它可以提供对噪声和擦除的弹性实现。对于一个给定融合框架，仅在随机信号的情况可以确定理论实现，见文献[38]。注意到在本节把焦点放在非加权融合框架上。

1. 随机型号模型

令 $(\mathcal{W}_i)_{j=1}^M$ 是 $\mathbf{R}^N$ 的融合框架，其边界为 A 和 B，对于 $i=1,\cdots,M$，令 m_i 是 $\mathcal{W}_i$ 的维度，令 U_i 是 $N\times m_i$ 的矩阵，对于 $i=1,\cdots,M$ 其列形成了 $\mathcal{W}_i$ 的正交基。进一步地，令 $x\in\mathbf{R}^N$ 是零均值的随机向量，其协方差矩阵 $E[xx^{\mathrm{T}}]=$

$R_{xx}=\sigma_x^2 Id$。则有噪融合框架测量可以被建模为

$$z_i=U_i^{\mathrm{T}}x+n_i,\quad i=1,\cdots,M$$

其中 $n_i\in\mathbf{R}^{m_i}$ 是零均值的加性白噪声向量,其协方差矩阵 $E[n_in_i^{\mathrm{T}}]=\sigma_n^2 Id$,$i=1,\cdots,M$,假定对于不同的子空间,噪声向量是相互无关联的,信号向量 x 和噪声向量 n_i 是无关联的,其中 $i=1,\cdots,N$。

令

$$z=(z_1^{\mathrm{T}}\ z_2^{\mathrm{T}}\ \cdots\ z_M^{\mathrm{T}})^{\mathrm{T}},\quad U=(U_1\ U_2\ \cdots\ U_M)$$

x 和 z 合成协方差矩阵可以写为

$$E\left[\begin{pmatrix}x\\z\end{pmatrix}(x^{\mathrm{T}}\quad z^{\mathrm{T}})\right]=\begin{pmatrix}R_{xx} & R_{xz}\\R_{zx} & R_{zz}\end{pmatrix}$$

其中 $R_{xz}=E[xz^{\mathrm{T}}]=R_{xx}U$ 是 x 和 z 的 $M\times L(L=\sum_{i=1}^{M}m_i)$ 互协方差矩阵,$R_{zx}=R_{xz}^{\mathrm{T}}$,且

$$R_{zz}=E[zz^{\mathrm{T}}]=U^{\mathrm{T}}R_{xx}U+\sigma_n^2 Id_L$$

是 $L\times L$ 的合成测量协方差矩阵。估计 x 到 z 的线性均方误差(MSE)是 Wiener 滤波器或者线性最小均方误差(LMMSE)滤波器 $F=R_{xz}R_{zz}^{-1}$,其通过 $\hat{x}=Fz$ 来估计 x。则相应的误差协方差矩阵 R_{ee} 由下式给出:

$$R_{ee}=E[(x-\hat{x})(x-\hat{x})^{\mathrm{T}}]=\left(R_{xx}^{-1}+\frac{1}{\sigma_n^2}\sum_{i=1}^{M}P_i\right)^{-1}$$

这是通过 Sherman－Morrison－Woodbury 公式推导得来的。MSE 可由求 R_{ee} 的迹获得。

在文献[38]中的结果显示,在框架情况下,如果一个融合框架是紧的,则它对噪声的弹性是最优的。

定理 13.10 假定使用之前介绍的模型,接下来的条件是等价的。

(1)MSE 最小化;

(2) 融合框架是紧的。

在这种情况下,MSE 由下式给出:

$$\mathrm{MSE}=\frac{N\sigma_n^2\sigma_x^2}{\sigma_n^2+\dfrac{\sigma_x^2 L}{N}}$$

证明 由于 $R_{xx}=\sigma_x^2 Id$,用 A 和 B 表示框架边界,可得

$$\frac{N}{\dfrac{1}{\sigma_x^2}+\dfrac{B}{\sigma_n^2}}\leqslant(\mathrm{MSE}=\mathrm{Tr}[R_{ee}])\leqslant\frac{N}{\dfrac{1}{\sigma_x^2}+\dfrac{A}{\sigma_n^2}}$$

这意味着如果融合框架是紧的，则可以得到较低的边界。具体的MSE值由这里得出。

13.5.2　擦除

与对噪声的弹性相似，冗余也有利于对擦除的弹性。这里，可以在确定性的和随机性的信号模型之间区分开来。文献[4]中分析了第一种情况，文献[38]介绍了第二种情况。与之前一样，在本节中把焦点放在非加权的融合框架上。

1.确定性信号模型

令 $\mathscr{W}=(\mathscr{W}_i)_{i=1}^M$ 是 $\mathscr{H}^N$ 的融合框架，且对 $i=1,\cdots,M$，有 $\dim\mathscr{W}_i=m$。进一步地，令 $T_{\mathscr{W}}$ 和 $S_{\mathscr{W}}$ 分别是相关分析和融合框架的算子。

将以如下的方式给出一组子空间丢失的确定性模型。给定 $K\subseteq\{1,\cdots,M\}$，相关算子模型擦除可以被定义为

$$E_K:\mathbf{R}^{MN}\to\mathbf{R}^{MN},\quad E_K((x_i)_{i=1}^M)_j=\begin{cases}x_j:j\notin K\\0:j\in\mathscr{K}\end{cases}$$

下一个模型的成分是对于强加的误差的测量。在文献[4]中，选择了最坏的情况测量，在这种情况下 k 个子空间丢失，被定义为：

$$e_k(\mathscr{W})=\max\{\|Id-S_{\mathscr{W}}^{-1}T_{\mathscr{W}}^*E_KT_{\mathscr{W}}\|:K\subset\{1,\cdots,M\},|K|=k\}$$

首先声明源于文献[4]的对于一个子空间擦除的结果。

定理 13.11　假定使用之前介绍的模型，接下来的条件是等价的：

(1) 最坏的情况下的误差 $e_1(\mathscr{W})$ 最小；

(2) 融合框架 $\mathscr{W}$ 是 Parseval 框架。

证明　令 $D_K:=Id-E_K$ 对某些 $K\subset\{1,\cdots,M\}$ 满足 $K=\{i_0\}$，得到

$$\|Id-S_{\mathscr{W}}^{-1}T_{\mathscr{W}}^*E_KT_{\mathscr{W}}\|=\|S_{\mathscr{W}}^{-1}T_{\mathscr{W}}^*D_KT_{\mathscr{W}}\|=\|S_{\mathscr{W}}^{-1}P_{i_0}\|$$

所以，值

$$e_1(\mathscr{W})=\max\{\|S_{\mathscr{W}}^{-1}P_{i_0}\|:i_0\in\{1,\cdots,M\}\}$$

需要被最小化，当且仅当 $S_{\mathscr{W}}=Id$ 时该最小化可获得，这与 $\mathscr{W}$ 是 Parseval 框架是等价的。

为了分析两个子空间丢失的情况，限定条件为融合框架类，已经展示了它在1擦除的情况下是最优的，相应地减少测量 $e_2(\mathscr{W})$。则接下来的结果是对的，参考文献[4]来得到它的详细的证明。

定理 13.12　假定使用之前介绍的模型，接下来的条件是等价的：

(1) 最坏情况的误差 $e_2(\mathscr{W})$ 最小。

(2) 融合框架 $\mathscr{W}$ 是一个等倾融合框架。

这说明了开发等倾融合框架的构建方法的必要性，细节读者可参考 13.4.4 节。

2. 随机信号模型

假定模型已经在 13.5.1 节里详细描述过了。根据定理 13.10，紧融合框架对噪声是最稳健的。因此，从现在起，约束在紧融合框架的情况下，研究这类关于 1,2 和多个擦除是最优弹性的融合框架。同样地，提到所有擦除都是同等重要的。

这里，当 LMMSE 滤波器 F，像之前定义的那样，被应用于有擦除的测量向量时，MSE 应该被确定。为了对擦除建立模型，令 $K \subset \{1,2,\cdots,M\}$ 是对应擦除子空间的一组指数。则测量具有以下形式：

$$\tilde{z} = (Id - E)z$$

其中，E 是一个 $L \times L$ 的块状对角线元素擦除，如果 $i \notin K$，其第 i 个对角线元素块是 $m_i \times m_i$ 的零矩阵，或者如果 $i \in \mathscr{K}$，第 i 个对角线元素块是单位阵 $m_i \times m_i$。

X 的估计由

$$\tilde{x} = F\tilde{z}$$

和相关误差协方差矩阵

$$\tilde{R}_{ee} = E[(x - \tilde{x})(x - \tilde{x})^{\mathrm{T}}] = E[(x - F(Id - E)z)(x - F(Id - E)z)^{\mathrm{T}}]$$

给出。

这个估计的 MSE 可以写为

$$\mathrm{MSE} = \mathrm{Tr}[\tilde{R}_{ee}] = \mathrm{MSE}_0 + \overline{\mathrm{MSE}}$$

其中，$\mathrm{MSE}_0 = \mathrm{Tr}[R_{ee}]$，$\overline{\mathrm{MSE}}$ 是由擦除导致的附加 MSE，由下式给出：

$$\overline{\mathrm{MSE}} = \alpha^2 \mathrm{Tr}[\sigma_x^2(\sum_{i \in \mathbf{S}} P_i)^2 + \sigma_n^2(\sum_{i \in \mathbf{S}} P_i)]$$

其中，$\alpha = \sigma_x^2 / (A\sigma_x^2 + \sigma_n^2)$。

以上引导出了接下来的文献[38]中的针对一个子空间的结论。

定理 13.13　假定使用之前介绍的模型，令 $(\mathscr{W}_i)_{i=1}^M$ 是紧融合框架，接下来的条件是等价的：

(1) MSE 对应一个子空间的擦除最小；

(2) 所有子空间 $\mathscr{W}_i$ 有相同的维度，即 $(\mathscr{W}_i)_{i=1}^M$ 是等维融合框架。

回顾在 13.4.4 节中的弦距 $d_c(i,j)$ 的定义，可以给出对于两个或多个擦除的结果。像之前一样，现在约束到融合框架类里，其对噪声和 1 个擦除的最优性已经被展示出来。

定理 13.14　假定使用之前介绍的模型，令$(\mathcal{W}_i)_{i=1}^M$是紧等维融合框架，接下来的条件是等价：

(1)MSE 对应两个子空间的擦除最小；

(2) 每对子空间的弦距是相同且最大的，即$(\mathcal{W}_i)_{i=1}^M$ 是最大等距融合框架。

最后，令$(\mathcal{W}_i)_{i=1}^M$ 是一个等维度、最大等距的紧融合框架。则当 $3\leqslant k<N$ 时，k 个子空间擦除导致的 MSE 是常数值。

像引论里提到的那样，将对之前发现的最优融合框架族与格拉斯曼流形包之间关系的一个简短评论来结束本小节。首先声明接下来的问题，其通常被认为是经典的封装问题(同样见文献[27])。

经典的封装问题：对于给定的 m,M,N，找到一组 $\mathcal{H}^N$ 的 m 维子空间$(\mathcal{W}_i)_{i=1}^M$，满足$\min\limits_{i\neq j}d_c(i,j)$ 是尽可能大的。在这种情况下称$(\mathcal{W}_i)_{i=1}^M$ 是最优封装。

一个下界由单一的边界给出：

$$\frac{m(N-m)M}{N(M-1)}$$

定理 13.15　$\mathcal{H}^N$ 的每个 m 维子空间$(\mathcal{W}_i)_{i=1}^M$ 包满足

$$d_c^2(i,j)\leqslant\frac{m(N-m)}{N}\frac{M}{M-1},\quad i,j=1,\cdots,M$$

有趣的是，在紧融合框架和最优包之间存在一个紧密联系，将在接下来的定理中给出。

定理 13.16　令$(\mathcal{W}_i)_{i=1}^M$ 是融合框架，其等维子空间成对等弦距为 d_c，则该融合框架是紧的当且仅当 d_c^2 等于单一边界。

这表明等距紧融合框架是最优格拉斯曼流形包。

13.5.3　扰动

扰动是另外一个常见的干扰，希望寻求对其具有弹性的融合框架。可想象到几个子空间的扰动场景。文献[22] 中用到了下面的 Paley－Wiener－type 典型定义。

定义 13.8　令$(\mathcal{W}_i)_{i=1}^M$ 和$(\mathcal{V}_i)_{i=1}^M$ 是$\mathcal{H}^N$ 的子空间，其相关正交投影分别由$(P_i)_{i=1}^M$ 和$(Q_i)_{i=1}^M$ 表示。进一步地，令$(\mathcal{W}_i)_{i=1}^M$ 是正加权，$0\leqslant\lambda_1,\lambda_2<1,\varepsilon>0$。如果对任给 $x\in\mathcal{H}^N$ 和 $1\leqslant i\leqslant M$ 有

$$\|(P_i - Q_i)(x)\| \leqslant \lambda_1 \|P_i(x)\| + \lambda_2 \|Q_i(x)\| + \varepsilon \|x\|$$

则$((\mathscr{V}_i, w_i))_{i=1}^M$ 被称为$((\mathscr{W}_i, w_i))_{i=1}^M$ 的$(\lambda_1, \lambda_2, \varepsilon)$－扰动。

应用这个定义,得到接下来相关子空间在小扰动时融合框架鲁棒性的结论。希望提及,使用不同的扰动定义得到的扰动结果可以由文献[45]中的定理 3.1 和融合框架联合推导出,然而没有加权。

命题 13.6　令$((\mathscr{W}_i, w_i))_{i=1}^M$ 是 $\mathscr{H}^N$ 的融合框架,其框架边界为 A 和 B。进一步地,令 $\lambda_1 \in [0,1)$ 和 $\varepsilon > 0$,以满足

$$(1-\lambda_1)\sqrt{A} - \varepsilon\Big(\sum_{i=1}^M w_i^2\Big)^{1/2} > 0$$

而且,对于某些 $\lambda_2 \in [0,1)$,令$((\mathscr{V}_i, w_i))_{i=1}^M$ 是$((\mathscr{W}_i, w_i))_{i=1}^M$ 的一个$(\lambda_1, \lambda_2, \varepsilon)$－扰动。则$((\mathscr{V}_i, w_i))_{i=1}^M$ 是一个融合框架,其融合框架边界为

$$\left(\frac{(1-\lambda_1)\sqrt{A} - \varepsilon\big(\sum_{i=1}^M w_i^2\big)^{1/2}}{1+\lambda_2}\right)^2 \text{ 和 } \left(\frac{\sqrt{B}(1+\lambda_1) + \varepsilon\big(\sum_{i=1}^M w_i^2\big)^{1/2}}{1-\lambda_2}\right)^2$$

参考文献[22]来得到证明。

一个更微妙的问题是,如果考虑到全传感器网络问题时的局部框架向量扰动的问题。这种情况下的难度是框架向量可能离开子空间从而改变了这些子空间的维度。这个方向的一些结论同样可以在文献[22]中找到。

13.6　融合框架与稀疏

在本节中将展示关于融合框架稀疏性质的两种结果。第一种结果是关于构建由用于高效处理的最优稀疏向量组成的紧融合框架的,第二种分析了源于欠定融合框架测量的稀疏复原。此处也参考了第 9 章中的稀疏恢复及压缩感知理论。

13.6.1　最优稀疏融合框架

一般来说,数据处理应用面临着较低的板载计算能力和 / 或较小的带宽预算。当信号维度较大时,将信号分解为它的融合框架测量需要大量的加法与乘法,这对于板载数据处理也许是不可行的。于是,如果子空间的每个正交基的向量仅包含非常少的非零向量,即如果它们在标准单位向量基中是稀疏的,从而保证低复杂度处理,则这将是一个明显改善。在文献[19]、[20]中,推导了指定融合框架算子下的最优稀疏紧框架的一种算法构建,将在本小节

中展示并讨论该算法构建。

1. 稀疏度测量

如前所述，目的在于找到相对于标准单位向量基而言的子空间的正交稀疏基，这可以保证低复杂度的处理。由于对整个融合框架的性能感兴趣，则非零项的总数目似乎是一个合适的稀疏测量。若假设存在一种酉变换可将融合框架映射到具有此“稀疏”性质的框架上，则这种观点也可以进行适当推广。考虑到这些因素，对于稀疏融合框架做出如下定义，之后将其归纳为一个稀疏框架的概念。

定义 13.9　令$(\mathscr{W}_i)_{i=1}^M$是$\mathscr{H}^N$上的融合框架，对所有$i=1,\cdots,M$其维度为$\mathscr{W}_i=m_i$，且令$(e_j)_{j=1}^N$是$\mathscr{H}^N$上的正交基。如果对于每个$i\in\{1,\cdots,M\}$存在$\mathscr{W}_i$的一个正交基$(\varphi_{i,\ell})_{\ell=1}^{m_i}$，具有如下性质：对于每个$\ell=1,\cdots,m_i$有子集$J_{i,\ell}\subset\{1,\cdots,N\}$使得

$$\varphi_{i,\ell}\in\operatorname{span}\{e_j:j\in j_{i,\ell}\}\quad 且\quad \sum_{i=1}^{M}\sum_{\ell=1}^{m_i}|J_{i,\ell}|=k$$

则称$(\varphi_{i,\ell})_{i=1,\ell=1}^{M,m_i}$是一个相关的$k-$稀疏框架。如果融合框架$(\mathscr{W}_i)_{i=1}^M$有一个相关的$k-$稀疏框架且如果对任给相关的$j-$稀疏框架有$k\leqslant j$，则相对于$(e_j)_{j=1}^N$而言它被称为$k-$稀疏的。

2. 最优化及最大可达稀疏度

现在手上有了必要的工具来引入最优稀疏融合框架的概念。最优性通常只在特定的融合框架类中进行考虑，比如，在紧框架中。

定义 13.10　令$\mathscr{FF}$是$\mathscr{H}^N$上的一类融合框架，令$(\mathscr{W}_i)_{i=1}^M\in\mathscr{FF}$，且令$(e_j)_{j=1}^N$是$\mathscr{H}^N$上的正交基。如果$(\mathscr{W}_i)_{i=1}^M$相对于$(e_j)_{j=1}^N$是$k_1-$稀疏的且相对于$(e_j)_{j=1}^N$不存在$k_2\leqslant k_1$的$k_2-$稀疏融合框架$(\mathscr{V}_i)_{i=1}^K$，则相对于$(e_j)_{j=1}^N$，$(\mathscr{W}_i)_{i=1}^M$被称为$\mathscr{FF}$中的最优稀疏。

令N,M,m是正整数。则$\mathscr{H}^N$中对于所有$i=1,\cdots,M$其维度为$\mathscr{W}_i=m$的紧融合框架$(\mathscr{W}_i)_{i=1}^M$被记为$\mathscr{FF}(M,m,N)$。

在$\dfrac{Mm}{N}\geqslant 2$及$\left\lfloor\dfrac{Mm}{N}\right\rfloor\leqslant M-3$的情况下知道$\mathscr{FF}(M,m,N)$是非空的；而且，可用图 13.3（见文献[11]）中引入的 STFF 算法在此类中构建紧融合框架。STFF 可用于以给定融合框架算子特征值来构建等维度子空间的融合框架。想用 STFF 来构建紧融合框架，即，对所有$j=1,\cdots,N$特征值为$\lambda_j=\dfrac{Mm}{N}$的常数序列使用 STFF，且称构建的融合框架为 STFF(M,m,N)。下面的结

果显示在类 $\mathscr{FF}(M,m,N)$ 中 STFF(M,m,N) 是最优稀疏的。这是文献[19]中定理 4.4 的结果,对于框架有相似结果。

定理 13.17　令 N,M,m 是正整数使得$\frac{Mm}{N}\geqslant 2$ 和 $\left\lfloor \frac{Mm}{N} \right\rfloor \leqslant M-3$,则相对于标准单位向量基紧融合框架 STFF$(M,m,N)$ 在类 $\mathscr{FF}(M,m,N)$ 中是最优稀疏的。

STFF(框架谱图法)

参数:

维度:N

子空间数:M

子空间维度:m

特征值:$(\lambda_j)_{j=1}^N \subseteq [2,\infty)$,满足 $\sum_{j=1}^N \lambda_j = Mm$ 且对于所有 $j=1,\cdots,N$ 有 $\lfloor \lambda_j \rfloor \leqslant M-3$。

算法:

(1) 令 $K:=1$

(2) 对于 $j=1,\cdots,N$,do

(3)　Repeat

(4)　　If $\lambda_j<2$, $\lambda_j\neq 1$ then

(5)　　　$\varphi_k:=\sqrt{\frac{\lambda_j}{2}}\cdot e_j+\sqrt{1-\frac{\lambda_j}{2}}\cdot e_{j+1}$

(6)　　　$\varphi_{k+1}:=\sqrt{\frac{\lambda_j}{2}}\cdot e_j-\sqrt{1-\frac{\lambda_j}{2}}\cdot e_{j+1}$

(7)　　　$k:=k+2$

(8)　　　$\lambda_j:=0$

(9)　　　$\lambda_{j+1}:=\lambda_{j+1}-(2-\lambda_j)$

(10)　　else

(11)　　　$\varphi_k:=e_j$

(12)　　　$k:=k+1$

(13)　　　$\lambda_j:=\lambda_j-1$

(14)　　end;

(15)　until $\lambda_j=0$

(16) end;

输出:融合框架 $(\mathscr{W}_i)_{i=1}^M$,其中 $\mathscr{W}_i:=\mathrm{span}\{\varphi_{i+kM}:k=0,\cdots,m-1\}$

图 13.3　构建融合框架的 STFF 算法

特别地，相对于标准单位向量基，此紧融合框架是 $mM+2(N-\gcd(Mm,N))$ — 稀疏的。

13.6.2　压缩感知与融合框架

融合框架的一个可能的应用是音乐分割，每个音符不是由一个单频表征的，而是由乐器的基频及其和声扩展而成的子空间。根据乐器的不同，某些和声可能在，也可能不在子空间中。不同乐器中重叠的子空间可以用融合框架来适当模拟。一个典型的问题是接收到每个来自其中一个子空间的一组信号的线性组合后，这些信号能否被提取出来；最好是来自尽可能少的 —— 用来测量的 —— 线性组合。

这就引出了从融合框架进行稀疏复原的基本问题，也可以理解为结构化稀疏测量。在本小节中，将讨论文献[9]中所提问题的答案，在文献[9]中除了平均情况分析外，还根据相干性及约束等距性(RIP)一类条件提供了稀疏复原结果。在本小节中，由于书写空间有限，仅关注后两个。

1. 从欠定融合框架测量中进行稀疏复原

刚才提到的场景可以用如下方式进行模拟。令 $(\mathcal{W}_i)_{i=1}^M$ 是 $\mathcal{H}^N$ 上的融合框架，且令

$$x^0=(x_i^0)_{i=1}^M\in\mathcal{H}:=\{(x_i)_{i=1}^M:x_i\in\mathcal{W}_i,i=1,\cdots,M\}\subseteq\mathbf{R}^{MN}$$

现在假设只观察到这些向量中的 n 个线性组合，即，存在某些标量值 a_{ji}，对于所有 $i=1,\cdots,M$ 满足 $\|(a_{ji})_{j=1}^n\|_2=1$，于是观测到

$$y=(y_j)_{j=1}^n=\Big(\sum_{i=1}^M a_{ji}x_i^0\Big)_{j=1}^n$$

首先注意到此方程可以改写为

$$y=A_I x^0$$

其中 $A_I=(a_{ji}Id_N)_{1\leqslant j\leqslant n,1\leqslant i\leqslant M}$，即 A_I 是由块 $a_{ij}Id_N$ 组成的矩阵。

现在的目的是从那些测量中复原出 x^0。由于通常只有几个子空间上含有信号，所以像下面那样附加上稀疏条件是有益的；鼓励读者将此与第 9 章中的稀疏定义进行对比。

定义 13.11　令 $x\in\mathcal{H}^N$。如果

$$\|x\|_0:=\sum_{i=1}^M\|x_i\|_0\leqslant k$$

则称 x 是 k — 稀疏的，因此需要考虑的初始最小化问题将会是

$$\hat{x}=\arg\min_{x\in\mathcal{H}}\|x\|_0,\quad A_I x=y$$

根据压缩感知理论，知道此最小化问题是 NP — 困难问题。一种规避此

难题的方法是考虑相关的 ℓ_1 最小化问题。在这种情况下,$\mathscr{H}^N$ 上的合适的 ℓ_1 范数是如下定义的混合 $\ell_{2,1}$ 范数:

$$\|(x_i)_{i=1}^M\|_{2,1} := \sum_{i=1}^M \|x_i\|_2, \quad (x_i)_{i=1}^M \in \mathscr{H}$$

这引出了对于如下最小化问题的研究:

$$\hat{x} = \arg\min_{x\in\mathscr{H}} \|x\|_{2,1}, \quad A_I x = y$$

考虑 $x \in \mathscr{H}$ 的特殊结构,可将此最小化问题改写为

$$\hat{x} = \arg\min_{x\in\mathscr{H}} \|x\|_{2,1}, \quad A_P x = y$$

其中

$$A_P = (a_{ji}P_i)_{1\leqslant i\leqslant M, 1\leqslant j\leqslant n} \tag{13.3}$$

这个难题仍然难以执行,因为这是在 $\mathscr{H}$ 进行的最小化。为了得到最终的可用形式,令 $m_i = \dim \mathscr{W}_i$ 且 U_i 为 $N\times m_i$ 的矩阵,其列构成了 $\mathscr{W}_i$ 的正交基。这又引出了下面的两个问题——一个等价于之前的 ℓ_0 最小化问题,另一个等价于刚讲过的 ℓ_1 最小化问题——现在仅使用只有矩阵的符号:

$$(P_0) \quad \hat{c} = \arg\min_c \|c\|_0, \quad Y = AU(c)$$

和

$$(P_1) \quad \hat{c} = \arg\min_c \|c\|_{2,1}, \quad Y = AU(c)$$

其中 $A = (a_{ij}) \in \mathbf{R}^{n\times M}$,$j \in \mathbf{R}^{m_j}$,且 $y_i \in \mathbf{R}^N$,且

$$U(c) = \begin{pmatrix} \underline{c_1^{\mathrm{T}}U_1^{\mathrm{T}}} \\ \vdots \\ \overline{c_M^{\mathrm{T}}U_M^{\mathrm{T}}} \end{pmatrix} \in \mathbf{R}^{M\times N}, \quad Y = \begin{pmatrix} \underline{y_1^{\mathrm{T}}} \\ \vdots \\ \overline{y_n^{\mathrm{T}}} \end{pmatrix} \in \mathbf{R}^{n\times N}$$

2. 相干结果

对测量矩阵相干性的一种常用测量是其互相干性。在文献[9]中,引入了下面的适合融合框架测量的概念。

定义 13.12 具有归一化列 $(a_i = a_{\cdot,i})_{i=1}^M$ 的矩阵 $A \in \mathbf{R}^{n\times M}$ 与 $\mathbf{R}^N$ 上的融合框架 $(\mathscr{W}_i)_{i=1}^M$ 的融合相干性由下式给出:

$$\mu_f(A, (\mathscr{W}_i)_{i=1}^M) = \max_{j\neq k}[|\langle a_j, a_k\rangle| \cdot \|P_jP_k\|_2]$$

读者应注意到,$\|P_jP_k\|_2 = |\lambda_{\max}(P_jP_k)|^{1/2}$ 等于 $\mathscr{W}_j$ 和 $\mathscr{W}_k$ 间主角的余弦的最大绝对值。

这个新概念现在可以来表述关于稀疏复原的第一个主要结果。它的证明源于文献[29]中类似"框架结果"证明的一些论证,其技术难度增大。因此,向读者推荐原始文献[9]。

定理 13.18 令 $A \in \mathbf{R}^{n\times M}$ 具有归一化列 $(a_i)_{i=1}^M$,令 $(\mathscr{W}_i)_{i=1}^M$ 是 $\mathbf{R}^N$ 中的融

合框架，且令 $Y \in \mathbf{R}^{n\times N}$。若系统 $Y = AU(c)$ 存在解 c^0 满足

$$\| c^0 \|_0 < \frac{1}{2}(1 + \mu_f(A, (\mathscr{W}_i)_{i=1}^M)^{-1})$$

则此解既是(P_0)也是(P_1)的唯一解。

由于在此情况下，对于所有的 $i = 1, \cdots, M$ 有 $P_i = 1$，令 $N = 1$，此结果推广了文献[29]中的典型稀疏复原结果。

3. RIP 结果

RIP 性质，其对互相干条件进行了补充，在文献[9]中也以如下方式针对融合框架情形进行了修改。

定义 13.13　令 $A \in \mathbf{R}^{n\times M}$ 且$(\mathscr{W}_i)_{i=1}^M$ 是 $\mathbf{R}^N$ 中的融合框架。则融合约束等距常数 δ_k 是针对稀疏度 $\| z \|_0 \leqslant k$ 的所有 $z \in \mathbf{R}^{NM}$ 而言满足

$$(1 - \delta_k) \| z \|_2^2 \leqslant \| A_P z \|_2^2 \leqslant (1 + \delta_k) \| z \|_2^2$$

的最小的常数，A_P 如(13.3)中的定义。

文献[13]中的约束等距常数的定义是定义 13.13 当 $N = 1$ 及 $i = 1, \cdots, M$ 相应 $\dim \mathscr{W}_i = 1$ 时的一个特例。下面定理 13.19 的证明推荐读者参考文献[9]。

定理 13.19　令$(A, (\mathscr{W}_i)_{i=1}^M)$具有融合框架约束等距常数 $\delta_{2k} \leqslant 1/3$，则$(P_1)$可从 $Y = AU(c)$ 中复原所有的 $k-$稀疏 c。

13.7　正交融合框架

直到最近，融合框架理论主要关注于具有特定性质的融合框架的构建。但是，实际中，也许没有选择“最佳融合框架”的自由，因为这通常是由应用给定的。一个应用的例子就是对传感器网络尽心建模（参考 13.1.3 节），其中每个传感器都占据了 $\mathscr{H}^N$ 的一个固定子空间 $\mathscr{W}$，这是由此传感器脉冲响应函数的平移及空间反演而生成的。

尽管在此类应用中对子空间进行选择和操作是不可能的，但有时也有选择测量方法的自由度，即将信号映射到子空间族每个元素上时的算子。再次考虑分布式传感器的例子。在第一阶段，每个特定区域的传感器测量到来信号 $x \in \mathscr{H}^N$ 的标量值$\langle x, \varphi_i \rangle$，其中对于所有 $i \in I$，$\varphi_i \in \mathscr{H}^N$ 取决于每个传感器的特征。现在，假设 $\mathscr{W} = \mathrm{span}\{\varphi_i : i \in I\}$。不仅是合并标量值量$\langle x, \varphi_i \rangle$以得到 x 到 $\mathscr{W}$ 的正交投影，连 $P(x)$，其中 P 是到 $\mathscr{W}$ 的非正交投影，也可以计算。在这种情况下，一个目标就是融合框架算子的稀疏度，其保证了一个有效的重构算法，尽管紧致性也许不能达到。如果融合框架算子是单位算子的倍数或至少

是一个对角算子，这将是非常理想的。

另外一个问题就是紧融合框架的有限可用性。分布式系统中融合框架应用的有效性严重依赖于终端融合程序。这又依赖于融合框架算子求逆的效率。紧融合框架解决了这个问题，因为其框架算子是单位算子的倍数，所以其逆算子也是单位算子的倍数。然而紧融合框架在大多数情况下是不存在的。此处的思路是利用非正交投影，这将获得更多的融合框架类，其（非正交）融合框架算子等于单位算子的倍数。

为了解决这些问题，最近文献[10]中介绍了非正交融合框架理论。主要思想是用广义投影来代替融合框架定义中的正交投影，即用 $\mathscr{H}^N$ 中的线性算子 Q 映射到 $\mathscr{H}^N$ 的子空间 $\mathscr{W}$，满足 $Q=Q^2$。在此情形下回顾，伴随算子 Q^* 也是到 $\mathscr{N}(Q)^\perp$ 上的非正交投影，有 $\mathscr{N}(Q)\oplus\mathscr{W}=\mathscr{H}^N$，其中 $\mathscr{N}(Q)=\{x\in\mathscr{H}^N:Qx=0\}$。这产生了下面的定义 13.14，对融合框架的典型概念进行了推广。

定义 13.14　令 $(\mathscr{W}_i)_{i=1}^M$ 是 $\mathscr{H}^N$ 中的子空间族，且令 $(w_i)_{i=1}^M\subseteq\mathbf{R}^+$ 是一族权重值。对于每个 $i=1,2,\cdots,M$ 令 Q_i 是（正交或非正交）到 $\mathscr{W}_i$ 的一个投影。则 $((Q_i,w_i))_{i=1}^M$ 是 $\mathscr{H}^N$ 上的非正交的融合框架，如果存在常数 $0<A\leqslant B<\infty$ 使得对于所有 $x\in\mathscr{H}^N$ 有

$$A\|x\|_2^2\leqslant\sum_{i=1}^M w_i^2\|Q_i(x)\|_2^2\leqslant B\|x\|_2^2$$

常数 A 和 B 分别称为融合框架下界和上界。

令 $\mathscr{W}=((Q_i,w_i))_{i=1}^M$ 是 $\mathscr{H}^N$ 上的非正交融合框架，相关的分析算子 $T_{\mathscr{W}}$ 定义为

$$T_{\mathscr{W}}:\mathscr{H}^N\to\mathbf{R}^{MN},\quad x\mapsto(w_iQ_i(x))_{i=1}^M$$

且合成算子 $T_{\mathscr{W}}^*$ 有如下形式：

$$T_{\mathscr{W}}^*:\mathbf{R}^{MN}\to\mathbf{R}^N,\quad (y_i)_{i=1}^M\mapsto\sum_{i=1}^M w_iQ_i^*(y_i)$$

则非正交的融合框架 $S_{\mathscr{W}}$ 如下式：

$$S_{\mathscr{W}}=T_{\mathscr{W}}^*T_{\mathscr{W}}:\mathscr{H}^N\to\mathscr{H}^N,\quad x\mapsto\sum_{i=1}^M w_i^2Q_i^*Q_i(x)$$

与定理 13.2 类似，有如下定理 13.20。

定理 13.20　令 $\mathscr{W}=((Q_i,w_i))_{i=1}^M$ 是 $\mathscr{H}^N$ 上的非正交融合框架，其融合框架边界为 A 和 B，相关的非正交融合框架算子是 $S_{\mathscr{W}}$。则 $S_{\mathscr{W}}$ 是 $\mathscr{H}^N$ 上的正定、自伴随可逆算子，$AId\leqslant S_{\mathscr{W}}\leqslant BId$。此外，对所有 $x\in\mathscr{H}^N$，有重构方程

$$x=\sum_{i=1}^M w_i^2S_{\mathscr{W}}^{-1}(Q_i^*Q_i(x))$$

当可自由选择投影和子空间时，现在关注第二个问题。令人惊喜的是，这个额外的自由使得可以在大多数情况下进行紧(非正交)融合框架的重构，正如定理 13.21 所示。

定理 13.21　对于所有 $i=1,2,\cdots,M$ 令 $m_i \leqslant \frac{N}{2}$ 满足 $\sum_{i=1}^{M} m_i \geqslant N$，则存在 $\mathbf{R}^N$ 上的一个紧非正交融合框架 $((Q_i,w_i))_{i=1}^{M}$，使得对于所有 $i=1,2,\cdots,M$ 有 $\mathrm{rank}(Q_i)=m_i$。

这个结果表明了子空间的维数小于等于环绕空间维数的一半，总存在一个非正交融合框架。该证明表明权重甚至可以选择等于 1。于是，非正交性允许更多类的紧融合框架。

为了证明这个结果，首先需要通过投影对正定、自伴随算子进行特殊分类。为了更加直观一些，令 $T:\mathbf{R}^N \to \mathbf{R}^N$ 是一个正定、自伴随的算子，目的是对下面的集合进行分类：

$$\Omega(T)=[Q:Q^2=Q,Q^*Q=T]$$

根据谱定理，首先观察到 T 可以写成

$$T=\sum_{i=1}^{M}\lambda_i P_i$$

其中 λ_i 是 T 的第 i 个特征值，且 P_i 是 T 的第 i 个特征向量生成的到空间上的正交投影。于是当且仅当 Q^*Q 的特征值和特征向量与 T 的一致时，$Q\in\Omega(T)$。注意到 $Q\in\Omega(T)$ 意味着 $\ker(Q)=\mathrm{im}(T)^{\perp}$，且回想到投影是由其内核及图像唯一确定的，就可以认为集合

$$\widetilde{\Omega}(T)=\{\mathrm{im}(Q):Q\in\Omega(T)\}$$

此外，观察到由于只有秩为 N 的投影是单位值，可以认为 $\mathrm{rank}(T)<N$。

下面的结果叙述了对 $\widetilde{\Omega}$(进而对 $\Omega(T)$)的分类，在证明定理 13.21 时需要此分类。尽管证明是相当初级的，仍推荐读者参考文献[10]中的完整论证。

定理 13.22　令 $T:\mathbf{R}^n \to \mathbf{R}^n$ 是一个秩为 $k \leqslant \frac{N}{2}$ 的正定的自伴随的算子。令 $(\lambda_j)_{j=1}^{k}$ 是 T 的非零特征值且假设对于 $j=1,\cdots,k$ 有 $\lambda_j \geqslant 1$，且 $(e_j)_{j=1}^{k}$ 是 $\mathrm{im}(T)$ 的一个正交基，$\mathrm{im}(T)$ 是由与特征值 $(\lambda_j)_{j=1}^{k}$ 相对应的 T 的特征向量组成的。则

$$\widetilde{\Omega}(T)=\left\{\mathrm{span}\left\{\frac{1}{\sqrt{\lambda_j}}e_j+\sqrt{\frac{\lambda_j-1}{\lambda_j}}e_{j+k}\right\}_{j=1}^{k}:e_{j=1}^{2k}\text{ 是正交的}\right\}$$

令 $T:\mathbf{R}^N \to \mathbf{R}^N$ 是一个正定自伴随的算子。对 $\frac{1}{\lambda_k}T$ 使用定理 13.22，其中

λ_k 是 T 的最小非零特征值，且令 $v=\sqrt{\lambda_k}$，可得下面的推论。

推论 13.5 令 $T:\mathbf{R}^N\to\mathbf{R}^N$ 是一个秩为 $k\leqslant\frac{N}{2}$ 的正定的自伴随的算子。则存在投影 Q 和权重 v 使得 $T=v^2Q^*Q$。

有了这些前提条件，现在可以证明定理 13.21。

定理 13.21 的证明 令 $(e_j)_{j=1}^N$ 是 $\mathbf{R}^N$ 的一个正交基，且令 $(\mathscr{W}_i)_{i=1}^M$ 是 $\mathscr{H}^N$ 的一族子空间使得

(1) 对于每个 $i=1,\cdots,M$ 有 $\mathscr{W}_i=\text{span}\{e_j\}_{j\in J_i}$，其中 $|J_i|=m_i$；

(2) $\mathscr{W}_1+\cdots+\mathscr{W}_M=\mathscr{H}^N$。

另外，令 P_i 表示到 $\mathscr{W}_i$ 上的正交投影，且令 $S=\sum_{i=1}^M P_i$。

注意到

$$Id=S^{-1}S=\sum_{i=1}^M S^{-1}P_i$$

由于相对于 $(e_j)_{j=1}^N$ 的每个投影 P_i 都是对角化的，对于每个 $i=1,\cdots,M$ 算子 S^{-1} 可与 P_i 对易。因此，对所有 $i=1,\cdots,M$，$S^{-1}P_i$ 是正定自伴随的。现在令 γ 表示所有 $S^{-1}P_i$ 的最小非零特征值，$i=1,\cdots,M$，算子 $\frac{1}{\gamma}S^{-1}P_i$ 满足定理 13.22 的假设。于是，存在投影 Q_i 使得

$$Q_i^*Q_i=\frac{1}{\gamma}S^{-1}P_i$$

可得

$$\sum_{i=1}^M Q_i^*Q_i=\frac{1}{\gamma}Id$$

定理得证。

如果愿意将框架进一步扩展且允许在每个子空间进行两次投影，则可表明对于子空间的维度的任意序列，都可以构建 Parseval 非正交融合框架。

致谢 第一位作者受到 NSF DMS 1008183，NSF ATD 1042701 及 AFOSR FA9550－11－1－0245 的资助。第二位作者受到柏林爱因斯坦基金会、DFG 资助 SPP－1324 KU 1446/13 和 KU 1446/14，柏林的 DFG 研究中心 MATHEON“关键技术中的数学”的支持。作者非常感激 Andreas Heinecke 对于本章的仔细阅读及很多有用的评论和建议。

本章参考文献

[1] Balan, R., Bodmann, B. G., Casazza, P. G., Edidin, D.: Painless re-

construction from magnitudes of frame coefficients. J. Fourier Anal. Appl. 15(4), 488-501 (2009).

[2] Benedetto, J. J., Fickus, M.: Finite normalized tight frames. Adv. Comput. Math. 18(2-4), 357-385 (2003).

[3] Bjørstad, P. J., Mandel, J.: On the spectra of sums of orthogonal projections with applications to parallel computing. BIT 1, 76-88 (1991).

[4] Bodmann, B. G.: Optimal linear transmission by loss-insensitive packet encoding. Appl. Comput. Harmon. Anal. 22(3), 274-285 (2007).

[5] Bodmann, B. G., Casazza, P. G., Kutyniok, G.: A quantitative notion of redundancy for finite frames. Appl. Comput. Harmon. Anal. 30, 348-362 (2011).

[6] Bodmann, B. G., Casazza, P. G., Paulsen, V. I., Speegle, D.: *span*ning and independence properties of frame partitions. Proc. Am. Math. Soc. 40(7), 2193-2207 (2012).

[7] Bodmann, B. G., Casazza, P. G., Peterson, J., Smalyanu, I., Tremain, J. C.: Equi-isoclinic fusion frames and mutually unbiased basic sequences, preprint.

[8] Bölcskei, H., Hlawatsch, F., Feichtinger, H. G.: Frame-theoretic analysis of oversampled filter banks. IEEE Trans. Signal Process. 46, 3256-3269 (1998).

[9] Boufounos, B., Kutyniok, G., Rauhut, H.: Sparse recovery from combined fusion frame measurements. IEEE Trans. Inf. Theory 57, 3864-3876 (2011).

[10] Cahill, J., Casazza, P. G., Li, S.: Non-orthogonal fusion frames and the sparsity of fusion frame operators, preprint.

[11] Calderbank, R., Casazza, P. G., Heinecke, A., Kutyniok, G., Pezeshki, A.: Sparse fusion frames: existence and construction. Adv. Comput. Math. 35(1), 1-31 (2011).

[12] Calderbank, A. R., Hardin, R. H., Rains, E. M., Shore, P. W., Sloane, N. J. A.: A group-theoretic framework for the construction of packings in Grassmannian spaces. J. Algebr. Comb. 9(2), 129-140 (1999).

[13] Candés, E. J., Romberg, J. K., Tao, T.: Stable signal recovery from incomplete and inaccurate measurements. Commun. Pure Appl.

Math. 59(8), 1207-1223 (2006).

[14] Casazza, P. G., Fickus, M.: Minimizing fusion frame potential. Acta Appl. Math. 107(103), 7-24 (2009).

[15] Casazza, P. G., Fickus, M., Heinecke, A., Wang, Y., Zhou, Z.: Spectral tetris fusion frame constructions, preprint.

[16] Casazza, P. G., Fickus, M., Kovačević, J., Leon, M., Tremain, J. C.: A physical interpretation of tight frames. In: Heil, C. (ed.) Harmonic Analysis and Applications, pp. 51-76. Birkhäuser, Boston (2006).

[17] Casazza, P. G., Fickus, M., Mixon, D., Wang, Y., Zhou, Z.: Constructing tight fusion frames. Appl. Comput. Harmon. Anal. 30(2), 175-187 (2011).

[18] Casazza, P. G., Fickus, M., Mixon, D., Peterson, J., Smalyanau, I.: Every Hilbert space frame has a Naimark complement, preprint.

[19] Casazza, P. G., Heinecke, A., Krahmer, F., Kutyniok, G.: Optimally sparse frames. IEEE Trans. Inf. Theory 57, 7279-7287 (2011).

[20] Casazza, P. G., Heinecke, A., Kutyniok, G.: Optimally sparse fusion frames: existence and construction. In: Proc. SampTA'11 (Singapore, 2011).

[21] Casazza, P. G., Kutyniok, G.: Frames of subspaces. In: Wavelets, Frames and Operator Theory, College Park, MD, 2003. Contemp. Math., vol. 345, pp. 87-113. Am. Math. Soc., Providence (2004).

[22] Casazza, P. G., Kutyniok, G., Li, S.: Fusion frames and distributed processing. Appl. Comput. Harmon. Anal. 25, 114-132 (2008).

[23] Casazza, P. G., Kutyniok, G., Li, S., Rozell, C. J.: Modeling sensor networks with fusion frames. In: Wavelets XII, San Diego, 2007. SPIE Proc., vol. 6701, pp. 67011M-1-67011M-11. SPIE, Bellingham (2007).

[24] Casazza, P. G., Leon, M.: Existence and construction of finite frames with a given frame operator. Int. J. Pure Appl. Math. 63(2), 149-158 (2010).

[25] Casazza, P. G., Tremain, J. C.: The Kadison-Singer problem in mathematics and engineering. Proc. Natl. Acad. Sci. 103, 2032-2039 (2006).

[26] Chebira, A., Fickus, M., Mixon, D. G.: Filter bank fusion frames. IEEE Trans. Signal Process. 59, 953-963 (2011).

[27] Conway, J. H., Hardin, R. H., Sloane, N. J. A.: Packing lines, planes, etc.: packings in Grassmannian spaces. Exp. Math. 5(2), 139-159 (1996).

[28] Cvetković, Z., Vetterli, M.: Oversampled filter banks. IEEE Trans. Signal Process. 46, 1245- 1255 (1998).

[29] Donoho, D. L., Elad, M.: Optimally sparse representation in general (nonorthogonal) dictionaries via ℓ^1 minimization. Proc. Natl. Acad. Sci. USA 100(5), 2197-2202 (2003).

[30] Et-Taoui, B., Fruchard, A.: Equi-isoclinic subspaces of Euclidean space. Adv. Geom. 9(4), 471-515 (2009).

[31] Et-Taoui, B.: Equi-isoclinic planes in Euclidean even dimensional spaces. Adv. Geom. 7(3), 379-384 (2007).

[32] Et-Taoui, B.: Equi-isoclinic planes of Euclidean spaces. Indag. Math. (N. S.) 17(2), 205-219 (2006).

[33] Fornasier, M.: Quasi-orthogonal decompositions of structured frames. J. Math. Anal. Appl. 289, 180-199 (2004).

[34] Fulton, W.: Young Tableaux. With Applications to Representation Theory and Geometry. London Math. Society Student Texts, vol. 35. Cambridge University Press, Cambridge (1997).

[35] Godsil, C. D., Hensel, A. D.: Distance regular covers of the complete graph. J. Comb. Theory, Ser. B 56(2), 205-238 (1992).

[36] Goyal, V., Kovačević, J., Kelner, J. A.: Quantized frame expansions with erasures. Appl. Comput. Harmon. Anal. 10(3), 203-233 (2001).

[37] Hoggar, S. G.: New sets of equi-isoclinic n-planes from old. Proc. Edinb. Math. Soc. 20(4), 287-291 (1977).

[38] Kutyniok, G., Pezeshki, A., Calderbank, A. R., Liu, T.: Robust dimension reduction, fusion frames, and Grassmannian packings. Appl. Comput. Harmon. Anal. 26(1), 64-76 (2009).

[39] Lemmens, P. W. H., Seidel, J. J.: Equi-isoclinic subspaces of Euclidean spaces. Ned. Akad. Wet. Proc. Ser. A 76, Indag. Math. 35, 98-107 (1973).

[40] Li, S., Yan, D.: Frame fundamental sensor modeling and stability of one-sided frame perturbation. Acta Appl. Math. 107(1-3), 91-103 (2009).

[41] Massey, P. G., Ruiz, M. A., Stojanoff, D.: The structure of minimizers of the frame potential on fusion frames. J. Fourier Anal. Appl. (to appear).

[42] Oswald, P.: Frames and space splittings in Hilbert spaces. Lecture Notes, Part 1, Bell Labs, Technical Report, pp. 1-32 (1997).

[43] Rozell, C. J., Johnson, D. H.: Analyzing the robustness of redundant population codes in sensory and feature extraction systems. Neurocomputing 69, 1215-1218 (2006).

[44] Sun, W.: *G*-frames and *G*-Riesz bases. J. Math. Anal. Appl. 322, 437-452 (2006).

[45] Sun, W.: Stability of *G*-frames. J. Math. Anal. Appl. 326, 858-868 (2007).

[46] Wootters, W. K.: Quantum mechanics without probability amplitudes. Found. Phys. 16(4), 391-405 (1986).

[47] Wootters, W. K., Fields, B. D.: Optimal state-determination by mutually unbiased measurements. Ann. Phys. 191(2), 363-381 (1989).

附部分彩图

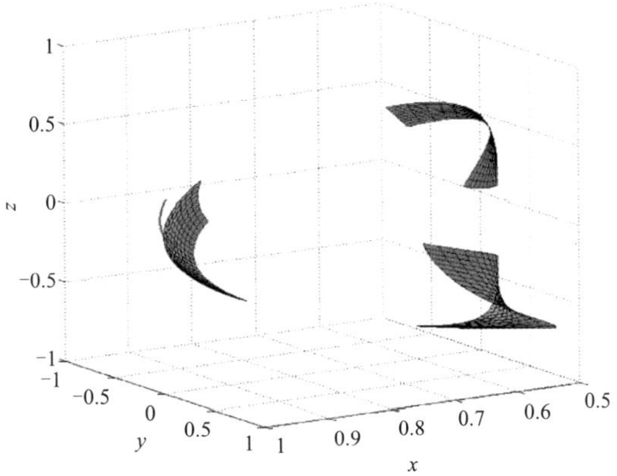

图 4.3　在图中，允许 ϕ_1（在图形左侧的小的蓝色曲线）沿着固定的曲线变化，且 ϕ_2 的运动控制着单自由度。因此，ϕ_2，ϕ_3 和 ϕ_4 能决定二维表面的单位球面

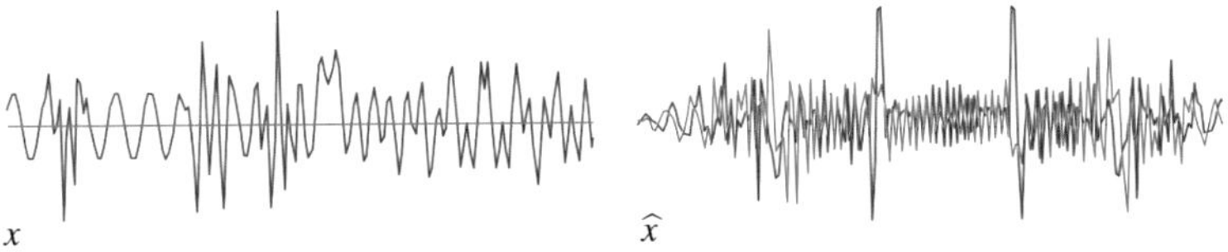

图 6.1　式(6.8)中给出的同时在图 6.2 ~ 6.6 和图 6.9 中使用的测试信号 x 以及它的傅里叶变换。在此图和下面的图中，信号的实数部分由蓝线给出，虚数部分由红线给出

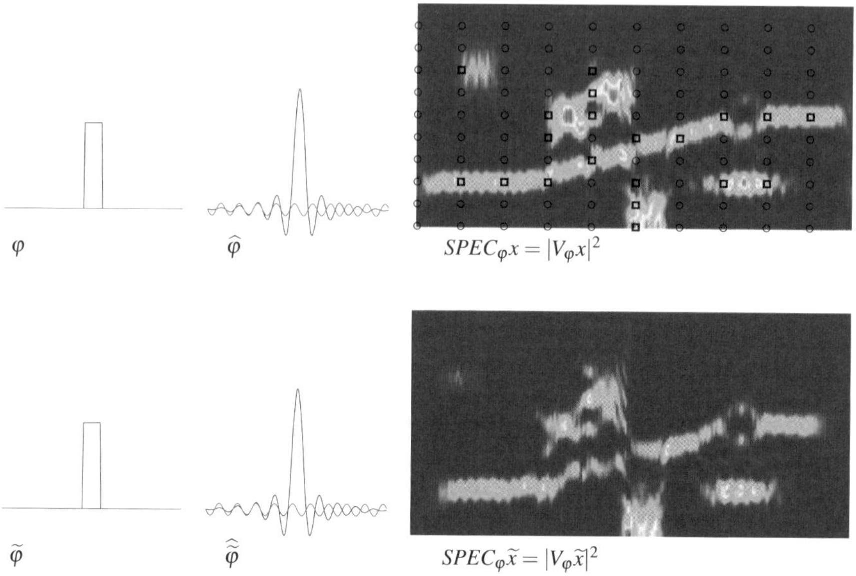

图 6.2　图6.1展示了式(6.8)中多成分信号的Gabor框架分析。使用了满足 $n = 191, 192, \cdots, 199, 0, 1, 2, \cdots, 10$ 时 $\varphi(n) = \frac{1}{\sqrt{20}}$ 以及 $n = 11, 12, \cdots, 190$ 时 $\varphi(n) = 0$ 的 Gabor 系统(φ, Λ)。这个 Gabor 系统形成了 $\mathbf{C}^{200}$ 上的一组正交基,因此是自对偶的,即 $\varphi = \tilde{\varphi}$。展示了 $\varphi, \hat{\varphi}, \tilde{\varphi}, \hat{\tilde{\varphi}}$ 及 x 的谱图和它的近似值的谱图。$SPEC_{\varphi}x$ 上的圆圈描绘了 Λ。它们标注了框架(φ, Λ)的框架系数。正方形代表最大的 20 个框架系数,它们将在后面用于构建 x 的近似值 $\tilde{x}$

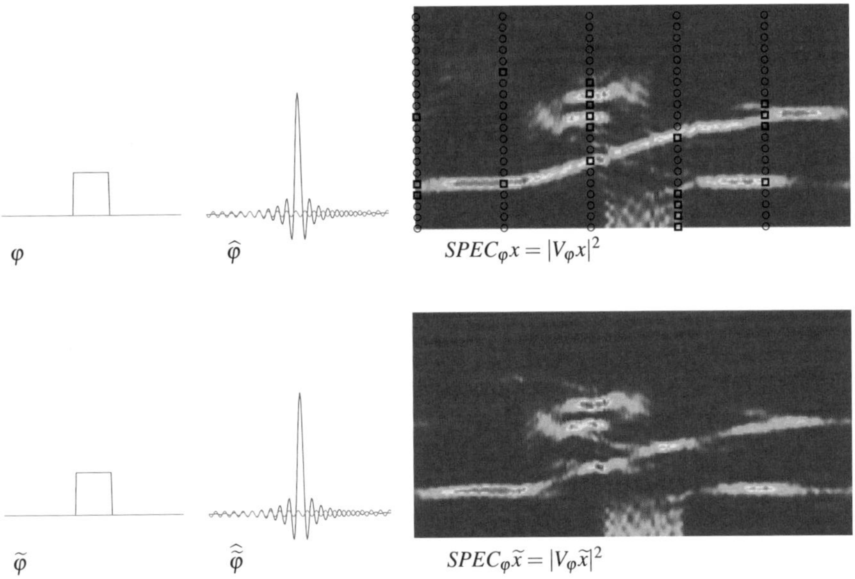

图 6.3　图 6.1 展示了多分量信号的 Gabor 框架分析。我们使用了满足 $n=181,182,\cdots,199,0,1,2,\cdots,20$ 时 $\varphi(n)=\frac{1}{\sqrt{40}}$ 以及当 $n=21,12,\cdots,180$ 时 $\varphi(n)=0$ 的正交 Gabor 系统 (φ,Λ)。展示了 $\varphi,\hat{\varphi},\tilde{\varphi},\hat{\tilde{\varphi}},SPEC_{\varphi}x$ 和 $SPEC_{\varphi}\hat{x}$，$SPEC_{\varphi}x$ 上的圆圈，标注了框架 (φ,Λ) 的框架系数，正方形代表了用于构建 $\tilde{x}$ 的 20 个框架系数

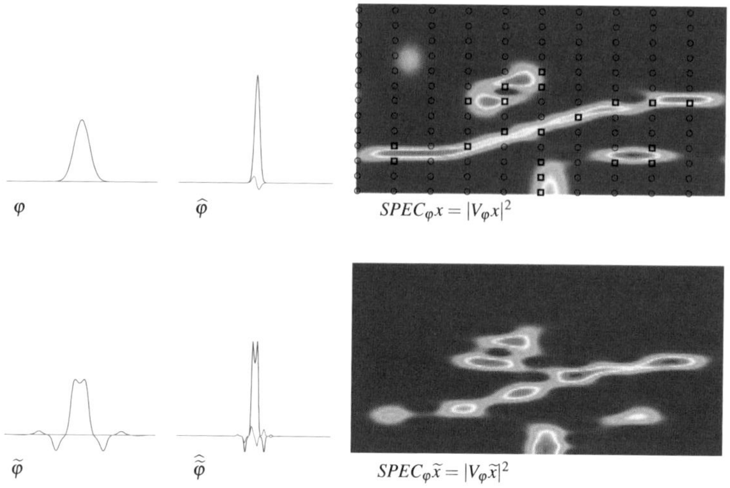

图 6.4　图 6.1 中信号的 Gabor 框架分析。选择归一化的高斯函数 $\varphi(n)=ce^{-(n/6)^2}$，$n=0,1,\cdots,199$ 作为 Gabor 窗，再一次展示 $\varphi,\hat{\varphi},\tilde{\varphi},\hat{\tilde{\varphi}}$，一样，$SPEC_{\varphi}x$ 和 $SPEC_{\varphi}\hat{x}$，其中 $SPEC_{\varphi}x$ 上的 Λ 用圆圈标出。如前面正方形标出了最大的 20 个系数。未被标出的框架系数并没有用于构建 $\tilde{x}$

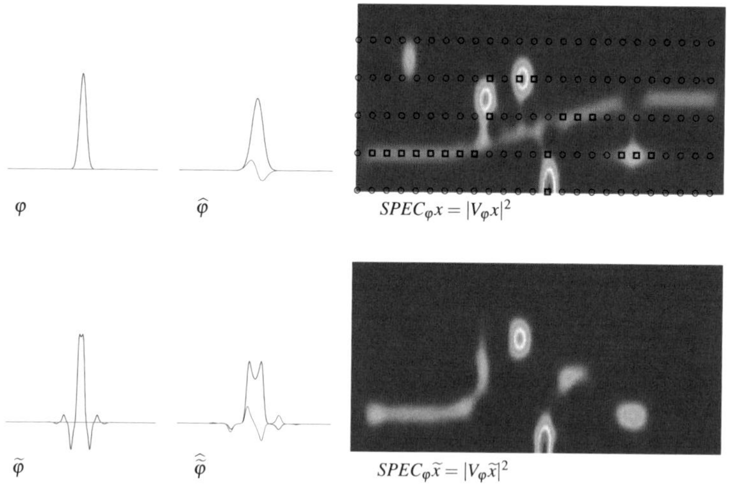

图 6.5　这里运用 $\varphi(n)=ce^{-(n/14)^2}$ 的归一化形式作为高斯窗，$n=0,1,\cdots,199$。像之前一样，$\varphi,\hat{\varphi},\tilde{\varphi},\hat{\tilde{\varphi}}$，$SPEC_{\varphi}x$ 和 $SPEC_{\varphi}\hat{x}$ 被标记出来，$SPEC_{\varphi}x$ 上标出了 Λ 和用于构建 $\tilde{x}$ 的 20 个系数

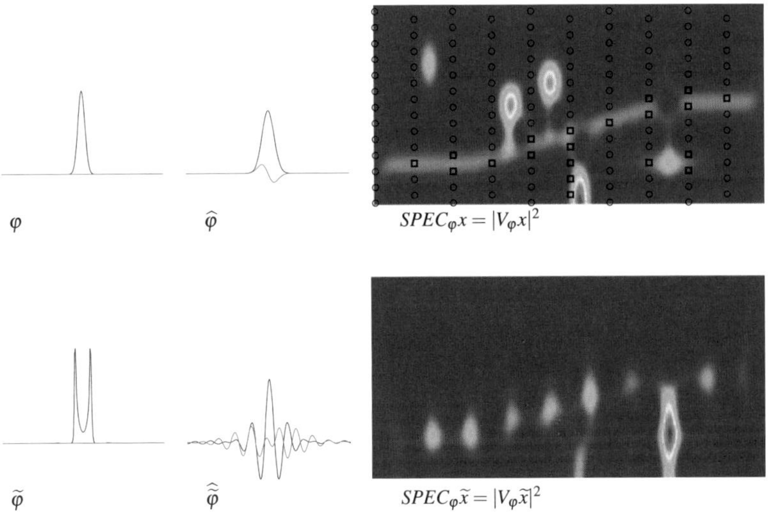

图6.6　运用和图6.4中一样的窗函数,但点阵不同。这改变了所展示的对偶框架 $\tilde{\varphi}$ 和它的傅里叶变换 $\hat{\tilde{\varphi}}$。$SPEC_{\varphi}x$ 和 $SPEC_{\varphi}\tilde{x}$ 变化了很多,因此导致 x 和 $\tilde{x}$ 变化了很多。正如图6.2 ~ 6.5一样,Λ 和它的最大的20个系数也被标注了出来

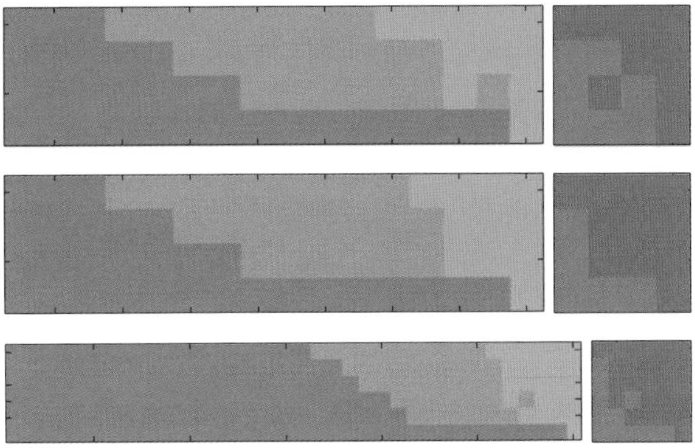

图6.8　在 $G = \mathbf{Z}_2 \times \mathbf{Z}_2, \mathbf{Z}_4, \mathbf{Z}_6$ 中恰当选择了 $\varphi \in \mathbf{C}^G \setminus \{0\}$ 的集合 $\{(\|x\|_0, \|V_{\varphi}x\|_0), x \in \mathbf{C}^G \setminus \{0\}\}$。为了比较,右列展示了 $\{(\|x\|_0, \|\hat{x}\|_0), x \in \mathbf{C}^G \setminus \{0\}\}$。深红/蓝表明了对$(u,v)$ 在文献[59]的理论验证中被实现或未被实现,其中 φ 是一般的窗。浅红/蓝表明了对(u,v) 在数值验证中被实现或未被实现

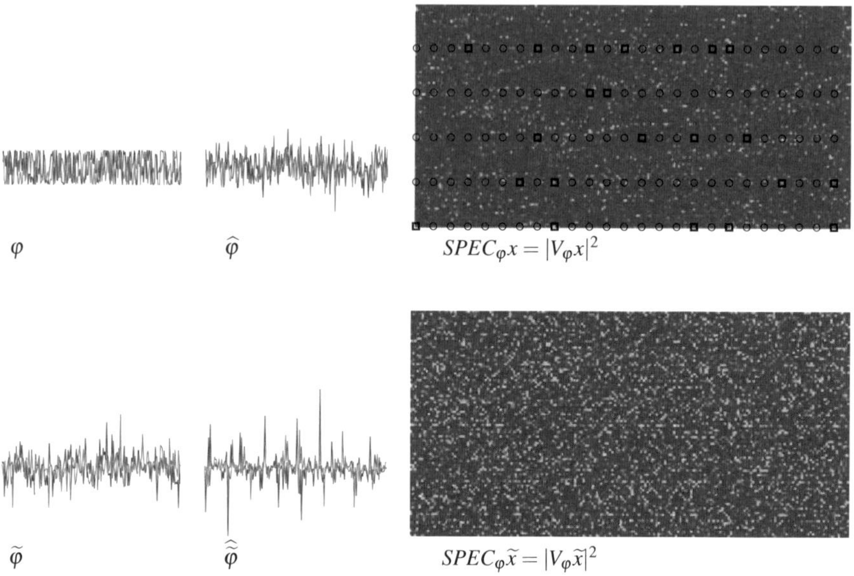

图 6.9　我们用图 6.1 中的信号做和图 6.2 ~ 6.6 中一样的分析，Gabor 系统采用如式(6.30)中给出的窗 $\varphi = \varphi_R$。函数 φ 和 $\tilde{\varphi}$ 均不位于时频范围内；事实上，在压缩感知中这是一个优势。仅展示 x 和它的近似 $\tilde{x}$ 的谱图的下半部分。两者都没有什么作用。其中所用的点阵是由 $\Lambda = \{0,8,16,\cdots,192\} \times \{0,20,40,\cdots,180\}$ 给出并且用圆标注，谱图中 40 个最大框架系数的点由正方形标出

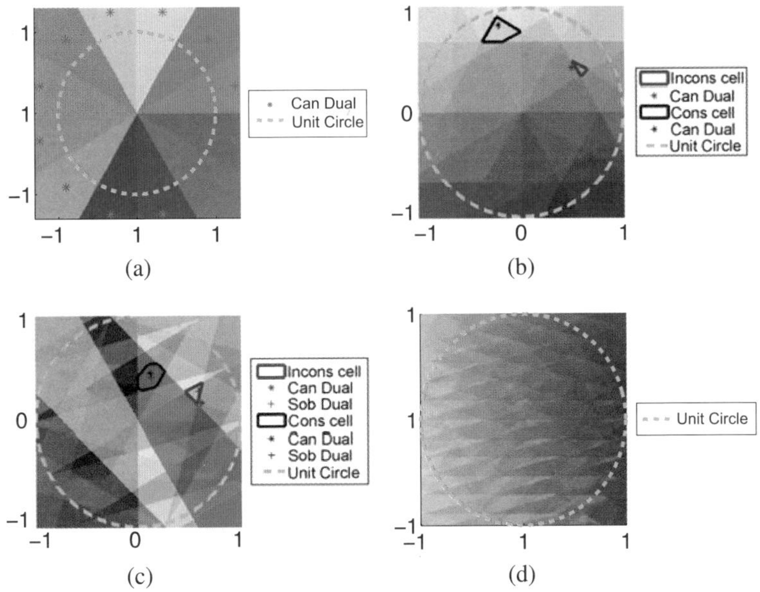

图 8.2　12 单元 1 比特 MSQ,204 单元 1 比特 ΣΔ,84 单元 2 比特 MSQ,1 844 单元 2 比特 ΣΔ(经验计算)

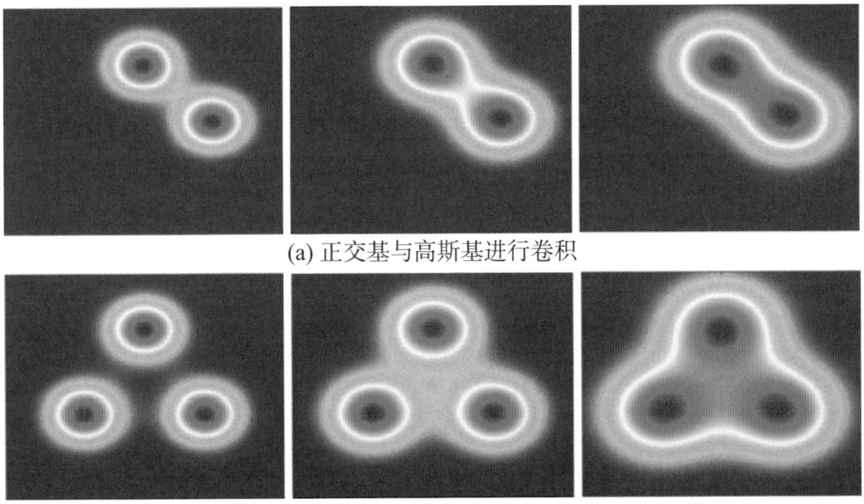

(a) 正交基与高斯基进行卷积

(b)Mercedes-benz 基与高斯基进行卷积

图 12.1　$\{\varphi_i\}_{i=1}^{M} \subset \mathbf{R}^2$ 与高斯基相卷积后生成的概率紧框架的热力图，其中高斯基的方差从左到右依次增加。原点在中心位置，坐标轴从 -2 到 2。每个图的调色板 (colormap) 都分别依照密度从零到最大值按比例显示